新工科暨卓越工程师教育培养计划电气类专业系列教材

MODERN POWER SYSTEM ANALYSIS

# 现代电力系统分析

■ 编　著/匡洪海　曾进辉

華中科技大學出版社
http://www.hustp.com
中国·武汉

## 内容简介

本书包括现代电力系统稳态分析和暂态分析两部分内容。稳态分析部分重点阐述电力网络矩阵、电力网络方程、潮流模型的建立和潮流方程的求解方法、实现技术及应用，暂态分析部分重点阐述电力系统复杂故障分析、元件动态特性和动态数学模型、电磁暂态和机电暂态稳定的计算分析方法。两部分都是先从如何建立数学模型开始，再分别使用相应的求解方法对现代电力系统正常稳态和故障暂态进行求解，并利用计算机技术，通过软件编程实现对现代电力系统的仿真计算分析，为电力系统的安全、稳定、可靠、经济运行提供合适的解决方案。

本书主要作为电气工程专业研究生教材，也可作为电力专业科技人员、高等院校教师和本科高年级学生的参考书。

**图书在版编目(CIP)数据**

现代电力系统分析/匡洪海，曾进辉编著. —武汉：华中科技大学出版社，2021.7
ISBN 978-7-5680-7255-7

Ⅰ.①现…　Ⅱ.①匡…　②曾…　Ⅲ.①电力系统-系统分析　Ⅳ.①TM711

中国版本图书馆 CIP 数据核字(2021)第 127722 号

**现代电力系统分析**　　匡洪海　曾进辉　编著
Xiandai Dianli Xitong Fenxi

策划编辑：范　莹
责任编辑：朱建丽　李　露
封面设计：廖亚萍
责任校对：李　琴
责任监印：周治超
出版发行：华中科技大学出版社(中国·武汉)　电话：(027)81321913
武汉市东湖新技术开发区华工科技园　邮编：430223
录　　排：武汉市洪山区佳年华文印部
印　　刷：武汉市籍缘印刷厂
开　　本：787mm×1092mm　1/16
印　　张：20.5
字　　数：495 千字
版　　次：2021 年 7 月第 1 版第 1 次印刷
定　　价：56.00 元

# 前言

本书在《现代电力系统稳态分析》第一版的基础上，增加了现代电力系统暂态分析部分的内容，对其他内容也作了适当的调整和删增，使教材内容与目前并入新能源的现代电力系统结合得更紧密。

"现代电力系统分析"作为电气工程专业研究生的核心专业课程，既有极强的理论逻辑性，又有一定的工程实践性。在学习该课程前需具备"电网络理论"、"最优化计算"、"非线性规划"、"矩阵论"和"数值分析"等前续课程知识。新能源和分布式发电的并入加大了现代电力系统的复杂度，尤其是在大电网潮流计算使各种潮流算法通过计算机编程实现方面。由于该课程具有内容广、概念多、计算繁、公式推导复杂等特点，因此它一直是一门难点课程，需要寻找和配置合适的课程教材。基于此，我们编写了《现代电力系统分析》。

本书包括现代电力系统稳态分析和暂态分析两部分内容。稳态分析部分重点阐述电力网络矩阵、电力网络方程、潮流模型的建立和潮流方程的求解方法、实现技术及应用，暂态分析部分重点阐述电力系统复杂故障分析、元件动态特性和动态数学模型、电磁暂态和机电暂态稳定的计算分析方法。两部分都是先从如何建立数学模型开始，再分别使用相应的求解方法对现代电力系统正常稳态和故障暂态进行求解，并利用计算机技术，通过软件编程实现对现代电力系统的仿真计算分析，为电力系统的安全、稳定、可靠、经济运行提供合适的解决方案。

本书得到 2019 年湖南省研究生教学平台——湖南省研究生高水平教材项目"现代电力系统分析"和湖南省研究生优质课程项目"现代电力电子技术"的资助，本书的编写得到了各位同仁的帮助和支持，在此对他们表示衷心的感谢，同时对本书所列参考文献的各位作者以及电力行业的各位前辈表示感谢。

由于编者水平有限，书中难免存在不妥之处，恳请读者批评指正。

**编　者**

**2021 年 7 月**

# 目录

## 第一篇　稳态分析部分

## 第二篇 暂态分析部分

# 第一篇
# 稳态分析部分

# 1

# 绪论

## 1.1 现代电力系统概述

现代电力系统已经进入大系统、特/超高压、远距离、交直流混联的大区域互联的新阶段。社会经济的发展促使现代电力系统经营和管理都发生了重大变革，电力市场方式将取代传统的经营方式。随着科学技术的不断进步，新能源的利用使电力系统的发电形式也呈现出多样化的局面。随着计算机和自动化技术的不断发展，现代电力系统正成为高度集成的电力系统综合自动化系统。

因此，现代电力系统可看成是由三个基本系统组成的：一是电能生产、传输、使用的一次系统，即发电、输电、变电、配电、用电这五部分组成的一次系统，称为物流系统；二是电力系统的监控、保护、自动控制和调度自动化等组成的能量管理系统，称为信息流系统；三是电能量的交易系统，称为货币流系统。其中，物流系统的研究侧重于能量的转化、电能的输送和分配以及电力系统可靠、稳定、安全、经济运行的规律；信息流系统的研究侧重于如何获得物流系统的各种状态信息以及对所得信息的传输、处理和应用；货币流系统的研究侧重于市场环境下有关电能等的商品的经济性行为。

目前我国的电力系统已基本形成大电网、大机组、高电压输电和大区域互联的格局。东北电网、华北电网、华中电网、华东电网、西北电网和南方电网已实现互联，形成了全国统一电网。按照国家电网的规划部署，我国现有电网格局将实现重大变化，华北、华中、华东、东北、西北等交流同步电网，将互联整合为东部、西部两大电网，到 2025 年，东部、西部电网将通过同步互联工程形成一个同步电网。

区域电网的互联是现代电力系统发展的一大趋势，它将现有电网互联整合为东部、西部两大电网，进而融合为一个同步电网，届时不仅可以解决中西部地区电力消纳的问题，也可以让东南沿海等用电集中地区的用电需求得到满足，从而在一定程度上可以限制石化能源发电的扩张。

推进清洁替代、电能替代正成为全球能源互联网的战略方向。让清洁能源转化为电能，通过特高压电网、智能电网，实现国内、洲内乃至洲际间互联互通。国家电网重塑东部、西部两大电网，并在 2025 年将其融合为一个同步电网，实际上就是在构建全国能源互联网。

现代电力系统发展的另一趋势是分布式发电和微电网的新发展，分布式发电和微电网的新发展可以推迟大电力系统发电容量的投资时间，减少备用容量，加速投资回收，节省输电线路投资，减少网损，其与大电网配合可以大大提高可靠性，在大电网崩溃或地震、暴风雪、人为破坏等意外灾害引起大面积停电情况下，仍可保持为用户供电。

## 1.2 现代电力系统分析的基本特点与功能

现代电力系统的主要特点有：规模庞大，系统网络节点数量多，系统覆盖地域广；电力网络结构复杂，因此其拓扑结构复杂，系统参数变化点多；其为交直流混合的系统；影响面宽，通常会从影响一个地区、一个省份、一个大区、一个国家扩展到影响多个国家。

地理分布广阔、规模巨大的现代电力系统，在经济性和稳定性方面具有显著优势，但同时也带来诸多弊端。因为电能的生产、传输、分配和消费是同时进行的，电能不能大量储存，一处故障可能会波及整个系统。比如 2003 年的“8.14”美加大停电、“9.23”瑞典-丹麦大停电、“9.28”意大利大停电，以及 2006 年的“11.4” 西欧大停电，都是在大型互联网中发生单重故障引起系统连锁事故进而导致系统最终崩溃，造成大面积、长时间停电。

因此，要保证规模庞大的电力系统安全、经济运行，就需要对现代电力系统进行稳态分析和暂态分析，以便建设一套高度信息化、自动化和可靠的调度自动化系统，实现对现代电力系统在线计算机监控与调度决策。调度自动化系统监视电力系统各部分的电压、潮流、频率和部分相角，并通过各种调节手段和装置自动或手动地连续调节有功电源或无功电源，或通过电力网络结构的变化和负荷的切换来保证供电质量。

现代电力系统分析包含稳态分析和暂态分析。稳态分析部分重点阐述电力网络矩阵、电力网络方程、潮流模型的建立和潮流方程的求解方法、实现技术及应用。暂态分析部分重点阐述电力系统复杂故障分析、元件动态特性和动态数学模型、电磁暂态和机电暂态稳定的计算分析方法。两部分都是先从如何建立数学模型开始，再分别使用相应的求解方法对现代电力系统正常稳态和故障暂态进行求解的，并利用计算机技术，通过软件编程实现对现代电力系统的仿真计算分析，为电力系统的安全、稳定、可靠、经济运行提供合适的解决方案。

现代电力系统分析通常是通过仿真计算来实现的。现代电力系统仿真计算涉及的主要问题有：

(1) 确定电力系统的数学模型，也就是进行数学建模；

(2) 设计模型的求解计算方法，也就是求解数学模型的可能算法；

(3) 进行程序设计，通过编程实现所采用的各种算法。

电力系统仿真的过程为：针对电力系统的实际系统，首先建立数学模型，接着对其数学模型寻求求解的计算算法，然后利用计算机技术进行编程，最后通过计算对仿真结果进行分析。

电力系统仿真计算的基本内容有潮流计算、短路计算、稳定计算。

电力系统建模的主要任务包括元件建模和网络建模。其中，元件建模是指同步发电机、电力负荷、直流系统及 FACTS 的建模；网络建模是指线路、变压器及其拓扑网络的建模。

电力网络的数学模型是现代电力系统分析的基础。在正常情况下可进行电力潮流和优化潮流分析；在故障情况下可进行短路电流及电力系统静态安全分析和动态稳定性评估。这两者都离不开电力网络的数学模型，其中，电力系统静态安全分析是指事故后稳定运行状况的安全性，动态稳定性是指扰动消失后能否恢复到原来的平衡状态。

## 1.3 现代电力系统分析的基本思路

下面我们对本书所涉及的内容做一个简单的介绍。

电力系统中发电机发出的功率输送到电力网络，再由电力网络输出功率给用户，以满足用户负荷的需要，根据功率平衡的条件，当电源注入电网的功率与电网输出给用户的功率相等时，电力网络没有功率损耗；当电源注入电网的功率与电网输出给用户的功率不相等时，电力网络存在功率损耗。

电力网络分析是电力系统分析的关键环节，不管是研究稳态过程还是暂态过程，对电力网络的分析和处理都是其主要内容，而电力网络主要是由变压器和传输线组成的，因变压器和传输线的暂态过程非常短暂，因此在分析稳态部分时，不涉及暂态，只涉及代数方程，而不涉及微分方程。进行暂态稳定分析时涉及微分方程，暂态过程可用微分方程表示：

$$\dot{\boldsymbol{x}}=\boldsymbol{f}(\boldsymbol{x},\boldsymbol{\alpha})=\boldsymbol{0} \tag{1.1}$$

式中：$\dot{\boldsymbol{x}}$ 表示状态变量，比如系统中的 $\boldsymbol{U},\boldsymbol{\theta}$；$\boldsymbol{\alpha}$ 表示参数，比如节点处注入的 $\boldsymbol{P}$、$\boldsymbol{Q}$、$\boldsymbol{I}$。

在电力系统正常运行的情况下，通常需要对电力网络中的潮流进行分析，为此我们需要对电力网络的构成、元件及元件之间的连接进行分析，电力网络运行性能受到元件特性的约束和连接关系的约束，而这种关系可以扩充到电力系统，因此可认为电力系统运行性能除了元件约束、连接关系约束外，还有许多其他约束，比如功率平衡约束、变量范围约束、发电机出力约束、安全要求约束、经济运行要求约束等。因此可以认为电力系统运行是各种约束作用下的结果。

从电路的角度来看，每一元件特性都能把施加于该元件上的电压和流过该元件的电流联系起来，这种特性通常可以用参数 $R$、$L$、$C$ 表示。电力网络中的电流、电压等要满足 KCL 和 KVL(定律)，这是建立电力网络数学模型的基础。

电力网络模型的特点是线路、变压器在稳态运行条件下是线性(且定常)元件，其元件模型等值电路简单，所以网络本身是线性系统。

电力网络模型(网络矩阵)主要有对应节点导纳方程的节点导纳矩阵、对应节点阻抗方程的节点阻抗矩阵、对应回路电流方程的回路阻抗矩阵，而电力网络则通常采用节点导纳矩阵或节点阻抗矩阵来描述。

对于有 $n$ 个独立节点的电力网络，可以根据 KCL 列出其节点网络方程：

$$\dot{\boldsymbol{I}}=\boldsymbol{Y}\dot{\boldsymbol{U}} \tag{1.2}$$

式中：$\dot{\boldsymbol{I}}=[\dot{I}_1 \quad \dot{I}_2 \quad \cdots \quad \dot{I}_n]^{\mathrm{T}}$ 为节点注入电流列向量，$\dot{\boldsymbol{U}}=[\dot{U}_1 \quad \dot{U}_2 \quad \cdots \quad \dot{U}_n]^{\mathrm{T}}$ 为节点电压列向量，$\boldsymbol{Y}$ 为电力网络的节点导纳矩阵。

电力系统的网络数学模型通常用网络方程来描述，常见网络方程有节点方程、回路方程和割集方程。

在实际电力系统中，通常给定的参数是功率，而不是电流，因此常需要用注入功率来代替注入电流，对于某一节点 $i$，则有 $\dot{\boldsymbol{I}}=\left(\frac{\hat{\boldsymbol{S}}}{\hat{\boldsymbol{U}}}\right)$，因此式(1.2)可改写为

$$\left(\frac{\hat{\boldsymbol{S}}}{\hat{\boldsymbol{U}}}\right)=\boldsymbol{Y}\dot{\boldsymbol{U}} \tag{1.3}$$

式(1.3)中的电压和功率均为列向量，将其展开，则有

$$\frac{P_i-\mathrm{j}Q_i}{\hat{U}_i}=\sum_{j=1}^{n}Y_{ij}\dot{U}_j \quad i=1,2,\cdots,n \tag{1.4}$$

式(1.3)是电力系统运行中的功率平衡方程式，而潮流计算就是求解上述方程，为此我们通常采用直角坐标下的潮流方程或极坐标下的潮流方程。

由于现代电力系统规模庞大、结构复杂，因此在进行电网计算时，需要进行网络的变换、化简、等值以及大规模网络的分块计算。

由于式(1.4)具有非线性，因此，潮流方程也就有了各种各样的计算方法。衡量各种潮流计算方法优劣的主要指标有计算收敛性、计算速度、计算稳定性、计算复杂性。

通常求解潮流的方法分为基本潮流算法和特殊潮流算法，其中，基本潮流算法包括高斯-塞德尔法、牛顿-拉夫逊法、快速分解法，这三种基本算法在大学本科的《电力系统稳态分析》中已经介绍过，但鉴于这些方法的重要性，本书将在本科教材的基础上作进一步讨论。

有了潮流求解方法，进行实际应用还需要利用计算机技术进行编程，需要掌握计算机技术中有关存储、稀疏的技术等。

潮流计算中的特殊问题：潮流方程 $\boldsymbol{f}(\boldsymbol{x},\boldsymbol{\alpha})=\boldsymbol{0}$ 是否有解？有几个解？对于病态潮流怎样求解，在本书中会做详细介绍。

继电保护整定、电气设备选择等需要进行故障计算，我们常采用对称分量法；而针对现代电力系统的复杂故障，则必须研究故障的暂态过程，此时不能使用局限于“稳态”范畴的问题的对称分量法，因此采用了用于故障分析的坐标变换法、通用复合序网与两端口网络方程的综合法。

为防止发生稳定破坏事故，需对电力系统可能发生的各种运行方式进行大量计算，从而避开可能破坏稳定的运行方式，这就需要进行电磁和机电暂态过程分析，因此必须先研究电力系统的动态特性，建立电力系统元件的数学模型。

在电力系统发生故障或操作后，将产生复杂的电磁暂态过程和机电暂态过程。这就需要在电力系统各元件数学模型的基础上构建整个电力系统模型，然后应用有关的方法对模型进行求解。

电磁暂态过程的分析可以应用暂态网络分析仪的物理模拟方法和数值计算(或称数字仿真)方法，本书主要介绍了电磁暂态过程数值计算的基本方法。

机电暂态过程稳定分析可以应用数值解法(即时域仿真法，又称逐步积分法)，在列出描述系统暂态过程的微分方程和代数方程组后，应用各种数值积分方法进行求解，然后根据发电机转子间相对角度的变化情况来判断稳定性，也可以应用直接法或能量函数法，不需要求解微分方程组，而是构造一个类似于“能量”的标量函数，通过检查该函数的时变性来确定非线性系统的稳定性质，它们是定性的方法。

# 2

# 电力系统的网络分析和两大约束

## 2.1 网络和网络拓扑分析

### 2.1.1 网络的概念

网络是指把若干元件有目的地按照一定的形式连接起来,完成特定功能的总体。

无论是电力系统的电力传输或电能转换,还是电子技术、通信技术、计算机技术或控制技术中的信号传输与变换处理,都离不开网络,这些网络称为电网络,从本质上讲都是电路,是具有特定功能和构成该系统的极其重要的组成部分。

电力网络是指把输配电线路、变压器和移相器、开关、串联和并联电容器、串联和并联电抗器等电气元件,按一定的形式连接成的一个整体,并用于完成电能输送和分配。从本质上说,电力网络属于电网络,是由实际电路抽象出来的物理模型。

### 2.1.2 网络的物理模型和数学模型

物理模型是建立在分析现象与机理认识基础上的模型,把实际的问题通过相关的物理定律概括和抽象出来并满足实际情况的物理表征,常以实物或图画形式直观地表达认识对象的特征。

数学模型将现实问题归结为相应的数学问题,并在此基础上利用数学的概念、方法和理论进行深入的分析和研究,从而从定性或定量的角度来刻画实际问题,并为解决现实问题提供精确的数据或可靠的指导。换句话说,数学模型就是把实际问题抽象成数学问题并分析解答。

通常根据研究的目的和内容,可以利用物理模型进行物理实验;根据计算手段和工具,可以利用数学模型进行数学仿真,而元件的数学模型可以通过实验的方法得到所需要的参数,网络的数学模型可以通过程序确定网络拓扑关系。

### 2.1.3 网络拓扑分析

本书的拓扑分析是指电力网络接线分析,开关设备是拓扑分析中最主要的电网设备，它的状态改变将改变网络的结构和拓扑分析后的电网模型。

电力网络拓扑分析的功能是根据电网的开关状态，分析、判断出电网的结构（即拓扑），也就是根据开关状态把各种设备（如发电机、负荷馈线、并联电抗器、变压器、输配电线等）连接的电网表示成能用于电力系统分析计算的节点-支路模型，并且识别相互孤立的子系统。

电力网络拓扑分析是电力系统仿真和分析计算的基础，为在线潮流计算、状态估计、安全分析等提供网络结构数据。

一般形成网络拓扑大体可以分为两步：首先在厂站内根据闭合的开关及其所连接的所有支路形成母线（厂站接线分析）；然后根据厂站间联络线的连接关系把所形成的母线连接成电气岛（系统接线分析）。

下面我们通过图 2.1 所示的厂站拓扑分析图例和图 2.2 所示的系统拓扑分析图例对网络拓扑分析进行说明。

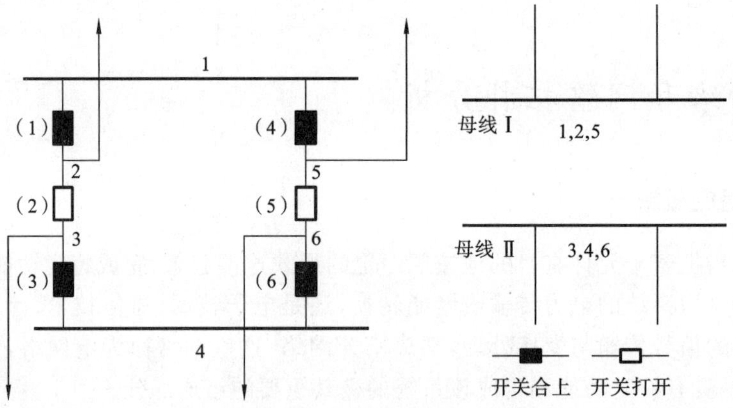


**图 2.1　厂站拓扑分析图例**

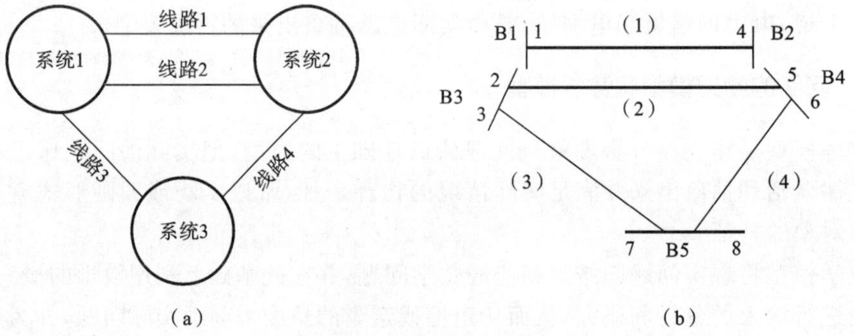


**图 2.2　系统拓扑分析图例**

1. 厂站拓扑分析

进行厂站接线分析时，根据厂站开关的状态，通过搜索，将由闭合开关相连的所有节点放在同一母线上。

首先我们根据图 2.1 对所有的开关、节点进行分类编号，并列出相关表格，表 2.1 为开关-节点表，表 2.2 为开关-状态表，表 2.3 为节点-母线表。

由图 2.1 可知，总共有 6 个节点和 6 个开关，如表 2.1 所示，每个开关有两个节点，

表 2.1 开关-节点表

| 开关 | (1) | (2) | (3) | (4) | (5) | (6) |
|---|---|---|---|---|---|---|
| 首节点 | 1 | 2 | 3 | 1 | 5 | 6 |
| 末节点 | 2 | 3 | 4 | 5 | 6 | 4 |

表 2.2 开关-状态表

| 开关 | (1) | (2) | (3) | (4) | (5) | (6) |
|---|---|---|---|---|---|---|
| 状态 | 1 | 0 | 1 | 1 | 0 | 1 |

表 2.3 节点-母线表

| 节点 | 1 | 2 | 3 | 4 | 5 | 6 |
|---|---|---|---|---|---|---|
| 母线 | Ⅰ | Ⅰ | Ⅱ | Ⅱ | Ⅰ | Ⅱ |

一个是首节点，一个是末节点。每个开关有两种状态，即开关合上和开关打开。图 2.1 中黑色条块代表开关合上，在表 2.2 中用“1”表示，白色条块代表开关打开，在表 2.2 中用“0”表示。母线用罗马字母表示。

由开关首、末节点及开关开、合状态就可以确定首、末节点是否属于同一母线，即由开关-节点表和开关-状态表可以推导出节点-母线表。

表 2.3 就是根据表 2.1 和表 2.2 推导出来的。

2. 系统拓扑分析

进行系统网络分析时，根据支路(线路、变压器)的连接情况，分析整个系统的节点由支路连接成多少个子系统(电气岛)。在系统中，输电线路把具有同一电压等级的厂站连成一个拓扑岛。图 2.2 所示的是系统拓扑分析图例，在图 2.2(a)中有 3 个系统，4 条线路，每条线路表示 1 条支路。如表 2.4 所示，每条支路有两个节点，一个是首节点，一个是末节点。如表 2.5 所示，每个节点只属于一条母线。在图 2.2(b)中，母线用英文大写字母 B 表示。

表 2.4 支路-节点表

| 支路 | (1) | (2) | (3) | (4) |
|---|---|---|---|---|
| 首节点 | 1 | 2 | 3 | 6 |
| 末节点 | 4 | 5 | 7 | 8 |

表 2.5 节点-母线表

| 节点 | 1 | 2 | 3 | 4 | 5 | 6 | 7 | 8 |
|---|---|---|---|---|---|---|---|---|
| 母线 | B1 | B3 | B3 | B2 | B4 | B4 | B5 | B5 |

由支路的首、末节点及节点所属母线可以推断出该支路连接哪两条母线。表 2.6 是根据表 2.4 和表 2.5 推导出来的，即可由支路-节点表和节点-母线表推导出支路 - 母线表，从而可以得出

$$\left.\begin{array}{l}\text{节点}(1,4)\rightarrow\text{母线}(B1,B2)\rightarrow\text{岛 }1\\ \text{节点}(2,3,5,6,7,8)\rightarrow\text{母线}(B3,B4,B5)\rightarrow\text{岛 }2\end{array}\right\}\text{无公共母线}$$

表 2.6 支路-母线表

| 支路 | (1) | (2) | (3) | (4) |
|---|---|---|---|---|
| 首母线 | B1 | B3 | B3 | B4 |
| 末母线 | B2 | B4 | B5 | B5 |

## 2.2 网络的约束

电力网络包含两大要素，即电气元件及其连接方式。电力网络的运行特性由元件的特性约束和元件之间的连接关系约束(拓扑约束)共同决定。

### 2.2.1 元件的特性约束

电力网络元件的电气特性在一定条件下可以用一条或几条等值支路表示，比如在工频下，短输电线的电气特性可以用由一条支路或三条支路组成的 $\pi$ 形电路来表示。

常见的理想元件有电阻器、电感器、电容器和变压器等，它们可以看成是构成电力网络的最小单元，理想元件的参数电阻($R$)、电感($L$)、电容($C$)是元件特性的表征，它制约着电压和电流之间的关系，这就构成了元件的特性约束。

当元件参数与电压(或电流)和时间无关时，称该元件为线性元件；当元件参数是电压(或电流)的函数时，称该元件为非线性元件。

对于支路参数是 $R$、$L$、$C$ 的支路 $j$ 来说，支路电流和支路电压之间的关系如式(2.1)～式(2.3)所示。其中，式(2.1)满足欧姆定律，式(2.2)满足楞次定律，式(2.3)满足库仑定律。

$$R_j i_j = u_j \tag{2.1}$$

$$\frac{\mathrm{d}L_j i_j}{\mathrm{d}t} = u_j \tag{2.2}$$

$$\int_0^t \frac{1}{C_j} i_j \mathrm{d}t = u_j \tag{2.3}$$

元件的特性约束可以用图 2.3 所示的欧姆定律、楞次定律、库仑定律来表述。

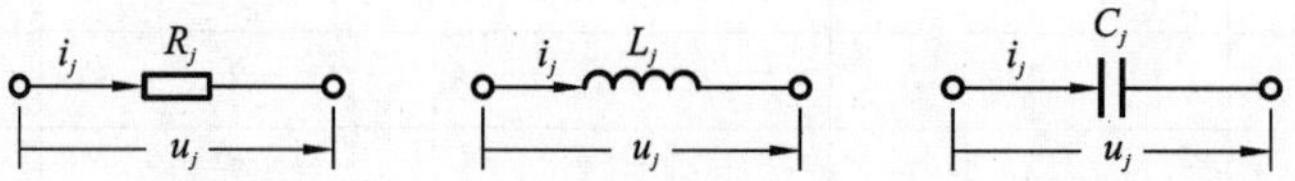


(a) 欧姆定律 (b) 楞次定律 (c) 库仑定律

图 2.3 元件的特性约束

### 2.2.2 电力网络支路的特性约束

图 2.4 所示的一般支路 $k$ 含有电动势源 $\dot{E}_{sk}$，电流源 $\dot{I}_{sk}$，可以用支路阻抗 $z_k$ 或支路导纳 $y_k$ 来表示支路 $k$ 的参数，$z_k = y_k^{-1}$，支路电流 $\dot{I}_k$ 的方向为电压降的正方向。

元件的特性约束可以用式(2.4)所示的支路方程来表示。

$$\dot{U}_k + \dot{E}_{sk} = z_k(\dot{I}_k + \dot{I}_{sk}) \quad 或 \quad \dot{I}_k + \dot{I}_{sk} = y_k(\dot{U}_k + \dot{E}_{sk}) \tag{2.4}$$

一般支路有三种形式的退化，下面我们介绍这三种退化。

① 无电压源，即 $\dot{E}_{sk}=0$ 时。如图 2.5(a)所示。

$$\dot{U}_k=z_k(\dot{I}_k+\dot{I}_{sk}) \quad 或 \quad \dot{I}_k+\dot{I}_{sk}=y_k\dot{U}_k \tag{2.5}$$

② 无电流源，即 $\dot{I}_{sk}=0$ 时。如图 2.5(b)所示。

$$\dot{U}_k+\dot{E}_{sk}=z_k\dot{I}_k \tag{2.6}$$

③ 无电压源和电流源，即 $\dot{E}_{sk}=0$，$\dot{I}_{sk}=0$ 时。如图 2.5(c)所示。

$$\dot{U}_k=z_k\dot{I}_k \tag{2.7}$$

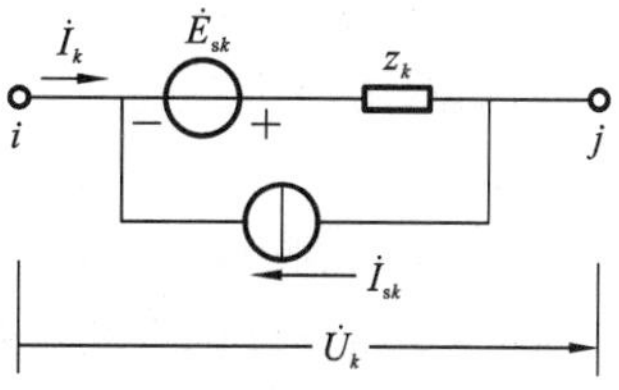


图 2.4　一般支路 $k$

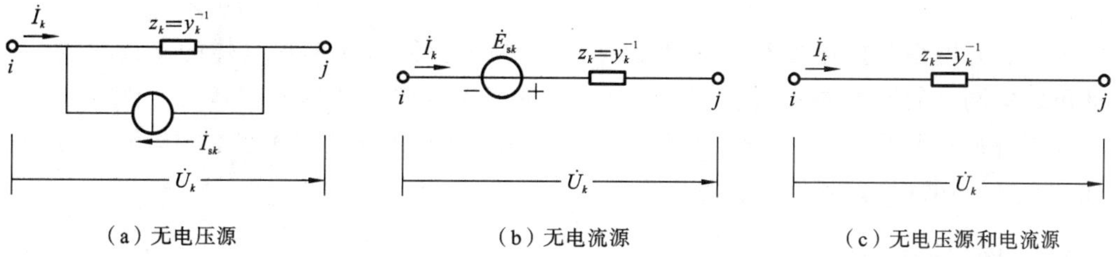


图 2.5　一般支路退化的三种形式

### 2.2.3 电力网络支路方程

假设电力网络有 $b$ 条支路，引入电动势源列矢量 $\dot{\boldsymbol{E}}_s=[\dot{E}_{s1} \ \cdots \ \dot{E}_{sk} \ \cdots \ \dot{E}_{sb}]^T$ 和电流源列矢量 $\dot{\boldsymbol{I}}_s=[\dot{I}_{s1} \ \cdots \ \dot{I}_{sk} \ \cdots \ \dot{I}_{sb}]^T$，则可得到网络支路方程

$$\dot{\boldsymbol{U}}_b+\dot{\boldsymbol{E}}_s=\boldsymbol{z}_b(\dot{\boldsymbol{I}}_b+\dot{\boldsymbol{I}}_s) \tag{2.8}$$

$$\dot{\boldsymbol{I}}_b+\dot{\boldsymbol{I}}_s=\boldsymbol{y}_b(\dot{\boldsymbol{U}}_b+\dot{\boldsymbol{E}}_s) \tag{2.9}$$

式(2.8)中的 $\boldsymbol{z}_b$ 称为原始阻抗矩阵，式(2.9)中的 $\boldsymbol{y}_b$ 称为原始导纳矩阵。可分别写为

$$\boldsymbol{z}_b=\begin{bmatrix} z_1 & & & & \\ & \ddots & & & \\ & & z_k & & \\ & & & \ddots & \\ & & & & z_b \end{bmatrix}_{(b\times b)}$$

$$\boldsymbol{y}_b=\begin{bmatrix} y_1 & & & & \\ & \ddots & & & \\ & & y_k & & \\ & & & \ddots & \\ & & & & y_b \end{bmatrix}_{(b\times b)}$$

$\boldsymbol{z}_b$ 和 $\boldsymbol{y}_b$ 都是阶数等于网络支路数的方阵，即是 $b\times b$ 的矩阵，且两者互为逆矩阵，即

$$\boldsymbol{y}_b=\boldsymbol{z}_b^{-1} \tag{2.10}$$

如果网络内所有支路之间不存在互感，则 $\boldsymbol{z}_b$ 和 $\boldsymbol{y}_b$ 是对角矩阵，对角元素就是对应的支路阻抗和支路导纳，因此两者的对角元素互为倒数，如式(2.11)所示。

$$\boldsymbol{y}_b=\boldsymbol{z}_b^{-1}=\begin{bmatrix} y_1 & & & \\ & \ddots & & \\ & & \ddots & \\ & & & \ddots & \\ & & & & y_b \end{bmatrix}=\begin{bmatrix} 1/z_1 & & & \\ & \ddots & & \\ & & \ddots & \\ & & & \ddots & \\ & & & & 1/z_b \end{bmatrix} \tag{2.11}$$

式中，$z_1,\cdots,z_b$ 为非零元素。

如果网络内所有支路之间存在互感，则互感支路相关位置上存在非零、非对角元素，此时式(2.11)就不成立了。

网络支路方程和原始阻抗（导纳）矩阵仅表达支路电压和支路电流的关系，故它们仅是网络支路特性约束的表达形式，不涉及支路之间的连接关系。

## 2.3 网络的拓扑约束

只研究网络的拓扑约束时，不考虑网络元件的特性，即不考虑具体的支路参数，因此可以把网络的连接关系抽象成一个图。图论概念的应用及其一些算法，对电网络分析计算有很重要的意义，因此需要掌握有关图论的基本概念及一些基本的运算关系，下面就本书所用到的内容作简要的介绍。

### 2.3.1 图的基本概念

节点(node)，也称顶点(vertex)，是支路端点的抽象，是网络中支路的连接点。

支路(branch)，也称边(edge)，是二端电路元件的抽象，任一条支路都有两个端点，用 $E=\{<V_i,V_j>\}$ 表示。

图(graph)是抽象支路和节点的集合，用符号 $G$ 表示，即 $G=<V,E>$，可把网络的连接关系抽象成一个图。

关联(incidence)，指支路与节点的连接关系，用 $k(i,j)$ 表示，即支路 $k$ 与节点 $i$ 和节点 $j$ 关联。

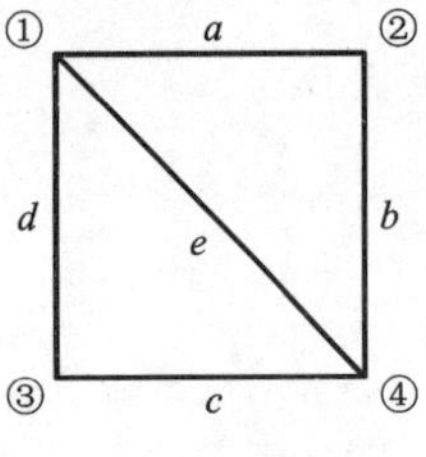


**图 2.6　4 个节点和 5 条支路构成的图**

节点的度(degree)，指节点所关联的支路数。图 2.6 中各节点的度分别为：$D_{①}=3,D_{②}=2,D_{③}=2,D_{④}=3$。

路径(path)，在图 $G$ 中，从始点出发经过若干支路和节点到达终点，其中的支路和节点均不重复出现而形成的一个开边列称为路径。

路径的支路与节点不重复出现，路径的内部顶点的度只能是 2，而始点和终点的度为 1。

图 2.6 中节点①到节点③的路径有 3 条，即：路径 1，①$\xrightarrow{d}$③；路径 2，①$\xrightarrow{a}$②$\xrightarrow{b}$④$\xrightarrow{c}$③；路径 3，①$\xrightarrow{e}$④$\xrightarrow{c}$③。

路径 2 中各节点的度分别为：$D_{①}=1,D_{②}=2,D_{③}=1,D_{④}=2$。

回路，指始点与终点重合的闭合路径，回路中所有节点的度为 2。

子图，若图 $G_i$ 的支路集和节点集均属于图 $G$，则图 $G_i$ 为图 $G$ 的子图，$G_i=<V_i,E_i>$，其中，$V_i\subset V,E_i\subset E$。

连通图，任何一对顶点之间至少有一条路径的图，或在图 $G$ 中任意两点间至少有一条通路，则该图为连通图，否则为非连通图。若将图 $G$ 中的一个点移走后其变为非连通图，则该点为断点。

有向图，图中每条支路都有规定的方向，$a=<①,②>$ 或 $a=<②,①>$。

无向图，任意一条边的顶点无顺序的图为无向图。

树，指包含图 $G$ 中所有节点，但不包含任何回路的连通子图 $G_i$，若图 $G$ 含有 $N$ 个独立节点，一个参考节点，$k$ 条支路，则树包含 $N+1$ 个顶点，$N$ 条边，不存在回路。

树支，树中所含的支路称为树支，则图 $G$ 的树 $G_i$ 一定含有 $N$ 条树支。

补树，连通图 $G$ 中选定一棵树 $G_i$ 后，剩余的支路构成的子图称为图 $G_i$ 的补树。

连支，补树中所含的支路称为连支，连支数一定为 $k-N$。

以图 2.6 为例来说明，图 2.6 中有 4 个节点，5 条支路，我们选定支路 $a,d,e$ 为树支，如图 2.7(a)所示，用实线表示，则剩下的两条支路 $b,c$ 为连支，用虚线表示，由连支 $b,c$ 构成的子图就是补树，如图 2.7(b)所示。

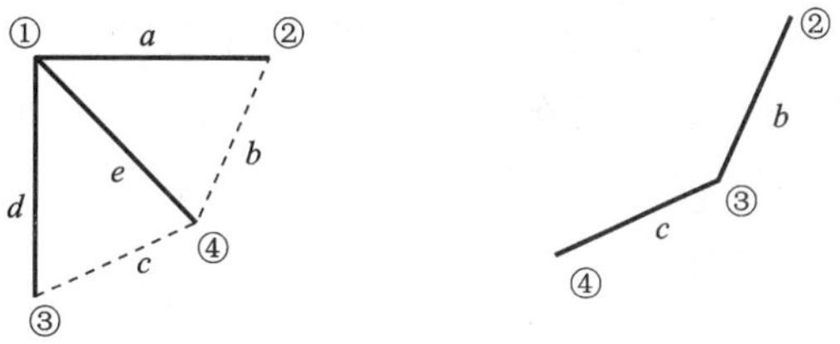


(a) 树　　(b) 补树

图 2.7　树和补树

基本回路，在连通图 $G$ 中选定一棵树后，只包含一条连支的回路称为基本回路。图 2.7(a)中的基本回路有 2 个，即连支 $b$ 对应的基本回路是$\{a,b,e\}$；连支 $c$ 对应的基本回路是$\{c,d,e\}$。

割集，指连通图 $G$ 中的一组支路的最小集合，移走这些支路后图变成不连通的，而留下任一条支路图仍是连通的，被分割出来的部分是图 $G$ 的广义节点。

基本割集，在图中选定一棵树后，只包含一条树支的割集称为基本割集。图 2.7(a)中的基本割集有 3 个，即包含树支 $a$ 的割集$\{a,b\}$；包含树支 $e$ 的割集$\{c,e,b\}$；包含树支 $d$ 的割集$\{d,c\}$。

### 2.3.2 关联矩阵

网络的拓扑特性(连接关系)可以用一个图来形象表示，但为了便于应用于计算机，也可以用矩阵表示，描述网络拓扑结构的矩阵为关联矩阵。电网络理论中常用的关联矩阵有节点-支路关联矩阵，回路-支路关联矩阵，割集-支路关联矩阵。

1. 节点-支路关联矩阵

图的节点和支路的关联性质可以用一个矩阵 $\mathbf{A}_0$ 来表示。设有向连通图 $G$ 有 $N+1$ 个节点，$k$ 条支路，各支路都标有方向，则节点-支路关联矩阵 $\mathbf{A}_0$ 是一个$(N+1)\times k$ 阶矩阵。

矩阵 $\mathbf{A}_0$ 的行对应节点，列对应支路，则 $\mathbf{A}_0$ 中各元素的定义如下。

(1) $a_{ij}=1$，当节点 $j$ 和节点 $i$ 关联时，节点 $j$ 的方向背离节点 $i$，节点 $i$ 是支路 $k$ 的发点；

(2) $a_{ij}=-1$，当节点 $j$ 和节点 $i$ 关联时，节点 $j$ 的方向指向节点 $i$，节点 $i$ 是支路 $k$ 的收点；

(3) $a_{ij}=0$，当节点 $j$ 和节点 $i$ 不关联时，节点 $i$ 不是支路 $k$ 的端点。

图 2.8 所示的关联矩阵共有 4 个节点，5 条支路，并取节点④作为参考节点，节点-

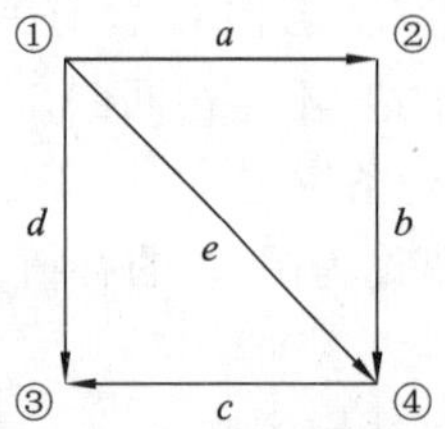


图 2.8 图 $G$ 的节点-支路关联矩阵

支路关联矩阵 $\boldsymbol{A}_0$ 的结构为

$$\underset{(1+N)\times k}{\boldsymbol{A}_0}=\begin{array}{c} \\ ① \\ ② \\ ③ \\ ④ \end{array}\begin{array}{c} \begin{matrix} a & b & c & d & e \end{matrix} \\ \left[\begin{matrix} 1 & 0 & 0 & 1 & 1 \\ -1 & 1 & 0 & 0 & 0 \\ 0 & 0 & -1 & -1 & 0 \\ \hdashline 0 & -1 & 1 & 0 & -1 \end{matrix}\right] \end{array}$$

矩阵 $\boldsymbol{A}_0$ 每列除含 1 和 $-1$ 两个非零元素外，其余元素均为零，即每条支路对应的关联矢量都是 $[1 \quad -1]^{\mathrm{T}}$。

选定一棵树，对支路的排列次序作适当调整，将 $N$ 条树支放在前面，$L=k-N$ 条连支放在后面，则从节点-支路关联矩阵 $\boldsymbol{A}_0$ 中去掉参考节点对应的行得到的 $N\times k$ 阶矩阵称为降阶矩阵 $\boldsymbol{A}$，在图 2.8 中，若选节点④为参考节点，选支路 $a,d,e$ 为树支，则所得降阶节点-支路关联矩阵 $\boldsymbol{A}$ 的结构为

$$\underset{N\times k}{\boldsymbol{A}}=[\boldsymbol{A}_{\mathrm{T}} \quad \boldsymbol{A}_{\mathrm{L}}]=\begin{array}{c} \\ ① \\ ② \\ ③ \end{array}\begin{array}{c} \begin{matrix} a & d & e & b & c \end{matrix} \\ \left[\begin{matrix} 1 & 1 & 1 & 0 & 0 \\ -1 & 0 & 0 & 1 & 0 \\ 0 & -1 & 0 & 0 & -1 \end{matrix}\right] \end{array}$$

降阶节点-支路关联矩阵 $\boldsymbol{A}$ 中，除了与参考节点有关的支路只有一个非零元素外，其余支路对应的关联矢量都有 1 和 $-1$ 两个非零元素。矩阵 $\boldsymbol{A}$ 中的 $\boldsymbol{A}_{\mathrm{T}}$ 表示节点和树支关联的 $N\times N$ 阶子矩阵，$\boldsymbol{A}_{\mathrm{L}}$ 表示节点和连支关联的 $N\times L$ 阶子矩阵。

设支路电流列向量 $\dot{\boldsymbol{I}}_{\mathrm{B}}=[\dot{I}_a \quad \dot{I}_d \quad \dot{I}_e \quad \dot{I}_b \quad \dot{I}_c]^{\mathrm{T}}$，根据 KCL，$\sum \dot{\boldsymbol{I}}=0$，有

$$\sum \dot{\boldsymbol{I}}=\boldsymbol{A}\dot{\boldsymbol{I}}_{\mathrm{B}}=0 \tag{2.12}$$

从而可得：

(1) 节点①满足 $\dot{I}_a+\dot{I}_d+\dot{I}_e=0$；

(2) 节点②满足 $-\dot{I}_a+\dot{I}_b=0$；

(3) 节点③满足 $-\dot{I}_c-\dot{I}_d=0$。

2. 回路-支路关联矩阵

连通图 $G$ 的回路与支路的关联性质可以用一个回路矩阵 $\boldsymbol{B}_0$ 来描述，设有向连通图 $G$ 有 $N+1$ 个节点，$k$ 条支路，回路总数为 $s$，则 $\boldsymbol{B}_0$ 是一个 $s\times k$ 阶矩阵。

矩阵 $\boldsymbol{B}_0$ 的行对应回路，列对应支路，则 $\boldsymbol{B}_0$ 中各元素的定义如下。

(1) $b_{lk}=1$，支路 $k$ 在回路 $l$ 内，支路方向与回路方向一致；

(2) $b_{lk}=-1$，支路 $k$ 在回路 $l$ 内，支路方向与回路方向不一致；

(3) $b_{lk}=0$，支路 $k$ 不在回路 $l$ 内。

对于连通图中一棵选定的树，由于基本回路中仅包含一条连支，故基本回路数等于连支数，回路-支路关联矩阵 $\boldsymbol{B}$ 是 $L\times k$ 阶的。若把树支放在前面，连支放在后面，则 $\boldsymbol{B}$ 的结构为

$$\underset{L\times k}{\boldsymbol{B}}=[\boldsymbol{B}_{\mathrm{T}} \quad \boldsymbol{B}_{\mathrm{L}}]=\begin{array}{c} \\ b \\ c \end{array}\begin{array}{c} \begin{matrix} a & d & e & b & c \end{matrix} \\ \left[\begin{matrix} 1 & 0 & -1 & 1 & 0 \\ 0 & -1 & 1 & 0 & 1 \end{matrix}\right] \end{array}$$

回路-支路关联矩阵 $\boldsymbol{B}$ 每行中的非零元素与对应的回路上的支路相对应，支路方向和回路方向相同时为1，相反时为−1。矩阵 $\boldsymbol{B}$ 中的 $\boldsymbol{B}_{\mathrm{T}}$ 表示回路和树支关联的 $L\times N$ 阶子矩阵；$\boldsymbol{B}_{\mathrm{L}}$ 表示回路和连支关联的 $L\times L$ 阶子矩阵。

由于每个基本回路只对应一条连支，而且连支方向为基本回路正方向，所以 $\boldsymbol{B}_{\mathrm{L}}$ 是单位阵。若图2.9的树为 $T=\{a,d,e\}$，则两个基本回路分别是 $\{a,b,e\}$ 和 $\{c,d,e\}$。

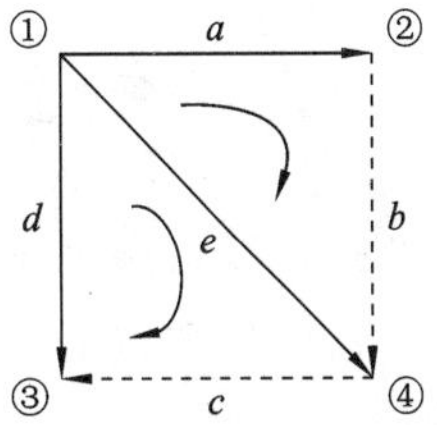


**图2.9　图 $G$ 的回路-支路关联矩阵**

设支路电流列向量 $\dot{\boldsymbol{U}}_{\mathrm{B}}=[\dot{U}_a\quad \dot{U}_d\quad \dot{U}_e\quad \dot{U}_b\quad \dot{U}_c]^{\mathrm{T}}$，根据KVL，$\sum\dot{\boldsymbol{U}}=0$，有

$$\sum\dot{\boldsymbol{U}}=\boldsymbol{B}\dot{\boldsymbol{U}}_{\mathrm{B}}=0 \tag{2.13}$$

从而可得：

(1) 含有连支 $b$ 的回路1满足 $\dot{U}_a+\dot{U}_b-\dot{U}_e=0$；

(2) 含有连支 $c$ 的回路2满足 $\dot{U}_c-\dot{U}_d+\dot{U}_e=0$。

3. 割集-支路关联矩阵

连通图 $G$ 的割集与支路的关联性质可以用一个割集-支路关联矩阵 $\boldsymbol{Q}_0$ 来描述，设有向连通图 $G$ 有 $N+1$ 个节点，$k$ 条支路，割集总数为 $g$，则 $\boldsymbol{Q}_0$ 是一个 $g\times k$ 阶矩阵。

矩阵 $\boldsymbol{Q}_0$ 的行对应割集，列对应支路，规定基本割集的正方向与树支的方向相同，则 $\boldsymbol{Q}_0$ 中各元素的定义如下。

(1) $q_{ik}=1$，支路 $k$ 与割集 $i$ 关联，支路方向与割集正方向一致；

(2) $q_{ik}=-1$，支路 $k$ 在割集 $i$ 关联，支路方向与割集正方向不一致；

(3) $q_{ik}=0$，支路 $k$ 不在割集 $i$ 内。

只要连通图是不可断的，则与任一节点关联的支路集合就是一个割集，由于基本割集仅包含一条树支，所以基本割集数等于树支数，割集-支路关联矩阵 $\boldsymbol{Q}$ 是 $N\times k$ 阶的。

若把树支放在前面，连支放在后面，则 $\boldsymbol{Q}$ 的结构为

$$\underset{N\times k}{\boldsymbol{Q}}=[\boldsymbol{Q}_{\mathrm{T}}\quad \boldsymbol{Q}_{\mathrm{L}}]=\begin{array}{c} \\ 1\\ 2\\ 3\end{array}\begin{array}{c}\begin{matrix} a & d & e & b & c\end{matrix}\\ \begin{bmatrix}1 & 0 & 0 & -1 & 0\\ 0 & 1 & 0 & 0 & 1\\ 0 & 0 & 1 & 1 & -1\end{bmatrix}\end{array}$$

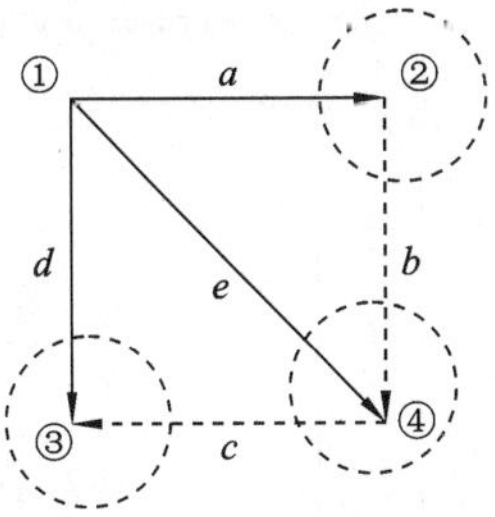


**图2.10　图 $G$ 的割集-支路关联矩阵**

割集-支路关联矩阵 $\boldsymbol{Q}$ 每行中的非零元素和对应割集的支路相对应，支路方向和割集正方向相同时非零元素为1，相反时为−1。矩阵 $\boldsymbol{Q}$ 中的 $\boldsymbol{Q}_{\mathrm{T}}$ 表示割集和树支关联的 $N\times N$ 阶子矩阵；$\boldsymbol{Q}_{\mathrm{L}}$ 表示回路和连支关联的 $N\times L$ 阶子矩阵。

由于每个割集只包含一条树支，而且树支方向为基本割集正方向，所以 $\boldsymbol{Q}_{\mathrm{T}}$ 是单位阵。图2.10的树为 $T=\{a,d,e\}$，则基本割集分别是 $\{a,b\}$、$\{d,c\}$、$\{c,e,b\}$。

设支路电流列向量 $\dot{\boldsymbol{I}}_{\mathrm{B}}=[\dot{I}_a\quad \dot{I}_d\quad \dot{I}_e\quad \dot{I}_b\quad \dot{I}_c]^{\mathrm{T}}$，根据KCL，$\sum\dot{\boldsymbol{I}}=0$，有

$$\sum\dot{\boldsymbol{I}}=\boldsymbol{Q}\dot{\boldsymbol{I}}_{\mathrm{B}}=0 \tag{2.14}$$

从而可得：

(1) 含有树支 $a$ 的割集 1 满足 $\dot{I}_a-\dot{I}_b=0$；

(2) 含有树支 $d$ 的割集 2 满足 $\dot{I}_c+\dot{I}_d=0$；

(3) 含有树支 $e$ 的割集 3 满足 $\dot{I}_b-\dot{I}_c+\dot{I}_e=0$。

## 2.4 关联矢量与支路的数学描述

关联矩阵可用来表达网络的拓扑约束，关联矢量可用来描述支路在网络中的连接关系。在已知节点电压的条件下，通过网络方程可求得支路两端节点的注入电流。

### 2.4.1 一般无源支路

1. 串联支路

由节点-支路关联矩阵的定义可知，关联矩阵 $\boldsymbol{A}$ 是由 $k$ 个列向量组成的，其中，第 $b$ 个列向量 $\boldsymbol{M}_b$ 与第 $b$ 条支路对应。

设串联支路 $b$ 与独立节点 $i$ 和节点 $j$ 关联，导纳参数为 $y_b$，规定支路 $b$ 的正方向从节点 $i$ 指向节点 $j$，如图 2.11 所示。

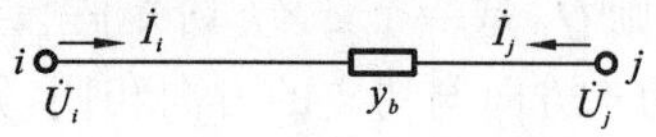


图 2.11 串联支路

由串联支路 $b$ 可得：

$$\begin{cases}\dot{I}_i=y_b(\dot{U}_i-\dot{U}_j)\\ \dot{I}_j=y_b(\dot{U}_j-\dot{U}_i)\end{cases} \tag{2.15}$$

设电力系统中有 $N$ 个节点，则式(2.15)可写成矩阵形式：

$$\underset{\dot{\boldsymbol{I}}}{\begin{bmatrix}\dot{I}_1\\ \vdots\\ \dot{I}_i\\ \vdots\\ \dot{I}_j\\ \vdots\\ \dot{I}_N\end{bmatrix}}=\begin{matrix} \\ i\\ \\ j\\ \\ \end{matrix}\overset{\begin{matrix}\quad\quad i & \quad\quad\quad j\end{matrix}}{\begin{bmatrix} & \vdots & & \vdots & \\ \cdots & y_b & \cdots & -y_b & \cdots\\ & \vdots & & \vdots & \\ \cdots & -y_b & \cdots & y_b & \cdots\\ & \vdots & & \vdots & \end{bmatrix}}\begin{bmatrix}\dot{U}_1\\ \vdots\\ \dot{U}_i\\ \vdots\\ \dot{U}_j\\ \vdots\\ \dot{U}_N\end{bmatrix}$$

仅 4 个元素不为 0

$$=\underset{\boldsymbol{M}_b}{\begin{bmatrix}0\\ \vdots\\ 1\\ \vdots\\ -1\\ \vdots\\ 0\end{bmatrix}}y_b\underset{\boldsymbol{M}_b^{\mathrm{T}}}{\begin{bmatrix}0 & \cdots & 1 & \cdots & -1 & \cdots & 0\end{bmatrix}}\underset{\dot{\boldsymbol{U}}}{\begin{bmatrix}\dot{U}_1\\ \vdots\\ \dot{U}_i\\ \vdots\\ \dot{U}_j\\ \vdots\\ \dot{U}_N\end{bmatrix}} \tag{2.16}$$

式(2.16)中列向量 $\boldsymbol{M}_b$ 称为关联矢量，它描述了支路 $b$ 在网络中的连接关系，因此可得支路关联矢量：

$$\boldsymbol{M}_b=[\underset{1}{0}\quad\cdots\quad\underset{i}{1}\quad\cdots\quad\underset{j}{-1}\quad\cdots\quad\underset{N}{0}]^{\mathrm{T}}\tag{2.17}$$

2. 并联支路

设并联支路 $b$ 与独立节点 $i$ 和参考节点关联，如图 2.12 所示。

由并联支路 $b$ 可得：

$$\dot{I}_i=y_b\dot{U}_i\tag{2.18}$$

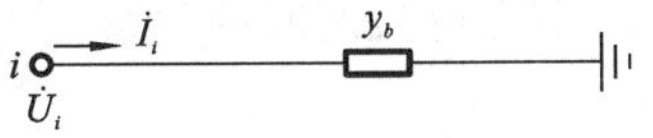


图 2.12　并联支路

由此可得支路关联矢量：

$$\boldsymbol{M}_b=[\underset{1}{0}\quad\cdots\quad\underset{i}{1}\quad\cdots\quad\underset{N}{0}]^{\mathrm{T}}\tag{2.19}$$

设电力系统中有 $N$ 个节点，则式(2.19)可写成矩阵形式：

$$\underset{\dot{\boldsymbol{I}}}{\begin{bmatrix}0\\\vdots\\\dot{I}_i\\\vdots\\0\end{bmatrix}}=\begin{bmatrix} & \vdots & \\ \cdots & y_b & \cdots\\ & \vdots & \end{bmatrix}\begin{bmatrix}\dot{U}_1\\\vdots\\\dot{U}_i\\\vdots\\\dot{U}_N\end{bmatrix}=\underset{\boldsymbol{M}_b}{\begin{bmatrix}0\\\vdots\\1\\\vdots\\0\end{bmatrix}}y_b\underset{\boldsymbol{M}_b^{\mathrm{T}}}{[0\quad\cdots\quad1\quad\cdots\quad0]}\underset{\dot{\boldsymbol{U}}}{\begin{bmatrix}\dot{U}_1\\\vdots\\\dot{U}_i\\\vdots\\\dot{U}_N\end{bmatrix}}\tag{2.20}$$

显然，支路 $b$ 的电压为 $\boldsymbol{M}_b^{\mathrm{T}}\dot{\boldsymbol{U}}$，根据欧姆定律，一般无源支路两端节点注入电流为

$$\dot{\boldsymbol{I}}=\boldsymbol{M}_b\dot{I}_b=\boldsymbol{M}_b y_b\boldsymbol{M}_b^{\mathrm{T}}\dot{\boldsymbol{U}}\tag{2.21}$$

式(2.21)是利用关联矢量表达的一般无源支路特性约束，对所有无源支路求和，则有

$$\dot{\boldsymbol{I}}=\sum_{i=1}^{k}\boldsymbol{M}_b\dot{I}_b=\sum_{i=1}^{k}\boldsymbol{M}_b y_b\boldsymbol{M}_b^{\mathrm{T}}\dot{\boldsymbol{U}}=\boldsymbol{Y}\dot{\boldsymbol{U}}\tag{2.22}$$

这是节点网络方程的一种表述形式，它表明节点导纳矩阵 $\boldsymbol{Y}$ 可以按支路逐条形成。

## 2.4.2　广义无源支路

首先我们来了解标准变比和非标准变比的概念。

标准变比是指变压器各侧所选基准电压之比，非标准变比是指变压器实际变比与标准变比之比(即标幺值)。

对于有标准变比的变压器，在电力网络分析中，其标准变比可含在标幺值的基值中；但对于含有非标准变比的变压器和移相器支路，除有支路参数外，还含有需要处理的变比，如图 2.13 所示。

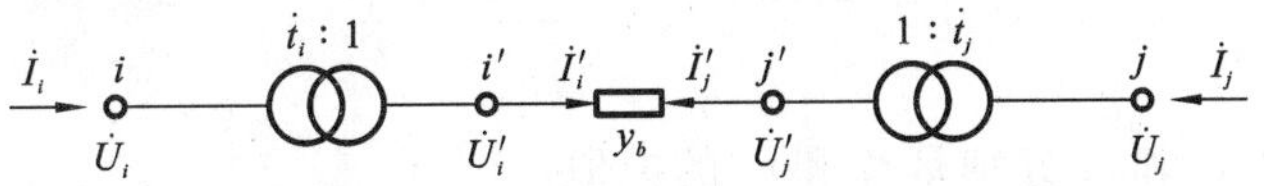


图 2.13　广义无源支路

考虑一般情况，在支路 $b$ 的节点 $i$ 端和节点 $j$ 端都接有理想变压器，其变比分别为 $\dot{t}_i$ 和 $\dot{t}_j$，用复数表示变比，考虑支路含有移相器的情况。

理想变压器无功率损耗，两侧功率不变，则有

$$\dot{U}_i\hat{I}_i=\dot{U}'_i\hat{I}'_i,\quad \dot{U}_j\hat{I}_j=\dot{U}'_j\hat{I}'_j\tag{2.23}$$

因此有

$$\dot{t}_i=\frac{\dot{U}_i}{\dot{U}'_i}=\frac{\hat{\dot{I}}'_i}{\hat{\dot{I}}_i}\text{或}\hat{\dot{t}}_i=\frac{\hat{\dot{U}}_i}{\hat{\dot{U}}'_i}=\frac{\dot{I}'_i}{\dot{I}_i},\quad \dot{t}_j=\frac{\dot{U}_j}{\dot{U}'_j}=\frac{\hat{\dot{I}}'_j}{\hat{\dot{I}}_j}\text{或}\hat{\dot{t}}_j=\frac{\hat{\dot{U}}_j}{\hat{\dot{U}}'_j}=\frac{\dot{I}'_j}{\dot{I}_j}$$

由图 2.13 可得节点电压之间的关系为

$$\dot{U}_i=\dot{t}_i\dot{U}'_i,\quad \dot{U}_j=\dot{t}_j\dot{U}'_j \tag{2.24}$$

节点电流之间的关系为

$$\dot{I}'_i=\hat{\dot{t}}_i\dot{I}_i,\quad \dot{I}'_j=\hat{\dot{t}}_j\dot{I}_j \tag{2.25}$$

所以由式(2.24)、式(2.25)及欧姆定律得

$$\dot{I}_i=\frac{1}{\hat{\dot{t}}_i}\dot{I}'_i=\frac{1}{\hat{\dot{t}}_i}y_b(\dot{U}'_i-\dot{U}'_j)=\frac{1}{\hat{\dot{t}}_i}y_b\left(\frac{1}{\dot{t}_i}\dot{U}_i-\frac{1}{\dot{t}_j}\dot{U}_j\right) \tag{2.26}$$

$$\dot{I}_j=-\frac{1}{\hat{\dot{t}}_j}y_b(\dot{U}'_i-\dot{U}'_j)=-\frac{1}{\hat{\dot{t}}_j}y_b\left(\frac{1}{\dot{t}_i}\dot{U}_i-\frac{1}{\dot{t}_j}\dot{U}_j\right) \tag{2.27}$$

若将由式(2.26)和式(2.27)组成的方程组写成矩阵方程的形式，则变压器/移相器支路的节点方程为

$$\begin{bmatrix}\dot{I}_i\\ \dot{I}_j\end{bmatrix}=y_b\begin{bmatrix}\dfrac{1}{t_i^2} & -\dfrac{1}{\hat{\dot{t}}_i\dot{t}_j}\\ -\dfrac{1}{\hat{\dot{t}}_j\dot{t}_i} & \dfrac{1}{t_j^2}\end{bmatrix}\begin{bmatrix}\dot{U}_i\\ \dot{U}_j\end{bmatrix} \tag{2.28}$$

引入广义关联矢量：

$$\dot{\boldsymbol{M}}_b=\begin{bmatrix}0 & \cdots & \dfrac{1}{\hat{\dot{t}}_i} & \cdots & -\dfrac{1}{\hat{\dot{t}}_j} & \cdots & 0\end{bmatrix}^{\mathrm{T}} \tag{2.29}$$

则变压器/移相器支路两端节点的注入电流为

$$\dot{\boldsymbol{I}}=\dot{\boldsymbol{M}}_b\dot{\boldsymbol{I}}_b=\dot{\boldsymbol{M}}_b y_b\hat{\dot{\boldsymbol{M}}}_b^{\mathrm{T}}\dot{\boldsymbol{U}} \tag{2.30}$$

式(2.30)中，$\hat{\dot{\boldsymbol{M}}}_b^{\mathrm{T}}$ 是 $\dot{\boldsymbol{M}}_b$ 的共轭转置矩阵。当支路为移相器支路，变比 $\dot{t}$ 为复数时，广义关联矢量的转置为共轭转置；对于不含移相器的支路，变比 $\dot{t}$ 为实数，此时共轭转置为转置。

对于一般的情况，可以从式(2.30)中抽取变压器/移相器支路的节点方程，则有

$$\dot{\boldsymbol{I}}=\dot{\boldsymbol{M}}_b\dot{I}_b=\begin{bmatrix}\dot{I}_i\\ \dot{I}_j\end{bmatrix}=y_b\begin{bmatrix}\dfrac{1}{t_i^2} & -\dfrac{1}{\hat{\dot{t}}_i\dot{t}_j}\\ -\dfrac{1}{\hat{\dot{t}}_j\dot{t}_i} & \dfrac{1}{t_j^2}\end{bmatrix}\begin{bmatrix}\dot{U}_i\\ \dot{U}_j\end{bmatrix} \tag{2.31}$$

式(2.31)中，$t_i$ 和 $t_j$ 分别是 $\dot{t}_i$ 和 $\dot{t}_j$ 的模值。

若支路为只在 $j$ 端有非标准变比 $t_j$ 的变压器支路，也是我们最常见的情况，则式(2.31)变成式(2.32)的形式。

$$\begin{bmatrix}\dot{I}_i\\ \dot{I}_j\end{bmatrix}=y_b\begin{bmatrix}1 & -\dfrac{1}{t_j}\\ -\dfrac{1}{t_j} & \dfrac{1}{t_j^2}\end{bmatrix}\begin{bmatrix}\dot{U}_i\\ \dot{U}_j\end{bmatrix} \tag{2.32}$$

广义无源支路的几种退化形式为：

(1) $t_i$、$t_j$ 是实数，为一般变压器；

(2) $t_i = t_j = 1$，为一般无源支路；

(3) 若一端有变压器，则另一端 $t = 1$。

# 3

# 电力系统网络矩阵和潮流方程

电力系统网络模型由网络元件参数和网络元件连接关系确定。在实际电力网络计算中，常用一个既包含网络元件参数又包含网络元件连接关系的矩阵来描述电力系统网络模型。而节点导纳矩阵和节点阻抗矩阵具有这两个特征，因此常用它们来描述电力系统网络模型，它们是电力系统网络矩阵计算中最常用的网络矩阵，因此网络矩阵一般是指节点矩阵。在网络矩阵确定的条件下，通过建立网络方程可得到潮流方程。

## 3.1 节点导纳矩阵

设连通的电力网络节点数是 $N$，大地作为节点未包含在内，因此包含大地节点的网络有 $N+1$ 个节点，网络中 $k$ 条支路包含了接地支路。

### 3.1.1 节点不定导纳矩阵

如果把地节点增广进来，则电网的 $(N+1)\times k$ 阶节点-支路关联矩阵为 $\boldsymbol{A}_0$，$k$ 阶支路-导纳矩阵为 $\boldsymbol{y}_k$，$(N+1)\times(N+1)$ 阶节点-导纳矩阵 $\boldsymbol{Y}_0$ 为

$$\boldsymbol{Y}_0=\boldsymbol{A}_0\boldsymbol{y}_k\boldsymbol{A}_0^{\mathrm{T}} \tag{3.1}$$

式(3.1)中的 $\boldsymbol{A}_0$ 含有参考地节点，故其导纳矩阵 $\boldsymbol{Y}_0$ 是奇异的。$\boldsymbol{Y}_0$ 对应的网络方程为

$$\boldsymbol{Y}_0\dot{\boldsymbol{U}}_0=\dot{\boldsymbol{I}}_0 \tag{3.2}$$

式(3.2)中 $\dot{\boldsymbol{U}}_0$ 和 $\dot{\boldsymbol{I}}_0$ 为 $N+1$ 维节点电压和节点电流列向量。包含增广地节点在内的 $N+1$ 个节点、$k$ 条支路的连通网络的节点-导纳矩阵为 $\boldsymbol{Y}_0$，因其公共参考节点在 $N+1$ 个节点之外，且与该连通网络之间无支路相连，这时的 $\boldsymbol{Y}_0$ 称为节点不定导纳矩阵。

节点不定导纳矩阵的特点是连通网络的公共参考节点在 $N+1$ 个节点之外，与该网络之间没有支路相关联，全网各节点电位不定，导纳矩阵不可逆。

节点不定导纳矩阵具有以下性质。

(1) 不含移相器支路时，$\boldsymbol{Y}_0$ 是对称阵，即 $\boldsymbol{Y}_0=\boldsymbol{Y}_0^{\mathrm{T}}$；含有移相器支路时，$\boldsymbol{Y}_0$ 与其共轭转置对称，即 $\boldsymbol{Y}_0=\hat{\boldsymbol{Y}}_0^{\mathrm{T}}$。

(2) $\boldsymbol{Y}_0$ 是奇异矩阵，其任一行(列)元素之和为 0。

可用 $\boldsymbol{Y}_0\times\boldsymbol{1}=\boldsymbol{0}$ 来表示这一性质，其中，$\boldsymbol{1}$ 是每个元素都是 1 的 $N+1$ 维列矢量。

网络中所有节点电位相同时，网络中任一条支路的电流都是零，所以节点注入电流也是零。

当电力网络没有接地支路时，该网络浮空，$N$ 个节点和地节点之间没有支路连接，则 $\boldsymbol{Y}_0$ 中和地节点相对应的行(列)都是零，则此时不包含地节点的 $N\times N$ 阶节点导纳矩阵也是奇异矩阵，也称作不定导纳矩阵，也满足上面的两个性质。

### 3.1.2　节点定导纳矩阵

选地节点为电压参考点，将它排在 $N+1$ 位，令参考节点电位为零，则可将不定导纳矩阵表示的网络方程式(3.2)写成分块形式：

$$\begin{bmatrix}\boldsymbol{Y} & \boldsymbol{y}_0\\ \boldsymbol{y}_0^{\mathrm{T}} & y_{00}\end{bmatrix}\begin{bmatrix}\dot{\boldsymbol{U}}\\ 0\end{bmatrix}=\begin{bmatrix}\dot{\boldsymbol{I}}\\ \dot{I}_0\end{bmatrix}\tag{3.3}$$

展开后有

$$\boldsymbol{Y}\dot{\boldsymbol{U}}=\dot{\boldsymbol{I}}\tag{3.4}$$

$$\boldsymbol{y}_0^{\mathrm{T}}\dot{\boldsymbol{U}}=\dot{I}_0\tag{3.5}$$

式(3.3)中，$\boldsymbol{Y}$ 为 $N\times N$ 阶矩阵，是不定导纳矩阵 $\boldsymbol{Y}_0$ 划去地节点对应的行和列后剩下的矩阵，是以地节点为参考节点形成的节点导纳矩阵；$\boldsymbol{y}_0^{\mathrm{T}}=[y_{N+1,1}\quad y_{N+1,2}\quad\cdots\quad y_{N+1,N}]$是有 $N$ 个元素的行向量；$\boldsymbol{y}_0=[y_{1,N+1}\quad y_{2,N+1}\quad\cdots\quad y_{N,N+1}]^{\mathrm{T}}$ 是有 $N$ 个元素的列向量；$\dot{\boldsymbol{U}}$ 和 $\dot{\boldsymbol{I}}$ 分别为 $N$ 维节点电压和电流列矢量；$\dot{I}_0$ 为流入地节点的电流。

式(3.4)是常用的节点导纳矩阵表示的网络方程，式(3.5)可表示注入地节点电流。

当网络中存在接地支路时，$N$ 个节点的电力网络和大地参考节点之间由支路相连，$\boldsymbol{Y}$ 矩阵是非奇异的，定义为节点导纳矩阵。

用 $\boldsymbol{A}$ 代替 $\boldsymbol{A}_0$，$\boldsymbol{Y}=\boldsymbol{A}\boldsymbol{y}_k\boldsymbol{A}^{\mathrm{T}}$ 相当于去掉参考节点对应的行和列，则形成的节点导纳矩阵 $\boldsymbol{Y}$ 是非奇异的。

节点导纳矩阵的性质如下。

(1) $\boldsymbol{Y}=\boldsymbol{Y}^{\mathrm{T}}$ 是 $N\times N$ 阶对称矩阵。

(2) $\boldsymbol{Y}$ 是稀疏矩阵。因为节点-支路关联矩阵 $\boldsymbol{A}$ 是稀疏的，即每一列中最多只有两个非零元素，每一行中仅与节点相关的元素不为零，所以 $\boldsymbol{Y}$ 是稀疏矩阵。

(3) $\boldsymbol{Y}$ 是非奇异的，条件是网络和参考节点有电气联系。

(4) $\boldsymbol{Y}$ 是对角占优的，条件是网络中所有支路的性质都相同，如都为电感性支路，则有

$$|Y_{ii}|\geqslant\left|\sum_{j\in i}Y_{ij}\right|$$

式中，$j\in i$，表示节点 $i$ 和节点 $j$ 之间有支路关联。因支路性质相同，则有

$$|Y_{ii}|=\left|\sum y_{ij}+y_{i0}\right|\geqslant\left|\sum y_{ij}\right|=\left|-\sum Y_{ij}\right|=\left|\sum Y_{ij}\right|$$

其中，小写字母表示支路导纳，大写字母表示导纳矩阵元素，$y_{i0}$ 表示接地支路导纳。

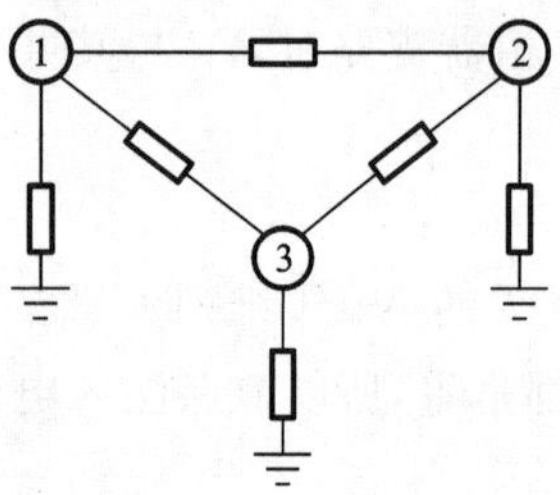


图 3.1 对角占优分析图

下面通过一个例子来说明对角占优的问题。

图 3.1 所示的系统有 3 个独立节点，6 条支路，1 个参考地节点。由此可写出该系统网络的节点导纳矩阵为

$$\boldsymbol{Y}=\begin{bmatrix} y_{12}+y_{13}+y_{10} & -y_{12} & -y_{13} \\ -y_{21} & y_{12}+y_{23}+y_{20} & -y_{23} \\ -y_{31} & -y_{32} & y_{13}+y_{23}+y_{30} \end{bmatrix}$$

从该导纳矩阵可以看出，$|Y_{ii}| \geqslant \left| \sum\limits_{j\in i} Y_{ij} \right|$。

### 3.1.3 节点导纳矩阵 Y 的形成

1. 形成节点导纳矩阵 **Y** 的一般原则

(1) 节点导纳矩阵 **Y** 的阶数等于网络的独立节点数。

(2) 第 $i$ 行非对角元素的非零元素个数等于与节点 $i$ 相连接的不接地支路数。且非零非对角元素满足 $Y_{ij}=Y_{ji}=-y_{ij}=-1/z_{ij}$。

(3) 第 $i$ 行对角元素等于与节点 $i$ 相连接的所有支路(含接地支路)导纳之和，即 $Y_{ii}=\sum\limits_{j\in i} y_{ij}$。

(4) 首先定义"支路信息"为一维数组 $y_l$，然后对 $y_l$ 逐一搜索。

建立以地为参考点的节点导纳矩阵 **Y** 的方法如下。

设向量 $\boldsymbol{A}=(m_1,\cdots,m_k)$，则 $\boldsymbol{AA}^{\mathrm{T}}=\sum\limits_{l=1}^{k} m_l^2$，$\boldsymbol{A}$ 为 $N\times k$ 阶矩阵，这里 $N=1$。

若矩阵 $\boldsymbol{A}=[\boldsymbol{M}_1 \quad \cdots \quad \boldsymbol{M}_k]$，$\boldsymbol{M}_l$ 列向量为关联矢量，则 $\boldsymbol{AA}^{\mathrm{T}}=\sum\limits_{l=1}^{k}\boldsymbol{M}_l\boldsymbol{M}_l^{\mathrm{T}}$，因此有 $\boldsymbol{Y}=\boldsymbol{A}\boldsymbol{y}_k\boldsymbol{A}^{\mathrm{T}}=\sum\limits_{i=1}^{k}\boldsymbol{M}_l y_l \boldsymbol{M}_l^{\mathrm{T}}=\sum\limits_{l}\begin{bmatrix} y_l & -y_l \\ -y_l & y_l \end{bmatrix}$，其中，$\boldsymbol{y}_k$ 为 $k$ 阶支路导纳矩阵，$y_l$ 为支路导纳。

设网络中有串联支路 $l$，其两端节点是 $i$ 和 $j$，该支路对导纳矩阵中非零元素的贡献为

$$\boldsymbol{M}_l y_l \boldsymbol{M}_l^{\mathrm{T}}=\begin{bmatrix} 1 \\ -1 \end{bmatrix} y_l [1 \quad -1]=\begin{matrix} \\ i \\ \\ j \\ \\ \end{matrix}\begin{bmatrix} & \vdots & & \vdots & \\ \cdots & y_l & \cdots & -y_l & \cdots \\ & \vdots & & \vdots & \\ \cdots & -y_l & \cdots & y_l & \cdots \\ & \vdots & & \vdots & \end{bmatrix} \tag{3.6}$$

其中，$\boldsymbol{M}_l$ 是支路 $l$ 的关联矢量，$y_l$ 为支路导纳。

若在串联支路 $l$ 的节点 $i$ 并联支路 $b$，则矩阵形成过程中支路贡献的追加为

$$\boldsymbol{M}_l y_l \boldsymbol{M}_l^{\mathrm{T}}+\boldsymbol{M}_b y_b \boldsymbol{M}_b^{\mathrm{T}}=\begin{matrix} i \\ \\ j \\ \\ k \end{matrix}\overset{\begin{matrix} i & \quad & j & \quad & k \end{matrix}}{\begin{bmatrix} y_l+y_b & \cdots & -y_l & \cdots & -y_b \\ \vdots & & \vdots & & \vdots \\ -y_l & \cdots & y_l & \cdots & \cdots \\ \vdots & & \vdots & & \vdots \\ -y_b & \cdots & \cdots & \cdots & y_b \end{bmatrix}} \tag{3.7}$$

2. 几种支路对节点导纳矩阵 **Y** 的贡献

(1) 接地支路：只修改连接在 $i$ 节点的 $Y_{ii}$，$\boldsymbol{M}_l=[0 \quad \cdots \quad \underset{i}{1} \quad \cdots \quad 0]^{\mathrm{T}}$ 或简写成 $\boldsymbol{M}_l$

$=[\underset{i}{1}]^{\mathrm{T}}$，只有在对角元素的$(i,i)$位置才有非零元素，其值是 $y_l$。

(2) 普通的不接地支路：如 π 型电路中串联部分阻抗，$\boldsymbol{M}_l=[0 \quad \cdots \quad \underset{i}{1} \quad \cdots \quad \underset{j}{-1} \quad \cdots \quad 0]^{\mathrm{T}}$ 或简写成 $\boldsymbol{M}_l=[\underset{i}{1} \quad \underset{j}{-1}]^{\mathrm{T}}$，则修改$(i,i)$，$(j,j)$，$(i,j)$，$(j,i)$，支路对 $\boldsymbol{Y}$ 中非零元素的贡献同式(3.6)。

(3) 含非标准变比的变压器支路，其两端节点是 $i$ 和 $j$，$\boldsymbol{M}_l=[1 \quad -1/t]^{\mathrm{T}}$，支路对 $\boldsymbol{Y}$ 中非零元素的贡献为

$$\boldsymbol{M}_l y_l \boldsymbol{M}_l^{\mathrm{T}}=\begin{bmatrix}1\\-1/t\end{bmatrix} y_l [1 \quad -1/t]=\begin{array}{c}\\ i\\ j\end{array}\begin{array}{c}\begin{array}{cc} i & \quad j\end{array}\\ \begin{bmatrix}y_l & -y_l/t\\ -y_l/t & y_l/t^2\end{bmatrix}\end{array} \tag{3.8}$$

对于节点导纳矩阵 $\boldsymbol{Y}$，对角元素为与节点关联的所有支路导纳之和，称为自导纳；非零非对角元素为在支路相应位置处所对应支路导纳的相反数，称为互导纳。

(4) 有互感的支路，成组追加。

若支路 $l(i,j)$ 和 $k(p,q)$ 之间有互感 $y_m$，则将含有互感的两条支路组成一组，并将支路阻抗矩阵变成导纳矩阵，共同考虑它们对节点导纳矩阵的贡献，如图 3.2 所示。

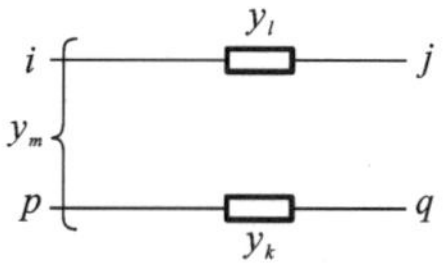


**图 3.2 有互感的支路**

这两条支路对节点导纳矩阵的贡献为

$$\begin{aligned}
&[\boldsymbol{M}_l \quad \boldsymbol{M}_k]\begin{bmatrix}y_l & y_m\\ y_m & y_k\end{bmatrix}\begin{bmatrix}\boldsymbol{M}_l^{\mathrm{T}}\\ \boldsymbol{M}_k^{\mathrm{T}}\end{bmatrix}\\
&=\boldsymbol{M}_l y_l \boldsymbol{M}_l^{\mathrm{T}}+\boldsymbol{M}_l y_m \boldsymbol{M}_k^{\mathrm{T}}+\boldsymbol{M}_k y_m \boldsymbol{M}_l^{\mathrm{T}}+\boldsymbol{M}_k y_k \boldsymbol{M}_k^{\mathrm{T}}\\
&=\underset{\boldsymbol{M}_l \quad \boldsymbol{M}_k}{\begin{bmatrix}\vdots & \vdots\\ 1 & 0\\ \vdots & \vdots\\ 0 & 1\\ \vdots & \vdots\\ -1 & 0\\ \vdots & \vdots\\ 0 & -1\\ \vdots & \vdots\end{bmatrix}}\begin{bmatrix}y_l & y_m\\ y_m & y_k\end{bmatrix}\begin{bmatrix}\cdots & 1 & \cdots & 0 & \cdots & -1 & \cdots & 0 & \cdots\\ \cdots & 0 & \cdots & 1 & \cdots & 0 & \cdots & -1 & \cdots\end{bmatrix}\begin{matrix}\boldsymbol{M}_l^{\mathrm{T}}\\ \boldsymbol{M}_k^{\mathrm{T}}\end{matrix}
\end{aligned}$$

$$=\begin{bmatrix}
 & \vdots & & \vdots & & \vdots & & \vdots & \\
\cdots & y_l & \cdots & y_m & \cdots & -y_l & \cdots & -y_m & \cdots\\
 & \vdots & & \vdots & & \vdots & & \vdots & \\
\cdots & y_m & \cdots & y_k & \cdots & -y_m & \cdots & -y_k & \cdots\\
 & \vdots & & \vdots & & \vdots & & \vdots & \\
\cdots & -y_l & \cdots & -y_m & \cdots & y_l & \cdots & y_m & \cdots\\
 & \vdots & & \vdots & & \vdots & & \vdots & \\
\cdots & -y_m & \cdots & -y_k & \cdots & y_m & \cdots & y_k & \cdots\\
 & \vdots & & \vdots & & \vdots & & \vdots & 
\end{bmatrix}\begin{matrix}\\ i\\ \\ p\\ \\ j\\ \\ q\\ \\ \end{matrix} \tag{3.9}$$

$$\begin{matrix}\qquad i & \qquad\qquad p & \qquad\qquad j & \qquad\qquad q\end{matrix}$$

**例 3.1** 如图 3.3 所示的电力系统，节点④是地节点，建立节点不定导纳矩阵和定导纳矩阵。图中各支路阻抗如下：$z_1=j0.02$，$z_2=j0.02$，$z_3=j0.04$，$z_4=j0.05$，$z_5=j0.05$。互感抗 $z_{35}=j0.02$。

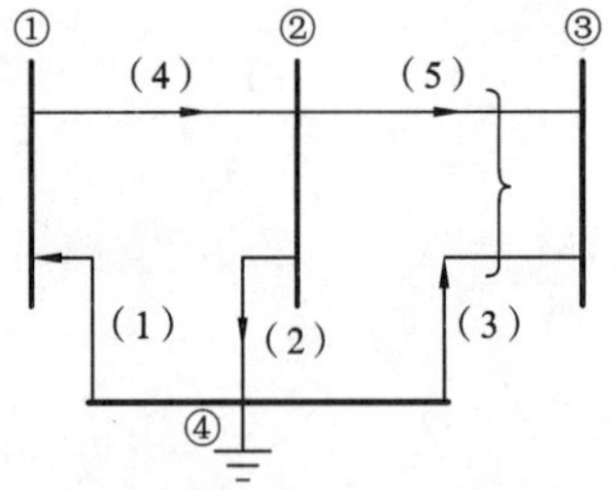


**图 3.3 例 3.1 图**

**解** (1) 首先建立支路阻抗矩阵：

$$z_k=j\begin{bmatrix}0.02&&&&\\&0.02&&&\\&&0.04&&0.02\\&&&0.05&\\&&0.02&&0.05\end{bmatrix}$$

(2) 对支路阻抗矩阵求逆得到支路导纳矩阵：

$$y_k=z_k^{-1}=-j\begin{bmatrix}50&&&&\\&50&&&\\&&31.25&&-12.5\\&&&20&\\&&-12.5&&25\end{bmatrix}$$

(3) 列节点-支路关联矩阵：

$$A_0=\begin{matrix}①\\②\\③\\④\end{matrix}\overset{\begin{matrix}(1)&(2)&(3)&(4)&(5)\end{matrix}}{\begin{bmatrix}-1&0&0&1&0\\0&1&0&-1&1\\0&0&-1&0&-1\\1&-1&1&0&0\end{bmatrix}}$$

(4) 计算不定导纳矩阵：

$$Y_0=A_0y_kA_0^{\mathrm{T}}=\begin{bmatrix}-1&0&0&1&0\\0&1&0&-1&1\\0&0&-1&0&-1\\1&-1&1&0&0\end{bmatrix}$$

$$\times(-j)\begin{bmatrix}50&&&&\\&50&&&\\&&31.25&&-12.5\\&&&20&\\&&-12.5&&25\end{bmatrix}\times\begin{bmatrix}-1&0&0&1\\0&1&0&-1\\0&0&-1&1\\1&-1&0&0\\0&1&-1&0\end{bmatrix}$$

$$=-j\begin{bmatrix}70&-20&0&-50\\-20&95&-12.5&-62.5\\0&-12.5&31.25&-18.75\\-50&-62.5&-18.75&131.25\end{bmatrix}$$

$Y_0$ 所对应的网络如图 3.4 所示。

(5) 计算定导纳矩阵。

去掉地节点所对应的行和列，可得定导纳矩阵为

$$Y=-j\begin{bmatrix}70&-20&0\\-20&95&-12.5\\0&-12.5&31.25\end{bmatrix}$$

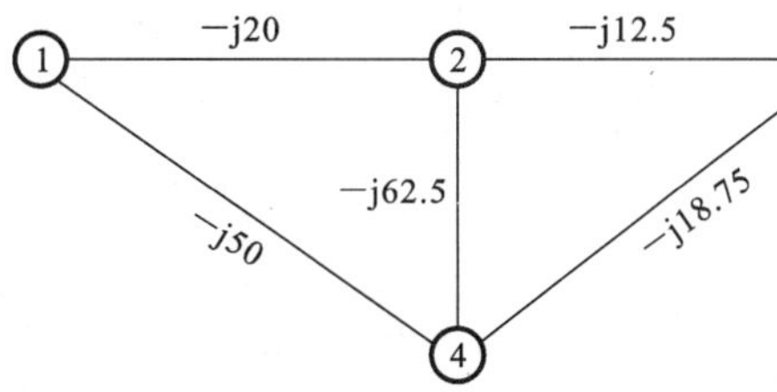


**图 3.4 例 3.1 的不定导纳矩阵对应图**

**例 3.2** 如图 3.5(a)所示的一个三母线电力系统，各支路参数标于图上，两发电机均星形接地，试求该网络的节点导纳矩阵。

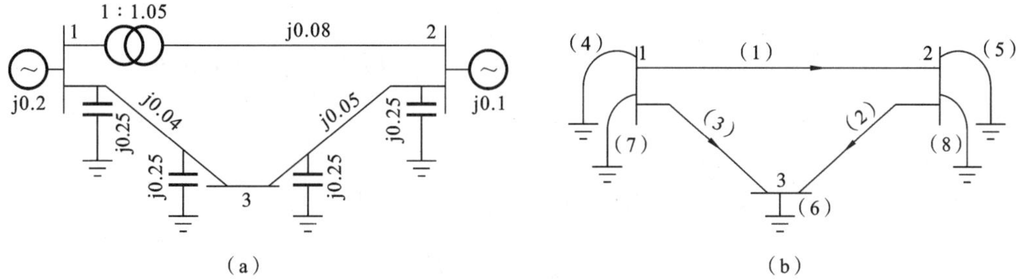


**图 3.5 例 3.2 图**

**解** (1) 为支路编号并规定串联支路的正方向，如图 3.5(b)所示，则节点-支路关联矩阵为

$$\boldsymbol{A}=\begin{bmatrix} 1/t & 0 & 1 & 1 & 0 & 0 & 1 & 0 \\ -1 & 1 & 0 & 0 & 1 & 0 & 0 & 1 \\ 0 & -1 & -1 & 0 & 0 & 1 & 0 & 0 \end{bmatrix}$$

(2) 建立支路阻抗矩阵，在图 3.5(b)中，支路(1)、(2)、(3)为输电线支路；支路(4)、(5)、(6)为接地电容支路；支路(7)、(8)为发电机支路，则有

$$\boldsymbol{z}_k=\mathrm{j}\begin{bmatrix} 0.08 & & & & & & & \\ & 0.05 & & & & & & \\ & & 0.04 & & & & & \\ & & & -4 & & & & \\ & & & & -4 & & & \\ & & & & & -2 & & \\ & & & & & & 0.2 & \\ & & & & & & & 0.1 \end{bmatrix}$$

(3) 求出节点导纳矩阵：

$$\boldsymbol{Y}=\boldsymbol{A}\boldsymbol{z}_k^{-1}\boldsymbol{A}^{\mathrm{T}}=-\mathrm{j}\begin{bmatrix} 43.5313 & -13.125 & -25 \\ -13.125 & 42.25 & -20 \\ -25 & -20 & 44.5 \end{bmatrix}$$

**例 3.3** 如图 3.6(a)所示的一个三母线电力系统，在母线①和母线③之间的输电线的母线③端连接一个纵向串联加压器，可在同一电压等级下改变电压幅值。该系统的网络元件用图 3.6(b)所示的等值电路表示，串联支路用电阻和电抗表示，并联支路

用电纳表示，支路(①，③)用一个变比可调的等值变压器表示，非标准变比 $t=1.05$，在节点①侧。试求该网络的节点导纳矩阵。

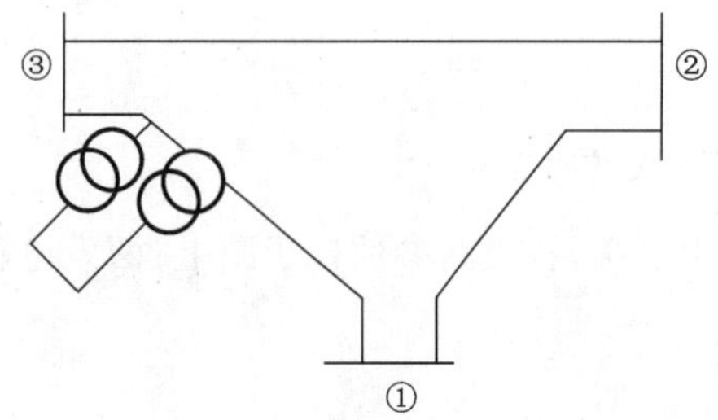


(a) 系统接线图

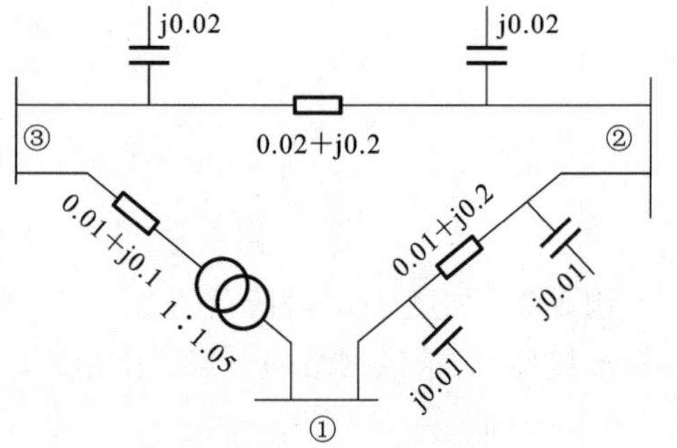


(b) 系统网络元件等值电路

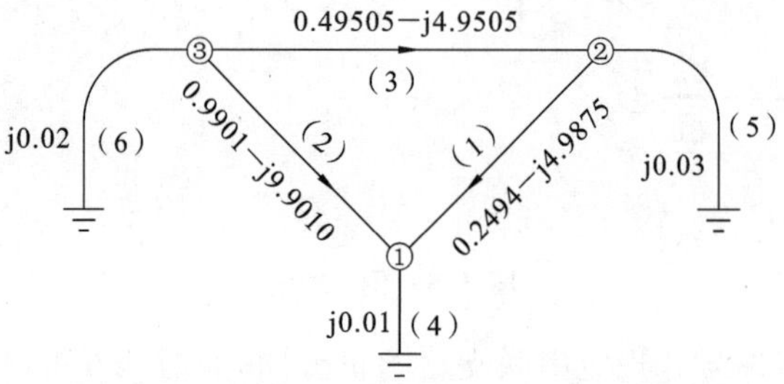


(c) 系统有向图

**图 3.6　三母线电力系统**

**解**　横向串联加压器主要改变高压电力网的有功功率分布；纵向串联加压器主要改变高压电力网的无功功率分布。

为支路编号并规定串联支路的正方向，如图 3.6(c)所示，则广义节点支路关联矩阵为

$$\boldsymbol{A}=\begin{bmatrix}-1 & -1/t & 0 & 1 & 0 & 0\\ 1 & 0 & -1 & 0 & 1 & 0\\ 0 & 1 & 1 & 0 & 0 & 1\end{bmatrix}$$

**A** 中行与节点对应，列与支路对应。

各支路导纳分别为

$$y_{12}=\frac{1}{0.01+\mathrm{j}0.2}=0.2494-\mathrm{j}4.9875,\quad y_{13}=\frac{1}{0.01+\mathrm{j}0.1}=0.9901-\mathrm{j}9.9010,$$

$$y_{23}=\frac{1}{0.02+\mathrm{j}0.2}=0.49505-\mathrm{j}4.9505,\quad y_{10}=\mathrm{j}0.01,\quad y_{20}=\mathrm{j}0.03,\quad y_{30}=\mathrm{j}0.02$$

建立节点导纳矩阵：

$$\boldsymbol{Y}=\boldsymbol{A}\boldsymbol{y}_k\boldsymbol{A}^{\mathrm{T}}=\begin{bmatrix}-1 & -1/t & 0 & 1 & 0 & 0\\ 1 & 0 & -1 & 0 & 1 & 0\\ 0 & 1 & 1 & 0 & 0 & 1\end{bmatrix}\begin{bmatrix}y_{12} & & & & & \\ & y_{13} & & & & \\ & & y_{23} & & & \\ & & & y_{10} & & \\ & & & & y_{20} & \\ & & & & & y_{30}\end{bmatrix}$$

$$\begin{bmatrix} -1 & -1/t & 0 & 1 & 0 & 0 \\ 1 & 0 & -1 & 0 & 1 & 0 \\ 0 & 1 & 1 & 0 & 0 & 1 \end{bmatrix}^{\mathrm{T}}$$

于是,$\boldsymbol{Y}$ 的各元素是

$$Y_{11}=y_{12}+\frac{y_{13}}{t^2}+y_{10}=1.1474-\mathrm{j}13.9580,\quad Y_{22}=y_{12}+y_{20}+y_{23}=0.74445-\mathrm{j}9.908,$$

$$Y_{33}=y_{13}+y_{23}+y_{30}=1.48515-\mathrm{j}14.8315,\quad Y_{12}=Y_{21}=-y_{12}=-0.2494+\mathrm{j}4.9875,$$

$$Y_{13}=Y_{31}=-y_{13}/t=-0.9430+\mathrm{j}9.430,\quad Y_{23}=Y_{32}=-y_{23}=-0.49505+\mathrm{j}4.9505$$

导纳矩阵是对称矩阵,只需求出上三角部分。最终可求得导纳矩阵为

$$\boldsymbol{Y}=\begin{bmatrix} 1.1474-\mathrm{j}13.9580 & -0.2494+\mathrm{j}4.9875 & -0.9430+\mathrm{j}9.430 \\ -0.2494+\mathrm{j}4.9875 & 0.74445-\mathrm{j}9.908 & -0.49505+\mathrm{j}4.9505 \\ -0.9430+\mathrm{j}9.430 & -0.49505+\mathrm{j}4.9505 & 1.48515-\mathrm{j}14.8315 \end{bmatrix}$$

### 3.1.4 节点导纳矩阵表达式的推导

网络的关系可以从不同角度来考查,因此网络方程的形式也不是唯一的,下面从节点网络方程来着手进行分析。

若以节点电压 $\dot{\boldsymbol{U}}_N$ 和节点注入电流 $\dot{\boldsymbol{I}}_N$ 为物理量,则网络的支路特性约束为

$$\boldsymbol{y}_k(\dot{\boldsymbol{U}}_k+\dot{\boldsymbol{E}}_{\mathrm{s}})=\dot{\boldsymbol{I}}_k+\dot{\boldsymbol{I}}_{\mathrm{s}} \tag{3.10}$$

式中,$\dot{\boldsymbol{E}}_{\mathrm{s}}=[\dot{E}_{\mathrm{s}1}\quad\cdots\quad\dot{E}_{\mathrm{s}k}]^{\mathrm{T}}$ 为电动势源列矢量,$\dot{\boldsymbol{I}}_{\mathrm{s}}=[\dot{I}_{\mathrm{s}1}\quad\cdots\quad\dot{I}_{\mathrm{s}k}]^{\mathrm{T}}$ 为电流源列矢量,$\dot{\boldsymbol{I}}_k=[\dot{I}_1\quad\cdots\quad\dot{I}_k]^{\mathrm{T}}$ 为支路电流列矢量,$\boldsymbol{y}_k$ 为支路阻抗矩阵。

网络的拓扑约束为

$$\boldsymbol{A}\dot{\boldsymbol{I}}_k=\boldsymbol{0} \tag{3.11}$$

$$\boldsymbol{A}^{\mathrm{T}}\dot{\boldsymbol{U}}_N=\dot{\boldsymbol{U}}_k \tag{3.12}$$

将式(3.12)代入式(3.10)得

$$\boldsymbol{y}_k(\boldsymbol{A}^{\mathrm{T}}\dot{\boldsymbol{U}}_N+\dot{\boldsymbol{E}}_{\mathrm{s}})=\dot{\boldsymbol{I}}_k+\dot{\boldsymbol{I}}_{\mathrm{s}} \tag{3.13}$$

将式(3.13)移项,等式两边同时左乘节点-支路关联矩阵 $\boldsymbol{A}$,并与式(3.11)结合,可得

$$\boldsymbol{A}\boldsymbol{y}_k\boldsymbol{A}^{\mathrm{T}}\dot{\boldsymbol{U}}_N=\boldsymbol{A}\dot{\boldsymbol{I}}_k+\boldsymbol{A}\dot{\boldsymbol{I}}_{\mathrm{s}}-\boldsymbol{A}\boldsymbol{y}_k\dot{\boldsymbol{E}}_{\mathrm{s}}=\boldsymbol{A}(\dot{\boldsymbol{I}}_{\mathrm{s}}-\boldsymbol{y}_k\dot{\boldsymbol{E}}_{\mathrm{s}}) \tag{3.14}$$

显然可以将支路电动势表示的 $-\boldsymbol{y}_k\dot{\boldsymbol{E}}_{\mathrm{s}}$ 写成支路电流源 $\dot{\boldsymbol{I}}_{E_{\mathrm{s}}}$,这样 $\boldsymbol{A}(\dot{\boldsymbol{I}}_{\mathrm{s}}-\boldsymbol{y}_k\dot{\boldsymbol{E}}_{\mathrm{s}})$ 就可以变换成节点注入电流 $\dot{\boldsymbol{I}}_N$,即 $\boldsymbol{A}(\dot{\boldsymbol{I}}_{\mathrm{s}}+\dot{\boldsymbol{I}}_{E_{\mathrm{s}}})=\dot{\boldsymbol{I}}_N$。从而可得

$$\boldsymbol{A}\boldsymbol{y}_k\boldsymbol{A}^{\mathrm{T}}\dot{\boldsymbol{U}}_N=\dot{\boldsymbol{I}}_N \tag{3.15}$$

因节点网络方程为

$$\boldsymbol{Y}\dot{\boldsymbol{U}}_N=\dot{\boldsymbol{I}}_N \tag{3.16}$$

故可得

$$\boldsymbol{Y}=\boldsymbol{A}\boldsymbol{y}_k\boldsymbol{A}^{\mathrm{T}} \tag{3.17}$$

式(3.17)中,矩阵 $\boldsymbol{A}$ 反映了网络的拓扑约束,$\boldsymbol{y}_k$ 反映了网络支路的特性约束,因此节点导纳矩阵 $\boldsymbol{Y}$ 包含两种约束的全部信息,加上网络的边界条件,即节点注入电流 $\dot{\boldsymbol{I}}_N$,构成以节点电压 $\dot{\boldsymbol{U}}_N$ 表示的网络数学模型。

### 3.1.5 导纳矩阵中元素的物理意义

节点导纳矩阵表示的节点电压方程为

$$\begin{bmatrix} \dot{I}_1 \\ \dot{I}_2 \\ \vdots \\ \dot{I}_i \\ \vdots \\ \dot{I}_j \\ \vdots \\ \dot{I}_N \end{bmatrix} = \begin{bmatrix} Y_{11} & Y_{12} & \cdots & Y_{1i} & \cdots & Y_{1j} & \cdots & Y_{1N} \\ Y_{21} & Y_{22} & \cdots & Y_{2i} & \cdots & Y_{2j} & \cdots & Y_{2N} \\ \vdots & \vdots & & \vdots & & \vdots & & \vdots \\ Y_{i1} & Y_{i2} & \cdots & Y_{ii} & \cdots & Y_{ij} & \cdots & Y_{iN} \\ \vdots & \vdots & & \vdots & & \vdots & & \vdots \\ Y_{j1} & Y_{j2} & \cdots & Y_{ji} & \cdots & Y_{jj} & \cdots & Y_{jN} \\ \vdots & \vdots & & \vdots & & \vdots & & \vdots \\ Y_{N1} & Y_{N2} & \cdots & Y_{Ni} & \cdots & Y_{Nj} & \cdots & Y_{NN} \end{bmatrix} \begin{bmatrix} \dot{U}_1 \\ \dot{U}_2 \\ \vdots \\ \dot{U}_i \\ \vdots \\ \dot{U}_j \\ \vdots \\ \dot{U}_N \end{bmatrix} \tag{3.18}$$

取式(3.18)节点导纳矩阵第 $i$ 行对应的方程

$$Y_{i1}\dot{U}_1+Y_{i2}\dot{U}_2+\cdots+Y_{ii}\dot{U}_i+\cdots+Y_{iN}\dot{U}_N=\dot{I}_i \tag{3.19}$$

则对角元素为

$$Y_{ii}=\left.\frac{\dot{I}_i}{\dot{U}_i}\right|_{\dot{U}_1\cdots\dot{U}_N(\text{除}\dot{U}_i\text{外})=0} \tag{3.20}$$

式中，$Y_{ii}$ 为自导纳，若 $\dot{U}_i=1$，则 $Y_{ii}=\dot{I}_i$。

取式(3.18)节点导纳矩阵第 $j$ 行对应的方程

$$Y_{j1}\dot{U}_1+Y_{j2}\dot{U}_2+\cdots+Y_{ji}\dot{U}_i+\cdots+Y_{jN}\dot{U}_N=\dot{I}_j \tag{3.21}$$

则非对角元素为

$$Y_{ji}=\left.\frac{\dot{I}_j}{\dot{U}_i}\right|_{\dot{U}_1\cdots\dot{U}_N(\text{除}\dot{U}_i\text{外})=0}=Y_{ij}=-y_{ij} \tag{3.22}$$

式中，$Y_{ij}$ 为互导纳，若 $\dot{U}_i=1$，则 $Y_{ij}=Y_{ij}=\dot{I}_j$。

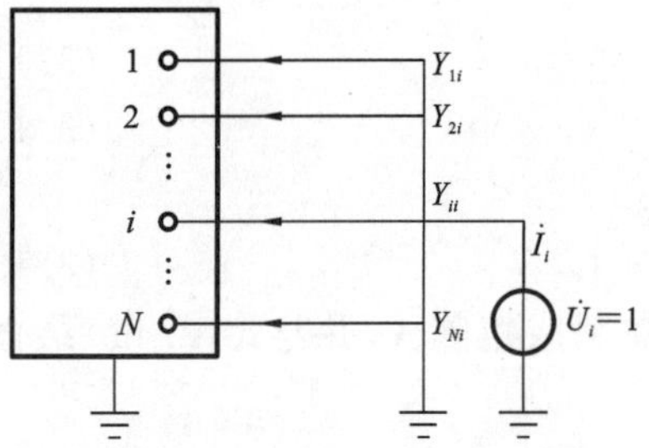


**图 3.7　导纳矩阵元素的物理意义**

从上述分析可以看出，节点导纳矩阵描述了网络的短路参数，在图 3.7 中的节点 $i$ 处接入单位电压源，其余节点短路接地，则流入节点 $i$ 的电流数值为 $Y_{ii}$，流入节点 $j$ 的电流数值为 $Y_{ij}$。

只有和节点 $i$ 有支路相连的节点才有电流，其余节点没有电流。也就是说，只有节点之间有联系时，$Y_{ji}$ 才是非零的，且根据节点导纳矩阵对角占优的性质，有 $|\dot{I}_i|\geqslant\left|\sum\dot{I}_j\right|$。

节点导纳矩阵只包含网络的局部信息，因此其通常是稀疏矩阵。

### 3.1.6　节点导纳矩阵的修改

为适应网络拓扑和元件(支路)参数的改变，需对节点导纳矩阵进行修改，支路参数的改变只影响与支路有关联的节点导纳矩阵 $\boldsymbol{Y}$ 的元素。

1. 支路添加或移除

当从网络中移除支路 $l$ 时，节点导纳矩阵 $\boldsymbol{Y}$ 将变成 $\boldsymbol{Y}'$，则有

$$\boldsymbol{Y}'=\boldsymbol{Y}-\boldsymbol{M}_l y_l \boldsymbol{M}_l^{\mathrm{T}} \tag{3.23}$$

因此可以建立节点导纳矩阵来考虑支路 $l$ 对修改前导纳矩阵的贡献，所作贡献的支路导纳为 $-y_l$，即相当于在支路 $l$ 上并联一个 $-y_l$ 支路。

移除支路 $l$ 时，网络节点数不变，$\boldsymbol{Y}$ 的阶数也不变，令 $y_{ij}=-y_l$，则导纳矩阵中各元

素的修正量为 $\Delta Y_{ii}=-y_l$，$\Delta Y_{jj}=-y_l$，$\Delta Y_{ij}=y_l$，$\Delta Y_{ji}=y_l$。

根据式(3.23)，则有

$$
\boldsymbol{Y}'=\begin{array}{c} \\ 1 \\ \\ i \\ \\ j \\ \\ N \end{array}\begin{array}{c} \begin{array}{ccccccc} 1 & & i & & j & & N \end{array} \\ \begin{bmatrix} Y_{11}^{(0)} & \cdots & Y_{1i}^{(0)} & \cdots & Y_{1j}^{(0)} & \cdots & Y_{1N}^{(0)} \\ \vdots & & \vdots & & \vdots & & \vdots \\ Y_{i1}^{(0)} & \cdots & Y_{ii}^{(0)}+y_{ij} & \cdots & Y_{ij}^{(0)}-y_{ij} & \cdots & Y_{iN}^{(0)} \\ \vdots & & \vdots & & \vdots & & \vdots \\ Y_{j1}^{(0)} & \cdots & Y_{ji}^{(0)}-y_{ij} & \cdots & Y_{jj}^{(0)}+y_{ij} & \cdots & Y_{jN}^{(0)} \\ \vdots & & \vdots & & \vdots & & \vdots \\ Y_{N1}^{(0)} & \cdots & Y_{Ni}^{(0)} & \cdots & Y_{Nj}^{(0)} & \cdots & Y_{NN}^{(0)} \end{bmatrix} \end{array} \tag{3.24}
$$

当在网络中添加支路 $l$ 时，节点导纳矩阵 $\boldsymbol{Y}$ 将变成 $\boldsymbol{Y}'$，则有

$$
\boldsymbol{Y}'=\boldsymbol{Y}+\boldsymbol{M}_l y_l \boldsymbol{M}_l^{\mathrm{T}} \tag{3.25}
$$

添加支路 $l$ 时，网络节点数不变，节点导纳矩阵的阶数也不变，令 $y_{ij}=y_l$，则导纳矩阵中各元素的修正量为 $\Delta Y_{ii}=y_l$，$\Delta Y_{jj}=y_l$，$\Delta Y_{ij}=-y_l$，$\Delta Y_{ji}=-y_l$。

由式(3.25)同样可得式(3.24)。

显然在网络中添加支路的情况与从网络中移除支路的情况相同，唯一的区别在于所考虑的修改支路贡献的导纳变成了 $y_l$。

从节点 $i$ 引出一条新的支路 $y_{ik}$ 时，节点导纳矩阵 $\boldsymbol{Y}$ 将变成 $\boldsymbol{Y}'$，网络将会新增加一个节点，节点导纳矩阵的阶数也增加一阶，若令 $y_{ij}=y_{ik}$，则导纳矩阵中各元素的修正量为 $\Delta Y_{ii}=y_{ik}$，$\Delta Y_{kk}=y_{ik}$，$\Delta Y_{ik}=-y_{ik}$，$\Delta Y_{ki}=-y_{ik}$。这样得到修正后的节点导纳矩阵为

$$
\boldsymbol{Y}'=\begin{array}{c} \\ 1 \\ \\ i \\ \\ k \\ \\ N \end{array}\begin{array}{c} \begin{array}{ccccccc} 1 & & i & & k & & N \end{array} \\ \begin{bmatrix} Y_{11}^{(0)} & \cdots & Y_{1i}^{(0)} & \cdots & 0 & \cdots & Y_{1N}^{(0)} \\ \vdots & & \vdots & & \vdots & & \vdots \\ Y_{i1}^{(0)} & \cdots & Y_{ii}^{(0)}+y_{ik} & \cdots & -y_{ik} & \cdots & Y_{iN}^{(0)} \\ \vdots & & \vdots & & \vdots & & \vdots \\ 0 & \cdots & -y_{ik} & \cdots & y_{ik} & \cdots & 0 \\ \vdots & & \vdots & & \vdots & & \vdots \\ Y_{N1}^{(0)} & \cdots & Y_{Ni}^{(0)} & \cdots & 0 & \cdots & Y_{NN}^{(0)} \end{bmatrix} \end{array} \tag{3.26}
$$

2. 节点合并

双母线母联开关合上时，两节点合并为一个节点，这相当于令两节点电压相等，新节点注入电流等于原两个节点的注入电流之和。

设有两节点 $p$、$q$ 合并，合并后节点为 $p$，合并后的节点电压不变，即

$$
\dot{U}'_p=\dot{U}_p \tag{3.27}
$$

根据 $\boldsymbol{Y}\dot{\boldsymbol{U}}=\dot{\boldsymbol{I}}$，对于节点 $p$ 有 $\sum\limits_{i=1}^{N} Y_{pi}\dot{U}_i=\dot{I}_p$；对于节点 $q$ 有 $\sum\limits_{i=1}^{N} Y_{qi}\dot{U}_i=\dot{I}_q$，合并后的节点 $p$ 满足

$$
\sum_{i=1}^{N}(Y_{pi}+Y_{qi})\dot{U}_i=\dot{I}_p+\dot{I}_q=\dot{I}'_q \tag{3.28}
$$

相当于将第 $q$ 行加到第 $p$ 行上，第 $q$ 列加到第 $p$ 列上，并将第 $q$ 行、第 $q$ 列划去，可

以等价认为在 $p$、$q$ 间加了一个导纳很大的支路 $y_{pq}$。节点合并后,导纳矩阵的奇异性并不改变。

对于行相加,电流之和等于总电流;对于列相加,两节点电压要相等。例如:

$$\begin{bmatrix} Y_{11} & Y_{12} & Y_{13} & Y_{14} \\ Y_{21} & Y_{22} & Y_{23} & Y_{24} \\ Y_{31} & Y_{32} & Y_{33} & Y_{34} \\ Y_{41} & Y_{42} & Y_{43} & Y_{44} \end{bmatrix} \begin{bmatrix} \dot{U}_1 \\ \dot{U}_2 \\ \dot{U}_3 \\ \dot{U}_4 \end{bmatrix} = \begin{bmatrix} \dot{I}_1 \\ \dot{I}_2 \\ \dot{I}_3 \\ \dot{I}_4 \end{bmatrix}$$

对于一个 4 节点网络,若将节点 1 和节点 3 合并,则网络方程降低一阶,根据式(3.27)和式(3.28)可得

$$\begin{bmatrix} Y_{11}+Y_{31}+Y_{13}+Y_{33} & Y_{12}+Y_{32} & Y_{14}+Y_{34} \\ Y_{21}+Y_{23} & Y_{22} & Y_{24} \\ Y_{41}+Y_{43} & Y_{42} & Y_{44} \end{bmatrix} \begin{bmatrix} \dot{U}_1 \\ \dot{U}_2 \\ \dot{U}_4 \end{bmatrix} = \begin{bmatrix} \dot{I}_1+\dot{I}_3 \\ \dot{I}_2 \\ \dot{I}_4 \end{bmatrix}$$

3. 节点消去

进行网络化简时需要消去某些节点,设节点 $p$ 为待消去节点,将节点 $p$ 排在后面,则用导纳矩阵表示的网络方程为

$$\begin{bmatrix} \boldsymbol{Y}_N & \boldsymbol{Y}_p \\ \boldsymbol{Y}_p^{\mathrm{T}} & Y_{pp} \end{bmatrix} \begin{bmatrix} \dot{\boldsymbol{U}}_N \\ \dot{U}_p \end{bmatrix} = \begin{bmatrix} \dot{\boldsymbol{I}}_N \\ \dot{I}_p \end{bmatrix} \tag{3.29}$$

若节点 $p$ 无注入电流(浮游节点),可将其消去,消去节点 $p$ 后的网络矩阵降阶。将网络矩阵方程化为方程组,则有

$$\begin{cases} \dot{\boldsymbol{I}}_N = \boldsymbol{Y}_N \dot{\boldsymbol{U}}_N + \boldsymbol{Y}_p \dot{U}_p \\ \dot{I}_p = \boldsymbol{Y}_p^{\mathrm{T}} \dot{\boldsymbol{U}}_N + Y_{pp} \dot{U}_p \end{cases} \tag{3.30}$$

可将式(3.30)中第 2 个方程变换为

$$\dot{U}_p = Y_{pp}^{-1}(\dot{I}_p - \boldsymbol{Y}_p^{\mathrm{T}} \dot{\boldsymbol{U}}_N) \tag{3.31}$$

将式(3.31)代入式(3.30)中的第一个方程,则可消去节点 $p$ 的电压,从而有

$$\dot{\boldsymbol{I}}_N = \boldsymbol{Y}_N \dot{\boldsymbol{U}}_N + \boldsymbol{Y}_p Y_{pp}^{-1}(\dot{I}_p - \boldsymbol{Y}_p^{\mathrm{T}} \dot{\boldsymbol{U}}_N) \tag{3.32}$$

消去节点 $p$ 后有

$$(\boldsymbol{Y}_N - \boldsymbol{Y}_p Y_{pp}^{-1} \boldsymbol{Y}_p^{\mathrm{T}}) \dot{\boldsymbol{U}}_N = \dot{\boldsymbol{I}}_N - \boldsymbol{Y}_p Y_{pp}^{-1} \dot{I}_p \tag{3.33}$$

令

$$\boldsymbol{Y}' = \boldsymbol{Y}_N - \boldsymbol{Y}_p Y_{pp}^{-1} \boldsymbol{Y}_p^{\mathrm{T}} \tag{3.34}$$

则 $\boldsymbol{Y}'$ 是消去节点后的节点导纳矩阵,若 $\dot{I}_p=0$,则式(3.33)变为 $\dot{\boldsymbol{I}}_N=(\boldsymbol{Y}_N-\boldsymbol{Y}_p Y_{pp}^{-1}\boldsymbol{Y}_p^{\mathrm{T}})\dot{\boldsymbol{U}}_N$。

节点导纳矩阵中和节点 $p$ 有直接支路联系的节点之间的元素可按式(3.35)进行修正,其他节点之间的元素不需要修正,因此,消去节点 $p$ 后的节点导纳矩阵 $\boldsymbol{Y}'$ 中和节点 $p$ 有直接支路联系的节点之间的元素为

$$Y'_{ij} = Y_{ij} - \frac{Y_{ip} Y_{pj}}{Y_{pp}} \tag{3.35}$$

当节点 $l$、节点 $k$ 都和节点 $p$ 相连,且消去前节点 $l$ 和节点 $k$ 之间无支路时,消去节点 $p$ 将在 $Y_{lk}$ 处产生注入元,如图 3.8 所示。消去节点 $p$ 后得到式(3.33),右端项 $-\boldsymbol{Y}_p Y_{pp}^{-1} \dot{I}_p$ 是将节点 $p$ 的电流移置到相邻节点上。

与节点合并一样,消去节点 $p$ 后,导纳矩阵的奇异性也不变。

4. 变压器变比变化

变压器支路参数的四个元素中，有三个元素与变压器的变比有关。当变压器的变比发生变化时，节点导纳矩阵的结构不变，只是和该变压器支路有关的几个非零元素的数值会发生变化。

图 3.9 所示的为含非标准变比的变压器支路，支路两端节点分别是 $i$ 和 $j$，非标准变比 $t$ 在节点 $j$ 侧，变化后的变比为 $t'$。

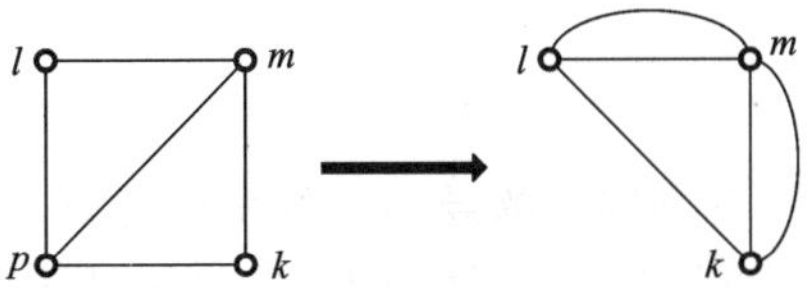


**图 3.8 消去 $p$ 节点产生新的支路**

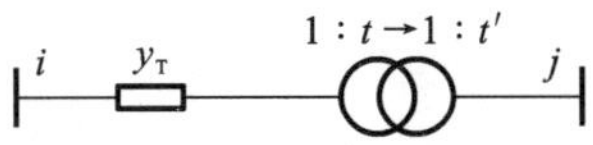


**图 3.9 变压器支路变比变化**

变化前变比为 $t$，则有导纳矩阵为

$$\boldsymbol{Y}=\begin{bmatrix}1\\ \dfrac{-1}{t}\end{bmatrix}y_{\mathrm{T}}\begin{bmatrix}1 & \dfrac{-1}{t}\end{bmatrix}$$

其中，$Y_{ii}=y_{\mathrm{T}}$，$Y_{ij}=-y_{\mathrm{T}}/t$，$Y_{ji}=-y_{\mathrm{T}}/t$，$Y_{jj}=y_{\mathrm{T}}/t^2$。

变化后变比为 $t'$，则有导纳矩阵为

$$\boldsymbol{Y}'=\begin{bmatrix}1\\ \dfrac{-1}{t'}\end{bmatrix}y_{\mathrm{T}}\begin{bmatrix}1 & \dfrac{-1}{t'}\end{bmatrix}$$

式中，$Y'_{ii}=y_{\mathrm{T}}$，$Y'_{ij}=-y_{\mathrm{T}}/t'$，$Y'_{ji}=-y_{\mathrm{T}}/t'$，$Y'_{jj}=y_{\mathrm{T}}/t'^2$。

非对角元素的变化量为

$$\Delta Y_{ij}=Y'_{ij}-Y_{ij}=-\frac{y_{\mathrm{T}}}{t'}-\left(-\frac{y_{\mathrm{T}}}{t}\right)=-\left(\frac{1}{t'}-\frac{1}{t}\right)y_{\mathrm{T}} \tag{3.36}$$

从而可得

$$Y'_{ij}=Y'_{ji}=Y_{ij}+\Delta Y_{ij} \tag{3.37}$$

节点 $j$ 对应的对角元素的变化量为

$$\Delta Y_{jj}=Y'_{jj}-Y_{jj}=\frac{y_{\mathrm{T}}}{t'^2}-\frac{y_{\mathrm{T}}}{t^2}=\left(\frac{1}{t'^2}-\frac{1}{t^2}\right)y_{\mathrm{T}} \tag{3.38}$$

从而可得

$$Y'_{jj}=\Delta Y_{jj}+Y_{jj} \tag{3.39}$$

利用上述公式即可对原来的导纳矩阵的三个元素进行修正。

5. 给定节点电压

电力网络计算中通常选地节点为参考节点，其电位为零。对于有 $N+1$ 个节点的网络，若某一节点的电压给定，则其他 $N$ 个节点的电压是待求的，这时，独立变量只有 $N$ 个。

令电压给定节点为 $s$，则有

$$\begin{bmatrix}\boldsymbol{Y}_N & \boldsymbol{Y}_s\\ \boldsymbol{Y}_s^{\mathrm{T}} & Y_{ss}\end{bmatrix}\begin{bmatrix}\dot{\boldsymbol{U}}_N\\ \dot{U}_s\end{bmatrix}=\begin{bmatrix}\dot{\boldsymbol{I}}_N\\ \dot{I}_s\end{bmatrix} \tag{3.40}$$

从而可得

$$\boldsymbol{Y}_N\dot{\boldsymbol{U}}_N=\dot{\boldsymbol{I}}_N-\boldsymbol{Y}_s\dot{U}_s \tag{3.41}$$

$$\dot{I}_s=\boldsymbol{Y}_s^{\mathrm{T}}\dot{\boldsymbol{U}}_N+Y_{ss}\dot{U}_s \tag{3.42}$$

若给定 $\dot{\boldsymbol{I}}_N$ 和 $\dot{U}_s$，则可算出节点电压 $\dot{\boldsymbol{U}}_N$ 和节点 $s$ 的电流。其中，$\boldsymbol{Y}_N$ 是原节点导纳矩阵 $\boldsymbol{Y}$ 划去第 $s$ 行、第 $s$ 列后得到的矩阵。

这与由节点不定导纳矩阵得到节点定导纳矩阵的过程相同，只是在这里，从节点导纳矩阵 $\boldsymbol{Y}$ 到 $\boldsymbol{Y}_N$ 也相当于将给定节点 $s$ 视为参考节点，对于电压给定节点，其参考电位不为零，而对于地节点，其参考电位为零。

6. 一条支路导纳参数发生变化

图 3.10 中支路 $l$ 两端节点分别是 $i$ 和 $j$，现支路 $l$ 的导纳参数发生变化，由 $y_l$ 变为 $y_l'$，则原来的节点导纳矩阵结构不变，但与该支路有关的 4 个元素会发生变化。

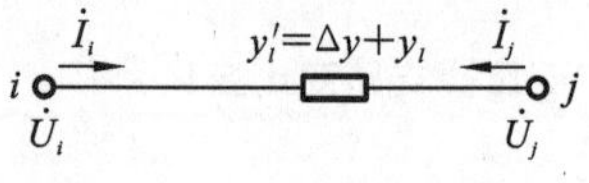


**图 3.10 支路导纳参数变化**

这相当于添加一条与支路 $l$ 并联且导纳为 $\Delta y=y_l'-y_l$ 的支路，可用支路添加法来加以修正，修正后的新节点导纳矩阵为

$$\boldsymbol{Y}'=\boldsymbol{Y}+\boldsymbol{M}_l\Delta y\boldsymbol{M}_l^{\mathrm{T}} \tag{3.43}$$

从而可得

$$\boldsymbol{Y}'=\begin{array}{c} \\ 1\\ \\ i\\ \\ j\\ \\ N\end{array}\begin{array}{c}\begin{array}{ccccccc}1 & & i & & j & & N\end{array}\\ \left[\begin{array}{ccccccc}
Y_{11}^{(0)} & \cdots & Y_{1i}^{(0)} & \cdots & Y_{1j}^{(0)} & \cdots & Y_{1N}^{(0)}\\
\vdots & & \vdots & & \vdots & & \vdots\\
Y_{i1}^{(0)} & \cdots & Y_{ii}^{(0)}+\Delta y & \cdots & Y_{ij}^{(0)}-\Delta y & \cdots & Y_{iN}^{(0)}\\
\vdots & & \vdots & & \vdots & & \vdots\\
Y_{j1}^{(0)} & \cdots & Y_{ji}^{(0)}-\Delta y & \cdots & Y_{jj}^{(0)}+\Delta y & \cdots & Y_{jN}^{(0)}\\
\vdots & & \vdots & & \vdots & & \vdots\\
Y_{N1}^{(0)} & \cdots & Y_{Ni}^{(0)} & \cdots & Y_{Nj}^{(0)} & \cdots & Y_{NN}^{(0)}
\end{array}\right]\end{array}$$

7. 添加或移除带互感支路

添加一条和原网络中支路 $k$ 有互感的连支 $l$，可分两步进行修正，首先将支路 $k$ 移除，然后将支路 $l$ 和支路 $k$ 成组追加进去。这相当于向原网络追加

$$-\boldsymbol{M}_k y_k\boldsymbol{M}_k^{\mathrm{T}}+[\boldsymbol{M}_k\quad \boldsymbol{M}_l]\begin{bmatrix}y_{kk} & y_{kl}\\ y_{lk} & y_{ll}\end{bmatrix}\begin{bmatrix}\boldsymbol{M}_k^{\mathrm{T}}\\ \boldsymbol{M}_l^{\mathrm{T}}\end{bmatrix} \tag{3.44}$$

移除一条和原网络中支路 $l$ 有互感的连支 $k$，可分两步进行修正，首先将支路 $l$ 和支路 $k$ 成组移除，然后将支路 $l$ 追加进去。这相当于向原网络追加

$$-[\boldsymbol{M}_k\quad \boldsymbol{M}_l]\begin{bmatrix}y_{kk} & y_{kl}\\ y_{lk} & y_{ll}\end{bmatrix}\begin{bmatrix}\boldsymbol{M}_k^{\mathrm{T}}\\ \boldsymbol{M}_l^{\mathrm{T}}\end{bmatrix}+\boldsymbol{M}_l y_l\boldsymbol{M}_l^{\mathrm{T}} \tag{3.45}$$

## 3.2 节点阻抗矩阵

### 3.2.1 节点阻抗矩阵的物理意义

以地为参考节点的节点导纳矩阵 $\boldsymbol{Y}$ 是 $N\times N$ 阶稀疏矩阵。如果网络中存在节点

支路，则 $\boldsymbol{Y}$ 是非奇异的，其逆矩阵是节点阻抗矩阵，为

$$\boldsymbol{Z}=\boldsymbol{Y}^{-1} \tag{3.46}$$

用节点阻抗矩阵 $\boldsymbol{Z}$ 表示的网络方程为

$$\boldsymbol{Z}\dot{\boldsymbol{I}}=\dot{\boldsymbol{U}} \tag{3.47}$$

写成矩阵的形式，则网络方程为

$$\begin{bmatrix} Z_{11} & Z_{12} & \cdots & Z_{1i} & \cdots & Z_{1j} & \cdots & Z_{1N} \\ Z_{21} & Z_{22} & \cdots & Z_{2i} & \cdots & Z_{2j} & \cdots & Z_{2N} \\ \vdots & \vdots & & \vdots & & \vdots & & \vdots \\ Z_{i1} & Z_{i2} & \cdots & Z_{ii} & \cdots & Z_{ij} & \cdots & Z_{iN} \\ \vdots & \vdots & & \vdots & & \vdots & & \vdots \\ Z_{j1} & Z_{j2} & \cdots & Z_{ji} & \cdots & Z_{jj} & \cdots & Z_{jN} \\ \vdots & \vdots & & \vdots & & \vdots & & \vdots \\ Z_{N1} & Z_{N2} & \cdots & Z_{Ni} & \cdots & Z_{Nj} & \cdots & Z_{NN} \end{bmatrix} \begin{bmatrix} \dot{I}_1 \\ \dot{I}_2 \\ \vdots \\ \dot{I}_i \\ \vdots \\ \dot{I}_j \\ \vdots \\ \dot{I}_N \end{bmatrix} = \begin{bmatrix} \dot{U}_1 \\ \dot{U}_2 \\ \vdots \\ \dot{U}_i \\ \vdots \\ \dot{U}_j \\ \vdots \\ \dot{U}_N \end{bmatrix} \tag{3.48}$$

取式(3.48)节点导纳矩阵第 $i$ 行对应的方程

$$Z_{i1}\dot{I}_1+Z_{i2}\dot{I}_2+\cdots+Z_{ii}\dot{I}_i+\cdots+Z_{iN}\dot{I}_N=\dot{U}_i \tag{3.49}$$

则对角元素为

$$Z_{ii}=\left.\frac{\dot{U}_i}{\dot{I}_i}\right|_{\dot{I}_1=\dot{I}_2=\cdots=\dot{I}_N(\text{除}\dot{I}_i\text{外})=0} \tag{3.50}$$

式中，$Z_{ii}$ 为自阻抗，若 $\dot{I}_i=1$，则 $Z_{ii}=\dot{U}_i$。

取式(3.48)节点导纳矩阵第 $j$ 行对应的方程

$$Z_{j1}\dot{I}_1+Z_{j2}\dot{I}_2+\cdots+Z_{ji}\dot{I}_i+\cdots+Z_{jN}\dot{I}_N=\dot{U}_j \tag{3.51}$$

则非对角元素为

$$Z_{ji}=\left.\frac{\dot{U}_j}{\dot{I}_i}\right|_{\dot{I}_1=\dot{I}_2=\cdots=\dot{I}_N(\text{除}\dot{I}_i\text{外})=0}=Z_{ij} \tag{3.52}$$

式中，$Z_{ij}$ 为互阻抗，若 $\dot{I}_i=1$，则 $Z_{ij}=Z_{ji}=\dot{U}_j$。

从上述分析可以看出，节点阻抗矩阵描述了网络的开路参数，在图 3.11 中的节点 $i$ 处接入单位电流源，其余节点均开路，则节点 $i$ 的电压数值为 $Z_{ii}$，节点 $j$ 的电压数值为 $Z_{ij}$。节点阻抗矩阵包含了全网络的信息，因此其通常是满矩阵。

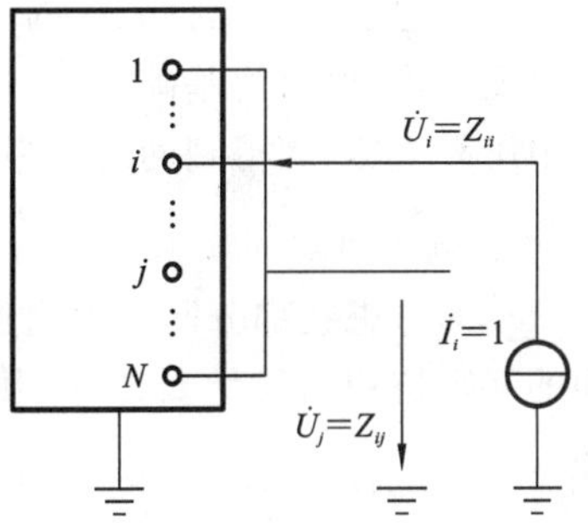


**图 3.11　矩阵中元素的物理意义**

### 3.2.2　节点阻抗矩阵的性质

节点阻抗矩阵的性质如下。

(1) $\boldsymbol{Z}=\boldsymbol{Z}^{\mathrm{T}}$，节点阻抗矩阵是 $N\times N$ 阶对称矩阵。

由于节点导纳矩阵 $\boldsymbol{Y}$ 是对称矩阵，所以其逆矩阵 $\boldsymbol{Z}$ 也是对称矩阵。

(2) $\boldsymbol{Z}$ 是满矩阵。

对于连通的电力网络，任一节点注入单位电流，都会在网络其他节点上产生非零的对地电位，除非该节点金属接地。因此，根据节点阻抗矩阵 $\boldsymbol{Z}$ 的物理意义可知，$\boldsymbol{Z}$ 是满矩阵。

(3) $\boldsymbol{Z}$ 是非奇异的。

对于连通的电力网络，当网络中有节点支路时，$\boldsymbol{Y}$ 是非奇异的，则其逆矩阵 $\boldsymbol{Z}$ 也是非奇异的。

(4) 对于纯感性支路组成的电网，有 $|Z_{ii}| \geqslant |Z_{ij}|$；且节点对自阻抗不小于节点对互阻抗，即 $|Z_{ij.ij}| \geqslant |Z_{ij.pq}|$。

对于纯感性网络，节点 $i$ 注入单位电流时，节点 $i$ 的电位最高，即相当于电源点处电位最高，而其他节点的电位不会高于节点 $i$ 的电位，由节点阻抗矩阵的物理意义可知 $|Z_{ii}| \geqslant |Z_{ij}|$。又因为网络内无源，节点对 $ij$ 端口注入单位电流时，节点对 $ij$ 本身的电位差不会小于其他节点对的电位差，即相当于电源两端口电位差最大，故有 $|Z_{ij.ij}| \geqslant |Z_{ij.pq}|$。

### 3.2.3 节点阻抗矩阵的形成

建立节点阻抗矩阵比建立节点导纳矩阵要复杂许多。常用的方法有两种：支路追加法和对节点导纳矩阵求逆的方法。下面介绍用支路追加法建立节点阻抗矩阵。

支路追加法建立节点阻抗矩阵是在部分网络上进行的，部分网络是指要分析的电网的一个连通子图。

假设部分网络的原始支路阻抗矩阵和支路导纳矩阵分别是 $\boldsymbol{z}_0$ 和 $\boldsymbol{y}_0$，关联矩阵是 $\boldsymbol{A}_0$，相对应的部分网络的节点阻抗矩阵和节点导纳矩阵分别是 $\boldsymbol{Z}_{(0)}$ 和 $\boldsymbol{Y}_{(0)}$，则有

$$\boldsymbol{z}_0 = \boldsymbol{y}_0^{-1} \tag{3.53}$$

$$\boldsymbol{Z}_{(0)} = \boldsymbol{Y}_{(0)}^{-1} = (\boldsymbol{A}_0 \boldsymbol{z}_0^{-1} \boldsymbol{A}_0^{\mathrm{T}})^{-1} \tag{3.54}$$

当部分网络各支路之间无互感耦合时，$\boldsymbol{z}_0$ 为对角矩阵；否则 $\boldsymbol{z}_0$ 的非对角线部分将有非零元素。

支路追加法求阻抗矩阵的基本思路是从网络中某一节点的接地支路开始，形成一阶阻抗矩阵，以此为基础，逐一追加其他支路并修改已形成的阻抗矩阵，直至追加完网络中所有支路，即得到网络的阻抗矩阵。

1. 部分网络

下面考虑在部分网络中追加一元件 $\alpha$ 的情形，其自阻抗为 $z_{\alpha\alpha}$，它跟部分网络元件间的互阻抗用列矢量 $\boldsymbol{z}_{0\alpha}$ 表示，则部分网络和元件 $\alpha$ 一起构成的网络支路方程可用阻抗形式写成

$$\begin{bmatrix} \dot{\boldsymbol{U}}_{b0} \\ \dot{U}_{b\alpha} \end{bmatrix} = \begin{bmatrix} \boldsymbol{z}_0 & \boldsymbol{z}_{0\alpha} \\ \boldsymbol{z}_{\alpha 0} & z_{\alpha\alpha} \end{bmatrix} \begin{bmatrix} \dot{\boldsymbol{I}}_{b0} \\ \dot{I}_{b\alpha} \end{bmatrix} \tag{3.55}$$

式中，$\dot{\boldsymbol{I}}_{b0}$，$\dot{\boldsymbol{U}}_{b0}$ 是原部分网络元件的电流和电压列矢量；$\dot{I}_{b\alpha}$，$\dot{U}_{b\alpha}$ 是追加元件 $\alpha$ 的电流和电压。

元件阻抗矩阵和元件导纳矩阵之间的互逆关系为

$$\begin{bmatrix} \boldsymbol{z}_0 & \boldsymbol{z}_{0\alpha} \\ \boldsymbol{z}_{\alpha 0} & z_{\alpha\alpha} \end{bmatrix} \begin{bmatrix} \boldsymbol{y}_0 & \boldsymbol{y}_{0\alpha} \\ \boldsymbol{y}_{\alpha 0} & y_{\alpha\alpha} \end{bmatrix} = \begin{bmatrix} \boldsymbol{I} & \\ & 1 \end{bmatrix} \tag{3.56}$$

展开式(3.56)可以得到四个方程：

$$\begin{cases} \boldsymbol{z}_0 \boldsymbol{y}_0 + \boldsymbol{z}_{0\alpha} \boldsymbol{y}_{\alpha 0} = \boldsymbol{I} \\ \boldsymbol{z}_0 \boldsymbol{y}_{0\alpha} + \boldsymbol{z}_{0\alpha} y_{\alpha\alpha} = 0 \\ \boldsymbol{z}_{\alpha 0} \boldsymbol{y}_0 + z_{\alpha\alpha} \boldsymbol{y}_{\alpha 0} = 0 \\ \boldsymbol{z}_{\alpha 0} \boldsymbol{y}_{0\alpha} + z_{\alpha\alpha} y_{\alpha\alpha} = 1 \end{cases} \tag{3.57}$$

由式(3.57)中的第三个方程可得

$$\boldsymbol{y}_{\alpha 0}=-z_{\alpha\alpha}^{-1}\boldsymbol{z}_{\alpha 0}\boldsymbol{y}_{0}$$

代入式(3.57)中的第一个方程得

$$\boldsymbol{z}_{0}\boldsymbol{y}_{0}-\boldsymbol{z}_{0\alpha}z_{\alpha\alpha}^{-1}\boldsymbol{z}_{\alpha 0}\boldsymbol{y}_{0}=\boldsymbol{I} \Rightarrow \boldsymbol{y}_{0}^{-1}=\boldsymbol{z}_{0}-\boldsymbol{z}_{0\alpha}z_{\alpha\alpha}^{-1}\boldsymbol{z}_{\alpha 0}$$

由式(3.57)中的第二个方程可得

$$\boldsymbol{y}_{0\alpha}=-\boldsymbol{z}_{0}^{-1}\boldsymbol{z}_{0\alpha}y_{\alpha\alpha}$$

代入式(3.57)中的第四个方程得

$$z_{\alpha\alpha}y_{\alpha\alpha}-\boldsymbol{z}_{\alpha 0}\boldsymbol{z}_{0}^{-1}\boldsymbol{z}_{0\alpha}y_{\alpha\alpha}=1\Rightarrow y_{\alpha\alpha}^{-1}=z_{\alpha\alpha}-\boldsymbol{z}_{\alpha 0}\boldsymbol{z}_{0}^{-1}\boldsymbol{z}_{0\alpha}$$

由于 $\boldsymbol{Z}$ 和 $\boldsymbol{Y}$ 互逆，则有

$$\begin{bmatrix}\boldsymbol{y}_{0} & \boldsymbol{y}_{0\alpha}\\ \boldsymbol{y}_{\alpha 0} & y_{\alpha\alpha}\end{bmatrix}\begin{bmatrix}\boldsymbol{z}_{0} & \boldsymbol{z}_{0\alpha}\\ \boldsymbol{z}_{\alpha 0} & z_{\alpha\alpha}\end{bmatrix}=\begin{bmatrix}\boldsymbol{I} & \\ & 1\end{bmatrix} \tag{3.58}$$

可得

$$\boldsymbol{y}_{\alpha 0}\boldsymbol{z}_{0}+y_{\alpha\alpha}\boldsymbol{z}_{\alpha 0}=\boldsymbol{0}$$

从而可得

$$\boldsymbol{y}_{\alpha 0}=-y_{\alpha\alpha}\boldsymbol{z}_{\alpha 0}\boldsymbol{z}_{0}^{-1}$$

显然，可用元件阻抗矩阵元素来表示元件导纳矩阵元素，即如式(3.59)所示。

$$\begin{cases}\boldsymbol{y}_{0}^{-1}=\boldsymbol{z}_{0}-\boldsymbol{z}_{0\alpha}z_{\alpha\alpha}^{-1}\boldsymbol{z}_{\alpha 0}\\ y_{\alpha\alpha}^{-1}=z_{\alpha\alpha}-\boldsymbol{z}_{\alpha 0}\boldsymbol{z}_{0}^{-1}\boldsymbol{z}_{0\alpha}\\ \boldsymbol{y}_{0\alpha}=\boldsymbol{c}_{1}y_{\alpha\alpha}\\ \boldsymbol{y}_{\alpha 0}=y_{\alpha\alpha}\boldsymbol{c}_{2}\\ \boldsymbol{c}_{1}=-\boldsymbol{z}_{0}^{-1}\boldsymbol{z}_{0\alpha}\\ \boldsymbol{c}_{2}=-\boldsymbol{z}_{\alpha 0}\boldsymbol{z}_{0}^{-1}\end{cases} \tag{3.59}$$

式(3.55)表达了网络中元件电流与电压之间的关系，其是原始网络方程，并未包含网络拓扑的信息，为此还需结合描述拓扑关系的基尔霍夫定律进行进一步推导。

2. 追加连支支路

如果支路 $\alpha$ 作为连支追加到部分网络中，部分网络增加了新支路但未增加节点，则可以用关联矩阵描述部分网络和追加网络之间的连接关系。

如图 3.12 所示，在追加支路 $\alpha$ 前，部分网络的节点导纳矩阵是

$$\boldsymbol{Y}_{(0)}=\boldsymbol{A}_{0}\boldsymbol{z}_{0}^{-1}\boldsymbol{A}_{0}^{\mathrm{T}} \tag{3.60}$$

式中，$\boldsymbol{A}_0$ 为部分网络的节点-支路关联矩阵，如果支路 $\alpha$ 本身的关联矢量为 $\boldsymbol{M}_\alpha$，则追加支路 $\alpha$ 后，节点导纳矩阵变成

$$\boldsymbol{Y}=\begin{bmatrix}\boldsymbol{A}_{0} & \boldsymbol{M}_{\alpha}\end{bmatrix}\begin{bmatrix}\boldsymbol{y}_{0} & \boldsymbol{y}_{0\alpha}\\ \boldsymbol{y}_{\alpha 0} & y_{\alpha\alpha}\end{bmatrix}\begin{bmatrix}\boldsymbol{A}_{0}^{\mathrm{T}}\\ \boldsymbol{M}_{\alpha}^{\mathrm{T}}\end{bmatrix} \tag{3.61}$$

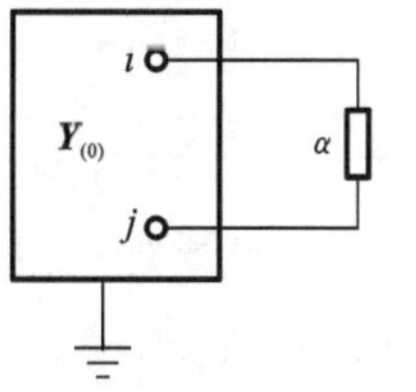


**图 3.12　部分网络追加连支**

将式(3.61)展开，并将式(3.59)代入，将导纳换成阻抗的表达式，利用矩阵求逆辅助定理整理后可得

$$\boldsymbol{Y}=\boldsymbol{Y}_{(0)}+\boldsymbol{C}_{1}y_{\alpha\alpha}\boldsymbol{C}_{2} \tag{3.62}$$

式中，$\boldsymbol{C}_1=\boldsymbol{A}_0\boldsymbol{c}_1+\boldsymbol{M}_\alpha$，$\boldsymbol{C}_2=\boldsymbol{C}_1^{\mathrm{T}}$，值得注意的是，式(3.60)中的 $\boldsymbol{z}_0^{-1}$ 和式(3.61)中的 $\boldsymbol{y}_0$ 不同，两者的关系如式(3.59)所示。

利用矩阵求逆辅助定理，对式(3.62)的节点导纳矩阵求逆，可得节点阻抗矩阵

$$\boldsymbol{Z}=\boldsymbol{Y}^{-1}=\boldsymbol{Z}_{(0)}-\boldsymbol{Z}_{(0)}\boldsymbol{C}_1\hat{z}_{\alpha\alpha}^{-1}\boldsymbol{C}_2\boldsymbol{Z}_{(0)} \tag{3.63}$$

式(3.63)中

$$\begin{cases}\boldsymbol{Z}_{(0)}=\boldsymbol{Y}_{(0)}^{-1}\\ \hat{z}_{\alpha\alpha}=y_{\alpha\alpha}^{-1}+\boldsymbol{C}_2\boldsymbol{Z}_{(0)}\boldsymbol{C}_1\\ y_{\alpha\alpha}^{-1}=z_{\alpha\alpha}-\boldsymbol{z}_{\alpha 0}\boldsymbol{z}_0^{-1}\boldsymbol{z}_{0\alpha}\end{cases} \tag{3.64}$$

式(3.63)和式(3.64)就是采用支路追加法时形成的节点阻抗矩阵的一般公式。其利用已知的部分网络节点阻抗矩阵 $\boldsymbol{Z}_{(0)}$、追加的连支 $\alpha$ 和部分网络之间的关联信息和支路参数信息，求出追加支路 $\alpha$ 后的节点阻抗矩阵。

注意以下几种情况。

(1) 追加连支，部分网络节点数不增加。

(2) $\boldsymbol{Z}_{(0)}$ 中所有元素都需要修正。

(3) 无耦合时，$\boldsymbol{z}_{0\alpha}=\boldsymbol{z}_{\alpha 0}^{\mathrm{T}}=0$，有 $\boldsymbol{C}_1=\boldsymbol{M}_\alpha$，$\boldsymbol{C}_2=\boldsymbol{M}_\alpha^{\mathrm{T}}$，则 $\hat{z}_{\alpha\alpha}=y_{\alpha\alpha}^{-1}+\boldsymbol{M}_\alpha^{\mathrm{T}}\boldsymbol{Z}_{(0)}\boldsymbol{M}_\alpha$。若部分网络串联支路 $\alpha$，则 $\boldsymbol{M}_\alpha=[\overset{i}{1}\quad \overset{j}{-1}]^{\mathrm{T}}$；若并联支路 $\alpha$，则 $\boldsymbol{M}_\alpha=[\overset{i}{1}]^{\mathrm{T}}$；若追加变压器支路 $\alpha$，则 $\boldsymbol{M}_\alpha=[\overset{i}{1}\quad \overset{j}{-1}/t]^{\mathrm{T}}$。

(4) 有耦合时，追加支路 $\alpha$ 只与部分网络中的一条支路 $\beta$ 之间有耦合，则 $\boldsymbol{z}_{0\alpha}$ 和 $\boldsymbol{z}_{\alpha 0}$ 中只在 $\beta$ 位置上有一个非零元素 $z_{\beta\alpha}$，$z_{\beta\alpha}$ 是支路 $\alpha$ 和支路 $\beta$ 之间的互阻抗，且有

$$\boldsymbol{C}_1=\boldsymbol{C}_2^{\mathrm{T}}=\boldsymbol{M}_\alpha-\boldsymbol{A}_0\boldsymbol{z}_0^{-1}\boldsymbol{z}_{0\alpha}=\boldsymbol{M}_\alpha-\boldsymbol{A}_0\begin{bmatrix}\ddots & & \\ & z_{\beta\beta}^{-1} & \\ & & \ddots\end{bmatrix}\begin{bmatrix}0\\ \vdots\\ 0\\ z_{\beta\alpha}\\ 0\\ \vdots\\ 0\end{bmatrix}=\boldsymbol{M}_\alpha-\boldsymbol{M}_\beta\frac{z_{\beta\alpha}}{z_{\beta\beta}} \tag{3.65}$$

式中，$z_{\beta\beta}$ 为支路 $\beta$ 的自阻抗。

(5) 当追加连支和部分网络中有多于一条支路有耦合时，$\boldsymbol{z}_{0\alpha}$ 中有多于一个非零元素，此时式(3.65)变为

$$\boldsymbol{C}_1=\boldsymbol{C}_2^{\mathrm{T}}=\boldsymbol{M}_\alpha-\sum_{k\in\Omega}\boldsymbol{M}_k\frac{z_{k\alpha}}{z_{kk}} \tag{3.66}$$

式中，$\Omega$ 为部分网络中和支路 $\alpha$ 有耦合的所有支路的集合，$z_{kk}$ 为支路 $k$ 的自阻抗。

(6) 追加一组连支时，$z_{\alpha\alpha}$、$\boldsymbol{z}_{0\alpha}$、$\boldsymbol{z}_{\alpha 0}$、$\boldsymbol{M}_\alpha$、$\boldsymbol{C}_1$ 和 $\boldsymbol{C}_2$ 都将增维为矩阵。当这组连支之间有耦合时，增维后的 $z_{\alpha\alpha}$ 为非对角矩阵；否则，$z_{\alpha\alpha}$ 为对角矩阵。

#### 3. 追加树支支路

若在部分网络的节点 $k$ 上追加一条树支支路 $\alpha$，此时部分网络将增加一个新节点 $l$，如图 3.13 所示。

原来的部分网络节点-支路关联矩阵是 $\boldsymbol{A}_0$，部分网络追加树支 $\alpha$ 后关联矩阵变为

$$\boldsymbol{A}=\begin{bmatrix}\boldsymbol{A}_0 & \boldsymbol{e}_k\\ \boldsymbol{0}^{\mathrm{T}} & -1\end{bmatrix} \tag{3.67}$$

式(3.67)的最后一行和最后一列对应于节点 $k$，式中的 $\boldsymbol{e}_k$ 表示单位列矢量，只在节

点 $k$ 的位置处有一个非零元素 1，其余元素都是零；$\mathbf{0}$ 表示零矢量。

追加支路 $\alpha$ 后，节点导纳矩阵变成

$$\boldsymbol{Y}=\begin{bmatrix}\boldsymbol{A}_0 & \boldsymbol{e}_k\\ \boldsymbol{0}^{\mathrm{T}} & -1\end{bmatrix}\begin{bmatrix}\boldsymbol{y}_0 & \boldsymbol{y}_{0\alpha}\\ \boldsymbol{y}_{\alpha0} & y_{\alpha\alpha}\end{bmatrix}\begin{bmatrix}\boldsymbol{A}_0^{\mathrm{T}} & \boldsymbol{0}\\ \boldsymbol{e}_k^{\mathrm{T}} & -1\end{bmatrix} \tag{3.68}$$

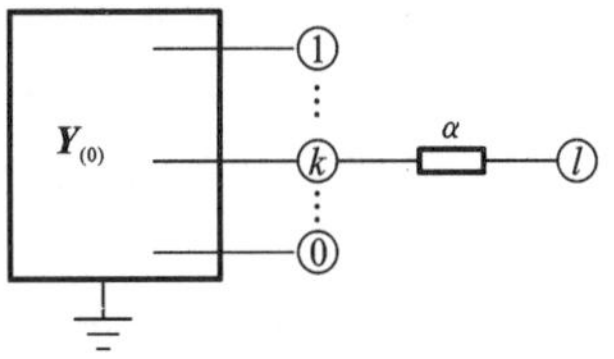

**图 3.13 部分网络追加树支**

将式(3.68)展开，并利用式(3.60)将导纳换成阻抗的表达式，整理后可得

$$\boldsymbol{Y}=\begin{bmatrix}\boldsymbol{Y}_{(0)}+\boldsymbol{C}_1 y_{\alpha\alpha}\boldsymbol{C}_2 & -\boldsymbol{C}_1 y_{\alpha\alpha}\\ -y_{\alpha\alpha}\boldsymbol{C}_2 & y_{\alpha\alpha}\end{bmatrix} \tag{3.69}$$

式(3.69)中

$$\boldsymbol{C}_1=\boldsymbol{A}_0\boldsymbol{c}_1+\boldsymbol{e}_k=\boldsymbol{C}_2^{\mathrm{T}} \tag{3.70}$$

式(3.69)可写为

$$\boldsymbol{Y}=\begin{bmatrix}\boldsymbol{I} & -\boldsymbol{C}_1\\ & 1\end{bmatrix}\begin{bmatrix}\boldsymbol{Y}_{(0)} & \\ & y_{\alpha\alpha}\end{bmatrix}\begin{bmatrix}\boldsymbol{I} & \\ -\boldsymbol{C}_2 & 1\end{bmatrix} \tag{3.71}$$

对式(3.71)求逆可得

$$\boldsymbol{Y}^{-1}=\begin{bmatrix}\boldsymbol{I} & \\ \boldsymbol{C}_2 & 1\end{bmatrix}\begin{bmatrix}\boldsymbol{Z}_{(0)} & \\ & y_{\alpha\alpha}^{-1}\end{bmatrix}\begin{bmatrix}\boldsymbol{I} & \boldsymbol{C}_1\\ & 1\end{bmatrix} \tag{3.72}$$

从而可得

$$\boldsymbol{Z}=\begin{bmatrix}\boldsymbol{Z}_{(0)} & \boldsymbol{Z}_{(0)}\boldsymbol{C}_1\\ \boldsymbol{C}_2\boldsymbol{Z}_{(0)} & y_{\alpha\alpha}^{-1}+\boldsymbol{C}_2\boldsymbol{Z}_{(0)}\boldsymbol{C}_1\end{bmatrix} \tag{3.73}$$

显然原节点阻抗矩阵对应的部分 $\boldsymbol{Z}_{(0)}$ 不变，由图 3.13，利用节点阻抗矩阵的物理意义可知：追加支路后从节点 $k$ 注入单位电流和追加支路前从节点 $k$ 注入单位电流相比，原部分网络的电压仍然是一样的。追加支路后节点阻抗矩阵增维，即在原部分网络的节点阻抗矩阵 $\boldsymbol{Z}_{(0)}$ 的基础上加边，加边的部分对应式(3.73)中相应的部分。

注意以下几种情况。

(1) 追加树支，部分网络节点数增加。

(2) $\boldsymbol{Z}_{(0)}$ 中所有元素都不变。

(3) 无耦合时，式(3.59)中的 $\boldsymbol{c}_1$ 和 $\boldsymbol{c}_2$ 为零矢量，由式(3.70)可知，有 $\boldsymbol{C}_1=\boldsymbol{e}_k=\boldsymbol{C}_2^{\mathrm{T}}$，则式(3.73)可写为

$$\boldsymbol{Z}=\begin{bmatrix}\boldsymbol{Z}_{(0)} & \boldsymbol{Z}_{(0)k}\\ \boldsymbol{Z}_{(0)k}^{\mathrm{T}} & Z_{(0)kk}+z_{\alpha\alpha}\end{bmatrix} \tag{3.74}$$

式中：$\boldsymbol{Z}_{(0)k}$ 为阻抗矩阵的第 $k$ 个列矢量；$Z_{(0)kk}$ 为矩阵 $\boldsymbol{Z}_{(0)}$ 对应节点 $k$ 的自阻抗。

(4) 有耦合时，追加支路 $\alpha$ 只与部分网络中的一条支路 $\beta$ 之间有耦合，其互感阻抗为 $z_{\beta\alpha}$，则由式(3.70)和式(3.59)可得

$$\boldsymbol{C}_1=\boldsymbol{C}_2^{\mathrm{T}}=\boldsymbol{e}_k-\boldsymbol{A}_0\boldsymbol{z}_0^{-1}\boldsymbol{z}_{0\alpha}=\boldsymbol{e}_k-\boldsymbol{M}_\beta\frac{z_{\beta\alpha}}{z_{\beta\beta}} \tag{3.75}$$

式中：$\boldsymbol{M}_\beta=[\overset{i}{1}\quad \overset{j}{-1}]^{\mathrm{T}}$，$\boldsymbol{e}_k=[\overset{i}{1}]^{\mathrm{T}}$，因此，$\boldsymbol{C}_1$ 和 $\boldsymbol{C}_2$ 是稀疏矢量，最多只在三个位置处有非零元素。

在使用支路追加法求阻抗矩阵时应注意以下几点。

(1) 追加树支的计算量远小于追加连支的计算量，但在阶数较低时追加连支可减少计算量。

(2) 若切除元件(如线路、变压器)，即可按追加具有“负阻抗 $-z_{ij}$”的支路参数修改 $\boldsymbol{Z}$ 矩阵。

(3) $\boldsymbol{Z}$ 是满阵，消耗内存多，一般在短路计算时应用较多，而潮流计算常用 $\boldsymbol{Y}$。

### 3.2.4 节点阻抗矩阵的修正

当网络结构或参数发生局部变化时，并不需要重新形成节点阻抗矩阵，而只需对原来的节点阻抗矩阵作少量修正即可得到新的节点阻抗矩阵。

1. 支路移除和添加

移除一条支路相当于添加一条负阻抗支路，可以采用支路追加法对原阻抗矩阵进行修正。当移除连支支路时，阻抗矩阵阶次不变，但阻抗矩阵的所有元素都需要修正。当移除树支支路时，阻抗矩阵降低一阶，与树支的端节点对应的行列应划去，其余部分不变。

2. 节点合并

当节点 $p$ 和节点 $q$ 合并时，可以在节点 $p$、$q$ 之间连接一个阻抗为 $\varepsilon$ 的支路，$\varepsilon$ 是一个足够小的正数，即追加一条阻抗非常小的支路，则新的导纳矩阵为

$$\widetilde{\boldsymbol{Y}}=\boldsymbol{Y}+\boldsymbol{M}_{pq}\varepsilon^{-1}\boldsymbol{M}_{pq}^{\mathrm{T}} \tag{3.76}$$

由矩阵求逆辅助定理可得逆矩阵为

$$\widetilde{\boldsymbol{Z}}=\boldsymbol{Z}-\boldsymbol{Z}_{pq}(\varepsilon+Z_{pq.pq})^{-1}\boldsymbol{Z}_{pq}^{\mathrm{T}}=\boldsymbol{Z}-\boldsymbol{Z}_{pq}\boldsymbol{Z}_{pq}^{\mathrm{T}}/Z_{pq.pq} \tag{3.77}$$

式中：$Z_{pq.pq}$ 是节点对自阻抗，$\boldsymbol{Z}_{pq}$ 是 $\boldsymbol{Z}$ 的第 $p$ 列和第 $q$ 列相减得到的列矢量。

3. 消去节点

假设要消去网络中注入电流为零的浮游节点 $p$，则由

$$\begin{bmatrix}\boldsymbol{Z}_N & \boldsymbol{Z}_p\\ \boldsymbol{Z}_p^{\mathrm{T}} & Z_{pp}\end{bmatrix}\begin{bmatrix}\dot{\boldsymbol{I}}_N\\ 0\end{bmatrix}=\begin{bmatrix}\dot{\boldsymbol{U}}_N\\ \dot{U}_p\end{bmatrix} \tag{3.78}$$

可得

$$\boldsymbol{Z}_N\dot{\boldsymbol{I}}_N=\dot{\boldsymbol{U}}_N \tag{3.79}$$

式中：$\boldsymbol{Z}_N$ 为阻抗矩阵 $\boldsymbol{Z}$ 划去节点 $p$ 所对应行列后剩下的 $N\times N$ 阶矩阵。

4. 节点电压给定

网络中节点 $s$ 电压 $\dot{U}_s$ 给定，其余 $N$ 个节点电压待求，则网络方程可写为

$$\begin{bmatrix}\boldsymbol{Z}_N & \boldsymbol{Z}_s\\ \boldsymbol{Z}_s^{\mathrm{T}} & Z_{ss}\end{bmatrix}\begin{bmatrix}\dot{\boldsymbol{I}}_N\\ \dot{I}_s\end{bmatrix}=\begin{bmatrix}\dot{\boldsymbol{U}}_N\\ \dot{U}_s\end{bmatrix} \tag{3.80}$$

采用高斯法消去节点 $s$ 后，剩余的 $N$ 个节点的节点阻抗矩阵为

$$\widetilde{\boldsymbol{Z}}_N=\boldsymbol{Z}_N-\boldsymbol{Z}_sZ_{ss}^{-1}\boldsymbol{Z}_s^{\mathrm{T}} \tag{3.81}$$

消去式(3.80)中的 $\dot{I}_s$，可得到给定 $\dot{\boldsymbol{I}}_N$、$\dot{U}_s$ 时，计算节点电压 $\dot{\boldsymbol{U}}_N$ 的公式为

$$\dot{\boldsymbol{U}}_N=\widetilde{\boldsymbol{Z}}_N\dot{\boldsymbol{I}}_N+\boldsymbol{Z}_sZ_{ss}^{-1}\dot{U}_s \tag{3.82}$$

## 3.3 潮流计算的数学模型

潮流计算是指对电力系统正常运行状况的分析和计算，即电力系统中的电压、电

流、功率的计算。电力系统的状态不可以直接测量，因此需要进行潮流计算。

目前广泛应用的潮流计算方法都是基于节点电压法的，以节点导纳矩阵 $\boldsymbol{Y}$ 为电力网络的数学模型。

### 3.3.1　潮流计算的网络结构

下面以简单电力系统为例来分析潮流计算的网络结构，如图 3.14 所示。

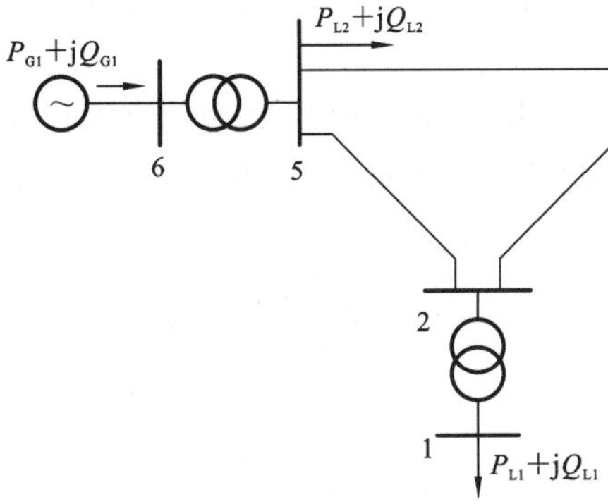

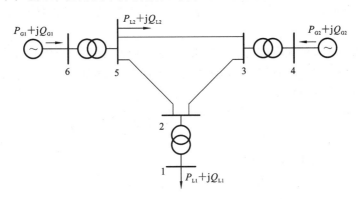

**图 3.14　简单电力系统**

图 3.14 所示电力系统的潮流计算网络如图 3.15 所示，图 3.15 所示的网络只包含线路、变压器等线性元件，可以用节点导纳矩阵或阻抗矩阵来描述；负载、发电机等非线性元件引出网络，用注入网络的功率或电流来描述；联络节点可视为带有零注入功率的负荷。

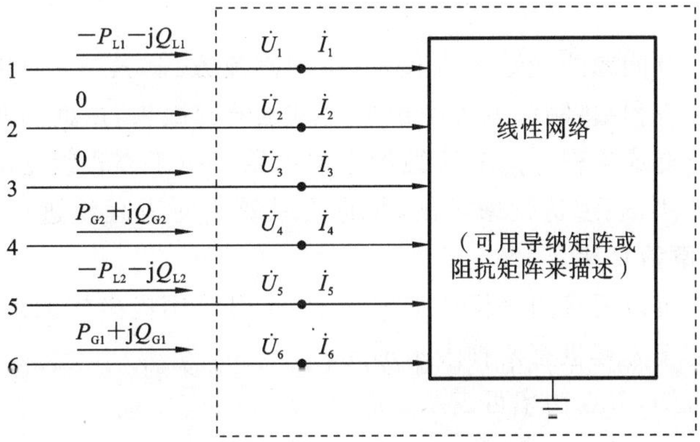


**图 3.15　潮流计算的网络结构**

由图 3.15 可知，节点 1 和节点 5 为负荷节点，其注入网络的功率为负；节点 2 和节点 3 为联络节点，其注入网络的功率为 0；节点 4 和节点 6 为发电机节点，其注入网络的功率为正；由节点导纳矩阵或节点阻抗矩阵来描述的计算网络是线性网络。

### 3.3.2　潮流方程

从数学上讲，潮流计算要求解一组由潮流方程描述的非线性代数方程组。为此我们必须先建立进行潮流计算的数学模型——潮流方程。

对于不包含地节点在内的 $N$ 个节点的电力网络，若网络结构和元件参数已知，则

网络方程可表示为

$$\boldsymbol{Y}\dot{\boldsymbol{U}}=\dot{\boldsymbol{I}} \tag{3.83}$$

其展开式为

$$\dot{I}_i=\sum_{j=1}^{N}Y_{ij}\dot{U}_j \quad (i=1,2,\cdots,N) \tag{3.84}$$

式(3.83)中,$\boldsymbol{Y}$ 为 $N\times N$ 阶节点导纳矩阵;$\dot{\boldsymbol{U}}$ 为 $N\times 1$ 阶节点电压列矢量;$\dot{\boldsymbol{I}}$ 为 $N\times 1$ 阶节点注入电流列矢量。如果不计网络元件的非线性,也不考虑移相变压器,则 $\boldsymbol{Y}$ 为对称矩阵。

若已知的是节点注入电流,则式(3.83)所表示的方程是线性的;但在电力系统的工程实际计算中,常常给定的运行变量是节点注入功率,而不是节点注入电流,因此,将节点电流用节点功率和电压表示为

$$\dot{I}_i=\frac{P_i-\mathrm{j}Q_i}{\hat{U}_i} \quad (i=1,2,\cdots,N) \tag{3.85}$$

将式(3.85)代入式(3.84)得

$$\frac{P_i-\mathrm{j}Q_i}{\hat{U}_i}=\sum_{j=1}^{N}Y_{ij}\dot{U}_j \quad (i=1,2,\cdots,N) \tag{3.86}$$

可写为

$$P_i+\mathrm{j}Q_i=\dot{U}_i\sum_{j=1}^{N}\hat{Y}_{ij}\hat{U}_j \quad (i=1,2,\cdots,N) \tag{3.87}$$

或

$$P_i-\mathrm{j}Q_i=\hat{U}_i\sum_{j=1}^{N}Y_{ij}\dot{U}_j \quad (i=1,2,\cdots,N) \tag{3.88}$$

这就是潮流计算问题的最基本方程式,也即潮流方程,其是一个以节点电压 $\dot{U}$ 为变量的非线性代数方程组,潮流方程中出现了电压的二次项,由此可见,采用节点功率作为节点注入量是造成方程组呈非线性的根本原因。由于方程组是非线性的,因此必须采用数值计算方法,通过迭代来求解,根据在计算中对方程组进行的不同应用和处理,可形成不同的潮流算法。

由于节点电压可以用直角坐标的形式表示,也可以用极坐标的形式表示,因此,潮流计算中的节点功率方程也有两种表示形式。

由式(3.88)可知,节点功率可表示为

$$P_i-\mathrm{j}Q_i=\hat{U}_i\sum_{j\in i}Y_{ij}\dot{U}_j \quad (j=1,2,\cdots,N) \tag{3.89}$$

式(3.89)中,$j\in i$ 表示所有和 $i$ 相连的节点 $j$,包括 $j=i$ 的情形。

若采用直角坐标,节点电压可表示为

$$\dot{U}_i=e_i+\mathrm{j}f_i \tag{3.90}$$

导纳矩阵可表示为

$$Y_{ij}=G_{ij}+\mathrm{j}B_{ij} \tag{3.91}$$

将式(3.90)和式(3.91)代入式(3.89)可得

$$P_i-\mathrm{j}Q_i=(e_i-\mathrm{j}f_i)\sum_{j\in i}(G_{ij}+\mathrm{j}B_{ij})(e_j+\mathrm{j}f_j)=(e_i-\mathrm{j}f_i)(a_i+\mathrm{j}b_i) \tag{3.92}$$

式(3.92)中

$$\begin{cases} a_i = \sum_{j\in i}(G_{ij}e_j - B_{ij}f_j) \\ b_i = \sum_{j\in i}(G_{ij}f_j + B_{ij}e_j) \end{cases} \tag{3.93}$$

故有

$$\begin{cases} P_i = e_i a_i + f_i b_i \\ Q_i = f_i a_i - e_i b_i \end{cases} \quad i=1,2,\cdots,N \tag{3.94}$$

式(3.92)和式(3.94)为直角坐标表示的潮流方程。

若采用极坐标，节点电压可表示为 $\dot{U}_i = U_i\angle\theta_i$，代入式(3.89)可得

$$\begin{aligned} P_i - \mathrm{j}Q_i &= U_i\angle(-\theta_i)\sum_{j\in i}(G_{ij}+\mathrm{j}B_{ij})U_j\angle\theta_j \\ &= U_i\sum_{j\in i}(G_{ij}+\mathrm{j}B_{ij})U_j(\cos\theta_{ij} - \mathrm{j}\sin\theta_{ij}) \end{aligned} \tag{3.95}$$

故有

$$\begin{cases} P_i = U_i\sum_{j\in i}U_j(G_{ij}\cos\theta_{ij} + B_{ij}\sin\theta_{ij}) \\ Q_i = U_i\sum_{j\in i}U_j(G_{ij}\sin\theta_{ij} - B_{ij}\cos\theta_{ij}) \end{cases} \quad i = 1,2,\cdots,N \tag{3.96}$$

式(3.96)为极坐标表示的潮流方程。

上面两种形式的潮流方程都称为节点功率方程，是牛顿-拉夫逊法等潮流算法所采用的主要数学模型。

每个节点的注入功率是该节点的电源输入功率和负荷需求功率的代数和。负荷需求功率取决于用户，是无法控制的，所以称之为不可控变量或扰动变量；而某个电源所发出的有功功率、无功功率是可以由运行人员控制或改变的变量，是自变量，或称为控制变量；至于各个节点的电压幅值或相角，则属于随着控制变量的改变而变化的因变量或状态变量。当系统中各个节点的电压幅值及相角都已知时，整个系统的运行状态也就完全确定了。

若 $\boldsymbol{p}$、$\boldsymbol{u}$、$\boldsymbol{x}$ 分别表示扰动变量、控制变量、状态变量，则潮流方程可以用更简洁的方式表示为

$$f(\boldsymbol{x},\boldsymbol{u},\boldsymbol{p}) = \boldsymbol{0} \tag{3.97}$$

由式(3.97)可知，潮流计算的含义就是针对某个扰动变量 $\boldsymbol{p}$，根据给定的控制变量 $\boldsymbol{u}$，求出相应的状态变量 $\boldsymbol{x}$。

### 3.3.3 节点的分类

求解电力系统的潮流实质上就是求解系统的状态，也就是确定其运行状态。对于有 $N$ 个节点的电力系统而言，每个节点有 4 个运行变量，其中，电压变量有 2 个，即节点电压的幅值 $U$ 和相角 $\theta$；功率变量有 2 个，即注入节点的有功功率 $P$ 和无功功率 $Q$，因此全系统共有 $4N$ 个变量。

对于式(3.89)所描述的复数潮流方程，总共有 $N$ 个复数方程式，如果将实部与虚部分开，则可得到 $2N$ 个实数方程式，由此仅可解得 $2N$ 个未知运行变量，因此，在计算潮流之前，必须将另外 $2N$ 个变量作为已知量预先给定，也就是说，对于一个节点，要给定其两个变量的值作为已知条件，而另外两个变量作为待求量。

但这并不是说任意给定 $2N$ 个变量潮流方程都是可以求解的。一般来说，每个节点的 4 个变量中给定 2 个，另外 2 个待求，而哪 2 个作为给定变量是由该节点的类型来确定的。

根据电力系统的实际运行条件，按给定变量的不同，一般将节点分为以下三种类型。

1. *PQ* 节点

这类节点的有功功率 $P$ 和无功功率 $Q$ 是给定的，节点的电压幅值 $U$ 和相角 $\theta$ 是待求量，通常将变电所母线作为 $PQ$ 节点，比如负荷节点、联络节点，其中，负荷节点是由需求决定的，一般是不可控的，而联络节点无注入功率可看作 $P$、$Q$ 给定，$P$、$Q$ 值皆为零。

在某些情况下，系统中某些发电厂送出的功率在一定时间内固定时，该发电厂母线也作为 $PQ$ 节点。电力系统中绝大多数节点属于这一类型。

2. *PV* 节点

这类节点的有功功率 $P$ 和电压幅值 $U$ 是给定的，节点的无功功率 $Q$ 和电压相角 $\theta$ 是待求量，这类节点必须有足够的可调无功容量，用以维持给定的电压幅值，因此这类节点又称电压控制节点。一般选择有一定无功储备的发电厂和具有可调无功电源设备的变电所作为 $PV$ 节点，比如发电机节点，由于发电机励磁调节使该节点的电压幅值维持不变，因此有功功率由发电机输出功率决定。在电力系统中，这一类节点的数目较少。

3. 平衡节点

在潮流计算中，平衡节点只有一个，它的电压幅值 $U$ 和相角 $\theta$ 给定，其有功功率 $P$ 和无功功率 $Q$ 是待求量。

在潮流求解之前，网络中的功率损失是未知的，因此网络中至少有一个节点的有功功率不能预先给定，该节点承担系统的有功平衡，故称之为平衡节点。

因为平衡节点的 $P$、$Q$ 不能预先给定，所以该节点的电压幅值 $U$ 和相角 $\theta$ 就应该预先给出，该节点称为 $V\theta$ 节点，其 $P$、$Q$ 值可经潮流计算来确定。平衡节点的选取是一种计算上的需要，其有多种选法。

为计算方便，常将平衡节点和基准节点选为同一节点。所谓基准节点就是指定电压相位为零的节点，其作为计算各节点电压相位的参考。

因为平衡节点的 $P$、$Q$ 事先无法确定，为使潮流计算结果符合实际，通常选有较大调节量的主调频发电厂作为平衡节点。潮流计算结束时，若平衡节点的有功功率、无功功率和实际情况不符，就要调整其他节点的边界条件以使平衡节点的功率在实际允许的范围之内。当然，在进行潮流计算时，也可以按照别的原则来选择平衡节点。

### 3.3.4　潮流方程的个数

设电力系统有 $N$ 个节点，若选取第 $N$ 个节点作为平衡节点，则剩下的 $n(n=N-1)$ 个节点中，有 $r$ 个 $PV$ 节点，有 $n-r$ 个 $PQ$ 节点。因此，除平衡节点外，有 $n$ 个节点的注入有功功率 $P$、$n-r$ 个 $PQ$ 节点的注入无功功率 $Q$，以及 $r$ 个 $PV$ 节点的电压幅值 $U$ 是已知量，因此，已知量总共有 $2n$ 个。

在直角坐标系下，待求的状态变量共有 $2n$ 个，可用

$$\boldsymbol{x}=[\boldsymbol{e}^{\mathrm{T}} \quad \boldsymbol{f}^{\mathrm{T}}]^{\mathrm{T}}=[e_1 \quad e_2 \quad \cdots \quad e_n \quad f_1 \quad f_2 \quad \cdots \quad f_n]^{\mathrm{T}}$$

表示待求状态变量，其潮流方程是

$$\begin{cases}\Delta P_i=P_i^{\mathrm{sp}}-(e_i a_i+f_i b_i)=0 & i=1,2,\cdots,n \\ \Delta Q_i=Q_i^{\mathrm{sp}}-(f_i a_i-e_i b_i)=0 & i=1,2,\cdots,n-r \\ \Delta U_i^2=(U_i^{\mathrm{sp}})^2-(e_i^2+f_i^2)=0 & i=n-r+1,\cdots,n\end{cases} \tag{3.98}$$

式中：$P_i^{\mathrm{sp}}$ 和 $Q_i^{\mathrm{sp}}$ 是节点 $i$ 的给定有功功率和无功功率，方程组共有 $2n$ 个方程，$2n$ 个待求状态变量，两者个数相等。

在极坐标系下，待求状态变量共有 $2n-r$ 个，可用

$$\boldsymbol{x}=[\boldsymbol{\theta}^{\mathrm{T}} \quad \boldsymbol{U}^{\mathrm{T}}]^{\mathrm{T}}=[\theta_1 \quad \theta_2 \quad \cdots \quad \theta_n \quad U_1 \quad U_2 \quad \cdots \quad U_{n-r}]^{\mathrm{T}}$$

表示待求状态变量，其潮流方程是

$$\begin{cases}\Delta P_i = P_i^{\mathrm{sp}} - U_i \sum\limits_{j\in i} U_j (G_{ij}\cos\theta_{ij} + B_{ij}\sin\theta_{ij}) = 0 & i = 1,2,\cdots,n \\ \Delta Q_i = Q_i^{\mathrm{sp}} - U_i \sum\limits_{j\in i} U_j (G_{ij}\sin\theta_{ij} - B_{ij}\cos\theta_{ij}) = 0 & i = 1,2,\cdots,n-r\end{cases} \tag{3.99}$$

因为 $PV$ 节点的电压幅值 $U$ 已知，故与电压幅值有关的 $r$ 个方程不存在，因此式(3.99)所示方程的个数为 $2n-r$ 个，比直角坐标系下的方程个数少了 $r$ 个。

通过上面的分析得出，方程的个数等于待求状态变量的个数。

# 4 电力网络变换、化简和等值

现代电力系统已进入规模化发展和分析方法计算机化的进程，但电力系统的基本组成并没有发生太大变化。如何利用现代计算机信息技术与现代通信技术更准确、快速、深入地研究现代大规模电力系统是我们需要考虑的。分析任何庞大而复杂的系统的一般方法是由简单到复杂、由局部到整体，电力系统的分析计算也是如此。

为此在现代电网(即电力网络)计算中经常需要进行网络变换、化简和等值。网络变换可以把原网络变成便于计算的形式；网络化简可以把网络中不需要详细分析的部分用简化网络代替，保留需要详细分析的部分；网络等值可以使所研究的网络规模大大减小，提高计算速度，突出重点，以便把注意力集中在需要详细分析的部分网络上。

前面的章节已经建立了网络的数学模型和潮流计算的数学模型，要求解潮流则必须先对电力网络进行研究分析，为此本章将重点介绍电网计算中很常用的技术：网络变换、化简和等值。

## 4.1 网络变换

电网计算中经常需要将某种连接方式的网络变换成另一种连接方式的网络，以便网络元件的归并和化简，把星形网络变成网形网络就是最常见的一种变换。

下面我们以图 4.1 所示的最简单的星形网络变成网形网络为例来进行说明。图 4.1(a)所示的部分网络是星形接法，支路导纳用小写字母 $y$ 表示。图 4.1(b)所示的网形接法是由图 4.1(a)所示的星形接法变换而来的，也就是将图 4.1(a)中的节点 $i$ 消去，并将节点 $i$ 处的电流移置到相邻节点上，但应保证变换后的图 4.1(b)所示的网络中的三个端点对外部的电气特性不变。

下面讨论如何求图 4.1(b)中的等值导纳 $y_{12}$、$y_{23}$、$y_{13}$ 和移置电流 $\Delta\dot{I}_1$、$\Delta\dot{I}_2$、$\Delta\dot{I}_3$。

根据网络方程 $\boldsymbol{Y}\dot{\boldsymbol{U}}=\dot{\boldsymbol{I}}$ 写出变换前图 4.1(a)所示的星形网络的导纳矩阵表示的网络方程为

$$\left[\begin{array}{c|ccc} y_{i1}+y_{i2}+y_{i3} & -y_{i1} & -y_{i2} & -y_{i3} \\ \hline -y_{i1} & y_{i1} & 0 & 0 \\ -y_{i2} & 0 & y_{i2} & 0 \\ -y_{i3} & 0 & 0 & y_{i3} \end{array}\right]\begin{bmatrix}\dot{U}_i\\ \dot{U}_1\\ \dot{U}_2\\ \dot{U}_3\end{bmatrix}=\begin{bmatrix}\dot{I}_i\\ \dot{I}_1\\ \dot{I}_2\\ \dot{I}_3\end{bmatrix} \tag{4.1}$$

若式(4.1)中的导纳矩阵用矩阵块 $\boldsymbol{A}$、$\boldsymbol{B}$、$\boldsymbol{C}$、$\boldsymbol{D}$ 来描述，则式(4.1)可写为

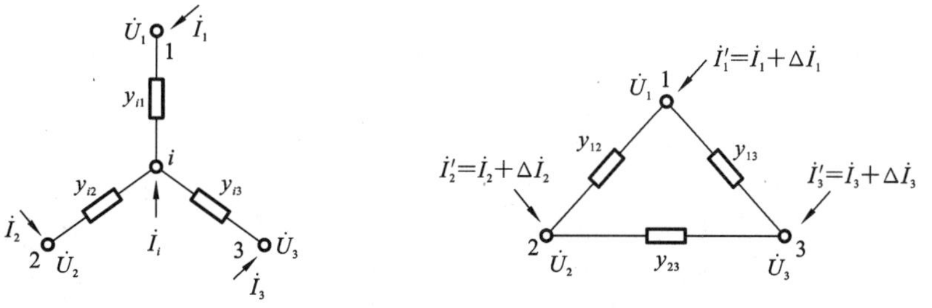


(a) 星形接法　　(b) 网形接法

**图 4.1 星网变换**

$$\begin{bmatrix} \boldsymbol{A} & \boldsymbol{B} \\ \boldsymbol{C} & \boldsymbol{D} \end{bmatrix} \begin{bmatrix} \dot{U}_i \\ \dot{\boldsymbol{U}}_{123} \end{bmatrix} = \begin{bmatrix} \dot{I}_i \\ \dot{\boldsymbol{I}}_{123} \end{bmatrix} \tag{4.2}$$

从而可直接求出矩阵块 $\boldsymbol{A}$、$\boldsymbol{B}$、$\boldsymbol{C}$、$\boldsymbol{D}$。

下面将式(4.2)中节点 $i$ 的电压 $\dot{U}_i$ 消去。

$$\begin{aligned} \begin{bmatrix} \boldsymbol{A} & \boldsymbol{B} \\ \boldsymbol{C} & \boldsymbol{D} \end{bmatrix} \begin{bmatrix} \dot{U}_i \\ \dot{\boldsymbol{U}}_{123} \end{bmatrix} = \begin{bmatrix} \dot{I}_i \\ \dot{\boldsymbol{I}}_{123} \end{bmatrix} & \Rightarrow \begin{bmatrix} \boldsymbol{A}^{-1}\boldsymbol{A} & \boldsymbol{A}^{-1}\boldsymbol{B} \\ \boldsymbol{C} & \boldsymbol{D} \end{bmatrix} \begin{bmatrix} \dot{U}_i \\ \dot{\boldsymbol{U}}_{123} \end{bmatrix} = \begin{bmatrix} \boldsymbol{A}^{-1}\dot{I}_i \\ \dot{\boldsymbol{I}}_{123} \end{bmatrix} \\ & \Rightarrow \begin{bmatrix} -\boldsymbol{C} & -\boldsymbol{C}\boldsymbol{A}^{-1}\boldsymbol{B} \\ \boldsymbol{C} & \boldsymbol{D} \end{bmatrix} \begin{bmatrix} \dot{U}_i \\ \dot{\boldsymbol{U}}_{123} \end{bmatrix} = \begin{bmatrix} -\boldsymbol{C}\boldsymbol{A}^{-1}\dot{I}_i \\ \dot{\boldsymbol{I}}_{123} \end{bmatrix} \\ & \Rightarrow \begin{cases} -\boldsymbol{C}\dot{U}_i - \boldsymbol{C}\boldsymbol{A}^{-1}\boldsymbol{B}\dot{\boldsymbol{U}}_{123} = -\boldsymbol{C}\boldsymbol{A}^{-1}\dot{I}_i \\ \boldsymbol{C}\dot{U}_i + \boldsymbol{D}\dot{\boldsymbol{U}}_{123} = \dot{\boldsymbol{I}}_{123} \end{cases} \\ & \Rightarrow (\boldsymbol{D} - \boldsymbol{C}\boldsymbol{A}^{-1}\boldsymbol{B})\dot{\boldsymbol{U}}_{123} = \dot{\boldsymbol{I}}_{123} - \boldsymbol{C}\boldsymbol{A}^{-1}\dot{I}_i \\ & \Rightarrow \boldsymbol{Y}'\dot{\boldsymbol{U}}_{123} = \dot{\boldsymbol{I}}_{123} + \Delta\dot{\boldsymbol{I}} \end{aligned} \tag{4.3}$$

从而可得

$$\boldsymbol{Y}' = \boldsymbol{D} - \boldsymbol{C}\boldsymbol{A}^{-1}\boldsymbol{B} \tag{4.4}$$

$$\Delta\dot{\boldsymbol{I}} = -\boldsymbol{C}\boldsymbol{A}^{-1}\dot{I}_i \tag{4.5}$$

将对应的 $\boldsymbol{A}$、$\boldsymbol{B}$、$\boldsymbol{C}$、$\boldsymbol{D}$ 代入式(4.4)和式(4.5)可得

$$\boldsymbol{Y}' = \begin{bmatrix} y_{i1} & & \\ & y_{i2} & \\ & & y_{i3} \end{bmatrix} - \begin{bmatrix} -y_{i1} \\ -y_{i2} \\ -y_{i3} \end{bmatrix} \frac{1}{\sum\limits_{j-1}^{3} y_{ij}} \begin{bmatrix} -y_{i1} & -y_{i2} & -y_{i3} \end{bmatrix} \tag{4.6}$$

$$\Delta\dot{\boldsymbol{I}} = \begin{bmatrix} y_{i1} \\ y_{i2} \\ y_{i3} \end{bmatrix} \frac{1}{\sum\limits_{j=1}^{3} y_{ij}} \dot{I}_i \tag{4.7}$$

式(4.6)中的 $\boldsymbol{Y}'$ 是变换后的导纳矩阵,式(4.7)中的 $\Delta\dot{\boldsymbol{I}}$ 是星形网络的中心点上的电流 $\dot{I}_i$ 在其余三个节点上的移置电流。

变换后的图 4.1(b)所示的网形网络的导纳矩阵表示的网络方程写为

$$\begin{bmatrix} y_{12}+y_{13} & -y_{12} & -y_{13} \\ -y_{12} & y_{12}+y_{23} & -y_{23} \\ -y_{13} & -y_{23} & y_{13}+y_{23} \end{bmatrix} \begin{bmatrix} \dot{U}_1 \\ \dot{U}_2 \\ \dot{U}_3 \end{bmatrix} = \begin{bmatrix} \dot{I}_1 \\ \dot{I}_2 \\ \dot{I}_3 \end{bmatrix} + \begin{bmatrix} \Delta\dot{I}_1 \\ \Delta\dot{I}_2 \\ \Delta\dot{I}_3 \end{bmatrix} \tag{4.8}$$

变换后的网络导纳矩阵 $\boldsymbol{Y}'$ 既可以用变换前星形网络的支路导纳表示也可以用变换后网形网络的支路导纳表示,即

$$\boldsymbol{Y}' = \begin{bmatrix} y_{i1} & & \\ & y_{i2} & \\ & & y_{i3} \end{bmatrix} - \begin{bmatrix} -y_{i1} \\ -y_{i2} \\ -y_{i3} \end{bmatrix} \frac{1}{\sum\limits_{j=1}^{3} y_{ij}} [-y_{i1} \quad -y_{i2} \quad -y_{i3}]$$

$$= \begin{bmatrix} y_{12}+y_{13} & -y_{12} & -y_{13} \\ -y_{12} & y_{12}+y_{23} & -y_{23} \\ -y_{13} & -y_{23} & y_{13}+y_{23} \end{bmatrix}$$

从而可得网形网络支路导纳与星形网络支路导纳的关系为

$$\begin{cases} y_{12} = \dfrac{y_{i1}y_{i2}}{y_{i1}+y_{i2}+y_{i3}} = \dfrac{y_{i1}y_{i2}}{y_\Sigma} \\ y_{13} = \dfrac{y_{i1}y_{i3}}{y_{i1}+y_{i2}+y_{i3}} = \dfrac{y_{i1}y_{i3}}{y_\Sigma} \\ y_{23} = \dfrac{y_{i2}y_{i3}}{y_{i1}+y_{i2}+y_{i3}} = \dfrac{y_{i2}y_{i3}}{y_\Sigma} \end{cases} \tag{4.9}$$

其中，$y_\Sigma = \sum\limits_{j=1}^{3} y_{ij}$，为三条星形接法的支路导纳的和值。

移置电流为

$$\Delta\dot{\boldsymbol{I}} = -\boldsymbol{CA}^{-1}\dot{I}_i = -\begin{bmatrix} -y_{i1} \\ -y_{i2} \\ -y_{i3} \end{bmatrix} \frac{1}{\sum\limits_{j=1}^{3} y_{ij}} \dot{I}_i \tag{4.10}$$

式(4.10)中的 $\dfrac{1}{\sum\limits_{j=1}^{3} y_{ij}} = \dfrac{1}{y_\Sigma}$，$\dfrac{1}{\sum\limits_{j=1}^{3} y_{ij}}\dot{I}_i$ 是中心连接点 $i$ 上电流在并联导纳上产生的电压降，左边乘以 $y_{ij}$ ($j=1,2,3$) 表示在各并联支路上流过的电流。

把 $a_k = \dfrac{y_{ik}}{y_\Sigma}$ 定义为电流 $\dot{I}_i$ 在星形接法的相邻节点上的分配系数，也称负荷转移系数，因此有

$$\Delta\dot{\boldsymbol{I}} = \begin{bmatrix} a_1 \\ a_2 \\ a_3 \end{bmatrix} \dot{I}_i \tag{4.11}$$

且

$$\sum_{k=1}^{3} a_k = 1 \tag{4.12}$$

上面的例子可推广到节点 $i$ 连接有 $m$ 条星形接法的支路的情况，当由星形接法变为网形接法时，式(4.9)变为

$$y_{pq} = \frac{y_{ip}y_{iq}}{y_\Sigma} \quad p=1,2,\cdots,m; q=1,2,\cdots,m; p \neq q \tag{4.13}$$

$$y_\Sigma = \sum_{j=1}^{m} y_{ij} \tag{4.14}$$

星形接法中心连接点 $i$ 上的电流 $\dot{I}_i$ 在其余 $m$ 个节点上的移置电流为

$$\Delta\dot{\boldsymbol{I}} = \begin{bmatrix} y_{i1} \\ y_{i2} \\ \vdots \\ y_{im} \end{bmatrix} \frac{1}{y_\Sigma} \dot{I}_i \tag{4.15}$$

定义分配系数为

$$a_k = \frac{y_{ik}}{y_\Sigma} \quad k=1,2,\cdots,m \tag{4.16}$$

则

$$\Delta\dot{\boldsymbol{I}} = \begin{bmatrix} \Delta\dot{I}_1 \\ \Delta\dot{I}_2 \\ \vdots \\ \Delta\dot{I}_m \end{bmatrix} = \begin{bmatrix} a_1 \\ a_2 \\ \vdots \\ a_m \end{bmatrix} \dot{I}_i \tag{4.17}$$

且

$$\sum_{k=1}^{m} a_k = 1 \tag{4.18}$$

$$\boldsymbol{Y}'\dot{\boldsymbol{U}} = \dot{\boldsymbol{I}}' = \dot{\boldsymbol{I}} + \Delta\dot{\boldsymbol{I}} \tag{4.19}$$

若节点 $i$ 连接有 $m$ 条星形接法的支路，将星形网络变换成网形网络，则新得到的网形网络的支路数可以用排列组合来表示：

$$C_m^2 = \frac{p_m^2}{2!} = \frac{m!}{2!\ (m-2)!} \tag{4.20}$$

对于任意复杂网络，可以反复地应用星网变换逐渐消去节点，将网络化简到最简单的形式，并求出相关数据。然后，逐步还原网络，就可以确定原始网络的运行状态，这就是用高斯消去法求解网络方程的过程。

## 4.2 网络化简

在电力系统的计算中，有时需要仔细研究对电力网络中感兴趣的部分，这时可以将其余不感兴趣的部分网络进行化简，以便得到感兴趣的部分网络的电压和电流关系。

最常用的网络化简方法是矩阵方程的高斯消去法。网络化简既可以在导纳矩阵上进行，也可以在阻抗矩阵上进行，还可以在导纳矩阵上的因子表上进行。

### 4.2.1 用导纳矩阵形式表示

原网络的节点集用 $N$ 表示，将要化简掉的部分称为外部网络，其节点集用 $E$ 表示，需要保留的部分的节点集用保留集 $G$ 表示，且 $G \cup E = N$。在保留集中和外部节点集相关联的节点组成边界节点集，用 $B$ 表示；不和外部节点集相关联的节点组成内部节点集，用 $I$ 表示，且 $B \cup I = G$，如图 4.2(a)表示。图 4.2(b)所示的 5 节点网络就可以很清楚地说明网络节点的划分，其中，$I=\{5\}$，$B=\{3,4\}$，$E=\{1,2\}$。

若将导纳矩阵表示的网络方程按 $I$、$B$、$E$ 集合划分，则可以写出用分块矩阵形式表示的网络方程，如式(4.21)所示。

$$\begin{bmatrix} \boldsymbol{Y}_{EE} & \boldsymbol{Y}_{EB} & \boldsymbol{0} \\ \boldsymbol{Y}_{BE} & \boldsymbol{Y}_{BB} & \boldsymbol{Y}_{BI} \\ \boldsymbol{0} & \boldsymbol{Y}_{IB} & \boldsymbol{Y}_{II} \end{bmatrix} \begin{bmatrix} \dot{\boldsymbol{U}}_E \\ \dot{\boldsymbol{U}}_B \\ \dot{\boldsymbol{U}}_I \end{bmatrix} = \begin{bmatrix} \dot{\boldsymbol{I}}_E \\ \dot{\boldsymbol{I}}_B \\ \dot{\boldsymbol{I}}_I \end{bmatrix} \tag{4.21}$$

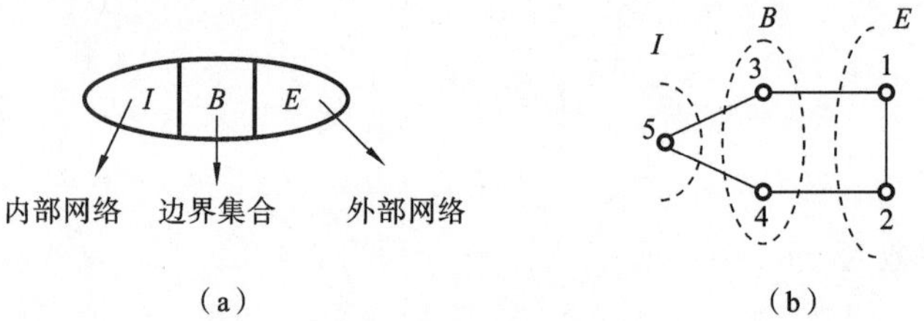


图 4.2 网络节点的划分

把不需要详细分析的外部网络部分消去，先将式(4.21)中的 $\boldsymbol{Y}_{EE}$ 化成单位阵，再乘以 $-\boldsymbol{Y}_{BE}$，最后消去外部节点电压 $\dot{\boldsymbol{U}}_E$ 的具体过程如下：

$$\begin{bmatrix} \boldsymbol{Y}_{EE}^{-1}\boldsymbol{Y}_{EE} & \boldsymbol{Y}_{EE}^{-1}\boldsymbol{Y}_{EB} & \boldsymbol{0} \\ \boldsymbol{Y}_{BE} & \boldsymbol{Y}_{BB} & \boldsymbol{Y}_{BI} \\ \boldsymbol{0} & \boldsymbol{Y}_{IB} & \boldsymbol{Y}_{II} \end{bmatrix}\begin{bmatrix} \dot{\boldsymbol{U}}_E \\ \dot{\boldsymbol{U}}_B \\ \dot{\boldsymbol{U}}_I \end{bmatrix}=\begin{bmatrix} \boldsymbol{Y}_{EE}^{-1}\dot{\boldsymbol{I}}_E \\ \dot{\boldsymbol{I}}_B \\ \dot{\boldsymbol{I}}_I \end{bmatrix}$$

$$\Rightarrow\begin{bmatrix} -\boldsymbol{Y}_{BE} & -\boldsymbol{Y}_{BE}\boldsymbol{Y}_{EE}^{-1}\boldsymbol{Y}_{EB} & \boldsymbol{0} \\ \boldsymbol{Y}_{BE} & \boldsymbol{Y}_{BB} & \boldsymbol{Y}_{BI} \\ \boldsymbol{0} & \boldsymbol{Y}_{IB} & \boldsymbol{Y}_{II} \end{bmatrix}\begin{bmatrix} \dot{\boldsymbol{U}}_E \\ \dot{\boldsymbol{U}}_B \\ \dot{\boldsymbol{U}}_I \end{bmatrix}=\begin{bmatrix} -\boldsymbol{Y}_{BE}\boldsymbol{Y}_{EE}^{-1}\dot{\boldsymbol{I}}_E \\ \dot{\boldsymbol{I}}_B \\ \dot{\boldsymbol{I}}_I \end{bmatrix}$$

$$\Rightarrow\begin{bmatrix} \boldsymbol{Y}_{BB}-\boldsymbol{Y}_{BE}\boldsymbol{Y}_{EE}^{-1}\boldsymbol{Y}_{EB} & \boldsymbol{Y}_{BI} \\ \boldsymbol{Y}_{IB} & \boldsymbol{Y}_{II} \end{bmatrix}\begin{bmatrix} \dot{\boldsymbol{U}}_B \\ \dot{\boldsymbol{U}}_I \end{bmatrix}=\begin{bmatrix} \dot{\boldsymbol{I}}_B-\boldsymbol{Y}_{BE}\boldsymbol{Y}_{EE}^{-1}\dot{\boldsymbol{I}}_E \\ \dot{\boldsymbol{I}}_I \end{bmatrix}$$

$$\Rightarrow\begin{bmatrix} \boldsymbol{Y}'_{BB} & \boldsymbol{Y}_{BI} \\ \boldsymbol{Y}_{IB} & \boldsymbol{Y}_{II} \end{bmatrix}\begin{bmatrix} \dot{\boldsymbol{U}}_B \\ \dot{\boldsymbol{U}}_I \end{bmatrix}=\begin{bmatrix} \dot{\boldsymbol{I}}'_B \\ \dot{\boldsymbol{I}}_I \end{bmatrix} \tag{4.22}$$

从而可得

$$\boldsymbol{Y}'_{BB}=\boldsymbol{Y}_{BB}-\boldsymbol{Y}_{BE}\boldsymbol{Y}_{EE}^{-1}\boldsymbol{Y}_{EB} \tag{4.23}$$

$$\dot{\boldsymbol{I}}'_B=\dot{\boldsymbol{I}}_B-\boldsymbol{Y}_{BE}\boldsymbol{Y}_{EE}^{-1}\dot{\boldsymbol{I}}_E \tag{4.24}$$

式(4.23)中的 $\boldsymbol{Y}'_{BB}$ 是等值后的边界导纳矩阵，$\boldsymbol{Y}_{EE}$ 是稀疏阵，而 $\boldsymbol{Y}_{EE}^{-1}$ 通常不是稀疏阵。$\boldsymbol{Y}_{BE}\boldsymbol{Y}_{EE}^{-1}\dot{\boldsymbol{I}}_E$ 是外部网络节点注入电流移置到边界节点时的等值电流。也就是说，节点导纳矩阵在边界处发生变化，外部网节点注入电流移置到边界节点。

### 4.2.2 用阻抗矩阵形式表示

若用节点阻抗矩阵形式表示式(4.21)所示的网络方程，则有

$$\begin{bmatrix} \dot{\boldsymbol{U}}_E \\ \dot{\boldsymbol{U}}_B \\ \dot{\boldsymbol{U}}_I \end{bmatrix}=\begin{bmatrix} \boldsymbol{Z}_{EE} & \boldsymbol{Z}_{EB} & \boldsymbol{Z}_{EI} \\ \boldsymbol{Z}_{BE} & \boldsymbol{Z}_{BB} & \boldsymbol{Z}_{BI} \\ \boldsymbol{Z}_{IE} & \boldsymbol{Z}_{IB} & \boldsymbol{Z}_{II} \end{bmatrix}\begin{bmatrix} \dot{\boldsymbol{I}}_E \\ \dot{\boldsymbol{I}}_B \\ \dot{\boldsymbol{I}}_I \end{bmatrix} \tag{4.25}$$

从式(4.25)中抽出 $B$ 集和 $I$ 集方程可得

$$\begin{bmatrix} \dot{\boldsymbol{U}}_B \\ \dot{\boldsymbol{U}}_I \end{bmatrix}=\begin{bmatrix} \boldsymbol{Z}_{BB} & \boldsymbol{Z}_{BI} \\ \boldsymbol{Z}_{IB} & \boldsymbol{Z}_{II} \end{bmatrix}\begin{bmatrix} \dot{\boldsymbol{I}}_B \\ \dot{\boldsymbol{I}}_I \end{bmatrix}+\begin{bmatrix} \boldsymbol{Z}_{BE} \\ \boldsymbol{Z}_{IE} \end{bmatrix}\dot{\boldsymbol{I}}_E \tag{4.26}$$

显然，给定 $\dot{\boldsymbol{I}}_E$、$\dot{\boldsymbol{I}}_B$、$\dot{\boldsymbol{I}}_I$，可由式(4.26)求出保留节点的电压，阻抗矩阵和导纳矩阵有互为逆矩阵的关系，即

$$\begin{bmatrix} \boldsymbol{Y}_{EE} & \boldsymbol{Y}_{EB} & \boldsymbol{0} \\ \boldsymbol{Y}_{BE} & \boldsymbol{Y}_{BB} & \boldsymbol{Y}_{BI} \\ \boldsymbol{0} & \boldsymbol{Y}_{IB} & \boldsymbol{Y}_{II} \end{bmatrix}\begin{bmatrix} \boldsymbol{Z}_{EE} & \boldsymbol{Z}_{EB} & \boldsymbol{Z}_{EI} \\ \boldsymbol{Z}_{BE} & \boldsymbol{Z}_{BB} & \boldsymbol{Z}_{BI} \\ \boldsymbol{Z}_{IE} & \boldsymbol{Z}_{IB} & \boldsymbol{Z}_{II} \end{bmatrix}=\begin{bmatrix} \boldsymbol{I} & \\ & \boldsymbol{I} \end{bmatrix} \tag{4.27}$$

式(4.27)中，$\boldsymbol{I}$ 为适当阶数的单位矩阵，消去等式左边矩阵的第一行和第一列，取出右下角部分得

$$\begin{bmatrix} \boldsymbol{Y}'_{BB} & \boldsymbol{Y}_{BI} \\ \boldsymbol{Y}_{IB} & \boldsymbol{Y}_{II} \end{bmatrix} \begin{bmatrix} \boldsymbol{Z}_{BB} & \boldsymbol{Z}_{BI} \\ \boldsymbol{Z}_{IB} & \boldsymbol{Z}_{II} \end{bmatrix} = [\boldsymbol{I}] \tag{4.28}$$

式(4.28)中，$\boldsymbol{Y}'_{BB}$ 是边界导纳矩阵，且

$$\boldsymbol{Y}'_{BB} = \boldsymbol{Y}_{BB} - \boldsymbol{Y}_{BE}\boldsymbol{Y}_{EE}^{-1}\boldsymbol{Y}_{EB} \tag{4.29}$$

由式(4.28)可知，在导纳矩阵上，用高斯消去法消去外部网络节点集 $E$ 后得到的导纳矩阵与除外部节点集之外从阻抗矩阵中取出的其余部分互逆，因此，基于式(4.22)的导纳矩阵与基于式(4.26)的阻抗矩阵在本质上是相同的。尽管节点阻抗矩阵是满矩阵，其计算和存储都很困难，但由于只要取出与子网相关联的部分就是该子网的外网等值后的结果，所以基于阻抗矩阵的网络化简方法可以用于需要多次对不同网作外网等值的场合。

## 4.3　网络等值

电网分析计算中，由于信息交换的存在或出现安全性方面的问题，外部网络的变化有时不能及时由内部网络的控制中心掌握，这时就需要认真地对外部系统进行等值，以正确反映外部系统中扰动的影响，尤其是在内部系统中进行预想事故的安全分析时，外部系统对内部系统的分析结果有重要影响。

对外部网络进行等值可分为静态等值和动态等值，静态等值只涉及稳态潮流(代数方程)，而动态等值则涉及暂态过程(微分代数方程)，本章仅讨论静态等值。

外部等值将原网络节点集划分为内部系统节点集 $I$ 、边界系统节点集 $B$ 和外部系统节点集 $E$。内部系统节点集 $I$ 和外部系统节点集 $E$ 无直接关联。

外部网络的网络拓扑结构和元件参数由上一级电网控制中心提供，内部系统和边界系统的实时潮流解通过内部网络的状态估计给出，而外部系统的等值网络和等值边界注入电流是需要求解的。求解的目标是使等值后在内部网络中进行各种操作调整后的稳态分析与在全网未等值系统中所做的分析结果相同，或者十分接近。

电力系统外部网络的静态等值过程实质上是第 4.2 节所介绍的化简过程，只是在电力系统中处理方法略有不同。应用最广泛的等值是 WARD 等值及在其基础上开发的各种改进等值方法。

1. WARD 等值

在网络分析计算中，如果外部网络中的节点注入电流 $\dot{\boldsymbol{I}}_E$ 不变，则等值计算可以用式(4.21)～式(4.24)所描述的网络化简公式来完成，等值网络的边界节点导纳矩阵为 $\boldsymbol{Y}'_{BB}$，等值边界节点的注入电流为 $\dot{\boldsymbol{I}}'_B$，这样的等值称为节点电流给定情况下的 WARD 等值，因此，第 4.2 节所述的用导纳矩阵形式表示的化简就是 WARD 等值。

由于实际电力系统一般给定的是节点注入功率，而不是节点注入电流，所以 WARD 等值不能在电力系统计算中直接使用，而需要进行一些处理，这两者之间存在如下关系：

$$\hat{\boldsymbol{U}}\dot{\boldsymbol{I}} = \hat{\boldsymbol{S}} \tag{4.30}$$

式中：$\dot{S}$ 为节点注入复功率，$\hat{\dot{S}}$ 为 $\dot{S}$ 的共轭；将式(4.30)变换一下，则电流就可以用功率来表示，即

$$\dot{\boldsymbol{I}}=\hat{\dot{\boldsymbol{U}}}^{-1}\hat{\dot{\boldsymbol{S}}} \tag{4.31}$$

因此，由式(4.31)和消去外部节点电压 $\dot{\boldsymbol{U}}_E$ 后的式(4.22)可得边界节点注入电流为

$$\dot{\boldsymbol{I}}'_B=\dot{\boldsymbol{I}}_B-\boldsymbol{Y}_{BE}\boldsymbol{Y}_{EE}^{-1}\dot{\boldsymbol{I}}_E=\hat{\dot{\boldsymbol{U}}}_B^{-1}\hat{\dot{\boldsymbol{S}}}_B-\boldsymbol{Y}_{BE}\boldsymbol{Y}_{EE}^{-1}\hat{\dot{\boldsymbol{U}}}_E^{-1}\hat{\dot{\boldsymbol{S}}}_E \tag{4.32}$$

由式(4.32)可知，等值边界注入电流 $\dot{\boldsymbol{I}}'_B$ 是边界节点与外部节点电压的函数。当功率给定时，由于内部系统发生的扰动可以使外部系统节点电压发生变化，外部系统等值到边界的电流 $\dot{\boldsymbol{I}}'_B$ 也是变化的，所以 WARD 等值在这种情况下有一定的误差。很显然，在消去过程中，外部节点电压 $\dot{\boldsymbol{U}}_E$ 已消去，因此式(4.32)中再使用 $\hat{\dot{\boldsymbol{U}}}_E^{-1}$ 是不可取的。

若将内部网络节点注入电流 $\dot{\boldsymbol{I}}_I$ 用注入功率表示，则式(4.22)变为

$$\begin{bmatrix}\boldsymbol{Y}'_{BB} & \boldsymbol{Y}_{BI}\\ \boldsymbol{Y}_{IB} & \boldsymbol{Y}_{II}\end{bmatrix}\begin{bmatrix}\dot{\boldsymbol{U}}_B\\ \dot{\boldsymbol{U}}_I\end{bmatrix}=\begin{bmatrix}\dot{\boldsymbol{I}}'_B\\ \hat{\dot{\boldsymbol{U}}}_I^{-1}\hat{\dot{\boldsymbol{S}}}_I\end{bmatrix} \tag{4.33}$$

因为内部节点集 $I$ 和边界节点集 $B$ 的节点电压可由内部系统状态估计器给出，因此，在线性应用中，可由系统状态估计器给出 $\dot{\boldsymbol{U}}_B$、$\dot{\boldsymbol{U}}_I$ 的初值，这样等值边界注入电流可由 $\dot{\boldsymbol{I}}'_B=\boldsymbol{Y}'_{BB}\dot{\boldsymbol{U}}_B+\boldsymbol{Y}_{BI}\dot{\boldsymbol{U}}_I$ 直接求出，而不需要知道外部系统的注入电流或注入功率。

**例 4.1** 如图 4.3 所示的电力系统，支路电纳在图上标出，各注入电流如图 4.3 所示。若选节点⑤、⑥为内部节点，③、④为边界节点，①、②为外部节点，试对该系统进行 WARD 等值。

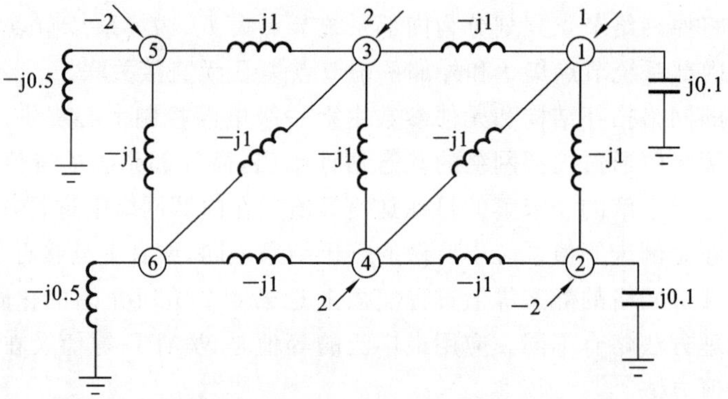


**图 4.3** WARD 等值

**解** 按 $E$、$B$、$I$ 的顺序建立节点导纳矩阵：

$$\boldsymbol{Y}=\begin{bmatrix}\boldsymbol{Y}_{EE} & \boldsymbol{Y}_{EB} & \boldsymbol{0}\\ \boldsymbol{Y}_{BE} & \boldsymbol{Y}_{BB} & \boldsymbol{Y}_{BI}\\ \boldsymbol{0} & \boldsymbol{Y}_{IB} & \boldsymbol{Y}_{II}\end{bmatrix}=\mathrm{j}\begin{bmatrix}-2.9 & 1 & 1 & 1 & 0 & 0\\ 1 & -1.9 & 0 & 1 & 0 & 0\\ 1 & 0 & -4 & 1 & 1 & 1\\ 1 & 1 & 1 & -4 & 0 & 1\\ 0 & 0 & 1 & 0 & -2.5 & 1\\ 0 & 0 & 1 & 1 & 1 & -3.5\end{bmatrix}$$

式中，$\boldsymbol{Y}_{EE}=\mathrm{j}\begin{bmatrix}-2.9 & 1\\ 1 & -1.9\end{bmatrix}$，$\boldsymbol{Y}_{BE}=\mathrm{j}\begin{bmatrix}1 & 0\\ 1 & 1\end{bmatrix}$，$\boldsymbol{Y}_{EB}=\mathrm{j}\begin{bmatrix}1 & 1\\ 0 & 1\end{bmatrix}$，$\boldsymbol{Y}_{BB}=\mathrm{j}\begin{bmatrix}-4 & 1\\ 1 & -4\end{bmatrix}$，则边界等值导纳矩阵为

$$\begin{aligned}\boldsymbol{Y}'_{BB}&=\boldsymbol{Y}_{BB}-\boldsymbol{Y}_{BE}\boldsymbol{Y}_{EE}^{-1}\boldsymbol{Y}_{EB}=\mathrm{j}\begin{bmatrix}-4 & 1\\ 1 & -4\end{bmatrix}-\mathrm{j}\begin{bmatrix}1 & 0\\ 1 & 1\end{bmatrix}\begin{bmatrix}-2.9 & 1\\ 1 & -1.9\end{bmatrix}^{-1}\begin{bmatrix}1 & 1\\ 0 & 1\end{bmatrix}\\
&=\mathrm{j}\begin{bmatrix}-4 & 1\\ 1 & -4\end{bmatrix}-\mathrm{j}\begin{bmatrix}1 & 0\\ 1 & 1\end{bmatrix}\begin{bmatrix}-0.4213 & -0.2217\\ -0.2217 & -0.6430\end{bmatrix}\begin{bmatrix}1 & 1\\ 0 & 1\end{bmatrix}\\
&=\mathrm{j}\begin{bmatrix}-4 & 1\\ 1 & -4\end{bmatrix}-\mathrm{j}\begin{bmatrix}-0.4213 & -0.6430\\ -0.6430 & -1.5078\end{bmatrix}\\
&=\mathrm{j}\begin{bmatrix}-3.5787 & 1.6430\\ 1.6430 & -2.4922\end{bmatrix}\end{aligned}$$

节点注入电流为

$$\dot{\boldsymbol{I}}=[\dot{\boldsymbol{I}}_E\quad \dot{\boldsymbol{I}}_B\quad \dot{\boldsymbol{I}}_I]^{\mathrm{T}}=[1\quad -2\quad 2\quad 2\quad -2\quad 0]^{\mathrm{T}}$$

等值边界注入电流为

$$\begin{aligned}\dot{\boldsymbol{I}}'_B&=\dot{\boldsymbol{I}}_B-\boldsymbol{Y}_{BE}\boldsymbol{Y}_{EE}^{-1}\dot{\boldsymbol{I}}_E=\begin{bmatrix}2\\ 2\end{bmatrix}-\begin{bmatrix}1 & 0\\ 1 & 1\end{bmatrix}\begin{bmatrix}-2.9 & 1\\ 1 & -1.9\end{bmatrix}^{-1}\begin{bmatrix}1\\ -2\end{bmatrix}\\
&=\begin{bmatrix}2\\ 2\end{bmatrix}-\begin{bmatrix}1 & 0\\ 1 & 1\end{bmatrix}\begin{bmatrix}-0.4213 & -0.2217\\ -0.2217 & -0.6430\end{bmatrix}\begin{bmatrix}1\\ -2\end{bmatrix}\\
&=\begin{bmatrix}2\\ 2\end{bmatrix}-\begin{bmatrix}0.0222\\ 1.0865\end{bmatrix}=\begin{bmatrix}1.9778\\ 0.9135\end{bmatrix}\end{aligned}$$

等值后用导纳矩阵表示的网络方程为

$$\mathrm{j}\begin{bmatrix}-3.5787 & 1.6430 & 1 & 1\\ 1.6430 & -2.4922 & 0 & 1\\ 1 & 0 & -2.5 & 1\\ 1 & 1 & 1 & -3.5\end{bmatrix}\begin{bmatrix}\dot{U}_3\\ \dot{U}_4\\ \dot{U}_5\\ \dot{U}_6\end{bmatrix}=\begin{bmatrix}1.9778\\ 0.9135\\ -2\\ 0\end{bmatrix}$$

2. REI 等值

REI 等值的全称为辐射状等值独立电源法（radial equivalent independent）等值。

对 WARD 等值公式 $\dot{\boldsymbol{I}}'_B=\dot{\boldsymbol{I}}_B-\boldsymbol{Y}_{BE}\boldsymbol{Y}_{EE}^{-1}\dot{\boldsymbol{I}}_E$ 而言，如果外部网络是无源的，即节点注入电流 $\dot{\boldsymbol{I}}_E$ 为零，则等值边界注入电流 $\dot{\boldsymbol{I}}'_B$ 就是原来的边界注入电流 $\dot{\boldsymbol{I}}_B$，这样 WARD 等值可以简化。

REI 等值基于上面这一想法，把外部网络中的节点注入电流或功率加以归并，移到外部的一个或少数几个节点上，原来的外部网络就变成了无源网络，然后再对外部的无源网络进行等值。

可以用图 4.4 来说明 REI 的等值过程。图 4.4(a)所示的是原来的外部网络，三个节点的注入功率分别是 $\dot{S}_1$、$\dot{S}_2$ 和 $\dot{S}_3$。可以从节点①、②、③各引出一条支路，然后把三条支路汇集成一条支路，如图 4.4(b)所示。

在图 4.4(b)中，节点①、②、③和新增节点 0 都是无注入功率的节点，把这四个节点消去，可以得到边界节点集 $B$ 和外部节点 $m$，所有原来的三个注入功率都归并到节点 $m$ 上，用一个等值注入功率 $\dot{S}_m$ 来代替。化简后的结果如图 4.4(c)所示。

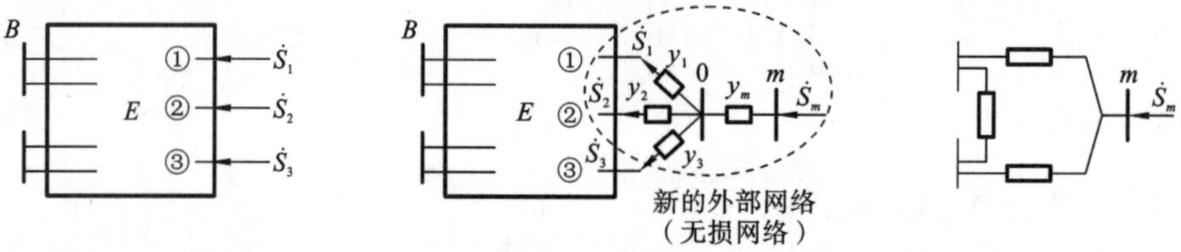


（a）原外部网络　　（b）REI等值　　（c）化简后的结果

**图 4.4** REI 等值

下面研究如何确定图 4.4(b)中所示的等值网络的各支路参数，首先要考虑以下几个条件。

(1) 支路 $y_1$、$y_2$、$y_3$ 上的功率分别是 $\dot{S}_1$、$\dot{S}_2$、$\dot{S}_3$，即 $\dot{S}_{0\to①}=\dot{S}_1$，$\dot{S}_{0\to②}=\dot{S}_2$，$\dot{S}_{0\to③}=\dot{S}_3$。

(2) REI 等值网络是无损失网络，即在图 4.4(b)中应该有

$$\dot{S}_m=\dot{S}_1+\dot{S}_2+\dot{S}_3=\sum_{i=1}^{3}\dot{S}_i \tag{4.34}$$

(3) REI 等值支路的汇集点 0 的电压可以任意指定，即 $y_1$、$y_2$、$y_3$、$y_m$ 与 $\dot{U}_0$ 有关，$\dot{U}_0$ 可任取，比如令 $\dot{U}_0=0$。

在以上条件下可以确定 REI 等值网络各虚拟支路的参数如下。

对节点 0，由基尔霍夫电流定律可得

$$\hat{I}_m=\hat{I}_1+\hat{I}_2+\hat{I}_3=\sum_{i=1}^{3}\hat{I}_i \tag{4.35}$$

所以

$$\frac{\dot{S}_m}{\dot{U}_m}=\frac{\dot{S}_1}{\dot{U}_1}+\frac{\dot{S}_2}{\dot{U}_2}+\frac{\dot{S}_3}{\dot{U}_3}=\sum_{i=1}^{3}\frac{\dot{S}_i}{\dot{U}_i} \tag{4.36}$$

从而可计算出

$$\dot{U}_m=\frac{\dot{S}_m}{\sum\limits_{i=1}^{3}\frac{\dot{S}_i}{\dot{U}_i}} \tag{4.37}$$

因有 $\dot{U}_0=0$，$\dot{I}_m=y_m\dot{U}_m$，所以由

$$\dot{S}_m=(\dot{U}_m-\dot{U}_0)\hat{I}_m=\dot{U}_m\hat{y}_m\hat{U}_m=\hat{y}_mU_m^2 \tag{4.38}$$

可得

$$y_m=\frac{\hat{S}_m}{U_m^2} \tag{4.39}$$

或由

$$\hat{S}_m=\dot{I}_m\hat{U}_m=(\dot{U}_m-\dot{U}_0)y_m\hat{U}_m=y_mU_m^2 \tag{4.40}$$

可得式(4.39)，同理由

$$\hat{S}_i=(\dot{U}_0-\dot{U}_i)y_i\hat{U}_i=-y_iU_i^2 \tag{4.41}$$

可求得

$$y_i=-\frac{\hat{S}_i}{U_i^2}\quad i=1,2,3 \tag{4.42}$$

利用式(4.34)～式(4.42)，根据外部网络节点的运行状况计算出 REI 等值网络的

虚拟等值支路的参数。

由式(4.39)和式(4.42)可以看出,等值支路参数的性质和节点注入功率的性质有关,且 $y_m$ 和 $y_i$ 的计算式相差一个负号。

当节点 $i$ 注入正的有功功率时,即节点是发电机节点时,$y_i$ 的实部为负;若 $\dot{S}_m$ 的实部为正,则 $y_m$ 的实部也为正。也就是说,支路$(m,0)$是正电阻支路,而支路$(i,0)$是负电阻支路,前者消耗有功,是有损元件;后者对外提供功率,产生有功,是有源元件。从整个 REI 等值网络的等值支路看,功率损耗为 0,因此 $y_m$ 和 $y_i$ 形成的新网络是无损网络。

为提高 REI 等值的精度,应将外部网络中哪些节点的注入归并到一起是一个重要问题。通常将节点注入性质相同的归入一组,例如发电机节点归入一组,负荷节点归入一组。或把 $PV$ 节点归入一组,把 $PQ$ 节点归入另一组。也可以按地理位置的远近,以及水电、火电负荷进行归并。即可以将节点归并为多个集合,从而在外部网络产生多个虚构节点。

## 4.4 诺顿等值和戴维南等值

对于任何一含源端口网络,戴维南定理表明可将它简化为一电压源与一阻抗串联的等效电路;而诺顿定理表明可将它简化为一电流源与导纳并联的等效电路。一般情况下,戴维南等效电路与诺顿等效电路之间具有完全相同的等效互换关系。

### 4.4.1 单端口网络

在电力系统的网络分析中,有时需要研究从网络的某一端口或多端口看进去时该网络的表现。假设每个端口都是由感兴趣的一对网络节点组成的,其中一个节点是公共参考节点(即地节点),这样就可以把该电网在端口处看成一个等值的电流源或一个等值的电压源,等值前后端口的电气特性相同,这就是常规的诺顿等值和戴维南等值的做法。

应用诺顿等值和戴维南等值对网络进行化简,则需要满足两个条件:其一是被观察的网络是线性的;其二是每个端口的净流入电流为零,即要求每个端口所连接的外部电路与被观察电路没有磁耦合,每个端口所连接的外部电路之间也没有电气耦合。

图 4.5 所示的戴维南等值电路中,等值内电动势就是等值前端口的 $p$ 的开路电压 $\dot{U}_p^{(0)}$,而等值内阻抗就是 $p$ 点的自阻抗 $Z_{pp}$。诺顿等值电流源电流和诺顿等值导纳可由戴维南等值参数求出:

$$\dot{I}_p^{(0)\prime}=\frac{\dot{U}_p^{(0)}}{Z_{pp}} \tag{4.43}$$

$$Y'_{pp}=\frac{1}{Z_{pp}} \tag{4.44}$$

当然也可以直接通过网络化简求出诺顿等值参数,具体如下。

图 4.5 所示的原网络方程为

$$\boldsymbol{Y}\dot{\boldsymbol{U}}^{(0)}=\dot{\boldsymbol{I}}^{(0)} \quad 或 \quad \dot{\boldsymbol{U}}^{(0)}=\boldsymbol{Z}\dot{\boldsymbol{I}}^{(0)} \tag{4.45}$$

式中,$\dot{\boldsymbol{U}}^{(0)}$ 是节点电压列矢量,$\dot{\boldsymbol{I}}^{(0)}$ 是节点注入电流列矢量,$\boldsymbol{Y}$、$\boldsymbol{Z}$ 分别是节点导纳矩阵和

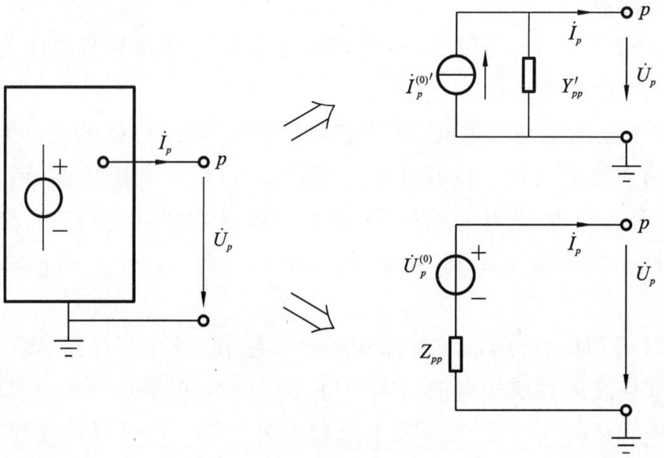


**图 4.5 常规单端口网络**

节点阻抗矩阵。在节点导纳矩阵和节点阻抗矩阵中，若将节点 $p$ 排在最后，则式(4.45)可写为

$$\begin{bmatrix} Y_{11} & Y_{12} & \cdots & Y_{1n} & Y_{1p} \\ Y_{21} & Y_{22} & \cdots & Y_{2n} & Y_{2p} \\ \vdots & \vdots & & \vdots & \vdots \\ Y_{n1} & Y_{n2} & \cdots & Y_{nn} & Y_{np} \\ Y_{p1} & Y_{p2} & \cdots & Y_{pn} & Y_{pp} \end{bmatrix} \begin{bmatrix} \dot{U}_1^{(0)} \\ \dot{U}_2^{(0)} \\ \vdots \\ \dot{U}_n^{(0)} \\ \dot{U}_p^{(0)} \end{bmatrix} = \begin{bmatrix} \dot{I}_1^{(0)} \\ \dot{I}_2^{(0)} \\ \vdots \\ \dot{I}_n^{(0)} \\ \dot{I}_p^{(0)} \end{bmatrix} \tag{4.46}$$

和

$$\begin{bmatrix} \dot{U}_1^{(0)} \\ \dot{U}_2^{(0)} \\ \vdots \\ \dot{U}_n^{(0)} \\ \dot{U}_p^{(0)} \end{bmatrix} = \begin{bmatrix} Z_{11} & Z_{12} & \cdots & Z_{1n} & Z_{1p} \\ Z_{21} & Z_{22} & \cdots & Z_{2n} & Z_{2p} \\ \vdots & \vdots & & \vdots & \vdots \\ Z_{n1} & Z_{n2} & \cdots & Z_{nn} & Z_{np} \\ Z_{p1} & Z_{p2} & \cdots & Z_{pn} & Z_{pp} \end{bmatrix} \begin{bmatrix} \dot{I}_1^{(0)} \\ \dot{I}_2^{(0)} \\ \vdots \\ \dot{I}_n^{(0)} \\ \dot{I}_p^{(0)} \end{bmatrix} \tag{4.47}$$

式(4.46)和式(4.47)可简写为

$$\begin{bmatrix} \boldsymbol{Y}_{nn} & \boldsymbol{Y}_p \\ \boldsymbol{Y}_p^{\mathrm{T}} & \boldsymbol{Y}_{pp} \end{bmatrix} \begin{bmatrix} \dot{\boldsymbol{U}}_n^{(0)} \\ \dot{U}_p^{(0)} \end{bmatrix} = \begin{bmatrix} \dot{\boldsymbol{I}}_n^{(0)} \\ \dot{I}_p^{(0)} \end{bmatrix} \tag{4.48}$$

$$\begin{bmatrix} \dot{\boldsymbol{U}}_n^{(0)} \\ \dot{U}_p^{(0)} \end{bmatrix} = \begin{bmatrix} \boldsymbol{Z}_{nn} & \boldsymbol{Z}_p \\ \boldsymbol{Z}_p^{\mathrm{T}} & Z_{pp} \end{bmatrix} \begin{bmatrix} \dot{\boldsymbol{I}}_n^{(0)} \\ \dot{I}_p^{(0)} \end{bmatrix} \tag{4.49}$$

对式(4.49)消去前 $n$ 行、$n$ 列有

$$(Y_{pp} - \boldsymbol{Y}_p^{\mathrm{T}} \boldsymbol{Y}_{nn}^{-1} \boldsymbol{Y}_p) \dot{U}_p^{(0)} = \dot{I}_p^{(0)} - \boldsymbol{Y}_p^{\mathrm{T}} \boldsymbol{Y}_{nn}^{-1} \dot{\boldsymbol{I}}_n^{(0)} \tag{4.50}$$

令

$$Y'_{pp} = Y_{pp} - \boldsymbol{Y}_p^{\mathrm{T}} \boldsymbol{Y}_{nn}^{-1} \boldsymbol{Y}_p \tag{4.51}$$

$$\dot{I}_p^{(0)\prime} = \dot{I}_p^{(0)} - \boldsymbol{Y}_p^{\mathrm{T}} \boldsymbol{Y}_{nn}^{-1} \dot{\boldsymbol{I}}_n^{(0)} \tag{4.52}$$

则有

$$Y'_{pp} \dot{U}_p^{(0)} = \dot{I}_p^{(0)\prime} \tag{4.53}$$

式(4.51)和式(4.52)是诺顿等值电路的等值内导纳和内电流源电流的另一种表示

方法。将式(4.51)和式(4.52)代入式(4.43)和式(4.44)得

$$Y'_{pp}=\frac{1}{Z_{pp}}=Y_{pp}-\boldsymbol{Y}_p^{\mathrm{T}}\boldsymbol{Y}_{nn}^{-1}\boldsymbol{Y}_p \tag{4.54}$$

$$\dot{I}_p^{(0)'}=\frac{\dot{U}_p^{(0)}}{Z_{pp}}=\dot{I}_p^{(0)}-\boldsymbol{Y}_p^{\mathrm{T}}\boldsymbol{Y}_{nn}^{-1}\dot{\boldsymbol{I}}_n^{(0)} \tag{4.55}$$

由此可见,诺顿等值导纳 $Y'_{pp}$ 是保留节点 $p$,消去所有其余节点,在端口 $p$ 得到的等值导纳。诺顿等值电流源电流 $\dot{I}_p^{(0)'}$ 是将除节点 $p$ 以外的所有节点消去后,在节点 $p$ 上产生的等值注入电流。因此也可以先计算出诺顿等值导纳矩阵和等值电流,再换算出戴维南等值阻抗和等值内电动势。在原网络解未求出并且节点阻抗矩阵没有建立起来的时候常使用这种方法进行网络等值。

由上述分析可知,诺顿等值过程实际上就是保留节点 $p$,对网络其余部分进行化简的过程,在这个过程中未做任何简化假设,因此从节点 $p$ 和地组成的端口向原网络看进去,等值前和等值后两者对外的表现是相同的。

上面介绍的是电力系统网络中,从节点 $p$ 和电网公共参考点(地节点)组成的端口向电网内部看进去的等值,称为面向节点的等值。在有些场合,需要使用从网络中某节点对组成的端口向内看进去的等值,这组节点对是网络中某支路的两个端节点,而且一般情况下这两个端(节)点都不是接地节点,这种等值为面向支路的等值,其特点是该端口的两个节点都是高电位点。

设网络中支路 $\alpha$ 的端节点为 $p$、$q$,从 $p$、$q$ 节点组成的端口向网络看进去的等值电路如图 4.6 所示。

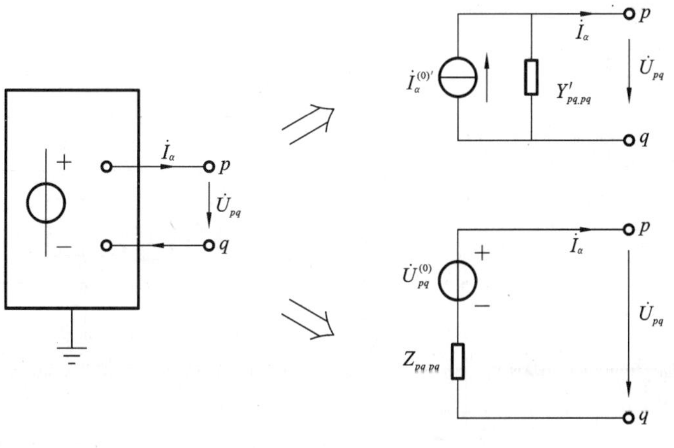


**图 4.6　面向支路的单端口**

戴维南等值电动势就是端口 $\alpha$ 的开路电压 $\dot{U}_{pq}^{(0)}$:

$$\dot{U}_{pq}^{(0)}=\dot{U}_p^{(0)}-\dot{U}_q^{(0)}=\boldsymbol{M}_\alpha^{\mathrm{T}}\dot{\boldsymbol{U}}^{(0)} \tag{4.56}$$

式中,$\boldsymbol{M}_\alpha=[\underset{p}{1}\quad \underset{q}{-1}]^{\mathrm{T}}$ 是节点-支路关联矩阵对应支路 $\alpha$ 的列矢量。等值阻抗 $Z_{pq.pq}$ 是节点对($p$,$q$)的自阻抗,这个等值阻抗是

$$Z_{pq.pq}=\boldsymbol{M}_\alpha^{\mathrm{T}}\boldsymbol{Z}\boldsymbol{M}_\alpha=Z_{pp}+Z_{qq}-2Z_{pq} \tag{4.57}$$

其诺顿等值参数和面向节点的相同,如式(4.58)和式(4.59)所示。

$$Y'_{pq.pq}=\frac{1}{Z_{pq.pq}} \tag{4.58}$$

$$\dot{I}_{\alpha}^{(0)}=\frac{\dot{U}_{pq}^{(0)}}{Z_{pq.pq}} \tag{4.59}$$

注意，当端口 $\alpha(p,q)$ 外接的电路没有支路和地相连时，由 KCL 可知，端口从节点 $p$ 流出的电流和从节点 $q$ 流进的电流相等。

实际上，只要原网络和外接电路两者不同时有接地支路时，这一结论就成立，当两者同时有接地支路时，从端口 $\alpha$ 的节点 $p$ 流出的电流可能和从节点 $q$ 流入的电流不等，其差值就等于从地节点流入电力网络的电流。

当面向支路的等值中一个端节点是地节点（接地支路）时，面向节点和面向支路的等值代表同一等值。另外，面向支路的等值可以扩展到电力网络中任意两个非接地节点组成的端口，不限于网络中某支路两端节点组成的端口。

### 4.4.2 多端口网络

有时电力网络中有多个感兴趣的节点对，则可以引出多个端口，并利用叠加原理将诺顿等值和戴维南等值推广到多端口情况。当我们需要研究多个端口和外电路之间的关系时，则需要从这个多端口向电力网络内看进去的等值电路，这时需要建立电力网络的多端口诺顿等值和多端口戴维南等值。一个端口上的两个节点在网络内部可能直接相连，也可能不相连。下面直接由节点方程推导多端口的戴维南等值电路和诺顿等值电路。

令原电力网络有 $N$ 个节点（地节点作为参考节点不包括在内）。其中，$\gamma$ 个节点的电流电压关系是要详细研究的，这 $\gamma$ 个节点与地节点之间组成了 $\gamma$ 个端口，多端口诺顿等值和戴维南等值用图 4.7 来描述，每个端口上第一个节点的电流以流出网络为正方向，第二个节点的电流以流入网络为正方向，二者大小相等。将第一节点和第二节点之

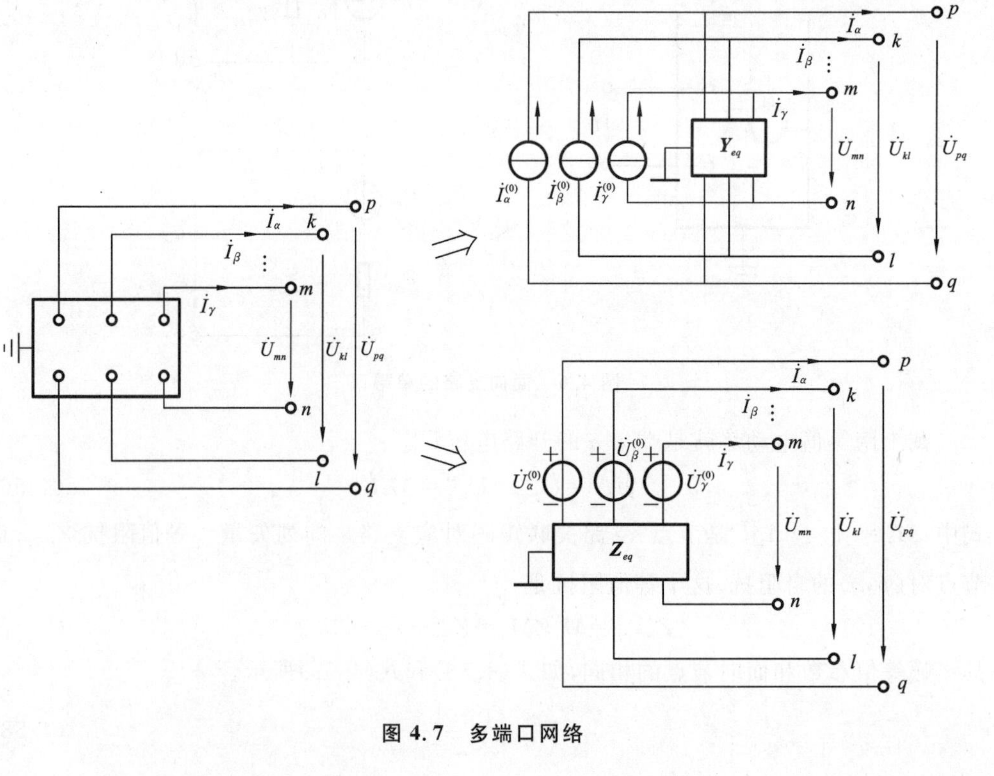


图 4.7 多端口网络

间的电压降作为端口电压的正方向。在不失一般性时，第二节点还可能是参考节点(即地节点)。

以端口 $\alpha$ 为例进行分析，若端口 $\alpha$ 的端节点 $p$、$q$ 都不是参考(节)点，则其对应的 $N\times 1$ 阶节点-端口关联矢量为

$$\boldsymbol{M}_\alpha=[0 \quad \cdots \quad \underset{p}{1} \quad \cdots \quad \underset{q}{-1} \quad \cdots \quad 0]^{\mathrm{T}} \tag{4.60}$$

若端口 $\alpha$ 的端节点 $q$ 是参考点，则其对应的 $N\times 1$ 阶节点-端口关联矢量为

$$\boldsymbol{M}_\alpha=[0 \quad \cdots \quad \underset{p}{1} \quad \cdots \quad \underset{q}{0} \quad \cdots \quad 0]^{\mathrm{T}} \tag{4.61}$$

把所有节点-端口关联矢量按列排在一起，就构成了 $N\times\gamma$ 阶的节点-端口关联矩阵 $\boldsymbol{M}_L$，可以写为

$$\boldsymbol{M}_L=[\boldsymbol{M}_\alpha \quad \boldsymbol{M}_\beta \quad \cdots \quad \boldsymbol{M}_\gamma] \tag{4.62}$$

设系统原网络方程为

$$\boldsymbol{Y}\dot{\boldsymbol{U}}^{(0)}=\dot{\boldsymbol{I}}^{(0)} \quad 或 \quad \dot{\boldsymbol{U}}^{(0)}=\boldsymbol{Z}\dot{\boldsymbol{I}}^{(0)} \tag{4.63}$$

式中，$\dot{\boldsymbol{U}}^{(0)}$ 为节点电压列矢量；$\dot{\boldsymbol{I}}^{(0)}$ 为节点注入电流列矢量；$\boldsymbol{Y}$、$\boldsymbol{Z}$ 分别为节点导纳矩阵和节点阻抗矩阵。

图 4.7 所示的多端口网络戴维南等值电路的 $\gamma\times\gamma$ 阶等值阻抗矩阵为

$$\boldsymbol{Z}_{eq}=\boldsymbol{M}_L^{\mathrm{T}}\boldsymbol{Z}\boldsymbol{M}_L=\begin{bmatrix} Z_{pq.pq} & Z_{pq.kl} & \cdots & Z_{pq.mn} \\ Z_{kl.pq} & Z_{kl.kl} & \cdots & Z_{kl.mn} \\ \vdots & \vdots & & \vdots \\ Z_{mn.pq} & Z_{mn.kl} & \cdots & Z_{mn.mn} \end{bmatrix} \tag{4.64}$$

戴维南等值电动势即为原网络的 $\gamma$ 个端口的开路电压：

$$\dot{\boldsymbol{U}}_{eq}^{(0)}=\boldsymbol{M}_L^{\mathrm{T}}\dot{\boldsymbol{U}}^{(0)}=[\dot{U}_{pq}^{(0)} \quad \dot{U}_{kl}^{(0)} \quad \cdots \quad \dot{U}_{mn}^{(0)}]^{\mathrm{T}} \tag{4.65}$$

图 4.7 所示的多端口网络诺顿等值电路的 $\gamma\times\gamma$ 阶等值导纳矩阵为

$$\boldsymbol{Y}_{eq}=\boldsymbol{Z}_{eq}^{-1}=\begin{bmatrix} Y_{pq.pq} & Y_{pq.kl} & \cdots & Y_{pq.mn} \\ Y_{kl.pq} & Y_{kl.kl} & \cdots & Y_{kl.mn} \\ \vdots & \vdots & & \vdots \\ Y_{mn.pq} & Y_{mn.kl} & \cdots & Y_{mn.mn} \end{bmatrix} \tag{4.66}$$

诺顿等值电流源为图 4.7 中多端口网络诺顿等值电路中各端口短路时的短路电流：

$$\dot{\boldsymbol{I}}_{eq}^{(0)}=\boldsymbol{Y}_{eq}\dot{\boldsymbol{U}}_{eq}^{(0)}=[\dot{I}_\alpha^{(0)} \quad \dot{I}_\beta^{(0)} \quad \cdots \quad \dot{I}_\gamma^{(0)}]^{\mathrm{T}} \tag{4.67}$$

根据已规定的正方向，定义端口上的电流矢量和电压矢量分别为

$$\dot{\boldsymbol{I}}_L=[\dot{I}_\alpha \quad \dot{I}_\beta \quad \cdots \quad \dot{I}_\gamma]^{\mathrm{T}}$$

$$\dot{\boldsymbol{U}}_L=[\dot{U}_{pq} \quad \dot{U}_{kl} \quad \cdots \quad \dot{U}_{mn}]^{\mathrm{T}}$$

则多端口戴维南等值电路方程为

$$\dot{\boldsymbol{U}}_L=\dot{\boldsymbol{U}}_{eq}^{(0)}-\boldsymbol{Z}_{eq}\dot{\boldsymbol{I}}_L \tag{4.68}$$

多端口诺顿等值电路方程为

$$\dot{\boldsymbol{I}}_L=\dot{\boldsymbol{I}}_{eq}^{(0)}-\boldsymbol{Y}_{eq}\dot{\boldsymbol{U}}_L \tag{4.69}$$

**例 4.2** 如图 4.8 所示的电网，支路导纳和节点注入电流已在图上标出，试求以节点③、④对地为端口的戴维南等值参数，求出等值阻抗和等值戴维南电动势，然后转换成诺顿等值导纳和等值电流。

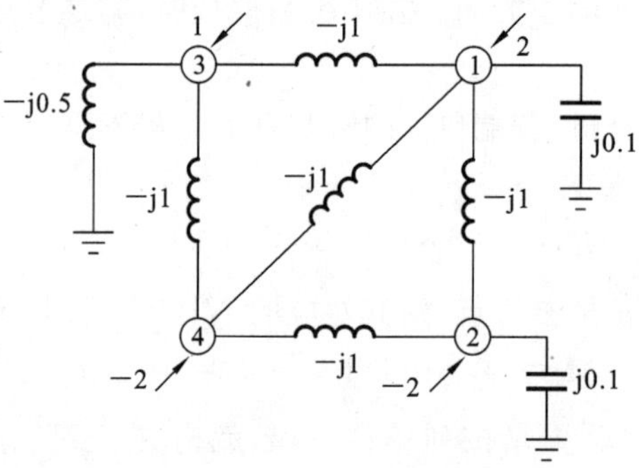


图 4.8 例 4.2 图

**解** 首先建立以地为参考节点的导纳矩阵：

$$\boldsymbol{Y}=\mathrm{j}\begin{bmatrix}-2.9 & 1 & 1 & 1\\ 1 & -1.9 & 0 & 1\\ 1 & 0 & -2.5 & 1\\ 1 & 1 & 1 & -3\end{bmatrix}$$

系统的节点-端口关联矢量为

$$\boldsymbol{M}_L=[\boldsymbol{M}_3^{\mathrm{T}}\quad \boldsymbol{M}_4^{\mathrm{T}}]=\begin{bmatrix}0 & 0 & 1 & 0\\ 0 & 0 & 0 & 1\end{bmatrix}^{\mathrm{T}}$$

求出 $\boldsymbol{Y}$ 的逆矩阵为

$$\boldsymbol{Z}=\boldsymbol{Y}^{-1}=\mathrm{j}\begin{bmatrix}5.4270 & 5.5096 & 4.1873 & 5.0413\\ 5.5096 & 6.2534 & 4.3526 & 5.3719\\ 4.1873 & 4.3526 & 3.7080 & 4.0826\\ 5.0413 & 5.3719 & 4.0826 & 5.1653\end{bmatrix}$$

则系统戴维南等值阻抗为

$$\boldsymbol{Z}_{eq}=\boldsymbol{M}_L^{\mathrm{T}}\boldsymbol{Z}\boldsymbol{M}_L=\mathrm{j}\begin{bmatrix}3.7080 & 4.0826\\ 4.0826 & 5.1653\end{bmatrix}$$

根据系统原网络方程，可得

$$\dot{\boldsymbol{U}}^{(0)}=\boldsymbol{Z}\dot{\boldsymbol{I}}^{(0)}=\mathrm{j}\begin{bmatrix}5.4270 & 5.5096 & 4.1873 & 5.0413\\ 5.5096 & 6.2534 & 4.3526 & 5.3719\\ 4.1873 & 4.3526 & 3.7080 & 4.0826\\ 5.0413 & 5.3719 & 4.0826 & 5.1653\end{bmatrix}\begin{bmatrix}2\\ -2\\ 1\\ -2\end{bmatrix}=-\mathrm{j}\begin{bmatrix}6.0606\\ 7.8788\\ 4.7879\\ 6.9091\end{bmatrix}$$

戴维南等值电压为

$$\dot{\boldsymbol{U}}_{eq}^{(0)}=\boldsymbol{M}_L^{\mathrm{T}}\dot{\boldsymbol{U}}^{(0)}=-\mathrm{j}\,[4.7879\quad 6.9091]^{\mathrm{T}}$$

转换成诺顿等值，则可得诺顿等值导纳和诺顿等值电流：

$$\boldsymbol{Y}_{eq}=\boldsymbol{Z}_{eq}^{-1}=-\mathrm{j}\begin{bmatrix}2.0787 & -1.6430\\ -1.6430 & 1.4922\end{bmatrix}$$

$$\dot{\boldsymbol{I}}_{eq}^{(0)}=\boldsymbol{Y}_{eq}\dot{\boldsymbol{U}}_{eq}^{(0)}=[-1.3991\quad 2.4435]^{\mathrm{T}}$$

### 4.4.3 网络变更时诺顿等值和戴维南等值的修正

当电力系统的网络发生局部变更时，比如在网络中发生少量支路的移除或添加，诺顿等值网络和戴维南等值网络的参数将发生变化，若对变化后的网络重新进行网络等值，计算量势必很大，为此可以用网络修正算法对原来已经做好的等值网络参数进行修正，以计算变更后的等值网络参数，从而可大大加快计算速度。

网络等值描述的是从端口向电网看进去所看到的电网的内部表现，而网络变化引起原网络结构或参数的变化会通过端口表现出来。

1. 面向支路的修正

电网中的支路 $\alpha$ 移除，移除后的节点导纳矩阵是

$$\boldsymbol{Y}'=\boldsymbol{Y}-\boldsymbol{M}_{\alpha}y_{\alpha}\boldsymbol{M}_{\alpha}^{\mathrm{T}} \tag{4.70}$$

式(4.70)中，$\boldsymbol{M}_{\alpha}$ 为支路 $\alpha$ 的节点-支路关联矢量。移除后的节点阻抗矩阵为

$$\boldsymbol{Z}'=(\boldsymbol{Y}')^{-1}=\boldsymbol{Z}-\boldsymbol{Z}\boldsymbol{M}_{\alpha}(-y_{\alpha}^{-1}+\boldsymbol{M}_{\alpha}^{\mathrm{T}}\boldsymbol{Z}\boldsymbol{M}_{\alpha})^{-1}\boldsymbol{M}_{\alpha}^{\mathrm{T}}\boldsymbol{Z}=\boldsymbol{Z}-\boldsymbol{Z}_{pq}Y_{pq.pq}\boldsymbol{Z}_{pq}^{\mathrm{T}} \tag{4.71}$$

式(4.71)中，$\boldsymbol{Z}'$ 为网络变更后的电网节点阻抗矩阵；$\boldsymbol{Z}_{pq}=\boldsymbol{Z}\boldsymbol{M}_{\alpha}$ 为 $N\times1$ 阶列矢量；$Y_{pq.pq}=(-y_{\alpha}^{-1}+Z_{pq.pq})^{-1}$ 为标量；$Z_{pq.pq}=\boldsymbol{M}_{\alpha}^{\mathrm{T}}\boldsymbol{Z}\boldsymbol{M}_{\alpha}$ 为支路 $\alpha$ 两端节点对组成的端口自阻抗。

由式(4.64)可知，从等值端口看进去时，网络变更后的戴维南等值端口阻抗为

$$\boldsymbol{Z}'_{eq}=\boldsymbol{M}_{L}^{\mathrm{T}}\boldsymbol{Z}'\boldsymbol{M}_{L}=\boldsymbol{Z}_{eq}-\boldsymbol{Z}_{L.pq}Y_{pq.pq}\boldsymbol{Z}_{L.pq}^{\mathrm{T}} \tag{4.72}$$

式(4.72)中，$\boldsymbol{Z}_{L.pq}=\boldsymbol{M}_{L}^{\mathrm{T}}\boldsymbol{Z}_{pq}$ 为 $m\times1$ 阶列矢量。

原网络变化后的节点电压为

$$\dot{\boldsymbol{U}}'^{(0)}=\boldsymbol{Z}'\dot{\boldsymbol{I}}^{(0)}=(\boldsymbol{Z}-\boldsymbol{Z}_{pq}Y_{pq.pq}\boldsymbol{Z}_{pq}^{\mathrm{T}})\dot{\boldsymbol{I}}^{(0)}=\dot{\boldsymbol{U}}^{(0)}-\boldsymbol{Z}_{pq}Y_{pq.pq}\dot{\boldsymbol{U}}_{pq}^{(0)} \tag{4.73}$$

式(4.73)中，$\dot{\boldsymbol{U}}_{pq}^{(0)}=\boldsymbol{Z}_{pq}^{\mathrm{T}}\dot{\boldsymbol{I}}^{(0)}$ 为原网络支路 $\alpha$ 两端节点对之间的电压差。

由式(4.65)可得支路 $\alpha$ 移除后的等值戴维南端口开路电压为

$$\dot{\boldsymbol{U}}'^{(0)}_{eq}=\boldsymbol{M}_{L}^{\mathrm{T}}\dot{\boldsymbol{U}}'^{(0)}=\dot{\boldsymbol{U}}_{eq}^{(0)}-\boldsymbol{Z}_{L.pq}Y_{pq.pq}\dot{\boldsymbol{U}}_{pq}^{(0)} \tag{4.74}$$

式(4.74)右侧第 2 项是支路 $\alpha$ 的移除对端口等值电压的影响，对支路 $\alpha$ 添加的情况，只要将式(4.70)中的 $-y_{\alpha}$ 改为 $y_{\alpha}$ 即可。

对于支路添加或移除的诺顿等值参数，可根据式(4.73)和式(4.74)中的戴维南参数，利用式(4.66)和式(4.67)的转换关系来计算。

2. 面向节点的修正

在某些特殊的应用场合，网络变化引起节点导纳矩阵的变化项较难写成低阶矩阵的乘积的形式，这时则可以使用面向节点的修正算法。

下面以节点和地组成端口的戴维南等值参数的修正为例来说明怎样用面向节点的修正方法进行戴维南等值参数的修正。

设网络变更引起的节点导纳矩阵变化量是 $\Delta\boldsymbol{Y}$，则

$$\boldsymbol{Y}'=\boldsymbol{Y}+\Delta\boldsymbol{Y} \tag{4.75}$$

利用矩阵逆辅助定理对上式求逆有

$$\boldsymbol{Z}'=\boldsymbol{Z}-\boldsymbol{Z}\Delta\boldsymbol{Y}(\boldsymbol{I}+\boldsymbol{Z}\Delta\boldsymbol{Y})^{-1}\boldsymbol{Z} \tag{4.76}$$

式中，$\boldsymbol{I}$ 是单位矩阵，若 $\Delta\boldsymbol{Y}$ 中只有少部分非零元素，则可将它写成

$$\Delta\boldsymbol{Y}=\begin{bmatrix}\Delta\boldsymbol{Y}_{BB} & \boldsymbol{0}\\ \boldsymbol{0} & \boldsymbol{0}\end{bmatrix} \tag{4.77}$$

式中，$\Delta\boldsymbol{Y}_{BB}$ 是非零元素部分，其维数较低，因此有

$$\boldsymbol{Z}\Delta\boldsymbol{Y}=\begin{bmatrix}\boldsymbol{Z}_{BB}\Delta\boldsymbol{Y}_{BB} & \boldsymbol{0}\\ \boldsymbol{Z}_{CB}\Delta\boldsymbol{Y}_{BB} & \boldsymbol{0}\end{bmatrix}$$

$$\boldsymbol{I}+\boldsymbol{Z}\Delta\boldsymbol{Y}=\begin{bmatrix}\boldsymbol{I}_{BB}+\boldsymbol{Z}_{BB}\Delta\boldsymbol{Y}_{BB} & \boldsymbol{0}\\ \boldsymbol{Z}_{CB}\Delta\boldsymbol{Y}_{BB} & \boldsymbol{I}_{CC}\end{bmatrix}$$

式中，下标 $B$ 和 $C$ 分别表示 $\Delta\boldsymbol{Y}$ 中和非零部分 $B$、其余部分 $C$ 相对应的部分。

利用矩阵恒等式

$$\begin{bmatrix}\boldsymbol{C} & \boldsymbol{0}\\ \boldsymbol{D} & \boldsymbol{I}\end{bmatrix}^{-1}=\begin{bmatrix}\boldsymbol{C}^{-1} & \boldsymbol{0}\\ -\boldsymbol{D}\boldsymbol{C}^{-1} & \boldsymbol{I}\end{bmatrix}$$

则有

$$(\boldsymbol{I}+\boldsymbol{Z}\Delta\boldsymbol{Y})^{-1}=\begin{bmatrix}(\boldsymbol{I}_{BB}+\boldsymbol{Z}_{BB}\Delta\boldsymbol{Y}_{BB})^{-1} & \boldsymbol{0}\\ -\boldsymbol{Z}_{CB}\Delta\boldsymbol{Y}_{BB}(\boldsymbol{I}_{BB}+\boldsymbol{Z}_{BB}\Delta\boldsymbol{Y}_{BB})^{-1} & \boldsymbol{I}_{CC}\end{bmatrix}=\begin{bmatrix}(\boldsymbol{I}_{BB}+\boldsymbol{Z}_{BB}\Delta\boldsymbol{Y}_{BB})^{-1} & \boldsymbol{0}\\ -\boldsymbol{Z}_{CB}\boldsymbol{y}_{BB} & \boldsymbol{I}_{CC}\end{bmatrix} \tag{4.78}$$

将式(4.78)代入式(4.76)得

$$\begin{aligned}\boldsymbol{Z}'&=\begin{bmatrix}\boldsymbol{Z}_{BB} & \boldsymbol{Z}_{BC}\\ \boldsymbol{Z}_{CB} & \boldsymbol{Z}_{CC}\end{bmatrix}-\begin{bmatrix}\boldsymbol{Z}_{BB}\Delta\boldsymbol{Z}_{BB} & \boldsymbol{0}\\ \boldsymbol{Z}_{CB}\Delta\boldsymbol{Z}_{BB} & \boldsymbol{0}\end{bmatrix}\begin{bmatrix}(\boldsymbol{I}_{BB}+\boldsymbol{Z}_{BB}\Delta\boldsymbol{Y}_{BB})^{-1} & \boldsymbol{0}\\ -\boldsymbol{Z}_{CB}\boldsymbol{y}_{BB} & \boldsymbol{I}_{CC}\end{bmatrix}\begin{bmatrix}\boldsymbol{Z}_{BB} & \boldsymbol{Z}_{BC}\\ \boldsymbol{Z}_{CB} & \boldsymbol{Z}_{CC}\end{bmatrix}\\ &=\begin{bmatrix}\boldsymbol{Z}_{BB} & \boldsymbol{Z}_{BC}\\ \boldsymbol{Z}_{CB} & \boldsymbol{Z}_{CC}\end{bmatrix}-\begin{bmatrix}\boldsymbol{Z}_{BB}\\ \boldsymbol{Z}_{CB}\end{bmatrix}\boldsymbol{y}_{BB}\begin{bmatrix}\boldsymbol{Z}_{BB} & \boldsymbol{Z}_{BC}\end{bmatrix}\end{aligned}$$

可简写为

$$\begin{cases}\boldsymbol{Z}'=\boldsymbol{Z}+\Delta\boldsymbol{Z}\\ \Delta\boldsymbol{Z}=-\boldsymbol{Z}_{B}\boldsymbol{y}_{BB}\boldsymbol{Z}_{B}^{\mathrm{T}}\end{cases} \tag{4.79}$$

式中，$\boldsymbol{Z}_B$ 为节点阻抗矩阵与非零部分 $B$ 有关的列组成的矩阵。若取 $m$ 个端口对应的部分，则有

$$\begin{cases}\boldsymbol{Z}'_{eq}=\boldsymbol{M}_L^{\mathrm{T}}\boldsymbol{Z}'\boldsymbol{M}_L=\boldsymbol{Z}_{eq}+\Delta\boldsymbol{Z}_{eq}\\ \Delta\boldsymbol{Z}_{eq}=-\boldsymbol{Z}_{LB}\boldsymbol{y}_{BB}\boldsymbol{Z}_{LB}^{\mathrm{T}}\end{cases} \tag{4.80}$$

式中，$\boldsymbol{Z}_{LB}=\boldsymbol{M}_L^{\mathrm{T}}\boldsymbol{Z}_B$。式(4.80)就是面向节点的戴维南等值阻抗的修正公式。

原网络变更后的开路电压为

$$\begin{aligned}\dot{\boldsymbol{U}}'^{(0)}&=\boldsymbol{Z}'\dot{\boldsymbol{I}}^{(0)}=(\boldsymbol{Z}-\boldsymbol{Z}\Delta\boldsymbol{Y}(\boldsymbol{I}+\boldsymbol{Z}\Delta\boldsymbol{Y})^{-1}\boldsymbol{Z})\dot{\boldsymbol{I}}^{(0)}\\ &=\dot{\boldsymbol{U}}^{(0)}-\boldsymbol{Z}\Delta\boldsymbol{Y}(\boldsymbol{I}+\boldsymbol{Z}\Delta\boldsymbol{Y})^{-1}\dot{\boldsymbol{U}}_B^{(0)}=\dot{\boldsymbol{U}}^{(0)}-\boldsymbol{Z}_B\boldsymbol{y}_{BB}\dot{\boldsymbol{U}}_B^{(0)}\end{aligned}$$

由式(4.65)可得 $m$ 个端口所对应的戴维南等值内电势为

$$\begin{cases}\dot{\boldsymbol{U}}'^{(0)}_{eq}=\boldsymbol{M}_L^{\mathrm{T}}\dot{\boldsymbol{U}}'^{(0)}=\dot{\boldsymbol{U}}^{(0)}_{eq}+\Delta\dot{\boldsymbol{U}}^{(0)}_{eq}\\ \Delta\dot{\boldsymbol{U}}^{(0)}_{eq}=-\boldsymbol{Z}_{LB}\boldsymbol{y}_{BB}\dot{\boldsymbol{U}}_B^{(0)}\end{cases} \tag{4.81}$$

网络变更后的诺顿等值参数可以根据戴维南等值参数求出。

# 5

# 电力系统潮流的求解方法

## 5.1 概述

潮流计算是电力系统中应用最广泛、最基本和最重要的一种电气计算，作为研究电力系统稳态运行情况的一种基本电气计算，电力系统常规潮流计算的任务是根据给定的网络结构和运行条件，求出电力网络的运行状态，也就是进行潮流计算时要根据电力系统接线方式、参数和运行条件来计算电力系统稳态运行状态下的电气量。通常给定的运行条件有电源和负荷节点的功率、枢纽点电压、平衡节点的电压和相位角；而待求的运行状态变量包括各节点电压及其相位角、各支路或元件通过的电流、功率、网络的功率损耗等。

潮流计算的结果对于现有系统运行方式或规划中供电方案的研究分析来说是必不可少的，它为系统运行方式及规划设计方案的合理性、安全性、可靠性、经济性的定量分析提供了判别依据。

对于正在运行的电力系统，通过潮流计算可以判断电网母线电压、支路电流和功率是否越限，如果有越限，应采取措施，调整运行方式；对于正在规划的电力系统，通过潮流计算，可以为选择电网供电方案和电气设备提供依据；潮流计算还可以为继电保护和自动装置整定计算、电力系统故障计算和稳定计算等提供原始数据。

潮流计算可以分为离线计算和在线计算两种方式。离线计算主要用于系统规划设计和系统运行方式安排，在线计算用于运行中电力系统的监视和实时控制。

电力系统潮流计算属于稳态分析的范畴，不涉及电力系统元件的动态特性和过渡过程，因此其数学模型是不包含微分方程的，而是一组高阶非线性代数方程。因此潮流计算问题在数学上一般属于多元非线性代数方程组的求解问题，必须采用迭代计算方法。

对于一个潮流算法，其基本要求可归纳为以下四个方面：

(1) 计算速度；

(2) 计算机内存占用量；

(3) 算法的收敛可靠性；

(4) 程序设计的方便性及算法扩充移植等的通用灵活性。

随着现代电力系统规模的不断扩大，潮流问题的方程阶数也越来越高，目前已达几千阶甚至上万阶，对于如此大规模的方程组，并不是采用任何数学方法即可求出正确答案的，为此电力系统的研究人员必须不断寻求新的、更好的计算方法。

目前最常用的潮流计算的基本方法有高斯-赛德尔法，牛顿-拉夫逊法和快速分解法。这三种方法在本科《电力系统分析》教材中已介绍过，鉴于这些方法的重要性，本章将在大学本科教材的基础上作进一步阐述。

下面对潮流计算问题的数学模型进行简单回顾。

图 5.1(a)所示的为简单电力系统的单线图，系统主要由发电机、升/降压变压器、输/配电线路、负荷组成，其中，升/降压变压器和输/配电线路组成电力网络。图 5.1(b)为图 5.1(a)的等值电路，网络元件变压器和线路用 π 型等值电路来描述。

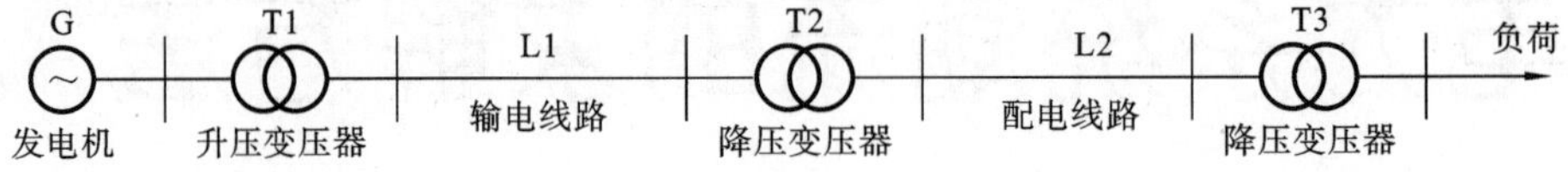


(a) 单线图

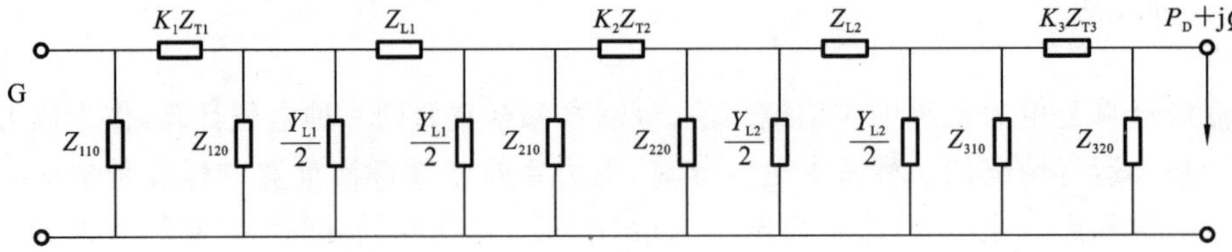


(b) 等值电路

**图 5.1 简单电力系统**

根据图 5.1 所示的简单电力系统的结构可知：发电机是电源，其出力可以调节，机端电压可以控制，可以作为 $PV$ 节点或平衡节点；电力网络可以用图 5.1(b)来描述，其数学模型通常用节点导纳矩阵 $\boldsymbol{Y}$ 来表示；负荷通常是恒功率模型，常作为 $PQ$ 节点。

在第 3 章介绍了潮流数学模型可以用节点功率方程来表示，即

$$\begin{cases} P_i = \mathrm{Re}\left[\dot{U}_i \sum\limits_{j=1}^{N} \hat{Y}_{ij}\hat{U}_j\right] = P_i(U) \\ Q_i = \mathrm{Im}\left[\dot{U}_i \sum\limits_{j=1}^{N} \hat{Y}_{ij}\hat{U}_j\right] = Q_i(U) \end{cases} \quad (i=1,2,\cdots,n) \tag{5.1}$$

或

$$\begin{cases} \Delta P_i = P_i^{sp} - P_i(U) = P_i^{sp} - \mathrm{Re}\left[\dot{U}_i \sum\limits_{j=1}^{N} \hat{Y}_{ij}\hat{U}_j\right] \\ \Delta Q_i = Q_i^{sp} - Q_i(U) = Q_i^{sp} - \mathrm{Im}\left[\dot{U}_i \sum\limits_{j=1}^{N} \hat{Y}_{ij}\hat{U}_j\right] \end{cases} \quad (i=1,2,\cdots,n) \tag{5.2}$$

其中，式(5.2)中的 $P_i^{sp}$、$Q_i^{sp}$ 为节点给定的注入有功功率、无功功率。

潮流计算的节点功率方程有两种表示方式，一种是以极坐标形式表示，另一种是以直角坐标形式表示，具体见第 3 章的式(3.92)、式(3.94)、式(3.96)，在此不再赘述。

潮流计算中通常给定网络结构、负荷与出力水平及其分布，需要确定的是系统的运行状态，比如节点电压、支路潮流、系统网损等，而解决潮流计算基本问题的途径就是求解潮流方程，也即求解节点功率平衡方程。而潮流方程常常是高阶、非线性代数方程

组，为此需要通过迭代求解，直到满足潮流迭代的收敛条件为止。

在潮流计算中主要涉及的计算有支路潮流分布的计算、线路阻抗支路功率损耗和变压器阻抗支路功率损耗的计算。

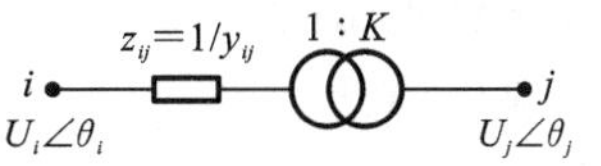


**图 5.2　普通支路 $k$ 潮流计算图**

图 5.2 所示的为普通支路潮流计算图，先对该支路潮流分布进行计算，计算方法如下。

由图 5.2 可知，支路 $k$ 上的潮流分布 $\dot{S}_{ij}$ 为

$$\dot{S}_{ij}=\dot{U}_i\left(\frac{\hat{U}_i-\hat{U}_j/K}{\hat{z}_{ij}}\right) \tag{5.3}$$

若用极坐标表示则有

$$\begin{cases}P_{ij}=U_i^2 g_{ij}-\dfrac{U_iU_j}{K}(g_{ij}\cos\theta_{ij}+b_{ij}\sin\theta_{ij})\\[2ex] Q_{ij}=-U_i^2 b_{ij}+\dfrac{U_iU_j}{K}(b_{ij}\cos\theta_{ij}-g_{ij}\sin\theta_{ij})\end{cases} \tag{5.4}$$

支路 $k$ 上的潮流分布 $\dot{S}_{ji}$ 为

$$\dot{S}_{ji}=\frac{U_j}{K}\left(\frac{\hat{U}_j/K-\hat{U}_i}{\hat{z}_{ij}}\right) \tag{5.5}$$

若用极坐标表示则有

$$\begin{cases}P_{ji}=\dfrac{U_j^2}{K^2}g_{ij}-\dfrac{U_iU_j}{K}(g_{ij}\cos\theta_{ij}-b_{ij}\sin\theta_{ij})\\[2ex] Q_{ji}=-\dfrac{U_j^2}{K^2}b_{ij}+\dfrac{U_iU_j}{K}(b_{ij}\cos\theta_{ij}+g_{ij}\sin\theta_{ij})\end{cases} \tag{5.6}$$

电力网损的计算方法主要涉及线路和变压器阻抗支路的功率损耗计算。其中，线路阻抗支路功率损耗为

$$\begin{cases}\Delta P_{ij}=(U_i^2-2U_iU_j\cos\theta_{ij}+U_j^2)g_{ij}\\ \Delta Q_{ij}=-(U_i^2-2U_iU_j\cos\theta_{ij}+U_j^2)b_{ij}\end{cases} \tag{5.7}$$

变压器阻抗支路功率损耗为

$$\begin{cases}\Delta P_{ij(\mathrm{T})}=\left(U_i^2-2\dfrac{U_iU_j}{K}\cos\theta_{ij}+\dfrac{U_j^2}{K^2}\right)g_{ij}\\[2ex] \Delta Q_{ij(\mathrm{T})}=-\left(U_i^2-2\dfrac{U_iU_j}{K}\cos\theta_{ij}+\dfrac{U_j^2}{K^2}\right)b_{ij}\end{cases} \tag{5.8}$$

线路阻抗支路功率损耗和变压器阻抗支路功率损耗之和等于全网的损耗，全网的损耗为

$$\Delta\dot{S}_{\Sigma}=\sum\dot{S}_{\mathrm{G}.i}+\sum \mathrm{j}Q_{\mathrm{c}.k}-\sum\dot{S}_{\mathrm{Load}} \tag{5.9}$$

式中，$\Delta\dot{S}_{\Sigma}$ 为全网损耗的功率，$\dot{S}_{\mathrm{G}.i}$ 为第 $i$ 台发电机注入的功率，$Q_{\mathrm{c}.k}$ 为第 $k$ 个节点处补偿的无功功率，$\dot{S}_{\mathrm{Load}}$ 为输出给负载的功率。

因此，根据式(5.9)可以对前面的网损计算结果进行验证。

## 5.2　高斯-赛德尔法

导纳、阻抗矩阵迭代法是求解非线性方程组最简便的迭代算法。高斯迭代法是以

导纳为基础的一种简单迭代算法，其是最早应用于电力系统的潮流计算方法，这种方法的原理比较简单，要求的计算机内存量也比较小，在某些领域（比如配电网潮流计算）中还有应用，其次其也可以为牛顿-拉夫逊法提供初值。

高斯-塞德尔法是高斯迭代法的改进，其基本原理是把迭代计算所得的最新值立即用于计算下一个变量，其在数学描述上的基本步骤如下。

（1）首先列出非线性方程组方程：

$$\boldsymbol{f}(\boldsymbol{x})=\boldsymbol{0} \tag{5.10}$$

（2）求解此方程组，可解得 $\boldsymbol{x}$，即改写非线性方程组：

$$\boldsymbol{x}=\boldsymbol{\varphi}(\boldsymbol{x}) \tag{5.11}$$

（3）将 $k$ 次迭代值代入 $\boldsymbol{x}^{(k+1)}=\boldsymbol{\varphi}(\boldsymbol{x}^{(k)})$ 可求解出 $k+1$ 次的值，从而可得高斯迭代公式：

$$\begin{cases}\boldsymbol{x}^{(0)}=\boldsymbol{x}_0\\ \boldsymbol{x}^{(k+1)}=\boldsymbol{\varphi}(\boldsymbol{x}^{(k)})\end{cases} \tag{5.12}$$

（4）迭代至收敛条件：

$$|\boldsymbol{x}^{(k+1)}-\boldsymbol{x}^{(k)}|<\boldsymbol{\varepsilon} \tag{5.13}$$

若高斯迭代格式为

$$x_i^{(k+1)}=\varphi(x_1^{(k)},x_2^{(k)},\cdots,x_n^{(k)}) \quad i=1,2,\cdots,n \tag{5.14}$$

则高斯-赛德尔迭代公式为

$$x_{i+1}^{(k+1)}=\varphi(x_1^{(k+1)},x_2^{(k+1)},\cdots,x_{i-1}^{(k+1)},x_i^{(k+1)},\cdots,x_n^{(k)}) \quad i=1,2,\cdots,n \tag{5.15}$$

即每当求得 $\boldsymbol{x}$ 的新值就在下次迭代计算中立即使用，当两次迭代之间 $\boldsymbol{x}$ 的变化满足

$$\max|x_i^{(k+1)}-x_i^{(k)}|<\varepsilon \tag{5.16}$$

时，迭代收敛。

下面介绍基于导纳矩阵的高斯迭代法，在网络方程式(3.83)中，将平衡节点 $s$ 排在最后，并将导纳矩阵写成分块的形式，取出前 $n$ 个方程有

$$\boldsymbol{Y}_n\dot{\boldsymbol{U}}_n+\boldsymbol{Y}_s\dot{U}_s=\dot{\boldsymbol{I}}_n \tag{5.17}$$

电力系统的幅值和幅角都是相对平衡节点而言的，故平衡节点常取电压 $\dot{U}_s=1\angle 0^\circ$，标幺值也常取 1，即 $\dot{U}_{s*}=1$。若平衡节点 $s$ 的电压 $\dot{U}_s$ 给定，$n$ 个节点的注入电流矢量 $\dot{\boldsymbol{I}}_n$ 已知，则除平衡节点以外的节点注入电流满足

$$\boldsymbol{Y}_n\dot{\boldsymbol{U}}_n=\dot{\boldsymbol{I}}_n-\boldsymbol{Y}_s\dot{U}_s \tag{5.18}$$

在实际电力系统中常常给定的是 $n$ 个节点的注入功率，注入电流和注入功率之间的关系为

$$\dot{I}_i=\frac{\hat{S}_i}{\hat{U}_i} \quad i=1,2,\cdots,n \tag{5.19}$$

写成列矢量，则有

$$\dot{\boldsymbol{I}}_n=\left[\frac{\hat{\boldsymbol{S}}}{\hat{\boldsymbol{U}}}\right]$$

若把 $\boldsymbol{Y}_n$ 写成对角线矩阵 $\boldsymbol{D}$ 和严格上三角阵 $\boldsymbol{H}$ 以及严格下三角阵 $\boldsymbol{L}$ 的和，则有

$$\boldsymbol{Y}_n=\begin{bmatrix} Y_{11} & \cdots & \cdots & Y_{1n} \\ Y_{21} & \cdots & \cdots & Y_{2n} \\ \vdots & \vdots & \vdots & \vdots \\ Y_{n1} & \cdots & \cdots & Y_{nn} \end{bmatrix}=\boldsymbol{L}+\boldsymbol{D}+\boldsymbol{H}=\begin{bmatrix} 0 & \cdots & \cdots & 0 \\ Y_{21} & \ddots & & 0 \\ \vdots & & \ddots & \vdots \\ Y_{n1} & \cdots & Y_{n(n-1)} & 0 \end{bmatrix}$$

$$+\begin{bmatrix} Y_{11} & & & \\ & \ddots & & \\ & & \ddots & \\ & & & Y_{nn} \end{bmatrix}+\begin{bmatrix} 0 & Y_{12} & & Y_{1n} \\ \vdots & \ddots & \cdots & \vdots \\ \vdots & & \ddots & Y_{(n-1)n} \\ 0 & \cdots & \cdots & 0 \end{bmatrix}$$

代入式(5.18)得

$$(\boldsymbol{L}+\boldsymbol{D}+\boldsymbol{H})\dot{\boldsymbol{U}}_n=\dot{\boldsymbol{I}}_n-\boldsymbol{Y}_s\dot{U}_s \tag{5.20}$$

将式(5.20)变成

$$\dot{\boldsymbol{U}}_n=f(\dot{\boldsymbol{U}}_n) \tag{5.21}$$

从而进行迭代求解得

$$\dot{\boldsymbol{U}}_n=\boldsymbol{D}^{-1}(\dot{\boldsymbol{I}}_n-\boldsymbol{Y}_s\dot{U}_s-\boldsymbol{L}\dot{\boldsymbol{U}}_n-\boldsymbol{H}\dot{\boldsymbol{U}}_n) \tag{5.22}$$

给定一个初值 $\dot{U}_i^{(0)}$,$i=1,2,\cdots,n$,经过 $k$ 次迭代则可求解,其迭代式为

$$\dot{U}_i^{(k+1)}=\frac{1}{Y_{ii}}\left(\dot{I}_i-Y_{is}\dot{U}_s-\sum_{j=1}^{i-1}Y_{ij}\dot{U}_j^{(k)}-\sum_{j=i+1}^{n}Y_{ij}\dot{U}_j^{(k)}\right)\quad i=1,2,\cdots,n \tag{5.23}$$

考虑到电流和功率的关系,则可将迭代式(5.23)写成

$$\dot{U}_i^{(k+1)}=\frac{1}{Y_{ii}}\left(\frac{\hat{S}_i}{\hat{U}_i^{(k)}}-Y_{is}\dot{U}_s-\sum_{j=1}^{i-1}Y_{ij}\dot{U}_j^{(k)}-\sum_{j=i+1}^{n}Y_{ij}\dot{U}_j^{(k)}\right)\quad i=1,2,\cdots,n \tag{5.24}$$

给定初值,代入式(5.24)求得电压新值,逐次迭代直到前后两次迭代求得的电压值差小于某一收敛精度为止,这就是高斯迭代法的基本求解步骤。

每次迭代要从节点 1 扫描到 $n$,在 $\dot{U}_i^{(k+1)}$ 处,$\dot{U}_j^{(k+1)}(j=1,2,\cdots,i-1)$已经求出,若迭代收敛,则其比 $\dot{U}_j^{(k)}(j=1,2,\cdots,i-1)$更接近真值。所以用 $\dot{U}_j^{(k+1)}$ 代替 $\dot{U}_j^{(k)}$ 可以得到更好的收敛效果,也就是说,一旦求出电压新值,则在随后的迭代中立即使用它,故下面的迭代格式收敛性更好:

$$\dot{U}_i^{(k+1)}=\frac{1}{Y_{ii}}\left(\frac{\hat{S}}{\hat{U}_i^{(k)}}-Y_{is}\dot{U}_s-\sum_{j=1}^{i-1}Y_{ij}\dot{U}_j^{(k+1)}-\sum_{j=i+1}^{n}Y_{ij}\dot{U}_j^{(k)}\right)\quad i=1,2,\cdots,n \tag{5.25}$$

这就是高斯-赛德尔迭代法。

本算法的突出优点是原理简单,程序设计十分容易,导纳矩阵是一个对称且高度稀疏的矩阵,因此占用内存小。

但在基于导纳矩阵的高斯迭代公式中,由于导纳矩阵高度稀疏,每行只有少数几个非零元素,所以上一次迭代得到的电压中,只有少数几个非零元素对本次迭代电压改进有贡献,也就是说每次对 $\dot{U}_i$ 的修正很少,其效率低,收敛性不好,所以不常用。

高斯迭代法的另一种迭代格式以节点阻抗矩阵为基础。阻抗矩阵是满矩阵,用阻抗矩阵设计的迭代格式可望获得更好的收敛性,可以用式(5.26)来描述:

$$\dot{\boldsymbol{U}}_n=\boldsymbol{Y}_n^{-1}(\dot{\boldsymbol{I}}_n-\boldsymbol{Y}_s\dot{U}_s)=\boldsymbol{Z}_n(\dot{\boldsymbol{I}}_n-\boldsymbol{Y}_s\dot{U}_s) \tag{5.26}$$

由式(5.26)可见,在迭代修正时网络中所有节点的电压都会对电压 $\dot{U}_i$ 的计算产生影响,这种方法利用的信息较多,收敛性大大提高了,但由于占用内存较大,目前已很少

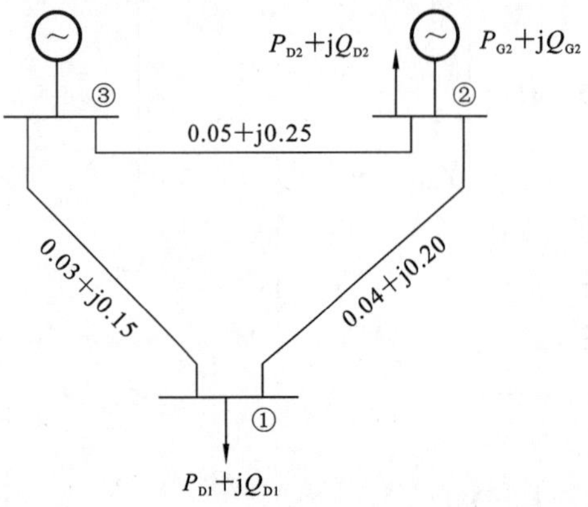


**图 5.3　例** 5.1 **图**

采用。

**例 5.1**　对于图 5.3 所示的三母线电力系统，各网络元件参数已在图上标出，取节点③为平衡节点，电压为 $1.05\angle 0°$，节点②处 $P_{G2}+jQ_{G2}=0.25+j0.15$，$P_{D2}+jQ_{D2}=0.5+j0.25$，节点①处 $P_{D1}+jQ_{D1}=0.6+j0.3$，试用节点导纳矩阵的高斯-赛德尔迭代法计算潮流。

**解**　各支路导纳为

$$y_{12}=\frac{1}{0.04+j0.20}=0.9615-j4.8077$$

$$y_{13}=\frac{1}{0.03+j0.015}=1.2821-j6.4103$$

$$y_{23}=\frac{1}{0.05+j0.25}=0.7692-j3.8462$$

则节点导纳矩阵为

$$\boldsymbol{Y}=\begin{bmatrix}2.2436-j11.2179 & -0.9615+j4.8077 & -1.2821+j6.4103\\ -0.9615+j4.8077 & 1.7308-j8.6538 & -0.7692+j3.8462\\ -1.2821+j6.4103 & -0.7692+j3.8462 & 2.0513-j10.2564\end{bmatrix}$$

依据题意可知 $\dot{\boldsymbol{U}}_n=\begin{bmatrix}\dot{U}_1\\ \dot{U}_2\end{bmatrix}$，$\dot{\boldsymbol{I}}_n=\begin{bmatrix}\dot{I}_1\\ \dot{I}_2\end{bmatrix}$，$\dot{U}_s=\dot{U}_3$，$\boldsymbol{Y}_s=\begin{bmatrix}Y_{13}\\ Y_{23}\end{bmatrix}$，$\boldsymbol{L}=\begin{bmatrix}0 & 0\\ Y_{21} & 0\end{bmatrix}$，$\boldsymbol{H}=\begin{bmatrix}0 & Y_{12}\\ 0 & 0\end{bmatrix}$。因此可得

$$\begin{aligned}\dot{\boldsymbol{U}}_n&=\boldsymbol{D}^{-1}(\dot{\boldsymbol{I}}_n-\boldsymbol{Y}_s\dot{U}_s-\boldsymbol{L}\dot{\boldsymbol{U}}_n-\boldsymbol{H}\dot{\boldsymbol{U}}_n)\\ &=\begin{bmatrix}2.2436-j11.2179 & 0\\ 0 & 1.7308-j8.6538\end{bmatrix}^{-1}\left\{\begin{bmatrix}\dfrac{-0.6+j0.3}{\hat{U}_1}\\ \dfrac{-0.25+j0.10}{\hat{U}_2}\end{bmatrix}\right.\\ &\quad-\begin{bmatrix}-1.2821+j6.4103\\ -0.7692+j3.8462\end{bmatrix}\times 1.05-\begin{bmatrix}0 & 0\\ -0.9615+j4.8077 & 0\end{bmatrix}\begin{bmatrix}\dot{U}_1\\ \dot{U}_2\end{bmatrix}\\ &\quad\left.-\begin{bmatrix}0 & -0.9615+j4.8077\\ 0 & 0\end{bmatrix}\begin{bmatrix}\dot{U}_1\\ \dot{U}_2\end{bmatrix}\right\}\end{aligned}$$

于是有

$$\begin{aligned}\dot{U}_1^{(k+1)}&=(2.2436-j11.2179)^{-1}\\ &\quad\times\left\{\frac{-0.6+j0.3}{\hat{U}_1^{(k)}}+(0.9615-j4.8077)\dot{U}_2^{(k)}+(1.2821-j6.4103)\times 1.05\right\}\\ \dot{U}_2^{(k+1)}&=(1.7308-j8.6538)^{-1}\\ &\quad\times\left\{\frac{-0.25+j0.10}{\hat{U}_2^{(k)}}+(0.9615-j4.8077)\dot{U}_1^{(k+1)}+(0.7692-j3.8462)\times 1.05\right\}\end{aligned}$$

将上式写成高斯-赛德尔迭代格式为

$$\begin{cases}\dot{U}_1^{(k+1)}=f_1(\dot{U}_1^{(k)},\dot{U}_2^{(k)})\\ \dot{U}_2^{(k+1)}=f_2(\dot{U}_1^{(k+1)},\dot{U}_2^{(k)})\end{cases}$$

给定初值 $\dot{U}_1^{(0)}=1.0$，$\dot{U}_2^{(0)}=1.0$，则迭代计算过程如下：

$k=0$

$$\begin{cases}\dot{U}_1^{(1)}=f_1(\dot{U}_1^{(0)},\dot{U}_2^{(0)})=0.9926-\mathrm{j}0.0463\\ \dot{U}_2^{(1)}=f_2(\dot{U}_1^{(1)},\dot{U}_2^{(0)})=1.0014-\mathrm{j}0.0513\end{cases}$$

$k=1$

$$\begin{cases}\dot{U}_1^{(2)}=f_1(\dot{U}_1^{(1)},\dot{U}_2^{(1)})=0.9908-\mathrm{j}0.0668\\ \dot{U}_2^{(2)}=f_2(\dot{U}_1^{(2)},\dot{U}_2^{(1)})=0.9992-\mathrm{j}0.0617\end{cases}$$

$k=2$

$$\begin{cases}\dot{U}_1^{(3)}=f_1(\dot{U}_1^{(2)},\dot{U}_2^{(2)})=0.9889-\mathrm{j}0.0705\\ \dot{U}_2^{(3)}=f_2(\dot{U}_1^{(3)},\dot{U}_2^{(2)})=0.9979-\mathrm{j}0.0636\end{cases}$$

$k=3$

$$\begin{cases}\dot{U}_1^{(4)}=f_1(\dot{U}_1^{(3)},\dot{U}_2^{(3)})=0.9881-\mathrm{j}0.0713\\ \dot{U}_2^{(4)}=f_2(\dot{U}_1^{(4)},\dot{U}_2^{(3)})=0.9974-\mathrm{j}0.0640\end{cases}$$

$k=4$

$$\begin{cases}\dot{U}_1^{(5)}=f_1(\dot{U}_1^{(4)},\dot{U}_2^{(4)})=0.9878-\mathrm{j}0.0714\\ \dot{U}_2^{(5)}=f_2(\dot{U}_1^{(5)},\dot{U}_2^{(4)})=0.9972-\mathrm{j}0.0641\end{cases}$$

$k=5$

$$\begin{cases}\dot{U}_1^{(6)}=f_1(\dot{U}_1^{(5)},\dot{U}_2^{(5)})=0.9877-\mathrm{j}0.0715\\ \dot{U}_2^{(6)}=f_2(\dot{U}_1^{(6)},\dot{U}_2^{(5)})=0.9971-\mathrm{j}0.0642\end{cases}$$

从上面的结果可以看出，收敛过程是较慢的，6 次迭代后认为结果稳定在一个固定值上，若以前后两次迭代结果相差 0.0001 为收敛准则，则 $k=6$ 时收敛，如果此时采用高斯迭代格式而不采用高斯-赛德尔迭代格式，则迭代次数还会大大增加。

## 5.3 牛顿-拉夫逊法

### 5.3.1 牛顿-拉夫逊法的数学描述

牛顿-拉夫逊法在数学上是求解非线性代数方程组的通用方法，其基本原理是将非线性方程组的求解过程变成反复地对相应的线性方程组进行求解的过程，是一种逐次线性化的方法。

电力网络的节点功率方程可用一般数学形式来表述：

$$\boldsymbol{y}^{\mathrm{sp}}=\boldsymbol{y}(\boldsymbol{x}) \tag{5.27}$$

式中，$\boldsymbol{y}^{\mathrm{sp}}$为节点注入功率给定值；$\boldsymbol{y}(\boldsymbol{x})$为节点注入功率和节点电压间的函数关系式，式(5.27)也可以写成功率偏差的形式：

$$\boldsymbol{f}(\boldsymbol{x})=\boldsymbol{y}^{\mathrm{sp}}-\boldsymbol{y}(\boldsymbol{x})=\boldsymbol{0} \tag{5.28}$$

牛顿-拉夫逊法在数学描述上的基本步骤如下。

(1) 列出非线性方程组方程 $\boldsymbol{f}(\boldsymbol{x})=\boldsymbol{0}$。

(2) 求解此方程组，并将近似解和误差之和 $\boldsymbol{x}^{(k)}+\Delta\boldsymbol{x}^{(k)}$ 代入非线性方程组得

$$\boldsymbol{f}(\boldsymbol{x}^{(k)}+\Delta\boldsymbol{x}^{(k)})=\boldsymbol{0} \tag{5.29}$$

(3) 在 $\boldsymbol{x}^{(k)}$ 处展开成泰勒级数：

$$\boldsymbol{f}(\boldsymbol{x}^{(k)})+\frac{\partial \boldsymbol{f}}{\partial \boldsymbol{x}^{\mathrm{T}}}\bigg|_{\boldsymbol{x}=\boldsymbol{x}^{(k)}}\Delta\boldsymbol{x}^{(k)}+\frac{1}{2!}\frac{\partial^2 \boldsymbol{f}}{\partial(\boldsymbol{x}^{\mathrm{T}})^2}\bigg|_{\boldsymbol{x}=\boldsymbol{x}^{(k)}}\Delta\boldsymbol{x}^{(k)2}+\cdots=\boldsymbol{0} \tag{5.30}$$

（4）列修正方程式：

$$\boldsymbol{f}(\boldsymbol{x}^{(k)}+\Delta\boldsymbol{x}^{(k)})=\boldsymbol{f}(\boldsymbol{x}^{(k)})+\frac{\partial \boldsymbol{f}}{\partial \boldsymbol{x}^{\mathrm{T}}}\bigg|_{\boldsymbol{x}=\boldsymbol{x}^{(k)}}\Delta\boldsymbol{x}^{(k)}=\boldsymbol{0} \tag{5.31}$$

（5）解修正方程：

$$\begin{cases}\Delta\boldsymbol{x}^{(k)}=-\boldsymbol{J}(\boldsymbol{x}^{(k)})^{-1}\boldsymbol{f}(\boldsymbol{x}^{(k)})\\ \boldsymbol{x}^{(k+1)}=\boldsymbol{x}^{(k)}+\Delta\boldsymbol{x}^{(k)}\end{cases} \tag{5.32}$$

其中，$\boldsymbol{J}=\frac{\partial \boldsymbol{f}}{\partial \boldsymbol{x}^{\mathrm{T}}}$为潮流雅可比矩阵，式(5.32)也可以写成简单迭代法的计算公式：

$$\boldsymbol{x}^{(k+1)}=\boldsymbol{x}^{(k)}-\boldsymbol{J}\,(\boldsymbol{x}^{(k)})^{-1}\boldsymbol{f}(\boldsymbol{x}^{(k)}) \tag{5.33}$$

（6）迭代至收敛条件，即满足

$$\max\left|\boldsymbol{f}(\boldsymbol{x}^{(k)})\right|<\varepsilon_1 \quad 或 \quad \max\left|\Delta\boldsymbol{x}^{(k)}\right|<\varepsilon_2 \tag{5.34}$$

式(5.34)中，$\varepsilon_1$，$\varepsilon_2$ 为预先给定的小正数。

由上述分析可知，牛顿-拉夫逊法的核心是反复形成并求解修正方程式的过程，迭代过程一直进行到满足收敛判据为止。

牛顿-拉夫逊法具有以下性质：① 高次收敛性；② 局部收敛性，与初值密切相关。

潮流计算时通常取平衡节点的电压作为初值，即 $\boldsymbol{x}^{(0)}=[\dot{U}_s \quad \cdots \quad \dot{U}_s]^{\mathrm{T}}$，即平衡节点的电压值比较接近真值，往往易于求解，$\boldsymbol{x}$ 是节点电压。

### 5.3.2 潮流的牛顿-拉夫逊法

用牛顿法求解电力系统潮流时，需将潮流方程表示成 $\boldsymbol{f}(\boldsymbol{x})=\boldsymbol{0}$ 的形式。为此潮流的功率平衡方程式可写成

$$\begin{cases}\Delta\boldsymbol{P}=\boldsymbol{P}^{\mathrm{sp}}-\boldsymbol{P}(\dot{\boldsymbol{U}})=\boldsymbol{0}\\ \Delta\boldsymbol{Q}=\boldsymbol{Q}^{\mathrm{sp}}-\boldsymbol{Q}(\dot{\boldsymbol{U}})=\boldsymbol{0}\end{cases} \tag{5.35}$$

式中，$\boldsymbol{P}^{\mathrm{sp}}$为节点注入功率给定值，$\boldsymbol{P}(\dot{\boldsymbol{U}})$为由节点电压求得的节点注入功率，两者之差就是节点功率的不平衡量，有待解决的问题就是各节点功率的不平衡量都趋近于零时，各节点电压应具有何值。

式(5.35)中，有功平衡方程对应 $PQ$ 节点和 $PV$ 节点，无功平衡方程对应 $PQ$ 节点。

潮流的电压平衡方程可写成

$$\Delta\dot{\boldsymbol{U}}=\dot{\boldsymbol{U}}^{\mathrm{sp}}-\dot{\boldsymbol{U}}=\boldsymbol{0} \tag{5.36}$$

式中，$\dot{\boldsymbol{U}}^{\mathrm{sp}}$为节点电压给定值，$\dot{\boldsymbol{U}}$ 为求得的节点电压，两者之差可以看作节点电压大小的不平衡量。式(5.36)所示的电压平衡方程对应 $PV$ 节点。

若节点电压采用不同的坐标形式，则可以形成不同的牛顿潮流算法。

### 5.3.3 直角坐标形式的牛顿-拉夫逊法

采用直角坐标时，节点电压表示为 $\dot{U}_i=e_i+\mathrm{j}f_i$，因此有状态变量 $\boldsymbol{x}^{\mathrm{T}}=[\boldsymbol{e}^{\mathrm{T}},\boldsymbol{f}^{\mathrm{T}}]$，对于有 $N$ 个节点的系统，若选定第 $N$ 个节点为平衡节点，剩下 $n(n=N-1)$个节点中有 $r$ 个 $PV$ 节点，则有 $n-r$ 个 $PQ$ 节点，因此除平衡节点外，有 $n$ 个节点注入有功功率，$n-r$ 个 $PQ$ 节点注入无功功率，以及 $r$ 个 $PV$ 节点的电压幅值是已知量。

根据式(3.94)所示的直角坐标系潮流方程，由 $\boldsymbol{f}(\boldsymbol{x})=\boldsymbol{y}^{\mathrm{sp}}-\boldsymbol{y}(\boldsymbol{x})=\boldsymbol{0}$ 可得如下形式

的潮流方程：

$$f(\boldsymbol{x})=\begin{bmatrix}\Delta\boldsymbol{P}(\boldsymbol{e},\boldsymbol{f})\\ \Delta\boldsymbol{Q}(\boldsymbol{e},\boldsymbol{f})\\ \Delta\boldsymbol{U}^2(\boldsymbol{e},\boldsymbol{f})\end{bmatrix}=\begin{bmatrix}\boldsymbol{P}^{sp}-\boldsymbol{P}(\boldsymbol{e},\boldsymbol{f})\\ \boldsymbol{Q}^{sp}-\boldsymbol{Q}(\boldsymbol{e},\boldsymbol{f})\\ (\boldsymbol{U}^{sp})^2-\boldsymbol{e}^2-\boldsymbol{f}^2\end{bmatrix}=\boldsymbol{0}\quad\begin{matrix}n\\ n-r\\ r\end{matrix}\tag{5.37}$$

其中，$\boldsymbol{x}^{\mathrm{T}}=[\boldsymbol{e}^{\mathrm{T}},\boldsymbol{f}^{\mathrm{T}}]$是 $2n$ 维的，潮流方程的电压是二次项，比如 $\boldsymbol{e}^2$、$\boldsymbol{f}^2$、$\boldsymbol{ef}$。

列修正方程可得

$$f(\boldsymbol{x}^{(k)})+\boldsymbol{J}\Delta\boldsymbol{x}^{(k)}=\boldsymbol{0}\tag{5.38}$$

解修正方程，迭代至收敛条件，即满足 $\max|f(\boldsymbol{x}^{(k)})|<\varepsilon$ 即可。

修正方程式(5.38)中有 $2n$ 个未知量，有 $2n$ 个方程，雅可比矩阵 $\boldsymbol{J}$ 是 $2n\times2n$ 阶矩阵，其结构为

$$\boldsymbol{J}=\left.\frac{\partial f}{\partial\boldsymbol{x}^{\mathrm{T}}}\right|_{\boldsymbol{x}=\boldsymbol{x}^{(k)}}=\begin{bmatrix}\dfrac{\partial\Delta\boldsymbol{P}}{\partial\boldsymbol{e}^{\mathrm{T}}} & \dfrac{\partial\Delta\boldsymbol{P}}{\partial\boldsymbol{f}^{\mathrm{T}}}\\ \dfrac{\partial\Delta\boldsymbol{Q}}{\partial\boldsymbol{e}^{\mathrm{T}}} & \dfrac{\partial\Delta\boldsymbol{Q}}{\partial\boldsymbol{f}^{\mathrm{T}}}\\ \dfrac{\partial\Delta\boldsymbol{U}^2}{\partial\boldsymbol{e}^{\mathrm{T}}} & \dfrac{\partial\Delta\boldsymbol{U}^2}{\partial\boldsymbol{f}^{\mathrm{T}}}\end{bmatrix}\tag{5.39}$$

式(5.38)中的雅可比矩阵只含电压的一次项，比如$\dfrac{\partial\Delta\boldsymbol{P}}{\partial\boldsymbol{e}^{\mathrm{T}}}$、$\dfrac{\partial\Delta\boldsymbol{P}}{\partial\boldsymbol{f}^{\mathrm{T}}}$。

雅可比矩阵是牛顿-拉夫逊法的核心内容，式(5.39)可用分块矩阵的形式表示为

$$\boldsymbol{J}=\begin{bmatrix}\boldsymbol{H} & \boldsymbol{N}\\ \boldsymbol{M} & \boldsymbol{L}\\ \boldsymbol{R} & \boldsymbol{S}\end{bmatrix}\begin{matrix}n\\ n-r\\ r\end{matrix}\tag{5.40}$$

采用直角坐标形式的修正方程则为

$$\begin{bmatrix}\Delta\boldsymbol{P}\\ \Delta\boldsymbol{Q}\\ \Delta\boldsymbol{U}^2\end{bmatrix}=-\begin{bmatrix}\boldsymbol{H} & \boldsymbol{N}\\ \boldsymbol{M} & \boldsymbol{L}\\ \boldsymbol{R} & \boldsymbol{S}\end{bmatrix}\begin{bmatrix}\Delta\boldsymbol{e}\\ \Delta\boldsymbol{f}\end{bmatrix}\tag{5.41}$$

雅可比矩阵中各子块的维数在式(5.40)中已给出，各子块的元素表达式如下：

$$\begin{cases}H_{ii}=\dfrac{\partial\Delta P_i}{\partial e_i}=-\sum\limits_{j\in i}(G_{ij}e_j-B_{ij}f_j)-(G_{ii}e_i+B_{ii}f_i)\\ H_{ij}=\dfrac{\partial\Delta P_i}{\partial e_j}=-(G_{ij}e_i+B_{ij}f_i)\\ N_{ii}=\dfrac{\partial\Delta P_i}{\partial f_i}=-\sum\limits_{j\in i}(G_{ij}f_j+B_{ij}e_j)+(B_{ii}e_i-G_{ii}f_i)\\ N_{ij}=\dfrac{\partial\Delta P_i}{\partial f_j}=B_{ij}e_i-G_{ij}f_i\\ M_{ii}=\dfrac{\partial\Delta Q_i}{\partial e_i}=\sum\limits_{j\in i}(G_{ij}f_j+B_{ij}e_j)+(B_{ii}e_i-G_{ii}f_i),\quad M_{ij}=N_{ij}\\ L_{ii}=\dfrac{\partial\Delta Q_i}{\partial f_i}=-\sum\limits_{j\in i}(G_{ij}e_j-B_{ij}f_j)+(G_{ii}e_i+B_{ii}f_i),\quad L_{ij}=-H_{ij}\\ R_{ii}=\dfrac{\partial\Delta U_i^2}{\partial e_i}=-2e_i,\quad R_{ij}=0\\ S_{ii}=\dfrac{\partial\Delta U_i^2}{\partial f_i}=-2f_i,\quad S_{ij}=0\end{cases}\tag{5.42}$$

值得注意的是，在直角坐标情况下，平衡节点的给定电压为

$$e_s + \mathrm{j} f_s = U_s \cos\theta_s + \mathrm{j} U_s \sin\theta_s \tag{5.43}$$

式中，$U_s$ 和 $\theta_s$ 分别为平衡节点的电压幅值和相角。

### 5.3.4 极坐标形式的牛顿-拉夫逊法

采用极坐标时，节点电压可表示为 $\dot{U}_i = U_i \angle \theta_i$，则有状态变量 $\boldsymbol{x}^{\mathrm{T}} = [\boldsymbol{\theta}^{\mathrm{T}}, \boldsymbol{U}^{\mathrm{T}}]$，同理，选定第 $N$ 个节点为平衡节点，剩下 $n(n=N-1)$ 个节点中有 $r$ 个 $PV$ 节点，有 $n-r$ 个 $PQ$ 节点。

因此，状态变量 $\boldsymbol{\theta}^{\mathrm{T}} = [\theta_1, \theta_2, \cdots, \theta_n]$，$\boldsymbol{U}^{\mathrm{T}} = [U_1, U_2, \cdots, U_{n-r}]$，则状态变量的修正量为 $\Delta \boldsymbol{x}^{\mathrm{T}} = [\Delta\boldsymbol{\theta}^{\mathrm{T}}, \Delta\boldsymbol{U}^{\mathrm{T}}]$，$\Delta\boldsymbol{\theta}^{\mathrm{T}} = [\Delta\theta_1, \Delta\theta_2, \cdots, \Delta\theta_n]$，$\Delta\boldsymbol{U}^{\mathrm{T}} = [\Delta U_1, \Delta U_2, \cdots, \Delta U_{n-r}]$。

根据式(3.96)所示的极坐标系的潮流方程，$\boldsymbol{f}(\boldsymbol{x})$有如下形式：

$$\boldsymbol{f}(\boldsymbol{x}) = \begin{bmatrix} \Delta\boldsymbol{P}(\boldsymbol{U},\boldsymbol{\theta}) \\ \Delta\boldsymbol{Q}(\boldsymbol{U},\boldsymbol{\theta}) \end{bmatrix} = \begin{bmatrix} \boldsymbol{P}^{\mathrm{sp}} - \boldsymbol{P}(\boldsymbol{U},\boldsymbol{\theta}) \\ \boldsymbol{Q}^{\mathrm{sp}} - \boldsymbol{Q}(\boldsymbol{U},\boldsymbol{\theta}) \end{bmatrix} = \boldsymbol{0} \quad \begin{matrix} n \\ n-r \end{matrix} \tag{5.44}$$

共有 $2n-r$ 个方程，$2n-r$ 个待求量，$r$ 个 $PV$ 节点的电压幅值是已知量，不需要求解，因此雅可比矩阵的维数为$(2n-r)\times(2n-r)$，结构为

$$\boldsymbol{J} = \left.\frac{\partial \boldsymbol{f}}{\partial \boldsymbol{x}^{\mathrm{T}}}\right|_{\boldsymbol{x}=\boldsymbol{x}^{(k)}} = \begin{bmatrix} \dfrac{\partial \Delta\boldsymbol{P}}{\partial \boldsymbol{\theta}^{\mathrm{T}}} & \dfrac{\partial \Delta\boldsymbol{P}}{\partial \boldsymbol{U}^{\mathrm{T}}} \\ \dfrac{\partial \Delta\boldsymbol{Q}}{\partial \boldsymbol{\theta}^{\mathrm{T}}} & \dfrac{\partial \Delta\boldsymbol{Q}}{\partial \boldsymbol{U}^{\mathrm{T}}} \end{bmatrix} \begin{matrix} n \\ n-r \end{matrix} \tag{5.45}$$

$\boldsymbol{\theta}$ 无量纲，是一个角度，而 $\boldsymbol{U}$ 有量纲，因此式(5.45)中，雅可比矩阵 $\boldsymbol{J}$ 中各个元素有可能量纲不同，为保持量纲一致，故在含 $\boldsymbol{U}$ 项的右侧乘以电压 $\boldsymbol{U}$，则雅可比矩阵可修正为

$$\boldsymbol{J} = \left.\frac{\partial \boldsymbol{f}}{\partial \boldsymbol{x}^{\mathrm{T}}}\right|_{\boldsymbol{x}=\boldsymbol{x}^{(k)}} = \begin{bmatrix} \dfrac{\partial \Delta\boldsymbol{P}}{\partial \boldsymbol{\theta}^{\mathrm{T}}} & \dfrac{\partial \Delta\boldsymbol{P}}{\partial \boldsymbol{U}^{\mathrm{T}}}\boldsymbol{U} \\ \dfrac{\partial \Delta\boldsymbol{Q}}{\partial \boldsymbol{\theta}^{\mathrm{T}}} & \dfrac{\partial \Delta\boldsymbol{Q}}{\partial \boldsymbol{U}^{\mathrm{T}}}\boldsymbol{U} \end{bmatrix} \tag{5.46}$$

将式(5.44)和式(5.46)代入修正方程式$-\boldsymbol{J}\Delta\boldsymbol{x} = \boldsymbol{f}(\boldsymbol{x})$，可得

$$-\begin{bmatrix} \dfrac{\partial \Delta\boldsymbol{P}}{\partial \boldsymbol{\theta}^{\mathrm{T}}} & \dfrac{\partial \Delta\boldsymbol{P}}{\partial \boldsymbol{U}^{\mathrm{T}}}\boldsymbol{U} \\ \dfrac{\partial \Delta\boldsymbol{Q}}{\partial \boldsymbol{\theta}^{\mathrm{T}}} & \dfrac{\partial \Delta\boldsymbol{Q}}{\partial \boldsymbol{U}^{\mathrm{T}}}\boldsymbol{U} \end{bmatrix} \begin{bmatrix} \Delta\boldsymbol{\theta} \\ \Delta\boldsymbol{U}/\boldsymbol{U} \end{bmatrix} = \begin{bmatrix} \Delta\boldsymbol{P} \\ \Delta\boldsymbol{Q} \end{bmatrix} \tag{5.47}$$

解修正方程，迭代至收敛条件，即满足 $\max|\boldsymbol{f}(\boldsymbol{x}^{(k)})| < \varepsilon$ 即可。

式(5.45)所示的雅可比矩阵可用分块矩阵的形式来表示为

$$\boldsymbol{J} = \begin{bmatrix} \boldsymbol{H} & \boldsymbol{N} \\ \boldsymbol{M} & \boldsymbol{L} \end{bmatrix} \begin{matrix} n \\ n-r \end{matrix} \tag{5.48}$$

各子块的计算公式为

$$
\begin{cases}
H_{ii}=\dfrac{\partial \Delta P_i}{\partial \theta_i}=U_i H'_{ii} U_i, \quad H'_{ii}=B_{ii}+\dfrac{Q_i}{U_i^2} \\
H_{ij}=\dfrac{\partial \Delta P_i}{\partial \theta_j}=U_i H'_{ij} U_j, \quad H'_{ij}=B_{ij}\cos\theta_{ij}-G_{ij}\sin\theta_{ij} \\
N_{ii}=\dfrac{\partial \Delta P_i}{\partial U_i}U_i=U_i N'_{ii} U_i, \quad N'_{ii}=-G_{ii}-\dfrac{P_i}{U_i^2} \\
N_{ij}=\dfrac{\partial \Delta P_i}{\partial U_j}U_j=U_i N'_{ij} U_j, \quad N'_{ij}=-G_{ij}\cos\theta_{ij}-B_{ij}\sin\theta_{ij} \\
M_{ii}=\dfrac{\partial \Delta Q_i}{\partial \theta_i}=U_i M'_{ii} U_i, \quad M'_{ii}=G_{ii}-\dfrac{P_i}{U_i^2} \\
M_{ij}=\dfrac{\partial \Delta Q_i}{\partial \theta_j}=U_i M'_{ij} U_j, \quad M'_{ij}=-N'_{ij} \\
L_{ii}=\dfrac{\partial \Delta Q_i}{\partial U_i}U_i=U_i L'_{ii} U_i, \quad L'_{ii}=B_{ii}-\dfrac{Q_i}{U_i^2} \\
L_{ij}=\dfrac{\partial \Delta Q_i}{\partial U_j}U_j=U_i L'_{ij} U_j, \quad L'_{ij}=H'_{ij}
\end{cases}
\tag{5.49}
$$

因此，$\boldsymbol{J}$ 中的任意一个元素都可以表示为 $J_{ij}=U_i J'_{ij} U_j$，即

$$
\boldsymbol{J}=\begin{bmatrix} U & & \\ & \ddots & \\ & & U \end{bmatrix} \boldsymbol{J}' \begin{bmatrix} U & & \\ & \ddots & \\ & & U \end{bmatrix}=\begin{bmatrix} \boldsymbol{U}_P & \\ & \boldsymbol{U}_Q \end{bmatrix}\begin{bmatrix} \boldsymbol{H}' & \boldsymbol{N}' \\ \boldsymbol{M}' & \boldsymbol{L}' \end{bmatrix}\begin{bmatrix} \boldsymbol{U}_P & \\ & \boldsymbol{U}_Q \end{bmatrix}
$$

式中，$\boldsymbol{U}_P$ 和 $\boldsymbol{U}_Q$ 分别为 $n$ 阶和 $n-r$ 阶节点电压幅值对角线矩阵，代入牛顿-拉夫逊法修正方程式(5.32)有

$$
-\begin{bmatrix} \boldsymbol{U}_P & \\ & \boldsymbol{U}_Q \end{bmatrix}\begin{bmatrix} \boldsymbol{H}' & \boldsymbol{N}' \\ \boldsymbol{M}' & \boldsymbol{L}' \end{bmatrix}\begin{bmatrix} \boldsymbol{U}_P & \\ & \boldsymbol{U}_Q \end{bmatrix}\begin{bmatrix} \Delta\boldsymbol{\theta} \\ \Delta\boldsymbol{U}/\boldsymbol{U} \end{bmatrix}=\begin{bmatrix} \Delta\boldsymbol{P} \\ \Delta\boldsymbol{Q} \end{bmatrix} \tag{5.50}
$$

整理后有

$$
-\begin{bmatrix} \boldsymbol{H}' & \boldsymbol{N}' \\ \boldsymbol{M}' & \boldsymbol{L}' \end{bmatrix}\begin{bmatrix} \boldsymbol{U}\Delta\boldsymbol{\theta} \\ \Delta\boldsymbol{U} \end{bmatrix}=\begin{bmatrix} \Delta\boldsymbol{P}/\boldsymbol{U} \\ \Delta\boldsymbol{Q}/\boldsymbol{U} \end{bmatrix} \tag{5.51}
$$

式(5.51)可简写成

$$
-\boldsymbol{J}'\Delta\boldsymbol{x}=\boldsymbol{f}(\boldsymbol{x}) \tag{5.52}
$$

式(5.52)中的系数矩阵 $\boldsymbol{J}'$ 与雅可比矩阵 $\boldsymbol{J}$ 不同，即 $\boldsymbol{J}'=\begin{bmatrix} \boldsymbol{H}' & \boldsymbol{N}' \\ \boldsymbol{M}' & \boldsymbol{L}' \end{bmatrix}$。$\boldsymbol{J}'$ 中除了对角元素含电压幅值项外，其余的元素都不含电压幅值项，其计算公式如式(5.49)所示。

式(5.49)中的雅可比矩阵的元素有含余弦的项、含正弦的项和含有功功率和无功功率的项，因此可把雅可比矩阵拆成三个矩阵之和，因此 $\boldsymbol{J}'$ 可写成

$$
\boldsymbol{J}'=\begin{bmatrix} \boldsymbol{H}' & \boldsymbol{N}' \\ \boldsymbol{M}' & \boldsymbol{L}' \end{bmatrix}=\begin{bmatrix} \boldsymbol{B}\cos\boldsymbol{\theta} & -\boldsymbol{G}\cos\boldsymbol{\theta} \\ \boldsymbol{G}\cos\boldsymbol{\theta} & \boldsymbol{B}\cos\boldsymbol{\theta} \end{bmatrix}-\begin{bmatrix} \boldsymbol{G}\sin\boldsymbol{\theta} & \boldsymbol{B}\sin\boldsymbol{\theta} \\ -\boldsymbol{B}\sin\boldsymbol{\theta} & \boldsymbol{G}\sin\boldsymbol{\theta} \end{bmatrix}-\begin{bmatrix} -\boldsymbol{Q} & \boldsymbol{P} \\ \boldsymbol{P} & \boldsymbol{Q} \end{bmatrix} \tag{5.53}
$$

式中，$\boldsymbol{B}\cos\boldsymbol{\theta}$ 是一种矩阵简化写法，与节点导纳矩阵的虚部 $\boldsymbol{B}$ 有相同的结构，不同之处在于矩阵 $\boldsymbol{B}$ 中的元素为 $B_{ij}$，而在这里则是 $B_{ij}\cos\theta_{ij}$，其他各矩阵同理。其次，此处的 $\boldsymbol{P}=\mathrm{diag}[P_i/U_i^2]$，$\boldsymbol{Q}=\mathrm{diag}[Q_i/U_i^2]$。

式(5.53)等式右边的第一项所有元素只与 $\cos\boldsymbol{\theta}$ 有关，等式右边第二项所有元素只与 $\sin\boldsymbol{\theta}$ 有关，第三项所有元素只与注入功率有关。

在正常情况下，$\theta_{ij}$很小，则可令 $\cos\theta_{ij}=1$，$\sin\theta_{ij}=0$，因此等式右边第二项为 0。由自导纳定义可知，节点自导纳远比节点注入的功率大，故等式右边的第三项要远小于第一项，故可以忽略。为此式(5.53)可简化为

$$\boldsymbol{J}'=\begin{bmatrix}\boldsymbol{H}' & \boldsymbol{N}'\\ \boldsymbol{M}' & \boldsymbol{L}'\end{bmatrix}\approx\boldsymbol{J}_0=\begin{bmatrix}\boldsymbol{B} & -\boldsymbol{G}\\ \boldsymbol{G} & \boldsymbol{B}\end{bmatrix} \tag{5.54}$$

将式(5.54)代入式(5.51)，就可得到雅可比法潮流的修正方程：

$$-\begin{bmatrix}\boldsymbol{B} & -\boldsymbol{G}\\ \boldsymbol{G} & \boldsymbol{B}\end{bmatrix}\begin{bmatrix}\boldsymbol{U}\Delta\boldsymbol{\theta}\\ \Delta\boldsymbol{U}\end{bmatrix}=\begin{bmatrix}\Delta\boldsymbol{P}/\boldsymbol{U}\\ \Delta\boldsymbol{Q}/\boldsymbol{U}\end{bmatrix} \tag{5.55}$$

式(5.54)中的定雅可比矩阵 $\boldsymbol{J}_0$ 是常数，只要在迭代开始时形成其因子表，在以后的迭代过程中就可以连续使用，因此这是一种固定斜率的牛顿-拉夫逊法，具有一阶收敛速度。由于每次迭代不用重新形成雅可比矩阵，也不用重新形成因子表，所以总的计算速度比标准牛顿-拉夫逊法大大提高。

### 5.3.5 用牛顿-拉夫逊法求解电力系统潮流的程序框图

潮流计算的基本步骤如图 5.4 所示，值得注意的是每个节点有 2 个方程；节点编号应遵循的原则是先 $PQ$ 节点，再 $PV$ 节点，最后 $V\theta$ 节点；一般平衡节点的电压 $\dot{U}_s=$

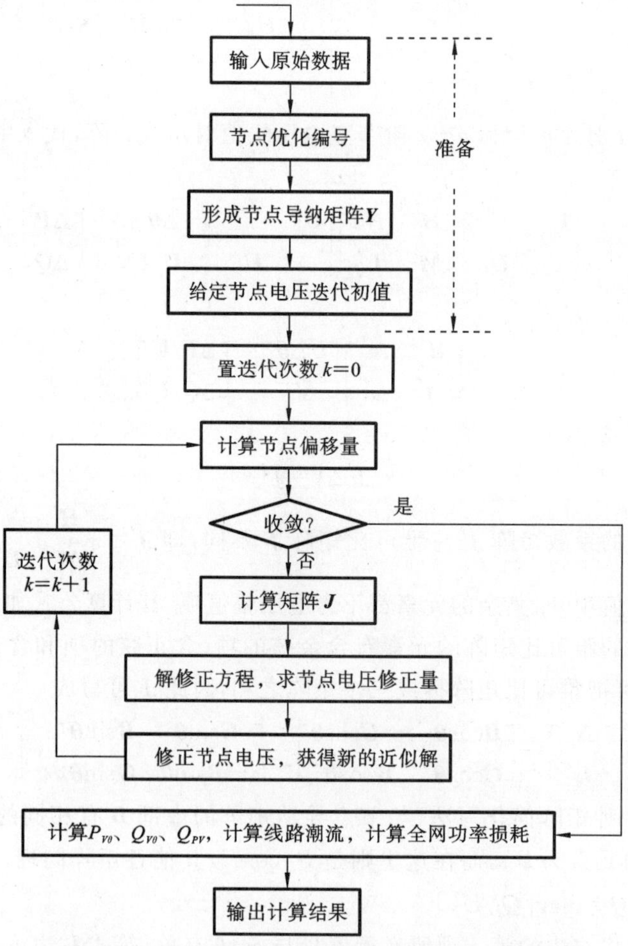


图 5.4 牛顿-拉夫逊法的潮流计算程序原理框图

$1.0\angle 0°$，给定电压的初值等于平衡节点的电压，即 $e_i^{(0)}=1.0$，$f_i^{(0)}=0$ 或 $U_i^{(0)}=1.0$，$\theta_i^{(0)}=0°$；原始数据是指网络的拓扑信息、元件参数、$PQ$ 节点的有功功率 $P_i^{sp}$ 和无功功率 $Q_i^{sp}$、$PV$ 节点的有功功率 $P_i^{sp}$ 和电压幅值 $U_i^{sp}$、$V\theta$ 节点的电压幅值 $U_i^{sp}$ 和电压相角 $\theta_i^{sp}$；另外，收敛判据一般取节点的偏移量，即 $\max\left\{|\Delta P_i^{(k)}|,|\Delta Q_i^{(k)}|,|(\Delta U_i^2)^{(k)}|\right\}<\varepsilon$。

**例 5.2** 如图 5.5 所示的电力系统，节点①是负荷节点，$P_1+jQ_1=-0.5-j0.3$，节点②是平衡节点，其电压给定为 $U_2\angle\theta_2=1.06\angle 0°$。试用牛顿-拉夫逊法求节点①的电压幅值和相角，取收敛精度 $\varepsilon=0.0001$。

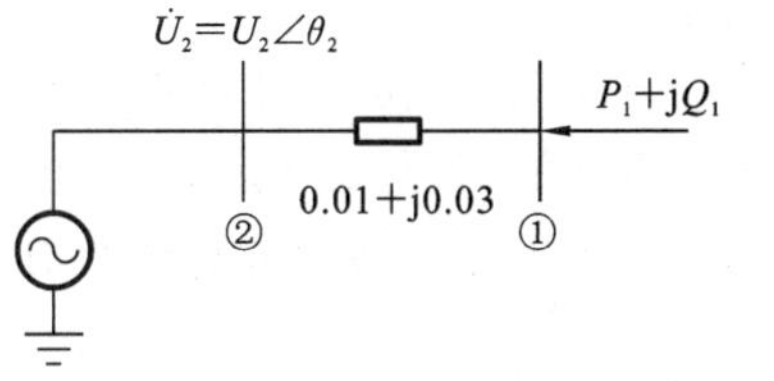


**图 5.5 例 5.2 图**

**解** 在极坐标形式下分析，给定量是 $\boldsymbol{y}^{sp}=[P_1^{sp}\quad Q_1^{sp}]^T$，$y_{12}=\dfrac{1}{0.01+j0.03}=10-j30$，$n=1$，$r=0$，共有 $2n-r=2$ 个潮流方程。按式(3.99)可写出潮流方程：

$$\begin{cases}\Delta P_1=P_1^{sp}-U_1\sum_{j=1}^{2}U_j(G_{1j}\cos\theta_{1j}+B_{1j}\sin\theta_{1j})=0\\ \Delta Q_1=Q_1^{sp}-U_1\sum_{j=1}^{2}U_j(G_{1j}\sin\theta_{1j}-B_{1j}\cos\theta_{1j})=0\end{cases}\tag{5.56}$$

待求状态变量为 $\boldsymbol{x}^T=[\theta_1\quad U_1]$，用式(5.47)求解其修正量 $\Delta\boldsymbol{x}^T=[\Delta\theta_1\quad\Delta U_1]$，则有

$$-\begin{bmatrix}H_{11}&N_{11}\\M_{11}&L_{11}\end{bmatrix}\begin{bmatrix}\Delta\theta_1\\\Delta U_1/U_1\end{bmatrix}=\begin{bmatrix}\Delta P_1\\\Delta Q_1\end{bmatrix}\tag{5.57}$$

其中，$H_{11}=U_1^2B_{11}+Q_1$，$N_{11}=-U_1^2G_{11}-P_1$，$M_{11}=U_1^2G_{11}-P_1$，$L_{11}=U_1^2B_{11}-Q_1$，因此可得

$$-\begin{bmatrix}U_1^2B_{11}+Q_1&-U_1^2G_{11}-P_1\\U_1^2G_{11}-P_1&U_1^2B_{11}-Q_1\end{bmatrix}\begin{bmatrix}\Delta\theta_1\\\Delta U_1/U_1\end{bmatrix}=\begin{bmatrix}\Delta P_1\\\Delta Q_1\end{bmatrix}$$

以 $\boldsymbol{x}^T=[0.0\quad 1.0]$为初值计算雅可比矩阵各元素，借助式(5.56)计算式(5.57)右边的项，求解式(5.57)得 $\Delta\boldsymbol{x}^{(0)}$，用 $\Delta\boldsymbol{x}^{(0)}$ 修正 $\boldsymbol{x}^{(0)}$，即 $\boldsymbol{x}^{(1)}=\boldsymbol{x}^{(0)}+\Delta\boldsymbol{x}^{(0)}$，然后以 $\boldsymbol{x}^{(1)}$ 为初值，重复上述过程，进行迭代求解，直到满足收敛条件，整个迭代过程如表 5.1 所示。

**表 5.1 例 5.2 潮流计算结果**

| 迭代次数 $k$ | $U_1^{(k)}$ | $\theta_1^{(k)}$/rad | $U_1^{(k+1)}-U_1^{(k)}$ | $(\theta_1^{(k+1)}-\theta_1^{(k)})$/rad |
|---|---|---|---|---|
| 0 | 1.0000 | 0.0000 | — | — |
| 1 | 1.0489 | −0.0113 | 0.0489 | −0.0113 |
| 2 | 1.0466 | −0.0108 | −0.0023 | 0.0005 |
| 3 | 1.0466 | −0.0108 | 0.0000 | 0.0000 |

经三次迭代收敛，将相角的弧度换算成角度，则得节点①电压的极坐标形式为 $\dot{U}_1=1.0466\angle-0.619°$，线路首端节点①的功率为 $0.5031+j0.3093$。

## 5.4 直流潮流法

在电力系统分析的某些领域，人们对潮流计算提出了一些特殊要求。比如在实时

控制等在线应用中,要求潮流计算方法计算速度快、收敛可靠。为实现这一目标,有时甚至可以放宽对计算精度的要求。为适应各种实际应用中提出的要求,人们发展了各种快速有效的潮流计算方法,比如通过对潮流模型的简化发展出直流潮流算法,这些方法在电力系统运行和规划中已得到广泛应用。

在有些只关心电力系统有功潮流分布,不需要计算各节点电压的幅值,对计算精度的要求不高,但对计算速度要求较高的应用场合则可以对潮流方程进行简化处理,用直流潮流法进行计算。

直流潮流法的主要特点是潮流方程是线性方程,不需要迭代就可以直接求解,不存在收敛性的问题,对于超高压电网,其计算误差通常为3%～10%。

电网中变压器和传输线的Π型等效电路简化原则如图5.6所示。

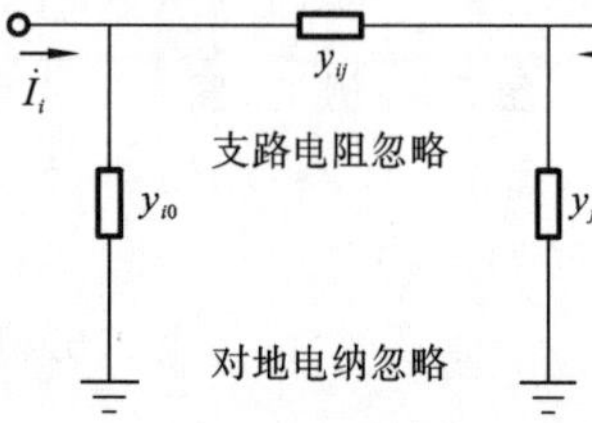


图5.6 简化原则

(1) 简化原则1:可以忽略接地的并联支路。

变压器、线路对地只有电容而没有电导,且对地电容很小,其消耗或提供的无功功率很小,因此可以忽略$y_{i0}$、$y_{j0}$支路。

$$\begin{cases}\frac{1}{2}\mathrm{j}B_c=\frac{1}{2}\mathrm{j}\omega C\\ \frac{1}{2}G_c=0\end{cases} \tag{5.58}$$

因此由简化后的Π型等效电路可得

$$\dot{I}_i=-\dot{I}_j=(\dot{U}_i-\dot{U}_j)y_{ij} \tag{5.59}$$

则支路潮流方程为

$$\dot{S}_{ij}=\dot{U}_i\hat{I}_i=(U_i^2-U_iU_j\cos\theta_{ij}-\mathrm{j}U_iU_j\sin\theta_{ij})(g_{ij}-\mathrm{j}b_{ij}) \tag{5.60}$$

支路的有功潮流方程为

$$P_{ij}=(U_i^2-U_iU_j\cos\theta_{ij})g_{ij}-U_iU_j\sin\theta_{ij}b_{ij} \tag{5.61}$$

式(5.61)为非线性潮流有功方程,其中,$g_{ij}$是支路导纳,$b_{ij}$是支路电纳。

(2) 简化原则2:可以忽略支路电阻。

在超高压电力网中线路电阻远远小于电抗,其支路电阻常常可以忽略,即$r_{ij}=0$,因此

$$y_{ij}=g_{ij}+\mathrm{j}b_{ij}=\frac{1}{r_{ij}+\mathrm{j}x_{ij}}=-\mathrm{j}\frac{1}{x_{ij}} \tag{5.62}$$

所以

$$g_{ij}=0,\quad b_{ij}=-\frac{1}{x_{ij}} \tag{5.63}$$

因此式(5.61)可以简化成

$$P_{ij}=U_iU_j\sin\theta_{ij}\frac{1}{x_{ij}} \tag{5.64}$$

根据电力系统运行的特点,节点电压在额定电压附近,支路两端电压相角的差值很小,因此可做如下假设:$U_i=U_j=1$,$\sin\theta_{ij}=\theta_{ij}$,$\cos\theta_{ij}=1$,则式(5.64)可进一步简化为

$$P_{ij}=\frac{\theta_i-\theta_j}{x_{ij}} \tag{5.65}$$

式(5.65)为线性的直流潮流方程,其中,$x_{ij}$为支路电抗,对照一段直流电路的欧姆

定律,则可把式(5.65)看作电导矩阵形式表示的直流电路方程。

因此,直流潮流的计算方法是将交流电化为直流电来求解,即系统正常运行情况下,将变压器和传输线根据简化原则简化后,可将支路有功潮流方程简化为 $P_{ij}=(\theta_i-\theta_j)/x_{ij}$,对照一段直流电路的欧姆定律 $I_{ij}=(U_i-U_j)/R_{ij}$,可把直流潮流的 $P_{ij}$、$\theta_i$、$\theta_j$、$x_{ij}$ 分别看成 $I_{ij}$、$U_i$、$U_j$、$R_{ij}$。然后写成矩阵形式:

$$\boldsymbol{P}^{sp}=\boldsymbol{B}_0\boldsymbol{\theta} \tag{5.66}$$

由式(5.66)可求出节点电压相角,最后用式(5.64)计算各支路的有功潮流。

式(5.66)中的 $\boldsymbol{B}_0$ 是以 $1/x_{ij}$ 为支路导纳而建立的 $N\times N$ 阶节点导纳矩阵,$\boldsymbol{P}^{sp}$ 为 $N$ 维节点给定的注入功率列矢量,$\boldsymbol{\theta}$ 为节点待求的电压相角列矢量。选第 $N$ 个节点为参考节点,令节点 $N$ 的相角 $\theta_N=0°$,给定量 $\boldsymbol{P}^{sp}$ 和 $\boldsymbol{\theta}$ 都减少一个对应节点 $N$ 的变量,因此 $\boldsymbol{B}_0$ 中应划掉节点 $N$ 所对应的行和列,则式(5.66)可写成

$$\boldsymbol{P}^{sp}=\boldsymbol{B}\boldsymbol{\theta} \tag{5.67}$$

式中,$\boldsymbol{P}^{sp}$ 和 $\boldsymbol{\theta}$ 都为 $n$ 维列矢量,$\boldsymbol{B}$ 变为 $n\times n$ 阶节点导纳矩阵,$\boldsymbol{B}$ 是节点导纳矩阵虚部的相反数,其元素是

$$B(i,i)=\sum_{\substack{j\in i\\ j\neq i}}1/x_{ij} \tag{5.68}$$

$$B(i,j)=-1/x_{ij} \tag{5.69}$$

求解式(5.67),不需要迭代就可以求出节点电压相角,再用式(5.65)计算各支路的有功潮流即可。

直流潮流法可用于解决没有收敛性的问题,常在对精度要求不高的场合使用。但这种算法不能计算电压幅值,其应用受到限制。

求解直流潮流的计算量很小,相当于求解一次式(5.67)所示的线性代数方程组。由于 $\boldsymbol{B}$ 是稀疏矩阵,利用稀疏技术可以加快计算速度,直流潮流模型在电力系统规划和电网在线静态安全分析中得到广泛应用。

**例 5.3** 对于三母线电力系统,其支路电抗和节点注入有功功率如图 5.7 所示。请用直流潮流计算支路有功潮流分布。

**解** 选节点③为参考点,该节点电压相角为 0。用支路电抗求 $B(i,i)=\sum\limits_{\substack{j\in i\\ j\neq i}}1/x_{ij}$,$B(i,j)=-1/x_{ij}$,则有

$$\boldsymbol{B}=\begin{bmatrix}\frac{1}{0.1}+\frac{1}{0.1} & -\frac{1}{0.1}\\ -\frac{1}{0.1} & \frac{1}{0.1}+\frac{1}{0.2}\end{bmatrix}=\begin{bmatrix}20 & -10\\ -10 & 15\end{bmatrix},\quad \boldsymbol{X}=\boldsymbol{B}^{-1}=\frac{1}{200}\begin{bmatrix}15 & 10\\ 10 & 20\end{bmatrix}=\frac{1}{40}\begin{bmatrix}3 & 2\\ 2 & 4\end{bmatrix}$$

由图 5.7 可知

$$\boldsymbol{P}^{sp}=\begin{bmatrix}-2\\ 1.5\end{bmatrix}$$

所以有
$$\boldsymbol{\theta}=\boldsymbol{X}\boldsymbol{P}^{sp}=\frac{1}{40}\begin{bmatrix}3 & 2\\ 2 & 4\end{bmatrix}\begin{bmatrix}-2\\ 1.5\end{bmatrix}=\begin{bmatrix}-0.075\\ 0.05\end{bmatrix}\ (\text{rad})$$

换算成角度则有

$$\boldsymbol{\theta}=\begin{bmatrix}-4.297°\\ 2.865°\end{bmatrix}$$

再利用 $P_{ij}=(\theta_i-\theta_j)/x_{ij}$ 计算支路有功潮流，则有

$$P_{12}=(\theta_1-\theta_2)/x_{12}=(-0.075-0.05)/0.1=-1.25$$

$$P_{13}=(\theta_1-\theta_3)/x_{13}=(-0.075-0)/0.1=-0.75$$

$$P_{23}=(\theta_2-\theta_3)/x_{23}=(0.05-0)/0.2=0.25$$

潮流计算结果如图 5.8 所示，节点①为有功分点。

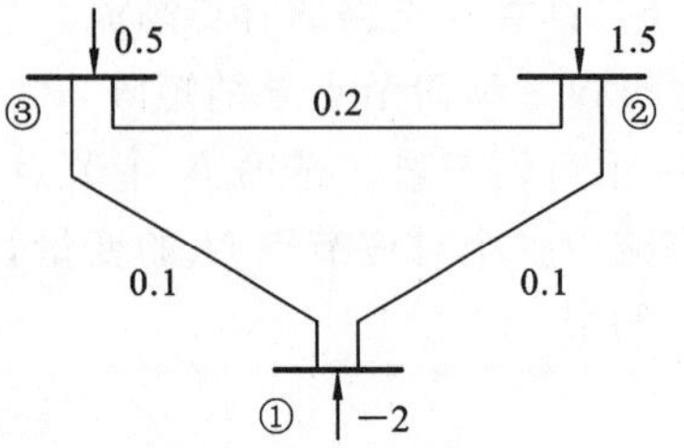


图 5.7 例 5.3 图

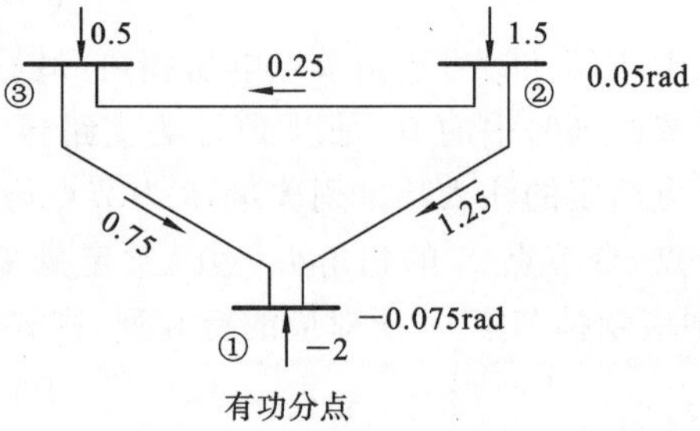


图 5.8 例 5.3 潮流分布

## 5.5 快速分解法

随着现代电力系统规模的日益增大以及在线计算要求的提出，为改进牛顿法在内存占用量及计算速度方面的不足，人们进行了大量的研究工作，发现了电力系统有功及无功潮流间仅存在较弱联系的这一固有物理特性，这就产生了有功、无功解耦特点的算法，即 *P-Q* 分解法。

*P-Q* 分解法潮流计算派生于以极坐标表示时的牛顿-拉夫逊法，二者的主要区别在于修正方程式和计算步骤的不同。*P-Q* 分解法主要的简化处理集中在忽略掉雅可比矩阵的非对角块上，认为有功功率主要受电压相角的影响，无功功率主要受电压幅值的影响，忽略了电压幅值对有功功率的影响及电压相角对无功功率的影响。后来人们对保留下来的雅可比矩阵的对角块进行了进一步简化处理。

1974 年，Scott 在完成博士论文时，通过大量的计算实践发现，在各种解耦算法的版本中，当有功相角修正方程的系数矩阵用 $\boldsymbol{B}'$ 代替，无功电压修正方程的系数矩阵用 $\boldsymbol{B}''$ 代替，有功功率、无功功率都用电压幅值去除时，算法的收敛性最好，$\boldsymbol{B}'$ 是以 $-1/x$ 为支路电纳建立的节点电纳矩阵，$\boldsymbol{B}''$ 是节点导纳矩阵的虚部，Scott 将这种方法称为快速分解法。

Scott 的快速分解法是计算实践的产物，尽管多年来它一直被人们普遍采用，但为什么此法有很好的收敛在理论上一直未得到满意的解释，直到 1990 年，Monticelli 揭示了快速分解法的收敛机理，从而使快速分解法有了理论上的支持。

快速分解法不是求解高维数的修正方程，而是分别交替求解两个低维数的修正方程；此外它的每个修正方程的系数矩阵是常数矩阵，在计算过程中保持不变，避免了重新形成雅可比矩阵及分解因子表的计算工作量。快速分解法计算速度快、收敛性好，在电力系统计算中，尤其是在计算机实时控制的在线计算中得到了十分广泛的应用。

用牛顿-拉夫逊法计算潮流时，主要计算工作量集中在每次迭代都需要新形成雅可比矩阵，然后重新对它进行因子表分解求解修正方程上。为避免重新形成雅可比矩阵及分解因子表，可以用平启动法，即用电压 $1\angle 0°$ 来计算雅可比矩阵，并在迭代过程中使

之保持不变。

快速分解法是由定雅可比法发展而来的，式(5.55)给出了定雅可比法的修正方程，目前常用的快速解耦潮流算法的修正方程为

$$\begin{cases}\Delta\boldsymbol{P}/\boldsymbol{U}=-\boldsymbol{B}'\Delta\boldsymbol{\theta}\\ \Delta\boldsymbol{Q}/\boldsymbol{U}=-\boldsymbol{B}''\Delta\boldsymbol{U}\end{cases} \tag{5.70}$$

其中，$\boldsymbol{B}'$为有功相角修正方程的系数矩阵，$\boldsymbol{B}''$为无功电压修正方程的系数矩阵。

为书写方便，也可将定雅可比法的修正公式（式(5.55)）中的 $\Delta\boldsymbol{P}/\boldsymbol{U}$ 用 $\Delta\boldsymbol{P}$ 代替，$\Delta\boldsymbol{Q}/\boldsymbol{U}$ 用 $\Delta\boldsymbol{Q}$ 代替，$\boldsymbol{U}\Delta\boldsymbol{\theta}$ 用 $\Delta\boldsymbol{\theta}$ 代替，则式(5.55)可简写成

$$\begin{bmatrix}\Delta\boldsymbol{P}\\ \Delta\boldsymbol{Q}\end{bmatrix}=-\begin{bmatrix}\boldsymbol{H} & \boldsymbol{N}\\ \boldsymbol{M} & \boldsymbol{L}\end{bmatrix}\begin{bmatrix}\Delta\boldsymbol{\theta}\\ \Delta\boldsymbol{U}\end{bmatrix} \tag{5.71}$$

其中

$$\begin{cases}\boldsymbol{H}=\boldsymbol{B}_H=\dfrac{\partial\Delta\boldsymbol{P}}{\partial\boldsymbol{\theta}}\\ \boldsymbol{N}=-\boldsymbol{G}_N=\dfrac{\partial\Delta\boldsymbol{P}}{\partial\boldsymbol{U}}\\ \boldsymbol{M}=\boldsymbol{G}_M=\dfrac{\partial\Delta\boldsymbol{Q}}{\partial\boldsymbol{\theta}}\\ \boldsymbol{L}=\boldsymbol{B}_L=\dfrac{\partial\Delta\boldsymbol{Q}}{\partial\boldsymbol{U}}\end{cases} \tag{5.72}$$

因此有

$$\begin{bmatrix}\Delta\boldsymbol{P}\\ \Delta\boldsymbol{Q}\end{bmatrix}=-\begin{bmatrix}\dfrac{\partial\Delta\boldsymbol{P}}{\partial\boldsymbol{\theta}} & \dfrac{\partial\Delta\boldsymbol{P}}{\partial\boldsymbol{U}}\\ \dfrac{\partial\Delta\boldsymbol{Q}}{\partial\boldsymbol{\theta}} & \dfrac{\partial\Delta\boldsymbol{Q}}{\partial\boldsymbol{U}}\end{bmatrix}\begin{bmatrix}\Delta\boldsymbol{\theta}\\ \Delta\boldsymbol{U}\end{bmatrix}=-\begin{bmatrix}\boldsymbol{H} & \boldsymbol{N}\\ \boldsymbol{M} & \boldsymbol{L}\end{bmatrix}\begin{bmatrix}\Delta\boldsymbol{\theta}\\ \Delta\boldsymbol{U}\end{bmatrix} \tag{5.73}$$

因为有功功率对电压幅值、无功功率对电压相角的影响不大，故可以将$\dfrac{\partial\Delta\boldsymbol{P}}{\partial\boldsymbol{U}}$、$\dfrac{\partial\Delta\boldsymbol{Q}}{\partial\boldsymbol{\theta}}$忽略，也即有功功率 $P$ 只和电压相角 $\theta$ 有关，无功功率 $Q$ 只和电压幅值 $U$ 有关，所以式(5.73)可简化成

$$\begin{cases}\Delta\boldsymbol{P}=-\boldsymbol{B}'\Delta\boldsymbol{\theta}\\ \Delta\boldsymbol{Q}=-\boldsymbol{B}''\Delta\boldsymbol{U}\end{cases} \tag{5.74}$$

可得出如下结论。

(1) 在形成 $\boldsymbol{B}'$ 时略去那些主要影响无功功率和电压模值而与有功功率即电压角度关系不大的因素，这些因素包括输电线路的充电电容以及变压器非标准变比。

(2) 为减少在迭代过程中无功功率及节点电压模值对有功迭代的影响，将式(5.55)右端 $\boldsymbol{U}$ 的各元素均置为标幺值 1.0，也即令 $\boldsymbol{U}$ 作为单位阵。

使用快速分解法的目的就是形成定雅可比矩阵，使计算量减小、计算速度增加。通过 $P$-$Q$ 分解得到两个低阶方程组。

快速分解法的过程如下。

从原方程式(5.73)出发，采用平启动 $\dot{U}=1\angle 0$。然后进行解耦，用高斯消去法消去子块 $N$，即由式(5.73)可得

$$-\begin{bmatrix}\widetilde{\boldsymbol{H}} & \boldsymbol{0}\\ \boldsymbol{M} & \boldsymbol{L}\end{bmatrix}\begin{bmatrix}\Delta\boldsymbol{\theta}\\ \Delta\boldsymbol{U}\end{bmatrix}=\begin{bmatrix}\Delta\widetilde{\boldsymbol{P}}\\ \Delta\boldsymbol{Q}\end{bmatrix} \tag{5.75}$$

其中

$$\begin{cases}\widetilde{\boldsymbol{H}}=\boldsymbol{H}-\boldsymbol{N}\boldsymbol{L}^{-1}\boldsymbol{M}\\ \Delta\widetilde{\boldsymbol{P}}=\Delta\boldsymbol{P}-\boldsymbol{N}\boldsymbol{L}^{-1}\Delta\boldsymbol{Q}\end{cases} \tag{5.76}$$

式(5.75)可简写成

$$\begin{cases}-\widetilde{\boldsymbol{H}}\Delta\boldsymbol{\theta}=\Delta\widetilde{\boldsymbol{P}}\\ -\boldsymbol{M}\Delta\boldsymbol{\theta}-\boldsymbol{L}\Delta\boldsymbol{U}=\Delta\boldsymbol{Q}\end{cases} \tag{5.77}$$

下面考查用更简单的方法计算 $\Delta\widetilde{\boldsymbol{P}}$，在给定的电压幅值和相角初值附近，当电压相角 $\boldsymbol{\theta}$ 不变，也即当 $\Delta\boldsymbol{\theta}=\boldsymbol{0}$，仅电压幅值 $\boldsymbol{U}$ 变化时，$-\boldsymbol{M}\Delta\boldsymbol{\theta}-\boldsymbol{L}\Delta\boldsymbol{U}=\Delta\boldsymbol{Q} \Rightarrow \Delta\boldsymbol{U}=-\boldsymbol{L}^{-1}\Delta\boldsymbol{Q}$，则有功功率偏差的变化为

$$\begin{aligned}\Delta\widetilde{\boldsymbol{P}}&=\Delta\boldsymbol{P}(\boldsymbol{\theta}+\Delta\boldsymbol{\theta},\boldsymbol{U}+\Delta\boldsymbol{U})=\Delta\boldsymbol{P}(\boldsymbol{\theta},\boldsymbol{U})+\frac{\partial\Delta\boldsymbol{P}}{\partial\boldsymbol{U}}\Delta\boldsymbol{U}=\Delta\boldsymbol{P}(\boldsymbol{\theta},\boldsymbol{U})+\boldsymbol{N}\Delta\boldsymbol{U}\\ &=\Delta\boldsymbol{P}(\boldsymbol{\theta},\boldsymbol{U})-\boldsymbol{N}\boldsymbol{L}^{-1}\Delta\boldsymbol{Q}=\Delta\boldsymbol{P}(\boldsymbol{\theta},\boldsymbol{U}-\boldsymbol{L}^{-1}\Delta\boldsymbol{Q})\end{aligned} \tag{5.78}$$

则式(5.77)可写成

$$\begin{cases}-\widetilde{\boldsymbol{H}}\Delta\boldsymbol{\theta}=\Delta\widetilde{\boldsymbol{P}}=\Delta\boldsymbol{P}(\boldsymbol{\theta},\boldsymbol{U}-\boldsymbol{L}^{-1}\Delta\boldsymbol{Q})\\ -\boldsymbol{M}\Delta\boldsymbol{\theta}-\boldsymbol{L}\Delta\boldsymbol{U}=\Delta\boldsymbol{Q}\end{cases} \tag{5.79}$$

由式(5.79)的第二个方程可得

$$\Delta\boldsymbol{U}=-\boldsymbol{L}^{-1}\Delta\boldsymbol{Q}-\boldsymbol{L}^{-1}\boldsymbol{M}\Delta\boldsymbol{\theta}=\Delta\boldsymbol{U}_L+\Delta\boldsymbol{U}_M \tag{5.80}$$

求解式(5.79)可以用下面的步骤来实现。若当前的电压迭代点为$(\theta^{(k)},U^{(k)})$，则第 $k$ 次迭代步骤如下。

步骤 1：对电压进行修正，考虑 $\Delta\boldsymbol{Q}$ 引起的 $\Delta\boldsymbol{U}$ 的变化，则有

$$\begin{cases}\Delta\boldsymbol{U}_L^{(k)}=-\boldsymbol{L}^{-1}\Delta\boldsymbol{Q}(\boldsymbol{\theta}^{(k)},\boldsymbol{U}^{(k)})\\ \boldsymbol{U}_{\text{temp}}^{(k+1)}=\boldsymbol{U}^{(k)}+\Delta\boldsymbol{U}_L^{(k)}\end{cases} \tag{5.81}$$

步骤 2：对角度进行修正，考虑 $\Delta\boldsymbol{P}$ 引起的 $\Delta\boldsymbol{\theta}$ 的变化，则有

$$\begin{cases}\Delta\boldsymbol{\theta}^{(k)}=-\widetilde{\boldsymbol{H}}^{-1}\Delta\boldsymbol{P}(\boldsymbol{\theta}^{(k)},\boldsymbol{U}_{\text{temp}}^{(k+1)})\\ \boldsymbol{\theta}^{(k+1)}=\boldsymbol{\theta}^{(k)}+\Delta\boldsymbol{\theta}^{(k)}\end{cases} \tag{5.82}$$

步骤 3：对电压再修正，考虑 $\Delta\boldsymbol{\theta}$ 引起的 $\Delta\boldsymbol{U}$ 的变化，则有

$$\begin{cases}\Delta\boldsymbol{U}_M^{(k)}=-\boldsymbol{L}^{-1}\boldsymbol{M}\Delta\boldsymbol{\theta}^{(k)}\\ \boldsymbol{U}^{(k+1)}=\boldsymbol{U}_{\text{temp}}^{(k+1)}+\Delta\boldsymbol{U}_M^{(k)}\end{cases} \tag{5.83}$$

从上面的计算流程看，电压的修正要分两步进行，角度修正公式(5.82)中的 $\widetilde{\boldsymbol{H}}$ 可能是满矩阵。为此我们可以进行如下处理。

对于 $k$ 次迭代使用的式(5.81)～式(5.83)，考虑第 $k+1$ 次迭代的步骤 1：

$$\begin{cases}\Delta\boldsymbol{U}_L^{(k+1)}=-\boldsymbol{L}^{-1}\Delta\boldsymbol{Q}(\boldsymbol{\theta}^{(k+1)},\boldsymbol{U}^{(k+1)})\\ \boldsymbol{U}_{\text{temp}}^{(k+2)}=\boldsymbol{U}^{(k+1)}+\Delta\boldsymbol{U}_L^{(k+1)}\end{cases} \tag{5.84}$$

将式(5.83)和式(5.84)的电压修正量相加，则有

$$\begin{aligned}\Delta\boldsymbol{U}^{(k+1)}&=\Delta\boldsymbol{U}_M^{(k)}+\Delta\boldsymbol{U}_L^{(k+1)}=-\boldsymbol{L}^{-1}[\boldsymbol{M}\Delta\boldsymbol{\theta}^{(k)}+\Delta\boldsymbol{Q}(\boldsymbol{\theta}^{(k+1)},\boldsymbol{U}^{(k+1)})]\\ &=-\boldsymbol{L}^{-1}[\boldsymbol{M}\Delta\boldsymbol{\theta}^{(k)}+\Delta\boldsymbol{Q}(\boldsymbol{\theta}^{(k+1)},\boldsymbol{U}_{\text{temp}}^{(k+1)}+\Delta\boldsymbol{U}_M^{(k)})]\\ &=-\boldsymbol{L}^{-1}\left[\boldsymbol{M}\Delta\boldsymbol{\theta}^{(k)}+\Delta\boldsymbol{Q}(\boldsymbol{\theta}^{(k+1)},\boldsymbol{U}_{\text{temp}}^{(k+1)})+\frac{\partial\Delta\boldsymbol{Q}}{\partial\boldsymbol{U}^{\mathrm{T}}}\Delta\boldsymbol{U}_M^{(k)}\right]\\ &=-\boldsymbol{L}^{-1}[\boldsymbol{M}\Delta\boldsymbol{\theta}^{(k)}+\Delta\boldsymbol{Q}(\boldsymbol{\theta}^{(k+1)},\boldsymbol{U}_{\text{temp}}^{(k+1)})+\boldsymbol{L}\Delta\boldsymbol{U}_M^{(k)}]\end{aligned} \tag{5.85}$$

由式(5.83)的第一个方程可知

$$\boldsymbol{M}\Delta\boldsymbol{\theta}^{(k)}=-\boldsymbol{L}\Delta\boldsymbol{U}_M^{(k)} \tag{5.86}$$

所以式(5.85)括号里的第一项和第三项之和为零，因此有

$$\Delta\boldsymbol{U}_M^{(k)}+\Delta\boldsymbol{U}_L^{(k+1)}=-\boldsymbol{L}^{-1}\Delta\boldsymbol{Q}(\boldsymbol{\theta}^{(k+1)},\boldsymbol{U}_{\mathrm{temp}}^{(k+1)})=-\boldsymbol{L}^{-1}\Delta\boldsymbol{Q}(\boldsymbol{\theta}^{(k+1)},\boldsymbol{U}^{(k)}+\Delta\boldsymbol{U}_L^{(k)}) \tag{5.87}$$

式(5.87)说明,在第 $k$ 次迭代中,当前迭代点为($\boldsymbol{\theta}^{(k)},\boldsymbol{U}^{(k)}$),用式(5.81)计算出的 $\boldsymbol{U}_{\mathrm{temp}}^{k+1}$ 和式(5.82)计算出的 $\boldsymbol{\theta}^{k+1}$ 就可以计算 $k+1$ 次迭代的无功偏差量 $\Delta\boldsymbol{Q}(\boldsymbol{\theta}^{(k+1)},\boldsymbol{U}_{\mathrm{temp}}^{(k+1)})$,在第 $k+1$ 次迭代中,用式(5.81)计算出的 $\Delta\boldsymbol{U}_L^{(k+1)}$ 中已自动包含了 $\Delta\boldsymbol{U}_M^{(k)}$,因此式(5.83)的计算可以省略。

因此,原来的式(5.81)～式(5.83)中的电压幅值的修正分两步进行,这时可以用一步修正代替,为此,迭代计算公式可用两个步骤来表述。

步骤 1:对电压进行修正

$$\begin{cases}\Delta\boldsymbol{U}^{(k)}=-\boldsymbol{L}^{-1}\Delta\boldsymbol{Q}(\boldsymbol{\theta}^{(k)},\boldsymbol{U}^{(k)})\\ \boldsymbol{U}^{(k+1)}=\boldsymbol{U}^{(k)}+\Delta\boldsymbol{U}^{(k)}\end{cases} \tag{5.88}$$

步骤 2:对角度进行修正

$$\begin{cases}\Delta\boldsymbol{\theta}^{(k)}=-\widetilde{\boldsymbol{H}}^{-1}\Delta\boldsymbol{P}(\boldsymbol{\theta}^{(k)},\boldsymbol{U}^{(k+1)})\\ \boldsymbol{\theta}^{(k+1)}=\boldsymbol{\theta}^{(k)}+\Delta\boldsymbol{\theta}^{(k)}\end{cases} \tag{5.89}$$

这就是快速分解法的标准迭代格式。

值得注意的是,尽管在上面的推导中并没有做 $PQ$ 解耦的假设,但快速分解法的迭代格式实际上已考虑了 $PQ$ 迭代的耦合关系。

下面来分析 $\widetilde{\boldsymbol{H}}$,由式(5.72)和式(5.76)可知

$$\widetilde{\boldsymbol{H}}=\boldsymbol{H}-\boldsymbol{N}\boldsymbol{L}^{-1}\boldsymbol{M}=\boldsymbol{B}_H+\boldsymbol{G}_N\boldsymbol{B}_L^{-1}\boldsymbol{G}_M \tag{5.90}$$

若网络中无 $PV$ 节点,则式(5.90)中各矩阵的维数相等,节点导纳矩阵可用节点-支路关联矩阵 $\boldsymbol{A}$ 和支路导纳对角阵表示。在这里讨论一种特殊情况,对于树形网络,其关联矩阵是方阵且非奇异,于是有

$$\begin{aligned}\widetilde{\boldsymbol{H}}&=\boldsymbol{AbA}^{\mathrm{T}}+(\boldsymbol{AgA}^{\mathrm{T}})(\boldsymbol{AbA}^{\mathrm{T}})^{-1}(\boldsymbol{AgA}^{\mathrm{T}})=\boldsymbol{A}(\boldsymbol{b}+\boldsymbol{gA}^{\mathrm{T}}\boldsymbol{A}^{-\mathrm{T}}\boldsymbol{b}^{-1}\boldsymbol{A}^{-1}\boldsymbol{Ag})\boldsymbol{A}^{\mathrm{T}}\\&=\boldsymbol{A}(\boldsymbol{b}+\boldsymbol{gb}^{-1}\boldsymbol{g})\boldsymbol{A}^{\mathrm{T}}=\boldsymbol{Ab}'\boldsymbol{A}^{\mathrm{T}}=\boldsymbol{B}'\end{aligned} \tag{5.91}$$

其中,$\boldsymbol{b}$ 和 $\boldsymbol{g}$ 是以支路导纳的虚部和实部为元素组成的对角阵,$\boldsymbol{b}'$ 是以 $-1/x$ 为支路电纳组成的对角阵,$\boldsymbol{B}'$ 是以 $-1/x$ 为支路电纳建立的节点电纳矩阵。显然对于树形网络,其有功迭代公式(5.89)中的 $\widetilde{\boldsymbol{H}}$ 应该用 $\boldsymbol{B}'$ 代替,因此,$\widetilde{\boldsymbol{H}}$ 和导纳矩阵的结构完全相同,都是稀疏矩阵,差别在于 $\widetilde{\boldsymbol{H}}$ 是由 $-1/x$ 构成的。

下面可以对 $\boldsymbol{B}'$ 是以 $-1/x$ 为支路电纳建立的节点电纳矩阵进行证明。

对于树状网络有

$$Y_L=g_L+\mathrm{j}b_L$$

则

$$Z_L=r_L+\mathrm{j}x_L=\frac{1}{g_L+\mathrm{j}b_L}=\frac{g_L-\mathrm{j}b_L}{g_L^2+b_L^2}$$

因此有

$$b_L+g_Lb_L^{-1}g_L=\frac{g_L^2+b_L^2}{b_L}=-\frac{1}{x_L}$$

对于环形网络,这时关联矩阵 $\boldsymbol{A}$ 不是方阵,式(5.91)所示的推导过程中,里面的逆括号不能打开,如果系统中所有支路的 $r/x$ 值都相同,则为均一网,即对任一支路 $L$ 有 $r_L/x_L=\alpha$,因此对均一网有

$$r_L/x_L=\alpha\Rightarrow r_L=\alpha x_L\Rightarrow g_L=\frac{r_L}{r_L^2+x_L^2}=\frac{\alpha x_L}{r_L^2+x_L^2}=-\alpha b_L$$

$$\widetilde{\boldsymbol{H}}=\boldsymbol{H}-\boldsymbol{N}\boldsymbol{L}^{-1}\boldsymbol{M}=\boldsymbol{B}_H+\boldsymbol{G}_N\boldsymbol{B}_L^{-1}\boldsymbol{G}_M=\boldsymbol{AbA}^{\mathrm{T}}+(\boldsymbol{AgA}^{\mathrm{T}})(\boldsymbol{AbA}^{\mathrm{T}})^{-1}(\boldsymbol{AgA}^{\mathrm{T}})$$

$$
\begin{aligned}
&= \boldsymbol{AbA}^{\mathrm{T}} + [\boldsymbol{A}(-\alpha\boldsymbol{b})\boldsymbol{A}^{\mathrm{T}}](\boldsymbol{AbA}^{\mathrm{T}})^{-1}[\boldsymbol{A}(-\alpha\boldsymbol{b})\boldsymbol{A}^{\mathrm{T}}]\\
&= \boldsymbol{AbA}^{\mathrm{T}} + \alpha^2(\boldsymbol{AbA}^{\mathrm{T}})(\boldsymbol{AbA}^{\mathrm{T}})^{-1}(\boldsymbol{AbA}^{\mathrm{T}}) = \boldsymbol{AbA}^{\mathrm{T}} + \alpha^2(\boldsymbol{AbA}^{\mathrm{T}})\\
&= (1+\alpha^2)\boldsymbol{AbA}^{\mathrm{T}} = \boldsymbol{A}(1+\alpha^2)\boldsymbol{bA}^{\mathrm{T}} = \boldsymbol{Ab'A}^{\mathrm{T}} = \boldsymbol{B}'
\end{aligned}
$$

对于环形网络，因为 $\alpha = r_L/x_L$，则有 $(1+\alpha^2)b = \left(1+\dfrac{r^2}{x^2}\right)\left(-\dfrac{x}{x^2+r^2}\right) = -\dfrac{1}{x}$，因此 $\boldsymbol{B}'$ 是以 $-1/x$ 为支路电纳建立的节点电纳矩阵。

快速分解法求解电力系统潮流的程序框图如图 5.9 所示。

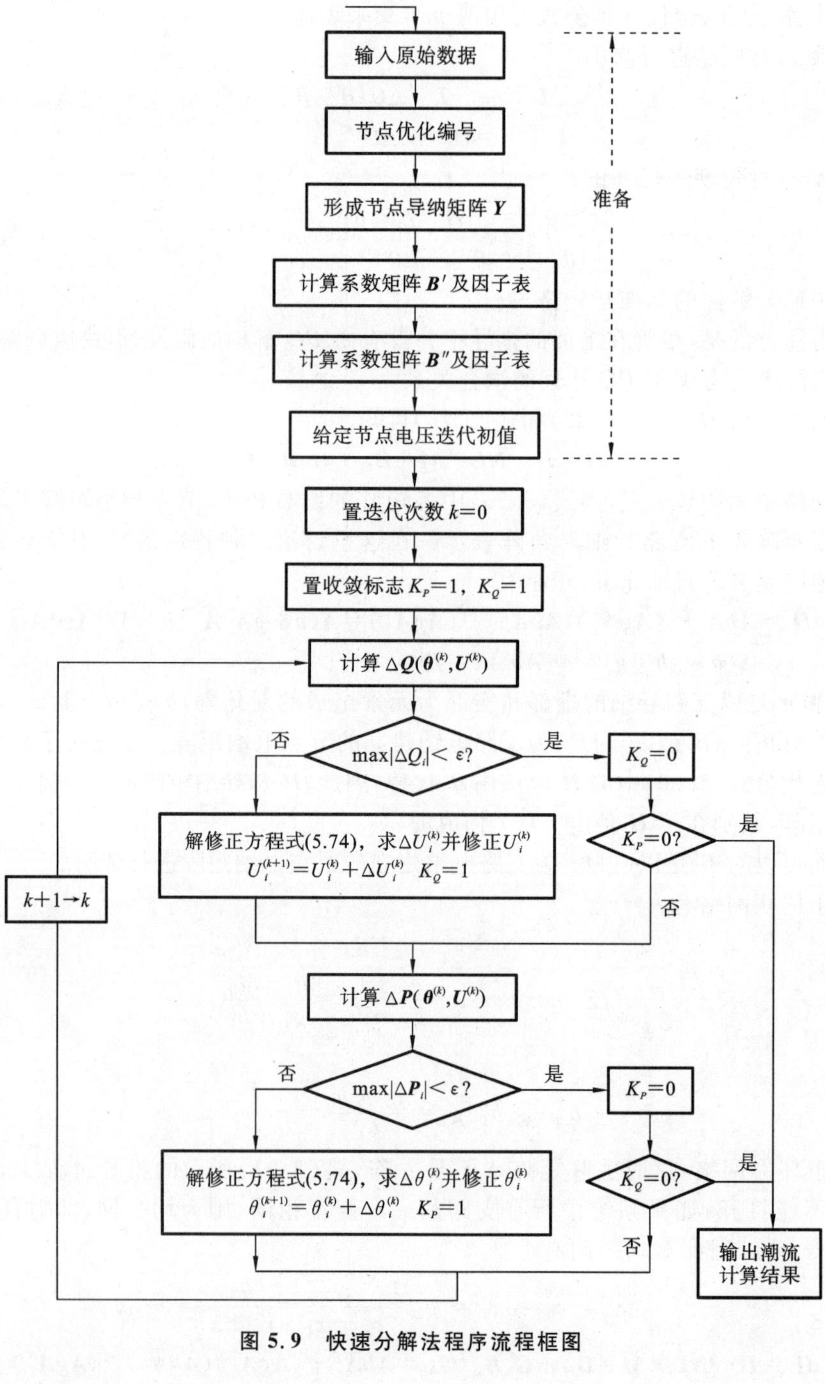


图 5.9　快速分解法程序流程框图

## 5.6 保留非线性潮流法

用牛顿法求解非线性潮流方程时采用了逐次线性化的方法，人们一直在研究如何采用更加精确的数学模型，若将泰勒级数的高阶项或非线性项也考虑进来也许会进一步提高算法的收敛性能及计算速度，因此便产生了保留非线性的潮流算法。

### 5.6.1 直角坐标系下的二阶潮流法

对于保留非线性潮流法，因为大部分算法主要包括了泰勒级数的前三项，即取泰勒级数的二阶项，因此其也称二阶潮流算法（简称二阶潮流法）。

实现这一想法的最初尝试是在极坐标下的牛顿法修正方程式中增加泰勒级数的二阶项，所得的算法对收敛性能略有改善，但计算速度无显著提高。后来，根据直角坐标下的潮流方程是一个二次代数方程组的这一特点，提出采用直角坐标形式的保留非线性的快速潮流算法，在速度上比牛顿法有了较大的提高。

直角坐标潮流方程是关于节点电压的二次方程——泰勒展开并保留非线性项，即为无截断误差的精确表达式。

可将直角坐标潮流方程

$$\begin{cases} P_i = \sum\limits_{j\in i}[e_i(G_{ij}e_j - B_{ij}f_j) + f_i(G_{ij}f_j + B_{ij}e_j)] \\ \quad = \sum\limits_{j\omega i}[e_i(G_{ij}e_j - B_{ij}f_j) + f_i(G_{ij}f_j + B_{ij}e_j)] + G_{ii}(e_i^2 + f_i^2) \\ Q_i = \sum\limits_{j\in i}[f_i(G_{ij}e_j - B_{ij}f_j) - e_i(G_{ij}f_j + B_{ij}e_j)] \qquad (i = 1, 2, \cdots, n) \\ \quad = \sum\limits_{j\omega i}[f_i(G_{ij}e_j - B_{ij}f_j) - e_i(G_{ij}f_j + B_{ij}e_j)] - B_{ii}(e_i^2 + f_i^2) \\ U_i^2 = e_i^2 + f_i^2 \end{cases} \tag{5.92}$$

变换成

$$\begin{cases} P_i^s - \sum\limits_{j\omega i}[e_i(G_{ij}e_j - B_{ij}f_j) + f_i(G_{ij}f_j + B_{ij}e_j)] - G_{ii}(e_i^2 + f_i^2) = 0 \\ Q_i^s - \sum\limits_{j\omega i}[f_i(G_{ij}e_j - B_{ij}f_j) - e_i(G_{ij}f_j + B_{ij}e_j)] + B_{ii}(e_i^2 + f_i^2) = 0 \\ (U_i^s)^2 - (e_i^2 + f_i^2) = 0 \end{cases} \tag{5.93}$$

若给定

$$\begin{cases} \boldsymbol{P}^s = \boldsymbol{f}_P(\boldsymbol{e}, \boldsymbol{f}) \\ \boldsymbol{Q}^s = \boldsymbol{f}_Q(\boldsymbol{e}, \boldsymbol{f}) \\ (\boldsymbol{U}^s)^2 = \boldsymbol{e}^2 + \boldsymbol{f}^2 \end{cases} \tag{5.94}$$

则有

$$\begin{cases} \boldsymbol{y}^s = \boldsymbol{y}(\boldsymbol{x}) \\ \boldsymbol{x} = \begin{pmatrix} \boldsymbol{e} \\ \boldsymbol{f} \end{pmatrix} \end{cases} \tag{5.95}$$

其中，$\boldsymbol{y}^s$ 是 $\boldsymbol{e}, \boldsymbol{f}$ 的函数，$\boldsymbol{y}^s = \boldsymbol{y}(\boldsymbol{x})$是潮流方程的函数表达式矢量。

二次齐次方程可写为

$$\begin{aligned}y_i(\boldsymbol{x})=&[(a_{11})_i x_1 x_1+(a_{12})_i x_1 x_2+\cdots+(a_{1n})_i x_1 x_n]\\&+[(a_{21})_i x_2 x_1+(a_{22})_i x_2 x_2+\cdots+(a_{2n})_i x_2 x_n]\\&+[(a_{i1})_i x_i x_1+(a_{i2})_i x_i x_2+\cdots+(a_{ii})_i x_i^2+\cdots+(a_{in})_i x_i x_n]+\cdots\\&+[(a_{n1})_i x_n x_1+(a_{n2})_i x_n x_2+\cdots+(a_{nn})_i x_n x_n]\end{aligned} \tag{5.96}$$

因此潮流方程可以写成矩阵形式：

$$\boldsymbol{y}^{\mathrm{s}}=\boldsymbol{y}(\boldsymbol{x})=\underset{n\times n^2}{\mathbf{A}}\underset{\text{列向量}n^2\times 1}{\begin{bmatrix}x_1x_1\\x_1x_2\\\vdots\\x_1x_n\\x_2x_1\\\vdots\\x_2x_n\\\vdots\\x_nx_n\end{bmatrix}}\quad i=1,2,\cdots,n \tag{5.97}$$

其中，系数矩阵 **A** 为

$$\mathbf{A}=\left[\begin{array}{cccc:cccc:c:cccc}(a_{11})_1&(a_{12})_1&\cdots&(a_{1n})_1&(a_{21})_1&(a_{22})_1&\cdots&(a_{2n})_1&\cdots&(a_{n1})_1&(a_{n2})_1&\cdots&(a_{nn})_1\\(a_{11})_2&(a_{12})_2&\cdots&(a_{1n})_2&(a_{21})_2&(a_{22})_2&\cdots&(a_{2n})_2&\cdots&(a_{n1})_2&(a_{n2})_2&\cdots&(a_{nn})_2\\\vdots&\vdots&&\vdots&\vdots&\vdots&&\vdots&\vdots&\vdots&&&\vdots\\(a_{11})_n&(a_{12})_n&\cdots&(a_{1n})_n&(a_{21})_n&(a_{22})_n&\cdots&(a_{2n})_n&\cdots&(a_{n1})_n&(a_{n2})_n&\cdots&(a_{nn})_n\end{array}\right]$$

写成平衡方程为

$$\boldsymbol{f}(\boldsymbol{x})=\boldsymbol{y}(\boldsymbol{x})-\boldsymbol{y}^{\mathrm{s}}=\mathbf{0} \tag{5.98}$$

二次齐次方程组 $y_i(\boldsymbol{x})$ 在 $\boldsymbol{x}^{(0)}$ 处进行泰勒展开：

$$y_i(\boldsymbol{x})=y_i(\boldsymbol{x}^{(0)})+\sum_{j=1}^{n}\frac{\partial y_i}{\partial x_j}\bigg|_{\boldsymbol{x}^{(0)}}\Delta x_j+\frac{1}{2!}\sum_{j=1}^{n}\sum_{k=1}^{n}\left(\frac{\partial^2 y_i}{\partial x_j\partial x_k}\bigg|_{\boldsymbol{x}^{(0)}}\Delta x_j\Delta x_k\right) \tag{5.99}$$

式(5.99)也可写成

$$\boldsymbol{y}^{\mathrm{s}}=\boldsymbol{y}(\boldsymbol{x})=\boldsymbol{y}(\boldsymbol{x}^{(0)})+\boldsymbol{J}\Delta\boldsymbol{x}+\frac{1}{2}\boldsymbol{H}\begin{bmatrix}\Delta x_1\Delta\boldsymbol{x}\\\vdots\\\Delta x_n\Delta\boldsymbol{x}\end{bmatrix}=\boldsymbol{a}_1+\boldsymbol{a}_2+\boldsymbol{a}_3 \tag{5.100}$$

其中，

$$\boldsymbol{x}^{(0)}=[x_1^{(0)}\quad x_2^{(0)}\quad\cdots\quad x_n^{(0)}]^{\mathrm{T}}$$

$$\Delta\boldsymbol{x}=\boldsymbol{x}-\boldsymbol{x}^{(0)}=[\Delta x_1\quad\Delta x_2\quad\cdots\quad\Delta x_n]^{\mathrm{T}}$$

$$\boldsymbol{J}=\begin{bmatrix}\dfrac{\partial y_1}{\partial x_1}&\dfrac{\partial y_1}{\partial x_2}&\cdots&\dfrac{\partial y_1}{\partial x_n}\\\dfrac{\partial y_2}{\partial x_1}&\dfrac{\partial y_2}{\partial x_2}&\cdots&\dfrac{\partial y_2}{\partial x_n}\\\vdots&\vdots&&\vdots\\\dfrac{\partial y_n}{\partial x_1}&\dfrac{\partial y_n}{\partial x_2}&\cdots&\dfrac{\partial y_n}{\partial x_n}\end{bmatrix}_{\boldsymbol{x}=\boldsymbol{x}^{(0)}}$$

$$\boldsymbol{J}\in R^{n\times n};\quad\boldsymbol{H}=\left[\frac{\partial\boldsymbol{J}}{\partial x_1}\quad\frac{\partial\boldsymbol{J}}{\partial x_2}\quad\cdots\quad\frac{\partial\boldsymbol{J}}{\partial x_n}\right],\quad\boldsymbol{H}\in R^{n\times n^2}$$

因为是二阶潮流,所以在泰勒展开式中,三阶项为 0,令

$$\boldsymbol{a}_2=\frac{\partial \boldsymbol{y}}{\partial \boldsymbol{x}}\Delta \boldsymbol{x}=\mathrm{d}\boldsymbol{y}=\mathrm{d}\left(\boldsymbol{A}\begin{bmatrix}x_1\boldsymbol{x}\\ \vdots \\ x_n\boldsymbol{x}\end{bmatrix}\right)$$

则

$$\boldsymbol{a}_2=\boldsymbol{J}\Delta\boldsymbol{x}=\boldsymbol{A}\begin{bmatrix}\mathrm{d}(x_1,x_1)\\ \mathrm{d}(x_1,x_2)\\ \vdots \\ \mathrm{d}(x_n,x_n)\end{bmatrix}_{\text{求全微分}}=\boldsymbol{A}\begin{bmatrix}x_1\Delta x_1+\Delta x_1x_1\\ x_1\Delta x_2+\Delta x_1x_2\\ \vdots \\ x_n\Delta x_n+\Delta x_nx_n\end{bmatrix}_{n^2\times 1}$$

其中,$\boldsymbol{x}=\boldsymbol{x}^{(0)}+\Delta\boldsymbol{x}$。

则有

$$x_i=x_i^{(0)}+\Delta x_i$$

因为

$$y_i(\boldsymbol{x})=\sum_{i=1}^{n}\sum_{j=1}^{n}a_{ij}x_ix_j$$

且

$$x_ix_j=(x_i^{(0)}+\Delta x_i)(x_j^{(0)}+\Delta x_j)=x_i^{(0)}x_j^{(0)}+x_i^{(0)}\Delta x_j+\Delta x_ix_j^{(0)}+\Delta x_i\Delta x_j$$

因此

$$\begin{aligned}\boldsymbol{y}^{\mathrm{s}}&=\boldsymbol{A}\begin{bmatrix}x_1\boldsymbol{x}\\ \vdots \\ x_n\boldsymbol{x}\end{bmatrix}=\boldsymbol{A}\begin{bmatrix}x_1^{(0)}x_1^{(0)}\\ x_1^{(0)}x_2^{(0)}\\ \vdots \\ x_n^{(0)}x_n^{(0)}\end{bmatrix}+\boldsymbol{A}\begin{bmatrix}x_1^{(0)}\Delta x_1+\Delta x_1x_1^{(0)}\\ x_1^{(0)}\Delta x_2+\Delta x_1x_2^{(0)}\\ \vdots \\ x_n^{(0)}\Delta x_n+\Delta x_nx_n^{(0)}\end{bmatrix}+\boldsymbol{A}\begin{bmatrix}\Delta x_1\Delta x_1\\ \Delta x_1\Delta x_2\\ \vdots \\ \Delta x_n\Delta x_n\end{bmatrix}\\ &=\boldsymbol{y}(\boldsymbol{x}^{(0)})+\boldsymbol{J}\Delta\boldsymbol{x}+\boldsymbol{y}(\Delta\boldsymbol{x})\end{aligned}\tag{5.101}$$

其中,$\boldsymbol{y}(\Delta\boldsymbol{x})$是 $\Delta\boldsymbol{x}$ 的二次多项式,这一公式是准确的表达式,没有任何近似。

因此,直角坐标下潮流计算的迭代计算公式为

$$\begin{cases}\Delta\boldsymbol{x}^{(k+1)}=-\boldsymbol{J}^{-1}[\boldsymbol{y}(\boldsymbol{x}^{(0)})+\boldsymbol{y}(\Delta\boldsymbol{x}^{(k)})-\boldsymbol{y}^{\mathrm{s}}]\\ \boldsymbol{x}^{(k+1)}=\boldsymbol{x}^{(0)}+\Delta\boldsymbol{x}^{(k+1)}\end{cases}\tag{5.102}$$

式中,$k$ 表示迭代次数,$\boldsymbol{J}$ 按 $\boldsymbol{x}=\boldsymbol{x}^{(0)}$ 估计而得。

算法的收敛判据为

$$\max\left|\Delta x_i^{(k+1)}-\Delta x_i^{(k)}\right|<\varepsilon\tag{5.103}$$

也可以采用相邻两次迭代的二次项之差作为收敛判据,即

$$\max\left|y_i(\Delta x_i^{(k+1)})-y_i(\Delta x_i^{(k)})\right|<\varepsilon\tag{5.104}$$

显然,作为收敛判据,式(5.104)比式(5.103)更合理。

图 5.10 所示的是二阶潮流法的原理框图。

### 5.6.2 任意坐标形式下的保留非线性潮流法

前面讨论的算法仅限于采用式(5.92)所表示的直角坐标形式的模型,且所求解的方程组仅限于不含变量一次项的二次代数方程组。为使之能够适用于任意坐标形式,并且适用于对 $\boldsymbol{f}(\boldsymbol{x})$的数学性质没有限制的普通情况,相应的具有更广泛意义的通用迭代公式被推出。

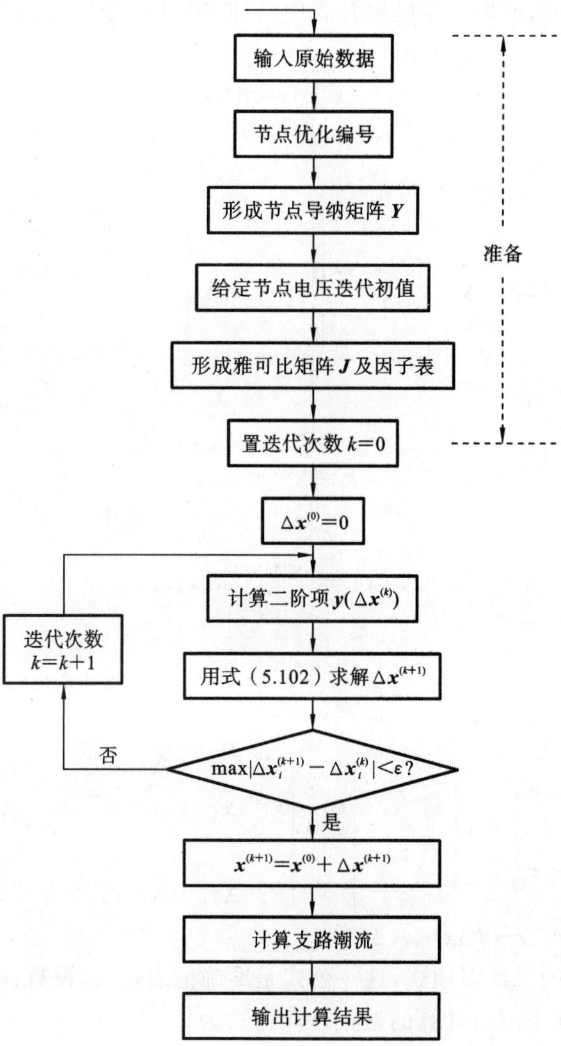


图 5.10　二阶潮流法的原理框图

设所要求解的非线性代数方程组为 $\boldsymbol{f}(\boldsymbol{x})=\boldsymbol{0}$，对 $\boldsymbol{f}(\boldsymbol{x})$ 的性质并无限制，则它在 $\boldsymbol{x}^{(0)}$ 处的泰勒级数展开式可以写成

$$\boldsymbol{f}(\boldsymbol{x}^{(0)})+\boldsymbol{f}'(\boldsymbol{x}^{(0)})\Delta\boldsymbol{x}+\boldsymbol{H}(\Delta\boldsymbol{x})=\boldsymbol{0} \tag{5.105}$$

式(5.105)中，$\boldsymbol{H}(\Delta\boldsymbol{x})$ 为泰勒展开式中非线性项之和，称为非线性总项。

由式(5.105)可写出和式(5.102)相似的迭代公式：

$$-\boldsymbol{f}'(\boldsymbol{x}^{(0)})\Delta\boldsymbol{x}^{(k+1)}=\boldsymbol{f}(\boldsymbol{x}^{(0)})+\boldsymbol{H}(\Delta\boldsymbol{x}^{(k)}) \tag{5.106}$$

求解式(5.106)的关键是有效计算非线性总项 $\boldsymbol{H}(\Delta\boldsymbol{x})$。对于采用直角坐标形式的齐次二次方程式，非线性高阶项仅有一项，比较容易计算。但对于更一般的情况，高阶项有很多项，比如含有三角函数的函数式甚至无穷项，所以不能采用逐项计算再累加的方法而必须想别的办法，为此考虑从研究迭代过程着手。

第一次迭代，$k=0$，取 $\Delta\boldsymbol{x}^{(0)}=\boldsymbol{0}$，于是有 $\boldsymbol{H}(\Delta\boldsymbol{x})=\boldsymbol{0}$，因此有

$$-\boldsymbol{f}'(\boldsymbol{x}^{(0)})\Delta\boldsymbol{x}^{(1)}=\boldsymbol{f}(\boldsymbol{x}^{(0)}) \tag{5.107}$$

第二次迭代，$k=1$，由迭代公式(5.106)可得

$$-\boldsymbol{f}'(\boldsymbol{x}^{(0)})\Delta\boldsymbol{x}^{(2)}=\boldsymbol{f}(\boldsymbol{x}^{(0)})+\boldsymbol{H}(\Delta\boldsymbol{x}^{(1)}) \tag{5.108}$$

根据泰勒公式

$$\boldsymbol{f}(\boldsymbol{x}^{(0)}+\Delta\boldsymbol{x}^{(1)})=\boldsymbol{f}(\boldsymbol{x}^{(0)})+\boldsymbol{f}'(\boldsymbol{x}^{(0)})\Delta\boldsymbol{x}^{(1)}+\boldsymbol{H}(\Delta\boldsymbol{x}^{(1)}) \tag{5.109}$$

由式(5.107)可知式(5.109)等式右边的前两项之和为零，因此有

$$\boldsymbol{f}(\boldsymbol{x}^{(0)}+\Delta\boldsymbol{x}^{(1)})=\boldsymbol{H}(\Delta\boldsymbol{x}^{(1)}) \tag{5.110}$$

这样，第二次迭代公式(5.108)变成

$$-\boldsymbol{f}'(\boldsymbol{x}^{(0)})\Delta\boldsymbol{x}^{(2)}=\boldsymbol{f}(\boldsymbol{x}^{(0)})+\boldsymbol{f}(\boldsymbol{x}^{(0)}+\Delta\boldsymbol{x}^{(1)}) \tag{5.111}$$

第三次迭代时，$k=2$，由迭代公式(5.106)可得

$$-\boldsymbol{f}'(\boldsymbol{x}^{(0)})\Delta\boldsymbol{x}^{(3)}=\boldsymbol{f}(\boldsymbol{x}^{(0)})+\boldsymbol{H}(\Delta\boldsymbol{x}^{(2)}) \tag{5.112}$$

同理有泰勒展开式为

$$\boldsymbol{f}(\boldsymbol{x}^{(0)}+\Delta\boldsymbol{x}^{(2)})=\boldsymbol{f}(\boldsymbol{x}^{(0)})+\boldsymbol{f}'(\boldsymbol{x}^{(0)})\Delta\boldsymbol{x}^{(2)}+\boldsymbol{H}(\Delta\boldsymbol{x}^{(2)}) \tag{5.113}$$

将式(5.111)代入式(5.113)可得

$$\boldsymbol{f}(\boldsymbol{x}^{(0)}+\Delta\boldsymbol{x}^{(2)})=\boldsymbol{f}(\boldsymbol{x}^{(0)})-\boldsymbol{f}(\boldsymbol{x}^{(0)})-\boldsymbol{f}(\boldsymbol{x}^{(0)}+\Delta\boldsymbol{x}^{(1)})+\boldsymbol{H}(\Delta\boldsymbol{x}^{(2)}) \tag{5.114}$$

于是可得

$$\boldsymbol{H}(\Delta\boldsymbol{x}^{(2)})=\boldsymbol{f}(\boldsymbol{x}^{(0)}+\Delta\boldsymbol{x}^{(1)})+\boldsymbol{f}(\boldsymbol{x}^{(0)}+\Delta\boldsymbol{x}^{(2)}) \tag{5.115}$$

因此第三次迭代公式(5.112)变成

$$-\boldsymbol{f}'(\boldsymbol{x}^{(0)})\Delta\boldsymbol{x}^{(3)}=\boldsymbol{f}(\boldsymbol{x}^{(0)})+\boldsymbol{f}(\boldsymbol{x}^{(0)}+\Delta\boldsymbol{x}^{(1)})+\boldsymbol{f}(\boldsymbol{x}^{(0)}+\Delta\boldsymbol{x}^{(2)}) \tag{5.116}$$

以此类推，可得第 $k$ 次迭代时的迭代公式为

$$-\boldsymbol{f}'(\boldsymbol{x}^{(0)})\Delta\boldsymbol{x}^{(k)}=\boldsymbol{f}(\boldsymbol{x}^{(0)})+\boldsymbol{H}(\Delta\boldsymbol{x}^{(k-1)}) \tag{5.117}$$

其中，非线性总项为

$$\boldsymbol{H}(\Delta\boldsymbol{x}^{(k-1)}) = \sum_{i=1}^{k-1}\boldsymbol{f}(\boldsymbol{x}^{(0)} + \Delta\boldsymbol{x}^{(i)}) \tag{5.118}$$

因此可得到拓广的通用迭代公式：

$$-\boldsymbol{f}'(\boldsymbol{x}^{(0)})\Delta\boldsymbol{x}^{(k+1)} = \boldsymbol{f}(\boldsymbol{x}^{(0)}) + \sum_{i=1}^{k}\boldsymbol{f}(\boldsymbol{x}^{(0)} + \Delta\boldsymbol{x}^{(i)}) \quad k = 0,1,2,\cdots,n \tag{5.119}$$

### 5.6.3 直角坐标形式包含二阶项的快速潮流法

前面介绍的保留非线性快速潮流算法与牛顿法相比，在计算速度上有较大提高；但与快速解耦法比，计算速度相对慢些，内存需量差得更多。为此需研究开发内存需量和计算速度方面能接近快速解耦法，但在对某些病态系统的计算上又优于快速解耦法的算法。Nagendra Rao 等提出了直角坐标形式包含二阶项的快速潮流法，下面分析直角坐标形式包含二阶项的快速潮流法。

1. 只有平衡节点、$PQ$ 节点的情况

直角坐标形式的潮流方程为

$$\begin{cases} P_i^{\mathrm{s}} = \sum\limits_{j\in i}[e_i(G_{ij}e_j - B_{ij}f_j) + f_i(G_{ij}f_j + B_{ij}e_j)] \\ Q_i^{\mathrm{s}} = \sum\limits_{j\in i}[f_i(G_{ij}e_j - B_{ij}f_j) - e_i(G_{ij}f_j + B_{ij}e_j)] \\ (U_i^{\mathrm{s}})^2 = e_i^2 + f_i^2 \end{cases} \tag{5.120}$$

直角坐标形式包含二阶项的快速潮流法的第一个特点是会改造矩阵的对角元素，

即将各节点的对地并联支路从导纳矩阵的对角元素中分离出来，并作为节点的一个恒定阻抗来处理。因 $i=j\Rightarrow G_{ii}$，$i\neq j\Rightarrow G_{ij}$，于是有

$$\begin{cases} G_{ii}=-\sum\limits_{\substack{j\in i\\ j\neq i}}G_{ij} \\ B_{ii}=-\sum\limits_{\substack{j\in i\\ j\neq i}}B_{ij} \end{cases} \tag{5.121}$$

若不考虑对地支路，所有对地支路左移，则节点功率潮流方程变为

$$\begin{cases} P_i^s-g_{i0}(e_i^2+f_i^2)=\sum\limits_{j\omega i}[e_i(G_{ij}e_j-B_{ij}f_j)+f_i(G_{ij}f_j+B_{ij}e_j)] \\ G_i^s+b_{i0}(e_i^2+f_i^2)=\sum\limits_{j\omega i}[f_i(G_{ij}e_j-B_{ij}f_j)-e_i(G_{ij}f_j+B_{ij}e_j)] \end{cases} \tag{5.122}$$

其中，$g_{i0}$、$b_{i0}$ 分别表示节点 $i$ 总的对地支路电导及电纳，设式(5.122)的左边记为

$$\begin{cases} P'_i=P_i^s-g_{i0}(e_i^2+f_i^2) \\ Q'_i=G_i^s+b_{i0}(e_i^2+f_i^2) \end{cases} \tag{5.123}$$

设式(5.122)的右边记为

$$\begin{cases} P_i(\boldsymbol{e},\boldsymbol{f})=\sum\limits_{j\in i}[e_i(G_{ij}e_j-B_{ij}f_j)+f_i(G_{ij}f_j+B_{ij}e_j)] \\ Q_i(\boldsymbol{e},\boldsymbol{f})=\sum\limits_{j\in i}[f_i(G_{ij}e_j-B_{ij}f_j)-e_i(G_{ij}f_j+B_{ij}e_j)] \end{cases} \tag{5.124}$$

在给定电压初值附近展开成泰勒级数，于是有

$$P_i(\boldsymbol{e},\boldsymbol{f})=P_i(\boldsymbol{e}^{(0)},\boldsymbol{f}^{(0)})+\sum_{j\in i}\left(\frac{\partial P_j}{\partial e_j}\Delta e_j+\frac{\partial P_j}{\partial f_j}\Delta f_j\right)+\underset{\text{二阶项，给定注入功率}}{\underline{sP_i}} \tag{5.125}$$

$$Q_i(\boldsymbol{e},\boldsymbol{f})=Q_i(\boldsymbol{e}^{(0)},\boldsymbol{f}^{(0)})+\sum_{j\in i}\left(\frac{\partial Q_j}{\partial e_j}\Delta e_j+\frac{\partial Q_j}{\partial f_j}\Delta f_j\right)+\underset{\text{二阶项，给定注入功率}}{\underline{sQ_i}} \tag{5.126}$$

直角坐标形式包含二阶项的快速潮流法所具有的使计算过程简化的第二个特点是所有节点电压的初值都取为平衡节点的电压：

$$U_i^{(0)}=e_s+\mathrm{j}0=e_i^{(0)}+\mathrm{j}f_i^{(0)} \tag{5.127}$$

代入潮流方程得

$$P_i(\boldsymbol{e}^{(0)},\boldsymbol{f}^{(0)})=\sum_{j\in i}e_s^2G_{ij}=e_s^2\sum_{j\in i}G_{ij}=\underbrace{e_s^2\left[G_{ii}+\sum_{\substack{j\in i\\ j\neq i}}G_{ij}\right]}_{\text{等于0}}=0 \tag{5.128}$$

$$Q_i(\boldsymbol{e}^{(0)},\boldsymbol{f}^{(0)})=-\sum_{j\in i}e_s^2B_{ij}=-e_s^2\sum_{j\in i}B_{ij}=\underbrace{-e_s^2\left[B_{ii}+\sum_{\substack{j\in i\\ j\neq i}}B_{ij}\right]}_{\text{等于0}}=0 \tag{5.129}$$

因此，对应 $\boldsymbol{y}^s=\boldsymbol{y}(\boldsymbol{x}^{(0)})+\boldsymbol{J}\Delta\boldsymbol{x}+\boldsymbol{y}(\Delta\boldsymbol{x})$ 的方程为

$$\begin{bmatrix}\boldsymbol{P}'\\ \boldsymbol{Q}'\end{bmatrix}=\begin{bmatrix}\boldsymbol{H} & \boldsymbol{N}\\ \boldsymbol{M} & \boldsymbol{L}\end{bmatrix}\begin{bmatrix}\Delta\boldsymbol{f}\\ \Delta\boldsymbol{e}\end{bmatrix}+\begin{bmatrix}\boldsymbol{sP}\\ \boldsymbol{sQ}\end{bmatrix}=\underbrace{-\underset{\text{固定}}{e_s}\begin{bmatrix}\boldsymbol{B} & -\boldsymbol{G}\\ \boldsymbol{G} & \boldsymbol{B}\end{bmatrix}\begin{bmatrix}\Delta\boldsymbol{f}\\ \Delta\boldsymbol{e}\end{bmatrix}}_{\text{一次项}}+\underbrace{\begin{bmatrix}\boldsymbol{sP}\\ \boldsymbol{sQ}\end{bmatrix}}_{\text{二次项}} \tag{5.130}$$

若令

$$\begin{cases} -\boldsymbol{RP}=\boldsymbol{sP}-\boldsymbol{P}' \\ \boldsymbol{RQ}=\boldsymbol{sQ}-\boldsymbol{Q}' \end{cases} \tag{5.131}$$

则有

$$\begin{bmatrix} \boldsymbol{RP} \\ \boldsymbol{RQ} \end{bmatrix} = \underbrace{e_s}_{\substack{\text{平衡节点} \\ \text{给定电压}}} \underbrace{\begin{bmatrix} -\boldsymbol{B} & \boldsymbol{G} \\ \boldsymbol{G} & \boldsymbol{B} \end{bmatrix}}_{\text{节点导纳对称}} \begin{bmatrix} \Delta \boldsymbol{f} \\ \Delta \boldsymbol{e} \end{bmatrix} \tag{5.132}$$

从而可得修正方程式为

$$\begin{bmatrix} \dfrac{\boldsymbol{RP}}{e_s} \\ \dfrac{\boldsymbol{RQ}}{e_s} \end{bmatrix} = \begin{bmatrix} -\boldsymbol{B} & \boldsymbol{G} \\ \boldsymbol{G} & \boldsymbol{B} \end{bmatrix} \begin{bmatrix} \Delta \boldsymbol{f} \\ \Delta \boldsymbol{e} \end{bmatrix} \tag{5.133}$$

采用直角坐标的潮流方程的泰勒展开式中，二阶项具有和第一项相同的函数表达式，仅变量 $\boldsymbol{e}$、$\boldsymbol{f}$ 分别用 $\Delta\boldsymbol{e}$、$\Delta\boldsymbol{f}$ 取代而已，所以二阶项为

$$\begin{cases} sP_i = \sum\limits_{j\in i} [\Delta e_i (G_{ij}\Delta e_j - B_{ij}\Delta f_j) + \Delta f_i (G_{ij}\Delta f_j + B_{ij}\Delta e_j)] \\ sQ_i = \sum\limits_{j\in i} [\Delta f_i (G_{ij}\Delta e_j - B_{ij}\Delta f_j) + \Delta e_i (G_{ij}\Delta f_j + B_{ij}\Delta e_j)] \end{cases} \tag{5.134}$$

又因为一阶项为

$$\begin{cases} \dfrac{\boldsymbol{RP}}{e_s} = \sum\limits_{j\in i} (G_{ij}\Delta e_j - B_{ij}\Delta f_j) \\ \dfrac{\boldsymbol{RQ}}{e_s} = \sum\limits_{j\in i} (G_{ij}\Delta f_j + B_{ij}\Delta e_j) \end{cases} \tag{5.135}$$

所以有

$$\begin{cases} sP_i = \Delta e_i \dfrac{RP_i}{e_s} + \Delta f_i \dfrac{RQ_i}{e_s} \\ sQ_i = \Delta f_i \dfrac{RP_i}{e_s} - \Delta e_i \dfrac{RQ_i}{e_s} \end{cases} \tag{5.136}$$

写成迭代格式为

$$\begin{cases} sP_i^{(k+1)} = \Delta e_i^{(k)} \dfrac{RP_i^{(k)}}{e_s} + \Delta f_i^{(k)} \dfrac{RQ_i^{(k)}}{e_s} \\ sQ_i^{(k+1)} = \Delta f_i^{(k)} \dfrac{RP_i^{(k)}}{e_s} - \Delta e_i^{(k)} \dfrac{RQ_i^{(k)}}{e_s} \end{cases} \tag{5.137}$$

迭代收敛判据为

$$\max\{|\Delta e_i^{(k)}|, |\Delta f_i^{(k)}|\} < \varepsilon \tag{5.138}$$

2. 含 $PV$ 节点(常指发电机)、平衡节点、$PQ$ 节点的情况

设有 $m$ 个 $PV$ 节点、$l$ 个 $PQ$ 节点、1 个平衡节点，则 $n=N-1=l+m$，对于每个 $PV$ 节点，有

$$\begin{cases} P_i^s = \sum\limits_{j\in i} [e_i (G_{ij} e_j - B_{ij} f_j) + f_i (G_{ij} f_j + B_{ij} e_j)] \\ (U_i^s)^2 = e_i^2 + f_i^2 \end{cases} \tag{5.139}$$

式(5.139)的处理与只含平衡节点、$PQ$ 节点的方法相同，但在利用式(5.136)求 $PV$ 节点 $i$ 的 $sP_i$ 时，由于 $PV$ 节点没有相应的节点无功功率方程式，所以其中的 $RQ_i/e_s$ 要用式(5.135)进行计算。式(5.139)中的电压平衡方程式可在给定电压初值 $U_i^{(0)}=e_i^{(0)}+\mathrm{j}f_i^{(0)}$ 附近展开成泰勒级数：

$$(U_i^s)^2 = (\underbrace{e_i^{(0)}}_{\text{给定值}} + \underbrace{\Delta e_i}_{\text{给定偏移量值}})^2 + (f_i^{(0)} + \Delta f_i)^2$$

$$=[(e_i^{(0)})^2+(f_i^{(0)})^2]+2(e_i^{(0)}\Delta e_i+f_i^{(0)}\Delta f_i)+(\Delta e_i^2+\Delta f_i^2) \tag{5.140}$$

因为是平启动，$U_i^{(0)}=e_s+\mathrm{j}0=e_i^{(0)}+\mathrm{j}f_i^{(0)}$，所以有

$$(U_i^s)^2=e_s^2+2e_s\Delta e_i+\delta U_i \tag{5.141}$$

式(5.141)中，有

$$\delta U_i=\Delta e_i{}^2+\Delta f_i^2 \tag{5.142}$$

可定义

$$RU_i=(U_i^s)^2-e_s^2-\underbrace{\delta U_i}_{\text{二阶项}} \tag{5.143}$$

则有

$$RU_i=\underbrace{2e_s\Delta e_i}_{\text{一阶项}} \tag{5.144}$$

因此

$$\frac{RU_i}{e_s}=2\Delta e_i \tag{5.145}$$

则新的潮流方程为

$$\begin{bmatrix}\dfrac{\boldsymbol{RP}}{e_s}\\[2mm]\dfrac{\boldsymbol{RQ}}{e_s}\\[2mm]\dfrac{\boldsymbol{RU}}{e_s}\end{bmatrix}=\begin{bmatrix}\overset{l+m}{-\boldsymbol{B}} & \overset{l+m}{\boldsymbol{G}}\\ \boldsymbol{G}' & \boldsymbol{B}'\\ \underset{2l+m}{\boldsymbol{J}_a} & \underset{m}{\boldsymbol{J}_b}\end{bmatrix}\begin{bmatrix}\Delta\boldsymbol{f}\\ \Delta\boldsymbol{e}_{PQ}\\ \Delta\boldsymbol{e}_{PV}\end{bmatrix}\begin{matrix}l+m\\ l\\ m\end{matrix} \tag{5.146}$$

式中：$\boldsymbol{G}'$、$\boldsymbol{B}'$为 $PQ$ 节点对应矩阵，$\boldsymbol{J}_a$ 为新形成的潮流方程对 $\Delta f_i$ 求偏导，$\boldsymbol{J}_b$ 为新形成的潮流方程对 $\Delta e_i$ 求偏导。$\boldsymbol{J}_a=\dfrac{\partial\boldsymbol{y}(\boldsymbol{x})^2}{\partial\Delta f_i}=\boldsymbol{0}$，是一个零阵；$\boldsymbol{J}_b=\dfrac{\partial\boldsymbol{y}(\boldsymbol{x})^2}{\partial\Delta e_i}$，是一个对角元素均为 2 的对角阵。

将式(5.146)中的系数矩阵除去最后 $m$ 行和 $m$ 列，则余下的$(2l+m)\times(2l+m)$阶矩阵 $\boldsymbol{J}_c$ 是一个完全对称的常数阵，因此式(5.146)可写成

$$\begin{bmatrix}\dfrac{\boldsymbol{RP}}{e_s}\\[2mm]\dfrac{\boldsymbol{RQ}}{e_s}\\[2mm]\dfrac{\boldsymbol{RU}}{e_s}\end{bmatrix}=\begin{bmatrix}\overset{2l+m}{\boldsymbol{J}_c} & \overset{m}{\boldsymbol{J}_d}\\ \boldsymbol{J}_a & \boldsymbol{J}_b\end{bmatrix}\begin{bmatrix}\Delta\boldsymbol{f}\\ \Delta\boldsymbol{e}_{PQ}\\ \Delta\boldsymbol{e}_{PV}\end{bmatrix}\begin{matrix}l+m\\ l\\ m\end{matrix} \tag{5.147}$$

由于 $\boldsymbol{J}_a$ 是一个零阵，所以式(5.147)可以分解成两个式子：

$$\begin{cases}\begin{bmatrix}\dfrac{\boldsymbol{RP}}{e_s}\\[2mm]\dfrac{\boldsymbol{RQ}}{e_s}\end{bmatrix}=\boldsymbol{J}_c\begin{bmatrix}\Delta\boldsymbol{f}\\ \Delta\boldsymbol{e}_{PQ}\end{bmatrix}+\boldsymbol{J}_d\Delta\boldsymbol{e}_{PV}\\[4mm] \dfrac{\boldsymbol{RU}}{e_s}=\boldsymbol{J}_b\Delta\boldsymbol{e}_{PV}\end{cases} \tag{5.148}$$

因为 $\boldsymbol{J}_b$ 是一个对角元素均为 2 的对角阵，故可得

$$\Delta\boldsymbol{e}_{PV}=\boldsymbol{J}_b^{-1}\frac{\boldsymbol{RU}}{e_s}=\frac{\boldsymbol{RU}}{2e_s} \tag{5.149}$$

将式(5.149)代入式(5.148)并进行整理，便可得

$$\begin{bmatrix} \Delta \boldsymbol{f} \\ \Delta \boldsymbol{e}_{PQ} \end{bmatrix} = \boldsymbol{J}_c^{-1} \left( \begin{bmatrix} \dfrac{\boldsymbol{RP}}{e_s} \\ \dfrac{\boldsymbol{RQ}}{e_s} \end{bmatrix} - \boldsymbol{J}_d \frac{\boldsymbol{RU}}{2e_s} \right) \tag{5.150}$$

因为 $\boldsymbol{J}_c$ 是一个完全对称的常数阵，故只需在迭代前对其进行三角分解，因子化一次即可。

# 6

# 最优潮流和病态潮流计算

## 6.1 概述

前面介绍的潮流计算，可以归结为针对一定扰动变量 $\boldsymbol{p}$（负荷情况），根据给定控制变量 $\boldsymbol{u}$（如发电机的出力或节点电压模值等）求出相应的状态变量 $\boldsymbol{x}$（如节点电压模值和角度），这样通过一次潮流计算得到的潮流解决定了电力系统的一个运行状态。这种潮流也称为基本潮流或常规潮流计算，一次基本潮流计算的结果就满足了潮流方程或变量间等式约束条件。

$$\boldsymbol{f}(\boldsymbol{u},\boldsymbol{x},\boldsymbol{p})=\boldsymbol{0} \tag{6.1}$$

但由此所决定的运行状态可能由于某些状态变量或者作为 $\boldsymbol{u}$，$\boldsymbol{x}$ 函数的其他变量在数值上超出了它们所容许的运行限值（即不满足不等式约束条件），而在技术上并不可行。因此，在实际工程中常使用的方法是调整某些控制变量的给定值，重新进行前述的潮流计算，这样反复进行，直到所有的约束条件都能够满足为止，这样便得到了一个技术上可行的潮流解。

由于系统的状态变量及有关函数变量的上下限值间有一定值域，控制变量也可以在其一定的容许范围内调节，因而对某一种负荷情况，理论上可以同时存在为数众多的、技术上都能满足要求的可行潮流解。

这里的每一个可行潮流解对应于系统的某一特定的运行方式，具有相应总体的经济上或技术上的性能指标，比如系统总的燃料消耗量、系统总的网损等，为了优化系统的运行，有必要从所有的可行潮流解中挑出上述性能最佳的一个方案，其就是我们要讨论的最优潮流（optimal power flow，OPF）所要解决的问题。

因此，所谓最优潮流就是当系统的结构和参数以及负荷给定时，通过优选控制变量所找到的能满足所有指定的约束条件，并使系统的某一个性能指标或目标函数达到最优时的潮流分布。

电力系统最优潮流是一个复杂的非线性规划问题，要求在满足特定的电力系统运行的安全约束条件下，通过调整系统中可利用的控制手段实现预定目标最优的系统稳定运行状态。因此它与常规潮流计算无论在数学模型还是在求解方法上都有很大的不同。

最优潮流和基本潮流的基本区别如下。

(1) 基本潮流计算时控制变量 $\boldsymbol{u}$ 是事先给定的；而最优潮流中的 $\boldsymbol{u}$ 则是可变且待优选的变量，为此在最优潮流模型中必然有一个作为 $\boldsymbol{u}$ 优选准则的目标函数。

(2) 最优潮流计算除了满足潮流方程这一等式约束条件之外，还必须满足与运行限制有关的大量不等式约束条件。

(3) 进行基本潮流计算是解非线性代数方程组；而最优潮流计算由于其模型从数学上讲是一个非线性规划问题，因此需要采用最优化方法来求解。

(4) 基本潮流计算所完成的仅仅是一种计算功能，即从给定的 $\boldsymbol{u}$ 求出相应的 $\boldsymbol{x}$；而最优潮流计算则能够根据特定目标函数并在满足相应约束条件的情况下，自动优选控制变量，具有指导系统进行优化调整的决策功能。

最优潮流发展到今天，其应用领域已十分广泛，针对不同的应用，OPF 模型可以选择不同的控制变量、状态变量集合，不同的目标函数，以及不同的约束条件。

## 6.2 最优潮流的数学模型

最优潮流问题在数学上是一个带约束的优化问题，其主要构成包括变量、目标函数和约束条件。

### 6.2.1 最优潮流的变量

最优潮流模型中，变量主要分为两大类：一类是控制变量($\boldsymbol{u}$)，另一类是状态变量($\boldsymbol{x}$)。控制变量通常是由调度人员可以调整和控制的变量组成的；控制变量确定以后，状态变量也就可以通过潮流计算确定下来。

控制变量是可以控制的自变量，通常包括以下变量。

(1) 除平衡节点外，其他发电机的有功出力。

(2) 所有发电机节点(包括平衡节点)及无功补偿装置的无功出力或相应节点的电压幅值。

(3) 移相器轴头位置、带负荷调压变压器轴头位置等。

状态变量是由需经潮流计算才能求得的变量组成的，通常包括各节点电压和各支路功率等，一般常见的有以下几种。

① 除平衡节点外的所有其他节点的电压相角。

② 除发电机节点(包括平衡节点)及无功补偿装置节点之外的所有其他节点的电压幅值。

### 6.2.2 最优潮流的目标函数

最优潮流的目标函数可以是任何一种按特定的应用目的而定义的标量函数，目前常见的目标函数如下。

(1) 使全系统发电燃料总耗用(总费用)或系统运行成本最小的函数：

$$\min f = \min \sum_{\substack{i \in n_G \\ i \neq s}} K_i(P_{Gi}) + K_s(P_{Gs}) \tag{6.2}$$

式中，$n_G$ 为全系统所有发电机的集合，$K_i(P_{Gi})$ 为第 $i$ 台发电机的耗量特性，一般用二次项表示，$P_{Gi}$ 为第 $i$ 台发电机的有功出力，$P_{Gs}$ 为平衡节点电源的有功出力。

平衡节点的有功出力不是控制变量，其节点注入功率必须通过潮流计算才能确定，节点注入功率是电压幅值 $U$ 及相角的函数，因此有

$$P_{Gs}=P_s(\boldsymbol{U},\boldsymbol{\theta})+P_{Ls} \tag{6.3}$$

式中，$P_s(\boldsymbol{U},\boldsymbol{\theta})$为注入节点 $s$ 的有功功率，是与节点 $s$ 相关的线路输出的有功功率之和；$P_{Ls}$为节点 $s$ 的负荷功率。

（2）使系统有功网损最小的函数：

$$\min f=\min\sum_{\substack{i\in n_G\\ i\neq s}}(P_{Gi}-P_{Di})+(P_{Gs}-P_{Ds}) \tag{6.4}$$

式中，$P_{Di}$为节点 $i$ 处有功负荷。

无功优化潮流通常以有功网损最小为目标函数，它在减少系统有功网损的同时还能改善电压质量。

在采用有功网损作为目标函数的最优潮流问题（比如无功最优潮流）中，除平衡节点以外，其他发电机的有功出力都认为是给定不变的。因而对于一定的负荷，平衡节点的注入功率将随着网损的变化而改变，于是平衡节点有功注入功率的最小化就等效于系统总的网损的最小化。

为此可以直接采用平衡节点的有功注入作为有功损耗最小化问题的目标函数，即有

$$\min f=\min P_s(\boldsymbol{U},\boldsymbol{\theta}) \tag{6.5}$$

除此之外，最优潮流问题根据应用场合不同，还可以采用其他类型的目标函数，如偏移量最小、控制设备调节量最小、投资及年运行费用之和最小等。

由上可见，最优潮流的目标函数不仅与控制变量有关，同时也与状态变量有关，因此可用简洁形式表示为

$$\min f=\min f(\boldsymbol{u},\boldsymbol{x}) \tag{6.6}$$

### 6.2.3　最优潮流的约束条件

最优潮流的约束条件包括等式约束条件和不等式约束条件。

1. 等式约束条件

最优潮流的等式约束条件为基本的潮流方程，即各节点有功功率和无功功率平衡的约束，可用下式表示：

$$\boldsymbol{g}(\boldsymbol{u},\boldsymbol{x})=\boldsymbol{0} \tag{6.7}$$

2. 不等式约束条件

最优潮流的不等式约束条件包括：

（1）各发电机有功出力上、下约束；

（2）各发电机/同步补偿机无功出力上、下约束；

（3）并联电抗器/电容器容量约束；

（4）移相器轴头位置约束；

（5）可调变压器轴头位置约束；

（6）各节点电压幅值上、下约束；

（7）各支路传输功率限值约束；

(8) 线路两端节点电压相角差约束。

从数学观点看,(1)～(5)是控制变量约束,(6)～(8)是状态变量约束。

可以将上述不等式约束条件用下式表示:

$$\boldsymbol{h}(\boldsymbol{u},\boldsymbol{x})\leqslant\boldsymbol{0} \tag{6.8}$$

### 6.2.4　最优潮流的模型

最优潮流问题在数学上可以描述为:在网络结构、参数,以及系统负荷给定的条件下,确定系统的控制变量,满足各种等式、不等式约束,使得描述系统运行效益的某个给定目标函数取极值。其数学模型为

$$\begin{cases}\text{obj} & \min f(\boldsymbol{u},\boldsymbol{x})\\ \text{s. t.} & \boldsymbol{g}(\boldsymbol{u},\boldsymbol{x})=\boldsymbol{0}\\ & \boldsymbol{h}(\boldsymbol{u},\boldsymbol{x})\leqslant\boldsymbol{0}\end{cases} \tag{6.9}$$

若把状态变量 $\boldsymbol{x}$ 和控制变量 $\boldsymbol{u}$ 统一用变量 $\boldsymbol{z}$ 表示,则式(6.9)可写成

$$\begin{cases}\text{obj} & \min f(\boldsymbol{z})\\ \text{s. t.} & \boldsymbol{g}(\boldsymbol{z})=\boldsymbol{0}\\ & \boldsymbol{h}(\boldsymbol{z})\leqslant\boldsymbol{0}\end{cases} \tag{6.10}$$

通过上述讨论可知,目标函数 $\boldsymbol{f}$ 及等式约束 $\boldsymbol{g}$、不等式约束 $\boldsymbol{h}$ 中,大部分约束都是变量的非线性函数,因此电力系统最优潮流计算是一个典型的有约束非线性规划问题。

采用不同的目标函数并选择不同的控制变量,再和相应的约束条件相结合,就可以构成不同应用目的的最优潮流问题,示例如下。

(1) 目标函数采用发电燃料耗量(或费用)最小,使用除平衡节点以外的所有有功电源出力和所有可调无功电源出力(或相应的节点电压幅值),以及带负荷调压变压器的变比作为控制变量,这就是对有功及无功进行综合优化的最优问题。

(2) 若目标函数同(1),仅以有功电源出力作为控制变量而将无功电源出力(或相应的节点电压幅值)固定,就称为有功最优潮流。

(3) 若目标函数采用系统的有功损耗最小,将各有功电源出力固定而以可调无功电源出力(或相应的节点电压幅值)及调压变压器变比作为控制变量,就称为无功优化潮流。

以上三种是目前用得最多的最优潮流问题。

## 6.3　最优潮流算法

由于新能源和分布式发电的快速发展,电力系统的规模日益庞大,其节点数成千上万,最优潮流计算模型中包含的变量数及等式约束方程数极为巨大,不等式约束的数目则更多,并且变量之间又存在着复杂的函数关系,这些因素使最优潮流计算跻身于极其困难的大规模非线性规划的行列。目前,寻找能够快速、有效地求解各种大规模最优潮流计算问题,特别是能够满足实时应用的方法,仍然是一项艰巨的工作。

迄今为止已提出的求解最优潮流的算法很多,归纳起来有线性规划法、非线性规划法、内点法、人工智能方法等。线性规划法是在一组线性约束条件下,寻找线性目标函数的最大值或最小值的优化方法,对于 OPF 问题,线性规划法一般将非线性方程和约

束条件使用泰勒级数近似线性化处理，或将目标函数分段线性化。线性化后的求解可以借助改进的单纯形法或对偶线性规划法。非线性规划法是求解在等式约束或不等式约束条件下目标函数的最优解。其中，等式约束、不等式约束和目标函数为非线性函数。最优潮流计算是一个典型的有约束非线性规划问题，求解最优潮流的非线性规划法有简化梯度算法、二次规划法、牛顿法等。

1984 年 Karmarkar 提出了线性规划内点法，直到 20 世纪 90 年代，该方法才广泛应用于电力系统优化领域，如状态估计最优潮流、最大输电能力，以及电源崩溃点的计算等。近年来，许多学者对 Karmarkar 内点法进行了广泛、深入的研究，一些新的变型算法相继出现，最有发展潜力的是路径跟踪法，又称为跟踪中心轨迹法。

近几年，随着计算机和人工智能等技术的发展，不断有新的方法出现，人工神经网络方法、模拟进化规划方法（遗传算法、进化规划）、模糊集理论、模拟退火算法等人工智能方法先后用于电力系统最优潮流问题。人工智能方法解决了寻找全局最优解的问题，能精确处理问题中的离散变量，但是由于这一类方法通常属于随机搜索方法，具有计算速度慢的先天缺陷，因此难以适应在线计算及电力市场的要求。最优潮流算法很多，本章将介绍简化梯度算法、牛顿最优潮流算法、解耦最优潮流法和最优潮流内点法。

为对最优潮流算法有清晰的了解，这里先对最优潮流算法进行分类。不同的最优潮流算法在处理约束的方法、迭代过程中对哪些变量进行修正，以及修正量的修正方向等几方面有明显不同。这里采用三维分类模式：按处理约束的不同分类、按修正的变量空间分类、按修正量的修正方向分类。

1. 按处理约束的不同分类

根据处理约束的不同，最优潮流算法可以分为三类，即罚函数类、Kuhn-Tucker 罚函数类（简称 KT 罚函数类）和 Kuhn-Tucker 类（简称 KT 类）。

罚函数类方法把等式和不等式约束都用罚函数引入目标函数，将有约束优化问题转化为无约束优化问题，即式(6.10)的优化问题变成

$$\min F(\boldsymbol{z}) = f(\boldsymbol{z}) + \sum_i \omega_{1i} g_i^2(\boldsymbol{z}) + \sum_i \omega_{2i} h_i^2(\boldsymbol{z}) \tag{6.11}$$

式中，$\omega_{1i}$ 和 $\omega_{2i}$ 为罚因子，取充分大的正数，通过罚函数将越界的不等式约束引入目标函数，对于未越界者，相应的罚因子为零，在罚函数中不出现。

KT 罚函数类方法只将越界的不等式约束引入目标函数，保留等式约束方程，即

$$\begin{cases} \min F(\boldsymbol{z}) = f(\boldsymbol{z}) + \sum_i \omega_{1i} h_i^2(\boldsymbol{z}) \\ \text{s.t.} \quad \boldsymbol{g}(\boldsymbol{z}) = \boldsymbol{0} \end{cases} \tag{6.12}$$

再用拉格朗日乘子将等式约束引入目标函数，构造拉格朗日函数：

$$L(\boldsymbol{z},\boldsymbol{\lambda}) = F(\boldsymbol{z}) + \boldsymbol{\lambda}^{\mathrm{T}} \boldsymbol{g}(\boldsymbol{z}) \tag{6.13}$$

$L$ 满足最优解的条件是满足 Kuhn-Tucker 条件（K-T 条件）：

$$\frac{\partial L}{\partial \boldsymbol{z}} = \boldsymbol{0} \quad 和 \quad \frac{\partial L}{\partial \boldsymbol{\lambda}} = \boldsymbol{0} \tag{6.14}$$

求解上面方程得到最优解。应指出的是，在罚函数类或 KT 罚函数类方法中，罚函数既可选择外点罚函数，也可选择内点罚函数。

KT 类算法完全不用罚函数，若迭代过程中某不等式约束越界，则将其固定在限制值上，然后视为等式约束处理，若用乘子 $\boldsymbol{\mu}$ 将违限的不等式约束引入目标函数，则有

$$\begin{cases} L(z,\boldsymbol{\lambda},\boldsymbol{\mu})=f(z)+\boldsymbol{\lambda}^{\mathrm{T}}\boldsymbol{g}(z)+\boldsymbol{\mu}^{\mathrm{T}}\boldsymbol{h}(z) \\ \boldsymbol{\lambda}\geqslant\mathbf{0},\boldsymbol{\mu}\geqslant\mathbf{0} \end{cases} \tag{6.15}$$

求取最优解应满足的 K-T 条件为

$$\frac{\partial L}{\partial \boldsymbol{z}}=\mathbf{0},\quad \frac{\partial L}{\partial \boldsymbol{\lambda}}=\mathbf{0},\quad \frac{\partial L}{\partial \boldsymbol{\mu}}=\mathbf{0} \tag{6.16}$$

求解上面的方程，即为 KT 类算法。

三类算法处理约束的方式不同，实用性也不同，各有特点。

2. 按修正的变量空间分类

在迭代过程中，可以同时修正全空间变量 $z$（包括控制变量 $\boldsymbol{u}$ 和状态变量 $\boldsymbol{x}$），也可以只修正控制变量 $\boldsymbol{u}$，而状态变量 $\boldsymbol{x}$ 通过求解约束方程（潮流方程）得到。前者称为直接类算法，后者称为简化类算法。

3. 按变量修正的方向分类

确定变量的修正方向有三类方法。第一类为梯度类算法，例如梯度法（即最速下降法），这类方法具有一阶收敛性；第二类为拟牛顿法，如共轭梯度法和各种变尺度法，这类方法的收敛性介于一阶和二阶之间；第三类为牛顿法，例如海森矩阵法，这类方法有二阶收敛性。

按以上分类，把最优潮流算法用图 6.1 所示的三维图形表示，各种最优潮流算法都可以在图中找到相应的位置。

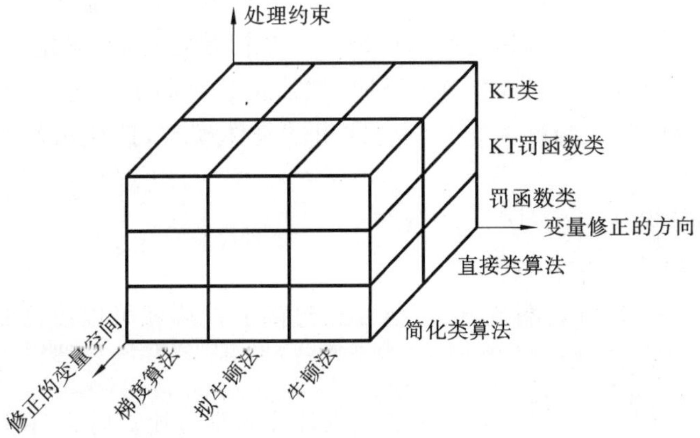


**图 6.1 最优潮流算法三维分类图**

## 6.4 简化梯度算法最优潮流

Dommel 和 Tinney 于 1968 年提出的简化梯度算法是能够成功地求解较大规模的最优潮流问题并被广泛采用的一种算法，直到现在，它仍然还被看作是一种成功的算法被加以运用。简化梯度算法以极坐标形式的牛顿法为基础，所采用的目标函数、等式及不等式约束条件均如前所述。下面先讨论仅有等式约束条件时算法的构成，然后再讨论有不等式约束条件时的处理方法。

### 6.4.1 仅有等式约束条件时的算法

对于仅有等式约束的最优潮流计算，根据式(6.9)，其数学模型可以表示为

$$\begin{cases}\text{obj} & \min f(\boldsymbol{u},\boldsymbol{x})\\ \text{s.t.} & \boldsymbol{g}(\boldsymbol{u},\boldsymbol{x})=\boldsymbol{0}\end{cases}\tag{6.17}$$

应用经典的拉格朗日乘子法，引入和等式约束 $\boldsymbol{g}(\boldsymbol{u},\boldsymbol{x})=\boldsymbol{0}$ 中方程数同样多的拉格朗日乘子 $\boldsymbol{\lambda}$，则构成的拉格朗日函数为

$$L(\boldsymbol{u},\boldsymbol{x},\boldsymbol{\lambda})=f(\boldsymbol{u},\boldsymbol{x})+\boldsymbol{\lambda}^{\mathrm{T}}\boldsymbol{g}(\boldsymbol{u},\boldsymbol{x})\tag{6.18}$$

式中，$\boldsymbol{\lambda}$ 为由拉格朗日乘子所构成的向量。

这样便把原来的有约束最优化问题变成了一个无约束最优化问题。

采用经典的函数求极值的方法，将 $L$ 分别对变量 $\boldsymbol{x}$、$\boldsymbol{u}$ 及 $\boldsymbol{\lambda}$ 求导并令其等于零，即得到求极值的一组必要条件为

$$\frac{\partial L}{\partial \boldsymbol{x}}=\frac{\partial f}{\partial \boldsymbol{x}}+\left(\frac{\partial \boldsymbol{g}}{\partial \boldsymbol{x}}\right)^{\mathrm{T}}\boldsymbol{\lambda}=\boldsymbol{0}\tag{6.19}$$

$$\frac{\partial L}{\partial \boldsymbol{u}}=\frac{\partial f}{\partial \boldsymbol{u}}+\left(\frac{\partial \boldsymbol{g}}{\partial \boldsymbol{u}}\right)^{\mathrm{T}}\boldsymbol{\lambda}=\boldsymbol{0}\tag{6.20}$$

$$\frac{\partial L}{\partial \boldsymbol{\lambda}}=\boldsymbol{g}(\boldsymbol{u},\boldsymbol{x})=\boldsymbol{0}\tag{6.21}$$

这是 3 个非线性代数方程组，每组的方程式个数分别等于向量 $\boldsymbol{x}$、$\boldsymbol{u}$、$\boldsymbol{\lambda}$ 的维数。最优潮流的解必须同时满足这 3 个方程组。

直接联立求解这 3 个极值条件方程组，可以求得此非线性规划问题的最优解。但通常因方程式数目众多及其非线性性质，联立求解的计算量非常大，有时还相当困难。这里采用的是迭代下降算法，其基本思想是从一个初始点开始，确定一个搜索方向，沿着这个方向移动一步，使目标函数有所下降，然后由这个新的点开始，重复进行上述步骤，直到满足一定的收敛判据为止。结合这里的具体模型，迭代求解算法的基本步骤如下。

(1) 置迭代次数 $k=0$。

(2) 假定一组控制变量初值 $\boldsymbol{u}^{(0)}$。

(3) 由于式(6.21)就是潮流方程，所以通过潮流计算就可以由已知的 $\boldsymbol{u}$ 求得相应的 $\boldsymbol{x}^{(k)}$。

(4) 再观察式(6.19)，$\frac{\partial \boldsymbol{g}}{\partial \boldsymbol{x}}$就是牛顿法潮流计算的雅可比矩阵 $\boldsymbol{J}$，利用求解潮流时已经求得的 $\boldsymbol{J}$ 及 LH 三角因子矩阵，可以方便地求出

$$\boldsymbol{\lambda}=-\left[\left(\frac{\partial \boldsymbol{g}}{\partial \boldsymbol{x}}\right)^{\mathrm{T}}\right]^{-1}\frac{\partial f}{\partial \boldsymbol{x}}\tag{6.22}$$

(5) 将已经求得的 $\boldsymbol{u}$、$\boldsymbol{x}$ 及 $\boldsymbol{\lambda}$ 代入式(6.20)，则有

$$\frac{\partial L}{\partial \boldsymbol{u}}=\frac{\partial f}{\partial \boldsymbol{u}}-\left(\frac{\partial \boldsymbol{g}}{\partial \boldsymbol{u}}\right)^{\mathrm{T}}\left[\left(\frac{\partial \boldsymbol{g}}{\partial \boldsymbol{x}}\right)^{\mathrm{T}}\right]^{-1}\frac{\partial f}{\partial \boldsymbol{x}}\tag{6.23}$$

(6) 若$\frac{\partial L}{\partial \boldsymbol{u}}=\boldsymbol{0}$，则说明这组解就是待求的最优解，计算结束。否则，转入第(7)步。

(7) 这里$\frac{\partial L}{\partial \boldsymbol{u}}\neq\boldsymbol{0}$，为此必须按照能使目标函数下降的方向对 $\boldsymbol{u}$ 进行修正：

$$\boldsymbol{u}^{(k+1)}=\boldsymbol{u}^{(k)}+\Delta\boldsymbol{u}^{(k)} \tag{6.24}$$

然后回到第(3)步,重复上述过程,直到满足式(6.20),即$\frac{\partial L}{\partial \boldsymbol{u}}=\boldsymbol{0}$为止。这样便求得最优解。

下面证明$\frac{\partial L}{\partial \boldsymbol{u}}$是在满足等式约束条件式(6.21)的情况下目标函数对于控制变量$\boldsymbol{u}$的梯度向量$\boldsymbol{\nabla} f$。

由式(6.17)的目标函数$f=f(\boldsymbol{u},\boldsymbol{x})$,可得

$$\mathrm{d}f=\left(\frac{\partial f}{\partial \boldsymbol{u}}\right)^{\mathrm{T}}\mathrm{d}\boldsymbol{u}+\left(\frac{\partial f}{\partial \boldsymbol{x}}\right)^{\mathrm{T}}\mathrm{d}\boldsymbol{x} \tag{6.25}$$

为了求出$\mathrm{d}\boldsymbol{x}$与$\mathrm{d}\boldsymbol{u}$的关系,将潮流方程$\boldsymbol{g}(\boldsymbol{u},\boldsymbol{x})=\boldsymbol{0}$在初始运行点附近展开成泰勒级数并略去高阶项后可得

$$\left(\frac{\partial \boldsymbol{g}}{\partial \boldsymbol{x}}\right)\mathrm{d}\boldsymbol{x}+\left(\frac{\partial \boldsymbol{g}}{\partial \boldsymbol{u}}\right)\mathrm{d}\boldsymbol{u}=\boldsymbol{0} \tag{6.26}$$

$$\mathrm{d}\boldsymbol{x}=-\left(\frac{\partial \boldsymbol{g}}{\partial \boldsymbol{x}}\right)^{-1}\left(\frac{\partial \boldsymbol{g}}{\partial \boldsymbol{u}}\right)\mathrm{d}\boldsymbol{u} \tag{6.27}$$

将式(6.27)代入式(6.25)得

$$\mathrm{d}f=\left(\frac{\partial f}{\partial \boldsymbol{u}}\right)^{\mathrm{T}}\mathrm{d}\boldsymbol{u}-\left(\frac{\partial f}{\partial \boldsymbol{x}}\right)^{\mathrm{T}}\left(\frac{\partial \boldsymbol{g}}{\partial \boldsymbol{x}}\right)^{-1}\left(\frac{\partial \boldsymbol{g}}{\partial \boldsymbol{u}}\right)\mathrm{d}\boldsymbol{u} \tag{6.28}$$

按任一多变量函数$f=f(\boldsymbol{u})$的全微分定义,有$\mathrm{d}f=(\boldsymbol{\nabla} f)^{\mathrm{T}}\mathrm{d}\boldsymbol{u}$。则由式(6.28)可得梯度向量为

$$\boldsymbol{\nabla} f=\frac{\partial f}{\partial \boldsymbol{u}}-\left(\frac{\partial \boldsymbol{g}}{\partial \boldsymbol{u}}\right)^{\mathrm{T}}\left[\left(\frac{\partial \boldsymbol{g}}{\partial \boldsymbol{x}}\right)^{\mathrm{T}}\right]^{-1}\frac{\partial f}{\partial \boldsymbol{x}} \tag{6.29}$$

比较式(6.29)和式(6.23),可见二者完全相同,于是得到:

$$\boldsymbol{\nabla} f=\frac{\partial L}{\partial \boldsymbol{u}} \tag{6.30}$$

通过潮流方程,变量$\boldsymbol{x}$的变化可以用控制变量$\boldsymbol{u}$的变化来表示,$\frac{\partial L}{\partial \boldsymbol{u}}$是在满足等式约束条件下目标函数在维数较小的$\boldsymbol{u}$空间上的梯度,所以其也称为简化梯度。

下面再回到前面迭代算法的讨论。在前述的迭代算法中,必须仔细研究的是第(7)步中当$\frac{\partial L}{\partial \boldsymbol{u}}\neq\boldsymbol{0}$时如何进一步对$\boldsymbol{u}$进行修正,也就是如何决定式(6.24)中的$\Delta\boldsymbol{u}^{(k)}$的问题,这也是该算法极为关键的一步。

由于某一点的梯度方向是该点函数值变化率最大的方向,因此沿着函数在该点的负梯度方向前进时,函数值下降最快,所以最简便的办法就是取负梯度作为每次迭代的搜索方向,即取

$$\Delta\boldsymbol{u}^{(k)}=-\boldsymbol{c}\,\boldsymbol{\nabla} f \tag{6.31}$$

式中,$\boldsymbol{\nabla} f$为简化梯度$\frac{\partial L}{\partial \boldsymbol{u}}$;$\boldsymbol{c}$为步长因子。

在非线性规划中这种以负梯度作为搜索方向的算法称为梯度法或最速下降法。式(6.31)中步长因子的选择对算法的收敛过程有很大影响,步长因子选得太小将使迭代次数增加,选得太大则将导致迭代计算结果在最优点附近来回振荡。最优步长的选择是一个一维搜索问题,可以采用抛物线插值等方法。

### 6.4.2 不等式约束条件的处理

最优潮流的不等式约束条件数目很多，按其性质不同可以分为两大类：第一类是关于自变量或控制变量 $\boldsymbol{u}$ 的不等式约束，这一类约束可以通称为函数不等式约束，以下分别讨论这两类不等式约束在算法中的处理方法。

1. 控制变量的不等式约束

控制变量的不等式约束比较容易处理，若按照式(6.24)中的 $\boldsymbol{u}^{(k+1)}=\boldsymbol{u}^{(k)}+\Delta\boldsymbol{u}^{(k)}$ 对控制变量进行修正，得到的任一个 $u_i^{(k+1)}$ 超过其限值 $u_{i\min}$ 或 $u_{i\max}$ 时，就将其强制在相应的限值上，即

$$u_i^{(k+1)}=\begin{cases} u_{i\max}, & u_i^{(k+1)}>u_{i\max} \\ u_{i\min}, & u_i^{(k+1)}<u_{i\min} \\ u_i^{(k)}+\Delta u_i^{(k)}, & u_{i\min}\leqslant u_i^{(k+1)}\leqslant u_{i\max} \end{cases} \tag{6.32}$$

控制变量按这种方法处理以后，按照 Kuhn-Tucker 定理，在最优点处简化梯度的第 $i$ 个分量 $\dfrac{\partial f}{\partial u_i}$ 处应有

$$\begin{cases} \dfrac{\partial f}{\partial u_i}=0, & u_{i\min}<u_i<u_{i\max} \\ \dfrac{\partial f}{\partial u_i}\leqslant 0, & u_i=u_{i\max} \\ \dfrac{\partial f}{\partial u_i}\geqslant 0, & u_i=u_{i\min} \end{cases} \tag{6.33}$$

式(6.33)中的后面两式也可以这样理解，即若对 $u_i$ 没有上界或下界的限制而允许其继续增大或减小时，目标函数能进一步得到减小。

2. 函数不等式约束

函数不等式约束 $\boldsymbol{h}(\boldsymbol{u},\boldsymbol{x})\leqslant\boldsymbol{0}$ 无法采用和控制变量不等式约束相同的办法来处理，因而处理起来比较困难，目前比较通行的一种方法是采用罚函数法来处理。

罚函数法的基本思路是将约束条件引入原来的目标函数而形成一个新的函数，将原来有约束最优化问题的求解转化成一系列无约束最优化问题的求解。具体做法如下。

(1) 将越界不等式约束以惩罚项的形式附加在原来的目标函数 $f(\boldsymbol{u},\boldsymbol{x})$ 上，从而构成一个新的目标函数(即罚函数)：

$$\begin{aligned} F(\boldsymbol{u},\boldsymbol{x}) &= f(\boldsymbol{u},\boldsymbol{x})+\sum_{i=1}^{s}\gamma_i^{(k)}\ \{\max[0,h_i(\boldsymbol{u},\boldsymbol{x})]\}^2 = f(\boldsymbol{u},\boldsymbol{x})+\sum_{i=1}^{s}\omega_i \\ &= f(\boldsymbol{u},\boldsymbol{x})+W(\boldsymbol{u},\boldsymbol{x}) \end{aligned} \tag{6.34}$$

式中，$s$ 为函数不等式约束的个数；$\gamma_i^{(k)}$ 为指定的正常数，称为罚因子，其数值可随迭代而改变；$\max[0,h_i(\boldsymbol{u},\boldsymbol{x})]$的取值为

$$\max[0,h_i(\boldsymbol{u},\boldsymbol{x})]=\begin{cases} 0 & h_i(\boldsymbol{u},\boldsymbol{x})\leqslant 0\text{，即不越界时} \\ h_i(\boldsymbol{u},\boldsymbol{x}) & h_i(\boldsymbol{u},\boldsymbol{x})>0\text{，即越界时} \end{cases} \tag{6.35}$$

其中，附加在原来目标函数上的第二项($\omega_i$ 或 $W$)称为惩罚项。例如状态变量 $x_j$ 的惩罚项为

$$\omega_i=\begin{cases}\gamma_j(x_j-x_{\max})^2 & x_j>x_{j\max}\\ \gamma_j(x_j-x_{\min})^2 & x_j<x_{j\min}\\ 0 & x_{j\min}\leqslant x_j\leqslant x_{j\max}\end{cases} \tag{6.36}$$

函数不等式约束 $h_i(\boldsymbol{u},\boldsymbol{x})$ 的惩罚项为

$$\omega_i=\begin{cases}\gamma_i h_i(\boldsymbol{u},\boldsymbol{x})^2 & h_i(\boldsymbol{u},\boldsymbol{x})>0\\ 0 & h_i(\boldsymbol{u},\boldsymbol{x})\leqslant 0\end{cases} \tag{6.37}$$

(2) 对这个新的目标函数按无约束求极值的方法求解，使最终求得的节点在满足上列约束条件的前提下能使原来的目标函数达到最小。

对罚函数法的简单解释就是当所有不等式约束都满足时，惩罚项 $W$ 等于零。只要有某个不等式约束不能满足，就将产生相应的惩罚项 $\omega$，而且越界量越大，惩罚项的数值也越大，从而使目标函数(此处是罚函数 $F$)额外增大，这就相当于是对约束条件未能满足的一种惩罚。

当惩罚因子 $\gamma$ 足够大时，惩罚项在罚函数中所占比重也大，优化过程只有使惩罚项逐步趋于零时，才能使惩罚数达到最小值，这就迫使原来越界的变量或函数向其约束限值靠近或回到原来规定的限值之内。

### 6.4.3 简化梯度最优潮流算法及原理图

下面研究同时计及等式约束和不等式约束条件的简化梯度最优潮流算法。在采用罚函数处理函数不等式约束以后，原来以式(6.18)表示的仅计及等式约束的拉格朗日函数中的 $f(\boldsymbol{u},\boldsymbol{x})$ 必须用乘法函数来代替，于是有

$$L(\boldsymbol{u},\boldsymbol{x},\boldsymbol{\lambda})=f(\boldsymbol{u},\boldsymbol{x})+\boldsymbol{\lambda}^{\mathrm{T}}\boldsymbol{g}(\boldsymbol{u},\boldsymbol{x})+W(\boldsymbol{u},\boldsymbol{x}) \tag{6.38}$$

相应的极值条件式(6.19)～式(6.20)将变为

$$\frac{\partial L}{\partial \boldsymbol{x}}=\frac{\partial f}{\partial \boldsymbol{x}}+\left(\frac{\partial \boldsymbol{g}}{\partial \boldsymbol{x}}\right)^{\mathrm{T}}\boldsymbol{\lambda}+\frac{\partial W}{\partial \boldsymbol{x}}=\boldsymbol{0} \tag{6.39}$$

$$\frac{\partial L}{\partial \boldsymbol{u}}=\frac{\partial f}{\partial \boldsymbol{u}}+\left(\frac{\partial \boldsymbol{g}}{\partial \boldsymbol{u}}\right)^{\mathrm{T}}\boldsymbol{\lambda}+\frac{\partial W}{\partial \boldsymbol{u}}=\boldsymbol{0} \tag{6.40}$$

$$\frac{\partial L}{\partial \boldsymbol{\lambda}}=\boldsymbol{g}(\boldsymbol{u},\boldsymbol{x})=\boldsymbol{0} \tag{6.41}$$

式(6.22)表示的 $\boldsymbol{\lambda}$ 将变成

$$\boldsymbol{\lambda}=-\left[\left(\frac{\partial \boldsymbol{g}}{\partial \boldsymbol{x}}\right)^{\mathrm{T}}\right]^{-1}\left(\frac{\partial f}{\partial \boldsymbol{x}}+\frac{\partial W}{\partial \boldsymbol{x}}\right) \tag{6.42}$$

简化梯度 $\nabla f$ 将如下式表示：

$$\nabla f=\frac{\partial L}{\partial \boldsymbol{u}}=\frac{\partial f}{\partial \boldsymbol{u}}+\left(\frac{\partial \boldsymbol{g}}{\partial \boldsymbol{u}}\right)^{\mathrm{T}}\boldsymbol{\lambda}+\frac{\partial W}{\partial \boldsymbol{u}} \tag{6.43}$$

### 6.4.4 简化梯度最优潮流算法的性能分析

以上介绍的简化梯度最优潮流算法是建立在牛顿法潮流计算的基础上的。对已有的采用极坐标形式的牛顿法潮流计算程序加以一定的扩充，便可以得到这种最优潮流计算程序。这种算法原理比较简单，程序设计也比较简便。

这种算法也有一些缺点，其采用梯度作为求最优点的搜索方向，前后两次迭代的搜索方向总是相互垂直的，因此，迭代点向最优点接近的过程中，走的是曲折的路线，即产

生通称的锯齿现象。而且越接近最优点,锯齿越来越小,因此收敛速度很慢。另一个缺点是由采用罚函数法处理不等式约束带来的,罚因子数值的选择是否适当,对算法的收敛速度影响很大,过大的罚因子会使计算的收敛性变差。为此,许多参考文献提出了对这个算法的改进,如在求无约束极小点的搜索方向上,提出了采用共轭梯度法及拟牛顿方向法等。另外,每次迭代用牛顿法计算潮流,耗时很多,为此提出可用快速解耦法进行计算,不过为了求得拉格朗日乘子向量 $\boldsymbol{\lambda}$,又必须进行迭代。

简化梯度最优潮流算法原理框图如图 6.2 所示。

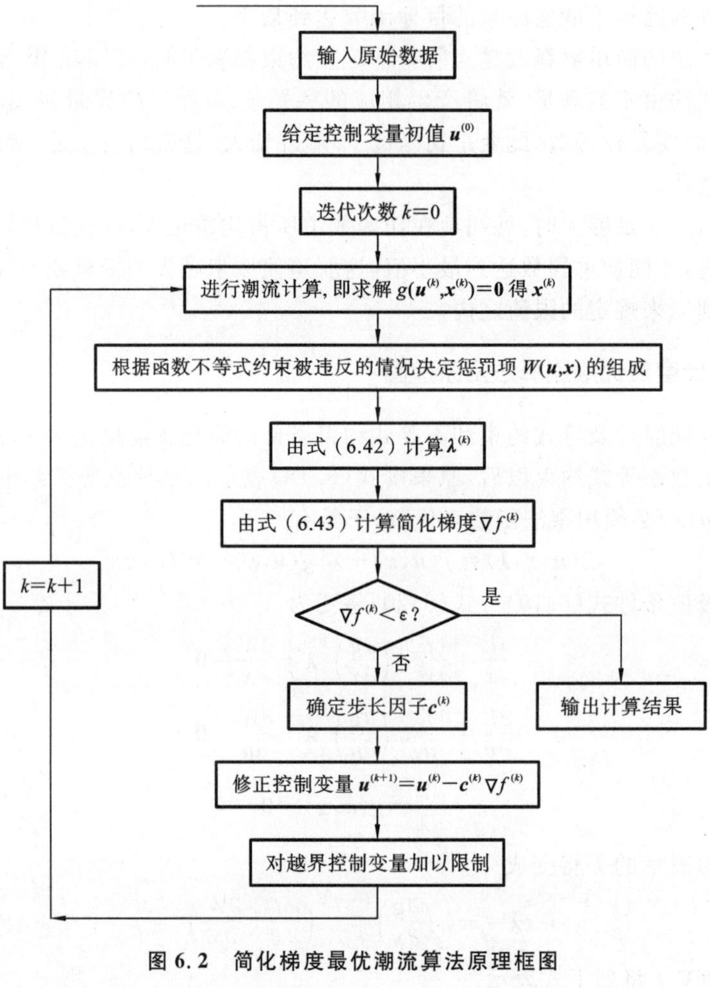


**图 6.2 简化梯度最优潮流算法原理框图**

## 6.5 牛顿最优潮流算法

最优潮流作为一个非线性规划问题,可以利用非线性规划的各种方法来求解,其结合了电力系统的固有物理特性,在变量的划分、等式及不等式约束条件的处理、有功与无功的分解、变量修正方向的确定,甚至基本潮流计算方法的选择等方面,都可以有各种不同的方案。为此,即使是采用非线性规划方法,也曾出现过为数甚多的最优潮流算法。其中,1984 年 Sun D I 等人提出的牛顿最优潮流算法被公认为是最优潮流算法研究的一次重大飞跃。牛顿法使用海森矩阵作为迭代步长,其具有二阶收敛性。

### 6.5.1 基本原理

如同梯度法或最速下降法，牛顿法是另一种求无约束极值的方法。

设无约束最优问题为

$$\min f(\boldsymbol{x}) \quad \boldsymbol{x} \in \boldsymbol{R}^n \tag{6.44}$$

其极值存在的必要条件是$\nabla f(\boldsymbol{x})=\boldsymbol{0}$，在一般情况下，$\nabla f(\boldsymbol{x})=\boldsymbol{0}$ 为一个非线性代数方程组。现用牛顿法对它求解，于是得到优化的迭代格式为

$$\nabla^2 f(\boldsymbol{x}^{(k)})\Delta \boldsymbol{x}^{(k)} = -\nabla f(\boldsymbol{x}^{(k)}) \tag{6.45}$$

$$\Delta \boldsymbol{x}^{(k)} = -[\nabla^2 f(\boldsymbol{x}^{(k)})]^{-1}\nabla f(\boldsymbol{x}^{(k)}) = -[\boldsymbol{H}(\boldsymbol{x}^{(k)})]^{-1}\nabla f(\boldsymbol{x}^{(k)}) \tag{6.46}$$

$$\boldsymbol{x}^{(k+1)} = \boldsymbol{x}^{(k)} + \Delta \boldsymbol{x}^{(k)} \tag{6.47}$$

式中，$\nabla f(\boldsymbol{x}^{(k)})$为目标函数 $f(\boldsymbol{x})$的梯度向量；$\boldsymbol{H}(\boldsymbol{x}^{(k)})=\nabla^2 f(\boldsymbol{x}^{(k)})$ 为目标函数 $f(\boldsymbol{x})$ 的海森矩阵，故牛顿法又称为海森矩阵法。算法的收敛判据是 $\|\nabla f(\boldsymbol{x}^{(k)})\|<\varepsilon$。

牛顿法在按上述的基本格式进行迭代时，其搜索方向为

$$\Delta \boldsymbol{x}^{(k)} = -[\boldsymbol{H}(\boldsymbol{x}^{(k)})]^{-1}\nabla f(\boldsymbol{x}^{(k)}) \tag{6.48}$$

可见这种方法与最速下降法比较，除了利用了目标函数的一阶导数之外，还利用了目标函数的二阶导数，考虑了梯度变化的趋势，因此，所得到的搜索方向比最速下降法好，能较快地找到最优点。

牛顿法在有一个较好的初值并且 $\boldsymbol{H}(\boldsymbol{x}^{(k)})$ 为正定的情况下，收敛速度极快，此时其具有二阶收敛速度，这是该算法的突出优点，但是牛顿法的使用受到如下限制。

(1) 要求 $f(\boldsymbol{x})$二阶连续可微。

(2) 每一步都要计算海森矩阵及其逆阵，内存量和计算量都很大。为此，对于变量维数很高的优化计算，往往采用拟牛顿法(变尺度法)，避免直接求矩阵 $\boldsymbol{H}$ 及其逆阵。

但在有些情况下，海森矩阵是一个稀疏矩阵，可以采用结合了稀疏技术的高斯消去法等一整套极其有效的方法，直接求解式(6.46)得到 $\Delta \boldsymbol{x}^{(k)}$，计算效率极高。在电力系统最优潮流计算问题中，通过适当建立模型，相应的海森矩阵就可以是一个高度稀疏的矩阵，从而使海森矩阵法这种收敛速度极快的方法完全可以在最优潮流计算这样的大规模非线性规划问题中得到应用，而这正是下面要介绍的牛顿最优潮流算法的最基本特点。

### 6.5.2 基于海森矩阵的最优潮流牛顿法

1. 仅考虑等式约束

在最优潮流牛顿法(即牛顿最优潮流算法)中，对变量不再区分为控制变量和状态变量，而统一写为 $\boldsymbol{x}$。这样便于构造稀疏的海森矩阵，优化是在全空间中进行的。

于是，最优潮流计算归结为如下非线性规划问题：

$$\begin{cases} \text{obj} & \min f(\boldsymbol{x}) \\ \text{s.t.} & \boldsymbol{g}(\boldsymbol{x})=\boldsymbol{0} \\ & \boldsymbol{h}(\boldsymbol{x})\leqslant \boldsymbol{0} \end{cases} \tag{6.49}$$

先不考虑不等式约束 $\boldsymbol{h}(\boldsymbol{x})$，可构造拉格朗日函数

$$L(\boldsymbol{x},\boldsymbol{\lambda}) = f(\boldsymbol{x}) + \boldsymbol{\lambda}^{\mathrm{T}}\boldsymbol{g}(\boldsymbol{x}) \tag{6.50}$$

定义向量 $\boldsymbol{z}=[\boldsymbol{x},\boldsymbol{\lambda}]^{\mathrm{T}}$，应用式(6.45)可得到应用海森矩阵法求最优解点 $\boldsymbol{z}^*$ 的迭代

方程式为

$$\frac{\partial^2 L(\boldsymbol{z}^{(k)})}{\partial \boldsymbol{z}^2}\Delta \boldsymbol{z}^{(k)} = -\frac{\partial L(\boldsymbol{z}^{(k)})}{\partial \boldsymbol{z}} \tag{6.51}$$

或用更简洁的方式表示为

$$\boldsymbol{W}\Delta \boldsymbol{z} = -\boldsymbol{d} \tag{6.52}$$

式中，$\boldsymbol{W}$ 及 $\boldsymbol{d}$ 分别为 $L$ 对于 $\boldsymbol{z}$ 的海森矩阵及梯度向量。

由于在迭代过程中要反复求解式(6.51)或式(6.52)，因此，计算所需的内存量和计算量主要取决于稀疏矩阵 $\boldsymbol{W}$ 的结构，为此必须对 $\boldsymbol{W}$ 的构造进行仔细研究。

由于 $\boldsymbol{z}=[\boldsymbol{x},\boldsymbol{\lambda}]^{\mathrm{T}}$，所以式(6.52)可改写成

$$\begin{bmatrix} \dfrac{\partial^2 L}{\partial \boldsymbol{x}^2} & \dfrac{\partial^2 L}{\partial \boldsymbol{x}\partial \boldsymbol{\lambda}} \\ \dfrac{\partial^2 L}{\partial \boldsymbol{\lambda}\partial \boldsymbol{x}} & \dfrac{\partial^2 L}{\partial \boldsymbol{\lambda}^2} \end{bmatrix}\begin{bmatrix} \Delta \boldsymbol{x} \\ \Delta \boldsymbol{\lambda} \end{bmatrix} = -\begin{bmatrix} \dfrac{\partial L}{\partial \boldsymbol{x}} \\ \dfrac{\partial L}{\partial \boldsymbol{\lambda}} \end{bmatrix} \tag{6.53}$$

其中，

$$\begin{cases} \dfrac{\partial L}{\partial \boldsymbol{x}} = \dfrac{\partial f}{\partial \boldsymbol{x}} + \left(\dfrac{\partial \boldsymbol{g}}{\partial \boldsymbol{x}}\right)\boldsymbol{\lambda} \\ \dfrac{\partial L}{\partial \boldsymbol{\lambda}} = \boldsymbol{g}(\boldsymbol{x}) \\ \dfrac{\partial^2 L}{\partial \boldsymbol{x}^2} = \dfrac{\partial^2 f}{\partial \boldsymbol{x}^2} + \dfrac{\partial}{\partial \boldsymbol{x}}\left[\left(\dfrac{\partial \boldsymbol{g}}{\partial \boldsymbol{x}}\right)^{\mathrm{T}}\boldsymbol{\lambda}\right] \\ \dfrac{\partial^2 L}{\partial \boldsymbol{x}\partial \boldsymbol{\lambda}} = \left(\dfrac{\partial \boldsymbol{g}}{\partial \boldsymbol{x}}\right)^{\mathrm{T}} \\ \dfrac{\partial^2 L}{\partial \boldsymbol{\lambda}\partial \boldsymbol{x}} = \dfrac{\partial \boldsymbol{g}}{\partial \boldsymbol{x}} \\ \dfrac{\partial^2 L}{\partial \boldsymbol{\lambda}^2} = \boldsymbol{0} \end{cases} \tag{6.54}$$

令 $\boldsymbol{H}=\dfrac{\partial^2 L}{\partial \boldsymbol{x}^2}$，即拉格朗日函数关于变量 $\boldsymbol{x}$ 的海森矩阵；$\boldsymbol{J}=\dfrac{\partial \boldsymbol{g}}{\partial \boldsymbol{x}}$，即等约束条件方程关于 $\boldsymbol{x}$ 的雅可比矩阵，这样式(6.53)可写成

$$\begin{bmatrix} \boldsymbol{H} & \boldsymbol{J}^{\mathrm{T}} \\ \boldsymbol{J} & \boldsymbol{0} \end{bmatrix}\begin{bmatrix} \Delta \boldsymbol{x} \\ \Delta \boldsymbol{\lambda} \end{bmatrix} = -\begin{bmatrix} \dfrac{\partial L}{\partial \boldsymbol{x}} \\ \dfrac{\partial L}{\partial \boldsymbol{\lambda}} \end{bmatrix} \tag{6.55}$$

结合具体的最优潮流计算模型，若变量 $\boldsymbol{x}$ 在这里仅由节点电压相角 $\boldsymbol{\theta}$ 及幅值 $\boldsymbol{U}$ 组成，等式约束条件方程为潮流方程，则 $\boldsymbol{\lambda}$ 将由有功及无功潮流方程的拉格朗日乘子 $\boldsymbol{\lambda}_{\mathrm{P}}$ 及 $\boldsymbol{\lambda}_{\mathrm{Q}}$ 组成，于是式(6.55)可进一步具体化为

$$\begin{bmatrix} \boldsymbol{H}_{\theta\theta} & \boldsymbol{H}_{\theta V} & \boldsymbol{J}_{P\theta}^{\mathrm{T}} & \boldsymbol{J}_{Q\theta}^{\mathrm{T}} \\ \boldsymbol{H}_{V\theta} & \boldsymbol{H}_{VV} & \boldsymbol{J}_{PV}^{\mathrm{T}} & \boldsymbol{J}_{QV}^{\mathrm{T}} \\ \boldsymbol{J}_{P\theta} & \boldsymbol{J}_{PV} & \boldsymbol{0} & \boldsymbol{0} \\ \boldsymbol{J}_{Q\theta} & \boldsymbol{J}_{QV} & \boldsymbol{0} & \boldsymbol{0} \end{bmatrix}\begin{bmatrix} \Delta \boldsymbol{\theta} \\ \Delta \boldsymbol{U} \\ \Delta \boldsymbol{\lambda}_{\mathrm{P}} \\ \Delta \boldsymbol{\lambda}_{\mathrm{Q}} \end{bmatrix} = -\begin{bmatrix} \dfrac{\partial L}{\partial \boldsymbol{\theta}} \\ \dfrac{\partial L}{\partial \boldsymbol{U}} \\ \dfrac{\partial L}{\partial \boldsymbol{\lambda}_{\mathrm{P}}} \\ \dfrac{\partial L}{\partial \boldsymbol{\lambda}_{\mathrm{Q}}} \end{bmatrix} \tag{6.56}$$

式中，各子矩阵的含义为 $\boldsymbol{H}_{V\theta}=\left[\dfrac{\partial^2 L}{\partial U_i \partial \theta_j}\right]$，$\boldsymbol{J}_{P\theta}=\left[\dfrac{\partial P_i(\boldsymbol{U},\boldsymbol{\theta})}{\partial \theta_j}\right]$，其余依此类推。

式(6.55)中的 $\boldsymbol{H}$ 是一个对称矩阵，并且式(6.56)中 $\boldsymbol{H}$ 和 $\boldsymbol{J}$ 的 4 个子矩阵均具有和节点导纳矩阵相同的 $N\times N$ 阶稀疏结构，因此如果将式(6.56)中的未知向量的元素重新排列，即将和每一个节点相对应的 $\Delta\theta_i$、$\Delta U_i$、$\Delta\lambda_{Pi}$、$\Delta\lambda_{Qi}$ 排列在一起，然后按节点的顺序排列，这样 $\boldsymbol{W}$ 就变成以 $4\times 4$ 阶子矩阵为子块的分块矩阵结构：

$$\boldsymbol{W}=\begin{bmatrix} h & h & j & j \\ h & h & j & j \\ j & j & 0 & 0 \\ j & j & 0 & 0 \end{bmatrix}$$

其中，符号 $h$ 代表海森矩阵 $\boldsymbol{H}$ 的一个元素，$j$ 代表雅可比矩阵 $\boldsymbol{J}$ 的一个元素。如以每个子块作为矩阵 $\boldsymbol{W}$ 的一个元素，则 $\boldsymbol{W}$ 矩阵将和节点导纳矩阵具有相同的稀疏结构，因而其是一个高度稀疏的矩阵。

仅考虑等式约束的最优潮流牛顿法的主要步骤如下。

(1) 对变量 $\boldsymbol{z}=[\boldsymbol{x},\boldsymbol{\lambda}]^{\mathrm{T}}$ 赋初值，置迭代次数 $k=0$。

(2) 计算式(6.52)的右端项 $\nabla L(\boldsymbol{z}^{(k)})$，即梯度向量 $\boldsymbol{d}$。

(3) 判断收敛条件 $\|\nabla L(\boldsymbol{z}^{(k)})\|<\varepsilon$ 是否满足，若满足则 $\boldsymbol{z}^{(k)}$ 就是要求的最优解；否则转向第(4)步。

(4) 用 $\boldsymbol{z}^{(k)}$ 形成稀疏矩阵 $\boldsymbol{W}$。

(5) 对 $\boldsymbol{W}$ 进行三角分解，求解式(6.52)，得到 $\Delta\boldsymbol{z}^{(k)}$。

(6) 修正 $\boldsymbol{z}^{(k)}$，得到 $\boldsymbol{z}^{(k+1)}=\boldsymbol{z}^{(k)}+\Delta\boldsymbol{z}^{(k)}$。

(7) $k=k+1$，返回第(2)步，重复上述计算。

以上第(3)步中的收敛判据即 Kuhn-Tucker 条件，在这里由于仅考虑等式约束条件，因此所有潮流方程都已得到满足，除非有舍入误差，否则应有 $\|\nabla L(\boldsymbol{z}^{*})\|=\boldsymbol{0}$。

分析以上计算步骤，不难看到，其核心部分和牛顿法常规潮流的计算步骤十分相似，每次迭代的主要计算都集中在形成并求解以线性代数方程组形式出现的迭代方程式(6.52)，并且其系数矩阵 $\boldsymbol{W}$ 或 $\boldsymbol{J}$ 都具有与导纳矩阵相似的稀疏结构，因此牛顿法常规潮流求解修正方程式时所采用的各种技巧在这里完全可以得到应用。

由于采用了牛顿法作为优化方法，因此最优潮流算法具有二次收敛速度，能经过少数几次迭代便收敛而找到最优点。但矩阵 $\boldsymbol{W}$ 的阶数达到 $4N\times 4N$，为减小内存及每次迭代的计算量，关键是要充分开发矩阵 $\boldsymbol{W}$ 并在迭代过程中保持矩阵 $\boldsymbol{W}$ 的高度稀疏性。另外在求解时应采用特殊的稀疏技巧，只有将这几者结合，才能开发出高性能的实用最优潮流牛顿法计算程序。

为了进一步减小计算量及内存，也可以利用电力系统有功及无功间的弱相关性质，将 $PQ$ 解耦技术应用于式(6.56)，从而形成解耦性最优潮流牛顿法。

2. 计及不等式约束

以下讨论最优潮流牛顿法对不等式约束的处理方法，如同其他非线性规划算法一样，不等式约束的处理对于最优潮流牛顿法来说，仍然是一个有待进一步研究解决的问题。对于越界的不等式约束，也可以采用罚函数的处理方法，于是原来的拉格朗日函数式(6.50)将增广为

$$L(\boldsymbol{x},\boldsymbol{\lambda})=f(\boldsymbol{x})+\boldsymbol{\lambda}^{\mathrm{T}}\boldsymbol{g}(\boldsymbol{x})+p(\boldsymbol{x}) \tag{6.57}$$

式中，$p(\boldsymbol{x})$代表由被强制或制约的越界不等式约束构成的总惩罚项。

另一种方法是根据越界不等式约束的物理特性及其函数表示形式，将其中的一部分不等式约束依照等式约束的处理方法处理，使越界的不等式约束 $\boldsymbol{h}_i(\boldsymbol{x})>0$ 转化为等式约束 $\boldsymbol{h}'_i(\boldsymbol{x})=0$，然后通过拉格朗日乘子 $\mu_i$ 引入原来的拉格朗日函数，于是有

$$L(\boldsymbol{x},\boldsymbol{\lambda})=f(\boldsymbol{x})+\boldsymbol{\lambda}^{\mathrm{T}}\boldsymbol{g}(\boldsymbol{x})+\boldsymbol{\mu}^{\mathrm{T}}\boldsymbol{h}'(\boldsymbol{x}) \tag{6.58}$$

式中，$\boldsymbol{h}'(\boldsymbol{x})$为由越界不等式约束组成的向量；$\boldsymbol{\mu}$ 为相应的拉格朗日乘子向量。注意到将 $h_i(\boldsymbol{x})$转化为等式方程，实际上意味着将它强制在限值上，这是一种硬性限制，而罚函数法则是软性限制。

在计入不等式约束以后，前面提到的仅考虑等式约束条件的计算步骤将要做一些改变。

随着迭代点的依次转移，越界的不等式约束会不断增减改变，于是，为了对它们进行强制或释放，就必须不断改变式(6.57)或式(6.58)中 $p(\boldsymbol{x})$或 $\boldsymbol{h}'(\boldsymbol{x})$的构成，并在此基础上形成新的迭代方程而求出新的迭代点，在具体实现时又可以有不同的方案。

第一种就是每求得一个新的迭代点 $\boldsymbol{x}^{(k)}$ 后，通过不等式约束是否满足的检验，找出在该迭代点处越界不等式约束的变动情况，然后据此修改增广拉格朗日函数中的 $p(\boldsymbol{x})$ 或 $\boldsymbol{h}'(\boldsymbol{x})$，接着便进行下一轮迭代。由于在一次次迭代中越界不等式约束变动频繁，致使达到收敛所需的迭代次数较之仅考虑等式约束的情况要增加很多，而这也是采用非线性规划算法所遇到的共同难点。

另一种更为完善的处理方案则要利用“起作用的不等式约束集”的概念。所谓起作用的不等式约束集是指在最优解点 $x^*$ 处，属于该约束集的所有不等式约束都成了等式约束，即 $h_i(x^*)=0$。或者说若最优解点 $x^*$ 正好处在由某个约束所定义的可行域的边界上时，这个约束就称为起作用的不等式约束。如果预先能知道最优解点为只包含等式约束的优化问题，算法的收敛性将非常平稳、快速，并具有牛顿法的二阶收敛速度，但确定起作用的不等式约束却是一个复杂而困难的问题，必须采用逐步试探接近的途径。在这方面已经提出了不同的方法，一种是采用试验迭代的方法，即在由式(6.52)表示的计算量很大的二次牛顿主迭代之间进行一些计算量小的试验性迭代，以确定当前起作用的不等式约束集；另一种是采用特殊的线性规划技术。后者能使牛顿法如同常规牛顿潮流计算一样，经过 3～5 次主迭代便达到收敛。

## 6.6 有功无功交叉逼近最优潮流算法

常规潮流计算中，快速解耦法的成功促使人们联想到在最优潮流计算问题中引入有功、无功解耦技术，这促使另一类最优潮流计算模型产生，称为解耦最优潮流法。值得注意的是，解耦最优潮流法和快速解耦法不同，快速解耦法涉及的是具体求解算法上的解耦简化处理，而解耦最优潮流则是从问题的本身或问题的模型上把最优潮流这个整体的最优化问题分解成有功优化和无功优化两个优化问题。这两个优化问题可以独立地构成并求解，实现单独的有功或无功优化；也可以组合起来交替地迭代求解，以实现有功、无功的综合优化。

在电力系统潮流分析中，有功分量和无功分量之间的弱耦合关系是普遍存在的，如

何利用这一特点加快最优潮流算法的计算速度一直是人们所关注的问题。利用 *PQ* 解耦技术可以发展有功无功交叉逼近最优潮流算法，也即解耦最优潮流法。

### 6.6.1 算法简介

为了保持网络方程系数矩阵的稀疏性，通常不对控制变量和状态变量进行划分，而统一用变量 $\boldsymbol{z}$ 表示，并用下角标 P 和 Q 分别表示有功有关和无功有关的分量，用下角标 E 和 I 分别表示等式约束方程和不等式约束方程，有功约束方程和无功约束方程分别用 $\boldsymbol{P}()$ 和 $\boldsymbol{Q}()$ 表示，则式(6.10)表示的优化问题可以写成

$$\begin{cases}\min & f(\boldsymbol{z}_{\mathrm{p}},\boldsymbol{z}_{\mathrm{Q}}) \\ \text{s.t.} & \boldsymbol{P}_{\mathrm{E}}(\boldsymbol{z}_{\mathrm{p}},\boldsymbol{z}_{\mathrm{Q}})=\boldsymbol{0} \\ & \boldsymbol{P}_{\mathrm{I}}(\boldsymbol{z}_{\mathrm{p}},\boldsymbol{z}_{\mathrm{Q}})\leqslant\boldsymbol{0} \\ & \boldsymbol{Q}_{\mathrm{E}}(\boldsymbol{z}_{\mathrm{p}},\boldsymbol{z}_{\mathrm{Q}})=\boldsymbol{0} \\ & \boldsymbol{Q}_{\mathrm{I}}(\boldsymbol{z}_{\mathrm{p}},\boldsymbol{z}_{\mathrm{Q}})\leqslant\boldsymbol{0}\end{cases} \tag{6.59}$$

式中，$\boldsymbol{z}_{\mathrm{P}}$ 包括发电机有功输出功率和电压相角；$\boldsymbol{z}_{\mathrm{Q}}$ 包括无功电源输出功率和电压幅值，也包括可调变压器变比；$\boldsymbol{P}_{\mathrm{E}}$、$\boldsymbol{Q}_{\mathrm{E}}$ 分别为节点有功、无功潮流方程；$\boldsymbol{P}_{\mathrm{I}}$、$\boldsymbol{Q}_{\mathrm{I}}$ 分别为与有功分量和无功分量关系密切的不等式约束条件。

假如式(6.59)的初值足够接近最优值，并满足局部凸性条件，则根据凸对偶和部分对偶理论，式(6.59)等价于

$$\begin{cases}\min & f_{\mathrm{P}}(\boldsymbol{z}_{\mathrm{P}},\boldsymbol{z}_{\mathrm{Q}})+\boldsymbol{\lambda}_{\mathrm{Q}}^{\mathrm{T}}\boldsymbol{Q}_{\mathrm{E}}(\boldsymbol{z}_{\mathrm{P}},\boldsymbol{z}_{\mathrm{Q}})+\boldsymbol{\mu}_{\mathrm{Q}}^{\mathrm{T}}\boldsymbol{Q}_{\mathrm{I}}(\boldsymbol{z}_{\mathrm{P}},\boldsymbol{z}_{\mathrm{Q}}) \\ \text{s.t.} & \boldsymbol{P}_{\mathrm{E}}(\boldsymbol{z}_{\mathrm{P}},\boldsymbol{z}_{\mathrm{Q}})=\boldsymbol{0} \\ & \boldsymbol{P}_{\mathrm{I}}(\boldsymbol{z}_{\mathrm{P}},\boldsymbol{z}_{\mathrm{Q}})\leqslant\boldsymbol{0}\end{cases} \tag{6.60}$$

或等价于

$$\begin{cases}\min & f_{\mathrm{Q}}(\boldsymbol{z}_{\mathrm{P}},\boldsymbol{z}_{\mathrm{Q}})+\boldsymbol{\lambda}_{\mathrm{P}}^{\mathrm{T}}\boldsymbol{P}_{\mathrm{E}}(\boldsymbol{z}_{\mathrm{P}},\boldsymbol{z}_{\mathrm{Q}})+\boldsymbol{\mu}_{\mathrm{P}}^{\mathrm{T}}\boldsymbol{P}_{\mathrm{I}}(\boldsymbol{z}_{\mathrm{P}},\boldsymbol{z}_{\mathrm{Q}}) \\ \text{s.t.} & \boldsymbol{Q}_{\mathrm{E}}(\boldsymbol{z}_{\mathrm{P}},\boldsymbol{z}_{\mathrm{Q}})=\boldsymbol{0} \\ & \boldsymbol{Q}_{\mathrm{I}}(\boldsymbol{z}_{\mathrm{P}},\boldsymbol{z}_{\mathrm{Q}})\leqslant\boldsymbol{0}\end{cases} \tag{6.61}$$

式中，$\boldsymbol{\lambda}_{\mathrm{P}},\boldsymbol{\mu}_{\mathrm{P}},\boldsymbol{\lambda}_{\mathrm{Q}},\boldsymbol{\mu}_{\mathrm{Q}}$ 分别对应式(6.59)在解点处的对偶变量。可见式(6.60)和式(6.61)这两个子问题的约束条件相比原问题式(6.59)的减少了。如果已经知道这些对偶变量在最优解处的值，问题将简化，因为这时只需求解式(6.60)或式(6.61)，它们的约束条件都比式(6.59)的少。但实际上，对偶变量的值也需要迭代求解，比较自然的方法是交替求解式(6.60)和式(6.61)两个子问题，直到两者求出的 $\boldsymbol{z}_{\mathrm{P}}$ 和 $\boldsymbol{z}_{\mathrm{Q}}$ 相同为止。

上面每个子问题都比式(6.59)规模要小，但变量数目并未减少，利用 *PQ* 解耦原理，并注意到无功约束在式(6.60)中不出现，在式(6.60)子问题中把与无功有关的变量当作常数处理。有功约束在式(6.61)中不出现，在式(6.61)子问题中把与有功有关的变量当作常数处理。因此两个子问题可以分别简化成

$$\begin{cases} & f_{\mathrm{P}}(\boldsymbol{z}_{\mathrm{Q}},\boldsymbol{\lambda}_{\mathrm{Q}},\boldsymbol{\mu}_{\mathrm{Q}})=\min f_{\mathrm{P}}(\boldsymbol{z}_{\mathrm{P}}) \\ \text{s.t.} & \boldsymbol{P}(\boldsymbol{z}_{\mathrm{P}})\leqslant\boldsymbol{0}\end{cases} \tag{6.62}$$

和

$$\begin{cases} & f_{\mathrm{Q}}(\boldsymbol{z}_{\mathrm{P}},\boldsymbol{\lambda}_{\mathrm{P}},\boldsymbol{\mu}_{\mathrm{P}})=\min f_{\mathrm{Q}}(\boldsymbol{z}_{\mathrm{Q}}) \\ \text{s.t.} & \boldsymbol{Q}(\boldsymbol{z}_{\mathrm{Q}})\leqslant\boldsymbol{0}\end{cases} \tag{6.63}$$

式中，$f_P(\boldsymbol{z}_Q,\boldsymbol{\lambda}_Q,\boldsymbol{\mu}_Q)$表示有功子问题的解是在$\boldsymbol{z}_Q$、$\boldsymbol{\lambda}_Q$、$\boldsymbol{\mu}_Q$给定的情况下求得的；$f_Q(\boldsymbol{z}_P$、$\boldsymbol{\lambda}_P$、$\boldsymbol{\mu}_P)$表示无功子问题的解是在$\boldsymbol{z}_P$、$\boldsymbol{\lambda}_P$、$\boldsymbol{\mu}_P$给定的情况下求得的，交替求解这两个子问题，最后在最优点处应有$f_P=f_Q$。

有功无功交叉逼近法求解最优潮流的做法是给定优化变量$\boldsymbol{z}_P$、$\boldsymbol{z}_Q$（包括状态变量$\boldsymbol{x}_P$、$\boldsymbol{x}_Q$和控制变量$\boldsymbol{u}_P$、$\boldsymbol{u}_Q$）和对偶变量$\boldsymbol{\lambda}_P$、$\boldsymbol{\mu}_P$、$\boldsymbol{\lambda}_Q$、$\boldsymbol{\mu}_Q$的初值，然后分别求解式(6.62)和式(6.63)这两个子问题。当相邻两次迭代的优化变量的变化量小于某一收敛门槛时，优化结束。对于每个优化子问题，满足约束条件的解是可行解，而满足K-T条件的解才是最优解。

有功、无功两个子优化问题可以独立地求解，以实现单独的有功、无功优化；而能达到有功、无功综合优化的解耦最优潮流计算则要交替地迭代求解这两个子问题。具体步骤如下。

(1) 通过初始潮流计算，设定$\boldsymbol{u}_Q^{(0)}$、$\boldsymbol{x}_Q^{(0)}$、$\boldsymbol{u}_P^{(0)}$、$\boldsymbol{x}_P^{(0)}$。

(2) 令$\boldsymbol{u}_Q^0=\boldsymbol{u}_Q^{(0)}$，$\boldsymbol{x}_Q^0=\boldsymbol{x}_Q^{(0)}$，迭代计数$k=1$。

(3) 保持$\boldsymbol{u}_Q^0$及$\boldsymbol{x}_Q^0$不变，解有功子优化问题，得到$\boldsymbol{u}_P$的最优值$\boldsymbol{u}_P^{*(k)}$及相应的$\boldsymbol{x}_P^{*(k)}$。

(4) 令$\boldsymbol{u}_P^0=\boldsymbol{u}_P^{*(k)}$，$\boldsymbol{x}_P^0=\boldsymbol{x}_P^{*(k)}$。

(5) 保持$\boldsymbol{u}_P^0$及$\boldsymbol{x}_P^0$数值不变，解无功子优化问题，得到$\boldsymbol{u}_Q^0=\boldsymbol{u}_Q^{*(k)}$，$\boldsymbol{x}_Q^0=\boldsymbol{x}_Q^{*(k)}$。

(6) 检验$\|\boldsymbol{u}_Q^{*(k)}-\boldsymbol{u}_Q^{*(k-1)}\|<\varepsilon$，$\|\boldsymbol{x}_Q^{*(k)}-\boldsymbol{x}_Q^{*(k-1)}\|<\varepsilon$是否满足。

(7) 若满足上列收敛条件，计算结束；否则，令$\boldsymbol{u}_Q^0=\boldsymbol{u}_Q^{*(k)}$，$\boldsymbol{x}_Q^0=\boldsymbol{x}_Q^{*(k)}$。

(8) $k=k+1$，转向步骤(3)。

由上可见，通过解耦或分解，优化过程变为两个规模近似减半的子问题串行迭代求解，这样的算法将能在内存节约以及减少计算时间方面取得良好的效果。因此，在考虑具有实时运行要求的，特别是大规模电力系统的最优潮流算法时，采用这种解耦的最优潮流计算模型是一种很好的选择。

### 6.6.2 特点分析

交叉逼近法的最主要特点是使用起来十分灵活方便。例如其可以单独用于求解有功优化子问题，单独用于有功优化，或用于获得校正线路过负荷的有功校正对策。也可以只进行无功优化，求得网损最小的一组解，而这时有功优化子问题可用一个收敛的潮流代替。

式(6.62)的有功优化子问题和式(6.63)的无功优化子问题可以用不同的优化方法求解，例如前者可用线性化模型近似表示，用线性规划算法求解；后者可用二阶模型表示，用二次规划方法求解。结合子问题的特点选择合适的算法，最后可以得到总体性能最好的算法。

交叉逼近法每个子问题的方程数和变量数分别约为原问题的一半。另外，每个子问题还可以针对其特点进行进一步简化，突出主要矛盾。在交叉求解每个子问题的过程中，使用稀疏矩阵和稀疏矢量技术求解网络方程的修正解，结合使用试迭代，最终所得到的算法具有很高的计算速度。对十几个实际系统、最大含521个节点的算例进行计算，结果表明这个方法可在2～5个快速分解法普通潮流计算时间里给出最优潮流的计算结果，用这个算法编制的软件已用于实际电网的在线运行调度决策。

## 6.7 最优潮流内点法

1984 年,美籍印度学者 Karmarkar 提出了线性规划内点法。此后,该种方法的变形算法,如投影尺度法、仿射尺度法、路径跟踪法,相继产生。原对偶内点法及其改进方法由于具有较好的数值鲁棒性和方便易用而被引入到电力系统最优潮流中。它的最大优点就是计算量随系统规模的增大而增大,但不是很明显,适用于求解大规模的系统优化问题。特别是在电力市场情况下,内点法的对偶变量提供了丰富的经济信息,其值对应于相应约束的影子价格,可以方便地用来确定市场中有功和无功辅助服务的实时价格。

### 6.7.1 基本原理

与单纯形法沿着可行域边界寻优不同,内点法从初始内点出发,沿着中心路径方向或仿射方向在可行域内部直接走向最优解。对于约束条件和变量数目较多的大规模线性规划问题,内点法的收敛性和计算速度均优于单纯形法的。Gill 于 1985 年证明了内点法和基于牛顿法的经典障碍法在形式上的等价性,从而使当采用内点法时,连续变量优化问题都可以用统一的表达形式来求解。基于该结果得到的最重要的内点法的变种是路径跟踪法,这是目前最有发展潜力的一类内点算法,并被推广应用于一般的非线性规划问题。

内点法最初的基本思想是希望寻优迭代过程始终在可行域内进行,因此,初始点应取在可行域内,并在可行域的边界设置"障碍"使迭代点接近边界时其目标函数值迅速增大,从而保证迭代点均为可行域的内点。但是,对于大规模实际问题而言,寻找可行初始点往往十分困难。为此,许多学者长期以来致力于对内点法初始"内点"条件的改进。

下面介绍的跟踪中心轨迹内点法只要求在寻优过程中松弛变量和拉格朗日乘子满足简单的大于零或小于零的条件,即可代替原来必须在可行域内求解的要求,使计算过程大为简化。

为了便于讨论,把最优潮流式(6.9)简写为以下形式:

$$\begin{cases} \text{obj} & \min f(\boldsymbol{x}) \\ \text{s.t.} & \boldsymbol{g}(\boldsymbol{x})=\boldsymbol{0} \\ & \underline{\boldsymbol{h}}\leqslant \boldsymbol{h}(\boldsymbol{x})\leqslant \bar{\boldsymbol{h}} \end{cases} \tag{6.64}$$

式中,$f(\boldsymbol{x})$为目标函数;$\boldsymbol{g}(\boldsymbol{x})=[g_1(x),\cdots,g_m(x)]^{\mathrm{T}}$ 为非线性等式约束条件,即潮流方程;$\boldsymbol{h}(\boldsymbol{x})=[h_1(x),\cdots,h_r(x)]^{\mathrm{T}}$ 为非线性不等式约束,其上限为 $\bar{\boldsymbol{h}}=[\bar{h}_1,\cdots,\bar{h}_r]^{\mathrm{T}}$,下限为 $\underline{\boldsymbol{h}}=[\underline{h}_1,\cdots,\underline{h}_r]^{\mathrm{T}}$。在以上模型中共有 $n$ 个变量,$m$ 个等式约束,$r$ 个不等式约束。

跟踪中心轨迹内点法的基本思路如下。

首先,式(6.64)中将不等式约束转化为等式约束:

$$\boldsymbol{h}(\boldsymbol{x})+\boldsymbol{u}=\bar{\boldsymbol{h}} \tag{6.65}$$

$$\boldsymbol{h}(\boldsymbol{x})-\boldsymbol{l}=\underline{\boldsymbol{h}} \tag{6.66}$$

其中,松弛变量 $\boldsymbol{l}=[l_1,\cdots,l_r]^{\mathrm{T}}$,$\boldsymbol{u}=[u_1,\cdots,u_r]^{\mathrm{T}}$,应满足

$$\boldsymbol{u}>\boldsymbol{0},\quad \boldsymbol{l}>\boldsymbol{0} \tag{6.67}$$

这样，原问题变为如下的优化问题：

$$\begin{cases}\text{obj} & \min f(\boldsymbol{x}) \\ \text{s. t.} & \boldsymbol{g}(\boldsymbol{x})=\boldsymbol{0} \\ & \boldsymbol{h}(\boldsymbol{x})+\boldsymbol{u}=\bar{\boldsymbol{h}} \\ & \boldsymbol{h}(\boldsymbol{x})-\boldsymbol{l}=\underline{\boldsymbol{h}} \\ & \boldsymbol{u}>\boldsymbol{0},\boldsymbol{l}>\boldsymbol{0}\end{cases} \tag{6.68}$$

然后，通过引入扰动因子（或障碍常数）$\mu>0$，把目标函数改造为障碍函数，将上述含不等式的优化问题变成只含等式约束的优化问题：

$$\begin{cases}\text{obj} & \min f(\boldsymbol{x})-\mu\sum_{i=1}^{r}\lg(l_i)-\mu\sum_{i=1}^{r}\lg(u_i) \\ \text{s. t} & \boldsymbol{g}(\boldsymbol{x})=\boldsymbol{0} \\ & \boldsymbol{h}(\boldsymbol{x})+\boldsymbol{u}=\bar{\boldsymbol{h}} \\ & \boldsymbol{h}(\boldsymbol{x})-\boldsymbol{l}=\underline{\boldsymbol{h}}\end{cases} \tag{6.69}$$

式中，当 $l_i$ 或 $u_i(i=1,\cdots,r)$ 靠近边界时，函数趋于无穷大，因此满足以上障碍目标函数的极小解不可能在边界上找到，只能在满足式(6.67)时才可能得到最优解。

只含等式约束的优化问题可以直接应用拉格朗日乘子法求解，式(6.69)的拉格朗日函数为

$$L=f(\boldsymbol{x})-\boldsymbol{y}^{\mathrm{T}}\boldsymbol{g}(\boldsymbol{x})-\boldsymbol{z}^{\mathrm{T}}[\boldsymbol{h}(\boldsymbol{x})-\boldsymbol{l}-\underline{\boldsymbol{h}}]-\boldsymbol{w}^{\mathrm{T}}[\boldsymbol{h}(\boldsymbol{x})+\boldsymbol{u}-\bar{\boldsymbol{h}}]-\mu\sum_{i=1}^{r}\lg(l_i)-\mu\sum_{i=1}^{r}\lg(u_i) \tag{6.70}$$

式中，$\boldsymbol{y}=[y_1,\cdots,y_m]^{\mathrm{T}}$，$\boldsymbol{z}=[z_1,\cdots,z_r]^{\mathrm{T}}$，$\boldsymbol{w}=[w_1,\cdots,w_r]^{\mathrm{T}}$，均为拉格朗日乘子，该问题极小值存在的必要条件是拉格朗日函数对所有变量及乘子的偏导数为0。

$$\boldsymbol{L}_x=\frac{\partial L}{\partial \boldsymbol{x}}=\nabla_x f(\boldsymbol{x})-\nabla_x\boldsymbol{g}(\boldsymbol{x})\boldsymbol{y}-\nabla_x\boldsymbol{h}(\boldsymbol{x})(\boldsymbol{z}+\boldsymbol{w})=\boldsymbol{0} \tag{6.71}$$

$$\boldsymbol{L}_y=\frac{\partial L}{\partial \boldsymbol{y}}=\boldsymbol{g}(\boldsymbol{x})=\boldsymbol{0} \tag{6.72}$$

$$\boldsymbol{L}_z=\frac{\partial L}{\partial \boldsymbol{z}}=\boldsymbol{h}(\boldsymbol{x})-\boldsymbol{l}-\underline{\boldsymbol{h}}=\boldsymbol{0} \tag{6.73}$$

$$\boldsymbol{L}_w=\frac{\partial L}{\partial \boldsymbol{w}}=\boldsymbol{h}(\boldsymbol{x})+\boldsymbol{u}-\bar{\boldsymbol{h}}=\boldsymbol{0} \tag{6.74}$$

$$\boldsymbol{L}_l=\frac{\partial L}{\partial \boldsymbol{l}}=\boldsymbol{z}-\mu\boldsymbol{L}^{-1}\boldsymbol{e}\Rightarrow\boldsymbol{L}_l^{\mu}=\boldsymbol{LZe}-\mu\boldsymbol{e}=\boldsymbol{0} \tag{6.75}$$

$$\boldsymbol{L}_u=\frac{\partial L}{\partial \boldsymbol{u}}=-\boldsymbol{w}-\mu\boldsymbol{U}^{-1}\boldsymbol{e}\Rightarrow\boldsymbol{L}_u^{\mu}=\boldsymbol{UWe}+\mu\boldsymbol{e}=\boldsymbol{0} \tag{6.76}$$

式中，$\boldsymbol{e}=[1,1,\cdots,1]^{\mathrm{T}}$；$\boldsymbol{L}=\mathrm{diag}(l_1,\cdots,l_r)$；$\boldsymbol{U}=\mathrm{diag}(u_1,\cdots,u_r)$；$\boldsymbol{Z}=\mathrm{diag}(z_1,\cdots,z_r)$；$\boldsymbol{W}=\mathrm{diag}(w_1,\cdots,w_r)$。

由式(6.75)和式(6.76)可以解得

$$\mu=\frac{\boldsymbol{l}^{\mathrm{T}}\boldsymbol{z}-\boldsymbol{u}^{\mathrm{T}}\boldsymbol{w}}{2r} \tag{6.77}$$

$$\mathrm{Gap}=\boldsymbol{l}^{\mathrm{T}}\boldsymbol{z}-\boldsymbol{u}^{\mathrm{T}}\boldsymbol{w} \tag{6.78}$$

$$\mu=\frac{\mathrm{Gap}}{2r} \tag{6.79}$$

式中，Gap 为对偶间隙。

$\mu$ 按上式取值时，算法的收敛性较差，一般采用

$$\mu=\sigma\frac{\text{Gap}}{2r} \tag{6.80}$$

式中，$\sigma\in(0,1)$称为中心参数，一般取 0.1，在大多数场合下可以获得较好的收敛效果。当 Gap→0，$\mu\to0$ 时，产生的解序列$\{\boldsymbol{x}(\mu)\}$收敛至原问题的最优解 $\boldsymbol{x}^*$。由于 $\mu>0$，$\boldsymbol{u}>\boldsymbol{0}$，$\boldsymbol{l}>\boldsymbol{0}$，由式(6.75)和式(6.76)可知 $\boldsymbol{z}>\boldsymbol{0}$、$\boldsymbol{w}<\boldsymbol{0}$。

极值的必要条件式(6.71)～式(6.76)是非线性方程组，可用牛顿法求解。将式(6.73)～式(6.78)线性化得到修正方程式组：

$$-[\nabla_x^2 f(\boldsymbol{x})-\nabla_x^2\boldsymbol{g}(\boldsymbol{x})\boldsymbol{y}-\nabla_x^2\boldsymbol{h}(\boldsymbol{x})(\boldsymbol{z}+\boldsymbol{w})]\Delta\boldsymbol{x}+\nabla_x\boldsymbol{g}(\boldsymbol{x})\Delta\boldsymbol{y}+\nabla_x\boldsymbol{h}(\boldsymbol{x})(\Delta\boldsymbol{z}+\Delta\boldsymbol{w})=\boldsymbol{L}_x \tag{6.81}$$

$$\nabla_x\boldsymbol{g}(\boldsymbol{x})^{\mathrm{T}}\Delta\boldsymbol{x}=-\boldsymbol{L}_y \tag{6.82}$$

$$\nabla_x\boldsymbol{h}(\boldsymbol{x})^{\mathrm{T}}\Delta\boldsymbol{x}-\Delta\boldsymbol{l}=-\boldsymbol{L}_z \tag{6.83}$$

$$\nabla_x\boldsymbol{h}(\boldsymbol{x})^{\mathrm{T}}\Delta\boldsymbol{x}+\Delta\boldsymbol{u}=-\boldsymbol{L}_w \tag{6.84}$$

$$\boldsymbol{Z}\Delta\boldsymbol{l}+\boldsymbol{L}\Delta\boldsymbol{z}=-\boldsymbol{L}_l^{\mu} \tag{6.85}$$

$$\boldsymbol{W}\Delta\boldsymbol{u}+\boldsymbol{U}\Delta\boldsymbol{w}=-\boldsymbol{L}_u^{\mu} \tag{6.86}$$

写成矩阵形式为

$$\begin{bmatrix} \boldsymbol{H} & \nabla_x\boldsymbol{g}(\boldsymbol{x}) & \nabla_x\boldsymbol{h}(\boldsymbol{x}) & \nabla_x\boldsymbol{h}(\boldsymbol{x}) & \boldsymbol{0} & \boldsymbol{0} \\ \nabla_x^{\mathrm{T}}\boldsymbol{g}(\boldsymbol{x}) & \boldsymbol{0} & \boldsymbol{0} & \boldsymbol{0} & \boldsymbol{0} & \boldsymbol{0} \\ \nabla_x^{\mathrm{T}}\boldsymbol{h}(\boldsymbol{x}) & \boldsymbol{0} & \boldsymbol{0} & \boldsymbol{0} & -\boldsymbol{I} & \boldsymbol{0} \\ \nabla_x^{\mathrm{T}}\boldsymbol{h}(\boldsymbol{x}) & \boldsymbol{0} & \boldsymbol{0} & \boldsymbol{0} & \boldsymbol{0} & \boldsymbol{I} \\ \boldsymbol{0} & \boldsymbol{0} & \boldsymbol{L} & \boldsymbol{0} & \boldsymbol{Z} & \boldsymbol{0} \\ \boldsymbol{0} & \boldsymbol{0} & \boldsymbol{0} & \boldsymbol{U} & \boldsymbol{0} & \boldsymbol{W} \end{bmatrix}\begin{bmatrix}\Delta\boldsymbol{x}\\ \Delta\boldsymbol{y}\\ \Delta\boldsymbol{z}\\ \Delta\boldsymbol{w}\\ \Delta\boldsymbol{l}\\ \Delta\boldsymbol{u}\end{bmatrix}=\begin{bmatrix}\boldsymbol{L}_x\\ -\boldsymbol{L}_y\\ -\boldsymbol{L}_z\\ -\boldsymbol{L}_w\\ -\boldsymbol{L}_l^{\mu}\\ -\boldsymbol{L}_u^{\mu}\end{bmatrix} \tag{6.87}$$

式中：$\boldsymbol{H}=-[\nabla_x^2 f(\boldsymbol{x})-\nabla_x^2\boldsymbol{g}(\boldsymbol{x})\boldsymbol{y}-\nabla_x^2\boldsymbol{h}(\boldsymbol{x})(\boldsymbol{z}+\boldsymbol{w})]$。

由于修正方程式(6.87)的系数矩阵是一个$(4r+m+n)\times(4r+m+n)$阶的方阵，因此求解该方程的计算量十分庞大，为简化计算，首先对方程组矩阵进行列交换，得

$$\begin{bmatrix} \boldsymbol{L} & \boldsymbol{Z} & \boldsymbol{0} & \boldsymbol{0} & \boldsymbol{0} & \boldsymbol{0} \\ \boldsymbol{0} & -\boldsymbol{I} & \boldsymbol{0} & \boldsymbol{0} & \nabla_x^{\mathrm{T}}\boldsymbol{h}(\boldsymbol{x}) & \boldsymbol{0} \\ \boldsymbol{0} & \boldsymbol{0} & \boldsymbol{U} & \boldsymbol{W} & \boldsymbol{0} & \boldsymbol{0} \\ \boldsymbol{0} & \boldsymbol{0} & \boldsymbol{0} & \boldsymbol{I} & \nabla_x^{\mathrm{T}}\boldsymbol{h}(\boldsymbol{x}) & \boldsymbol{0} \\ \nabla_x\boldsymbol{h}(\boldsymbol{x}) & \boldsymbol{0} & \nabla_x\boldsymbol{h}(\boldsymbol{x}) & \boldsymbol{0} & \boldsymbol{H} & \nabla_x\boldsymbol{g}(\boldsymbol{x}) \\ \boldsymbol{0} & \boldsymbol{0} & \boldsymbol{0} & \boldsymbol{0} & \nabla_x^{\mathrm{T}}\boldsymbol{g}(\boldsymbol{x}) & \boldsymbol{0} \end{bmatrix}\begin{bmatrix}\Delta\boldsymbol{z}\\ \Delta\boldsymbol{l}\\ \Delta\boldsymbol{w}\\ \Delta\boldsymbol{u}\\ \Delta\boldsymbol{x}\\ \Delta\boldsymbol{y}\end{bmatrix}=\begin{bmatrix}-\boldsymbol{L}_l^{\mu}\\ -\boldsymbol{L}_z\\ -\boldsymbol{L}_u^{\mu}\\ -\boldsymbol{L}_w\\ \boldsymbol{L}_x\\ -\boldsymbol{L}_y\end{bmatrix} \tag{6.88}$$

然后对式(6.88)进行简单的变换，得

$$\begin{bmatrix} \boldsymbol{I} & \boldsymbol{L}^{-1}\boldsymbol{Z} & \boldsymbol{0} & \boldsymbol{0} & \boldsymbol{0} & \boldsymbol{0} \\ \boldsymbol{0} & \boldsymbol{I} & \boldsymbol{0} & \boldsymbol{0} & -\nabla_x^{\mathrm{T}}\boldsymbol{h}(\boldsymbol{x}) & \boldsymbol{0} \\ \boldsymbol{0} & \boldsymbol{0} & \boldsymbol{I} & \boldsymbol{U}^{-1}\boldsymbol{W} & \boldsymbol{0} & \boldsymbol{0} \\ \boldsymbol{0} & \boldsymbol{0} & \boldsymbol{0} & \boldsymbol{I} & \nabla_x^{\mathrm{T}}\boldsymbol{h}(\boldsymbol{x}) & \boldsymbol{0} \\ \boldsymbol{0} & \boldsymbol{0} & \boldsymbol{0} & \boldsymbol{0} & \boldsymbol{H}' & \nabla_x\boldsymbol{g}(\boldsymbol{x}) \\ \boldsymbol{0} & \boldsymbol{0} & \boldsymbol{0} & \boldsymbol{0} & \nabla_x^{\mathrm{T}}\boldsymbol{g}(\boldsymbol{x}) & \boldsymbol{0} \end{bmatrix}\begin{bmatrix}\Delta\boldsymbol{z}\\ \Delta\boldsymbol{l}\\ \Delta\boldsymbol{w}\\ \Delta\boldsymbol{u}\\ \Delta\boldsymbol{x}\\ \Delta\boldsymbol{y}\end{bmatrix}=-\begin{bmatrix}-\boldsymbol{L}^{-1}\boldsymbol{L}_l^{\mu}\\ \boldsymbol{L}_z\\ -\boldsymbol{U}^{-1}\boldsymbol{L}_u^{\mu}\\ -\boldsymbol{L}_w\\ \boldsymbol{L}'_x\\ -\boldsymbol{L}_y\end{bmatrix} \tag{6.89}$$

式中，$\boldsymbol{L}'_x=\boldsymbol{L}_x+\nabla_x\boldsymbol{h}(\boldsymbol{x})[\boldsymbol{L}^{-1}(\boldsymbol{L}_l^{\mu}+\boldsymbol{Z}\boldsymbol{L}_z)+\boldsymbol{U}^{-1}(\boldsymbol{L}_u^{\mu}-\boldsymbol{W}\boldsymbol{L}_w)]$，$\boldsymbol{H}'=\boldsymbol{H}-\nabla_x\boldsymbol{h}(\boldsymbol{x})[\boldsymbol{L}^{-1}\boldsymbol{Z}-\boldsymbol{U}^{-1}\boldsymbol{W}]\nabla_x^{\mathrm{T}}\boldsymbol{h}(\boldsymbol{x})$。

现在，只需对一个相对较小的$(m+n)\times(m+n)$阶对称矩阵式(6.89)的右下角块矩阵进行 $\mathrm{LDL^T}$ 分解，剩余的计算量只是回代。这样，不仅减少了计算量，同时也简化了算法。

求解方程式(6.89)得到第 $k$ 次迭代的修正量，于是最优解的一个新的近似为

$$\boldsymbol{x}^{(k+1)}=\boldsymbol{x}^{(k)}+\alpha_{\mathrm{p}}\Delta\boldsymbol{x} \tag{6.90}$$

$$\boldsymbol{l}^{(k+1)}=\boldsymbol{l}^{(k)}+\alpha_{\mathrm{p}}\Delta\boldsymbol{l} \tag{6.91}$$

$$\boldsymbol{u}^{(k+1)}=\boldsymbol{u}^{(k)}+\alpha_{\mathrm{p}}\Delta\boldsymbol{u} \tag{6.92}$$

$$\boldsymbol{y}^{(k+1)}=\boldsymbol{y}^{(k)}+\alpha_{\mathrm{d}}\Delta\boldsymbol{y} \tag{6.93}$$

$$\boldsymbol{z}^{(k+1)}=\boldsymbol{z}^{(k)}+\alpha_{\mathrm{d}}\Delta\boldsymbol{z} \tag{6.94}$$

$$\boldsymbol{w}^{(k+1)}=\boldsymbol{w}^{(k)}+\alpha_{\mathrm{d}}\Delta\boldsymbol{w} \tag{6.95}$$

式中，$\alpha_{\mathrm{p}}$ 和 $\alpha_{\mathrm{d}}$ 为步长，步长 $\alpha_{\mathrm{p}}$ 和 $\alpha_{\mathrm{d}}$ 分别为

$$\begin{cases}\alpha_{\mathrm{p}}=0.9995\min\left\{\min\left(\dfrac{-l_i}{\Delta l_i},\Delta l_i<0;\dfrac{-u_i}{\Delta u_i},\Delta u_i>0\right),1\right\}\\ \alpha_{\mathrm{d}}=0.9995\min\left\{\min\left(\dfrac{-z_i}{\Delta z_i},\Delta z_i<0;\dfrac{-w_i}{\Delta w_i},\Delta w_i>0\right),1\right\}\end{cases}\quad(i=1,2,\cdots,r) \tag{6.96}$$

式(6.96)的取值保证迭代点严格满足要求。

## 6.7.2　流程图

最优潮流内点法的流程图如图 6.3 所示。其中，初始化部分包括以下方面。

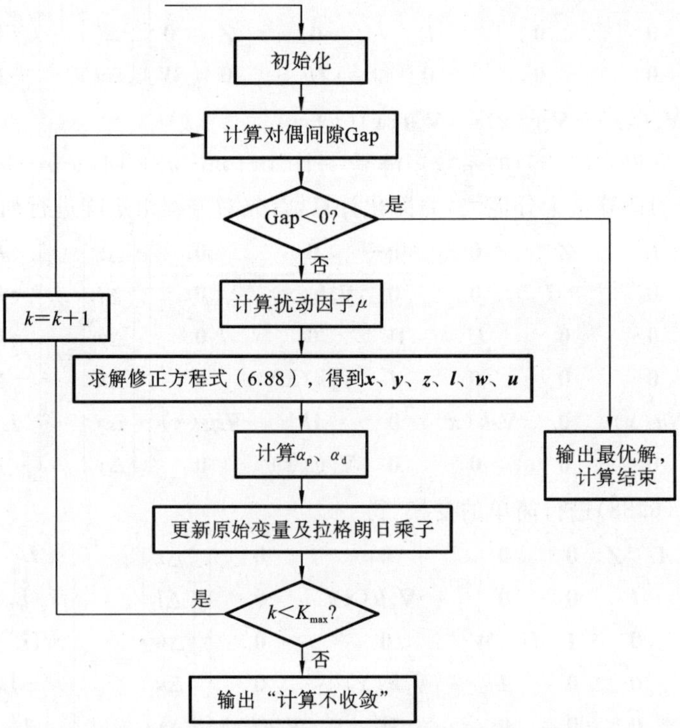


图 6.3　最优潮流内点法的流程图

（1）设置松弛变量 $\boldsymbol{l}$、$\boldsymbol{u}$，保证$[\boldsymbol{l},\boldsymbol{u}]^{\mathrm{T}}>\mathbf{0}$。

（2）设置拉格朗日乘子 $\boldsymbol{z}$、$\boldsymbol{w}$、$\boldsymbol{y}$，满足 $\boldsymbol{z}>\mathbf{0}$，$\boldsymbol{w}<\mathbf{0}$，$\boldsymbol{y}\neq\mathbf{0}$。

（3）设置优化问题各变量的初值。

（4）取中心参数 $\sigma\in(0,1)$，给定计算精度 $\varepsilon=10^{-6}$，置迭代次数初值 $k=0$，置最大迭代次数 $K_{\max}=50$。

## 6.8　基于电力市场环境的最优潮流计算

最优潮流把电力系统经济调度与潮流计算有机地融合在一起，以潮流方程为基础，进行经济与安全（包括有功和无功）的全面优化。利用最优潮流能将可靠性与电能质量量化成相应的经济指标，最终达到优化资源配置，降低发电、输电成本，提高对用户的服务质量的目标。很明显，最优潮流具有极其重要的技术经济意义，这是传统潮流计算所无法实现的。

电力工业改革将经济性提高到一个新的高度，给最优潮流的研究注入了强劲的动力。无论是对于实时电价计算及其辅助服务定价、阻塞管理、可用传输容量估计、输电费用计算等电力市场理论，还是对于实践中的重要课题，最优潮流都可以作为理想的研究工具。

### 6.8.1　实时电价计算及其辅助服务定价

实时电价是以电力系统的瞬时供需平衡为依据，兼顾电力系统的安全运行，应用短期边际成本定价理论而得出的一种价格理论。根据短期边际成本定价理论，各节点的有功、无功实时电价等于系统成本对各节点有功、无功负荷的微增率。最优潮流 OPF 中对应于潮流平衡方程的拉格朗日乘子 $\lambda_{\mathrm{p}}$、$\lambda_{\mathrm{q}}$ 与有功、无功负荷的实时电价具有相同的经济意义，它代表了系统成本对节点注入功率的微增率，对应于节点注入功率的影子价格，该价格可以作为对发电机付费和用户收费的实时电价。因此，最优潮流是一种极具潜力的实时电价计算方法。

电力市场中的辅助服务主要包括：热备用、冷备用、AGC、电压/无功支持和黑启动。对于独立系统操作员（ISO）而言，有两种途径可用于获得需要的备用支持。

（1）备用与能源同时拍卖，从拍卖价格中按照机会成本补偿该机组提供的备用。

（2）单独建立一个备用拍卖市场，备用服务单独定价。

以上两种方法均可采用 OPF 建模求解，不同的是前者的备用出现在约束条件中，而后者将备用服务费最小作为目标函数。

下面介绍一种涉及实时电价与辅助服务定价的最优潮流模型。

1. 目标函数

目标函数的计算式为

$$\min F=\sum_{i=1}^{n_{\mathrm{G}}}\left[f_{\mathrm{P}i}(P_{\mathrm{G}i})+f_{\mathrm{Q}i}(Q_{\mathrm{G}i})\right] \tag{6.97}$$

式中，$n_{\mathrm{G}}$ 为发电机节点数；$f_{\mathrm{P}i}(P_{\mathrm{G}i})$为第 $i$ 台发电机有功出力成本函数，$P_{\mathrm{G}i}$ 为其有功出力；$f_{\mathrm{Q}i}(Q_{\mathrm{G}i})$为第 $i$ 台发电机无功出力成本函数，$Q_{\mathrm{G}i}$ 为其无功出力。目标函数的意义为系统中总的发电成本最小。

2. 约束条件

(1) 等式约束条件即为平衡方程：

$$\begin{cases}P_{Gi}-P_{Li}-U_i\sum\limits_{j\in i}U_j(G_{ij}\cos\theta_{ij}+B_{ij}\sin\theta_{ij})=0\\ Q_{Gi}-Q_{Li}-U_i\sum\limits_{j\in i}U_j(G_{ij}\sin\theta_{ij}-B_{ij}\cos\theta_{ij})=0\end{cases}\quad(i=1,2,\cdots,n)\tag{6.98}$$

式中，$n$ 为系统节点总数；$P_{Gi}$、$Q_{Gi}$ 分别为节点 $i$ 的有功和无功发电功率；$P_{Li}$、$Q_{Li}$ 分别为节点 $i$ 的有功和无功负荷功率；$U$、$\theta$ 分别为电压幅值和相角；节点导纳矩阵元素为 $G_{ij}+\mathrm{j}B_{ij}$。

(2) 对于不等式约束条件，容量约束条件为

$$\begin{cases}\underline{P}_{Gi}\leqslant P_{Gi}\leqslant\overline{P}_{Gi}\\ \underline{Q}_{Gi}\leqslant Q_{Gi}\leqslant\overline{Q}_{Gi}\end{cases}\quad(i=1,2,\cdots,n_G)\tag{6.99}$$

电压约束条件为

$$\underline{U}_{Gi}\leqslant U_{Gi}\leqslant\overline{U}_{Gi}\quad(i=1,2,\cdots,n)\tag{6.100}$$

支路中有功功率传输容量约束条件为

$$\underline{P}_{li}\leqslant P_{li}\leqslant\overline{P}_{li}\quad(i=1,2,\cdots,n_l)\tag{6.101}$$

发电机旋转备用约束条件为

$$\sum_{i=1}^{n_G}R_{Gi}\geqslant\underline{R}\tag{6.102}$$

其中，对于每一台发电机，其有功旋转备用定义为

$$R_{Gi}=\begin{cases}f_i\overline{P}_{Gi} & P_{Gi}<(1-f_i)\overline{P}_{Gi}\\ \overline{P}_{Gi}-P_{Gi} & P_{Gi}\geqslant(1-f_i)\overline{P}_{Gi}\end{cases}\tag{6.103}$$

应指出，可削减的负荷是最大负荷与实际负荷之差，其可看成是另一种形式的备用。

以上各式中，$n_l$ 为支路数；$\overline{P}_{Gi}$、$\underline{P}_{Gi}$ 分别为发电机 $i$ 有功出力的上、下限约束；$\overline{Q}_{Gi}$、$\underline{Q}_{Gi}$ 分别为发电机 $i$ 无功出力的上、下限约束；$\overline{U}_i$、$\underline{U}_i$ 分别为节点 $i$ 电压 $U_i$ 的上、下限约束；$\overline{P}_{li}$、$\underline{P}_{li}$ 分别为第 $i$ 条支路传输有功功率 $P_{li}$ 的上、下限约束；$\underline{R}$ 为有功旋转备用的下限约束；$f_i$ 为发电机 $i$ 的最大备用系数。

将以上模型表示成一般形式如下：

$$\begin{cases} & \min F(\boldsymbol{z})\\ \text{s. t.} & \boldsymbol{g}(\boldsymbol{z})=\boldsymbol{0}\\ & \underline{\boldsymbol{h}}\leqslant\boldsymbol{h}(\boldsymbol{z})\leqslant\overline{\boldsymbol{h}}\end{cases}\tag{6.104}$$

式中，$\underline{\boldsymbol{h}}$、$\overline{\boldsymbol{h}}$ 为不等式约束组成的下、上限向量。

类似于内点法，通过引入松弛变量将不等式约束变成等式约束，并对松弛变量应用对数障碍函数，得到拉格朗日函数：

$$L=F(\boldsymbol{z})-\boldsymbol{\lambda}^{\mathrm{T}}\boldsymbol{g}(\boldsymbol{z})+\boldsymbol{w}_l^{\mathrm{T}}(\boldsymbol{h}(\boldsymbol{z})-\boldsymbol{l}-\underline{\boldsymbol{h}})+\boldsymbol{w}_u^{\mathrm{T}}(\boldsymbol{h}(\boldsymbol{z})+\boldsymbol{u}-\overline{\boldsymbol{h}})-\mu\Big[\sum_{i=1}^{k}\ln l_i+\sum_{i=1}^{k}\ln u_i\Big]\tag{6.105}$$

其中，松弛变量 $\boldsymbol{l}>0$，$\boldsymbol{u}>0$，拉格朗日乘子 $\boldsymbol{w}_l<0$，$\boldsymbol{w}_u>\boldsymbol{0}$，$\mu>\boldsymbol{0}$，则有

$$\lambda_{Pi}=\frac{\partial L}{\partial P_i}\bigg|_{*}\tag{6.106}$$

$$\lambda_{Qi}=\frac{\partial L}{\partial Q_i}\bigg|_* \tag{6.107}$$

$\lambda_{Pi}$和$\lambda_{Qi}$就是在最优处节点$i$处有功注入与无功注入的影子价格。因此，在理想的竞争环境下，由式(6.107)可得到所有发电机和用户的实时电价。

有文献通过考虑更多辅助服务以及电压质量，提出了一种更先进的价格模型，这一模型将实时电价分解为以下4部分。

(1) 发电边际成本，即OPF中节点功率平衡方程对应的拉格朗日乘子。

(2) 网损补偿费用。

(3) 有功、无功耦合关系。

(4) 安全服务费用，对于有功来说指的是阻塞管理费用，对于无功而言还应加上无功/电压支持服务费用。

### 6.8.2 阻塞管理

在电力市场环境下，整个系统一般由ISO进行统一调度和管理。ISO最重要的任务之一就是进行系统的传输阻塞管理。电力市场下的传输阻塞是指线路传输容量不能满足所有交易需要，特别是发生某种意外事故时，某些线路过载，影响了系统的安全稳定运行。阻塞管理就是建立一套合理的调度计划，使系统各条线路在容量限制范围内安全运行。最优潮流就为阻塞管理提供了强有力的工具。当实时市场的容量不足以消除传输阻塞时，ISO就必须根据市场竞价修正某些双边合同，并调整与该合同有关的发电厂出力和电力用户的负荷，以消除阻塞。为保证调度的公平性，哪些合同需要修改以及变量改变的大小可以通过以阻塞管理费用最小为目标函数的最优潮流来决定。

利用最优潮流可以根据市场报价调整实时平衡市场中发电厂的出力，在必要时可通过竞价手段削减某些双边合同量。下面介绍一种基于最优潮流的阻塞管理数学模型。

1. 目标函数

目标函数为

$$\min\sum_{i=1}^{n}\max[b_i^+(\hat{P}_i-\hat{P}_i^0),0,b_i^-(\hat{P}_i^0-\hat{P}_i)]+\sum_{i=1}^{n}\sum_{\substack{j=1\\j\neq i}}^{n}[b_i^{i,j}(P_i^{i,j}-P_i^{i,j0})] \tag{6.108}$$

其中，

$$\hat{P}_i=P_i-\sum_{\substack{j=1\\j\neq i}}^{n}P_i^{i,j} \tag{6.109}$$

以上两式中，$b_i^+$为要求发电机增加出力时的报价，即增量报价；$b_i^-$为要求发电机削减出力时的报价，即减量报价；$b_i^{i,j}$为要求削减节点$i$、$j$之间的双边合同量时的报价；$P_i^0$为初始有功出力；$P_i$为发电机$i$的总有功出力；$P_i^{i,j}$为节点$i$、$j$之间的双边合同量。

式(6.108)中的前一项表示发电机或负荷在平衡市场时的调整费用，因为增量报价$b_i^+$与减量报价$b_i^-$是不同的(对于负荷只含$b_i^-$)，因而这一项是不定的，需要在迭代计算中视$\hat{P}_i$的值(是大于$\hat{P}_i^0$还是小于$\hat{P}_i^0$)来确定。后一项表示所有与节点$i$相关的双边合同的削减费用之和。

2. 约束条件

(1) 对于发电机节点($i\in n_G$),有

$$\hat{P}_i+\sum_{\substack{j=1\\j\neq i}}^{n}P_i^{i,j}-\left[U_i^2G_{ii}+U_i\sum_{\substack{j\in i\\j\neq i}}^{n}U_j(G_{ij}\cos\theta_{ij}+B_{ij}\sin\theta_{ij})\right]=0 \tag{6.110}$$

$$Q_i-\left[-U_i^2B_{ii}+U_i\sum_{\substack{j\in i\\j\neq i}}^{n}U_j(G_{ij}\sin\theta_{ij}-B_{ij}\cos\theta_{ij})\right]=0 \tag{6.111}$$

$$\underline{P}_i\leqslant\hat{P}_i+\sum_{\substack{j=1\\j\neq i}}^{n}P_i^{i,j}\leqslant\overline{P}_i \tag{6.112}$$

$$0\leqslant\sum_{\substack{j=1\\j\neq i}}^{n}P_i^{i,j}\leqslant P_i^0 \tag{6.113}$$

$$0\leqslant\hat{P}_i\leqslant\overline{P}_i \tag{6.114}$$

$$\underline{Q}_i\leqslant Q_i\leqslant\overline{Q}_i \tag{6.115}$$

(2) 对于负荷节点($i\in n_L$),有

$$\hat{P}_i+\sum_{\substack{j=1\\j\neq i}}^{n}P_i^{i,j}+U_i^2G_{ii}+U_i\sum_{\substack{j\in i\\j\neq i}}^{n}U_j(G_{ij}\cos\theta_{ij}+B_{ij}\sin\theta_{ij})=0 \tag{6.116}$$

$$Q_i-U_i^2B_{ii}+U_i\sum_{\substack{j\in i\\j\neq i}}^{n}U_j(G_{ij}\sin\theta_{ij}-B_{ij}\cos\theta_{ij})=0 \tag{6.117}$$

$$0\leqslant\hat{P}_i+\sum_{\substack{j=1\\j\neq i}}^{n}P_i^{i,j}\leqslant P_i^0 \tag{6.118}$$

(3) 对于所有节点($i\in n$),有

$$\underline{U}_i\leqslant U_i\leqslant\overline{U}_i \tag{6.119}$$

$$P_{ij}=U_i^2G_{ii}-U_iU_j(G_{ij}\cos\theta_{ij}+B_{ij}\sin\theta_{ij})\leqslant\overline{P}_{ij} \tag{6.120}$$

式(6.110)~式(6.120)中,$n_L$ 为负荷总数;$Q_i$ 为节点注入无功(对发电机节点而言为无功出力,对负荷节点而言为无功负荷);$\overline{P}_i$ 和 $\underline{P}_i$ 分别为发电机 $i$ 有功出力的上、下限约束;$\overline{Q}_i$ 和 $\underline{Q}_i$ 分别为发电机 $i$ 无功出力的上、下限约束。式(6.110)~式(6.111)、式(6.116)~式(6.117)分别为发电机节点和负荷节点的功率平衡方程式;式(6.112)~式(6.115)、式(6.118)~式(6.119)为变量的不等式约束;式(6.120)为线路(包括普通线路和变压器)有功潮流约束。式(6.109)也表示负荷节点的功率情况,$P_i$ 为节点总负荷,$\hat{P}_i$ 为该节点在平衡市场中的负荷,另一部分负荷可通过双边合同获得。

阻塞管理的目标函数为管理费用最小,当阻塞消除后,由调度管理中心付给各市场参与者。$\hat{P}_i$、$P_i^{i,j}$、$Q_i$ 可以看作是优化过程的控制变量,是需要调整的;$U_i$、$\theta_{ij}$ 为状态变量,其值由控制变量决定。调度管理中心要指定一个发电厂作为平衡节点,用以补偿网损。

阻塞问题本身是一个违反约束的典型情况,当线路容量约束属于函数不等式约束时,需要把函数值严格限制在约束以内,采用内点法可以最大限度地发挥处理函数不等式约束的优势。阻塞问题的计算过程可简单归纳如下。

(1) 通过日竞价市场和双边合同市场的竞价行为得到初步的调度方案。

(2) 在实时平衡市场中进行阻塞管理报价,运行牛顿法潮流程序,得到各初始状

态量。

(3) 检查是否有线路传输功率越限，若有，继续第(4)步；若无，则输出结果，显示无阻塞现象，可以正常运行。

(4) 根据各市场参与者的报价运行阻塞管理程序。

(5) 得到优化的阻塞管理策略，输出结果。

### 6.8.3 可用传输容量估计

在电力市场环境下，为了最大限度地降低输电成本，激烈竞争的电力系统已不得不将运行极限研究作为提高经济效益的主要手段。系统输电能力的估计不仅能用于指导系统调度人员的操作，保证系统安全可靠运行，具有技术方面的价值；同时输电能力也具有市场信号的作用，能为各参与者在电力市场下的商业行为提供参考。北美电力可靠性委员会(NERC)给出的可用传输容量(ATC)的定义为：在现有输电合同的基础上，实际物理输电网络中剩余的、可用于商业使用的传输容量。

ATC 的计算公式可表示为

$$P_{\mathrm{ATC}}=P_{\mathrm{TTC}}-P_{\mathrm{TRM}}-P_{\mathrm{ETC}}-P_{\mathrm{CBM}} \tag{6.121}$$

式中，$P_{\mathrm{ATC}}$为可用传输容量；$P_{\mathrm{TTC}}$为总传输容量，其反映了在满足系统各种安全可靠性要求的前提下，互联系统联络线上最大的输电能力；$P_{\mathrm{TRM}}$为输电可靠性裕度，其反映了为保证互联系统在不确定因素情况下的安全性所必需的传输容量；$P_{\mathrm{ETC}}$为已有输电协议占用的输电容量；$P_{\mathrm{CBM}}$为容量效益裕度，其反映了为保证 $P_{\mathrm{ETC}}$中不可撤销的输电服务顺利执行时输电网络应当保留的输电容量。式(6.121)表明，$P_{\mathrm{TTC}}$减去基本潮流和适当的输电裕度即为 $P_{\mathrm{ATC}}$。

从式(6.121)可以看出，ATC 受不确定因素影响较大，因此，ATC 用来评估未来较长一段时间内的输电能力时，一般采用概率模型计算。只有在预测较短时间的输电能力时，才采用确定性模型计算。基于确定性模型的算法目前主要有线性规划法、连续潮流法和最优潮流法。这里主要介绍 ATC 的最优潮流模型。

传输容量一般基于区域计算，即计算区域间输电断面的最大输电容量。计算送端区域到受端区域的传输容量，实质上就是把送端区域内发电商的电能最大限度地出售给受端区域内的供电商。传输容量的计算要考虑系统的热过负荷、电压越限和暂态稳定等限制。从概念上理解，它也可以作为一个优化问题来求解。下面介绍一种 ATC 的最优潮流计算模型。

1. 目标函数

目标函数计算式为

$$\max P_{\tau}=\sum_{\substack{m\in R\\ k\notin R}}P_{km}$$

式中，$P_{\tau}$ 为送端区域到受端区域的传输容量；$R$ 为受端区域母线集合；$m$ 为受端区域母线；$k$ 为送端区域母线；$P_{km}$为送端区域母线 $k$ 与受端区域母线 $m$ 之间的联络线上的有功功率；目标函数表示区域间有功功率传输容量最大化。

2. 约束条件

(1) 等式约束条件(潮流约束)如下：

$$\begin{cases} P_{Gi} - P_{Li} - U_i \sum_{j \in i}^{n} U_j (G_{ij} \cos\theta_{ij} + B_{ij} \sin\theta_{ij}) = 0 \\ Q_{Gi} - Q_{Li} - U_i \sum_{j \in i}^{n} U_j (G_{ij} \sin\theta_{ij} - B_{ij} \cos\theta_{ij}) = 0 \end{cases} \quad (i=1,2,\cdots,n) \tag{6.122}$$

（2）不等式约束条件如下：

$$\underline{P}_{Gi} \leqslant P_{Gi} \leqslant \overline{P}_{Gi} \quad (i=1,2,\cdots,n_G) \tag{6.123}$$

$$\underline{Q}_{Gi} \leqslant Q_{Gi} \leqslant \overline{Q}_{Gi} \quad (i=1,2,\cdots,n_R) \tag{6.124}$$

$$S_{ij} \leqslant \overline{S}_{ij} \quad (i,j=1,2,\cdots,n) \tag{6.125}$$

式中，$n_R$ 为无功电源总数；$S_{ij}$ 为支路 $ij$ 的视在功率；$\overline{S}_{ij}$ 为支路 $ij$ 视在功率的上限。其他符号如前所述。

### 6.8.4 输电费用计算

电力市场的一个主要特征就是输电网可开放经营。作为电力市场中间环节的输电网，其功能和角色发生了重大变化。如何在市场环境下准确地计算出输电费用，是电力工作者面临的重要课题。在实行市场化的初始阶段，人们认为在计算输电费用时，了解各发电机功率、各负荷功率及网络损耗在线路潮流中的比重是关键，于是，各种潮流跟踪法应运而生，它们都是以网流的物理意义为基础，以潮流计算为主要手段的。

然而，随着电网规模增加，网络潮流分布十分复杂，再加上环流的影响，应用潮流跟踪法进行准确分析困难很大。"输电权利"概念的提出打破了以往研究输电费用的思路，跳出了物理意义的局限，认为 ISO 只需考虑注入点（如发电机或电力销售商）与输电节点（电力用户）之间的功率注入和输出，而无须关心网络中潮流的分布情况。采用基于拍卖机制的优先权保险服务方式出售"输电权利"，网络用户必须根据所需功率为将来对网络的"使用权利"付费，市场参与者只有在获得"输电权利"之后才能执行电力交易合约。采用 OPF 模型可以实现以上拍卖机制，"输电权利"由一对功率"注入"和"流出"的节点来表示，目标函数是"输电权利"的拍卖收益最大，约束条件是在保证已拍卖的"输电权利"同时存在的条件下仍能满足系统安全运行约束。

以上介绍了在电力市场环境下 OPF 的多种应用场合。其实，OPF 不同的功能取决于不同的目标函数、不同的控制变量、不同的状态变量，以及不同的约束条件的组合。随着电力市场模式有机地结合，如何在最优潮流中考虑暂态稳定和电压稳定等问题以保证系统安全，以及如何进一步改进已有的最优潮流算法以提高算法的收敛性和计算速度，都是今后有待深入研究的课题。

## 6.9 病态潮流的计算

在前面的讨论中，潮流计算问题可归结为求解一个非线性代数方程组的问题，通过与电力系统固有物理特性相结合，相关人员已提出了多种求解该方程组的有效算法。

潮流方程是一组非线性代数方程组。从数学上说，这些非线性代数方程组应该有许多组解，可能出现下面几种情况。

（1）方程组具有有实际意义的解。

（2）方程组具有在数学上满足潮流方程，而在实际运行中无法实现的解。

(3) 对于给定的运行条件,潮流方程无解,或者无实数解。

但在实际计算中,对于一些病态系统,往往会出现计算过程振荡,甚至不收敛的情况,例如以下两种情况。

(1) 潮流方程本身无实数解,所以不可能收敛。

(2) 潮流方程有解,但潮流算法本身不完善,所以不收敛。

有时即使潮流计算收敛,但若初值给得不合适,也可能收敛到不能运行的解,问题就变得非常复杂。

在这种情况下,人们往往很难判断出现这些现象究竟是由于潮流算法本身不够完善造成的,还是从一定的初值出发,在给定的运行条件下,从数学上来讲,非线性潮流方程组本来就是无解的。

对于某些潮流计算问题,潮流方程有时会无解;有时即使有解,用常规方法也难以收敛。这种情况的潮流称为病态潮流,这时往往需要采用特殊的潮流计算方法。

### 6.9.1 潮流方程解的存在性

潮流方程组有极坐标和直角坐标两种形式,其中,式(6.126)和式(6.127)分别为

$$\boldsymbol{P}^{\mathrm{sp}}-\boldsymbol{F}(\boldsymbol{\theta},\boldsymbol{U})=\boldsymbol{0} \tag{6.126}$$

$$\boldsymbol{P}^{\mathrm{sp}}-\boldsymbol{F}(\boldsymbol{e},\boldsymbol{f})=\boldsymbol{0} \tag{6.127}$$

潮流方程有没有解,有多少个解,怎样确保潮流计算收敛到可运行解,都是很难的研究课题,至今尚未很好解决。下面以两母线电力系统为例对上述问题做个初步的定性分析。

**例 6.1** 图 6.4 所示的为两母线电力系统,已知节点② 是 $V\theta$ 给定节点,$U=1,\theta=0$。求节点①的电压。

**解** 根据题意,对于节点①有

$$[\underbrace{U-(e+\mathrm{j}f)}_{\text{流入节点电流}}](g-\mathrm{j}b)=\dot{I}_1=\frac{\hat{S}_1}{\hat{U}_1}=\underbrace{\frac{P-\mathrm{j}Q}{e-\mathrm{j}f}}_{\text{流出节点电流}}$$

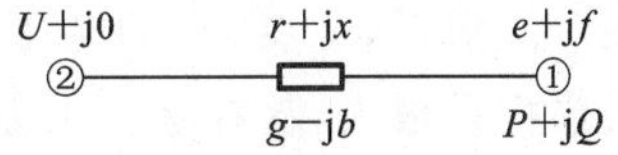


**图 6.4 例 6.1 的两母线电力系统**

因此其有功、无功潮流方程为

$$\begin{cases}P=g(Ue-e^2-f^2)-bUf\\ Q=b(Ue-e^2-f^2)+gUf\end{cases}$$

$$\begin{cases}\left(e-\dfrac{U}{2}\right)^2+\left(f+\dfrac{\beta U}{2}\right)^2=\left(\dfrac{U}{2}\right)^2+\left(\dfrac{\beta U}{2}\right)^2-\dfrac{P}{g}\\ \left(e-\dfrac{U}{2}\right)^2+\left(f-\dfrac{\alpha U}{2}\right)^2=\left(\dfrac{U}{2}\right)^2+\left(\dfrac{\alpha U}{2}\right)^2-\dfrac{Q}{b}\end{cases}$$

式中,$\alpha=r/x$,$\beta=1/\alpha$,对于高压输电网有 $x>r$,$\beta>1$,$\alpha<1$,所以 $R_{\mathrm{P}}>R_{\mathrm{Q}}$。

显然这是圆的方程,两圆的圆心是:

$$\begin{cases}O_{\mathrm{P}}\left(\dfrac{U}{2},-\dfrac{\beta U}{2}\right)\\ O_{\mathrm{Q}}\left(\dfrac{U}{2},\dfrac{\alpha U}{2}\right)\end{cases}$$

两圆心的距离是:

$$D=(\alpha+\beta)\frac{U}{2}$$

圆方程所对应的图如图 6.5 所示。

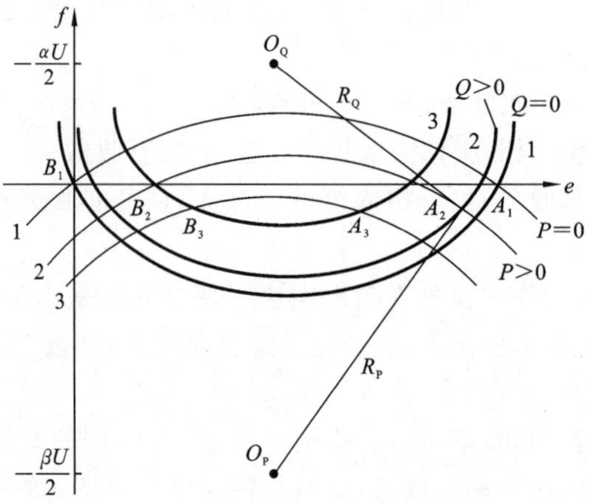


**图 6.5 节点①是 PQ 节点时的潮流解图示**

(1) 节点①是 $PQ$ 节点时。

两圆的交点即为所求解，即节点①电压的实部和虚部分别为 $e$、$f$，当两圆的交点满足 $e=U$，$f=0$ 时，两圆的交点经过点$(U,0)$，电路开路；当两圆的交点满足 $e=0$，$f=0$ 时，两圆的交点经过原点，电路短路。

当有功负荷和无功负荷逐渐增大时，两个圆的半径逐渐减小，图 6.5 中圆的变化路径为 1→2→3。具体分析如下。

① 圆 1 与 $e$ 轴交点为 $A_1(1,0)$，则有 $P=0$，$Q=0$，此时线路上没有潮流，节点②的电压等于节点①的电压 $U\angle 0°$，另一交点 $B_1(0,0)$对应于短路情况，$A_1$ 为平启动点。

② 圆 2 对应正常负荷情况；此时 $P>0$，$Q>0$，$A_2$，$B_2$ 都是潮流解，交点 $A_2$ 的电压在 1 值附近，交点 $B_2$ 的电压在 0 值附近，但在交点 $B_2$（低电压点）处有低电压大电流，线损将会很大，这在运行上是不能实现的，这种情况下两交点相差较远，从平启动开始，计算潮流收敛到低电压点 $B_2$ 的可能性较小。

③ 圆 3 对应重负荷情况，此时 $P$、$Q$ 都很大，两个交点 $A_3$、$B_3$ 靠得近，因解点 $A_3$ 离平启动点 $A_1$ 太远，从平启动开始潮流计算不易收敛，有时还会收敛到和 $A_3$ 相距很近的另一个交点 $B_3$ 点上，这时很难判断哪个解是稳定解。

④ $P$、$Q$ 继续增大，点 $B$ 和点 $A$ 逐渐靠拢，圆 $P$ 和圆 $Q$ 将相切。再继续增加负荷，当 $R_P+R_Q<D$ 时两个圆相互分离，没有交点，潮流无解。

⑤ 节点①为负荷节点（$PQ$ 节点），规定 $P\geqslant 0$，$Q\geqslant 0$，不满足这一条件则无意义。所以，潮流解只能在图 6.5 中所示的有功、无功圆相交区内取值。

(2)节点①是 $PV$ 节点时。

另一种情况是，节点①作为 $PV$ 节点有足够大的无功支援，如图 6.6 所示，保证节点①电压 $U_1=\sqrt{e^2+f^2}=$恒定值，这时潮流方程变为

$$\begin{cases}\left(e-\dfrac{U}{2}\right)^2+\left(f+\dfrac{\beta U}{2}\right)^2=\left(\dfrac{U}{2}\right)^2+\left(\dfrac{\beta U}{2}\right)^2-\dfrac{P}{g}\\ e^2+f^2=U_1^2\end{cases}$$

交点 $A_1$（轻负荷）、$A_2$（重负荷）是潮流解。

由此可见，节点①是 $PV$ 节点，有足够的无功支援，从而减少了线路输送无功功

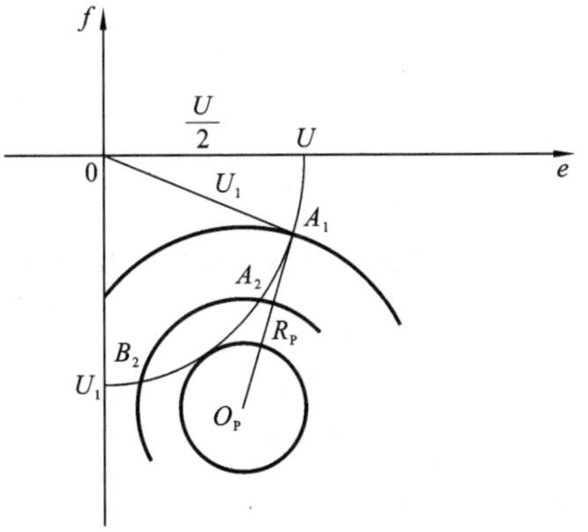


图 6.6 节点①是 $PV$ 节点时的潮流解图示

率，相应地提高了线路输送有功功率的能力，潮流解的范围增大。而在实际系统中，$PV$ 节点的发电机无功输出功率是有一定限制的，所以 $PV$ 节点的电压不可能始终保持不变。

实际电力系统中，各节点有功、无功注入的变化对线路潮流都会产生影响，所以情况相当复杂，但上面定性分析的一些结论还是有参考意义的。

20 世纪 60 年代末，一些学者相继提出潮流计算问题在数学上也可以表示为求某一个由潮流方程构成的目标函数的最小值的问题，并以此来代替代数方程组的直接求解。这就形成了一种采用数学规划或最小化技术的方法，即非线性规划潮流算法，该算法和前面章节介绍的各种算法在原理上完全不同。

用非线性规划潮流算法计算潮流的一个显著特点是从原理上保证了计算过程永远不会发散。只要在给定的运行条件下，潮流问题有解，则上述的目标函数最小值就迅速趋近于零。如果从某一初值出发，潮流问题不存在解，则目标函数就先逐渐减小，最后停留在某一个不为零的正值上。这便可以有效解决病态电力系统的潮流计算问题，并为给定条件下的潮流问题的有解与无解提供一个明确的判断途径。

常用的病态潮流计算方法有最优乘子法和连续潮流法。

### 6.9.2 最优乘子法

早期提出的完全应用数学规划方法的非线性规划潮流算法在内存需要量和计算速度方面都无法和前面章节介绍的常规潮流算法相比，因而没有得到实际应用及推广。由此，学者们对非线性规划中的两个方面进行了改进，并将数学规划原理和常规的牛顿潮流算法有机地结合起来，形成了一种新的潮流计算方法——带有最优乘子的牛顿法，简称最优乘子法。这种算法能有效地解决病态电力系统的潮流计算问题，并已得到广泛使用。

将潮流计算问题用求解非线性代数方程组来表述，即列出潮流方程组为

$$f_i(\boldsymbol{x})=g_i(\boldsymbol{x})-b_i=0 \quad (i=1,2,\cdots,n) \tag{6.128}$$

或

$$\boldsymbol{f}(\boldsymbol{x})=0 \tag{6.129}$$

式中，$\boldsymbol{x}$ 为待求变量组成的 $n$ 维向量，$\boldsymbol{x}=[x_1,x_2,\cdots,x_n]^{\mathrm{T}}$，$b_i$ 为给定的常量。

则可以构造标量函数：

$$F(\boldsymbol{x}) = \sum_{i=1}^{n} f_i^2(\boldsymbol{x}) = \sum_{i=1}^{n} (g_i(\boldsymbol{x}) - b_i)^2 \tag{6.130}$$

或

$$F(\boldsymbol{x}) = [\boldsymbol{f}(\boldsymbol{x})]^{\mathrm{T}} \boldsymbol{f}(\boldsymbol{x}) \tag{6.131}$$

若式(6.128)表示的非线性代数方程组的解存在，则以平方和形式出现的标量函数$F(\boldsymbol{x})$的最小值应为零。若此最小值不能变为零，则说明不存在能满足式(6.128)的解。这样就可以把原来的解代数方程组的问题转化为求$\boldsymbol{x}^* = [x_1^*, x_2^*, \cdots, x_n^*]^{\mathrm{T}}$，使

$$F(\boldsymbol{x}^*) = \min F(\boldsymbol{x}) \tag{6.132}$$

的问题，在这里记使$F(\boldsymbol{x})$取最小值的$\boldsymbol{x}$为$\boldsymbol{x}^*$。这种最小化方法可以用于电力系统潮流问题的求解，即可将潮流问题归为非线性规划问题。$\min F(\boldsymbol{x})$在这里没有附加约束条件，因此在数学规划中属于无约束非线性规划的范畴。

按数学规划方法，常由下述步骤(设$k$为迭代次数)求目标函数$F(\boldsymbol{x})$的极小点。

(1) 确定一个初始估计值$\boldsymbol{x}^{(0)}$。

(2) 置迭代次数$k=0$。

(3) 从$\boldsymbol{x}^{(k)}$出发，按照能使目标函数下降的原则，确定一个搜索或寻优方向$\Delta\boldsymbol{x}^{(k)}$。

(4) 沿着$\Delta\boldsymbol{x}^{(k)}$的方向确定能使目标函数下降得最多的一点，也即决定移动的步长，从而得到一个新的迭代点，即

$$\boldsymbol{x}^{(k+1)} = \boldsymbol{x}^{(k)} + \mu^{(k)} \Delta\boldsymbol{x}^{(k)} \tag{6.133}$$

式中，$\mu$为步长因子，其数值的选择应该使目标函数下降得最多，可通过式(6.134)求出最优步长因子：

$$F(\boldsymbol{x}^{(k)} + \mu^{*(k)} \Delta\boldsymbol{x}^{(k)}) = \min_{\mu} F(\boldsymbol{x}^{(k)} + \mu^{(k)} \Delta\boldsymbol{x}^{(k)}) \tag{6.134}$$

式中，$\boldsymbol{x}^{(k)}$、$\Delta\boldsymbol{x}^{(k)}$是已确定的，因此$F^{(k+1)}$是步长因子$\mu^{(k)}$的一元函数，$\mu^{*(k)}$是最优步长因子。最优步长因子可通过求$F$对$\mu$的极值取得。

(5) 校验$F(\boldsymbol{x}^{(k+1)}) < \varepsilon$是否成立，若成立，则$\boldsymbol{x}^{(k+1)} = \boldsymbol{x}^{(k)} + \mu^{*(k)} \Delta\boldsymbol{x}^{(k)}$为所求解，否则，令$k=k+1$，转向步骤(3)，循环计算。

为求得问题的解，关键要解决如下两个问题。

(1) 确定第$k$次迭代的搜索方向$\Delta\boldsymbol{x}^{(k)}$，可利用常规潮流算法每次迭代求出的修正向量$\Delta\boldsymbol{x}^{(k)} = -\boldsymbol{J}(\boldsymbol{x}^{(k)})^{-1} \boldsymbol{f}(\boldsymbol{x}^{(k)})$作为搜索方向，并称之为目标函数在$\boldsymbol{x}^{(k)}$处的牛顿方向。

(2) 确定第$k$次迭代的最优步长因子，目标函数是步长因子$\mu^{(k)}$的一个一元函数：

$$F^{(k+1)} = F(\boldsymbol{x}^{(k)} + \mu^{(k)} \Delta\boldsymbol{x}^{(k)}) = \phi(\mu^{(k)}) \tag{6.135}$$

通过$\dfrac{\mathrm{d}F^{(k+1)}}{\mathrm{d}\mu^{(k)}} = \dfrac{\mathrm{d}\phi(\mu^{(k)})}{\mathrm{d}\mu^{(k)}} = 0$即可求出最优步长因子$\mu^{*(k)}$。

下面详细说明计算$\mu^{*(k)}$的有效方法。

由式(5.100)，采用直角坐标的潮流方程的泰勒展开式可以精确地表示

$$\boldsymbol{f}(\boldsymbol{x}) = \boldsymbol{y}^{\mathrm{s}} - \boldsymbol{y}(\boldsymbol{x}) = \boldsymbol{y}^{\mathrm{s}} - \boldsymbol{y}(\boldsymbol{x}^{(0)}) - \boldsymbol{J}(\boldsymbol{x}^{(0)})\Delta\boldsymbol{x} - \boldsymbol{y}(\Delta\boldsymbol{x}) = \boldsymbol{0} \tag{6.136}$$

引入一个标量乘子$\mu$以调节变量$\boldsymbol{x}$的修正步长，于是式(6.136)可写成

$$\boldsymbol{f}(\boldsymbol{x}) = \boldsymbol{y}^{\mathrm{s}} - \boldsymbol{y}(\boldsymbol{x}^{(0)}) - \boldsymbol{J}(\boldsymbol{x}^{(0)})(\mu\Delta\boldsymbol{x}) - \boldsymbol{y}(\mu\Delta\boldsymbol{x}) = \boldsymbol{y}^{\mathrm{s}} - \boldsymbol{y}(\boldsymbol{x}^{(0)}) - \mu\boldsymbol{J}(\boldsymbol{x}^{(0)})\Delta\boldsymbol{x} - \mu^2 \boldsymbol{y}(\Delta\boldsymbol{x}) \tag{6.137}$$

式中，$\boldsymbol{f}(\boldsymbol{x})=[f_1(\boldsymbol{x}),f_2(\boldsymbol{x}),\cdots,f_n(\boldsymbol{x})]^{\mathrm{T}}$。

为使式(6.137)简明，可定义如下三个向量：

$$\begin{cases}\boldsymbol{a}=[a_1,a_2,\cdots,a_n]^{\mathrm{T}}=\boldsymbol{y}^{\mathrm{s}}-\boldsymbol{y}(\boldsymbol{x}^{(0)})\\ \boldsymbol{b}=[b_1,b_2,\cdots,b_n]^{\mathrm{T}}=-\boldsymbol{J}(\boldsymbol{x}^{(0)})\Delta\boldsymbol{x}\\ \boldsymbol{c}=[c_1,c_2,\cdots,c_n]^{\mathrm{T}}=-\boldsymbol{y}(\Delta\boldsymbol{x})\end{cases}\tag{6.138}$$

因此式(6.137)可简写为

$$\boldsymbol{f}(\boldsymbol{x})=\boldsymbol{a}+\mu\boldsymbol{b}+\mu^2\boldsymbol{c}=\boldsymbol{0}\tag{6.139}$$

将式(6.139)代入式(6.130)，则原来的目标函数可以写成

$$F(\boldsymbol{x})=\sum_{i=1}^{n}f_i^2(\boldsymbol{x})=\sum_{i=1}^{n}(a_i+\mu b_i+\mu^2c_i)^2=\varphi(\mu)\tag{6.140}$$

将 $F(\boldsymbol{x})$ 对 $\mu$ 求导，并令其等于零，由此可以求得最优步长因子 $\mu^*$：

$$\begin{aligned}\frac{\mathrm{d}F(\boldsymbol{x})}{\mathrm{d}\mu}&=\frac{\mathrm{d}\phi(\mu)}{\mathrm{d}\mu}=\frac{\mathrm{d}}{\mathrm{d}\mu}\Big[\sum_{i=1}^{n}(a_i+\mu b_i+\mu^2c_i)^2\Big]\\&=2\sum_{i=1}^{n}[(a_i+\mu b_i+\mu^2c_i)(b_i+2\mu c_i)]=0\end{aligned}\tag{6.141}$$

将式(6.141)展开，可得

$$g_0+g_1\mu+g_2\mu^2+g_3\mu^3=0\tag{6.142}$$

其中，

$$\begin{cases}g_0=\sum\limits_{i=1}^{n}(a_ib_i)\\ g_1=\sum\limits_{i=1}^{n}(b_i^2+2a_ic_i)\\ g_2=3\sum\limits_{i=1}^{n}(b_ic_i)\\ g_3=2\sum\limits_{i=1}^{n}c_i^2\end{cases}\tag{6.143}$$

式(6.142)是标量 $\mu$ 的三次代数方程式，用卡丹(cardan)公式或牛顿法即可求解，所得的 $\mu$ 值就是待求的 $\mu^*$。

从上面的分析可以看出，最优乘子法是常规潮流算法和计算最优乘子算法的结合，因此，对于现有的采用直角坐标的牛顿潮流程序来说，只需增加计算最优步长因子的部分，其就可以变成上述应用了非线性规划原理的算法，使潮流计算的收敛过程得到有效控制。

具体操作是，在现有的采用了直角坐标的牛顿潮流计算程序中，插入图 6.7 中所示的框线内的部分。图 6.7 中，步骤 1 为原来牛顿潮流计算程序中通过修正方程求解而得到的修正量向量 $\Delta\boldsymbol{x}^{(k)}$，在这里，$\Delta\boldsymbol{x}^{(k)}$ 用作本次迭代的搜索方向。在求得 $\Delta\boldsymbol{x}^{(k)}$ 后，并不像牛顿潮流程序那样直接和 $\boldsymbol{x}^{(k)}$ 相加得到

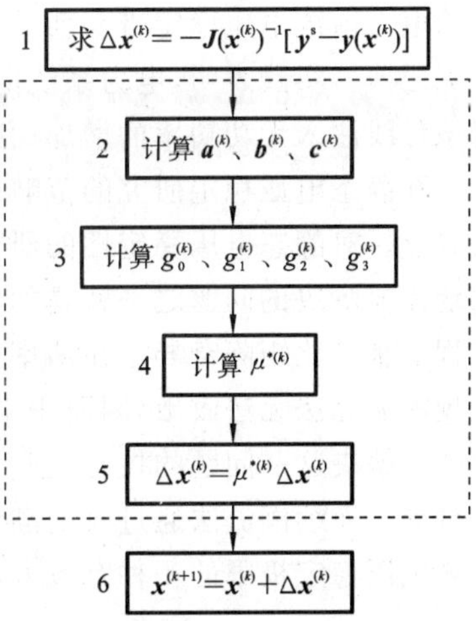

图 6.7 计算最优乘子的原理框图

$\boldsymbol{x}^{(k+1)}$，而是通过步骤 2～4 求得最优步长因子 $\mu^{*(k)}$，从而得到 $\mu^{*(k)}\Delta\boldsymbol{x}^{(k)}$，最后在步骤 6 中，$\Delta\boldsymbol{x}^{(k)}$ 与 $\boldsymbol{x}^{(k)}$ 相加得到新的迭代点 $\boldsymbol{x}^{(k+1)}$。

下面分三种情况来讨论带有最优步长因子的牛顿潮流算法的具体应用问题。

(1) 从一定的初值出发，原来的潮流问题有解。当用带有最优步长因子的牛顿潮流算法求解时，目标函数 $F^{(k)}$ 将下降为零，$\mu^{(k)}$ 在经过几次迭代后，稳定在 1.0 附近。

(2) 从一定的初值出发，原来的潮流问题无解。这种情况下，当用这种算法时，目标函数在开始时也能逐渐减小，但迭代到一定的次数以后即停滞在某一个不为零的正值上，不能继续下降。$\mu^{(k)}$ 的值则逐渐减小，最后趋于零。$\mu^{(k)}$ 趋于零是所给的潮流问题无解的一个标志，因为这说明 $\Delta\boldsymbol{x}^{(k)}$ 有异常变化，只是由于存在着一个趋于零的 $\mu^{(k)}$，才使得计算过程不致发散。

(3) 与上面两种情况不同，当采用这个方法计算时，不论迭代多少次，$\mu^{(k)}$ 的值始终在 1.0 附近摆动，但目标函数却不断波动，且不会降为零。$\mu^{(k)}$ 的值趋近于 1.0 说明解存在，且目标函数产生波动或不能继续下降可能是由于计算精度不够所致，这时若改用双精度计算法往往能解决问题。

由上述分析可知，采用带有最优步长因子的牛顿潮流算法以后，潮流计算永远不会发散，即从算法上保证了计算过程的收敛性，从而有效地解决了病态潮流的计算问题。且通过 $\mu^{(k)}$ 的具体数值，就可给出在给定的运算条件下潮流问题是否有解的一个判断标志。

### 6.9.3　连续潮流法

近些年来，电压失稳导致电力系统大面积停电的事故时有发生。随着电力系统负荷的大量增长以及远距离大容量输电的发展，电压稳定问题日趋重要。在电力系统电压稳定的研究和分析中，$PV$ 曲线的准确求取具有重要意义。通常是在某种运行方式下，使某节点或某一区域的负荷以某种方式增长，从而得到一系列的潮流解。对于一个实际的电力系统，当负荷逐渐加大时，系统的运行点将逐渐接近鞍结分岔点，此时，常规潮流计算方法涉及的雅可比矩阵接近奇异，从而导致潮流计算失败，迭代不收敛，因而无法绘制出完整的 $PV$ 曲线。

在现代电力系统中，重负荷、远距离互联输电等技术逐渐得到应用，这些诸多因素也给电力系统电压稳定带来新的挑战，因此，静态电压稳定问题一直是当前广泛关注的焦点之一。实践表明，电力系统电压不稳定一般是由系统中某一个母线电压的幅值随着该母线注入无功功率的增加而降低引起的。

在静态电压稳定研究的范畴内，一般将线路传输功率的极限看作静态电压稳定的临界点。对静态电压稳定性的研究一般都是基于潮流方程进行的。分析静态电压稳定问题需要解决的问题之一就是如何求取临界值，这是因为当运行点接近临界值时，潮流方程的雅可比矩阵奇异。在功率极限点附近，潮流的雅可比矩阵是一个奇异矩阵，此时常规潮流算法无法收敛，因而用常规潮流算法将很难求出系统在电压稳定极限处的潮流解。解决这一问题的核心是改变雅可比矩阵元素，使雅可比矩阵在电压稳定极限处非奇异。连续潮流法通过改动潮流方程避免了雅可比矩阵在极限处的奇异，因而其是计算电压稳定极限的一种有效方法。

1. 基本思路

常规潮流法是计算系统潮流方程的常用方法，其要点是逐渐增加负荷侧的负荷，直到某一约束条件生效为止，此时通过所研究断面的有功潮流之和即代表最大输电能力。该方法计算原理简单，但由于在鞍结分岔点处雅可比矩阵奇异，常规潮流法不能可靠收敛，故该方法不适用于求解系统最大输电能力。

连续潮流法在常规潮流法的基础上引入负荷参数标量 $\lambda$，$\lambda$ 与状态变量一起作为未知量，并由此增加一个一维方程，解决常规潮流法在鞍结分岔点处的收敛问题。也就是说，连续潮流法通过引入负荷增长因子、采用预测校正技术、进行参数化等方法，避免了常规潮流方程中雅可比矩阵奇异的问题。因此，连续潮流法可以克服系统在接近稳定极限运行状态时的潮流收敛问题，同时其也是用于求取鞍结分岔点的最有效的方法之一。

连续潮流法不断更新潮流方程，使得在可能的负荷状态下，潮流方程仍保持良态，不管在稳定平衡点还是在不稳定平衡点处都有解。连续潮流法不仅能用于求解静态电压稳定的临界点，而且还能用于描述电压随负荷增加时的变化过程。

连续潮流法的计算过程主要包括：预测、校正、参数化和步长控制四个环节。因此，连续潮流法就是指系统从初始潮流解开始，随着负荷的变化，沿着 $PV$ 曲线对下一潮流解进行预测、校正，逐步求解系统潮流，直到求得电压稳定极限点（即 $PV$ 曲线鼻子点）的方法。

2. 计算

连续法是用于求解非线性方程组的一种通用算法，用连续潮流法去求解非线性方程组在临界时的解，把求解病态潮流的问题转为描述 $PV$ 曲线的问题。

设 $n$ 阶非线性方程组为

$$\boldsymbol{f}(\boldsymbol{x})=\boldsymbol{0} \tag{6.144}$$

该式为电力系统潮流方程的一般形式，$\boldsymbol{x}$ 为节点电压，是待求变量，方程有 $n$ 个变量，自由度为零，方程的解对应一个点。现引入负荷参数 $\boldsymbol{\lambda}$，则非线性方程组变为

$$\boldsymbol{F}(\boldsymbol{x},\boldsymbol{\lambda})=\boldsymbol{f}(\boldsymbol{x})-\boldsymbol{\lambda}\boldsymbol{Y}_{\mathrm{d}}=\boldsymbol{0} \tag{6.145}$$

式中，$\boldsymbol{\lambda}$ 为实数参数变量，用于表示系统中感兴趣的可变参数，在 $PV$ 曲线中表示功率参数变化的规律，$\boldsymbol{Y}_{\mathrm{d}}$ 为 $n$ 维常数向量，表示负荷增长方向，方程共有 $n+1$ 个变量参数，方程的阶数仍为 $n$ 阶，自由度为 1，方程的解对应一条曲线。

当式(6.145)中的参数连续改变时，用连续潮流算法可以跟踪系统状态的变化，从而得到系统的定常解曲线，该曲线上的任意一点$(\boldsymbol{x}(\boldsymbol{\lambda}),\boldsymbol{\lambda})$均满足 $\boldsymbol{F}(\boldsymbol{x}(\boldsymbol{\lambda}),\boldsymbol{\lambda})=\boldsymbol{0}$。显然参数的改变是有极限的，当参数改变到临近其极限值时，潮流方程的雅可比矩阵将出现病态，对应于数学上的鞍结分岔点，这时常规潮流计算方法将不能运用，此时可以采用连续潮流算法来处理。

以图 6.8 为例说明连续潮流算法跟踪系统解曲线的主要计算步骤。

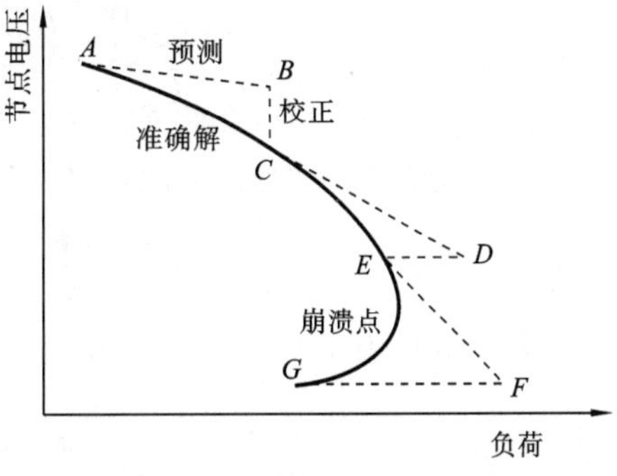

**图 6.8 连续潮流的预测与校正**

图 6.8 中显示了系统某母线的电压随参数变化的曲线，设 $\lambda_{\mathrm{cr}}$ 为 $\boldsymbol{\lambda}$ 的临界值，计算从一个已知的初始解 $A(\boldsymbol{x}_k,\lambda_k)$ 点出发。为计算曲线上的下一个点，连续潮流算法的基本步骤如下。

(1) 初始化。

求 $\boldsymbol{\lambda}=\mathbf{0}$ 时的解 $\boldsymbol{x}$，即功率没有变化时，求常规潮流的解，也就是用常规潮流程序求取正常潮流及其附近的几个点。

(2) 预测环节。

根据当前点给出轨迹上下一个点的估计值，其目的是提高计算收敛速度。沿着 $\boldsymbol{\lambda}$ 的增长方向预测下一个解，记为 $B(\bar{\boldsymbol{x}}_{k+1},\lambda_{k+1})$，通常这个解并不在解曲线上，因此该解是一个近似解。

(3) 校正环节。

固定预测环节得到的 $\lambda_{k+1}$，以 $B(\bar{\boldsymbol{x}}_{k+1},\lambda_{k+1})$ 为初始点用常规方法求解潮流方程，如果收敛，则得新的解点 $C(\boldsymbol{x}_{k+1},\lambda_{k+1})$，这样的校正计算称为垂直校正，以该点为起点回到预测环节。如果潮流计算不收敛，说明预测点接近或超过了极限点，如图 6.8 中所示的点 $D$，这时可以减小预测步长中所取的步长，重新计算，直到校正环节收敛。

(4) 参数化。

在靠近临界点的地方，比如点 $D$ 处，潮流方程是病态的，此时要么校正环节发散，要么步长极小，应该选择一个节点处的电压作为固定值，而将 $\boldsymbol{\lambda}$ 作为变量，求解扩展的潮流方程，这时的校正称为水平校正，从而得到点 $E$。

(5) 步长控制。

步长控制是连续潮流算法中的一个重要环节。在连续潮流算法中，选择小步长虽然可以得到比较精确的稳定极限，但是也会产生很多无效的中间解，浪费计算时间；选择大步长虽然可以节省计算时间，但最终得到的稳定极限可能与实际值有很大的偏差，并在计算收敛解时需要耗费大量的时间，在极端情况下还可能不收敛。因此，一个好的预估-校正连续法需要在鲁棒性和快速性之间寻求一个良好的平衡。即保证预测产生的值在校正的收敛区域内，并用尽量少的时间完成计算。

在预测环节中主要采用的方法有切线法、割线法和抛物线插值拟合法等。

1) 切线法

切线法的实质是利用当前解的微分来预测下一次潮流解，利用式(6.145)对 $\boldsymbol{\lambda}$ 进行求导可得

$$\frac{\mathrm{d}\boldsymbol{F}}{\mathrm{d}\boldsymbol{\lambda}}=\frac{\mathrm{d}\boldsymbol{f}}{\mathrm{d}\boldsymbol{x}}\frac{\mathrm{d}\boldsymbol{x}}{\mathrm{d}\boldsymbol{\lambda}}-\boldsymbol{Y}_{\mathrm{d}}=\mathbf{0} \tag{6.146}$$

式(6.146)可化简成

$$\frac{\mathrm{d}\boldsymbol{x}}{\mathrm{d}\boldsymbol{\lambda}}=\left(\frac{\mathrm{d}\boldsymbol{f}}{\mathrm{d}\boldsymbol{x}}\right)^{-1}\boldsymbol{Y}_{\mathrm{d}}=\boldsymbol{J}^{-1}\boldsymbol{Y}_{\mathrm{d}} \tag{6.147}$$

若已知点 $A(\boldsymbol{x}_k,\lambda_k)$，要求 $\boldsymbol{F}(\boldsymbol{x},\boldsymbol{\lambda})=\mathbf{0}$ 在此处的切线方向，则可先求出 $\boldsymbol{F}(\boldsymbol{x},\boldsymbol{\lambda})=\mathbf{0}$ 在点$(\boldsymbol{x}_k,\lambda_k)$处的法线方向，为此可得法线方向为

$$\left[\frac{\partial \boldsymbol{F}}{\partial \boldsymbol{x}}\quad \frac{\partial \boldsymbol{F}}{\partial \boldsymbol{\lambda}}\right]^{\mathrm{T}}\Bigg|_{(\boldsymbol{x}_k,\lambda_k)}=[\boldsymbol{J}-\boldsymbol{Y}_{\mathrm{d}}]^{\mathrm{T}} \tag{6.148}$$

设 $\boldsymbol{F}(\boldsymbol{x},\boldsymbol{\lambda})=\mathbf{0}$ 的切线方向为 $\vec{\boldsymbol{\alpha}}=[\boldsymbol{\eta}_1\quad \boldsymbol{\eta}_2]^{\mathrm{T}}$，则有

$$[\boldsymbol{J}-\boldsymbol{Y}_{\mathrm{d}}]\begin{bmatrix}\boldsymbol{\eta}_1\\ \boldsymbol{\eta}_2\end{bmatrix}=\mathbf{0} \tag{6.149}$$

从而可得

$$\boldsymbol{J}\boldsymbol{\eta}_1-\boldsymbol{Y}_{\mathrm{d}}\boldsymbol{\eta}_2=\boldsymbol{0} \tag{6.150}$$

式(6.150)左乘 $\boldsymbol{J}^{-1}$ 可得 $\boldsymbol{\eta}_1-\boldsymbol{J}^{-1}\boldsymbol{Y}_{\mathrm{d}}\boldsymbol{\eta}_2=\boldsymbol{0}$ 即 $\boldsymbol{\eta}_1-\frac{\mathrm{d}\boldsymbol{x}}{\mathrm{d}\boldsymbol{\lambda}}\boldsymbol{\eta}_2=\boldsymbol{0}$，若令 $\boldsymbol{\eta}_2=\boldsymbol{1}$，则有

$$\boldsymbol{\eta}_1=\frac{\mathrm{d}\boldsymbol{x}}{\mathrm{d}\boldsymbol{\lambda}}=\boldsymbol{J}^{-1}\boldsymbol{Y}_{\mathrm{d}} \tag{6.151}$$

因此，可得切线方向

$$\vec{\boldsymbol{\alpha}}=[\boldsymbol{J}^{-1}\boldsymbol{Y}_{\mathrm{d}}\quad \boldsymbol{1}]^{\mathrm{T}} \tag{6.152}$$

所以预测值为

$$\bar{\boldsymbol{x}}_{k+1}=\boldsymbol{x}_k+\underset{\text{步长}}{\Delta h}\underset{\text{切线方向}}{\frac{\vec{\boldsymbol{\alpha}}}{|\vec{\boldsymbol{\alpha}}|}} \tag{6.153}$$

可见在预测环节只需要一个点的信息，但求解会受步长不能选得过大的限制。

2）割线法

割线法的实质是利用当前的两个已知点来预测下一次潮流解（$\bar{\boldsymbol{x}}_{k+1},\lambda_{k+1}$），设两个已知点为 $A(\boldsymbol{x}_{k-1},\lambda_{k-1})$ 和 $B(\boldsymbol{x}_k,\lambda_k)$，则可得割线方向

$$\vec{\boldsymbol{\alpha}}=\begin{bmatrix}\boldsymbol{x}_k-\boldsymbol{x}_{k-1}\\ \lambda_k-\lambda_{k-1}\end{bmatrix} \tag{6.154}$$

则预测值为

$$\bar{\boldsymbol{x}}_{k+1}=\boldsymbol{x}_k+\underset{\text{步长}}{\Delta h}\underset{\text{割线方向}}{\frac{\vec{\boldsymbol{\alpha}}}{|\vec{\boldsymbol{\alpha}}|}} \tag{6.155}$$

由图 6.9 可知，与切线法相比，割线法不需要求雅可比矩阵的逆 $\boldsymbol{J}^{-1}$，因此计算量大大减小，求解过程很简单。

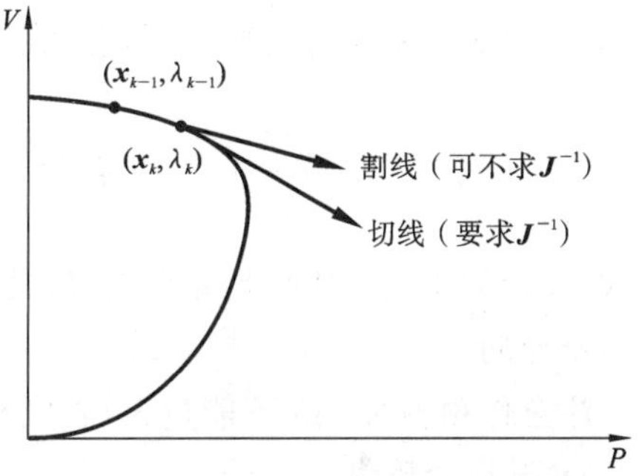


**图 6.9　预测环节的切线法与割线法**

3）抛物线插值拟合法

设已知 $PV$ 曲线上的三个点 $A(\boldsymbol{x}_{kA},\lambda_A)$、$B(\boldsymbol{x}_{kB},\lambda_B)$、$C(\boldsymbol{x}_{kC},\lambda_C)$，用抛物线插值拟合法，可得插值方程：

$$\lambda=\frac{(\boldsymbol{x}_k-\boldsymbol{x}_{kB})(\boldsymbol{x}_k-\boldsymbol{x}_{kC})}{(\boldsymbol{x}_{kA}-\boldsymbol{x}_{kB})(\boldsymbol{x}_{kA}-\boldsymbol{x}_{kC})}\lambda_A+\frac{(\boldsymbol{x}_k-\boldsymbol{x}_{kC})(\boldsymbol{x}_k-\boldsymbol{x}_{kA})}{(\boldsymbol{x}_{kB}-\boldsymbol{x}_{kC})(\boldsymbol{x}_{kB}-\boldsymbol{x}_{kA})}\lambda_B+\frac{(\boldsymbol{x}_k-\boldsymbol{x}_{kA})(\boldsymbol{x}_k-\boldsymbol{x}_{kB})}{(\boldsymbol{x}_{kC}-\boldsymbol{x}_{kA})(\boldsymbol{x}_{kC}-\boldsymbol{x}\boldsymbol{x}_{kB})}\lambda_C \tag{6.156}$$

式(6.156)可简写成

$$\lambda=\boldsymbol{a}\boldsymbol{x}_k^2+\boldsymbol{b}\boldsymbol{x}_k+c \tag{6.157}$$

式(6.157)的抛物线的极值可表示为（$\boldsymbol{x}_{\mathrm{cr}},\lambda_{\max}$），其中

$$\lambda_{\max}=\frac{4\boldsymbol{a}c-\boldsymbol{b}^2}{4\boldsymbol{a}},\quad \boldsymbol{x}_{\mathrm{cr}}=-\frac{\boldsymbol{b}}{2\boldsymbol{a}} \tag{6.158}$$

式中，$\boldsymbol{x}$ 表示节点电压 $\boldsymbol{U}$，因此，只有当 $\boldsymbol{U}>\boldsymbol{U}_{\mathrm{cr}}$ 时，计算才能继续进行，潮流解快速逼近鼻子点。

连续潮流算法的关键在于它的参数化方法，参数化是一种将实际曲线上的每个点量化的一种数学方法。连续潮流算法中的扩展潮流方程是由参数化方法决定的，目前校正环节中使用的参数化方法主要有同伦参数法、弧长参数法和局部参数法等。

1）同伦参数法

同伦参数法利用过已知点$(\boldsymbol{x}_k,\lambda_k)$的切线得到曲线的预测点$(\boldsymbol{x}_k+\Delta\boldsymbol{x}_k,\lambda_k+\Delta\lambda_k)$，过预测点作与切线垂直的法线，法线与 $PV$ 曲线的交点就是校正后得到的解$(\boldsymbol{x}_{k+1},\lambda_{k+1})$，如图 6.10 所示，其中，法线的方向为

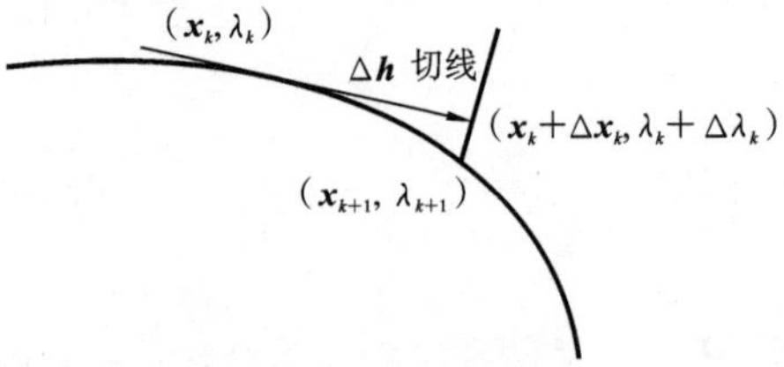


图 6.10　同伦参数法

$$\vec{\boldsymbol{\alpha}}=\begin{pmatrix}\boldsymbol{x}_{k+1}-(\boldsymbol{x}_k+\Delta\boldsymbol{x}_k)\\ \lambda_{k+1}-(\lambda_k+\Delta\lambda_k)\end{pmatrix}\tag{6.159}$$

而切线方向就是预测方向，即

$$\Delta\vec{\boldsymbol{h}}=[\Delta\boldsymbol{x}_k^{\mathrm{T}}\quad\Delta\lambda_k]\tag{6.160}$$

所以有

$$\Delta\vec{\boldsymbol{h}}\cdot\vec{\boldsymbol{\alpha}}=\boldsymbol{0}\tag{6.161}$$

由式(6.161)可得

$$\Delta\boldsymbol{x}_k^{\mathrm{T}}[\boldsymbol{x}_{k+1}-(\boldsymbol{x}_k+\Delta\boldsymbol{x}_k)]+\Delta\lambda_k[\lambda_{k+1}-(\lambda_k+\Delta\lambda_k)]=0\tag{6.162}$$

式(6.162)与 $PV$ 曲线方程式(6.145)一起构成

$$\begin{cases}\Delta\boldsymbol{x}_k^{\mathrm{T}}[\boldsymbol{x}_{k+1}-(\boldsymbol{x}_k+\Delta\boldsymbol{x}_k)]+\Delta\lambda_k[\lambda_{k+1}-(\lambda_k+\Delta\lambda_k)]=0\\ \boldsymbol{f}(\boldsymbol{x})-\boldsymbol{\lambda}\boldsymbol{Y}_{\mathrm{d}}|_{(x_{k+1},\lambda_{k+1})}=\boldsymbol{0}\end{cases}\tag{6.163}$$

式(6.163)中共涉及 $n+1$ 个变量、$n+1$ 个方程，所以其解是一个点。在式(6.163)中，分别对 $\boldsymbol{x}$、$\boldsymbol{\lambda}$ 求偏导，则可得到雅可比矩阵 $\boldsymbol{J}'$ 的表达式为

$$\boldsymbol{J}'=\begin{bmatrix}\dfrac{\mathrm{d}\boldsymbol{f}}{\mathrm{d}\boldsymbol{x}}=\boldsymbol{J} & -\boldsymbol{Y}_d\\ \Delta\boldsymbol{x}_k^{\mathrm{T}} & \Delta\lambda_k\end{bmatrix}\tag{6.164}$$

由式(6.145)得到的雅可比矩阵为 $\boldsymbol{J}$，是奇异的；由式(6.164)得到的雅可比矩阵为 $\boldsymbol{J}'$，是非奇异的。

注意作预测时，$\Delta h$ 不能过大，否则校正时与 $PV$ 曲线无交点，即会超出极限点。

2）弧长参数法

图 6.11 所示的弧长参数法用已知点 $A(\boldsymbol{x}_k,\lambda_k)$作为下一预测点 $B(\boldsymbol{x}_k+\Delta\boldsymbol{x}_k,\lambda_k+\Delta\lambda_k)$的值，再以点 $A(\boldsymbol{x}_k,\lambda_k)$为圆心，以 $AB$ 为半径作弧，该弧与 $PV$ 曲线的交点就是校正后得到的解点 $C(\boldsymbol{x}_{k+1},\lambda_{k+1})$。

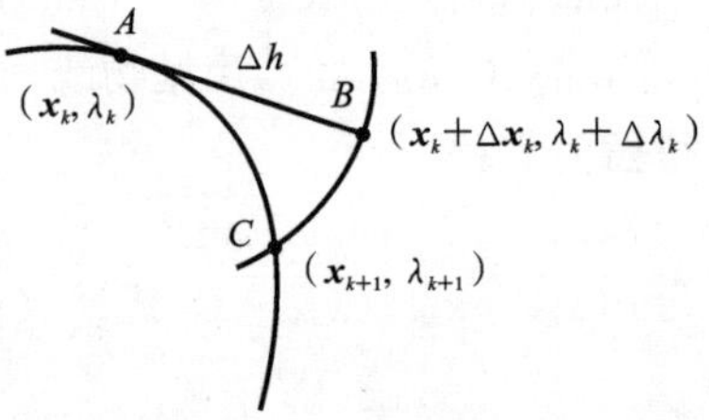


图 6.11　弧长参数法

图 6.11 中，$AB$ 与 $AC$ 相等，则可得到

$$\Delta h^2-\left\{\sum_{i=1}^{n}(x_{k+1}^{(i)}-x_k^{(i)})^2+(\lambda_{k+1}-\lambda_k)^2\right\}=0\tag{6.165}$$

式中，$x_{k+1}^{(i)}$表示第 $i$ 个节点的电压，式(6.165)与 $PV$ 曲线方程式(6.145)一起构成

$$\begin{cases}\boldsymbol{f}(\boldsymbol{x})-\boldsymbol{\lambda}\boldsymbol{Y}_{\mathrm{d}}|_{(x_{k+1},\lambda_{k+1})}=\boldsymbol{0}\\ \Delta h^2-\left\{\sum\limits_{i=1}^{n}(x_{k+1}^{(i)}-x_k^{(i)})^2+(\lambda_{k+1}-\lambda_k)^2\right\}=0\end{cases}\tag{6.166}$$

式(6.166)中共涉及 $n+1$ 个变量、$n+1$ 个方程，所以其解也是一个点。在式(6.166)中，分别对 $\boldsymbol{x}$、$\boldsymbol{\lambda}$ 求偏导，则可得到雅可比矩阵 $\boldsymbol{J}'$ 的表达式为

$$\boldsymbol{J}'=\begin{bmatrix} & \dfrac{\mathrm{d}\boldsymbol{f}}{\mathrm{d}\boldsymbol{x}}=\boldsymbol{J} & & -\boldsymbol{Y}_{\mathrm{d}} \\ -2(x_{k+1}^{(1)}-x_k^{(1)}) & -2(x_{k+1}^{(2)}-x_k^{(2)}) & \cdots \quad -2(x_{k+1}^{(n)}-x_k^{(n)}) & -2(\lambda_{k+1}-\lambda_k) \end{bmatrix}$$

$$=\begin{bmatrix} \dfrac{\mathrm{d}\boldsymbol{f}}{\mathrm{d}\boldsymbol{x}}=\boldsymbol{J} & -\boldsymbol{Y}_{\mathrm{d}} \\ 2(\boldsymbol{x}_{k+1}^{\mathrm{T}}-\boldsymbol{x}_k^{\mathrm{T}}) & 2(\lambda_{k+1}-\lambda_k) \end{bmatrix} \tag{6.167}$$

因此,用牛顿拉夫逊法迭代可以求解其修正方程。

注意作预测时,$\Delta h$ 不能过大,否则校正时可能越过 $PV$ 曲线的极限点。

3) 局部参数法

如图 6.12 所示,局部参数法用已知点($\boldsymbol{x}_k$,$\lambda_k$)作为下一个预测点 $A$($\boldsymbol{x}_k+\Delta\boldsymbol{x}_k$,$\lambda_k+\Delta\lambda_k$)的值,再选择 $\Delta\boldsymbol{x}_k$、$\Delta\lambda_k$ 中绝对值大的一个分量元素为固定量,另一个绝对值小的分量元素为变量。即当 $\Delta\boldsymbol{x}_k>\Delta\lambda_k$ 时,$\boldsymbol{x}_k$ 为固定量;当 $\Delta\boldsymbol{x}_k<\Delta\lambda_k$ 时,$\lambda_k$ 为固定量。从而可得到过预测点 $A$ 所作的校正线与 $PV$ 曲线的交点 $B$($\boldsymbol{x}_{k+1}$,$\lambda_{k+1}$),交点 $B$ 就是校正后得到的解点。例如,图 6.12 中的预测点 $A$ 选 $\lambda_k$ 为固定量(已知量),$\boldsymbol{x}_k$ 为变量,可得校正点 $B$;预测点 $C$ 点选 $\boldsymbol{x}_k$ 为固定量(已知量),$\lambda_k$ 为变量,可得校正点 $D$;直到 $\lambda_{k+1}\leqslant\lambda_k$ 时,则可以得出 $\lambda_k$ 为鼻子点。

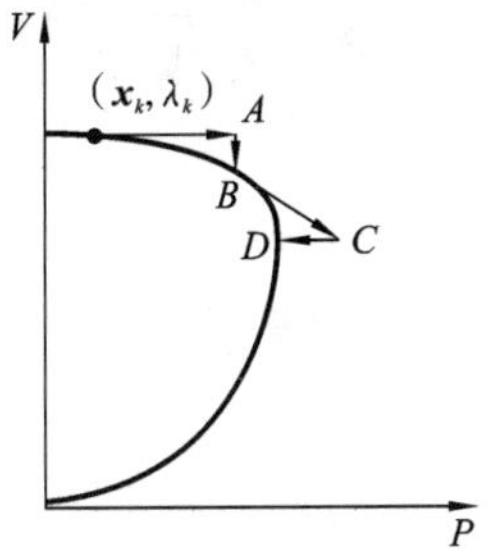


图 6.12 局部参数法

# 7 实现潮流算法的稀疏技术

## 7.1 概述

电网计算主要涉及矩阵和矢量的相关运算。由于电力网络本身的结构特点，其导纳矩阵中往往只有少量的非零元素，矢量中参与运算的非零元素也少，这种情况下的矩阵和矢量是稀疏的。

给定一个 $n\times m$ 阶矩阵，设其中的非零元素有 $\tau$ 个，衡量其稀疏性的指标 $\rho$ 是 $\tau$ 与 $n\times m$ 的比值，称为稀疏度，即

$$\rho=\frac{\tau}{m\times n}\times 100\% \tag{7.1}$$

以节点导纳矩阵为例，设电力系统有 $N$ 个节点，每个节点平均与 $\alpha$ 条支路(不包含接地支路)相连，则有 $\tau=(\alpha+1)N$，$m\times n=N^2$，因此其稀疏度为

$$\rho=\frac{\alpha+1}{N}\times 100\% \tag{7.2}$$

例如给定具有 500 个节点的电力系统，与每个节点相连的支路有 3～5 条(含该节点的接地支路)，形成节点导纳矩阵时，仅对角元素及与节点相连的支路元素为非零元素，从而可得该系统的稀疏度为

$$\rho=\frac{\tau}{m\times n}\times 100\%=\frac{(3\sim 5)\times 500}{500\times 500}\times 100\%=\frac{3\sim 5}{500} \tag{7.3}$$

由此可见，稀疏矩阵就是稀疏度很小的矩阵，对于稀疏矩阵有 $\tau\ll m\times n$，其稀疏度 $\rho$ 很小。在进行矩阵和矢量运算时，没有必要进行有关零元素参与的运算，同时对零元素的存储也是多余的，因此可以采用“排零存储”、“排零运算”的方法，只存储稀疏矩阵和稀疏矢量中的非零元素及必要的检索信息，只取非零元素参加运算，从而可大大减少存储量，大幅度提高计算速度。用计算机程序来实现这一目标的技术称为稀疏技术，在电力系统中利用稀疏技术可以快速准确地求解线性方程。

对于复杂而又庞大的电力系统，学者们对其各种潮流算法的有效实施进行了深入的研究，美国学者 W. F. Tinney 于 1967 年最早利用稀疏矩阵技术求解稀疏线性代数方程组，并将其用于牛顿法潮流计算中。在原来，计算具有上百个节点的系统的潮流是非

常困难的，而现在稀疏矩阵技术的应用使几千甚至几万个节点的潮流计算都能得以实现，因此，稀疏矩阵技术已成为所有实用电力分析程序所采用的技术。

20世纪80年代中期，人们在稀疏矩阵技术的基础上，进一步发展了稀疏矢量技术，使电网计算中许多问题的解算效率大幅度提高。因此，电力系统计算工作者必须会灵活运用稀疏矩阵技术和稀疏矢量技术来编制电网计算程序。

## 7.2 稀疏技术

### 7.2.1 稀疏矩阵和稀疏矢量的存储方法

稀疏矢量和稀疏矩阵的存储特点是排零存储，即只存储其中的非零元素和有关的检索信息，减少存储量。存储的目的是让数据能在计算机中被方便地访问和调用，这就要求系统所采用的存储格式既可节省内存，又可方便数据检索和存取，同时还可以对网络结构变化时的存储信息进行修改。稀疏矢量的存储比较简单，只需存储矢量中的非零元素值和相应的下标。对于稀疏矩阵，有几种不同的存储方法，采用的方法除了和矩阵的稀疏结构有关，还和所采用的算法有关。不同的算法往往要求对非零元素有不同的检索方式，因此应根据实际情况来选择合适的存储方式。

稀疏矩阵的存储要求为：①节省内存；②便于检索；③易于修改。

稀疏矩阵的存储方法主要有以下四种。

1. 散居格式

对于 $n\times m$ 阶稀疏矩阵 $\boldsymbol{A}$，其非零元素共有 $\tau$ 个，令 $a_{ij}$ 是 $\boldsymbol{A}$ 中第 $i$ 行第 $j$ 列非零元素，可以定义三个数组，按下面的格式存储矩阵 $\boldsymbol{A}$ 中非零元素的信息。

VA——存储矩阵 $\boldsymbol{A}$ 中非零元素 $a_{ij}$ 的值，共 $\tau$ 个；

IA——存储矩阵 $\boldsymbol{A}$ 中非零元素 $a_{ij}$ 的行指标 $i$，共 $\tau$ 个；

JA——存储矩阵 $\boldsymbol{A}$ 中非零元素 $a_{ij}$ 的列指标 $j$，共 $\tau$ 个。

总共需要 $3\tau$ 个存储单元，散居格式的特点是，$\boldsymbol{A}$ 中的非零元素在上面数组中的位置可以任意排列，修改灵活。缺点是因其存储顺序无一定规律，检索起来不方便。例如，要查找元素 $a_{ij}$，需要查找在数组 IA 中下标是 $i$ 同时在数组 JA 中下标是 $j$ 的元素，最坏的情况是要把整个数组查找一遍，工作量很大。

下面以 $4\times4$ 阶的稀疏矩阵 $\boldsymbol{A}$ 为例进行说明。

$$\boldsymbol{A}=\begin{bmatrix} a_{11} & a_{12} & 0 & a_{14} \\ a_{21} & a_{22} & a_{23} & 0 \\ 0 & 0 & a_{33} & 0 \\ 0 & a_{42} & a_{43} & a_{44} \end{bmatrix}$$

其稀疏度为 $\rho=\dfrac{10}{4\times4}\times100\%=62.5\%$。

给定一维数组，假设按行存储矩阵 $\boldsymbol{A}$ 中非零元素，即

VA=

| | | | | | | | | | |
|---|---|---|---|---|---|---|---|---|---|
| $a_{11}$ | $a_{12}$ | $a_{14}$ | $a_{21}$ | $a_{22}$ | $a_{23}$ | $a_{33}$ | $a_{42}$ | $a_{43}$ | $a_{44}$ |

矩阵 **A** 中各非零元素分别处于哪一行，可用数组 IA 来存储，即

| | | | | | | | | | | |
|---|---|---|---|---|---|---|---|---|---|---|
| IA= | 1 | 1 | 1 | 2 | 2 | 2 | 3 | 4 | 4 | 4 |

矩阵 **A** 中各非零元素分别处于哪一列，可用数组 JA 来存储，即

| | | | | | | | | | | |
|---|---|---|---|---|---|---|---|---|---|---|
| JA= | 1 | 2 | 4 | 1 | 2 | 3 | 3 | 2 | 3 | 4 |

显然，上面的矩阵 **A** 所占的空间为 4×4=16 个，而存储却占 30 个，因此工作量大。为使查找更为方便、快捷，需设计更有效的稀疏矩阵存储格式。

2. 按行(列)存储格式

按行(列)存储格式是指按行(列)顺序依次存储矩阵 **A** 中的非零元素，同一行(列)元素依次排在一起。以按行存储为例，其存储格式如下。

VA——按行存储矩阵 **A** 中非零元素 $a_{ij}$ 的值，共 $\tau$ 个；

JA——按行存储矩阵 **A** 中非零元素 $a_{ij}$ 的列指标 $j$，共 $\tau$ 个；

IA——记录矩阵 **A** 中每行第 1 个非零元素在 VA 中的位置，共 $n$ 个。

用这种按行存储格式查找第 $i$ 行的非零元素非常容易，即在数组 VA 中取出 $k=$ IA($i$)到 IA($i+1$)的共 IA($i+1$)－IA($i$)个非零元素，它们就是矩阵 **A** 中第 $i$ 行的全部非零元素，非零元素的值为 VA($k$)，其列号由 JA($k$)给出。

这种存储方案可以用于存储任意稀疏矩阵，矩阵 **A** 可以不是方阵。如果 **A** 是方阵，还可以把 **A** 的对角元素提取出来单独存储，而对角元素的行、列指标都无须记忆。该存储方案的不足点在于不方便修改。下面仍以 4×4 阶的稀疏矩阵 **A** 为例来说明。

给定一维数组，按行存储矩阵 **A** 中非零元素，即

| | | | | | | | | | | |
|---|---|---|---|---|---|---|---|---|---|---|
| VA= | $a_{11}$ | $a_{12}$ | $a_{14}$ | $a_{21}$ | $a_{22}$ | $a_{23}$ | $a_{33}$ | $a_{42}$ | $a_{43}$ | $a_{44}$ |

按行存储矩阵 **A** 中非零元素的列号，用数组 JA 来存储，即

| | | | | | | | | | | |
|---|---|---|---|---|---|---|---|---|---|---|
| JA= | 1 | 2 | 4 | 1 | 2 | 3 | 3 | 2 | 3 | 4 |

只存储每一行中第 1 个非零元素在数组 VA 中的位置，用数组 IA 来存储，即

| | | | | | |
|---|---|---|---|---|---|
| IA= | 1 | 4 | 7 | 8 | 11 |

比如若检索第 2 行，即检索数组 VA 中第 IA(2)～IA(3)－1 个元素，显然 IA(2)=4，IA(3)－1=7－1=6，则从数组 VA 中检索出 $a_{21}$、$a_{22}$、$a_{23}$。

若检索第 $i$ 行，即检索数组 VA 中第 IA($i$)～IA($i+1$)－1 个元素，当 $i=4$ 时，IA(4)=8，IA(5)－1=11－1=10，则从数组 VA 中检索出 $a_{42}$、$a_{43}$、$a_{44}$。

检索 $a_{23}$，表示检索第 IA(2)～IA(3)－1 个 JA 元素中列号为 3 的 VA 元素。

若随意增加一个非零元素，则对于上面 3 个数组来说都要增加元素，后面也都应做相应修改。

3. 三角检索存储格式

在矩阵稀疏结构确定的情况下，使用三角检索存储格式十分方便。三角检索存储格式有几种方式，下面以按行存储矩阵 **A** 的上三角部分的非零元素，按列存储矩阵 **A** 的下三角部分的非零元素为例来进行说明。

H——按行存储矩阵 **A** 的上三角部分的非零元素的值；

JH——按行存储矩阵 **A** 的上三角部分的非零元素的列号；

IH——存储矩阵 **A** 中上三角部分每行第 1 个非零元素在 H 中的位置；

L——按列存储矩阵 **A** 的下三角部分的非零元素的值；

IL——按列存储矩阵 **A** 的下三角部分的非零元素的行号；

JL——存储矩阵 **A** 中下三角部分每列第 1 个非零元素在 L 中的位置；

D ——存储矩阵 **A** 的对角元素的值，其检索下标不需要存储。

下面以 4×4 阶的稀疏矩阵 **A** 为例来进行说明。

$$\boldsymbol{A}=\begin{bmatrix} a_{11} & a_{12} & 0 & a_{14} \\ a_{21} & a_{22} & a_{23} & 0 \\ 0 & 0 & a_{33} & 0 \\ 0 & a_{42} & a_{43} & a_{44} \end{bmatrix}$$

1）上三角部分

按行存储矩阵 **A** 的上三角部分的非零元素的值，按行一次存储，则有

$$\mathrm{H}=\begin{array}{|c|c|c|}\hline a_{12} & a_{14} & a_{23} \\ \hline\end{array}$$

按行存储矩阵 **A** 的上三角部分的非零元素的列号，则有

$$\mathrm{JH}=\begin{array}{|c|c|c|}\hline 2 & 4 & 3 \\ \hline\end{array}$$

数组 IH 存储的是矩阵 **A** 中上三角部分每行第 1 个非零元素在 H 中的位置，则有

$$\mathrm{IH}=\begin{array}{|c|c|c|c|}\hline 1 & 3 & 4 & 4 \\ \hline\end{array}$$

IH(3)＝ 4 表示矩阵 **A** 上三角部分第 3 行第 1 个非零元素不存在，应在 H 的第 4 个位置，由于 H 中第 4 个位置没有非零元素，为了检索方便，IH(3)仍应赋值 4，表示如有非零元素时应放在第 4 个位置。有了 IH 就可知道矩阵 **A** 的上三角部分第 $i$ 行的非零元素的数目。

例如第 $i$ 行的上三角部分非零元素的数目是 IH($i$＋1)－IH($i$)，对于第 1 行为 IH(2)－IH(1)＝3－1＝2，对于第 2 行为 IH(3)－IH(2)＝4－3＝1，对于第 3 行为 IH(4)－IH(3)＝4－4＝0。

如果要查找矩阵 **A** 的上三角部分第 $i$ 行的所有非零元素，只要对 $k$ 从 IH($i$)到 IH($i$＋1)－1 扫描即可，H($k$)是非零元素的值，JH($k$)是非零元素的列号。对于按列存储的格式，查找过程类似。

2）下三角部分

按列存储矩阵 **A** 的下三角部分的非零元素的值，则有

$$\mathrm{L}=\begin{array}{|c|c|c|}\hline a_{21} & a_{42} & a_{43} \\ \hline\end{array}$$

按列存储矩阵 **A** 的下三角部分的非零元素的行号，则有

$$\mathrm{IL}=\begin{array}{|c|c|c|}\hline 2 & 4 & 4 \\ \hline\end{array}$$

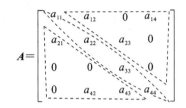

数组 JL 存储的是矩阵 **A** 中下三角部分每列第 1 个非零元素在 L 中的位置，则有

JL=

| | | | |
|---|---|---|---|
| 1 | 2 | 3 | 4 |

3）对角部分

存储矩阵 **A** 的对角元素的值，其检索下标不需要存储，即

D=

| | | | |
|---|---|---|---|
| $a_{11}$ | $a_{22}$ | $a_{33}$ | $a_{44}$ |

这种存储方式在矩阵 **A** 的稀疏结构确定的情况下使用起来是很方便的，但若矩阵 **A** 的稀疏结构在计算过程中发生了变化，即其中的非零元素的位置发生了变化，则相应的检索信息也会随着变化，使用起来就不方便了。为此可以考虑下面介绍的链表存储格式。

4. 链表存储格式

链表存储格式便于进行插入和删除操作。下面以按行存储的格式为例来说明链表存储格式。除了需要按行存储格式中的三个数组外，还需要增加两个辅助检索数组。

给定一维数组，按行存储矩阵 **A** 中非零元素，即

VA=

| | | | | | | | | | |
|---|---|---|---|---|---|---|---|---|---|
| $a_{11}$ | $a_{12}$ | $a_{14}$ | $a_{21}$ | $a_{22}$ | $a_{23}$ | $a_{33}$ | $a_{42}$ | $a_{43}$ | $a_{44}$ |

按行存储矩阵 **A** 中非零元素的列号，用数组 JA 来存储，即

JA=

| | | | | | | | | | |
|---|---|---|---|---|---|---|---|---|---|
| 1 | 2 | 4 | 1 | 2 | 3 | 3 | 2 | 3 | 4 |

只存储每行中第一个非零元素在数组 VA 中的位置，用数组 IA 来存储，即

IA=

| | | | | |
|---|---|---|---|---|
| 1 | 4 | 7 | 8 | 11 |

下一个元素在 VA 中的位置（每行最后一个元素写为 0）用数组 LINK 来存储，即

LINK=

| | | | | | | | | | |
|---|---|---|---|---|---|---|---|---|---|
| 2 | 3 | 0 | 5 | 6 | 0 | 0 | 9 | 10 | 0 |

因此可以得到以下链表：

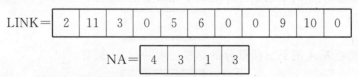

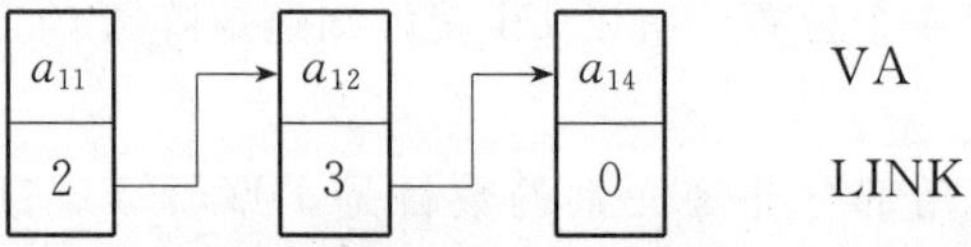


原矩阵中每行中非零元素的个数为

NA=

| | | | |
|---|---|---|---|
| 3 | 3 | 1 | 3 |

当新增加一个非零元素时，可以将它排在数组 VA 的最后，并根据该非零元素在该行中位置的不同来修改其相邻元素的 LINK 值。例如新增 $a_{13}$，将 $a_{13}$ 排在数组 VA 的第 11 个位置，把 $a_{12}$ 的 LINK 值由 3 改为 11，将 $a_{13}$ 的 LINK 值设置为 3，NA(1) 增加 1，变为 4。结果如下。

LINK=

| | | | | | | | | | | |
|---|---|---|---|---|---|---|---|---|---|---|
| 2 | 11 | 3 | 0 | 5 | 6 | 0 | 0 | 9 | 10 | 0 |

NA=

| | | | |
|---|---|---|---|
| 4 | 3 | 1 | 3 |

若要重现第 $i$ 行所有元素，可按下面的流程来做。

| | |
|---|---|
| $k=\text{IA}(i)$ | 表示第 $i$ 行第 1 个非零元素在 VA 中的位置为 $k$，若令 $i=2$，则 $\text{IA}(i)=4$，表示第 2 行第 1 个非零元素在 VA 中的位置为 4 |
| loop while ($k\neq0$) | 将 4 赋值给 $k$，即 k=4 |
| $j=\text{JA}(k)$ | 表示 VA 中第 $k$ 个元素按行存储的列号为 $j$，比如 VA 中第 4 个元素按行存储的列号为 1，将 1 赋值给 $j$，即 $j=1$ |
| $a_{ij}=\text{VA}(k)$ | VA 中第 4 个元素为 $a_{21}$，将 $a_{21}$ 赋值给 $a_{ij}$，即 $a_{ij}=a_{21}$ |
| $k=\text{LINK}(k)$ | VA 中第 4 个元素的下一个元素在 VA 中的位置为 $k$，$k=5$，$5=\text{LINK}(k)$ |
| end loop | 下一轮 |

下面是程序下一轮的执行结果：

$k=5$

$j=2$

$a_{ij}=a_{22}$

$k=6$

$6=\text{LINK}(k)$

$j=3$

$a_{ij}=a_{23}$

$k=0$

停止

从上面可以看出，第 2 行中所有非零元素都已找出，当找到最后一个非零元素时，$\text{LINK}(k)=0$。也就是说当找到第 $i$ 行最后一个非零元素时，$\text{LINK}(k)=0$，这时循环结束。

### 7.2.2 稀疏矩阵的因子分解

用高斯消元法逐行消元，对应于用消去节点法逐个消去节点，消元过程中的注入元在物理意义上对应由于消去某节点而出现的新的互联支路导纳。就形成因子表而言，三角分解法与高斯消元法完全等效，因此可通过考查消去节点来考查因子表的形成。

网络方程需要求解多次，每次只是改变方程右端的常数向量，因此，考虑采用因子表，因子矩阵的元素以适当的形式储存起来以备反复应用。

因子表的形成方式有多种，一般有按行消元、逐行规格化的高斯消去法，LH 分解法，LDH 分解法等。

对于 $n\times n$ 阶矩阵 $\boldsymbol{A}$，可以通过 LH 分解法将它分解成一个下三角阵 $\boldsymbol{L}$ 和一个单位上三角阵 $\boldsymbol{H}$ 的乘积，即 $\boldsymbol{A}=\boldsymbol{LH}$。

下面对 $n$ 维线性代数方程组的 $n\times n$ 阶矩阵用 LH 分解法进行分解。

对于 $n$ 维线性代数方程组有

$$\boldsymbol{Ax}=\boldsymbol{b} \tag{7.4}$$

式中，$\boldsymbol{b}$ 称为独立矢量；$\boldsymbol{x}$ 称为解矢量。若系数矩阵 $\boldsymbol{A}$ 已经分解成因子表，即有

$$\boldsymbol{A}=\boldsymbol{LH} \tag{7.5}$$

通过引入中间变量 $\boldsymbol{y}$,可以用下面的方法求解 $\boldsymbol{x}$。

$$\boldsymbol{Ly}=\boldsymbol{b} \tag{7.6}$$

$$\boldsymbol{Hx}=\boldsymbol{y} \tag{7.7}$$

设矩阵 $\boldsymbol{A}$ 经过初等变换变成了单位上三角阵,即

$$\boldsymbol{A}=\boldsymbol{A}^{(1)}=\begin{bmatrix} a_{11} & a_{12} & \cdots & a_{1n} \\ a_{21} & a_{22} & \cdots & a_{2n} \\ \vdots & \vdots & & \vdots \\ a_{n1} & a_{n2} & \cdots & a_{nn} \end{bmatrix} \xrightarrow{\text{初等变换}} \begin{bmatrix} \cdots & \cdots & \cdots & \cdots \\ & \ddots & & \\ & & \ddots & \\ & & & \ddots \end{bmatrix}$$

矩阵进行初等行变换就是让矩阵左乘初等矩阵($\boldsymbol{L}_1,\boldsymbol{L}_2,\cdots,\boldsymbol{L}_{n-1}$),首先将矩阵 $\boldsymbol{A}^{(1)}$ 变换成 $\boldsymbol{A}^{(2)}$,也就是矩阵 $\boldsymbol{A}^{(1)}$ 将第 1 行乘以 $1/a_{11}$,将对角元素化为单位 1,接着让第 1 行乘以 $-a_{i1}$,分别加到对应的第 $i$ 行,则可得到 $\boldsymbol{A}^{(2)}$:

$$\begin{bmatrix} 1 & \dfrac{a_{12}}{a_{11}} & \cdots & \dfrac{a_{1n}}{a_{11}} \\ a_{21} & a_{22} & \cdots & a_{2n} \\ \vdots & & & \\ a_{n1} & a_{n2} & \cdots & a_{nn} \end{bmatrix} \rightarrow \underbrace{\begin{bmatrix} 1 & \dfrac{a_{12}}{a_{11}} & \cdots & \dfrac{a_{1n}}{a_{11}} \\ 0 & a'_{22} & \cdots & a'_{2n} \\ \vdots & & & \\ 0 & a'_{n2} & \cdots & a'_{nn} \end{bmatrix}}_{\boldsymbol{A}^{(2)}}$$

因此,$\boldsymbol{A}^{(2)}=\boldsymbol{L}_1\boldsymbol{A}^{(1)}$,同理可得 $\boldsymbol{A}^{(3)}=\boldsymbol{L}_2\boldsymbol{A}^{(2)}$,$\boldsymbol{A}^{(4)}=\boldsymbol{L}_3\boldsymbol{A}^{(3)}$,$\cdots$ ,$\boldsymbol{A}^{(n)}=\boldsymbol{L}_{n-1}\boldsymbol{A}^{(n-1)}$,其中,

$$\boldsymbol{L}_1=\underbrace{\begin{bmatrix} \dfrac{1}{a_{11}} & & \\ -\dfrac{a_{21}}{a_{11}} & 1 & \\ \vdots & & \vdots \\ -\dfrac{a_{n1}}{a_{11}} & & 1 \end{bmatrix}}_{\text{第1列不等于0,对角线不等于0}},\boldsymbol{L}_2=\underbrace{\begin{bmatrix} 1 & & \\ & \dfrac{1}{a_{22}} & \\ & \vdots & \vdots \\ & -\dfrac{a_{n2}}{a_{22}} & 1 \end{bmatrix}}_{\text{第2列不等于0,对角线不等于0}},\cdots,\boldsymbol{L}_{n-1}=\underbrace{\begin{bmatrix} 1 & & \\ \vdots & & \\ & \dfrac{1}{a_{(n-1)(n-1)}} & \\ & -\dfrac{a_{n(n-1)}}{a_{(n-1)(n-1)}} & 1 \end{bmatrix}}_{\text{第}n-1\text{列不等于0,对角线不等于0}}$$

经初等变换后得到单位上三角阵 $\boldsymbol{H}=\boldsymbol{A}^{(n)}$,因此有

$$\boldsymbol{H}=\boldsymbol{A}^{(n)}=\boldsymbol{L}_{n-1}\boldsymbol{L}_{n-2}\cdots\boldsymbol{L}_2\boldsymbol{L}_1\boldsymbol{A}^{(1)}=\boldsymbol{L}_{n-1}\boldsymbol{L}_{n-2}\cdots\boldsymbol{L}_2\boldsymbol{L}_1\boldsymbol{A}$$

所以

$$\boldsymbol{A}=\boldsymbol{L}_1^{-1}\boldsymbol{L}_2^{-1}\cdots\boldsymbol{L}_{n-2}^{-1}\boldsymbol{L}_{n-1}^{-1}\boldsymbol{H}=\boldsymbol{LH}$$

在计算结束时,对角线以下的元素(包括对角元素)组成了 $\boldsymbol{L}$ 矩阵,对角线以上的元素(不包括对角元素)组成了 $\boldsymbol{H}$ 矩阵的非对角非零元素,$\boldsymbol{H}$ 矩阵的对角元素是 1。

因此,LH 分解法可以分两步进行:①按行进行规格化运算;②进行消去运算或更新运算。

LH 分解法可以用下面的计算流程来表示:

```
①  for p=1 to n-1
②    for j=p+1 to n
        a_pj = a_pj / a_pp             对 p 行规格化
③      for i=p+1 to n
          a_ij = a_ij - a_ip a_pj      消去运算
        next i                         i→行
      next j                           j→列
    next p
```

在第 $p$ 步计算中，如果 $a_{pj}=0$，其规格化运算可不做，只有当 $a_{pj}\neq 0$ 时，其规格化运算才是有效的，在消去运算中，只有 $a_{ip}$ 和 $a_{pj}$ 都不等于零时，该消去运算才是有效的，其中任何一个等于零，该消去运算便可不必做。

上述计算流程和存储格式有关，对于非稀疏存储格式，只要在第 2 层循环中判断 $a_{pj}\neq 0$ 则执行，在第 3 层循环中判断 $a_{ip}\neq 0$ 则执行即可：

```
①  for  p=1  to  n-1
②     for  j=p+1  to  n
          if  a_pj≠0  then  a_pj=a_pj/a_pp            对 p 行规格化
③         for  i=p+1  to  n
          if  a_ip≠0  then  a_ij=a_ij-a_ip a_pj       消去运算
          next  i                                      i→行
      next  j                                          j→列
    next  p
```

**例 7.1**　对下面非对称矩阵 $\boldsymbol{A}$ 进行因子分解。

$$\boldsymbol{A}=\begin{bmatrix}2 & 4 & 0 & -2\\ 5 & 3 & 0 & 1\\ 2 & 0 & 5 & 0\\ 0 & -1 & 0 & 3\end{bmatrix}$$

**解**　(1) $p=1$ 时，$j=p+1\sim n$，首先对第 1 行进行规格化，$a_{pj}=a_{pj}/a_{pp}$，则有

$$a_{12}=a_{12}/a_{11}=4/2=2$$

$$a_{13}=a_{13}/a_{11}=0$$

$$a_{14}=a_{14}/a_{11}=-2/2=-1$$

然后以第 1 行第 1 列为轴线对右下角部分进行消去，$i=p+1\sim n$，$a_{ij}=a_{ij}-a_{ip}a_{pj}$，则有

$$a_{22}=a_{22}-a_{21}a_{12}=3-5\times 2=-7$$

$$a_{23}=a_{23}-a_{21}a_{13}=0-5\times 0=0$$

$$a_{24}=a_{24}-a_{21}a_{14}=1-5\times(-1)=6$$

$$a_{32}=a_{32}-a_{31}a_{12}=0-2\times 2=-4$$

$$a_{33}=a_{33}-a_{31}a_{13}=5-2\times 0=5$$

$$a_{34}=a_{34}-a_{31}a_{14}=0-2\times(-1)=2$$

$$a_{42}=a_{42}-a_{41}a_{12}=-1-0\times 2=-1$$

$$a_{43}=a_{43}-a_{41}a_{13}=0-0\times 0=0$$

$$a_{44}=a_{44}-a_{41}a_{14}=3-0\times(-1)=3$$

得到

$$\begin{bmatrix}2 & 2 & 0 & -1\\ 5 & -7 & 0 & 6\\ 2 & -4 & 5 & 2\\ 0 & -1 & 0 & 3\end{bmatrix}$$

(2) $p=2$ 时，$j=p+1\sim n$，对第 2 行进行规格化，$a_{pj}=a_{pj}/a_{pp}$，则有

$$a_{23}=a_{23}/a_{22}=0$$

$$a_{24}=a_{24}/a_{22}=6/(-7)=-0.857$$

然后以第 2 行第 2 列为轴线对右下角部分进行消去，$i=p+1\sim n$，$a_{ij}=a_{ij}-a_{ip}a_{pj}$，则有

$$a_{33}=a_{33}-a_{32}a_{23}=5-(-4)\times 0=5$$
$$a_{34}=a_{34}-a_{32}a_{24}=2-(-4)\times(-0.857)=-1.428$$
$$a_{43}=a_{43}-a_{42}a_{23}=0-(-1)\times 0=0$$
$$a_{44}=a_{44}-a_{42}a_{24}=3-(-1)\times(-0.857)=2.143$$

得到

$$\begin{bmatrix} 2 & 2 & 0 & -1 \\ 5 & -7 & 0 & -0.857 \\ 2 & -4 & 5 & -1.428 \\ 0 & -1 & 0 & 2.143 \end{bmatrix}$$

(3) $p=3$ 时，$j=p+1\sim n$，对第 3 行进行规格化，$a_{pj}=a_{pj}/a_{pp}$，则有

$$a_{34}=a_{34}/a_{33}=-1.428/5=-0.286$$

然后以第 3 行第 3 列为轴线对右下角部分进行消去，有

$$a_{44}=a_{44}-a_{43}a_{34}=2.143-0=2.143$$

得到

$$\begin{bmatrix} 2 & 2 & 0 & -1 \\ 5 & -7 & 0 & -0.857 \\ 2 & -4 & 5 & -0.286 \\ 0 & -1 & 0 & 2.143 \end{bmatrix}$$

最后得到 $\boldsymbol{A}$ 的因子表

$$\boldsymbol{L}=\begin{bmatrix} 2 & & & \\ 5 & -7 & & \\ 2 & -4 & 5 & \\ 0 & -1 & 0 & 2.143 \end{bmatrix}$$

$$\boldsymbol{H}=\begin{bmatrix} 1 & 2 & 0 & -1 \\ & 1 & 0 & -0.857 \\ & & 1 & -0.286 \\ & & & 1 \end{bmatrix}$$

在第(1)步的消去运算中，由于 $a_{12}$、$a_{14}$ 和 $a_{31}$ 是非零元素，因此在 $a_{32}$ 和 $a_{34}$ 的位置产生了新的注入元。

另一种因子分解法是将矩阵 $\boldsymbol{A}$ 分解为一个单位下三角阵 $\boldsymbol{L}$、一个对角线矩阵 $\boldsymbol{D}$ 和一个单位上三角阵 $\boldsymbol{H}$ 的乘积形式，即 $\boldsymbol{A}=\boldsymbol{LDH}$。

作 LDH 分解时，把各因子矩阵的元素排列成因子表，为

$$\begin{bmatrix} d_{11} & u_{12} & u_{13} & \cdots & u_{1n} \\ l_{21} & d_{22} & u_{23} & \cdots & u_{2n} \\ l_{31} & l_{32} & d_{33} & \cdots & u_{3n} \\ \vdots & \vdots & \vdots & \ddots & \vdots \\ l_{n1} & l_{n2} & l_{n3} & \cdots & d_{nn} \end{bmatrix}$$

与 LH 分解，即 $\boldsymbol{A}=\boldsymbol{LH}$ 对比可知：两者的 $\boldsymbol{H}$ 矩阵相同，$\boldsymbol{D}$ 矩阵是由 LH 分解中矩

阵 $\boldsymbol{L}$ 的对角元素组成的，而这里的单位下三角阵 $\boldsymbol{L}$ 和 LH 分解中的下三角阵 $\boldsymbol{L}$ 不同，其对角元素为 1，非对角元素都除以了对应列的对角元素，即按列规格化，当 $\boldsymbol{A}$ 对称时 $\boldsymbol{L}$ 和 $\boldsymbol{H}$ 互为转置。

下面利用稀疏矩阵因子表来求解稀疏线性代数方程组。

对于 $n$ 维线性代数方程组式(7.4)，将其稀疏矩阵 $\boldsymbol{A}$ 分解成因子表，则有

$$\boldsymbol{A}=\boldsymbol{LDH} \tag{7.8}$$

通过引入中间变量 $\boldsymbol{y}$ 和 $\boldsymbol{z}$，可以用下面的方法求解 $\boldsymbol{x}$：

$$\boldsymbol{Lz}=\boldsymbol{b} \tag{7.9}$$

$$\boldsymbol{Dy}=\boldsymbol{z} \tag{7.10}$$

$$\boldsymbol{Hx}=\boldsymbol{y} \tag{7.11}$$

用式(7.9)求解 $\boldsymbol{z}$ 的过程是前代过程运算，用式(7.11)求解 $\boldsymbol{x}$ 的过程是回代过程运算。

1. 前代过程

如果将 $\boldsymbol{L}$ 分解成一个单位阵和一个严格下三角阵 $\widetilde{\boldsymbol{L}}$ 的和，即 $\boldsymbol{L}=\widetilde{\boldsymbol{L}}+\boldsymbol{I}$，则式(7.9)可写成

$$(\widetilde{\boldsymbol{L}}+\boldsymbol{I})\boldsymbol{z}=\boldsymbol{b} \tag{7.12}$$

从而得

$$\boldsymbol{z}=\boldsymbol{b}-\widetilde{\boldsymbol{L}}\boldsymbol{z} \tag{7.13}$$

将式(7.13)写成矩阵的形式，则有

$$\begin{bmatrix} z_1 \\ z_2 \\ \vdots \\ z_n \end{bmatrix} = \begin{bmatrix} b_1 \\ b_2 \\ \vdots \\ b_n \end{bmatrix} - \begin{bmatrix} 0 & \cdots & \cdots & 0 \\ l_{21} & 0 & \cdots & \vdots \\ \vdots & \cdots & 0 & \vdots \\ l_{n1} & \cdots & l_{n,n-1} & 0 \end{bmatrix} \begin{bmatrix} z_1 \\ z_2 \\ \vdots \\ z_n \end{bmatrix} \tag{7.14}$$

或写成

$$\begin{bmatrix} z_1 \\ z_2 \\ \vdots \\ z_n \end{bmatrix} = \begin{bmatrix} b_1 \\ b_2 \\ \vdots \\ b_n \end{bmatrix} - \begin{bmatrix} 0 \\ l_{21} \\ \vdots \\ l_{n1} \end{bmatrix} z_1 - \cdots - \begin{bmatrix} 0 \\ 0 \\ \vdots \\ l_{n,n-1} \end{bmatrix} z_{n-1} \tag{7.15}$$

其中，

$$\begin{aligned} z_1 &= b_1 \\ z_2 &= b_2 - l_{21} z_1 \\ &\vdots \\ z_i &= b_i - \sum_{j=1}^{i-1} l_{ij} z_j \end{aligned} \tag{7.16}$$

显然，式(7.15)等式右边的 $z_j$ 前所乘列矢量 $\boldsymbol{l}$ 中前 $j$ 个元素都是零；从 $z_i = b_i - \sum_{j=1}^{i-1} l_{ij} z_j$ 中可知，$z_j$ 只影响比其下标 $j$ 大的元素 $z_i$，且只有 $l_{ij} \neq 0$，$z_j \neq 0$ 时才有操作。

因此，前代运算应该按下标从小到大的顺序进行，其计算流程如下：

$$
\begin{array}{l}
\boldsymbol{z} \leftarrow \boldsymbol{b} \\
① \left[\begin{array}{l}
\text{for} \quad j=1 \quad \text{to} \quad n-1 \\
② \left[\begin{array}{l}
\text{for} \quad i=j+1 \quad \text{to} \quad n \\
\quad z_i = z_i - l_{ij} \cdot z_j \\
\text{next} \quad i
\end{array}\right. \\
\text{next} \quad j
\end{array}\right.
\end{array}
$$

也就是首先将独立矢量 $\boldsymbol{b}$ 送入中间变量 $\boldsymbol{z}$，然后再依次对 $j=1,2,\cdots,n-1$ 进行前代。

**例 7.2** $\widetilde{\boldsymbol{L}}$ 的结构如下所示，试写出其前代过程。

$$
\widetilde{\boldsymbol{L}} = \begin{bmatrix}
0 & & & & \\
l_{21} & 0 & & & \\
0 & l_{32} & 0 & & \\
l_{41} & 0 & l_{43} & 0 & \\
0 & l_{52} & l_{53} & l_{54} & 0
\end{bmatrix}
$$

**解** 首先将独立矢量 $\boldsymbol{b}$ 送入 $\boldsymbol{z}$，即$[z_1 \quad z_2 \quad z_3 \quad z_4 \quad z_5]^{\mathrm{T}} \leftarrow [b_1 \quad b_2 \quad b_3 \quad b_4 \quad b_5]^{\mathrm{T}}$，然后依次对 $j=1,2,3,4$ 进行前代，则有

$$z_i = z_i - l_{ij} z_j \tag{7.17}$$

当 $j=1$ 时，有

$$
\begin{cases}
z_2 = z_2 - l_{21} z_1 \\
z_4 = z_4 - l_{41} z_1
\end{cases}
$$

当 $j=2$ 时，有

$$
\begin{cases}
z_3 = z_3 - l_{32} z_2 \\
z_5 = z_5 - l_{52} z_2
\end{cases}
$$

当 $j=3$ 时，有

$$
\begin{cases}
z_4 = z_4 - l_{43} z_3 \\
z_5 = z_5 - l_{53} z_3
\end{cases}
$$

当 $j=4$ 时，有

$$z_5 = z_5 - l_{54} z_4$$

2. 规格化

求解式(7.10)，则有

$$\boldsymbol{y} = \boldsymbol{D}^{-1} \boldsymbol{z} \tag{7.18}$$

因此

$$y_i = z_i / d_{ii} \quad (i=1,2,\cdots,n) \tag{7.19}$$

式中，$d_{ii}$ 为 $\boldsymbol{D}$ 的第 $i$ 个对角元素。显然，对于 $z_i=0$ 的情况，规格化运算可省略。

3. 回代过程

同样可将 $\boldsymbol{H}$ 分解成一个单位阵和一个严格上三角阵 $\widetilde{\boldsymbol{H}}$ 的和，即 $\boldsymbol{H}=\widetilde{\boldsymbol{H}}+\boldsymbol{I}$，则式(7.11)可写成

$$(\widetilde{\boldsymbol{H}} + \boldsymbol{I}) \boldsymbol{x} = \boldsymbol{y} \tag{7.20}$$

从而得

$$\boldsymbol{x} = \boldsymbol{y} - \widetilde{\boldsymbol{H}} \boldsymbol{x} \tag{7.21}$$

式(7.21)写成矩阵的形式,则有

$$\begin{bmatrix} x_1 \\ x_2 \\ \vdots \\ x_n \end{bmatrix} = \begin{bmatrix} y_1 \\ y_2 \\ \vdots \\ y_n \end{bmatrix} - \begin{bmatrix} 0 & h_{12} & \cdots & h_{1n} \\ \vdots & 0 & \cdots & \vdots \\ \vdots & \cdots & 0 & h_{n-1,n} \\ \cdots & \cdots & \cdots & 0 \end{bmatrix} \begin{bmatrix} x_1 \\ x_2 \\ \vdots \\ x_n \end{bmatrix} \tag{7.22}$$

或写成

$$\begin{bmatrix} x_1 \\ x_2 \\ \vdots \\ x_n \end{bmatrix} = \begin{bmatrix} y_1 \\ y_2 \\ \vdots \\ y_n \end{bmatrix} - \begin{bmatrix} h_{12} \\ 0 \\ \vdots \\ 0 \end{bmatrix} x_2 - \cdots - \begin{bmatrix} h_{1n} \\ \vdots \\ h_{n-1,n} \\ 0 \end{bmatrix} x_n \tag{7.23}$$

其中,

$$\begin{aligned} x_n &= y_n \\ x_{n-1} &= y_{n-1} - h_{n-1,n} x_n \\ &\vdots \\ x_i &= y_i - \sum_{j=i+1}^{n} h_{ij} x_j \end{aligned} \tag{7.24}$$

显然,式(7.23)等式右边的 $x_j$ 前所乘列矢量 $\boldsymbol{h}$ 中前 $j-1$ 个元素都是非零元素;从 $x_i = y_i - \sum_{j=i+1}^{n} h_{ij} x_j$ 中可知,$x_j$ 只影响比其下标 $j$ 小的元素 $x_i$,且只有 $h_{ij} \neq 0, x_j \neq 0$ 时才有操作。

因此,回代运算应该按下标从大到小的顺序进行,其计算流程如下:

$$\boldsymbol{x} \leftarrow \boldsymbol{y}$$

```
① ┌ for  j=n  to  2
  │ ② ┌ for  i=j-1  to  1
  │   │     x_i = x_i - h_ij · x_j
  │   └ next  i
  └ next  j
```
(7.25)

也就是首先将中间变量 $\boldsymbol{y}$ 送入解矢量 $\boldsymbol{x}$,然后再依次对 $j=n, n-1, \cdots, 2$ 进行回代。

**例 7.3** $\widetilde{\boldsymbol{H}}$ 的结构如下所示,试写出其回代过程。

$$\widetilde{\boldsymbol{H}} = \begin{bmatrix} 0 & h_{12} & 0 & h_{14} & 0 \\ & 0 & h_{23} & 0 & h_{25} \\ & & 0 & h_{34} & h_{35} \\ & & & 0 & h_{45} \\ & & & & 0 \end{bmatrix}$$

**解** 首先将独立矢量 $\boldsymbol{y}$ 送入 $\boldsymbol{x}$,即$[x_1 \quad x_2 \quad x_3 \quad x_4 \quad x_5]^{\mathrm{T}} \leftarrow [y_1 \quad y_2 \quad y_3 \quad y_4 \quad y_5]^{\mathrm{T}}$,然后依次对 $j=5,4,3,2$ 进行回代,则有

$$x_i = x_i - h_{ij} x_j$$

当 $j=5$ 时,有

$$\begin{cases} x_4 = x_4 - h_{45}x_5 \\ x_3 = x_3 - h_{35}x_5 \\ x_2 = x_2 - h_{25}x_5 \end{cases}$$

当 $j=4$ 时，有

$$\begin{cases} x_3 = x_3 - h_{34}x_4 \\ x_1 = x_1 - h_{14}x_4 \end{cases}$$

当 $j=3$ 时，有

$$x_2 = x_2 - h_{23}x_3$$

当 $j=2$ 时，有

$$x_1 = x_1 - h_{12}x_2$$

对称矩阵的因子矩阵 $\boldsymbol{L}$ 和 $\boldsymbol{H}$ 互为转置矩阵，在因子表中保留上三角部分（或下三角部分），对角线位置则存放矩阵 $\boldsymbol{D}$ 的对应元素，便于计算。

## 7.3　稀疏矩阵技术的图论描述

### 7.3.1　基本概念

在电力系统分析中，线性代数方程组 $\boldsymbol{Ax}=\boldsymbol{b}$ 的系数矩阵的稀疏结构和网络的拓扑结构相对应，故导纳矩阵的非对角元素和网络中的串联支路有一一对应的关系。导纳矩阵的稀疏结构可以用图来描述，而且稀疏矩阵的因子表的稀疏结构也可以用图来描述，因此电力网络的节点电压方程 $\boldsymbol{Y\dot{U}}=\boldsymbol{\dot{I}}$ 也可以用图描述。在因子分解过程中，矩阵的稀疏结构将发生变化，因此相应的图结构也发生变化。

设矩阵 $\boldsymbol{A}$ 是对称的稀疏矩阵，即 $\boldsymbol{A}=\boldsymbol{A}^{\mathrm{T}}$，则矩阵 $\boldsymbol{A}$ 的因子表矩阵为 $\boldsymbol{A}=\boldsymbol{H}^{\mathrm{T}}\boldsymbol{DH}$，又因为矩阵 $\boldsymbol{A}$ 的因子表矩阵 $\boldsymbol{A}=\boldsymbol{LDH}$，所以有 $\boldsymbol{H}=\boldsymbol{L}^{\mathrm{T}}$。

对称矩阵 $\boldsymbol{A}$ 中非零元素的分布是

$$\boldsymbol{A}=\begin{array}{cccccccccccc|l}
1 & 2 & 3 & 4 & 5 & 6 & 7 & 8 & 9 & 10 & 11 & 12 & \\
\bullet & & & & & & \bullet & & & & & \bullet & 1 \\
 & \bullet & & & \bullet & & & & \bullet & & & & 2 \\
 & & \bullet & & & \bullet & & & \bullet & & & & 3 \\
 & & & \bullet & & & \bullet & & & \bullet & & & 4 \\
 & & & & \bullet & & & & & & & \bullet & 5 \\
 & & & & & \bullet & & & & \bullet & & & 6 \\
 & & & & & & \bullet & & & & & & 7 \\
 & & & & & & & \bullet & \bullet & & \bullet & & 8 \\
 & & & & & & & & \bullet & & & & 9 \\
 & & & & & & & & & \bullet & \bullet & & 10 \\
 & & & & & & & & & & \bullet & \bullet & 11 \\
 & & & & & & & & & & & \bullet & 12
\end{array} \tag{7.26}$$

因为 $\boldsymbol{A}$ 是对称矩阵，所以式(7.26)中只画出上三角部分。矩阵 $\boldsymbol{A}$ 中非零元素的分布可以用一个网络图来描述，如图 7.1(a)所示。

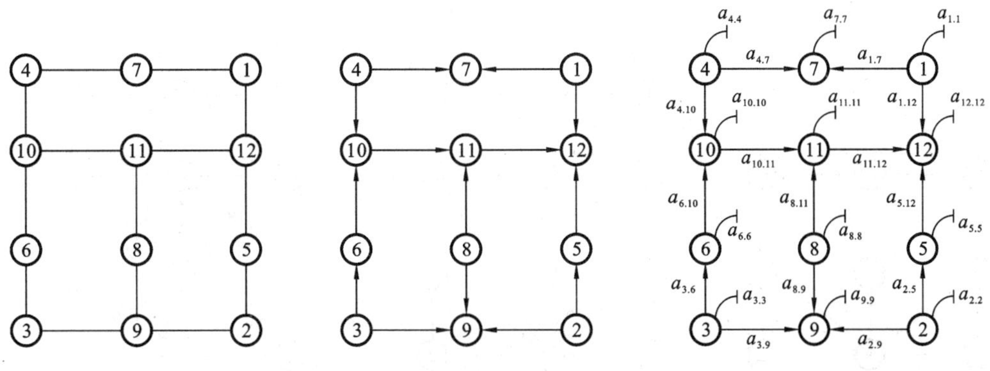


(a) ***A***图　　(b) 有向***A***图　　(c) 赋权有向***A***图

**图 7.1　矩阵 A 所对应的图**

图 7.1 涉及的几个概念如下。

**A** 图：和矩阵 **A** 有相同拓扑结构的网络图。

有向 **A** 图：在给定的 **A** 图上对各节点进行编号，并对支路由小号节点指向大号节点定方向。

赋权有向 **A** 图：在有向 **A** 图上，对互边赋以非对角非零元素值，对自边赋以对角元素值。

自边：矩阵 **A** 的对角元素用一个接地支路表示只和自己发生关系。

互边：矩阵 **A** 的非对角非零元素所对应的边为互边。

式(7.26)的矩阵 **A** 所对应的 **A** 图、有向 **A** 图和赋权有向 **A** 图如图 7.1(a)、(b)、(c)所示，显然，赋权有向 **A** 图中保存了矩阵 **A** 的所有信息。

若将矩阵 **A** 分解成因子表，即 $\boldsymbol{A}=\boldsymbol{H}^{\mathrm{T}}\boldsymbol{D}\boldsymbol{H}$，则因子表矩阵 $\boldsymbol{H}$ 中非零元素的分布为

$$
\boldsymbol{H}=\begin{array}{c}
\begin{array}{cccccccccccc} 1 & 2 & 3 & 4 & 5 & 6 & 7 & 8 & 9 & 10 & 11 & 12 \end{array} \\
\left[\begin{array}{cccccccccccc}
\bullet & & & & & & \bullet & & & & & \bullet \\
 & \bullet & & & \bullet & & & & \bullet & & & \\
 & & \bullet & & & \bullet & & & \bullet & & & \\
 & & & \bullet & & & \bullet & & & \bullet & & \\
 & & & & \bullet & & & & \circ & & & \bullet \\
 & & & & & \bullet & & & \circ & \bullet & & \\
 & & & & & & \bullet & & & \circ & & \circ \\
 & & & & & & & \bullet & \bullet & & \bullet & \\
 & & & & & & & & \bullet & \circ & \circ & \circ \\
 & & & & & & & & & \bullet & \bullet & \circ \\
 & & & & & & & & & & \bullet & \bullet \\
 & & & & & & & & & & & \bullet
\end{array}\right]
\end{array}
\begin{array}{c} 1\\2\\3\\4\\5\\6\\7\\8\\9\\10\\11\\12 \end{array}
\tag{7.27}
$$

式(7.27)中的“$\circ$”表示在因子分解过程中新产生的注入元素，因子表矩阵 $\boldsymbol{H}$ 中的非零元素的分布也可以用一个网络图来描述，如图 7.2(b)所示。

图 7.2 涉及的几个概念如下。

因子图：和因子表矩阵 $\boldsymbol{H}$ 有相同拓扑结构的网络图。

有向因子图：在给定的因子图上，规定每条边的正方向都是由小号节点指向大号节

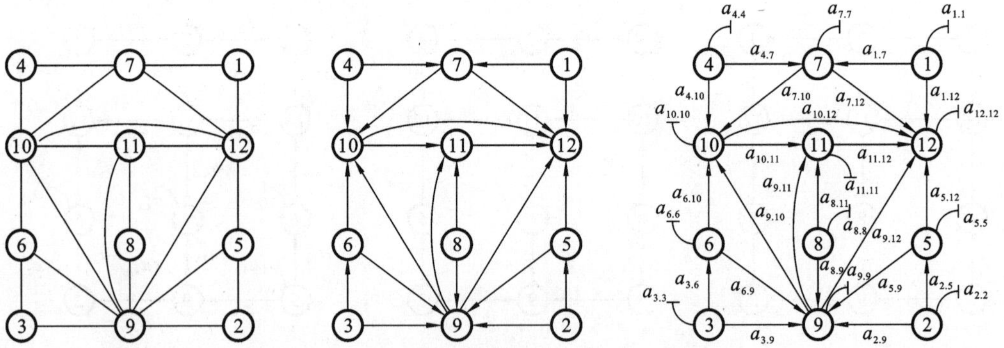


（a）因子图　　（b）有向因子图　　（c）赋权有向因子图

**图 7.2　和因子表矩阵 $\boldsymbol{H}$ 和 $\boldsymbol{D}$ 对应的图**

点形成的有向图。

赋权有向因子图：有向因子图上对自边和互边赋值。

式(7.27)的因子表所对应的因子图、有向因子图、赋权有向因子图如图 7.2(a)、(b)、(c)所示，显然，赋权有向因子图中保存了因子表矩阵 $\boldsymbol{H}$ 和 $\boldsymbol{D}$ 的所有信息。

### 7.3.2　图上因子分解

图上因子分解过程是按节点从小到大的顺序依次进行的，每步计算中要消去下三角部分的非零非对角元素，包括规格化运算和消去运算两个主要步骤，因此在图上也有相应的描述。

1. 规格化运算

由于矩阵 $\boldsymbol{A}$ 是对称矩阵，对第 $p$ 行元素进行规格化运算时，只需对矩阵 $\boldsymbol{A}$ 中上三角部分中的第 $p$ 行非零元素进行即可，相当于除以 $a_{pp}$，即

$$a_{pi}=a_{pi}/a_{pp}\quad (p<i;i=j,k,l) \tag{7.28}$$

第 $p$ 步因子分解需规格化的三个元素的列号分别是 $j,k,l$，在节点 $p,j,k,l$ 对应位置处存在非零元素，即

$$\begin{array}{c} \begin{array}{ccccccccc} & p & & j & & k & & l & \end{array} \\ \left[\begin{array}{ccccccccc} & \vdots & & & & & & & \\ \cdots & a_{pp} & \cdots & a_{pj} & \cdots & a_{pk} & \cdots & a_{pl} & \cdots \\ & \vdots & & & & & & & \\ & a_{jp} & & & & & & & \\ & \vdots & & & & & & & \\ & a_{kp} & & & & & & & \\ & \vdots & & & & & & & \\ & a_{lp} & & & & & & & \\ & \vdots & & & & & & & \end{array}\right] \begin{array}{c} \\ p \\ \\ j \\ \\ k \\ \\ l \\ \\ \end{array} \end{array} \tag{7.29}$$

在图 7.3(a)中，对所有从节点 $p$ 发出的权值除以自边的权值，得到修正的权值 $a_{pi}=a_{pi}/a_{pp}$，但边数并未增加。

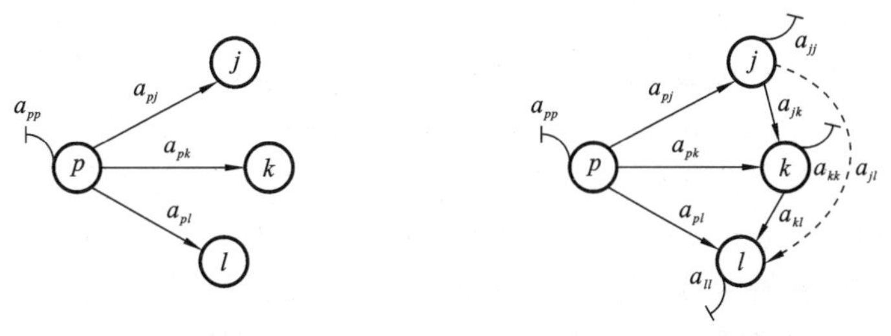


（a）规格化运算前　　　　（b）规格化运算后

**图 7.3　第 $p$ 行元素的规格化运算**

2. 消去运算

以第 $p$ 行第 $p$ 列为轴线，第 $p$ 步的消去运算实际上是指对第 $p$ 行第 $p$ 列的非零元素进行消去运算。比如图 7.3 中要对处于第 $p$ 行第 $p$ 列上的非零元素所在的第 $j,k,l$ 行和第 $j,k,l$ 列相交的位置上的 9 个元素进行消去运算，9 个元素中有 3 个是对角元素，6 个是非对角元素，在对称的情况下，只需对 3 个对角元素和 3 个非对角元素进行消去运算。

对对角元素进行消去运算的修正公式为

$$a_{ii}=a_{ii}-a_{ip}a_{pi}\quad(p<i;i=j,k,l)\tag{7.30}$$

矩阵 **A** 是对称的，未规格化前有 $a_{ip}=a_{pi}$，因为在消去运算前已对 $a_{pi}$ 用式(7.28)进行过规格化运算，由矩阵的对称性可知，上三角部分的元素 $a_{pi}$ 和下三角部分的元素 $a_{ip}$ 有如下关系：

$$\underset{\text{未规格化}}{a_{ip}}=\underset{\text{已规格化}}{a_{pi}}\,a_{pp}\tag{7.31}$$

当存储的是上三角部分的元素时，将式(7.31)代入式(7.30)可得修正公式

$$a_{ii}=a_{ii}-a_{pi}^{2}a_{pp}\quad(p<i;i=j,k,l)\tag{7.32}$$

式(7.32)表示，在赋权有向 **A** 图上，对节点 $p$ 发出的边的收点 $j,k,l$ 上的自边边权进行修正，边权减少 $a_{pi}^{2}a_{pp}$。

对非对角元素(上三角部分元素)进行消去运算的公式为

$$a_{im}=a_{im}-a_{ip}a_{pm}\quad(p<i<m;i,m\text{ 从 }j,k,l\text{ 中取值})\tag{7.33}$$

因只存储矩阵 **A** 的上三角部分，下三角部分的元素 $a_{ip}$ 应用上三角部分的元素 $a_{pi}$ 代替，又因

$$\underset{\text{未规格化}}{a_{ip}}=\underset{\text{已规格化}}{a_{pi}}\cdot a_{pp}$$

因此有

$$a_{im}=a_{im}-a_{pi}a_{pm}a_{pp}\quad(p<i<m;i,m\text{ 从 }j,k,l\text{ 中取值})\tag{7.34}$$

在图 7.3 中，对从节点 $p$ 发出的任意两条边所夹的边进行修正，边权减少 $a_{pi}a_{pm}a_{pp}$，即节点 $p$ 发出的两条边的边权与节点 $p$ 的自边边权的乘积。

如果节点对之间原来没有边，比如图 7.3 中节点对 $j$、$l$ 之间原来无边，进行消去运算后会产生新边，这和因子分解过程产生的注入元素相对应，新边的方向为从小号节点指向大号节点。

因此图上因子分解过程，可按下面步骤将赋权有向 **A** 图变成赋权有向因子图。

(1) 对于从节点 $p$ 发出的互边，用其边权除以节点 $p$ 的自边边权，即 $a_{pi}=a_{pi}/a_{pp}$ $(p<i,i=j,k,l)$。

(2) 对于从节点 $p$ 发出的互边的对端收点，用该点上的自边边权减去该互边边权的平方与节点 $p$ 上的自边边权的乘积，即 $a_{ii}=a_{ii}-a_{pi}^2a_{pp}(p<i;i=j,k,l)$。

(3) 对于从节点 $p$ 发出的所有互边，这些互边两两之间所夹的互边边权应减去两条相夹边的边权与节点 $p$ 的自边权的乘积。操作前被夹节点对之间无边的情况可视为有一条零权边值，即 $a_{im}=a_{im}-a_{pi}a_{pm}a_{pp}(p<i<m;i,m$ 从 $j,k,l$ 中取值)。

(4) 将所有和 $p$ 相连的边遮盖住，选下一个节点，返回步骤(1)。

当原来的图全部遮盖住，打开遮盖，就可得到赋权有向因子图。

**例 7.4** 对矩阵 $\boldsymbol{A}$ 的赋权有向 $\boldsymbol{A}$ 图(见图 7.4(a))进行图上因子分解，并求出其赋权有向因子图。

$$\boldsymbol{A}=\begin{bmatrix}2 & -1 & & -1\\ -1 & 2 & -1 & \\ & -1 & 2 & -1\\ -1 & & -1 & 4\end{bmatrix},\quad b=\begin{bmatrix}0\\1\\0\\0\end{bmatrix}$$

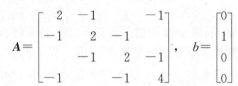

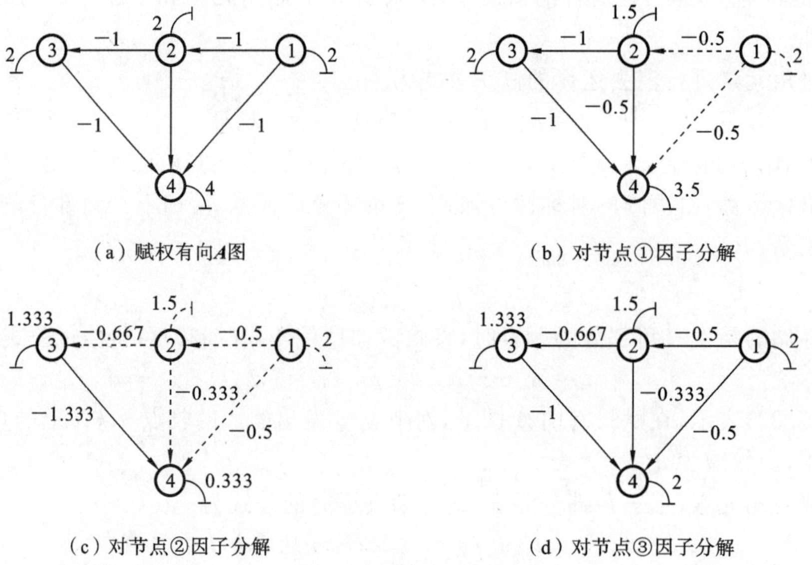

图 7.4 图上因子分解

**解** 第 1 步：对节点①进行运算。

首先进行规格化操作，即

$$a_{pi}=a_{pi}/a_{pp}\quad (p<i;i=j,k,l)$$

对从节点①出发的末端节点进行修正，先用节点①的自边来修正：

$$a_{12}=a_{12}/a_{11}=-1/2=-0.5$$

$$a_{14}=a_{14}/a_{11}=-1/2=-0.5$$

再进行消去操作，对于对角元素有

$$a_{ii}=a_{ii}-a_{pi}^2a_{pp}\quad (p<i;i=j,k,l)$$

$$a_{22}=a_{22}-a_{12}^2a_{11}=2-(-0.5)^2\times 2=1.5$$

$$a_{33}=a_{33}-a_{13}^2a_{11}=2-0^2\times 2=2$$

$$a_{44}=a_{44}-a_{14}^2a_{11}=4-(-0.5)^2\times 2=3.5$$

对于非对角元素有

$$a_{im}=a_{im}-a_{pi}a_{pm}a_{pp}\ (p<i<m;i,m\text{ 从 }j,k,l\text{ 中取值})$$

$$a_{23}=a_{23}-a_{12}a_{13}a_{11}=-1-(-0.5)\times 0\times 2=-1$$

$$a_{24}=a_{24}-a_{12}a_{14}a_{11}=0-(-0.5)\times(-0.5)\times 2=-0.5\ (a_{24}\text{为新增的边})$$

修正后，与节点①相关的边就不会再用到。

将与节点①相连的边(①,②)、(①,④)和自边盖住，用虚线表示，得到图 7.4(b)。

第 2 步：对节点②进行运算。

从节点②发出的边有两条，为(②,③)和(②,④)，规格化和消去运算如下。

规格化：

$$a_{pi}=a_{pi}/a_{pp}\quad (p<i;i=j,k,l)$$

$$a_{23}=a_{23}/a_{22}=-1/1.5=-0.667$$

$$a_{24}=a_{24}/a_{22}=-0.5/1.5=-0.333$$

消去运算：对于对角元素有

$$a_{ii}=a_{ii}-a_{pi}^2a_{pp}\quad (p<i;i=j,k,l)$$

$$a_{33}=a_{33}-a_{23}^2a_{22}=2-(-0.667)^2\times 1.5=1.333$$

$$a_{44}=a_{44}-a_{24}^2a_{22}=3.5-(-0.333)^2\times 1.5=3.333$$

对于非对角元素有

$$a_{im}=a_{im}-a_{pi}a_{pm}a_{pp}\quad (p<i<m;i,m\text{ 从 }j,k,l\text{ 中取值})$$

$$a_{34}=a_{34}-a_{23}a_{24}a_{22}=-1-(-0.667)\times(-0.333)\times 1.5=-1.333$$

将与节点②相连的边(2,3)、(2,4)和自边盖住，用虚线表示，得到图 7.4(c)。

第 3 步：对节点③进行运算。

从节点③发出的边只有一条，为(③,④)，规格化和消去运算如下。

规格化：

$$a_{pi}=a_{pi}/a_{pp}\quad (p<i;i=j,k,l)$$

$$a_{34}=a_{34}/a_{33}=-1.333/1.333=-1$$

消去运算：对于对角元素有

$$a_{ii}=a_{ii}-a_{pi}^2a_{pp}\quad (p<i;i=j,k,l)$$

$$a_{44}=a_{44}-a_{34}^2a_{33}=3.333-(-1)^2\times 1.333=2$$

将与节点③相连的边(③,④)和自边盖住，最后也将与节点④相连的自边盖住，这时全部图已被遮住了，打开遮盖，结束，得图 7.4(d)。

由图 7.4(d)可得其因子表如下：

$$\boldsymbol{A}=\boldsymbol{H}^{\mathrm{T}}\boldsymbol{D}\boldsymbol{H}$$

$$=\begin{bmatrix}1 & & & \\ -0.5 & 1 & & \\ & -0.667 & 1 & \\ -0.5 & -0.333 & -1 & 1\end{bmatrix}\begin{bmatrix}2 & & & \\ & 1.5 & & \\ & & 1.333 & \\ & & & 2\end{bmatrix}\begin{bmatrix}1 & -0.5 & & -0.5\\ & 1 & -0.667 & -0.333\\ & & 1 & -1\\ & & & 1\end{bmatrix}$$

由图上因子分解过程可知，每一步的规格化运算和消去运算，都是在与某点相连的边上进行的，这在矩阵中相当于以某行(某列)为轴线，只取轴线上的非零元素以及只在轴线行列上的非零元素相交叉的位置上进行运算，排零存储和排零计算在图上是显而易见的，这就是稀疏矩阵的情况。

## 7.4 图上前代和回代

和图上因子分解过程相似，也可以在图上进行线性代数方程组的前代、回代运算，这种分析方法有助于让学者对稀疏矩阵和稀疏矢量技术有一个更直观的了解。

1. 前代过程

矩阵 $\boldsymbol{A}$ 是对称矩阵时，式(7.8)中的因子表矩阵 $\boldsymbol{L}$ 和 $\boldsymbol{H}$ 互为转置，前代运算中的 $l_{ij}$ 可以用 $h_{ji}$ 代替。假定已将独立矢量 $\boldsymbol{b}$ 赋值到工作矢量 $z$ 中。前代运算从小号节点到大号节点依次进行，对于第 $i$ 步前代，将内循环取出则有

```
for  i=j+1  to  n
    if  h_ji≠0  then  z_i=z_i-h_ji z_j
    end  if
next  i
```

若把 $z_j$ 定义为赋权有向因子图上的点位，用 $e_j$ 表示。赋权有向因子图上的互边的边权是 $h_{ji}$，则前面的程序可写成

$$e_i=e_i-h_{ji}e_j \quad (i>j;i\in j) \tag{7.35}$$

进行前代时，对 $e_i$ 进行修正，节点 $j$ 的数值修正只影响比 $j$ 大的节点。

线性代数方程组中独立矢量或解矢量中的非零元素可用赋权有向因子图上节点的点位来描述。而前代过程可在赋权有向因子图上用点位的变化来描述。主要分为两步：首先在赋权有向因子图上对每个节点的点位赋以独立矢量 $\boldsymbol{b}$ 中相应的非零元素值。然后在赋权有向因子图上按节点号 $j$ 从小到大依次修正该节点 $j$ 发出边的收点 $i$ 的点位，收点 $i$ 的点位减小 $h_{ji}e_j$。该过程一直进行到所有节点都扫描完。如果节点 $j$ 的点位为零，则上述修正不需要做，这一过程结束后，因子图上的点位就是前代后的结果。

2. 规格化

将前代结束后节点 $i$ 的点位 $e_i$ 除以赋权有向因子图上节点 $i$ 的自边边权，即得规格化的结果，其算式为

$$e_i=e_i/d_{ii} \tag{7.36}$$

3. 回代过程

令赋权有向因子图上的点位是经过前代和规格化后的值。在此图上节点号 $j$ 从 $n$ 开始，由大到小，对于所有指向 $j$ 的边，其发点 $i$ 的点位应按式(7.37)进行修正：

$$e_i=e_i-h_{ij}e_j \quad (i<j;i\in j) \tag{7.37}$$

当所有节点的点位都修正完后，回代过程结束。

因此，对于图上前代、回代过程，可按下面步骤求解线性代数方程组。

(1) 将独立矢量 $\boldsymbol{b}$ 的非零元素赋值为赋权有向因子图上的点位。

(2) 扫描 $j(1\sim n-1)$，用 $e_i=e_i-h_{ji}e_j$ 修正节点 $j$ 发出的边的收点 $i$ 的点位。

(3) 对于所有节点，用 $e_i=e_i/d_{ii}$ 对点位进行规格化。

(4) 扫描 $j(n\sim 2)$，对于所有指向节点 $j$ 的边的发点 $i$，用 $e_i=e_i-h_{ij}e_j$ 修正点位。

以上过程结束后，赋权有向因子图上的节点点位就是前代、回代的结果。

**例 7.5** 已知 $\boldsymbol{Ax}=\boldsymbol{b}$，其中，等号右端的独立矢量为 $[1\quad 1\quad 0\quad 0]^{\mathrm{T}}$，有

$$
\boldsymbol{A}=\boldsymbol{H}^{\mathrm{T}}\boldsymbol{D}\boldsymbol{H}
$$

$$
=\begin{bmatrix}1 & & & \\ -0.5 & 1 & & \\ & -0.667 & 1 & \\ -0.5 & -0.333 & -1 & 1\end{bmatrix}\begin{bmatrix}2 & & & \\ & 1.5 & & \\ & & 1.333 & \\ & & & 2\end{bmatrix}\begin{bmatrix}1 & -0.5 & & -0.5 \\ & 1 & -0.667 & -0.333 \\ & & 1 & -1 \\ & & & 1\end{bmatrix}
$$

试在其赋权有向因子图上进行前代、回代并求出解矢量 $\boldsymbol{x}$。

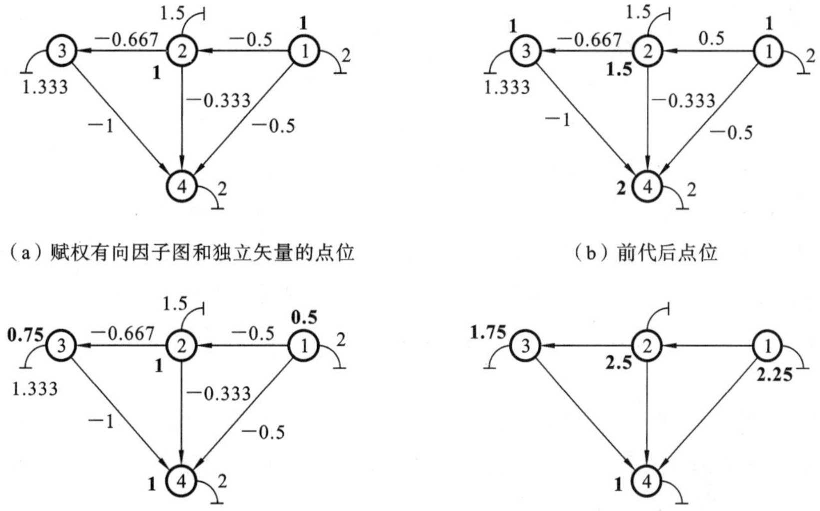

(a) 赋权有向因子图和独立矢量的点位　　(b) 前代后点位

(c) 规格化后点位　　(d) 回代后点位

**图 7.5　图上前代回代**

**解**　画出赋权有向因子图和独立矢量的点位,如图 7.5(a)所示。

1) 第 1 步,前代

按节点号由小到大的顺序搜索不是 0 的节点进行运算。

$$
e_i=e_i-h_{ji}e_j\,(i>j;i\in j)
$$

(1) 节点①的点位为 1,它发出两条边,(①,②)和(①,④),则

$$
e_2=e_2-h_{12}e_1=1-(-0.5)\times1=1.5
$$

$$
e_4=e_4-h_{14}e_1=0-(-0.5)\times1=0.5
$$

(2) 节点②的点位不为 0,它发出两条边,(②,③)和(②,④),则

$$
e_3=e_3-h_{23}e_2=0-(-0.667)\times1.5=1
$$

$$
e_4=e_4-h_{24}e_2=0.5-(-0.333)\times1.5=1
$$

(3) 节点③的点位不为 0,只发出一条边,为(③,④),则

$$
e_4=e_4-h_{34}e_3=1.0-(-1)\times1.0=2
$$

前代结束后点位示意图如图 7.5(b)所示,节点①、②、③、④的点位不为 0。

2) 第 2 步,规格化

需对点①、②、③、④规格化。

$$
e_1=e_1/d_{11}=1/2=0.5
$$

$$
e_2=e_2/d_{22}=1.5/1.5=1
$$

$$
e_3=e_3/d_{33}=1/1.333=0.75
$$

$$e_4=e_4/d_{44}=2/2=1$$

规格化后点位如图 7.5(c)所示。

3) 第 3 步,回代

按节点号由大到小的顺序进行运算。

$$e_i=e_i-h_{ij}e_j(i<j;i\in j)$$

(1) 以节点④为收点的边有三条:(③,④)、(②,④)和(①,④),修正指向节点④的边的发点的点位。

$$e_3=e_3-h_{34}e_4=0.75-(-1)\times1=1.75$$

$$e_2=e_2-h_{24}e_4=1-(-0.333)\times1=1.333$$

$$e_1=e_1-h_{14}e_4=0.5-(-0.5)\times1=1$$

(2) 以节点③为收点的边只有一条,为(②,③),修正发点②的点位。

$$e_2=e_2-h_{23}e_3=1.333-(-0.667)\times1.75=2.5$$

(3) 以节点②为收点的边只有一条(①,②),修正发点①的点位。

$$e_1=e_1-h_{12}e_2=1-(-0.5)\times2.5=2.25$$

回代后点位如图 7.5(d)所示,这组点位就是前代、回代的结果:

$$\boldsymbol{x}=[2.25\quad 2.5\quad 1.75\quad 1]^{\mathrm{T}}$$

在上述分析中,假定线性代数方程组的系数矩阵 $\boldsymbol{A}$ 是对称的,该对称性隐含了矩阵 $\boldsymbol{A}$ 既是稀疏结构对称的,也是数值对称的,第 5 章介绍的快速分解潮流计算中遇到的矩阵就是这种情况。

但在电力系统分析中常常会遇到另外一种情况,即矩阵 $\boldsymbol{A}$ 具有对称的稀疏结构,但数值不对称,第 5 章介绍的牛顿潮流计算就是针对这一情况的。此种情况的处理方法与稀疏矩阵 $\boldsymbol{A}$ 对称时的情况是相似的。在将矩阵 $\boldsymbol{A}$ 按 $\boldsymbol{A}=\boldsymbol{LDH}$ 分解成因子表时,$\boldsymbol{L}$ 和 $\boldsymbol{H}$ 由于数值不对称,在因子分解过程中必须全部留下来,并用 $\boldsymbol{L}$ 进行前代运算,用 $\boldsymbol{H}$ 进行回代运算。对于这种情况,赋权有向 $\boldsymbol{A}$ 图中每条边可以用一对双元组来表示,双元组中的一个数代表 $\boldsymbol{A}$ 的下三角元素,另一个数代表 $\boldsymbol{A}$ 的上三角元素。在图上因子分解过程中,赋权有向因子图的每条边也用一对双元组来表示,一个数代表 $\boldsymbol{L}$ 中的下三角元素,另一个数代表 $\boldsymbol{H}$ 中的上三角元素。

还有一种情况是矩阵 $\boldsymbol{A}$ 是稀疏结构不对称的。对于这种情况,有两种处理方法。其一是在矩阵 $\boldsymbol{A}$ 的适当位置补充零元素,将其化为稀疏结构对称的形式,而后使用前述方法处理。另一方法是采用基于赋权双向因子图的方法来处理,其主要思路是对下三角阵和上三角矩阵分别采用两个图来描述,可以采用与对称矩阵处理相类似的分析方法。

## 7.5 稀疏矢量技术

在前代过程开始前,如果独立矢量 $\boldsymbol{b}$ 中只有少数非零元素,即图上只有少数节点的点位不是零,大多数节点的点位都是零,则由图上的前代过程可知,前代中对零点位的点进行的前代操作是多余的,可以省略。

在回代过程中,如果只对解矢量 $\boldsymbol{x}$ 中的少数几个元素感兴趣,即只取用回代后点位中少数感兴趣的节点的点位,则在回代过程中与这些待求点位无关的回代操作也是多余的，可以省略。

在前代、回代中，哪些计算步骤是必不可少的，哪些计算步骤是多余的，是稀疏矢量法（即稀疏矢量技术）要考虑的问题。稀疏矢量法充分开发了前代、回代过程中矢量的稀疏性，避免了不必要的计算，进一步提高了计算速度。

稀疏矢量法的关键在于明确指明前代、回代过程中必不可少的计算步骤。下面介绍几个与稀疏矢量有关的概念。

稀疏独立矢量：一个给定的只有少量非零元素的独立矢量。

稀疏解矢量：一个只有少数元素待求的解矢量（其余元素我们并不关心）。

道路树：在有向因子图上，从由每个节点发出的边中去收点号最小的边为树边，这样得到的有向树为道路树，道路树的根节点只有一个。

点的路（道路）：如节点①的路为①→⑦→⑩→⑪→⑫，点的路是指在道路树上该点沿道路树到树根所经的路径，其是道路树的一个子集，其中，节点⑫为根节点。

点集的路集：该点集中所有点的路的并集。

式(7.27)的有向因子图如图 7.6(a)所示，其道路树如图 7.6(b)所示。其中，节点①的道路是节点集{①，⑦，⑩，11，12}，如图 7.6(c)所示。节点④的道路是节点集{④，⑦，⑩，⑪，⑫}，节点 8 的道路是节点集{⑧，⑨，⑩，⑪，⑫}，所以点集{①，④，⑧}的路集是{①，④，⑦，⑧，⑨，⑩，⑪，⑫}。

与因子分解道路有关的性质和定理如下。

**性质 1** 有向因子图上任一点发出的边的收点必在该点的道路上。

当某一节点发出的边是树边时，树边的收点自然在该点的道路上。当发出的边不是树边时，该边必然在道路上闭合一个回路，该边的收点仍在该点的道路上。

比如图 7.6(a)中节点⑧发出的边是树边(⑧，⑨)时，节点⑨自然在点⑧的道路上。若发出的边是(⑧，⑪)，则该边将闭合一个回路，⑧→⑨→⑩→⑪到⑧，点⑪仍在点⑧的道路上。

**性质 2** 有向因子图上任意边的两个端节点的路集即为小号端点的道路。

这可由性质 1 直接推导出来。

**性质 3** 若有向因子图中任何一组点集中的节点对之间都有边，则该点集的路集就是该点集中最小号节点的道路。

因该点集中的每两点之间都有边，由性质 2 可知每条边的大号节点在小号节点的道路上，所以这些节点都在点集中最小号节点的道路上。比如在图 7.6(a)中，节点③、⑥、⑨两两之间都有边，因此节点⑥、⑨都在节点③的道路上。

有了上面的性质之后，前代运算在有向因子图上的操作过程则具有如下定理。

**定理 1** 在有向因子图上，前代运算只在稀疏独立矢量中非零元素点集的路集上进行。

比如独立矢量中只有节点①、④、⑧为非零，则前代运算只在节点①、④、⑧的路集上进行。

**定理 2** 路集上任一点的前代运算只在路集上编号小的节点计算完后才进行。

比如在图 7.6(d)中给出了点集{①，④，⑧}的路集，由定理 2 可知必须在点①、④、⑦、⑧、⑨的前代都做完后才能做点⑩的前代。点⑩是分支点，分支点上的几条路既可以先做节点⑧、⑨、⑩的前代，再做节点①、④、⑦、⑩的前代；也可以先做节点①、④、⑦、

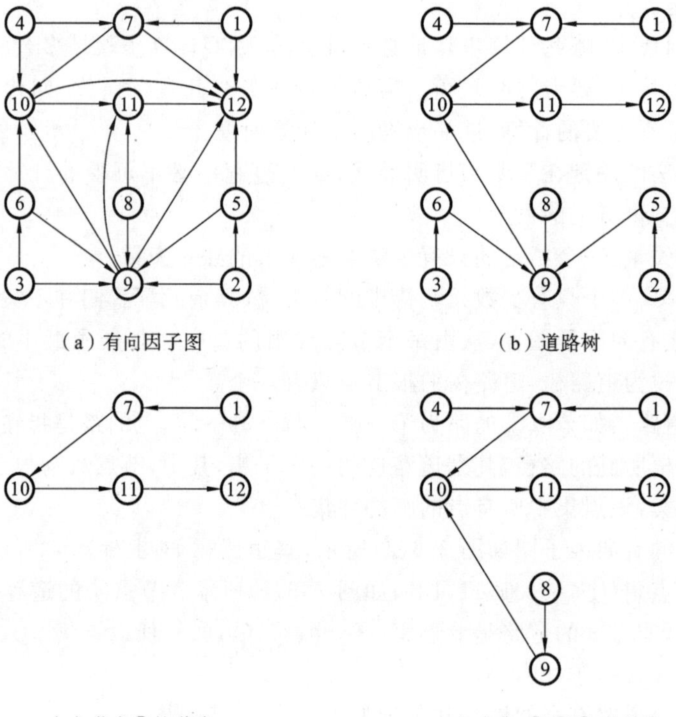

(a) 有向因子图　(b) 道路树

(c) 节点①的道路　(d) 点集{①,④,⑧}的路集

**图 7.6　道路树、道路和点集的路集**

⑩的前代;后做节点⑧、⑨、⑩的前代。

**定理 3**　在有向因子图上,回代运算只在待解元素对应的点集的路集上进行,如求解矢量 $\boldsymbol{x}_1,\boldsymbol{x}_4,\boldsymbol{x}_8$。

比如在图 7.6(d)中求点①的位,回代运算应在点①的路集中进行,即沿⑫→⑪→⑩→⑦→①进行。若要求出点集{①,④,⑧}中三个点的位,就应在图 7.6(d)所示的路集上进行回代。

**定理 4**　回代运算必须在路集上比当前要计算的编号要大的节点计算完成后才进行。

比如在图 7.6(b)中点⑧的回代必须在点⑧的道路上比点⑧的节点号大的点沿⑫→⑪→⑩→⑨的回代运算做完之后才能进行。由于小号点的回代不会影响大号点的点位,所以点⑨的回代做完之后,先做⑨→⑧的回代或先做⑨→⑤→②的回代都是可以的。

道路集的搜索:比如搜索{①,④,⑧},搜索完后 $p=\{①,⑦,⑩,⑪,⑫,④,⑧,⑨\}$,算法中止条件是搜索到路集中的根节点。

## 7.6　节点优化编号顺序的优先

1. 节点编号顺序与稀疏度的关系

为探讨在用高斯消元法或三角分解法形成因子表的过程中如何保持原有稀疏矩阵稀疏度的问题,可观察如下实例。设四节点网络的节点编号分别如图 7.7(a)、(b)所示。

对应这两种编号方案的节点方程分别为

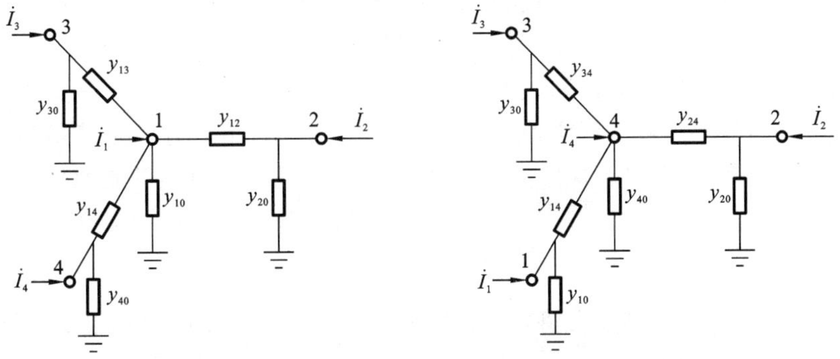


（a）方案1　　　　（b）方案2

**图 7.7　四节点网络的节点编号**

$$\begin{bmatrix} Y_{11} & Y_{12} & Y_{13} & Y_{14} \\ Y_{21} & Y_{22} & 0 & 0 \\ Y_{31} & 0 & Y_{33} & 0 \\ Y_{41} & 0 & 0 & Y_{44} \end{bmatrix} \begin{bmatrix} \dot{U}_1 \\ \dot{U}_2 \\ \dot{U}_3 \\ \dot{U}_4 \end{bmatrix} = \begin{bmatrix} \dot{I}_1 \\ \dot{I}_2 \\ \dot{I}_3 \\ \dot{I}_4 \end{bmatrix} \tag{7.38}$$

$$\begin{bmatrix} Y_{11} & 0 & 0 & Y_{14} \\ 0 & Y_{22} & 0 & Y_{24} \\ 0 & 0 & Y_{33} & Y_{34} \\ Y_{41} & Y_{42} & Y_{43} & Y_{44} \end{bmatrix} \begin{bmatrix} \dot{U}_1 \\ \dot{U}_2 \\ \dot{U}_3 \\ \dot{U}_4 \end{bmatrix} = \begin{bmatrix} \dot{I}_1 \\ \dot{I}_2 \\ \dot{I}_3 \\ \dot{I}_4 \end{bmatrix} \tag{7.39}$$

对式(7.38)和式(7.39)两方程分别进行三次、一次消元运算消去系数矩阵中的第1列后，式(7.38)和式(7.39)所示的两个系数矩阵中的非零元素的分布分别为

$$\begin{bmatrix} \ast & \ast & \ast & \ast \\ & \ast & \Delta & \Delta \\ & \Delta & \ast & \Delta \\ & \Delta & \Delta & \ast \end{bmatrix} \qquad \begin{bmatrix} \ast & & & \ast \\ & \ast & & \ast \\ & & \ast & \ast \\ & \ast & \ast & \ast \end{bmatrix} \tag{7.40}$$

式中，“$\ast$”表示原来为非零元；“Δ”表示消元后新产生的非零元，称为注入元。再对以上两矩阵分别进行三次、二次消元运算，消去其中第 2、第 3 列，得到上三角阵的非零元素分布分别为

$$\begin{bmatrix} \ast & \ast & \ast & \ast \\ & \ast & \Delta & \Delta \\ & & \ast & \Delta \\ & & & \ast \end{bmatrix} \qquad \begin{bmatrix} \ast & & & \ast \\ & \ast & & \ast \\ & & \ast & \ast \\ & & & \ast \end{bmatrix} \tag{7.41}$$

由上述分析过程可知，网络节点按方案1编号时，需经六次消去运算方能进入回代。按方案2编号时，仅需经三次消去运算就能进入回代。

这两者的关键差别在于消元过程中是否会出现注入元，而注入元是否出现与网络节点编号顺序即消元的顺序密切相关。也就是说，为保持节点导纳矩阵稀疏度从而保持因子表的稀疏度，降低对存储空间的需求，减少运算量，必须尽可能地优化节点编号顺序。

2. 高斯消元与消去节点的关系

为进一步分析这一问题，可将式(7.38)和式(7.39)以及相应的右端项部分展开，也就是这两种编号方案的节点方程系数矩阵第1列消去后，得到两系数矩阵的非零元素：

$$\begin{bmatrix} * & * & * & * \\ 0 & Y_{22}-\dfrac{Y_{21}Y_{12}}{Y_{11}} & -\dfrac{Y_{21}Y_{13}}{Y_{11}} & -\dfrac{Y_{21}Y_{14}}{Y_{11}} \\ 0 & -\dfrac{Y_{31}Y_{12}}{Y_{11}} & Y_{33}-\dfrac{Y_{31}Y_{13}}{Y_{11}} & -\dfrac{Y_{31}Y_{14}}{Y_{11}} \\ 0 & -\dfrac{Y_{41}Y_{12}}{Y_{11}} & -\dfrac{Y_{41}Y_{13}}{Y_{11}} & Y_{44}-\dfrac{Y_{41}Y_{14}}{Y_{11}} \end{bmatrix} \begin{bmatrix} \dot{U}_1 \\ \dot{U}_2 \\ \dot{U}_3 \\ \dot{U}_4 \end{bmatrix} = \begin{bmatrix} * \\ \dot{I}_2-\dot{I}_1\dfrac{Y_{21}}{Y_{11}} \\ \dot{I}_3-\dot{I}_1\dfrac{Y_{31}}{Y_{11}} \\ \dot{I}_4-\dot{I}_1\dfrac{Y_{41}}{Y_{11}} \end{bmatrix} \tag{7.42}$$

$$\begin{bmatrix} * & 0 & 0 & * \\ 0 & Y_{22} & 0 & Y_{24} \\ 0 & 0 & Y_{33} & Y_{34} \\ 0 & Y_{42} & Y_{43} & Y_{44}-\dfrac{Y_{41}Y_{14}}{Y_{11}} \end{bmatrix} \begin{bmatrix} \dot{U}_1 \\ \dot{U}_2 \\ \dot{U}_3 \\ \dot{U}_4 \end{bmatrix} = \begin{bmatrix} * \\ \dot{I}_2 \\ \dot{I}_3 \\ \dot{I}_4-\dot{I}_1\dfrac{Y_{41}}{Y_{11}} \end{bmatrix} \tag{7.43}$$

基于如上关系，高斯消元后如出现注入元，该注入元也将出现在三角分解后所得的上、下三角阵中，并将出现在所形成的因子表中，因子表中是否会出现注入元等价于网络消去节点后是否会出现新的互联支路。

3. 节点编号的顺序

稀疏技术在实施时有两个关键点，一是排零存储和排零运算，二是节点优化编号。排零存储和排零运算能有效避免对计算结果没有影响的元素的存储和计算，大大提高程序的计算效率。节点编号顺序会直接影响到矩阵 **A** 的因子表矩阵的稀疏度，对计算效率也有直接影响。因此，严格意义上讲，最优编号是一个组合优化，求其最优解是比较困难的。

为探索最优编号顺序，可将图7.7中的两个编号方案的特点进行比较。在方案1中，联结支路数最多的节点编号最小，因此先将其消去，然后将新增三个互联支路，为(2,3)、(3,4)、(4,2)，也即将出现三个注入元。方案2与方案1相反，联结支路数最多的节点编号最大，从而依次消去其他节点时，不新增互联支路，即不出现注入元。

因此，节点编号最优顺序是：为使节点导纳矩阵消元或分解后基本上保持原有的稀疏度，在进行节点编号时，对仅有一条支路与之相联的节点优先编号；然后是有两条、三条……支路与之相联的节点；最后才对联结支路数最多的节点编号。但联结支路数相同的节点编号最优顺序可以颠倒。

与节点编号优化顺序对应的稀疏矩阵行或列编号的最优顺序为：对仅有一个非零非对角元的行或列先编号；然后是两个、三个……非零非对角元的行或列；最后才对非零非对角元数最多的行或列编号。但非零非对角元数相同的行或列编号顺序可以颠倒。

这种最优顺序的理论根据就在于高斯消元法或三角分解法本身。

由高斯消元公式可见，高斯消元后出现注入元的充要条件是

$$\frac{a_{ik}a_{kj}}{a_{kk}}\neq 0 \quad (i\neq k,j\neq k) \quad 或 \quad a_{ik}\neq 0、a_{kj}\neq 0 \quad (i\neq k,j\neq k)$$

由此可见：

(1) 消去仅有一个非零非对角元的行和列后，不会出现注入元；

(2) 消去所有元素全是非零元的行和列后，出现的注入元将使矩阵充满；

(3) 消去的行和列中非零非对角元越多，消元后出现注入元的可能性越大。

在电力系统计算中，最常用的稀疏矩阵的节点优化编号方法是 Tinney 提出的三种方法，其中 Tinney-2 方法最常用，下面分别介绍。

① Tinney-1 方法也称静态优化法，其按静态联结支路数目编号。

这种方法也称静态节点优化编号方法，这种方法在 **A** 图上统计每一个节点的出线度，即该节点和其他节点相联结的支路数，然后按节点出线度由小到大的顺序进行编号。对于出线度相同的节点，哪个排在前边是任意的。这种方法是按节点出线度由小到大编号的，若节点 $i$ 的发出边少，则节点 $i$ 形成的非零元素少，出线度小的节点消去生成新边的机会小。

这种编号方法简单，它统计好网络中各节点联结的支路数后，按联结支路数由小到大的顺序编号。但编号效果较差。由图上因子分解过程可知，在图上对某点进行消去运算，只影响该节点发出点的收端点的节点对之间的边，而对指向该节点的边无影响，因为它们已在前边的因子分解过程中被消去。因此，这些已被消去的边在后面统计出线端时不应计入，利用这一思想引出半动态节点优化编号方法。

② Tinney-2 方法为半动态优化法，其按动态联结支路数目编号。

这种方法也称最小度算法或半动态节点优化编号方法，这种方法仍旧按最小出线度编号，不同的是在编号过程中及时排除已经被编号的节点发出的边对未编号节点的出线度的影响。选出某个出线度小的节点参与编号，按图上因子分解的办法模拟消去该节点，只进行网络结构变化的处理，而不进行真实的边权计算，这个已编号的节点及其发出的边不再参与后面的模拟消去运算，在剩下的未消去的子图上重复进行上述编号处理。

这种方法最常用，这种方法先只编一个联结支路数最小的节点号，并立即将其消去；再编消去第一个节点后联结支路数最小的节点号，再立即将其消去，依此类推。这样做是因为消去某节点后，可能出现新增支路而使余下节点联结的支路数发生变化。

也就是说这种方法考虑了因子分解因素(将消去节点 $i$ 的相关边遮住)，仍然按节点出线度由小到大(半动态)编号，但节点联结的支路数发生变化，不宜一次将所有节点都编好号。

这种方法较简单，图上因子分解产生新边以及标记已处理过的边的这些变化可以在原来的图上进行修正实现。这种编号方法可使有向因子图上的新添边数大大减少，而程序复杂性和计算量增加不多，是一种使用十分广泛的编号方法。

但是，由于每步编号仍以最小出线度为编号准则，而出线度最小不等于消去该节点

时产生的新边最少，因此，也可以产生新边最少为准则来编号，这就引出了下面的动态优化法。

③ Tinney-3 方法为动态优化法，其按动态增加支路数目或产生新边的个数编号。

这种方法也称动态节点优化编号方法，它是以产生新边的个数为序（动态）进行编号的。它与上面的 Tinney-2 方法的不同之处是对所有待编号的节点统计，如果消去该节点时会产生新边，则以该数目最小为优先编号的准则。某节点编号完成之后，也应该立即修正因子图并对已被消去的边做标记，被标记的边不再参与后面的模拟消去运算。

这种方法不常用，运用这种方法时，首先不进行节点编号，而是首先寻找消去后出现新支路数最少的节点，为其编号，并立即将其消去；然后再寻找第二个消去后出现新支路数最少的节点，为其编号，也立即将其消去……依此类推。这样可保证逐个消去节点时出现的新支路数（即注入元数）最少。

这种方法在每步编号前都要对所有待编号节点统计消去后产生的新边数，程序的复杂程度和编号时的计算量都很大，而最终编号结果相对于 Tinney-2 方法的结果只是略有改善，所以 Tinney-3 方法没有 Tinney-2 方法用得普遍。

显然，同一网络按这三种方法所编节点号往往不同。

Tinney 的节点优化编号方法可使因子分解过程中产生的注入元最少，可提高因子表矩阵的稀疏性。稀疏矢量技术提出后，人们自然会想到如何改进 Tinney 的编号方法，使得在应用稀疏矢量时进一步提高计算效率。

如果优化编号结果使得在有向因子图上得到的因子道路树比较矮（即浅树），则依此确定的点集的路集就会比较小，从而可以提高应用稀疏矢量法时的计算速度。

树的深度是指每个节点到最远的节点（根节点）所经过的树边数，节点优化编号的目的就是使因子道路树矮（所经过的树边数少）。

# 8

# 潮流计算中的自动调整控制和开断模拟

## 8.1 自动调整控制

现代电力系统是复杂的，一方面组成系统的元件种类和数量繁多，使得系统异常庞大，具有多达几千甚至上万个节点；另一方面系统经常要受到各种外界干扰，各种故障、各种随机因素都影响系统的正常运行。对正常条件下的电力系统进行潮流分析本身已够复杂了，遇到各种特殊问题，就更增加了分析的复杂性。但许多特殊问题又是实际规划和运行部门在日常潮流分析中经常遇到的，有必要研究解决。但至今为止，仍有不少问题尚未得到满意的解决。本章简要提出这方面的有关问题及可能的解决办法，这里主要进行概念上的说明，实际应用时还要做许多工作。

前面章节介绍的各种潮流算法，构成了一个潮流程序的核心部分。除此之外，一些潮流程序往往还附加有模拟实际系统运行控制特点的自动调整计算功能。这些调整控制大都属于所谓的单一准则控制，即调整系统中单独的一个参数或变量以使系统的某一准则得到满足，这方面的具体例子有如下几个。

(1) 自动调整带负荷调压变压器的抽头，以保持变压器某侧节点或某个远方节点的电压为规定的数值。

(2) 自动调整移相变压器的移相以保持通过该移相变压器的有功功率为规定值。

(3) 自动调整互联系统中某一区域的一个或数个节点的有功出力以保持本区域和其他区域间的净交换有功功率为规定的数值。

(4) 自动处理 *PV* 节点的无功功率越界、*PQ* 节点的电压越界。

(5) 负荷静态特性的考虑。

各种潮流计算方法，往往要根据算法本身的特点，以不同的方式引入自动调整。

### 8.1.1 负荷的电压静态特性

负荷功率是系统频率和电压的函数，通常给出的负荷值都是指在一定频率和电压下的功率值。实际系统运行中，系统频率相对稳定，节点电压的变化有时是比较大的，尤其是网络结构发生变化或发电机开断时更是如此。所以把负荷看作常数值并不合理，更合理的表达方法是把负荷写成电压的函数，就是说在潮流计算中应考虑负荷的电压静态特性。

1. 把负荷功率看作节点电压的线性函数

负荷的静态电压特性指把负荷功率看作是节点电压的线性函数。令 $P_{Di}^{(0)}$ 和 $Q_{Di}^{(0)}$ 为正常运行情况下负荷节点的有功负荷和无功负荷；$U_{is}$ 为正常运行情况下的节点电压，负荷功率为 $P_{Di}+jQ_{Di}$，当实际运行中节点 $i$ 的电压偏离 $U_{is}$ 时，一个简单的表示方法是负荷按此偏离以线性关系变化，这样常规潮流模型中的负荷功率 $P_{Di}+jQ_{Di}$ 将不再是常数，而是电压偏移的函数：

$$\begin{cases} P_{Di}=P_{Di}^{(0)}\left(1+\alpha_i \dfrac{U_i-U_{is}}{U_{is}}\right) \\ Q_{Di}=Q_{Di}^{(0)}\left(1+\beta_i \dfrac{U_i-U_{is}}{U_{is}}\right) \end{cases} \tag{8.1}$$

（1）当 $U_i=U_{is}$ 时，$P_{Di}=P_{Di}^{(0)}$，$Q_{Di}=Q_{Di}^{(0)}$；

（2）当 $U_i>U_{is}$ 时，$P_{Di}>P_{Di}^{(0)}$，$Q_{Di}>Q_{Di}^{(0)}$；

（3）当 $U_i<U_{is}$ 时，$P_{Di}<P_{Di}^{(0)}$，$Q_{Di}<Q_{Di}^{(0)}$。

在常规潮流模型中 $P_{Di}$ 和 $Q_{Di}$ 是给定的常量，在式(8.1)中，它们变成了电压幅值的函数。在这种情况下，潮流雅可比矩阵中和电压偏导数有关的子矩阵 $\boldsymbol{N}$ 和 $\boldsymbol{L}$ 的对角元素要作适当修正，增加与 $\dfrac{\partial P_{Di}}{\partial U_i}$ 和 $\dfrac{\partial Q_{Di}}{\partial U_i}$ 有关的部分。对于快速分解法，$\boldsymbol{B}''$ 的对角元素也应补上 $\dfrac{\partial Q_{Di}}{\partial U_i}$ 项。

2. 把负荷功率看作节点电压的二次函数

这是一种更为精确的表示方法，将 $P_{Di}$ 和 $Q_{Di}$ 写成节点电压的二次函数：

$$\begin{cases} P_{Di}=\underbrace{P_{Di}^{(0)}\left[a_{Pi}\left(\dfrac{U_i}{U_{is}}\right)^2\right.}_{\text{恒阻抗(导纳负荷)}}+\underbrace{b_{Pi}\left(\dfrac{U_i}{U_{is}}\right)}_{\text{恒电流(电流负荷)}}+\left.\underbrace{c_{Pi}}_{\text{恒功率(功率负荷)}}\right] \\ Q_{Di}=\underbrace{Q_{Di}^{(0)}\left[a_{Qi}\left(\dfrac{U_i}{U_{is}}\right)^2\right.}_{\text{恒阻抗(导纳负荷)}}+\underbrace{b_{Qi}\left(\dfrac{U_i}{U_{is}}\right)}_{\text{恒电流(电流负荷)}}+\left.\underbrace{c_{Qi}}_{\text{恒功率(功率负荷)}}\right] \end{cases} \tag{8.2}$$

式中各系数满足

$$\begin{cases} a_{Pi}+b_{Pi}+c_{Pi}=1 \\ a_{Qi}+b_{Qi}+c_{Qi}=1 \end{cases} \tag{8.3}$$

式(8.2)右端三项可分别看作导纳负荷、电流负荷和功率负荷，即 ZIP(恒阻抗、恒电流、恒功率型)综合负荷模型。其中，恒功率负荷的 $\dot{S}$ 与电压无关；恒电流负荷的 $\dot{S}=\dot{U}\overset{*}{\dot{I}}$；恒阻抗负荷的 $\dot{S}=\dot{U}^2/\boldsymbol{Z}$。由于负荷是电压的函数，所以潮流雅可比矩阵和与电压偏导数有关的子矩阵 $\boldsymbol{N}$ 和 $\boldsymbol{L}$ 的对角元素以及快速分解法中的 $\boldsymbol{B}''$ 的对角元素应做修正，增加负荷对电压的偏导数的贡献项。由于在快速分解法中 $\boldsymbol{B}''$ 是常数矩阵，为减小计算工作量，该值也可以取常数。

在潮流分析中考虑负荷电压静态特性可以使某些特殊运行方式下的稳态潮流计算结果更加符合实际。例如在静态安全分析的开断计算中，有必要考虑负荷的电压静态特性。考虑负荷电压静态特性时，$PQ$ 节点的 $P$ 和 $Q$ 就不再是常数，要在潮流迭代过程中计算它们的值。在考虑负荷电压静态特性时，式(8.1)和式(8.2)中的负荷电压静态特性系数如何根据实际情况取值还没有很好地解决，有待进一步研究。

### 8.1.2 节点类型转换和多 $V\theta$ 节点计算

在潮流计算中，有时潮流计算给定的原始数据和实际的运行数据不完全相同，使得潮流计算的结果出现各种不合理现象；另外有些时候电力系统本身就存在某些元件的运行参数违限的问题，并需要进行调整，因此，潮流计算中经常要对潮流给定的数据进行调整，以得到合理的、可行的潮流结果。

常见的潮流调整计算经常要进行节点类型的转换，下面几种情况值得考虑：发电机节点无功越界，该节点由 $PV$ 节点转变为 $PQ$ 节点；负荷节点电压越界，该节点由 $PQ$ 节点转变为 $PV$ 节点；当处理外部网等值时，要遇到设定多平衡节点的潮流计算问题。

(1) 发电机节点无功越界，$PV$ 节点转变为 $PQ$ 节点。

发电机节点及具有可调无功电源的节点，通常称为 $PV$ 节点。在潮流计算过程中，它们的无功出力 $Q$，可能会超出其出力限制值 $Q_i^{\text{limit}}$。为此，潮流程序必须对 $PV$ 节点的无功出力加以监视并在出现越界时加以处理。

当发电机节点的无功越界时，为了使该节点的无功功率保持在限制值之内，需要调整 $PV$ 节点的给定电压值，$PV$ 节点的电压将发生变化。在潮流计算中，可将 $PV$ 节点转变为 $PQ$ 节点。当节点 $i$ 的无功功率的限制值是 $Q_i^{\text{limit}}$，而潮流计算结果节点 $i$ 的无功功率是 $Q_i$ 时，潮流结果要满足

$$\begin{cases} Q_i^{\min} \leqslant Q_i \leqslant Q_i^{\max} \\ Q_i = Q_i^{\min}, Q_i^{\max} \end{cases}$$

否则

$$\Delta Q_i = Q_i^{\text{limit}} - Q_i \begin{cases} <0 & \text{若 } Q_i^{\text{limit}} = Q_i^{\max} \\ >0 & \text{若 } Q_i^{\text{limit}} = Q_i^{\min} \end{cases}$$

说明节点 $i$ 发生无功越界，该节点的无功不足以维持该节点电压不变，这时可将节点 $i$ 由 $PV$ 节点转变为 $PQ$ 节点，令该点的无功给定值是 $Q_i^{\text{limit}}$，然后重新进行潮流迭代计算。

由于节点类型发生了变化，雅可比矩阵及其因子表也将变化。对于牛顿-拉夫逊法，当使用极坐标式时，多了一个 $PQ$ 节点，应增加一个无功平衡方程，增加一个电压幅值变量，所以雅可比矩阵的阶次将增加一阶。如果把发生无功越界的节点 $i$ 排在最后，则雅可比矩阵的右下角将加边。对于定雅可比矩阵法，利用矩阵右下角加边的因子表修正算法即可在原来的因子表上进行修正，得到新的因子表，所以在重新形成雅可比矩阵时把这个新增的行列考虑进去即可。使用直角坐标时，原 $PV$ 节点对应的 $(U_i^{\text{sp}})^2 - e_i^2 - f_i^2 = 0$ 方程将转变为无功平衡方程。

对于快速分解法，$P$-$\theta$ 迭代修正方程不变，$Q$-$V$ 迭代修正方程将增加一阶。如果 $\boldsymbol{B}''$ 是原来的 $Q$-$V$ 修正方程的系数矩阵，则节点 $i$ 由 $PV$ 节点转变为 $PQ$ 节点时，$\boldsymbol{B}''$ 增加一阶，变成

$$\widetilde{\boldsymbol{B}}'' = \begin{bmatrix} \boldsymbol{B}'' & \boldsymbol{B}_i \\ \boldsymbol{B}_i^{\mathrm{T}} & B_{ii} \end{bmatrix}$$

$\boldsymbol{B}''$是 $m\times m$ 阶矩阵，$m=n-r$，$r$ 是 $PV$ 节点数。这时 $\boldsymbol{B}_i$ 是 $m\times 1$ 列矢量，其元素是节点 $i$ 与和它相关联的节点间的互导纳虚部，$B_{ii}$ 是节点 $i$ 的自导纳虚部。利用 $\boldsymbol{B}''$的因子表，使用右下角加边的因子表修正算法即可求得 $\widetilde{\boldsymbol{B}}''$的因子表，然后求解增加了节点 $i$ 的无功平衡方程的修正方程，最后可求得节点 $i$ 的电压修正量。当节点 $i$ 的电压达到或超过该节点原来给定的电压限值时，则该节点仍恢复为 $PV$ 节点，可免去上面的计算。

还有两种更简洁的处理方法。

第一种方法在快速分解法形成 $\boldsymbol{B}''$时，使 $\boldsymbol{B}''$的阶次为 $n\times n$，即把 $PV$ 节点所对应的部分也包括在内，然后在 $PV$ 节点所对应的 $\boldsymbol{B}''$的对角元素上增加一个很大的数。这种处理方法中的 $\boldsymbol{B}''$和 $\boldsymbol{B}'$的结构相同，它们可以共用一套检索信息。在正常 $Q$-$V$ 迭代中，由于 $\boldsymbol{B}''$中 $PV$ 节点对应的对角元素数值很大，在求 $\Delta U$ 时节点导纳矩阵虚部 $\boldsymbol{B}''$对该节点不起作用，即该节点的电压修正值将是一个接近零的值，相当于保持 $PV$ 节点电压不变。当要将 $PV$ 节点转变为 $PQ$ 节点时，将 $\boldsymbol{B}''$中相应的对角元素上增加的大数去掉，用秩 1 因子更新算法修正因子表，这就自动将 $PV$ 节点转变为 $PQ$ 节点了。这种处理方法非常灵活方便，尤其是迭代过程中 $PV$ 节点和 $PQ$ 节点发生频繁转换时处理起来更显其方便之处。这种方法的特点是 $\boldsymbol{B}''$阶数较高，因此存储量较大。

第二种方法仍把该节点作为 $PV$ 节点，但需要将发生无功越界的 $PV$ 节点的电压改变为某一数值。调整该 $PV$ 节点的电压给定值，以使该节点的无功功率回到界内。为了使节点 $i$ 的无功由 $Q_i$ 改变为 $Q_i^{\text{limit}}$，则 $PV$ 节点原来给定的电压应该由 $U_i^{\text{sp}}$ 改变 $\Delta U_i$，变成 $U_i^{\text{sp}}+\Delta U_i$。需要改变的发电机无功输出功率为

$$\Delta Q_i=Q_i^{\text{limit}}-Q_i \tag{8.4}$$

$\Delta Q_i$ 和 $\Delta U_i$ 之间的灵敏度关系为

$$\Delta U_i=R_{ii}\Delta Q_i \tag{8.5}$$

$R_{ii}$是增广的 $\boldsymbol{B}''$的逆矩阵中和节点 $i$ 相对应的对角元素。根据需调整的 $\Delta Q_i$，用式(8.5)算出 $\Delta U_i$，最后将节点 $i$ 的给定电压调整到新值：

$$U_i^{\text{new}}=U_i^{\text{sp}}+\Delta U_i \tag{8.6}$$

并用这个 $U_i^{\text{new}}$ 作为 $PV$ 节点的给定电压，重新进行潮流计算。

(2) 负荷节点电压越界，$PQ$ 节点转变为 $PV$ 节点。

当负荷节点的电压低于允许的最低电压或高于允许的最高电压时，如果在节点 $i$ 上有无功调节手段，则可改变该节点无功使该节点电压维持在允许范围内，这时应将该节点的电压幅值固定在限制值上，然后把该节点作为 $PV$ 节点进行潮流迭代计算。这时极坐标下的 $Q$-$V$ 潮流方程减少一个。对于牛顿-拉夫逊法，每次迭代要重新形成雅可比矩阵，这种节点类型的改变不会遇到困难。

快速分解法有两种处理方法。

第一种方法是在 $Q$-$V$ 迭代方程的 $\boldsymbol{B}''$中划去将要转变为 $PV$ 节点的节点 $i$ 所在的行和列，这相当于在节点 $i$ 的对角元素上加接一个有很大数值的导纳，利用秩 1 因子更新算法对 $\boldsymbol{B}''$进行修正即可，这种方法灵活方便。

第二种方法是不改变节点类型，电压越界的节点仍保持为 $PQ$ 节点，但改变该节点的无功给定量，需计算节点 $i$ 的无功功率改变多少时才能使节点 $i$ 的电压拉回到界内。

下面详细介绍第二种方法。节点 $i$ 原是 $PQ$ 节点，该节点 $Q$ 的给定值是 $Q_i^{\text{sp}}$，当该

点 $Q$ 值改变为 $\widetilde{Q}_i^{sp}$，改变量是 $\Delta Q_i$ 时，有

$$\Delta Q_i = \widetilde{Q}_i^{sp} - Q_i^{sp} \tag{8.7}$$

节点 $i$ 的电压由 $U_i$ 变成 $U_i^{limit}$，$U_i^{limit}$ 是节点 $i$ 电压允许的限制值，这时节点 $i$ 的电压改变量是

$$\Delta U_i = U_i^{limit} - U_i \tag{8.8}$$

由快速分解法的 $Q$-$V$ 迭代方程式 $\Delta \boldsymbol{Q}/\boldsymbol{U} = -\boldsymbol{B}''\Delta U$ 可知，当节点 $i$ 有 $\Delta Q_i$ 的无功功率变化时，各节点的电压变化量是

$$\Delta \boldsymbol{U} = -(\boldsymbol{B}'')^{-1}\boldsymbol{e}_i \Delta Q_i / U_i \tag{8.9}$$

$\boldsymbol{e}_i$ 是单位列矢量，只在节点 $i$ 处有一个非零元素，其余元素全是零。对于快速分解法，该非零元素是 1。当电压幅值的变化 $\Delta U_i$ 较大时，式(8.9)中的 $U_i$ 可取变化后的值，即取值为 $U_i^{limit}$，这样处理可提高精度，结合式(8.8)和式(8.9)有

$$\Delta U_i = U_i^{limit} - U_i = \boldsymbol{e}_i^{T}\Delta \boldsymbol{U} = -\boldsymbol{e}_i^{T}(\boldsymbol{B}'')^{-1}\boldsymbol{e}_i \Delta Q_i / U_i \tag{8.10}$$

$$\Delta Q_i = -\frac{U_i^{limit} - U_i}{\boldsymbol{e}_i^{T}(\boldsymbol{B}'')^{-1}\boldsymbol{e}_i} U_i \tag{8.11}$$

用 $\Delta Q_i$ 修正原来给定的 $Q_i^{sp}$，即

$$\widetilde{Q}_i^{sp} = Q_i^{sp} + \Delta Q_i \tag{8.12}$$

并用 $\widetilde{Q}_i^{sp}$ 作为该 $PQ$ 节点新的给定无功功率注入，然后再进行 $Q$-$V$ 迭代。当 $\boldsymbol{U}$ 已进入界内时，上面的修正计算即可停止。

实际上，当用式(8.11)求得 $\Delta Q_i$ 时，可直接代入式(8.9)计算出节点 $i$ 无功功率变化 $\Delta Q_i$ 后的各节点电压修正值。

另一种处理办法是令式(8.9)中 $\Delta Q_i / U_i = 1$，求出节点电压变化量 $\Delta \boldsymbol{U}^{(1)}$，然后用 $\Delta Q_i = \dfrac{U_i^{limit} - U_i}{\Delta U_i^{(1)}} U_i$ 求出 $PQ$ 节点 $i$ 的无功功率修正量，式中，$\Delta U_i^{(1)}$ 是 $\Delta \boldsymbol{U}^{(1)}$ 的第 $i$ 个元素。最后用

$$\Delta \boldsymbol{U} = \Delta \boldsymbol{U}^{(1)} \frac{\Delta Q_i}{U_i} \tag{8.13}$$

计算 $PQ$ 节点 $i$ 无功功率改变后的各节点电压修正值。

负荷节点电压越界，$PQ$ 节点转变为 $PV$ 节点，可改变节点无功功率进行调节。

① 电压过高。

电力系统的有功源主要有发电机；电力系统的无功源主要有发电机、调相机、对地电纳。当高压传输线轻载时，因其电压过高，电纳会提供较大的无功功率，为此可以用如图 8.1 所示的并联电抗来抵消过剩的无功功率，从而可防止电压过高。

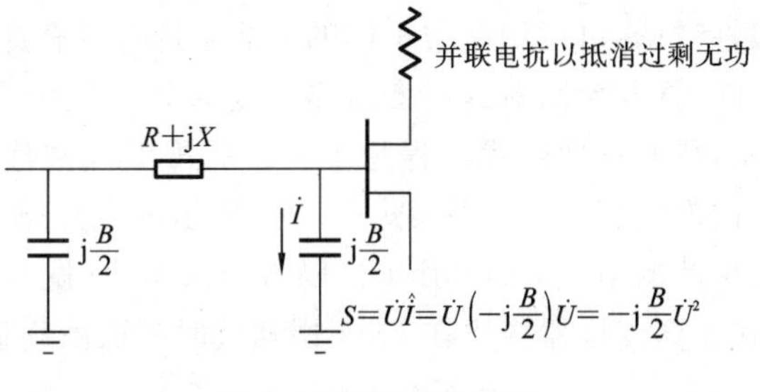


**图 8.1　并联电抗补偿**

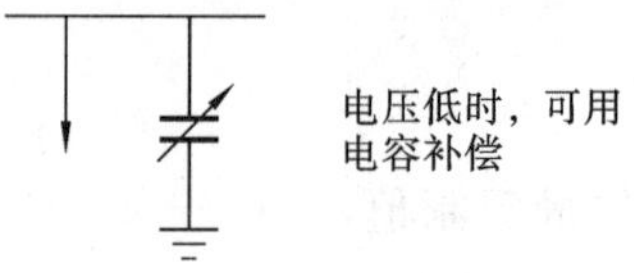


图 8.2 并联电容补偿

② 电压过低。

送端（发电机）电压不足会造成受端电压不足；负荷过重，线路上电压降会增加，则受端电压会下降，为此可以用如图 8.2 所示的电容补偿方案防止电压过低。

(3) 多 $V\theta$ 节点时的潮流计算。

对于多 $V\theta$ 节点的系统，其功率不平衡由多个平衡节点来满足，可根据 $\boldsymbol{U}$、$\boldsymbol{\theta}$ 求出 $\boldsymbol{P}$、$\boldsymbol{Q}$。在电力系统实时网络分析中，常把要分析的电网分成内部网、边界和外部网三部分。外部网的运行状态一般未知，因此需要将外部网等值，边界集合节点 $\boldsymbol{U}$、$\boldsymbol{\theta}$ 给定，用在边界点上连接的等值支路来表示，如图 8.3 所示。

电力系统在线运行中，内部网和边界母线的电压可以通过在内部网内做的状态估计求出，外部系统网络可等值到边界节点。这时我们计算图 8.3 所示系统的潮流时，边界节点的 $\boldsymbol{U}$、$\boldsymbol{\theta}$ 由状态估计求出，是已知量，而边界节点的注入功率是未知量，这时可用多 $V\theta$ 节点潮流算法计算图 8.3 所示系统的潮流。

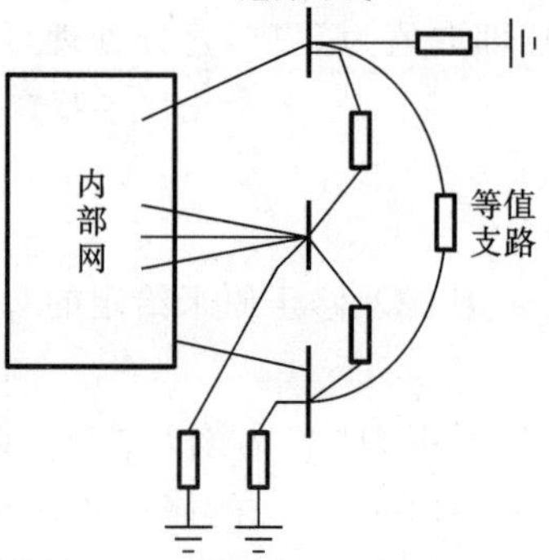


图 8.3 外部网用等值支路表示的系统

对于有 $N$ 个节点的电力系统，如果有 $S$ 个节点的 $\boldsymbol{U}$、$\boldsymbol{\theta}$ 给定，另外还有 $r$ 个节点的 $\boldsymbol{P}$、$\boldsymbol{U}$ 给定，这时待求的相角变量有 $N-S$ 个，待求的电压幅值变量有 $N-S-r$ 个。除 $V\theta$ 节点外的 $N-S$ 个节点的有功注入功率给定，可写出 $N-S$ 个有功平衡方程。有 $N-S-r$ 个节点的无功注入功率给定，可写出 $N-S-r$ 个无功平衡方程。在快速分解潮流计算中，$P$-$\theta$ 修正方程是 $N-S$ 阶的，$Q$-$V$ 修正方程是 $N-S-r$ 阶的，即 $\boldsymbol{B}'$ 是 $N-S$ 阶的，$\boldsymbol{B}''$ 是 $N-S-r$ 阶的。只需在原来的 $\boldsymbol{B}'$ 中划去 $S$ 个 $V\theta$ 节点所对应的行和列（或将该节点所对应的 $\boldsymbol{B}'$ 的对角元素增加一个大的数值），在原来的 $\boldsymbol{B}''$ 中划去 $S$ 个 $V\theta$ 给定节点的行和列。其余计算和常规快速分解法的计算相同，共性是都需要修正雅可比矩阵和潮流方程。对于 $\boldsymbol{\theta}$ 给定节点，相角不用修正，对于 $\boldsymbol{U}$ 给定节点，电压幅值不用修正。

用以上方法计算出潮流解以后，$V\theta$ 节点的 $\boldsymbol{P}$ 和 $\boldsymbol{Q}$ 可以求出，在边界母线上，这个有功、无功注入功率包括了外部系统中的负荷移植到边界节点后的等效注入功率。

(4) 带负荷调节变压器抽头的调整。

利用带负荷调压变压器抽头的调整可以将变压器某个远方节点的电压保持在指定的数值，因此，在潮流计算中，这种变压器的变比 $K$ 是按照上述要求待选择确定的可调节变量。下面作一般性讨论，可以用两类不同的方法来进行具有这种调整的潮流计算。

第一种方法为，在计算开始前对这类变压器预先选择一个适当的变比 $K$，用通常的牛顿法先迭代 2～3 次，目的是使迭代过程趋于平稳后再引入调整，避免计算过程的振荡。然后在后继的每两次迭代中间，插入式(8.14)表示的变压器变比调整选择计算。具体做法是根据所要保持的节点 $i$ 的电压 $U_i^s$，以及该次迭代（设为第 $k$ 次）已求得的电压 $U_i^{(k)}$，通过下列公式计算变压器变比在 $k+1$ 次迭代时所取的新值：

$$K^{(k+1)}=K^{(k)}+c(U_i^s-U_i^{(k)}) \tag{8.14}$$

式中，$c$ 是一个常数，通常可取为 1.0。

这样重复计算直到前后两次迭代所求得的 $K$ 值的变化小于一个预定的很小的数并且潮流收敛。当然，$K$ 的选择应满足下列条件：

$$K_{\min} \leqslant K \leqslant K_{\max} \tag{8.15}$$

式中，$K_{\max}$ 和 $K_{\min}$ 分别为变压器变比的上、下限值。

这种方法仅在不含调整算法的两次迭代中间插入式(8.14)表示的变压器变比 $K$ 的调整计算，方法比较简单，但引入调整以后，达到收敛所需的迭代次数往往比无调整的计算次数要增加一倍以上。

第二种方法为自动调整算法，其是能自动调整带负荷调节变压器变比的潮流算法，这种算法能使有调整潮流解所需的迭代次数和无调整的基本相同。

图 8.4 中，节点 1 为 $PV$ 节点，节点 2～4 为 $PQ$ 节点，节点 5 为平衡节点。潮流计算中带负荷调节变压器的变比应自动选择调整，使节点 3 的电压维持在给定值 $U_3^s$。

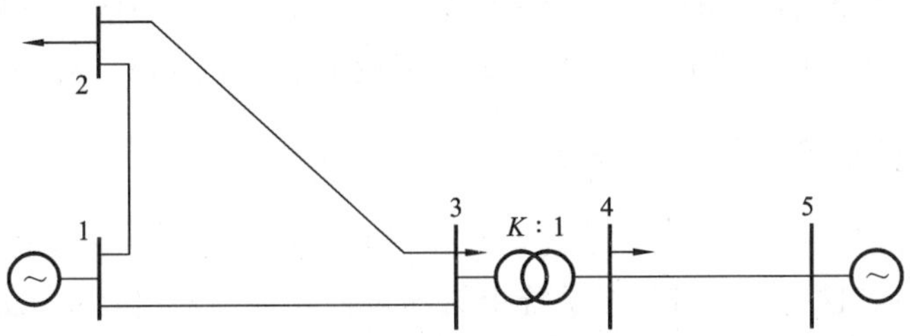


图 8.4　简单电力系统

对于该简单系统，用常规牛顿法求解的修正方程式为

$$\begin{bmatrix}\Delta P_1\\ \Delta P_2\\ \Delta Q_2\\ \Delta P_3\\ \Delta Q_3\\ \Delta P_4\\ \Delta Q_4\end{bmatrix} = -\begin{bmatrix} H_{11} & H_{12} & N_{12} & H_{13} & N_{13} & & \\ H_{21} & H_{22} & N_{22} & H_{23} & N_{23} & & \\ M_{21} & M_{22} & L_{22} & M_{23} & L_{23} & & \\ H_{31} & H_{32} & N_{32} & H_{33} & N_{33} & H_{34} & N_{34} \\ M_{31} & M_{32} & L_{32} & M_{33} & L_{33} & M_{34} & L_{34} \\ & & & H_{43} & N_{43} & H_{44} & N_{44} \\ & & & M_{43} & L_{43} & M_{44} & L_{44} \end{bmatrix} \begin{bmatrix}\Delta\theta_1\\ \Delta\theta_2\\ \Delta U_2/U_2\\ \Delta\theta_3\\ \Delta U_3/U_3\\ \Delta\theta_4\\ \Delta U_4/U_4\end{bmatrix} \tag{8.16}$$

为了维持 $U_3$ 为给定值 $U_3^s$，在计算中将原来的变量 $U_3$ 看成是等于 $U_3^s$ 的一个常量，而以变压器变比 $K$ 取代 $U_3$ 成为变量，于是式(8.16)将变为

$$\begin{bmatrix}\Delta P_1\\ \Delta P_2\\ \Delta Q_2\\ \Delta P_3\\ \Delta Q_3\\ \Delta P_4\\ \Delta Q_4\end{bmatrix} = -\begin{bmatrix} H_{11} & H_{12} & N_{12} & H_{13} & 0 & & \\ H_{21} & H_{22} & N_{22} & H_{23} & 0 & & \\ M_{21} & M_{22} & L_{22} & M_{23} & 0 & & \\ H_{31} & H_{32} & N_{32} & H_{33} & C_{33} & H_{34} & N_{34} \\ M_{31} & M_{32} & L_{32} & M_{33} & D_{33} & M_{34} & L_{34} \\ & & & H_{43} & C_{43} & H_{44} & N_{44} \\ & & & M_{43} & D_{43} & M_{44} & L_{44} \end{bmatrix} \begin{bmatrix}\Delta\theta_1\\ \Delta\theta_2\\ \Delta U_2/U_2\\ \Delta\theta_3\\ \Delta K/K\\ \Delta\theta_4\\ \Delta U_4/U_4\end{bmatrix} \tag{8.17}$$

其中，

$$C_{ij} = K\frac{\partial \Delta P_i}{\partial K},\quad D_{ij} = K\frac{\partial \Delta Q_i}{\partial K}$$

这里的新变量 $K$ 和原来的变量 $U_3$ 不同，它不是一个节点量。变比 $K$ 成为一个变

量以后，根据非标准变比变压器的等值电路，与变压器支路两个端点 $k$、$j$ 对应的节点自导纳 $Y_{kk}$ 或 $Y_{jj}$ 以及互导纳 $Y_{kj}$ 将是变量 $K$ 的函数，从而节点功率表示也包含变量 $K$。据此容易对新的雅可比结构作出以下结论：当网络中不存在支路 $ij$ 时，$C_{ij}$ 及 $D_{ij}$ 等于零；且只要支路 $ij$ 不是用来调整节点 $j$ 电压的变压器支路时，$C_{ij}$、$D_{ij}$ 也等于零。从而在式(8.17)中，被调整节点 $j$ 的电压变量(现在是变压器的变比 $K$)所对应的一列内，除了对角元素外，只有一组非零非对角元素($C_{kj}$、$D_{kj}$)。

要注意的是，应用式(8.17)进行牛顿迭代的过程中，并没有计及变压器变比 $K$ 的上、下限值。每次求解得到的 $\Delta K$ 值有可能很大，以致进行修正后得到的变比 $K$ 的新值会大大超过其规定的上、下限值。为此可以采用这样的方法，即限制每次用于修正的 $\Delta K$ 值不得超过一个控制值，以防止因对变比过量校正而引起发散或振荡。而在迭代过程中，当变压器的变比 $K$ 已超过其限值或又可以退回其限值范围以内时，则应仿照 $PV$、$PQ$ 节点类型相互转换的办法，及时作式(8.16)及式(8.17)的相互转换，然后继续求解。式(8.16)即对应于变比 $K$ 固定在其上限或下限值上，而 $U_3$ 则是个变量。

### 8.1.3 中枢点电压和联络线功率控制

在电力系统运行调度中，往往需要监视并控制某些重要的中枢点电压，使其维持在一个给定的数值。这可以通过改变系统中无功可控元件的输出功率，或者改变变比可调的变压器的分接头，或者改变发电机机端电压来实现。在有些应用场合，需要调整发电机的有功输出功率，使得某些重要联络线的传输功率维持在给定值。这对潮流计算提出了特殊的要求。

下面介绍如何在潮流计算中改变原来作为给定量的发电机机端电压和发电机有功输出功率，以使指定的中枢点电压和联络线功率维持在指定的数值上。

1. 中枢点电压的控制

若电网中某中枢点节点 $i$ 的电压控制在指定的数值 $U_i^{sp}$，而在潮流计算中节点 $i$ 的电压是 $U_i$，则需要调节发电机节点的机端电压给定值，使节点 $i$ 的电压改变到指定值 $U_i^{sp}$。假定发电机节点端电压变化时，负荷节点无功不变，设中枢点电压为 $U_i$，则节点 $i$ 的电压应改变 $\Delta U_i$，则

$$\Delta U_i = U_i^{sp} - U_i \tag{8.18}$$

若原网络中有 $r$ 个 $PV$ 节点的发电机无功可调，令这些节点的机端电压改变 $\Delta \boldsymbol{U}_G$ 时可使节点 $i$ 的电压改变 $\Delta U_i$，下面考查如何求 $\Delta \boldsymbol{U}_G$。

要使中枢点 $i$ 处电压保持为 $U_i^{sp}$，则可调节 $PV$ 节点的 $\boldsymbol{U}$ 来满足条件，即应调整 $\Delta U_i = U_i^{sp} - U_i$(节点 $i$ 是要控制的)，也即若不满足目标，则可修改潮流方程、修改注入的条件。

将 $PV$ 节点的修正方程增广到快速分解法的 $Q$-$V$ 迭代方程中，用下标 $D$ 表示除节点 $i$ 以外的所有 $PQ$ 节点，用下标 $G$ 表示端电压可调的 $PV$ 节点，假定发电机节点端电压变化时负荷节点无功不变，则有

$$-\begin{bmatrix} \boldsymbol{B}_{DD} & \boldsymbol{B}_{Di} & \boldsymbol{B}_{DG} \\ \boldsymbol{B}_{iD} & B_{ii} & \boldsymbol{B}_{iG} \\ \boldsymbol{B}_{GD} & \boldsymbol{B}_{Gi} & \boldsymbol{B}_{GG} \end{bmatrix} \begin{bmatrix} \Delta \boldsymbol{U}_D \\ \Delta U_i \\ \Delta \boldsymbol{U}_G \end{bmatrix} = \begin{bmatrix} \boldsymbol{0} \\ 0 \\ \Delta \boldsymbol{Q}_G \end{bmatrix} \tag{8.19}$$

消去与节点集 $D$ 有关的部分则有

$$-\begin{bmatrix} \widetilde{B}_{ii} & \widetilde{\boldsymbol{B}}_{iG} \\ \widetilde{\boldsymbol{B}}_{Gi} & \widetilde{\boldsymbol{B}}_{GG} \end{bmatrix}\begin{bmatrix} \Delta U_i \\ \Delta \boldsymbol{U}_G \end{bmatrix}=\begin{bmatrix} 0 \\ \Delta \boldsymbol{Q}_G \end{bmatrix} \tag{8.20}$$

其中，上标"～"表示网络化简后的矩阵。

$U_i$ 由潮流计算算出，如果已经建立了增广的 Q-V 迭代方程式(8.19)，而且方程系数矩阵的因子表已可用，由前面的结论可知，化简后网络方程式(8.20)的系数矩阵的因子表可从原网络方程式(8.19)的系数矩阵因子表中与化简后网络对应的部分中取出，即从式(8.19)的系数矩阵的因子表中取出和节点 $i$ 以及节点集 $G$ 有关的部分就是式(8.20)的系数矩阵的因子表。即

$$\boldsymbol{B}=\begin{bmatrix} \widetilde{B}_{ii} & \widetilde{\boldsymbol{B}}_{iG} \\ \widetilde{\boldsymbol{B}}_{Gi} & \widetilde{\boldsymbol{B}}_{GG} \end{bmatrix}=\begin{bmatrix} 1 & \boldsymbol{0} \\ \boldsymbol{L}_{Gi} & \boldsymbol{L}_{GG} \end{bmatrix}\begin{bmatrix} d_{ii} & \\ & \boldsymbol{D}_{GG} \end{bmatrix}\begin{bmatrix} 1 & \boldsymbol{L}_{Gi}^{\mathrm{T}} \\ \boldsymbol{0} & \boldsymbol{L}_{GG}^{\mathrm{T}} \end{bmatrix} \tag{8.21}$$

且有

$$\begin{cases} \widetilde{B}_{ii}=d_{ii} \\ \widetilde{\boldsymbol{B}}_{iG}=d_{ii}\boldsymbol{L}_{Gi}^{\mathrm{T}} \end{cases} \tag{8.22}$$

将式(8.22)代入式(8.20)可得

$$\widetilde{B}_{ii}\Delta U_i+\widetilde{\boldsymbol{B}}_{iG}\Delta \boldsymbol{U}_G=0 \tag{8.23}$$

$$\Delta U_i=-\widetilde{B}_{ii}^{-1}\widetilde{\boldsymbol{B}}_{iG}\Delta \boldsymbol{U}_G=-\frac{1}{d_{ii}}d_{ii}\boldsymbol{L}_{Gi}^{\mathrm{T}}\Delta \boldsymbol{U}_G=-\boldsymbol{L}_{Gi}^{\mathrm{T}}\Delta \boldsymbol{U}_G \tag{8.24}$$

下面考查如何计算 $\Delta \boldsymbol{U}_G$ 才能使节点 $i$ 的电压改变 $\Delta U_i$。

因为可调发电机较多，而被控电压节点 $i$ 只有一个，即只有一个方程组但有 $r$ 个待求量($r$ 个 $PV$ 节点)，可以有无穷多组解，故取控制量最小的一组解即解最优化问题。

$$\min \quad \frac{1}{2}\Delta \boldsymbol{U}_G^{\mathrm{T}}\Delta \boldsymbol{U}_G = \frac{1}{2}\sum_{j=1}^{n}\Delta U_j^2 \tag{8.25}$$

其约束条件为

$$\Delta U_i+\boldsymbol{L}_{Gi}^{\mathrm{T}}\Delta \boldsymbol{U}_G=0 \tag{8.26}$$

建立格朗日函数

$$L=\frac{1}{2}\Delta \boldsymbol{U}_G^{\mathrm{T}}\Delta \boldsymbol{U}_G+\lambda(\Delta U_i+\boldsymbol{L}_{Gi}^{\mathrm{T}}\Delta \boldsymbol{U}_G) \tag{8.27}$$

优化要满足的必要条件是

$$\begin{cases} \dfrac{\partial L}{\partial \Delta \boldsymbol{U}_G}=\Delta \boldsymbol{U}_G+\boldsymbol{L}_{Gi}\lambda=0 \\ \dfrac{\partial L}{\partial \lambda}=\Delta U_i+\boldsymbol{L}_{Gi}^{\mathrm{T}}\Delta \boldsymbol{U}_G=0 \end{cases} \tag{8.28}$$

从而可求出

$$\begin{cases} \lambda=(\boldsymbol{L}_{Gi}^{\mathrm{T}}\boldsymbol{L}_{Gi})^{-1}\Delta U_i \\ \Delta \boldsymbol{U}_G=-\underset{r\times 1}{\boldsymbol{L}_{Gi}}(\underset{1\times r}{\boldsymbol{L}_{Gi}^{\mathrm{T}}}\ \underset{r\times 1}{\boldsymbol{L}_{Gi}})^{-1}\Delta U_i \end{cases} \tag{8.29}$$

因此，用式(8.29)可很容易求出 $\Delta \boldsymbol{U}_G$。

在潮流计算接近收敛时检查节点 $i$ 的电压，如果 $U_i \neq U_i^{\mathrm{sp}}$，则用式(8.18)确定节点 $i$ 电压幅值应调整的量 $\Delta U_i$，然后从原增广 Q-V 迭代方程系数矩阵的因子表的上三角部分中取出与节点 $i$ 和节点集 $G$ 有关的非零元，用式(8.29)计算发电机节点的电压改变量并以此修正发电机节点的电压给定值，按 $PV$ 节点电压改变后的值继续进行迭代，

直到节点 $i$ 的电压等于要控制的指定电压 $U_i^{sp}$ 为止。

2. 联络线功率的控制

(1) 线路上的有功潮流为给定的 $P_L^{sp}$。

若电网中联络线 $L$ 的有功功率需要控制，调整前联络线 $L$ 的有功潮流为 $P_L$，调整后要控制到 $P_L^{sp}$，调整量是 $\Delta P_L$，则有

$$\Delta P_L = P_L^{sp} - P_L \tag{8.30}$$

设原网络中有 $r$ 个发电机节点的有功输出功率可调，这些节点的有功输出功率改变量是 $\Delta \boldsymbol{P}_G$ 时，可使支路 $L$ 的有功潮流改变 $\Delta P_L$。

(2) 单台发电机可调。

$\boldsymbol{\theta} = \boldsymbol{XP}$ 类似欧姆定律，设第 $i$ 台发电机节点有功注入改变 $\Delta P_i$，其他发电机节点有功注入不变，则网络中节点电压相角变为

$$\tilde{\boldsymbol{\theta}} = \boldsymbol{X}(\boldsymbol{P} + \boldsymbol{e}_i \Delta P_i) = \boldsymbol{XP} + \boldsymbol{X}\boldsymbol{e}_i \Delta P_i = \boldsymbol{\theta} + \boldsymbol{X}_i \Delta P_i \tag{8.31}$$

节点 $i$ 有功注入变化后支路 $k$ 上的有功潮流为

$$P_k^i = P_k + \Delta P_k^i \tag{8.32}$$

则有

$$P_k^i = \frac{\boldsymbol{M}_k^{\mathrm{T}} \tilde{\boldsymbol{\theta}}}{x_k} = \frac{\boldsymbol{M}_k^{\mathrm{T}} (\boldsymbol{\theta} + \boldsymbol{X}_i \Delta P_i)}{x_k} = \frac{\boldsymbol{M}_k^{\mathrm{T}} \boldsymbol{\theta}}{x_k} + \frac{\boldsymbol{M}_k^{\mathrm{T}} \boldsymbol{X}_i \Delta P_i}{x_k} \tag{8.33}$$

因此有

$$\begin{cases} P_k = \dfrac{\boldsymbol{M}_k^{\mathrm{T}} \boldsymbol{\theta}}{x_k} \\ \Delta P_k^i = \dfrac{\boldsymbol{M}_k^{\mathrm{T}} \boldsymbol{X}_i \Delta P_i}{x_k} = \dfrac{X_{k-i}}{x_k} \Delta P_i = G_{k-i} \Delta P_i \end{cases} \tag{8.34}$$

$\Delta P_k^i$ 表示第 $i$ 台发电机有功发生变化时对第 $k$ 条支路的影响，$G_{k-i}$ 是发电机输出功率转移因子，描述了发电机节点 $i$ 的有功改变单位值时，支路 $k$ 的有功潮流的变化量，$x_k$ 为对应支路的阻抗，当节点 $i$ 注入单位电流时，支路 $k$ 上电流为 $G_{k-i}$，因为这一电流不会大于该发电机节点注入的电流，所以 $|G_{k-i}| \leqslant 1$。

(3) 多台发电机可调。

若有多个发电机可调，将发电机输出功率转移分布因子式扩展到 $r$ 台发电机输出功率可调，则有

$$\begin{cases} \Delta P_L = \underset{1\times r}{\boldsymbol{G}_{L-G}} \, \underset{r\times 1}{\Delta \boldsymbol{P}_G} \\ \boldsymbol{G}_{L-G} = \dfrac{\boldsymbol{M}_k^{\mathrm{T}} \boldsymbol{X} \boldsymbol{e}_G}{x_L} \end{cases} \tag{8.35}$$

式(8.35)中的 $\Delta P_L$ 表示支路 $L$ 的有功变化与发电机有功出力变化的关系，$\boldsymbol{X}$ 是直流潮流中的 $\boldsymbol{B}_0$ 逆，$\boldsymbol{e}_G$ 是 $n \times r$ 阶矩阵，每列对应一个发电机节点，$\boldsymbol{G}_{L-G}$ 是 $r$ 个发电机节点有功输出功率变化引起支路 $L$ 有功潮流变化的灵敏度系数。

因此有最优化问题

$$\min \frac{1}{2} \Delta \boldsymbol{P}_G^{\mathrm{T}} \Delta \boldsymbol{P}_G \tag{8.36}$$

约束条件为

$$\Delta P_L = \boldsymbol{G}_{L-G} \Delta \boldsymbol{P}_G \tag{8.37}$$

式中，$\Delta P_L$ 为支路潮流所需调整的量；$\Delta \boldsymbol{P}_G$ 为发电机输出功率的调整量。

建立拉格朗日函数

$$L=\frac{1}{2}\Delta \boldsymbol{P}_G^{\mathrm{T}}\Delta \boldsymbol{P}_G+\lambda(\boldsymbol{G}_{L-G}\Delta \boldsymbol{P}_G) \tag{8.38}$$

则可求得满足控制量最小的一组解为

$$\Delta \boldsymbol{P}_G=\boldsymbol{G}_{L-G}^{\mathrm{T}}(\boldsymbol{G}_{L-G}\boldsymbol{G}_{L-G}^{\mathrm{T}})^{-1}\Delta P_L \tag{8.39}$$

## 8.2　开断模拟

电力系统静态安全分析也称静态安全评估，其是根据系统中可能发生的扰动来评定系统安全性的。预想事故包括支路开断和发电机开断两类。

### 8.2.1　支路开断模拟

支路开断模拟就是通过对支路开断的计算分析来校核基本运行状态下的电力系统的安全性。常用的计算方法有：直流法、补偿法、灵敏度分析法等。

1. 直流法

电力系统基本运行状态下的直流潮流模型为

$$\boldsymbol{P}_0=\boldsymbol{B}'_0\boldsymbol{\theta}_0 \tag{8.40}$$

当注入功率恒定不变时，若某条支路开断，则 $\boldsymbol{B}'_0$ 和 $\boldsymbol{\theta}_0$ 都将发生变化，它们偏离基本状态的方程式为

$$\boldsymbol{P}_0=(\boldsymbol{B}'_0+\Delta \boldsymbol{B})(\boldsymbol{\theta}_0+\Delta\boldsymbol{\theta}) \tag{8.41}$$

式中，$\boldsymbol{P}_0$、$\boldsymbol{B}'_0$、$\boldsymbol{\theta}_0$ 分别为电力系统基本运行状态下的注入有功功率列向量、直流潮流电纳矩阵及节点电压相角列向量。

若节点 $k$、$m$ 间的支路开断，而其开断的支路电纳为 $b_{km}$，则式(8.41)中的 $\Delta\boldsymbol{B}$ 为

$$\Delta\boldsymbol{B}=\begin{bmatrix} 0 & \cdots & 0 & \cdots & 0 & \cdots & 0 \\ \vdots & & \vdots & & \vdots & & \vdots \\ 0 & \cdots & b_{km} & \cdots & -b_{km} & \cdots & 0 \\ \vdots & & \vdots & & \vdots & & \vdots \\ 0 & \cdots & -b_{km} & \cdots & b_{km} & \cdots & 0 \\ \vdots & & \vdots & & \vdots & & \vdots \\ 0 & \cdots & \underset{k}{0} & \cdots & \underset{m}{0} & \cdots & 0 \end{bmatrix} \tag{8.42}$$

将式(8.41)展开，并略去其中两个增量相乘的项，可得

$$\boldsymbol{P}_0=\boldsymbol{B}'_0\boldsymbol{\theta}_0+\Delta\boldsymbol{B}\boldsymbol{\theta}_0+\boldsymbol{B}'_0\Delta\boldsymbol{\theta} \tag{8.43}$$

将式(8.40)代入式(8.43)得

$$\Delta\boldsymbol{\theta}=-(\boldsymbol{B}'_0)^{-1}\Delta\boldsymbol{B}\boldsymbol{\theta}_0 \tag{8.44}$$

式(8.44)给出了因支路 $km$ 开断而导致的各节点相角的变化量。因此用这一关系可以求出发生开断后任意支路 $ij$ 中的潮流为

$$\begin{aligned} P_{ij(1)}&=B_{ij}(\theta_{i(1)}-\theta_{j(1)})=B_{ij}[(\theta_{i(0)}+\Delta\theta_i)-(\theta_{j(0)}+\Delta\theta_j)] \\ &=B_{ij}[(\theta_{i(0)}-\theta_{j(0)})+(\Delta\theta_i-\Delta\theta_j)]=P_{ij(0)}+\Delta P_{ij} \end{aligned} \tag{8.45}$$

用式(8.45)就可以确定是否会发生支路有功潮流越限。

为了便于计算，式(8.44)可以改写为

$$\Delta\boldsymbol{\theta}^{km}=(\boldsymbol{B}'_0)^{-1}\begin{bmatrix} b_{km} & -b_{km} \\ -b_{km} & b_{km}\end{bmatrix}\begin{bmatrix}\theta_{k(0)} \\ \theta_{m(0)}\end{bmatrix}=(\boldsymbol{B}'_0)^{-1}\begin{bmatrix} b_{km}(\theta_{k(0)}-\theta_{m(0)}) \\ -b_{km}(\theta_{k(0)}-\theta_{m(0)})\end{bmatrix}$$
$$=b_{km}(\theta_{k(0)}-\theta_{m(0)})(\boldsymbol{B}'_0)^{-1}\boldsymbol{M}^{km} \tag{8.46}$$

式中，$\boldsymbol{M}^{km}=[0\ \cdots\ \underset{k}{1}\ \cdots\ \underset{m}{-1}\ \cdots\ 0]^{\mathrm{T}}$；$\Delta\boldsymbol{\theta}^{km}$为支路$km$开断后各节点电压相角的变化量。

式(8.46)中的$(\boldsymbol{B}'_0)^{-1}$仅需在预想事故分析之前进行因子化一次，只要基本运行方式不变，在不同的支路开断下，均不必重做计算。

当多重支路开断时，式(8.44)及式(8.45)仍成立。这是由于式(8.44)中的$\Delta\boldsymbol{\theta}$只是$\Delta\boldsymbol{B}$的线性函数，如果支路$km$及$pq$同时开断，此时的式(8.44)可写成

$$\Delta\boldsymbol{\theta}=\Delta\boldsymbol{\theta}^{km}+\Delta\boldsymbol{\theta}^{pq}=b_{km}(\theta_{k(0)}-\theta_{m(0)})(\boldsymbol{B}'_0)^{-1}\boldsymbol{M}^{km}+b_{pq}(\theta_{p(0)}-\theta_{q(0)})(\boldsymbol{B}'_0)^{-1}\boldsymbol{M}^{pq} \tag{8.47}$$

式(8.47)中的$\Delta\boldsymbol{\theta}^{km}$、$\Delta\boldsymbol{\theta}^{pq}$分别表示单一支路$km$开断和单一支路$pq$开断后，网络各节点电压相角的变化，将式(8.47)代入式(8.45)即可得出双重支路开断后的潮流分布情况。由此可见，用直流法可以很方便地估算多重支路开断后的潮流，这就是直流法的主要特点。

2. 补偿法

补偿法是指当网络中出现支路开断的情况时，可以认为该支路未开断，而在其两端节点处引入某一待求的电流增量(称为补偿电流)，以此来模拟支路开断的影响。这样就可以不必修改导纳矩阵，可以用原来的因子表来解算网络的状态。

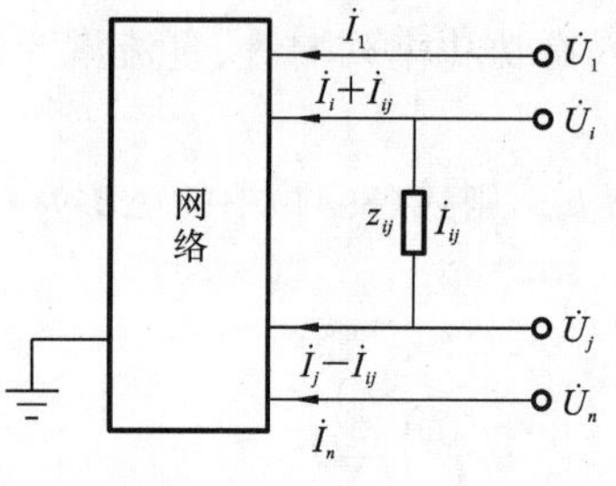


**图 8.5 单一支路开断**

先以单一支路开断为例来说明补偿法的物理概念，然后导出补偿法的普遍公式。

如图 8.5 所示，当网络节点$i$，$j$之间发生支路开断时，可以等效地认为该支路并未开断，而在$i$、$j$节点间并联一个追加的支路阻抗$z_{ij}$，其数值等于被断开支路阻抗的负值，这时流入原网络的注入电流由$\dot{\boldsymbol{I}}^{(0)}$变成$\dot{\boldsymbol{I}}'$。

$$\dot{\boldsymbol{I}}^{(0)}=[\dot I_1\ \cdots\ \dot I_i\ \cdots\ \dot I_j\ \cdots\ \dot I_n]^{\mathrm{T}} \tag{8.48}$$
$$\dot{\boldsymbol{I}}'=[\dot I_1\ \cdots\ \dot I_i+\dot I_{ij}\ \cdots\ \dot I_j-\dot I_{ij}\ \cdots\ \dot I_n] \tag{8.49}$$

不难看出，用原网络的因子表对$\dot{\boldsymbol{I}}'$进行消去回代运算所求出的节点电压列向量，就是待求的发生支路开断后的节点电压$\dot{\boldsymbol{U}}$，且$\dot{\boldsymbol{U}}=\boldsymbol{Y}^{-1}\dot{\boldsymbol{I}}'$。

因此，关键的问题就是要求出追加支路$z_{ij}$通过的电流$I_{ij}$，从而求得$\dot{\boldsymbol{I}}'$。

对于线性网络，可以应用叠加原理把图 8.5 分成两个网络，如图 8.6 所示。这时待求的节点电压$\dot{\boldsymbol{U}}$也可以看成两个部分：

$$\dot{\boldsymbol{U}}=\dot{\boldsymbol{U}}^{(0)}+\dot{\boldsymbol{U}}^{(1)} \tag{8.50}$$

式(8.50)中，$\dot{\boldsymbol{U}}^{(0)}$相当于没有追加支路情况下的各节点电压，这个向量可以用原网络的因子表求出，即$\dot{\boldsymbol{U}}^{(0)}=\boldsymbol{Y}^{-1}\dot{\boldsymbol{I}}^{(0)}$；$\dot{\boldsymbol{U}}^{(1)}$是原网络注入电流向量为$\dot{\boldsymbol{I}}^{(1)}$时求出的，其值为

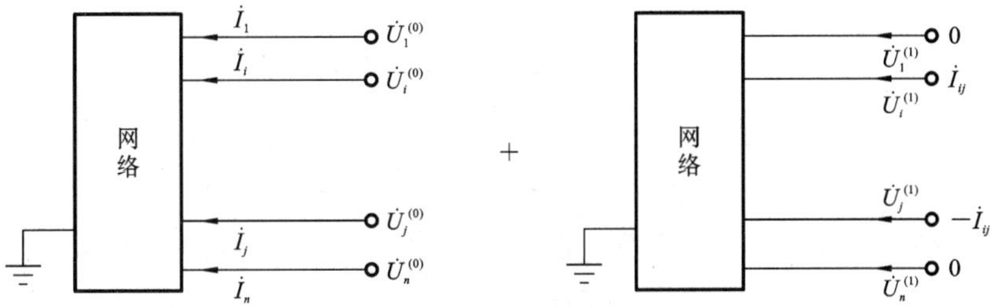


图 8.6 补偿法原理

$$\dot{\boldsymbol{U}}^{(1)}=\boldsymbol{Y}^{-1}\dot{\boldsymbol{I}}^{(1)} \tag{8.51}$$

$$\dot{\boldsymbol{I}}^{(1)}=[0 \quad \cdots \quad \dot{I}_{ij} \quad \cdots \quad -\dot{I}_{ij} \quad 0 \quad \cdots]^{\mathrm{T}}=\dot{I}_{ij}[0 \quad \cdots \quad 1 \quad \cdots \quad -1 \quad \cdots \quad 0]^{\mathrm{T}}=\dot{I}_{ij}\boldsymbol{M}^{ij} \tag{8.52}$$

其中，$\boldsymbol{M}^{ij}=[0 \quad \cdots \quad \underset{i}{1} \quad \cdots \quad \underset{j}{-1} \quad \cdots \quad 0]^{\mathrm{T}}$。

若 $\dot{I}_{ij}=1$，$\dot{\boldsymbol{I}}^{(1)}=\boldsymbol{M}^{ij}$，由式(8.51)就可以求出 $\dot{\boldsymbol{U}}^{ij}$，即

$$\dot{\boldsymbol{U}}^{ij}=\boldsymbol{Y}^{-1}\boldsymbol{M}^{ij} \tag{8.53}$$

现在的关键问题就是如何求 $\dot{I}_{ij}$。

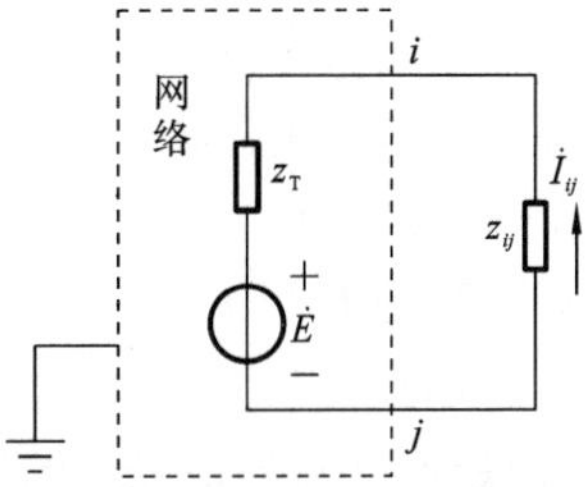


图 8.7 等值发电机原理

应用等值发电机原理，如果把图 8.7 所示电路上的 $i$、$j$ 节点间的整个系统看成是 $z_{ij}$ 的等效电源，其空载电压就是

$$\dot{E}=\dot{U}_i^{(0)}-\dot{U}_j^{(0)} \tag{8.54}$$

这个电源的等值内阻抗 $z_{\mathrm{T}}$ 可以用令其他节点的注入电流为零，仅在 $i$、$j$ 节点分别通入正、负单位电流后，在 $i$、$j$ 节点间产生的电压差来表示。由式(8.53)求得 $\dot{\boldsymbol{U}}^{ij}$ 后，便可求得

$$z_{\mathrm{T}}=\dot{U}_i^{ij}-\dot{U}_j^{ij} \tag{8.55}$$

$z_{\mathrm{T}}$ 亦即是从 $i$、$j$ 节点看进去的输入阻抗。令

$$z'_{ij}=z_{ij}+z_{\mathrm{T}} \tag{8.56}$$

通过等值电路图 8.7 可知，利用式(8.54)～式(8.56)可以求出 $\dot{I}_{ij}$ 为

$$\dot{I}_{ij}=-\frac{\dot{E}}{z'_{ij}}=-\frac{\dot{U}_i^{(0)}-\dot{U}_j^{(0)}}{z_{ij}+\dot{U}_i^{ij}-\dot{U}_j^{ij}} \tag{8.57}$$

求出 $\dot{I}_{ij}$ 后，由式(8.50)～式(8.57)即可求出

$$\dot{\boldsymbol{U}}^{(1)}=\boldsymbol{Y}^{-1}\dot{\boldsymbol{I}}^{(1)}=\boldsymbol{Y}^{-1}\dot{I}_{ij}\boldsymbol{M}^{ij}=\dot{I}_{ij}\boldsymbol{Y}^{-1}\boldsymbol{M}^{ij}=\dot{I}_{ij}\dot{\boldsymbol{U}}^{ij} \tag{8.58}$$

$$\dot{\boldsymbol{U}}=\dot{\boldsymbol{U}}^{(0)}+\dot{\boldsymbol{U}}^{(1)}=\dot{\boldsymbol{U}}^{(0)}+\dot{I}_{ij}\dot{\boldsymbol{U}}^{ij} \tag{8.59}$$

由式(8.59)就可求得支路开断后的节点电压向量。

为了计算及应用上的方便，上述计算也可以写成如下形式：

$$\begin{cases}\boldsymbol{M}^{ij}=[0 \quad \cdots \quad \underset{i}{1} \quad \cdots \quad \underset{j}{-1} \quad \cdots \quad 0]^{\mathrm{T}} \\ \dot{\boldsymbol{U}}^{ij}=\boldsymbol{Y}^{-1}\boldsymbol{M}^{ij} \\ \dot{U}_i^{ij}-\dot{U}_j^{ij}=(\boldsymbol{M}^{ij})^{\mathrm{T}}\dot{\boldsymbol{U}}^{ij}=(\boldsymbol{M}^{ij})^{\mathrm{T}}\boldsymbol{Y}^{-1}\boldsymbol{M}^{ij} \\ \dot{U}_i^{(0)}-\dot{U}_j^{(0)}=(\boldsymbol{M}^{ij})^{\mathrm{T}}\dot{\boldsymbol{U}}^{(0)}=(\boldsymbol{M}^{ij})^{\mathrm{T}}\boldsymbol{Y}^{-1}\dot{\boldsymbol{I}}^{(0)} \\ \dot{I}_{ij}=-\dfrac{\dot{E}}{z'_{ij}}=-\dfrac{\dot{U}_i^{(0)}-\dot{U}_j^{(0)}}{z_{ij}+\dot{U}_i^{ij}-\dot{U}_j^{ij}}=\dfrac{-(\boldsymbol{M}^{ij})^{\mathrm{T}}\boldsymbol{Y}^{-1}\dot{\boldsymbol{I}}^{(0)}}{z_{ij}+(\boldsymbol{M}^{ij})^{\mathrm{T}}\boldsymbol{Y}^{-1}\boldsymbol{M}^{ij}}=-\boldsymbol{C}(\boldsymbol{M}^{ij})^{\mathrm{T}}\boldsymbol{Y}^{-1}\dot{\boldsymbol{I}}^{(0)}\end{cases} \tag{8.60}$$

其中，

$$C=\frac{1}{z_{ij}+(\boldsymbol{M}^{ij})^{\mathrm{T}}\boldsymbol{Y}^{-1}\boldsymbol{M}^{ij}}$$

$$\begin{aligned}\dot{U}&=\dot{\boldsymbol{U}}^{(0)}+\dot{\boldsymbol{U}}^{(1)}=\boldsymbol{Y}^{-1}\dot{\boldsymbol{I}}^{(0)}-\boldsymbol{Y}^{-1}\dot{\boldsymbol{I}}^{(1)}=\boldsymbol{Y}^{-1}\dot{\boldsymbol{I}}^{(0)}-\boldsymbol{Y}^{-1}\boldsymbol{M}^{ij}\boldsymbol{C}(\boldsymbol{M}^{ij})^{\mathrm{T}}\boldsymbol{Y}^{-1}\dot{\boldsymbol{I}}^{(0)}\\&=[\boldsymbol{E}-\boldsymbol{Y}^{-1}\boldsymbol{M}^{ij}\boldsymbol{C}(\boldsymbol{M}^{ij})^{\mathrm{T}}]\boldsymbol{Y}^{-1}\dot{\boldsymbol{I}}^{(0)}\end{aligned} \tag{8.61}$$

式中，$\boldsymbol{E}$ 是单位矩阵，方括号中的项就是起补偿作用的 $n\times n$ 阶矩阵。在这个公式中，因 $\boldsymbol{Y}^{-1}$ 放在括号的后边，所以该公式也称后补偿公式。

对于多重支路开断也可用类似的处理方法。当第二条支路开断时，其补偿作用必须在第一次开断后的网络基础上进行。设第一次开断支路 $ij$，第二次开断支路 $km$，则其计算步骤如下。

(1) 对原网络通入单位电流 $\boldsymbol{M}^{ij}$，利用原网络的因子表按式(8.53)求出 $\dot{\boldsymbol{U}}^{ij}$，再按式(8.55)求出 $z_{\mathrm{T}}$ 及按式(8.56)求出 $z'_{ij}$。

(2) 对第一次开断支路 $ij$ 后的新网络通入单位电流 $\boldsymbol{M}^{km}$，用类似(1)中的计算步骤求出 $\dot{\boldsymbol{U}}^{km}$ 及 $z'_{km}$：

$$z'_{km}=z'_{\mathrm{T}}+z_{km} \tag{8.62}$$

其中，$z'_{\mathrm{T}}=\dot{U}_k^{km}-\dot{U}_m^{km}$。

(3) 用原网络的因子表及给定的节点注入电流，求出在支路 $ij$ 及 $km$ 均未开断的情况下的节点电压向量 $\dot{\boldsymbol{U}}^{(0)}$。

(4) 求出 $\dot{\boldsymbol{U}}^{(0)}$、$\dot{\boldsymbol{U}}^{ij}$ 和 $z'_{ij}$ 后，按式(8.54)、式(8.57)及式(8.59)可以求出支路 $ij$ 开断的情况下的 $\dot{\boldsymbol{U}}^{(0)'}$。

(5) 求出 $\dot{\boldsymbol{U}}^{(0)'}$、$\dot{\boldsymbol{U}}^{km}$ 和 $z'_{km}$ 后，按式(8.54)、式(8.57)及式(8.59)可以求出支路 $ij$、$km$ 两处均开断的情况下的网络节点电压向量 $\dot{\boldsymbol{U}}$。

从上述计算过程可以看出，二重开断时的计算量比单条支路开断时的计算量要大一倍以上。因此从节省计算时间来看，两条以上支路开断时，补偿法就不再具有任何优越性。

以上讨论了补偿法的原理，下面研究如何将补偿法和快速解耦潮流法结合，并以开断运行方式计算。

快速解耦潮流法的修正方程式(5.70)，可以看成是以 $\boldsymbol{B}'$ 及 $\boldsymbol{B}''$ 作为导纳矩阵的节点方程式，其注入电流分别为 $\Delta\boldsymbol{P}/\boldsymbol{U}$ 及 $\Delta\boldsymbol{Q}/\boldsymbol{U}$，而待求量为 $\Delta\boldsymbol{\theta}$ 及 $\Delta\boldsymbol{U}$。这完全可以套用以上的计算过程进行迭代计算。此时图 8.7 中追加支路 $Z_{ij}=-1/B_{ij}$，当开断元件不是线路而是变压器时，式(8.52)中的 $\boldsymbol{M}^{ij}$ 应改写为

$$\boldsymbol{M}^{ij}=[0\ \cdots\ \underset{i}{n_{\mathrm{T}}}\ \cdots\ \underset{j}{-1}\ \cdots\ 0]^{\mathrm{T}} \tag{8.63}$$

式中，$n_{\mathrm{T}}$ 为在 $i$ 侧的非标准变比。

这时式(8.54)、式(8.55)、式(8.57)应改为

$$\dot{E}=n_{\mathrm{T}}\dot{U}_i^{(0)}-\dot{U}_j^{(0)} \tag{8.64}$$

$$z_{\mathrm{T}}=n_{\mathrm{T}}\dot{U}_i^{ij}-\dot{U}_j^{ij} \tag{8.65}$$

$$\dot{I}_{ij}=-\frac{\dot{E}}{z'_{ij}}=-\frac{n_{\mathrm{T}}\dot{U}_i^{(0)}-\dot{U}_j^{(0)}}{z_{ij}+n_{\mathrm{T}}\dot{U}_i^{ij}-\dot{U}_j^{ij}} \tag{8.66}$$

其中，$z'_{ij}=z_{ij}+z_{\mathrm{T}}$。

值得注意的是，在式(8.62)中实际上只表示了开断不接地支路，而输电线或非标准

变压器的开断还应包含接地支路的同时开断，这样就使计算大大复杂化。因此，在实际应用补偿法时，忽略了这部分的影响。

3. 灵敏度分析法

支路开断模拟的直流法误差较大，且只能适用于有功校验。补偿法虽然可用在交流安全分析中，但由于在多支路开断时耗费机时太长，有时也无法满足要求。因此，为了达到分析的目的，采用牛顿潮流的灵敏度矩阵，并以节点注入功率的增量来模拟相应的开断。

电力系统潮流计算方程式为

$$\boldsymbol{S}_0=\boldsymbol{f}(\boldsymbol{X}_0,\boldsymbol{Y}_0) \tag{8.67}$$

式中，$\boldsymbol{X}_0$ 为状态变量；$\boldsymbol{Y}_0$ 为网络参数；$\boldsymbol{S}_0$ 为正常运行情况下的注入功率向量。于是由牛顿修正方程式可得

$$\Delta\boldsymbol{S}=\boldsymbol{f}'_x(\boldsymbol{X}_0,\boldsymbol{Y}_0)\Delta\boldsymbol{X} \tag{8.68}$$

式中，$\boldsymbol{f}'_x(\boldsymbol{X}_0,\boldsymbol{Y}_0)=\left.\dfrac{\partial \boldsymbol{f}(\boldsymbol{X},\boldsymbol{Y})}{\partial \boldsymbol{X}}\right|_{X=X_0,Y=Y_0}$ 为雅可比矩阵，$\Delta\boldsymbol{S}$ 为节点不平衡功率。

于是

$$\Delta\boldsymbol{X}=\boldsymbol{f}'_x(\boldsymbol{X}_0,\boldsymbol{Y}_0)^{-1}\Delta\boldsymbol{S}=\boldsymbol{R}_0\Delta\boldsymbol{S} \tag{8.69}$$

其中，

$$\boldsymbol{R}_0=\boldsymbol{f}'_x(\boldsymbol{X}_0,\boldsymbol{Y}_0)^{-1}=\boldsymbol{J}_0^{-1} \tag{8.70}$$

式(8.70)中，$\boldsymbol{R}_0$ 为灵敏度矩阵，$\boldsymbol{J}_0$ 是牛顿潮流算法中的雅可比矩阵。

由于在潮流计算时 $\boldsymbol{J}_0$ 已经进行了三角分解，所以 $\boldsymbol{R}_0$ 可以由回代过程求出。

支路开断时 $\boldsymbol{Y}$ 也是变量，所以式(8.67)可写成

$$\boldsymbol{S}_0+\Delta\boldsymbol{S}=\boldsymbol{f}(\boldsymbol{X}_0+\Delta\boldsymbol{X},\boldsymbol{Y}_0-\Delta\boldsymbol{Y}) \tag{8.71}$$

式(8.71)展开成泰勒级数为

$$\begin{aligned}\boldsymbol{S}_0+\Delta\boldsymbol{S}&=\boldsymbol{f}(\boldsymbol{X}_0,\boldsymbol{Y}_0)+\boldsymbol{f}'_x(\boldsymbol{X}_0,\boldsymbol{Y}_0)\Delta\boldsymbol{X}-\boldsymbol{f}'_y(\boldsymbol{X}_0,\boldsymbol{Y}_0)\Delta\boldsymbol{Y}\\&\quad+\frac{1}{2}\boldsymbol{f}''_{xx}(\boldsymbol{X}_0,\boldsymbol{Y}_0)(\Delta\boldsymbol{X})^2+\boldsymbol{f}''_{xy}(\boldsymbol{X}_0,\boldsymbol{Y}_0)\Delta\boldsymbol{X}\Delta\boldsymbol{Y}\\&\quad+\frac{1}{2}\boldsymbol{f}''_{yy}(\boldsymbol{X}_0,\boldsymbol{Y}_0)(\Delta\boldsymbol{Y})^2+\cdots\end{aligned} \tag{8.72}$$

若忽略$(\Delta\boldsymbol{X})^2$ 项及高次项，由于 $\boldsymbol{f}(\boldsymbol{X},\boldsymbol{Y})$为 $\boldsymbol{Y}$ 的线性函数，故 $\boldsymbol{f}''_{yy}(\boldsymbol{X}_0,\boldsymbol{Y}_0)=0$，得

$$\Delta\boldsymbol{S}=\boldsymbol{f}(\boldsymbol{X}_0+\Delta\boldsymbol{X},\boldsymbol{Y}_0-\Delta\boldsymbol{Y})-\boldsymbol{S}_0=\boldsymbol{f}'_x(\boldsymbol{X}_0,\boldsymbol{Y}_0)\Delta\boldsymbol{X}-\boldsymbol{f}'_y(\boldsymbol{X}_0,\boldsymbol{Y}_0)\Delta\boldsymbol{Y}+\boldsymbol{f}''_{xy}(\boldsymbol{X}_0,\boldsymbol{Y}_0)\Delta\boldsymbol{X}\Delta\boldsymbol{Y}$$

当不考虑节点注入功率变化时，$\Delta\boldsymbol{S}=0$，则上式可写成

$$\begin{aligned}\Delta\boldsymbol{X}&=[\boldsymbol{f}'_x(\boldsymbol{X}_0,\boldsymbol{Y}_0)+\boldsymbol{f}''_{xy}(\boldsymbol{X}_0,\boldsymbol{Y}_0)\Delta\boldsymbol{Y}]^{-1}[\boldsymbol{f}'_y(\boldsymbol{X}_0,\boldsymbol{Y}_0)\Delta\boldsymbol{Y}]\\&=\boldsymbol{f}'_x(\boldsymbol{X}_0,\boldsymbol{Y}_0)^{-1}[\boldsymbol{I}+\boldsymbol{f}''_{xy}(\boldsymbol{X}_0,\boldsymbol{Y}_0)\Delta\boldsymbol{Y}\boldsymbol{f}'_x(\boldsymbol{X}_0,\boldsymbol{Y}_0)^{-1}]^{-1}[\boldsymbol{f}'_y(\boldsymbol{X}_0,\boldsymbol{Y}_0)\Delta\boldsymbol{Y}]\\&=\boldsymbol{R}_0[\boldsymbol{I}+\boldsymbol{f}''_{xy}(\boldsymbol{X}_0,\boldsymbol{Y}_0)\Delta\boldsymbol{Y}\boldsymbol{R}_0]^{-1}[\boldsymbol{f}'_y(\boldsymbol{X}_0,\boldsymbol{Y}_0)\Delta\boldsymbol{Y}]\\&=\boldsymbol{R}_0\Delta\boldsymbol{S}_y\end{aligned} \tag{8.73}$$

式中，$\Delta\boldsymbol{S}_y$ 可看成是支路开断引起的注入功率扰动，其值为

$$\Delta\boldsymbol{S}_y=[\boldsymbol{I}+\boldsymbol{f}''_{xy}(\boldsymbol{X}_0,\boldsymbol{Y}_0)\Delta\boldsymbol{Y}\boldsymbol{R}_0]^{-1}[\boldsymbol{f}'_y(\boldsymbol{X}_0,\boldsymbol{Y}_0)\Delta\boldsymbol{Y}]=[\boldsymbol{I}+\boldsymbol{L}_0\boldsymbol{R}_0]^{-1}\Delta\boldsymbol{S}_b \tag{8.74}$$

其中，

$$\boldsymbol{L}_0=\boldsymbol{f}''_{xy}(\boldsymbol{X}_0,\boldsymbol{Y}_0)\Delta\boldsymbol{Y} \tag{8.75}$$

$$\Delta\boldsymbol{S}_b=\boldsymbol{f}'_y(\boldsymbol{X}_0,\boldsymbol{Y}_0)\Delta\boldsymbol{Y} \tag{8.76}$$

式中，$\Delta \boldsymbol{S}_b$ 与开断支路在正常运行时的潮流有关，应用式(8.74)求出 $\Delta \boldsymbol{S}_y$；再按式(8.70)求出灵敏度矩阵 $\boldsymbol{R}_0$，即可由式(8.73)求出状态变量的修正量 $\Delta \boldsymbol{X}$；求得 $\Delta \boldsymbol{X}$ 后即可解出支路功率。

假设电力系统中开断支路为 $ij$，则在 $\Delta \boldsymbol{Y}$ 中只有与支路 $ij$ 对应的元素为非零元素，即

$$\Delta Y_{ij} = -Y_{ij} = -(G_{ij} + \mathrm{j}B_{ij}) \tag{8.77}$$

节点注入有功、无功功率的表达式为

$$P_i = U_i \sum_{j\in i} U_j (G_{ij}\cos\theta_{ij} + B_{ij}\sin\theta_{ij}) \tag{8.78}$$

$$Q_i = U_i \sum_{j\in i} U_j (G_{ij}\sin\theta_{ij} - B_{ij}\cos\theta_{ij}) \tag{8.79}$$

式(8.78)、式(8.79)中，$i=1,2,\cdots,n$。

可以看出，只有求节点 $i$、$j$ 的注入功率时才用到 $G_{ij}$、$B_{ij}$。所以对于一个具有 $n$ 个节点、$b$ 条支路的网络来说，其 $2n\times b$ 阶矩阵 $f'_y(\boldsymbol{X},\boldsymbol{Y})$ 中，每列只有四个非零元素。由于 $G_{ij}=Y_{ij}\cos\alpha_{ij}$，$B_{ij}=Y_{ij}\sin\alpha_{ij}$，则有 $\dfrac{\partial G_{ij}}{\partial Y_{ij}}=\cos\alpha_{ij}=\dfrac{G_{ij}}{Y_{ij}}$，$\dfrac{\partial B_{ij}}{\partial Y_{ij}}=\sin\alpha_{ij}=\dfrac{B_{ij}}{Y_{ij}}$，利用上述关系，可得

$$\frac{\partial P_i}{\partial Y_{ij}}=[U_iU_j(G_{ij}\cos\theta_{ij}+B_{ij}\sin\theta_{ij})+G_{ij}U_i^2]/Y_{ij} \tag{8.80}$$

$$\frac{\partial Q_i}{\partial Y_{ij}}=[U_iU_j(G_{ij}\sin\theta_{ij}-B_{ij}\cos\theta_{ij})-(B_{ij}-b_{ij0})U_i^2]/Y_{ij} \tag{8.81}$$

由于支路 $ij$ 的潮流为

$$P_{ij}=U_iU_j(G_{ij}\cos\theta_{ij}+B_{ij}\sin\theta_{ij})+G_{ij}U_i^2 \tag{8.82}$$

$$Q_{ij}=U_iU_j(G_{ij}\sin\theta_{ij}-B_{ij}\cos\theta_{ij})-(B_{ij}-b_{ij0})U_i^2 \tag{8.83}$$

将式(8.82)和式(8.83)代入式(8.80)和式(8.81)，可得

$$\frac{\partial P_i}{\partial Y_{ij}}=P_{ij}/Y_{ij},\quad \frac{\partial Q_i}{\partial Y_{ij}}=Q_{ij}/Y_{ij} \tag{8.84}$$

同理可以得到

$$\frac{\partial P_j}{\partial Y_{ij}}=P_{ji}/Y_{ij},\quad \frac{\partial Q_j}{\partial Y_{ij}}=Q_{ji}/Y_{ij} \tag{8.85}$$

其他元素均为零，即

$$\frac{\partial P_k}{\partial Y_{ij}}=0,\quad \frac{\partial Q_k}{\partial Y_{ij}}=0 \tag{8.86}$$

则式(8.76)可以写成

$$\Delta \boldsymbol{S}_b=[0\ \ \cdots\ \ 0\ \ P_{ij}\ \ Q_{ij}\ \ 0\ \ \cdots\ \ 0\ \ P_{ji}\ \ Q_{ji}\ \ 0\ \ \cdots\ \ 0]^{\mathrm{T}} \tag{8.87}$$

在式(8.75)中，$\boldsymbol{L}_0$ 是 $2n\times 2n$ 阶方阵，$\boldsymbol{f}''_{xy}(\boldsymbol{X}_0,\boldsymbol{Y}_0)$ 是一个 $2n\times 2n\times b$ 阶矩阵，相当于 $\boldsymbol{f}'_x(\boldsymbol{X}_0,\boldsymbol{Y}_0)$ 对各支路导纳元素求偏导数，也就是每条支路有一个 $2n\times 2n$ 阶方阵。由于当 $k\notin(i,j)$ 和 $m\notin(i,j)$ 时，有下列关系式：

$$\begin{cases}\dfrac{\partial^2 P_k}{\partial Y_{ij}\partial\theta_m}=0, & \dfrac{\partial^2 Q_k}{\partial Y_{ij}\partial\theta_m}=0\\[2ex] U_m\dfrac{\partial^2 P_k}{\partial Y_{ij}\partial U_m}=0, & U_m\dfrac{\partial^2 Q_k}{\partial Y_{ij}\partial U_m}=0\end{cases} \tag{8.88}$$

所以对于每条支路 $Y_{ij}$，$2n\times 2n$ 阶矩阵中最多只有 16 个非零元素，它们可由式(8.84)和式(8.85)求出，其中，由式(8.84)可得出 8 个式子为：

$$\frac{\partial^2 P_i}{\partial Y_{ij}\partial\theta_i}=-H_{ij}/Y_{ij};\quad \frac{\partial^2 Q_i}{\partial Y_{ij}\partial\theta_i}=-M_{ij}/Y_{ij};$$

$$U_i\frac{\partial^2 P_i}{\partial Y_{ij}\partial U_i}=(2P_{ij}-N_{ij})/Y_{ij};\quad U_i\frac{\partial^2 Q_i}{\partial Y_{ij}\partial U_i}=(2Q_{ij}-L_{ij})/Y_{ij};$$

$$\frac{\partial^2 P_i}{\partial Y_{ij}\partial\theta_j}=H_{ij}/Y_{ij};\quad \frac{\partial^2 Q_i}{\partial Y_{ij}\partial\theta_j}=M_{ij}/Y_{ij};$$

$$U_j\frac{\partial^2 P_i}{\partial Y_{ij}\partial U_j}=N_{ij}/Y_{ij};\quad U_j\frac{\partial^2 Q_i}{\partial Y_{ij}\partial U_j}=L_{ij}/Y_{ij}$$

上面 8 个式子中，雅可比矩阵元素为

$$H_{ij}=U_iU_j(G_{ij}\sin\theta_{ij}-B_{ij}\cos\theta_{ij})\quad (j\neq i)$$
$$M_{ij}=-U_iU_j(G_{ij}\cos\theta_{ij}+B_{ij}\sin\theta_{ij})\quad (j\neq i)$$
$$N_{ij}=U_iU_j(G_{ij}\cos\theta_{ij}+B_{ij}\sin\theta_{ij})\quad (j\neq i)$$
$$L_{ij}=-U_iU_j(G_{ij}\sin\theta_{ij}-B_{ij}\cos\theta_{ij})\quad (j\neq i)$$

类似地，由式(8.85)可以写出 $P_j$、$Q_j$ 对支路导纳求偏导数的 8 个式子。

由以上分析可知，$\Delta\boldsymbol{S}_{\mathrm{b}}$ 与 $\boldsymbol{L}_0$ 中只有与开断端点有关的行和列的元素才是非零的，所以式(8.74)可以写成紧凑排列的形式，即

$$\begin{bmatrix}\Delta P_i\\ \Delta Q_i\\ \Delta P_j\\ \Delta Q_j\end{bmatrix}=\left\{\begin{bmatrix}1&&&\\&1&&\\&&1&\\&&&1\end{bmatrix}+\begin{bmatrix}-H_{ij}&2P_{ij}-N_{ij}&H_{ij}&N_{ij}\\-M_{ij}&2Q_{ij}-L_{ij}&M_{ij}&L_{ij}\\H_{ji}&N_{ji}&-H_{ji}&2P_{ji}-N_{ji}\\M_{ji}&L_{ji}&-M_{ji}&2Q_{ji}-L_{ji}\end{bmatrix}\right.$$
$$\left.\cdot\begin{bmatrix}R_{ii}^{(1)}&R_{ii}^{(2)}&R_{ij}^{(1)}&R_{ij}^{(2)}\\R_{ii}^{(3)}&R_{ii}^{(4)}&R_{ij}^{(3)}&R_{ij}^{(4)}\\R_{ji}^{(1)}&R_{ji}^{(2)}&R_{jj}^{(1)}&R_{jj}^{(2)}\\R_{ji}^{(3)}&R_{ji}^{(4)}&R_{jj}^{(3)}&R_{jj}^{(4)}\end{bmatrix}\right\}^{-1}\begin{bmatrix}P_{ij}\\Q_{ij}\\P_{ji}\\Q_{ji}\end{bmatrix}\tag{8.89}$$

其中，$R_{ij}^{(1)}=\dfrac{\partial\theta_i}{\partial P_j}$，$R_{ij}^{(2)}=\dfrac{\partial\theta_i}{\partial Q_j}$，$R_{ij}^{(3)}=\dfrac{\partial U_i}{\partial P_j}/U_i$，$R_{ij}^{(4)}=\dfrac{\partial U_i}{\partial Q_j}/U_i$。

同样，可写出 $R_{ji}^{(1)}$、$R_{ji}^{(2)}$、$R_{ji}^{(3)}$、$R_{ji}^{(4)}$ 等各元素的有关式子，亦即灵敏度矩阵的全部元素。

灵敏度分析法的程序流程如图 8.8 所示，图中，框 1 是在进行开断模拟之前，先用牛顿法计算正常运行方式下的潮流，并在此基础上求得开断分析的原始数据，如雅可比矩阵、灵敏度矩阵、状态变量及支路潮流等。框 3 是用式(8.89)求相应节点的注入功率增量。框 4 是用式(8.73)求有关节点状态变量的增量。框 5 是对状态变量进行修正，即

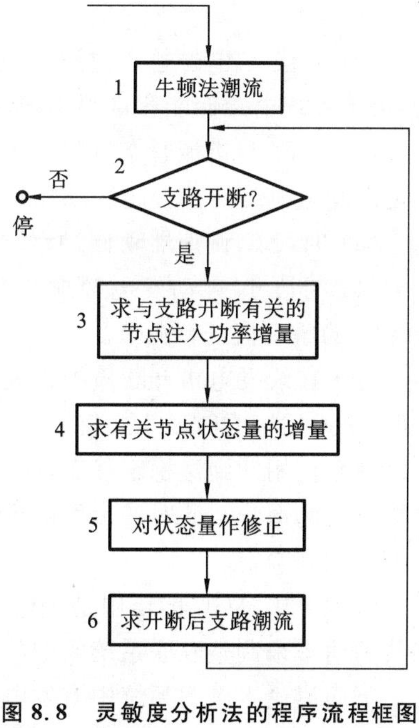


**图 8.8 灵敏度分析法的程序流程框图**

$$X = X_0 + \Delta X \tag{8.90}$$

框 6 是用式(8.82)和式(8.83)求各支路开断情况下的潮流。

如果在 $ij$ 及 $km$ 两支路上同时发生开断事故，则式(8.87)改写成

$$\begin{aligned}\Delta S_b = &[0 \quad \cdots \quad 0 \quad P_{ij} \quad Q_{ij} \quad 0 \quad \cdots \quad 0 \quad P_{ji} \quad Q_{ji} \quad 0 \quad \cdots \quad 0]^{\mathrm{T}} \\ &+[0 \quad \cdots \quad 0 \quad P_{km} \quad Q_{km} \quad 0 \quad \cdots \quad 0 \quad P_{mk} \quad Q_{mk} \quad 0 \quad \cdots \quad 0]^{\mathrm{T}}\end{aligned} \tag{8.91}$$

而式(8.75)中的 $L_0$ 也应该改写为 $L_{0(i,j)} + L_{0(k,m)}$，其中，每个矩阵均有 16 个零元素。当写成式(8.89)所示的紧凑形式时，式(8.89)中的求逆矩阵为 8 阶，相应的节点注入功率增量为

$$[\Delta P_i \quad \Delta Q_i \quad \Delta P_j \quad \Delta Q_j \quad \Delta P_k \quad \Delta Q_k \quad \Delta P_m \quad \Delta Q_m]^{\mathrm{T}} \tag{8.92}$$

灵敏度分析法的优点是式(8.74)中的元素均由正常潮流计算求出，不必再重新进行计算，所以计算速度较快，但这种方法的计算精度较修改导纳矩阵后的常规潮流有所降低。

### 8.2.2 发电机开断模拟

在电力系统运行中，发电机开断是一种可能发生的事故。因此，电力系统安全分析必须具备这种预想事故的模拟分析功能。目前，有许多种关于发电机开断模拟的分析方法(如直流法、分布系数法)都采用了线性叠加原理，精度较差。

发电机开断时，由于受扰的内部系统失去了一部分发电机，调速系统一次调节后，外部系统必然会提供一定的有功来给予支援，亦即内部系统边界的有功注入必须进行修正。除了外部有功的支援外，各联络线上的有功也要作相应调整。因此，发电机的频率响应特性(FRC)及边界点上的等值频率特性将是求解这些功率变化的依据。

发电机开断模拟的数学模型，必须考虑到失去一部分有功出力后系统的暂态过程及自动控制装置动作所产生的效应。在通常情况下，可将整个变化过程划分为以下 4 个时段。

(1) 时段 1，电磁暂态过程。系统的暂态潮流是按网络阻抗和机组暂态电抗分布的，由于系统电磁储能容量很小，暂态过程在数毫秒内就被阻尼。

(2) 时段 2，机械暂态过程。发电机的反应过程取决于机组的惯性，有功出力的变化是由发电机旋转部分的转动惯量来决定的。

(3) 时段 3，调速器动作过程。发电机间功率分配的变化是由 FRC 来决定的。

(4) 时段 4，自动发电控制。在一个控制区域内的发电机按自动发电控制装置(AGC)的整定值进行调节。

对于在线发电机开断模拟来说，由于所研究的系统在发生事故后已进入稳定状态。此时，快速反应的时段 1、2 将不予考虑。一般原动机调速器在故障发生后几秒到几十秒之内起作用并到达稳定状态，所以系统在上述时段 3 中的行为就是静态安全分析所需要研究的部分。此时各台发电机的功率变化可以用它的 FRC 与系统的 FRC 之间的比例关系来确定。

时段 4 中 AGC 的作用是通过二次调节来消除静态频率偏差。此外还可以控制联络线的功率来调整互联系统间的静态频率偏差。

下面讨论当电力系统中有发电机开断时，系统中其他发电机出力的变化。

当系统中有发电机开断时，全系统的静态有功响应是根据调速系统一次调节所达

到的稳定状态来确定的。考虑到可行的功率范围在最大值与最小值之间，于是发电机在设定的运行点 $P_{Gi}^{0}$ 处的特性可以用调差系数 $R_{Gi}$ 来表示：

$$R_{Gi}=-\frac{\partial f}{\partial P_{Gi}}\ (\mathrm{Hz/MW}) \tag{8.93}$$

其倒数为

$$K_{Gi}=\frac{1}{R_{Gi}}\ (\mathrm{MW/Hz}) \tag{8.94}$$

式中，$K_{Gi}$ 可称为发电机组的 FRC。

除了发电机的静态频率特性 $K_{Gi}$ 会引起发电机 $i$ 的功率变化外，系统频率变化也会引起负荷功率的变化，这就是负荷的频率响应特性，频率变化幅度不大时，此特性可认为是线性的，以 $K_{Li}$ 表示，对节点 $i$ 的总响应为

$$K_i=K_{Gi}+K_{Li} \tag{8.95}$$

电力系统的响应为各节点响应的总和，当节点数为 $n$ 时，系统的 FRC 为

$$K_{\mathrm{s}}=\sum_{i=1}^{n}K_i \tag{8.96}$$

如果静态频率特性 $K_{Gi}$ 在运行点 $P_{Gi}^{0}$ 处被线性化，则当节点 $k$ 上失去有功出力 $P_{Gi}^{l}$ 后，发电机 $i$ 的功率增量 $\Delta P_i$ 为

$$\begin{cases}\Delta P_i=\dfrac{K_i}{K_{\mathrm{s}}-K_G^l}P_G^l & (i\neq k)\\[2ex] \Delta P_i=\dfrac{-K_{\mathrm{s}}+K_i}{K_{\mathrm{s}}-K_G^l}P_G^l & (i=k)\end{cases} \tag{8.97}$$

式中，$K_G^l$ 为开断发电机的机组 FRC。

若以向量形式来表达所有节点的功率增量方程式，则可以定义一个向量 $\boldsymbol{H}$，其中的元素为

$$\begin{cases}h_i=0 & (i\neq k)\\ h_i=-K_{\mathrm{s}} & (i=k)\end{cases} \tag{8.98}$$

从而式(8.97)可以写成

$$\Delta\boldsymbol{P}=\frac{P_G^l}{K_{\mathrm{s}}-K_G^l}(\boldsymbol{K}+\boldsymbol{H}) \tag{8.99}$$

对于大型电力系统来说，因为 $K_{\mathrm{s}}\gg K_G^l$，于是式(8.99)可写成

$$\Delta\boldsymbol{P}=\frac{P_G^l}{K_{\mathrm{s}}}(\boldsymbol{K}+\boldsymbol{H}) \tag{8.100}$$

在实际电力系统中，由于 $K_{Li}\ll K_{Gi}$，于是有

$$K_i=K_{Gi} \tag{8.101}$$

$$K_{\mathrm{s}}=K_{G\mathrm{s}}=\sum_{i=1}^{n}K_{Gi} \tag{8.102}$$

当各节点的注入功率变化 $\Delta P_i$ 时，式(8.100)可以写成

$$\Delta\boldsymbol{P}_G=\frac{P_G^l}{K_{Gi}}(\boldsymbol{K}_G+\boldsymbol{H}) \tag{8.103}$$

为求得发电机 $k$ 开断后系统中较精确的潮流分布，可以用解耦潮流法进行交流潮流计算：

$$\Delta\boldsymbol{P}=-\boldsymbol{U}\boldsymbol{B}'\boldsymbol{U}\Delta\boldsymbol{\theta} \tag{8.104}$$

式中，$\boldsymbol{B}'$是直流潮流矩阵，$\boldsymbol{U}$是扰动前各节点电压模值组成的对角阵。

若取$\boldsymbol{A}=-\boldsymbol{U}\boldsymbol{B}'\boldsymbol{U}$，则有

$$\Delta\boldsymbol{P}=\boldsymbol{A}\Delta\boldsymbol{\theta} \tag{8.105}$$

代入式(8.99)得

$$\frac{P_G^l}{K_s-K_G^l}(\boldsymbol{K}+\boldsymbol{H})=\boldsymbol{A}\Delta\boldsymbol{\theta} \tag{8.106}$$

当电力系统进行外部等值时，由于外部系统的发电机也承担了有功功率调节的任务，因此必须求出外部系统的等值FRC。

若将全系统的节点分为三类，$E$为外部系统节点，$B$为边界节点，$I$为内部系统节点，则式(8.105)可分解为

$$\begin{bmatrix}\Delta\boldsymbol{P}_E\\ \Delta\boldsymbol{P}_B\\ \Delta\boldsymbol{P}_I\end{bmatrix}=\begin{bmatrix}\boldsymbol{A}_{EE} & \boldsymbol{A}_{EB} & \boldsymbol{0}\\ \boldsymbol{A}_{BE} & \boldsymbol{A}_{BB} & \boldsymbol{A}_{BI}\\ \boldsymbol{0} & \boldsymbol{A}_{IB} & \boldsymbol{A}_{II}\end{bmatrix}\begin{bmatrix}\Delta\boldsymbol{\theta}_E\\ \Delta\boldsymbol{\theta}_B\\ \Delta\boldsymbol{\theta}_I\end{bmatrix}$$

消去外部系统部分，则有

$$\begin{bmatrix}\Delta\boldsymbol{P}_B^*\\ \Delta\boldsymbol{P}_I\end{bmatrix}=\begin{bmatrix}\boldsymbol{A}_{BB}^* & \boldsymbol{A}_{BI}\\ \boldsymbol{A}_{IB} & \boldsymbol{A}_{II}\end{bmatrix}\begin{bmatrix}\Delta\boldsymbol{\theta}_B\\ \Delta\boldsymbol{\theta}_I\end{bmatrix} \tag{8.107}$$

其中，

$$\boldsymbol{A}_{BB}^*=\boldsymbol{A}_{BB}-\boldsymbol{A}_{BE}\boldsymbol{A}_{EE}^{-1}\boldsymbol{A}_{EB} \tag{8.108}$$

$$\Delta\boldsymbol{P}_B^*=\Delta\boldsymbol{P}_B-\boldsymbol{A}_{BE}\boldsymbol{A}_{EE}^{-1}\Delta\boldsymbol{P}_E \tag{8.109}$$

式中，$\boldsymbol{A}_{BB}^*$为外部系统等值后边界节点的系数矩阵；$\Delta\boldsymbol{P}_B^*$则为等值后边界节点的有功功率注入增量。

若式(8.109)中的$\Delta\boldsymbol{P}_B^*$、$\Delta\boldsymbol{P}_B$及$\Delta\boldsymbol{P}_E$分别用边界节点的等值FRC(即$\boldsymbol{K}_B^*$)、边界节点的FRC(即$\boldsymbol{K}_B$)及外部节点的FRC(即$\boldsymbol{K}_E$)与$\dfrac{P_G^l}{K_s-K_G^l}$的乘积表示，则式(8.109)可写成

$$\frac{P_G^l}{K_s-K_G^l}\boldsymbol{K}_B^*=[\boldsymbol{K}_B-\boldsymbol{A}_{BE}\boldsymbol{A}_{EE}^{-1}\boldsymbol{K}_E]\frac{P_G^l}{K_s-K_G^l} \tag{8.110}$$

于是得

$$\boldsymbol{K}_B^*=\boldsymbol{K}_B-\boldsymbol{A}_{BE}\boldsymbol{A}_{EE}^{-1}\boldsymbol{K}_E=\boldsymbol{K}_B-\Delta\boldsymbol{K}_B^* \tag{8.111}$$

$$\Delta\boldsymbol{K}_B^*=\boldsymbol{A}_{BE}\boldsymbol{A}_{EE}^{-1}\boldsymbol{K}_E \tag{8.112}$$

式(8.111)和式(8.112)表示出了外部节点的FRC($\boldsymbol{K}_E$)与边界节点的等值FRC(即$\boldsymbol{K}_B^*$)间的关系，$\boldsymbol{K}_E$是按$\boldsymbol{A}_{BE}\boldsymbol{A}_{EE}^{-1}$的关系分配到边界节点上的。令$\boldsymbol{J}_E=\boldsymbol{A}_{EE}^{-1}\boldsymbol{K}_E$，则式(8.112)可写成

$$\Delta\boldsymbol{K}_B^*=\boldsymbol{A}_{BE}\boldsymbol{J}_E \tag{8.113}$$

式中，$\boldsymbol{J}_E$可以由$\boldsymbol{A}_{EE}$三角分解后通过前代、回代求出。

由

$$\boldsymbol{A}=-\boldsymbol{U}\boldsymbol{B}'\boldsymbol{U} \tag{8.114}$$

可得

$$\boldsymbol{A}_{BE}=-\boldsymbol{U}_B\boldsymbol{B}'_{BE}\boldsymbol{U}_E \tag{8.115}$$

$$\boldsymbol{A}_{EE}=-\boldsymbol{U}_E\boldsymbol{B}'_{EE}\boldsymbol{U}_E \tag{8.116}$$

于是，式(8.111)中的 $\boldsymbol{A}_{BE}\boldsymbol{A}_{EE}^{-1}$ 可写成

$$\boldsymbol{A}_{BE}\boldsymbol{A}_{EE}^{-1}=\boldsymbol{U}_B\boldsymbol{B}'_{BE}\boldsymbol{U}_E\boldsymbol{U}_E^{-1}(\boldsymbol{B}'_{EE})^{-1}\boldsymbol{U}_E^{-1}=\boldsymbol{U}_B\boldsymbol{B}'_{BE}(\boldsymbol{B}'_{EE})^{-1}\boldsymbol{U}_E^{-1} \tag{8.117}$$

因此有

$$\boldsymbol{K}_B^*=\boldsymbol{K}_B-\boldsymbol{U}_B\boldsymbol{B}'_{BE}(\boldsymbol{B}'_{EE})^{-1}\boldsymbol{U}_E^{-1}\boldsymbol{K}_E \tag{8.118}$$

在实时情况下，外部系统的各电压模值 $U_E$ 是无从知晓的，为此可以取 $U_E=U_0\approx$ 1 p.u.，于是式(8.118)可写为

$$\boldsymbol{K}_B^*=\boldsymbol{K}_B-\boldsymbol{U}_B\boldsymbol{B}'_{BE}(\boldsymbol{B}'_{EE})^{-1}\boldsymbol{K}_E \tag{8.119}$$

显然，在式(8.119)中只用到 $\boldsymbol{B}'$ 的有关元素及边界节点电压。因此可用式(8.96)求出等值 FRC，亦即边界节点响应的总和。

## 8.3 预想事故的自动选择

在进行大型电力系统安全分析时，需要考虑的预想事故数目是相当可观的。一般预想事故会开断一条线路、一台发电机、两条线路或一机一线等。在某些情况下，也可能需要考虑更多重的复合故障。

要给出预想事故的安全性评价，需要逐个对预想事故进行潮流分析，然后校核其违限情况。因此安全分析的计算量很大，难以适应实时要求。

所谓预想事故自动选择，就是在实时条件下利用电力系统实时信息，自动选出那些会引起支路潮流过载、电压违限等危及系统安全运行的预想事故，并用行为指标来表示它对系统造成的危害严重程度，按其顺序给出一览表，这样就可以不必对整个预想事故进行逐个详尽分析计算。因为有意义的预想事故只占整个预想事故的一小部分，因此，这样做可以大大节省机时，加快安全分析的速度。

预想事故自动选择需要一种快速的开断模拟算法，并在精度上只要求能够满足排队的要求。也就是能够剔除不起作用的预想事故，并将起作用的预想事故按其严重程度排队。

为了表征各种开断情况下线路潮流违限的严重程度，同时又考虑到网络中的有功功率与无功功率存在弱耦合这一物理现象，定义了两种行为指标(PI)。

(1) 有功功率行为指标是用来衡量线路有功功率过负荷程度的计算公式，表示式为

$$PI_{\mathrm{p}}=\sum_{\alpha}w_{\mathrm{p}}\left(\frac{P_l}{P_l^{\max}}\right)^2 \tag{8.119}$$

式中，$w_{\mathrm{p}}$ 为有功功率权因子；$P_l$ 为线路 $l$ 中有功潮流；$P_l^{\max}$ 为线路 $l$ 的有功潮流限值；$\alpha$ 为有功功率过负荷的线路集合。

(2) 无功功率行为指标是用来衡量电压与无功功率违限程度的计算公式，表示式为

$$PI_{uq}=\sum_{\beta}w_{\mathrm{u}}\frac{|U_i-U_i^{\lim}|}{U_i^{\lim}}+\sum_{\gamma}w_{\mathrm{q}}\frac{|Q_i-Q_i^{\lim}|}{Q_i^{\lim}} \tag{8.120}$$

式中，$U_i$ 为节点 $i$ 的电压模值；$U_i^{\lim}$ 为节点 $i$ 的电压模值限值；$w_u$ 为电压权因子；$Q_i$ 为节点 $i$ 的无功注入；$Q_i^{\lim}$ 为节点 $i$ 的无功注入限值；$w_{\mathrm{q}}$ 为无功功率权因子；$\beta$ 为电压模值超过上、下限的节点；$\gamma$ 为无功超过上、下限的节点。

在上面两式中，$\alpha$、$\beta$、$\gamma$ 均只限于违限的线路或节点；$w_{p}$、$w_{u}$、$w_{q}$ 的值则取决于系统的运行经验和在不同违限情况下有关线路的重要程度；当权因子取为零时，即认为该线路违限并不重要而可排除在集合之外。

在研究线路行为指标时，可让所有线路（不论是否过负荷）都参加 PI 计算；也可以只让支路潮流增加的线路参加 PI 计算。

用预想事故自动选择的开断模拟计算得出按行为指标排队的一览表后，选择排在前面的一些预想事故，用完全的交流潮流作进一步分析，以确定其对电力系统的影响，在选择这些需精确计算的预想事故时，可引用所谓的终止判据的概念。

终止判据是指对一览表中需要进行详细交流潮流计算的预想事故数进行选择的判据。凡是终止判据范围以外的预想事故，就认为不会对电力系统引起违限或虽引起违限但影响并不大，因而可以不必再用交流潮流进行校验。下面介绍通常采用的两种终止判据。

(1) 只分析预想事故表中的前 $N$ 个事故。这种方法计算时间短，但 $N$ 个以后的开断情况，也有可能会引起违限。

(2) 采用不再出现违限的开断情况作为终止判据。这种方法可以降低出现严重遗漏情况的可能性，但增加了预想事故分析所需的时间。

任何预想事故自动选择算法都必须在满足以下条件时才可认为是具有实用价值的。

(1) 从计算时间的得失效果上来看，采用预想事故自动选择算法后应当是有利的。其效果可以通过式(8.121)来表示：

$$(N_{t}-N_{ac})T_{ac}=N_{t}T_{acs} \tag{8.121}$$

式中，$N_{t}$ 为预想事故总数；$N_{ac}$ 为经预想事故自动选择分析筛选后确定需要用完全交流潮流法进行分析的违限预想事故数；$T_{ac}$ 为每一种预想事故用完全交流潮流法进行分析时所需的平均计算时间；$T_{acs}$ 为用预想事故自动选择法排列预想事故表时，每一开断情况下所需的平均计算时间。

式(8.121)又可以改写成

$$N_{ac}=N_{t}\left(1-\frac{T_{acs}}{T_{ac}}\right) \tag{8.122}$$

如果某电力系统用预想事故自动选择算法求出 $N_{ac}=30\%$，则表示在 100 种可能发生的事件中，需要用完全交流潮流进行分析的事件等于或小于 30 件时，预想事故自动选择才是具有实用价值的。

(2) 预想事故自动选择算法的实用价值还可用俘获率来衡量。在某一规定的终止判据下，俘获率的定义为

$$R=\frac{N_{ca}}{N_{ta}} \tag{8.123}$$

式中，$N_{ca}$ 为分类到关键性预想事故中的（也即起作用的）预想事故总数；$N_{ta}$ 为实际上起作用的预想事故总数。通常 $R$ 最大可以是 1，此时 $N_{ca}=N_{ta}$。一般 $N_{ta}$ 可由完全的交流潮流计算来确定。

(3) 预想事故自动选择算法应避免发生遮蔽现象或不致因遮蔽现象而降低俘获率。所谓遮蔽现象是指一个可能引起多个线路出现重载但并未过载的预想事故，其行

为指标反而高于只有个别线路产生过负荷的预想事故指标，从而引起了排队顺序的错误，漏掉了对有意义预想事故的分析。

预想事故自动选择算法的原理框图如图 8.9 所示。其中，安全评估是整个流程中的一个部分，自动选择起着剔除无害预想事故的作用，通过计算行为指标可以得出按行为指标递降的顺序排列的有意义预想事故一览表。

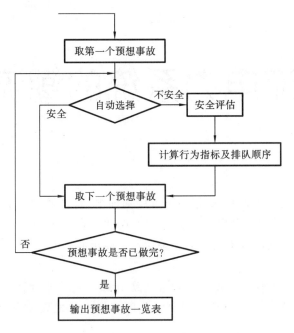

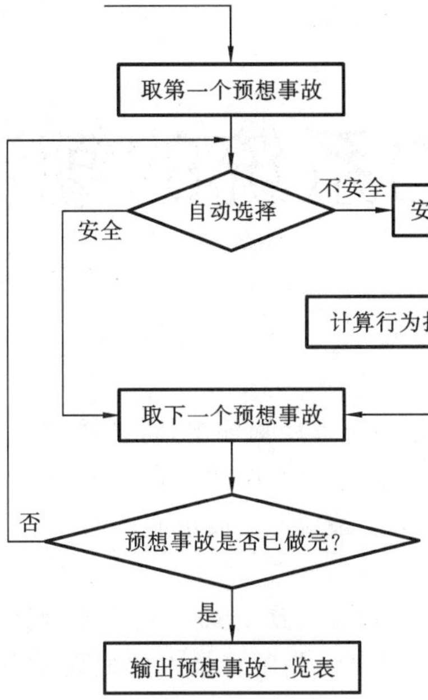


**图 8.9　预想事故自动选择算法的原理框图**

# 9 交直流电力系统的潮流计算

## 9.1 概述

现代电力系统已进入大系统、超高压远距离输电、跨区域联网的新阶段，如何尽可能地提高电网的输送能力，实现电网运行的可控性一直是电力工程的重要研究课题。高压直流输电和柔性交流输电就是为了适应这一需求而在电力电子技术的基础上发展起来的。

世界上第一条工业性的高压直流输电线路于1954年在瑞典建成投运，这套系统采用汞弧阀作为变流装置。20世纪70年代，晶闸管技术的发展使直流输电进入了一个崭新的发展时期。

与交流输电相比，高压直流输电具有许多优点，如用作远距离输电方式时没有交流方式的同步运行稳定性问题，可避免交流联网时短路容量的增加，并且可以连接两个不同步或频域不同的交流系统，有利于互联网各自的调度和运行，在某些情况下还可减小发生事故时互联网相互间的影响等。同时，随着技术的进步，晶闸管设备价格下降和可靠性提高，远距离直流输电的经济性将优于交流输电的。因此，直流输电特别适合于海峡的电缆送电系统、不同频率的电网并列运行、远距离输电、大区联网，以及非工频发电站（如某些风力、抽水蓄能站等）与系统间的联网等。

高压直流输电发展到今天已越来越多地应用在世界各大电力系统中，使现代电力系统成为在交流系统中包含直流输电系统的交直流混合系统。1990年投入运行的葛洲坝到上海±500 kV、1080 km高压直流输电线路是中国第一条大型直流输电线路。我国电网实施“西电东送”的发展战略，南方电网已形成“六交三直”9条500 kV大通道，已建成的云南至广东±800 kV直流输电工程的输电能力超过$1.2\times10^7$ kW。

全国联网是电网发展的必然趋势，各区域电网通过直流或交流连成一个整体，我国将建成罕见的跨区域和远距离传输巨大功率的超高压交直流混合输电系统。随着直流输电技术的不断发展和日臻成熟，在更多的交流电力系统中出现了直流系统，并进一步发展为多端的直流输电系统，从而形成交直流联合电力系统或简称交直流电力系统。

交直流电力系统的潮流计算和纯交流电力系统相比较，具有不少特点。首先，除了原有的交流电力系统变量之外，又增加了直流电力系统变量，两者的有关变量将通过换流站中交直流换流器的特性方程建立数学上的联系。在纯交流电力系统中，决定潮流分布的是节点电压和相角，而在直流电力系统中由于只流过有功功率(直流功率)，其功率分布仅由直流系统各节点的电压决定。不过，流入换流器的交流电流经过换流器的相位控制后，其基波分量将比外施于换流器的交流电压滞后一个角度，一方面，这实现了交直流系统间的有功功率传递，另一方面，换流器要从交流系统中吸取大量的无功功率。最后，直流系统的运行必须对各个换流器的运行控制方式加以指定，直流系统的状态变量是给定的直流控制量值和换流器交流电压的函数。因此，交直流系统潮流计算是根据交流系统各节点给定的负荷和发电情况，结合直流系统指定的控制方式，通过计算来确定整个系统的运行状态的。

## 9.2 交直流电力系统潮流计算的数学模型

为了建立潮流计算的数学模型，通常以换流站换流变压器初级绕组所连接的交流系统母线为分界，将整个交直流系统分为交流(电力)系统和直流(电力)系统两大部分(见图 9.1)，对两个系统分别建立数学模型。

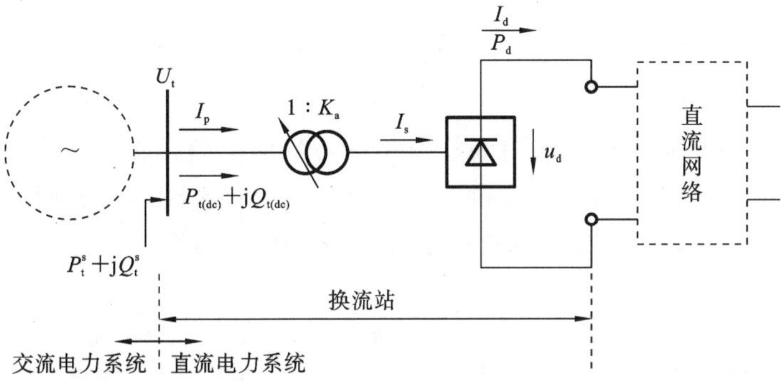


**图 9.1 交直流电力系统及换流站示意图**

其中，交流系统部分的潮流计算模型和纯交流系统的模型类似，仍采用节点功率方程，对于交流系统，并不直接和换流站连接的所谓的交流系统一般节点用下标 a 表示，其节点功率方程和纯交流系统的完全相同，即

$$\Delta P_a = P_a^s - P_a(\boldsymbol{U},\boldsymbol{\theta}) = 0 \tag{9.1}$$

$$\Delta Q_a = Q_a^s - Q_a(\boldsymbol{U},\boldsymbol{\theta}) = 0 \tag{9.2}$$

而对于直接和换流站连接的所谓的交流系统特殊节点用下标 t 表示，其节点功率方程为

$$\Delta P_t = P_t^s - P_{t(dc)}(U_t, x) - P_t(\boldsymbol{U},\boldsymbol{\theta}) = 0 \tag{9.3}$$

$$\Delta Q_t = Q_t^s - Q_{t(dc)}(U_t, x) - Q_t(\boldsymbol{U},\boldsymbol{\theta}) = 0 \tag{9.4}$$

式中，$P_{t(dc)}$、$Q_{t(dc)}$ 是由交流母线流入换流器的有功、无功功率。它们是交流母线电压 $U_t$ 及直流系统变量 $\boldsymbol{x}$ 的函数。

关于直流系统的潮流计算模型，可概括地用式(9.5)表示：

$$d(\boldsymbol{U},\boldsymbol{x}) = 0 \tag{9.5}$$

式(9.5)所示的方程组的组成将在第 9.3 节中讨论。

整个交直流电力系统的状态变量为$[\boldsymbol{U},\boldsymbol{\theta},\boldsymbol{x}]^T$，交直流系统潮流计算就是联立求解其有关节点的节点功率方程式(9.1)～(9.4)的交流系统方程组和式(9.5)表示的直流系统方程组，最后求出能同时满足这两个方程组的上述状态变量。

## 9.3 直流电力系统模型

在下面的讨论中，将采用在直流电力系统稳态分析中常用的几个简化假定。

(1) 换流站交流母线三相电压对称，且波形为正弦形。

(2) 换流站的运行完全对称。

(3) 直流电压和电流的波形平滑而无脉动。

(4) 换流变压器及交流滤波器损耗略去不计，并忽略换流变压器的激磁导纳。

### 9.3.1 直流电力系统标幺制

潮流计算时，常采用标幺值，在交流电力系统各变量用标幺值表示的情况下，直流电力系统变量也必须采用标幺值表示。各种直流变量的基准值选择不同，则下面介绍的换流器方程式中出现的系数也不同，在此规定直流系统和交流系统取用同一个功率和电压基准值，即

$$S_{acB}=S_{dcB} \tag{9.6}$$

$$U_{acB}=U_{dcB} \tag{9.7}$$

于是可得到直流侧电流基准值为交流侧电流基准值的$\sqrt{3}$倍，即$\sqrt{3}I_{acB}=I_{dcB}$。因此用有名值表示的交直流之间的关系和用标幺值表示的将有所不同。例如，若忽略换流角，换流器交流侧电流有效值 $I_s$ 和直流电流 $I_d$ 之间的关系为

$$I_s=\frac{\sqrt{6}}{\pi}I_d \tag{9.8}$$

若化成标幺值，即为

$$I_{s*}=\frac{\sqrt{6}}{\pi}\sqrt{3}I_{d*}=\frac{3\sqrt{2}}{\pi}I_{d*} \tag{9.9}$$

### 9.3.2 直流电力系统方程式

直流电力系统可分为换流站和直流网络两部分，以下方程式均按图 9.1 所示的参考正方向，且使用标幺值表示。

1. 换流站

换流站直流电压 $U_d$、换流站交流母线电压 $U_t$ 及其他参数间具有下述关系：

$$U_d=K_1K_aU_t\cos\theta_d-K_2I_dX_r \tag{9.10}$$

式中，$K_1$、$K_2$ 为常数，其值分别为 $K_1=\frac{3\sqrt{2}}{\pi}N_b$，$K_2=\frac{3}{\pi}$；$N_b$ 为组成每极的串联电桥数；$\theta_d$ 为控制角，对整流器而言为触发(延迟)角或点燃角，对逆变器而言则为熄弧角；$X_r$ 为换相电抗；$K_a$ 为换流变压器变比。

对于逆变器，按照图 9.1 所示的参考正方向，由式(9.10)计算而得的 $U_d$ 应为负值。直流电流 $I_d$ 和换流变压器二次侧基波电流 $I_s$ 的关系为

$$I_s=K_3\frac{3\sqrt{2}}{\pi}I_d \tag{9.11}$$

式中，$K_3$ 为计及换相重迭现象的一个系数，在潮流计算中取 $K_3=0.995$ 便可以达到足够的精度。

由于忽略了变压器中的损耗，因此换流器交流侧有功功率应和直流功率相等，即

$$N_b U_t I_p \cos\varphi = U_d I_d \tag{9.12}$$

式中，$\varphi$ 为换流器功率因数角；$I_p$ 为换流变压器一次侧电流。计及 $I_p=K_a I_s$ 及式(9.11)可得

$$U_d - K_4 K_a U_t \cos\varphi = 0 \tag{9.13}$$

其中，$K_4 = N_b K_3 \dfrac{3\sqrt{2}}{\pi}$。

由以上讨论可知，图 9.1 中，由交流母线流向换流器的有功及无功功率分别为

$$P_{t(dc)} = N_b U_t I_p \cos\varphi = U_d I_d \tag{9.14}$$

$$Q_{t(dc)} = P_{t(dc)} \tan\varphi \tag{9.15}$$

交直流电力系统的运行必须根据整个系统的运行要求对直流系统中各个换流站的控制调节方式加以指定。整流器按定电流控制方式和逆变器按定熄弧角控制方式是高压直流输电最常用的正常运行方式。然而，为了适应不同的运行需要，对换流器会有不同的控制要求，在潮流计算中通常要考虑以下五种控制方式。

(1) 定电流控制：

$$I_d - I_d^s = 0 \tag{9.16}$$

(2) 定电压控制：

$$U_d - U_d^s = 0 \tag{9.17}$$

(3) 定功率控制：

$$U_d I_d - P_d^s = 0 \tag{9.18}$$

(4) 定控制角控制：

$$\cos\theta_d - \cos\theta_d^s = 0 \tag{9.19}$$

对于整流器和逆变器，其控制角分别指的是触发延迟角 $\alpha$ 和熄弧角 $\delta$。从充分利用设备和减少无功功率消耗的角度来说，控制角应尽量取得小些，但为了使整流器能可靠触发及逆变器的换相具有必要的安全裕度，控制角又不能太小。

(5) 定变压器变比控制：

$$K_a - K_a^s = 0 \tag{9.20}$$

对于以上五种控制方式，在交流母线电压 $U_t$ 已知的情况下，每个换流器只要给定两个独立变量，则其他直流变量就可以由换流器特性方程组和直流网络方程联立求解得到。

2. 直流网络

由整流器、逆变器及直流输电线路构成的两端直流输电系统的单线图如图 9.2 所示。两端换流变压器的电压比分别为 $K_r$ 及 $K_i$，内电抗分别为 $X_{cr}$ 和 $X_{ci}$，则整流器侧和逆变器侧的理想空载直流电压可分别写为

$$U_{dr0} = \frac{3\sqrt{2}}{\pi} K_r U_r \tag{9.21}$$

$$U_{di0} = \frac{3\sqrt{2}}{\pi} K_i U_i \tag{9.22}$$

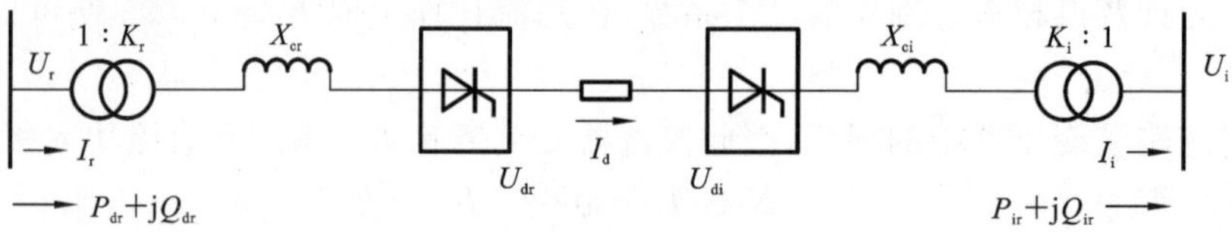


**图 9.2 两端直流输电系统的单线图**

而整流器侧和逆变器侧直流电压方程分别为

$$U_{dr}=U_{dr0}\cos\alpha-R_{cr}I_d \tag{9.23}$$

$$U_{di}=U_{di0}\cos\gamma-R_{ci}I_d \tag{9.24}$$

式中，$\alpha$ 为触发角，$\gamma$ 为熄弧角。将式(9.21)、式(9.22)，以及 $R_{cr}=\dfrac{3}{\pi}X_{cr}$、$R_{ct}=\dfrac{3}{\pi}X_{ci}$ 分别代入式(9.23)和式(9.24)可得

$$U_{dr}=\frac{3\sqrt{2}}{\pi}K_rU_r\cos\alpha-\frac{3}{\pi}X_{cr}I_d \tag{9.25}$$

$$U_{di}=\frac{3\sqrt{2}}{\pi}K_iU_i\cos\gamma-\frac{3}{\pi}X_{ci}I_d \tag{9.26}$$

直流线路稳态方程为

$$U_{dr}-U_{di}-I_dR_{dc}=0 \tag{9.27}$$

复杂的多端直流网络可以用节点方程表示为

$$\boldsymbol{I}_d=\boldsymbol{G}\cdot\boldsymbol{U}_d \tag{9.28}$$

式中，$\boldsymbol{G}$ 是直流网络的节点电导矩阵。

而对于端数不多的直流网络，则采用回路方程更为简便。例如对于两端直流网络，有

$$\begin{cases}I_{dr}=I_{di}=I_d\\U_{dr}-U_{di}-I_dR_{dc}=0\end{cases} \tag{9.29}$$

式中，下标 r 及 i 分别表示整流器端及逆变器端；$R_{dc}$ 为直流线路电阻。

于是，直流网络方程可概括地写成

$$f(\boldsymbol{U}_d,\boldsymbol{I}_d)=0 \tag{9.30}$$

## 9.4 交直流电力系统潮流算法

目前已提出的各种交直流电力系统潮流算法基本可以分成两大类：联合求解法和交替求解法。联合求解法将交流系统潮流方程组和直流系统方程组联立起来，统一求解出交流及直流系统中所有未知变量。而交替求解法则将交流系统潮流方程组和直流系统方程组分开来求解，求解直流系统方程组时各换流站的交流母线电压 $U_t$ 由交流系统潮流的解算结果提供；而在进行交流系统潮流方程组的解算时，将每个换流站处理成接在相应交流节点上的一个等效的有功、无功负荷，其数值则取自直流系统潮流的计算结果。这样交替迭代计算，直至收敛。

### 9.4.1 联合求解法

在联合求解交流系统潮流方程组及直流系统方程组时，一般都采用收敛性较好的

牛顿法，也可以在牛顿法的派生算法（如快速解耦法）的基础上建立相应的算法。

交流系统所采用的潮流计算模型即为式(9.1)～式(9.4)表示的节点功率方程组。至于直流系统潮流方程组 $d(\boldsymbol{U},\boldsymbol{x})=0$，其具体的构成还要作一些说明。对直流系统中的每一个换流器，都要列出如式(9.31)所示的五个方程，$d(\boldsymbol{U},\boldsymbol{x})=0$ 就是所有这些方程的组合。这五个方程即前面的式(9.13)、式(9.10)、式(9.30)，以及式(9.16)～式(9.20)中的任两个控制方程。

$$\begin{cases} d(1)=U_{\mathrm{d}}-K_4K_{\mathrm{a}}U_{\mathrm{t}}\cos\varphi \\ d(2)=U_{\mathrm{d}}-K_1K_{\mathrm{a}}U_{\mathrm{t}}\cos\theta_{\mathrm{d}}+K_2I_{\mathrm{d}}X_{\mathrm{r}} \\ d(3)=f(\boldsymbol{U}_{\mathrm{d}},\boldsymbol{I}_{\mathrm{d}}) \\ d(4)=\text{控制方程一} \\ d(5)=\text{控制方程二} \end{cases} \tag{9.31}$$

由式(9.31)可知，除了换流站交流母线电压 $U_{\mathrm{t}}$ 外，共有五种变量，它们构成了直流系统变量向量 $\boldsymbol{x}$，即

$$\boldsymbol{x}=[U_{\mathrm{d}},I_{\mathrm{d}},K_{\mathrm{a}},\cos\theta_{\mathrm{d}},\varphi]^{\mathrm{T}} \tag{9.32}$$

此处不直接用 $\theta_{\mathrm{d}}$ 而用余弦作为变量，因为这样能增加方程的线性度，从而改善其收敛性能。

对于由上述交流系统及直流系统方程组所组成的交直流电力系统潮流方程组，采用标准的牛顿法求解时，其修正方程式为

$$\begin{bmatrix} \Delta\boldsymbol{P}_{\mathrm{a}} \\ \Delta\boldsymbol{P}_{\mathrm{t}} \\ \Delta\boldsymbol{Q}_{\mathrm{a}} \\ \Delta\boldsymbol{Q}_{\mathrm{t}} \\ \boldsymbol{d} \end{bmatrix}=\begin{bmatrix} \boldsymbol{H}_{\mathrm{aa}} & \boldsymbol{H}_{\mathrm{at}} & \boldsymbol{N}_{\mathrm{aa}} & \boldsymbol{N}_{\mathrm{at}} & \boldsymbol{0} \\ \boldsymbol{H}_{\mathrm{ta}} & \boldsymbol{H}_{\mathrm{tt}} & \boldsymbol{N}_{\mathrm{ta}} & \boldsymbol{N}_{\mathrm{tt}} & \boldsymbol{J}_{Px} \\ \boldsymbol{M}_{\mathrm{aa}} & \boldsymbol{M}_{\mathrm{at}} & \boldsymbol{L}_{\mathrm{aa}} & \boldsymbol{L}_{\mathrm{at}} & \boldsymbol{0} \\ \boldsymbol{M}_{\mathrm{ta}} & \boldsymbol{M}_{\mathrm{tt}} & \boldsymbol{L}_{\mathrm{ta}} & \boldsymbol{L}_{\mathrm{tt}} & \boldsymbol{J}_{Qx} \\ \boldsymbol{0} & \boldsymbol{0} & \boldsymbol{0} & \boldsymbol{J}_{dU} & \boldsymbol{J}_{dx} \end{bmatrix}\begin{bmatrix} \Delta\boldsymbol{\theta}_{\mathrm{a}} \\ \Delta\boldsymbol{\theta}_{\mathrm{t}} \\ \Delta\boldsymbol{U}_{\mathrm{a}} \\ \Delta\boldsymbol{U}_{\mathrm{t}} \\ \Delta\boldsymbol{x} \end{bmatrix} \tag{9.33}$$

式中，$\boldsymbol{\theta}_{\mathrm{a}}$、$\boldsymbol{\theta}_{\mathrm{t}}$ 及 $\boldsymbol{U}_{\mathrm{a}}$、$\boldsymbol{U}_{\mathrm{t}}$ 分别为不直接连接换流站的交流系统一般节点和直接连接换流站的交流系统特殊节点的电压相角及电压模值；可以用 $\boldsymbol{J}'_{\mathrm{ac}}$ 表示交流系统部分的雅可比矩阵；与纯交流系统的雅可比矩阵相比，$\boldsymbol{J}'_{\mathrm{ac}}$ 中的 $\boldsymbol{N}_{\mathrm{tt}}$ 及 $\boldsymbol{L}_{\mathrm{tt}}$ 两个子阵的组成有所不同，由式(9.3)和式(9.4)可得

$$\boldsymbol{N}_{\mathrm{tt}}=\frac{\partial\Delta\boldsymbol{P}_{\mathrm{t}}}{\partial\boldsymbol{U}_{\mathrm{t}}}=\frac{-\partial\boldsymbol{P}_{\mathrm{t(dc)}}}{\partial\boldsymbol{U}_{\mathrm{t}}}-\frac{\partial\boldsymbol{P}_{\mathrm{t}(U,\theta)}}{\partial\boldsymbol{U}_{\mathrm{t}}} \tag{9.34}$$

$$\boldsymbol{L}_{\mathrm{tt}}=\frac{\partial\Delta\boldsymbol{Q}_{\mathrm{t}}}{\partial\boldsymbol{U}_{\mathrm{t}}}=\frac{-\partial\boldsymbol{Q}_{\mathrm{t(dc)}}}{\partial\boldsymbol{U}_{\mathrm{t}}}-\frac{\partial\boldsymbol{Q}_{\mathrm{t}(U,\theta)}}{\partial\boldsymbol{U}_{\mathrm{t}}} \tag{9.35}$$

式(9.34)和式(9.35)中的第一项对纯交流系统是没有的。此外

$$\boldsymbol{J}_{Px}=\frac{\partial\Delta\boldsymbol{P}_{\mathrm{t}}}{\partial\boldsymbol{x}}=\frac{-\partial\boldsymbol{P}_{\mathrm{t(dc)}}}{\partial\boldsymbol{x}}-\frac{\partial\boldsymbol{P}_{\mathrm{t}(U,\theta)}}{\partial\boldsymbol{x}}=\frac{-\partial\boldsymbol{P}_{\mathrm{t(dc)}}}{\partial\boldsymbol{x}}-\boldsymbol{0}=\frac{-\partial\boldsymbol{P}_{\mathrm{t(dc)}}}{\partial\boldsymbol{x}} \tag{9.36}$$

$$\boldsymbol{J}_{Qx}=\frac{\partial\Delta\boldsymbol{Q}_{\mathrm{t}}}{\partial\boldsymbol{x}}=\frac{-\partial\boldsymbol{Q}_{\mathrm{t(dc)}}}{\partial\boldsymbol{x}}-\frac{\partial\boldsymbol{Q}_{\mathrm{t}(U,\theta)}}{\partial\boldsymbol{x}}=\frac{-\partial\boldsymbol{Q}_{\mathrm{t(dc)}}}{\partial\boldsymbol{x}}-\boldsymbol{0}=\frac{-\partial\boldsymbol{Q}_{\mathrm{t(dc)}}}{\partial\boldsymbol{x}} \tag{9.37}$$

$$\boldsymbol{J}_{dU}=\frac{\partial\boldsymbol{d}}{\partial\boldsymbol{U}_{\mathrm{t}}} \tag{9.38}$$

$$\boldsymbol{J}_{dx}=\frac{\partial\boldsymbol{d}}{\partial\boldsymbol{x}} \tag{9.39}$$

另外，注意到交流系统一般节点的注入有功 $\boldsymbol{P}_{\mathrm{a}}$、无功 $\boldsymbol{Q}_{\mathrm{a}}$ 与直流系统变量 $\boldsymbol{x}$ 之间、

直流量和交流系统的电压角度 $\boldsymbol{\theta}$ 与交流系统一般节点的电压 $\boldsymbol{U}_{\mathrm{a}}$ 之间都没有耦合关系，所以有 $\frac{\partial \Delta \boldsymbol{P}_{\mathrm{a}}}{\partial \boldsymbol{x}}=\mathbf{0}, \frac{\partial \Delta \boldsymbol{Q}_{\mathrm{a}}}{\partial \boldsymbol{x}}=\mathbf{0}, \frac{\partial \boldsymbol{d}}{\partial \boldsymbol{\theta}}=\mathbf{0}, \frac{\partial \boldsymbol{d}}{\partial \boldsymbol{U}_{\mathrm{a}}}=\mathbf{0}$。

由于对纯交流系统的潮流计算来说，快速解耦法在计算速度及占用内存方面均有优势，于是很自然地可以演变出下列具有 $P$、$Q$ 解耦特性的算法。因为在式(9.33)中，直流变量 $\Delta \boldsymbol{x}$ 和交流有功偏差 $\Delta \boldsymbol{P}_{\mathrm{t}}$、交流无功偏差 $\Delta \boldsymbol{Q}_{\mathrm{t}}$ 均有耦合，所以必须同时在解耦的有功及无功修正方程中加上直流偏差，即直流变量项。由此得到的修正方程为

$$\begin{bmatrix} \Delta \boldsymbol{P}_{\mathrm{a}}/\boldsymbol{U}_{\mathrm{a}} \\ \Delta \boldsymbol{P}_{\mathrm{t}}/\boldsymbol{U}_{\mathrm{t}} \\ \boldsymbol{d} \end{bmatrix} = \begin{bmatrix} \boldsymbol{B}' & \mathbf{0} \\ & \boldsymbol{J}'_{Px} \\ \mathbf{0} & \boldsymbol{J}_{dx} \end{bmatrix} \begin{bmatrix} \Delta \boldsymbol{\theta}_{\mathrm{a}} \\ \Delta \boldsymbol{\theta}_{\mathrm{t}} \\ \Delta \boldsymbol{x} \end{bmatrix} \tag{9.40}$$

$$\begin{bmatrix} \Delta \boldsymbol{Q}_{\mathrm{a}}/\boldsymbol{U}_{\mathrm{a}} \\ \Delta \boldsymbol{Q}_{\mathrm{t}}/\boldsymbol{U}_{\mathrm{t}} \\ \boldsymbol{d} \end{bmatrix} = \begin{bmatrix} \boldsymbol{B}'' & & \mathbf{0} \\ & \boldsymbol{L}''_{\mathrm{tt}} & \boldsymbol{J}''_{Qx} \\ \mathbf{0} & \boldsymbol{J}_{\mathrm{ac}} & \boldsymbol{J}_{dx} \end{bmatrix} \begin{bmatrix} \Delta \boldsymbol{U}_{\mathrm{a}} \\ \Delta \boldsymbol{U}_{\mathrm{t}} \\ \Delta \boldsymbol{x} \end{bmatrix} \tag{9.41}$$

在式(9.40)、式(9.41)中，$\boldsymbol{B}'$ 及 $\boldsymbol{B}''$ 中除去 $\boldsymbol{L}''_{\mathrm{tt}}$ 部分以外的元素构成和纯交流系统快速解耦法的修正方程系数矩阵的完全相同，构成元素均是在迭代过程中保持不变的常数，而且对称。而其余子阵的元素则每次迭代都要改变，这种算法可称为 PDC、QDC 算法。

这个算法还可以进一步简化。由于直流系统的运行一般在相应的换流器上常设置有定功率或定电压、定电流控制，直流功率受到较强的约束，因此直流系统的变量 $\boldsymbol{x}$ 的变化不会对 $\boldsymbol{P}_{\mathrm{t(dc)}}$，也不会对 $\Delta \boldsymbol{P}_{\mathrm{t}}$ 产生太大的影响，这意味着表征 $\boldsymbol{x}$ 和 $\Delta \boldsymbol{P}_{\mathrm{t}}$ 耦合的 $\boldsymbol{J}'_{Px}$ 也可以略去，修正方程为

$$\begin{bmatrix} \Delta \boldsymbol{P}_{\mathrm{a}}/\boldsymbol{U}_{\mathrm{a}} \\ \Delta \boldsymbol{P}_{\mathrm{t}}/\boldsymbol{U}_{\mathrm{t}} \end{bmatrix} = [\boldsymbol{B}'] \begin{bmatrix} \Delta \boldsymbol{\theta}_{\mathrm{a}} \\ \Delta \boldsymbol{\theta}_{\mathrm{t}} \end{bmatrix} \tag{9.42}$$

$$\begin{bmatrix} \Delta \boldsymbol{Q}_{\mathrm{a}}/\boldsymbol{U}_{\mathrm{a}} \\ \Delta \boldsymbol{Q}_{\mathrm{t}}/\boldsymbol{U}_{\mathrm{t}} \\ \boldsymbol{d} \end{bmatrix} = \begin{bmatrix} \boldsymbol{B}'' & & \mathbf{0} \\ & \boldsymbol{L}''_{\mathrm{tt}} & \boldsymbol{J}''_{Qx} \\ \mathbf{0} & \boldsymbol{J}_{\mathrm{ac}} & \boldsymbol{J}_{dx} \end{bmatrix} \begin{bmatrix} \Delta \boldsymbol{U}_{\mathrm{a}} \\ \Delta \boldsymbol{U}_{\mathrm{t}} \\ \Delta \boldsymbol{x} \end{bmatrix} \tag{9.43}$$

其中，式(9.42)和快速解耦法的 $P$-$\theta$ 迭代的修正方程完全相同。

算法的具体迭代过程类似于纯交流系统的快速解耦法，即交替迭代求解式(9.42)及式(9.43)。但由于式(9.43)的系数矩阵除 $\boldsymbol{B}''$ 的一部分为恒定不变且对称的外，$\boldsymbol{L}''_{\mathrm{tt}}$、$\boldsymbol{J}''_{Qx}$、$\boldsymbol{J}_{dx}$ 在每次迭代时都变化，所以在具体处理时可以对恒定不变的部分先进行三角分解形成因子表，每次迭代时再处理右下角的变动部分。

交直流系统潮流的联合求解法具有良好的收敛特性，对于具有不同结构、参数的网络，以及其直流系统在各种控制方式下的算例，都能可靠地求得一个收敛率，并且所需的迭代次数和纯交流系统的相比非常接近，这就是这种算法的突出优点。

### 9.4.2 交替求解法

交替求解法是联合求解法的进一步简化，在迭代计算过程中，对交流系统潮流方程组和直流系统潮流方程组分别单独进行求解。在对交流系统方程组求解时，将直流系统的换流站处理成接在相应交流节点上的一个等效 $P$、$Q$ 负荷。而在对直流系统方程组求解时，将交流系统模拟成加在换流站交流母线上的一个恒定电压。在每次迭代中，

交流系统方程组的求解将为随后的直流系统方程组的求解提供换流站交流母线的电压值，而直流系统方程组的求解又为后面的交流系统方程组的求解提供换流站的等效 $P$、$Q$ 负荷。

由于交流和直流系统方程组在迭代过程中分别单独进行求解，所以计算交流系统潮流，就可以采用任何一种有效的交流潮流算法。至于直流系统方程组，则可以仍用牛顿法求解。若交流潮流采用前面的快速解耦法模型，则交替求解法就变成一次迭代求解下列三个方程组：

$$\boldsymbol{d}=\boldsymbol{J}_{\mathrm{dc}}\Delta\boldsymbol{x} \tag{9.44}$$

$$\Delta\boldsymbol{P}/\boldsymbol{U}=\boldsymbol{B}'\Delta\boldsymbol{\theta} \tag{9.45}$$

$$\Delta\boldsymbol{Q}/\boldsymbol{U}=\boldsymbol{B}''\Delta\boldsymbol{U} \tag{9.46}$$

图 9.3 所示的是交直流电力系统潮流交替求解法程序流程框图。图 9.3 中，$KP$、$KQ$ 的含义同快速解耦法潮流程序流程框图的说明。如果计及交流电力系统的电压角度 $\boldsymbol{\theta}$ 与直流系统变量没有直接耦合关系，则电压模值 $\boldsymbol{U}$ 中的 $U_{\mathrm{t}}$ 与直流系统变量有直接耦合关系。

在迭代计算过程中，直流系统中一些并未由控制方程赋给定值的变量的数值往往会超过其上下限值，因此一个实用的算法还应该增加越界处理的功能。越界处理可以采用各种不同的方法。例如若某一换流变压器的变比 $K_{\mathrm{a}}$ 超过其上下调节范围，则由于多端直流系统的运行，通常总有一个换流站作为电压控制端。若 $K_{\mathrm{a}}$ 越上界，则可以减小该电压控制端的给定电压 $U_{\mathrm{a}}^{\mathrm{s}}$，否则便反之。若某一换流器的 $\alpha$ 或 $\delta$ 低于其 $\alpha_{\min}$ 或 $\delta_{\min}$ 限值，则可将该换流器的控制方式改成定控制角方式。也即强制运行在该限值或另一个数值上，但该端点原来在控制方程中赋给定值的某一个变量将予以释放，这意味着直流系统的控制方式将要作出变动。

在交替求解法中，直流系统方程组的求解，除了采用上面提到的牛顿法外，还有不少其他方法。

下面介绍其中一个简单而有效的方法。

多端直流系统一种实用的控制方案是选择其中的一个端点作为电压控制端，即直流电压给定，实行定电压控制，而其他端点则实行定电流或定功率控制。为了减小换流器所吸取的无功功率，各换流器的控制角应尽量小。基于这个原因，在交直流电力系统潮流计算中，直流系统的电压控制端假设运行于最小控制角，于是对应于这种端点将有

$$U_{\mathrm{d}}=U'_{\mathrm{d}} \tag{9.47}$$

$$\theta_{\mathrm{d}}=\theta_{\mathrm{d.\,min}} \tag{9.48}$$

对于定电流和定功率控制，除了分别有 $I_{\mathrm{d}}=I'_{\mathrm{d}}$ 或 $P_{\mathrm{d}}=P'_{\mathrm{d}}$ 之外，其控制角也希望尽量地小，但实践中通常将这类端点运行在稍大于其最小控制角 $\theta_{\mathrm{d.\,min}}$ 的角度上，这样就提供了一定的直流电压裕度，可以避免因交流电压的正常波动而导致的直流系统控制模式的频繁变动，这个电压裕度一般可取 3%左右。在潮流计算中，可以通过这类端点的电压由最小控制角 $\theta_{\mathrm{d.\,min}}$ 所决定的直流电压乘上一个系数来加以表示，即这类端点的电压方程为

$$U_{\mathrm{d}}=0.97[K_1K_{\mathrm{a}}U_{\mathrm{t}}\cos\theta_{\mathrm{d.\,min}}-K_2I_{\mathrm{d}}X_{\mathrm{t}}] \tag{9.49}$$

当 $\alpha_{\min}=5^\circ\sim7^\circ$ 及 $\delta_{\min}=15^\circ\sim18^\circ$ 时，由此得到的上述端点的平均 $\alpha$ 及 $\delta$ 值分别为 $15^\circ$ 及 $22^\circ$ 左右。

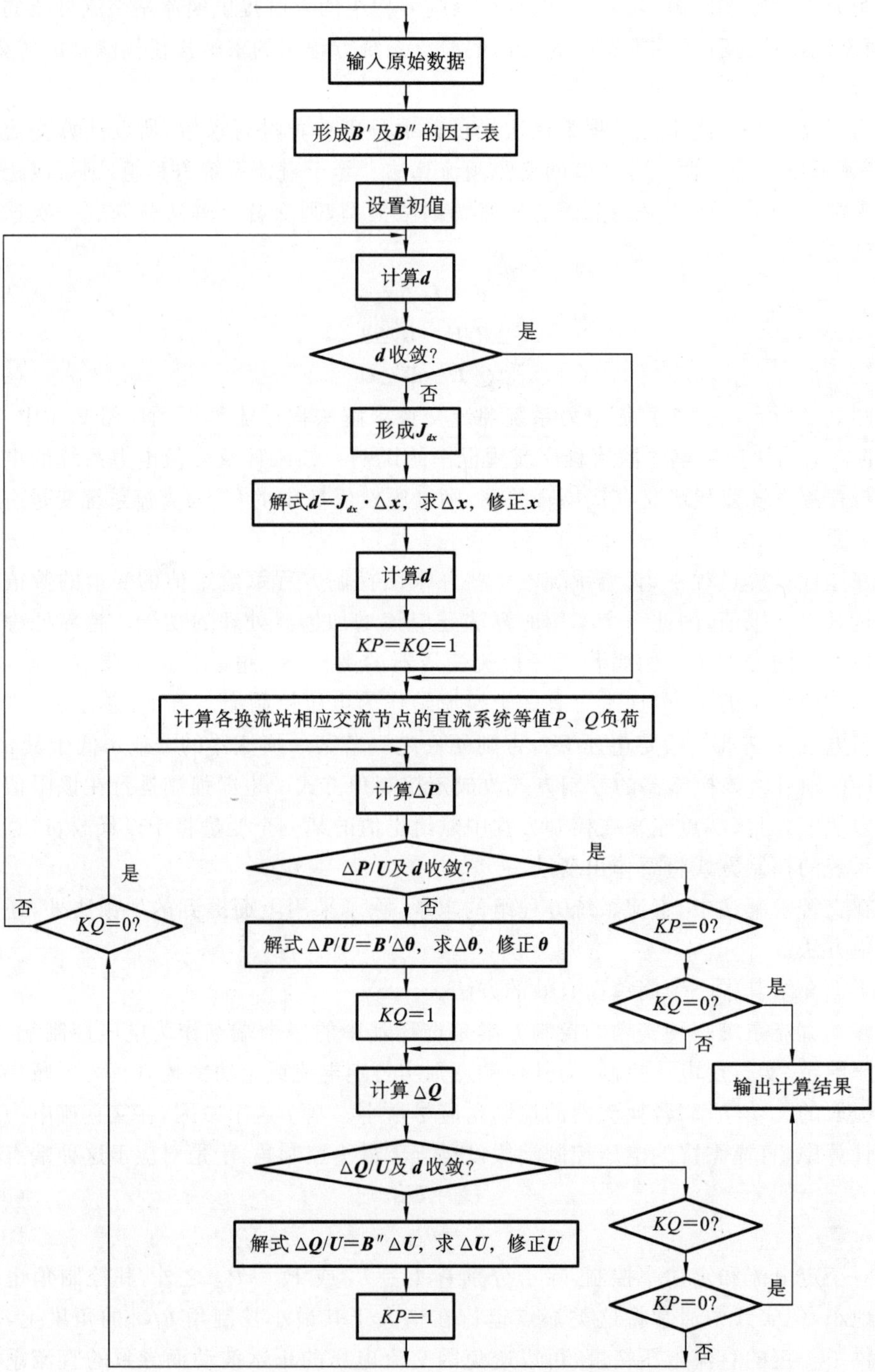


**图 9.3　交直流电力系统潮流交替求解法程序流程框图**

$I_d=I'_d$ 或 $P_d=P'_d$ 分别加上式(9.49)就组成了电流控制端或功率控制端的给定条件或控制方程式。

至于网络方程，由于直流系统的节点数一般不太多，可考虑用高斯-赛德尔法进行迭代计算，采用节点电阻矩阵为基础方程式：

$$U_{di}=\sum_{j=1}^{m-1} r_{ij} I_{dj}-U_{dm} \quad i=1,2,\cdots,m-1 \tag{9.50}$$

式中，假定第 $m$ 个节点为电压控制端点，其电压等于 $U'_d$；$r_{ij}$ 为节点电阻矩阵有关元素，以节点 $m$ 为参考节点。

潮流计算步骤如下。

(1) 用高斯-赛德尔法求解式(9.50)所示的方程，得到各节点的 $U_d$。求解时使 $U_{dm}=U'_d$，电流控制点的 $I_{dj}=I'_{dj}$，功率控制点的 $I_{dj}=P'_{dj}/U_{dj}$，并以 $U'_d$ 作为 $U_{dj}$ 的迭代初值。

(2) 由求得的各端点的 $U_d$ 值，进一步求出各端点的直流电流 $I_d$ 及直流功率 $P_d$。

(3) 求出各个端点的 $K_a U_t$ 乘积。这里电压控制点根据给定的 $U'_d$ 以及 $\theta_{d.\min}$ 由式(9.10)求得。而电流及功率控制点则根据已知的 $U_d$、$I_d$ 由式(9.49)求得。

(4) 虽然这时各换流器交流电压 $U_t$ 仍然没有确定，但由上面求得的 $K_a U_t$ 乘积及 $U_d$ 值通过式(9.13)可以求得功率因素角 $\varphi$ 的值，并进一步求得从交流母线流向换流器的有功功率值 $P_{t(dc)}$ 及无功功率值 $Q_{t(dc)}$，这就为随后进行的交流系统潮流计算提供了条件。

(5) 进行交流系统潮流计算，求得各换流站交流母线电压 $U_t$。

(6) 由步骤(3)求得的各换流变压器的 $K_a U_t$ 值及步骤(5)求得的交流母线 $U_t$ 值可以决定所有换流变压器的变比 $K_a$ 值。下面再分两种情况加以讨论。

① 若所有的 $K_a$ 值均在各个换流变压器的容许范围 $K_{a.\max}$ 及 $K_{a.\min}$ 之间，则整个交直流系统潮流计算便结束。

② 若有任何一台变压器的 $K_a$ 值超出其规定的上界或下界，则必须修改电压控制端 $U_d^s$ 值，然后返回第(1)步，重复上述计算过程。关于 $U_d^s$ 的修改可以参照下面的方法，先选择越界最多的一台变压器，设其变比为 $K_{ai}$，则经过修改以后的电压控制端的电压 $U_d^s$ 的取值如下。

若 $K_{ai}>K_{ai.\max}$，则

$$U_d^{s\prime}=U_d^s\left(\frac{K_{ai.\max}}{K_{ai}}\right) \tag{9.51}$$

若 $K_{ai}<K_{ai.\min}$，则

$$U_d^{s\prime}=U_d^s\left(\frac{K_{ai.\min}}{K_{ai}}\right) \tag{9.52}$$

以上是这种方法的主要轮廓，其特点是原理简单，程序设计容易，和以上采用牛顿法求解直流系统方程的方法比较，大大节省了内存。当换流变压器变比 $K_a$ 没有越界并且认为 $K_a$ 是连续可变的时，直流系统及交流系统潮流都只需要进行一次计算便可以得到最终结果。在上述算法的轮廓基础上，作一些必要的补充，则这种算法就可以适用于对定控制角控制、变压器变比 $K_a$ 的分档离散化调节等具有进一步要求的计算，但这时的迭代次数将有所增加。

上面介绍了交直流电力系统潮流的两大算法。

联合求解法完整地考虑了交、直流变量之间的耦合关系，对各种网络及运行条件的计算，均呈现良好的收敛特性，但其雅可比矩阵的稀疏性比纯交流系统的要差，对程序编制的要求高，占用内存较多，同时计算时间长。

对于交替求解法，由于对交、直流系统的潮流方程分开进行求解，因此整个程序可以在现有任何一种交流潮流程序的基础上加上直流系统潮流程序模块构成，另外，使用交替求解法可更容易在计算中考虑直流系统变量的约束条件和进行运行方式的调整。

实践表明，当交流系统较强时，其收敛特性是完全可以令人满意的。但是当交流系统较弱时，其收敛性会变差，出现迭代次数明显增加或不收敛的现象，这是交替求解法的特点。需要说明的是，这里所谓的交直流系统的强弱是相对于换流站额定容量而言的，可以换流站直流额定功率 $P_{dc}$ 为基准，以换流站交流侧母线处观察到的交流系统等值电抗的标幺值来衡量。通常用标幺电抗的倒数，即短路比(SCR)来表征系统的强弱。显然，短路比大者标幺电抗较小，也就是系统较强。弱交流系统(其短路比可小于 3)具有很大的等值电抗，所以换流站交流母线电压 $U_t$ 对注入无功功率的变化非常敏感。对于交替求解法，交流和直流系统方程组分开求解，在求解过程中分别把分界线上的 $U_t$ 及 $Q_{t(dc)}$ 近似地看成是恒定的，忽略了彼此的耦合。因此，如果交流系统较弱，也即 $Q_{t(dc)}$ 的变化对 $U_t$ 的影响较大，则在交替迭代过程中有时就会导致 $Q_{t(dc)}$ 和 $U_t$ 的振荡，从而影响收敛。为了使交替法也能适用于弱交流系统的计算，陆续提出了一些改进算法。

# 第二篇
# 暂态分析部分

# 10

# 电力系统复杂故障分析

针对继电保护整定、电气设备选择等所需要进行的故障计算，目前电力系统普遍采用的是对称分量法。所计算的是故障后某一个瞬间的量，比如故障后最初瞬间的电压、电流等，而并不分析这些电压、电流随时间而变化的规律。因此，从这一角度衡量，通常所谓的故障分析仍属于稳态分析的范畴。本章所讨论的复杂故障分析，也就是分析系统中发生多重故障，也属于这种情况。

但对于具有大量储能元件(如发电机、变压器、输电线路等)的电力系统而言，不论是简单故障还是复杂故障，故障后的一段时间内，电流、电压等总是随时间而不断变化。为分析这些电流、电压的变化规律，就必须研究故障的暂态过程。然而，对称分量变换在性质上属于相量与相量之间的变换。而所谓相量，则是指以复数形式表示，等幅并按正弦率交变的量。对称分量变换所能分析的，只能是局限于"稳态"范畴的问题。下面将简单介绍用于故障暂态过程的一些坐标变换。

## 10.1 用于故障分析的坐标变换

随着电机和网络理论研究的逐步深入，为便于获得解析解，先后出现了若干种将一组变量变换为另一组同等数目变量的"变量变换"，或称"坐标变换"，比如双轴变换、对称分量变换等。由于进行这类变换时，变量与变量之间的关系，不论是否时变，都是线性关系，因此这类变换属于线性变换。线性变换的特点之一是对变换前后的变量都可以运用叠加原理。

### 10.1.1 双轴变换

双轴变换即著名的派克变换，是一种根据双反应原理将参考坐标从旋转电机的定子侧转移到转子上的坐标变换。派克在进行这种变换时所采用的变换关系为

$$\boldsymbol{f}_{dq0}=\boldsymbol{P}\boldsymbol{f}_{abc} \quad 或 \quad \boldsymbol{f}_{abc}=\boldsymbol{P}^{-1}\boldsymbol{f}_{dq0} \tag{10.1}$$

式中，$\boldsymbol{f}_{dq0}=[f_d \quad f_q \quad f_0]^{\mathrm{T}}$，$\boldsymbol{f}_{abc}=[f_a \quad f_b \quad f_c]^{\mathrm{T}}$，$\boldsymbol{f}$ 可为电流 $\boldsymbol{i}$、电压 $\boldsymbol{u}$、磁链 $\boldsymbol{\psi}$；$\boldsymbol{\theta}$ 为转子正轴($d$ 轴)与定子 $a$ 相磁轴间的夹角；经典派克变换矩阵 $\boldsymbol{P}$ 和逆变换矩阵 $\boldsymbol{P}^{-1}$ 分别为

$$\boldsymbol{P}=\frac{2}{3}\begin{bmatrix}\cos\theta & \cos(\theta-120^\circ) & \cos(\theta+120^\circ)\\ -\sin\theta & -\sin(\theta-120^\circ) & -\sin(\theta+120^\circ)\\ 1/2 & 1/2 & 1/2\end{bmatrix}$$

$$P^{-1}=\begin{bmatrix}\cos\theta & -\sin\theta & 1\\ \cos(\theta-120°) & -\sin(\theta-120°) & 1\\ \cos(\theta+120°) & -\sin(\theta+120°) & 1\end{bmatrix}$$

注意在使用这种变换关系时，存在以下问题。

(1) 变换后的磁链方程中互感不可逆，如

$$\psi_d=-L_d i_d+M_{af} i_f \tag{10.2}$$

$$\psi_f=-\frac{3}{2}M_{af} i_d+L_f i_f \tag{10.3}$$

(2) 变换前后电磁功率不守恒，即

$$P_{abc}=u_a i_a+u_b i_b+u_c i_c \tag{10.4}$$

$$P_{dq0}=\frac{3}{2}u_d i_d+\frac{3}{2}u_q i_q+3u_0 i_0 \tag{10.5}$$

问题(1)可通过适当选择转子电流的基准值予以克服，但问题(2)仍无法解决。

为使变换前后功率守恒，用正交变换可消除上述两个障碍，因此，其变换矩阵应为正交矩阵，即此变换应为正交变换；而如变换矩阵为复数矩阵，则应为酉矩阵。

观察派克变换矩阵可得其正交派克变换矩阵为

$$P=\sqrt{\frac{2}{3}}\begin{bmatrix}\cos\theta & \cos(\theta-120°) & \cos(\theta+120°)\\ -\sin\theta & -\sin(\theta-120°) & -\sin(\theta+120°)\\ 1/\sqrt{2} & 1/\sqrt{2} & 1/\sqrt{2}\end{bmatrix} \tag{10.6}$$

其逆变换矩阵为

$$P^{-1}=\sqrt{\frac{2}{3}}\begin{bmatrix}\cos\theta & -\sin\theta & 1/\sqrt{2}\\ \cos(\theta-120°) & -\sin(\theta-120°) & 1/\sqrt{2}\\ \cos(\theta+120°) & -\sin(\theta+120°) & 1/\sqrt{2}\end{bmatrix} \tag{10.7}$$

即取 $P^{-1}=P^{\mathrm{T}}$，则变换前后的功率就可守恒，即 $P_{dq0}=u_d i_d+u_q i_q+u_0 i_0$，而且，不难证明，这时有 $\psi_d=-L_d i_d+\sqrt{\frac{3}{2}}M_{af} i_f$，$\psi_f=-\sqrt{\frac{3}{2}}M_{af} i_d+L_f i_f$。

也就是说，此时互感不可逆问题也将同时消失。正交派克变换克服了经典派克变换功率不守恒、有名值方程中电感矩阵不对称的缺点，但因其系数不利于分析计算，零轴分量定义式与传统习惯不一致，故不常用，仍采用经典派克变换。

将派克变换运用于三相完全对称的输电线路电压方程时，可得

$$\begin{bmatrix}u_d^i\\ u_q^i\\ u_0^i\end{bmatrix}-\begin{bmatrix}u_d^j\\ u_q^j\\ u_0^j\end{bmatrix}=\left\{\begin{bmatrix}R_{ij} & & \\ & R_{ij} & \\ & & R_{ij0}\end{bmatrix}+\begin{bmatrix}L_{ij} & & \\ & L_{ij} & \\ & & L_{ij0}\end{bmatrix}p\right\}\begin{bmatrix}i_d^{ij}\\ i_q^{ij}\\ i_0^{ij}\end{bmatrix}+\begin{bmatrix}0 & -\omega L_{ij} & 0\\ \omega L_{ij} & 0 & 0\\ 0 & 0 & 0\end{bmatrix}\begin{bmatrix}i_d^{ij}\\ i_q^{ij}\\ i_0^{ij}\end{bmatrix} \tag{10.8}$$

式中，上下标 $i$、$j$ 分别表示输出线路两端节点号；$\omega=\frac{\mathrm{d}\theta}{\mathrm{d}t}=p\theta$。显然，经派克变换后，参考坐标已移至电机转子上，方程式中出现了与转子转速成正比的“旋转电势”项。若 $i_d$、$i_q$、$i_0$ 变化缓慢，正比于 $pi_d$、$pi_q$、$pi_0$ 的“脉变电势”项就可以忽略。这就是通常所谓的“忽略定子侧的暂态过程”。这时式(10.8)由微分方程转化为代数方程。

经派克变换后参考坐标已移至电机转子上，而同步电机转子的直、交轴方向往往不

对称，如待分析的是定子侧网络中的对称故障，则从不对称的转子上观察到的定子侧网络仍处于对称状态，这时运用这种坐标变换进行分析就显得十分方便。因派克变换处理的是三相电流、电压、磁链的瞬时值，故这种变换更适用于分析暂态过程，如三相短路、自励磁、次同步振荡过程等。

### 10.1.2 两相变换

两相变换即克拉克变换，克拉克提出的两相变换也是一种根据双反应原理进行的变换，只是变换后的参考坐标仍置于电机定子侧。用正交矩阵表示这种变换关系时，有

$$\boldsymbol{f}_{\alpha\beta0}=\boldsymbol{C}\boldsymbol{f}_{abc};\quad \boldsymbol{f}_{abc}=\boldsymbol{C}^{-1}\boldsymbol{f}_{\alpha\beta0} \tag{10.9}$$

其中，

$$\boldsymbol{C}=\sqrt{\frac{2}{3}}\begin{bmatrix}1 & -1/2 & -1/2\\ 0 & \sqrt{3}/2 & -\sqrt{3}/2\\ 1/\sqrt{2} & 1/\sqrt{2} & 1/\sqrt{2}\end{bmatrix}$$

$$\boldsymbol{C}^{-1}=\sqrt{\frac{2}{3}}\begin{bmatrix}1 & 0 & 1/\sqrt{2}\\ -1/2 & \sqrt{3}/2 & 1/\sqrt{2}\\ -1/2 & -\sqrt{3}/2 & 1/\sqrt{2}\end{bmatrix}$$

$$\boldsymbol{f}_{\alpha\beta0}=[f_\alpha \quad f_\beta \quad f_0]^{\mathrm{T}}$$

$$\boldsymbol{f}_{abc}=[f_a \quad f_b \quad f_c]^{\mathrm{T}}$$

由式(10.9)可得以下结论。

(1) 单相短路时，$i_a\neq0,i_b=i_c=0$；$i_\alpha=\sqrt{\frac{2}{3}}i_a,i_\beta=0,i_0=\frac{1}{\sqrt{3}}i_a$。

(2) 相间短路时，$i_a=0,i_b=-i_c$；$i_\alpha=0,i_\beta=\sqrt{2}i_b,i_0=0$。

(3) 两相接地短路时，$i_a=0,i_b\neq i_c\neq0$；
$i_\alpha=-\frac{1}{\sqrt{6}}(i_b+i_c),i_\beta=\frac{1}{\sqrt{2}}(i_b-i_c),i_0=\frac{1}{\sqrt{3}}(i_b+i_c)$。

于是，根据双反应原理可以推出，等值定子 $\alpha$ 相绕组磁轴将与 $a$ 相磁轴重合；$\beta$ 相绕组磁轴则越前 $\alpha$ 相 $\pi/2$，如同派克变换中 $q$ 轴越前 $d$ 轴一样，如图 10.1 所示。至于 0 相或 0 轴，由于所有坐标变换中的零分量 $f_0$ 总与其他分量，诸如 $f_d$、$f_q$、$f_\alpha$、$f_\beta$ 等无关，因此可不必论证其磁轴位置，也可以认为这一磁轴垂直于 $d$-$q$ 平面或 $\alpha$-$\beta$ 平面。

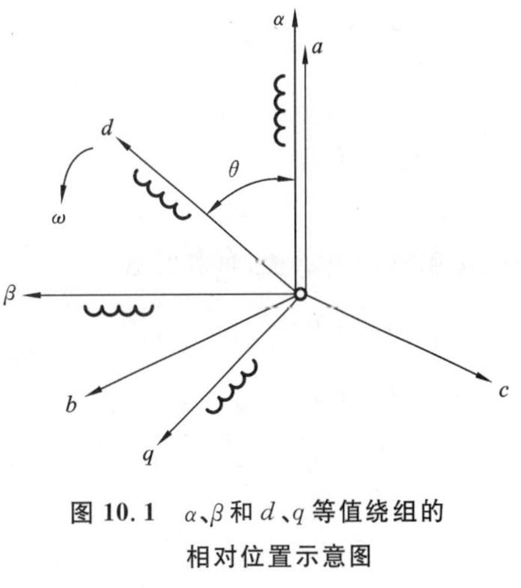


**图 10.1 $\alpha$、$\beta$ 和 $d$、$q$ 等值绕组的相对位置示意图**

由图 10.1 可列出 $\boldsymbol{f}_{\alpha\beta0}$ 与 $\boldsymbol{f}_{dq0}$ 之间的关系为

$$\boldsymbol{f}_{dq0}=\begin{bmatrix}\cos\theta & \sin\theta & 0\\ -\sin\theta & \cos\theta & 0\\ 0 & 0 & 1\end{bmatrix}\boldsymbol{f}_{\alpha\beta0}\quad 或\quad \boldsymbol{f}_{\alpha\beta0}=\begin{bmatrix}\cos\theta & -\sin\theta & 0\\ \sin\theta & \cos\theta & 0\\ 0 & 0 & 1\end{bmatrix}\boldsymbol{f}_{dq0} \tag{10.10}$$

这显然也是一种功率守恒的变换。

经克拉克变换的三相对称输出线路电压方程为

$$\begin{bmatrix} u_\alpha^i \\ u_\beta^i \\ u_0^i \end{bmatrix} - \begin{bmatrix} u_\alpha^j \\ u_\beta^j \\ u_0^j \end{bmatrix} = \left\{ \begin{bmatrix} R_{ij} & & \\ & R_{ij} & \\ & & R_{ij0} \end{bmatrix} + \begin{bmatrix} L_{ij} & & \\ & L_{ij} & \\ & & L_{ij0} \end{bmatrix} p \right\} \begin{bmatrix} i_\alpha^{ij} \\ i_\beta^{ij} \\ i_0^{ij} \end{bmatrix} \tag{10.11}$$

由此可见，克拉克变换也可以用于故障暂态过程的分析。而且，如同派克变换，运用克拉克变换也可以建立严格的同步发电机模型。因此，对应于派克变换广泛用于对称故障暂态过程的分析，克拉克变换常广泛用于不对称故障暂态过程的分析。

### 10.1.3 瞬时值对称分量变换

瞬时值对称分量变换在形式上与对称分量变换十分相似，但两者性质却完全不同。瞬时值对称分量变换是一种根据旋转磁场原理将参考坐标置于电机定子侧的变换。这种变换是由莱昂和高景德先后独立提出的。但后者将其称之为复数变换。以酉矩阵表示这种变换关系时，有

$$\boldsymbol{f}_{120} = \boldsymbol{L}\boldsymbol{f}_{abc} \quad 或 \quad \boldsymbol{f}_{abc} = \boldsymbol{L}^{-1}\boldsymbol{f}_{120} \tag{10.12}$$

其中，

$$\boldsymbol{L} = \frac{1}{\sqrt{3}} \begin{bmatrix} 1 & a & a^2 \\ 1 & a^2 & a \\ 1 & 1 & 1 \end{bmatrix}$$

$$\boldsymbol{L}^{-1} = \frac{1}{\sqrt{3}} \begin{bmatrix} 1 & 1 & 1 \\ a^2 & a & 1 \\ a & a^2 & 1 \end{bmatrix}$$

$$\boldsymbol{f}_{120} = [f_1 \quad f_2 \quad f_0]^{\mathrm{T}}$$

$$\boldsymbol{f}_{abc} = [f_a \quad f_b \quad f_c]^{\mathrm{T}}$$

$$a = \mathrm{e}^{\mathrm{j}2\pi/3}$$

下面的例子可以说明这种变换与对称分量变换的不同。设有一组三相不对称但均以同频率按正弦规律交变的电流，其相量表示为

$$\dot{I}_a = I_a \mathrm{e}^{\mathrm{j}\gamma_a}; \quad \dot{I}_b = I_b \mathrm{e}^{\mathrm{j}\gamma_b}; \quad \dot{I}_c = I_c \mathrm{e}^{\mathrm{j}\gamma_c} \tag{10.13}$$

运用欧拉恒等式，将其写成

$$i_a = \frac{1}{2}(\dot{I}_a \mathrm{e}^{\mathrm{j}t} + \hat{I}_a \mathrm{e}^{-\mathrm{j}t}); \quad i_b = \frac{1}{2}(\dot{I}_b \mathrm{e}^{\mathrm{j}t} + \hat{I}_b \mathrm{e}^{-\mathrm{j}t}); \quad i_c = \frac{1}{2}(\dot{I}_c \mathrm{e}^{\mathrm{j}t} + \hat{I}_c \mathrm{e}^{-\mathrm{j}t}) \tag{10.14}$$

再进行瞬时值对称分量变换，可得

$$\begin{cases} i_1 = \dfrac{1}{2\sqrt{3}}(\dot{I}_a + a\dot{I}_b + a^2\dot{I}_c)\mathrm{e}^{\mathrm{j}t} + \dfrac{1}{2\sqrt{3}}(\hat{I}_a + a\hat{I}_b + a^2\hat{I}_c)\mathrm{e}^{-\mathrm{j}t} \\ i_2 = \dfrac{1}{2\sqrt{3}}(\dot{I}_a + a^2\dot{I}_b + a\dot{I}_c)\mathrm{e}^{\mathrm{j}t} + \dfrac{1}{2\sqrt{3}}(\hat{I}_a + a^2\hat{I}_b + a\hat{I}_c)\mathrm{e}^{-\mathrm{j}t} \\ i_0 = \dfrac{1}{2\sqrt{3}}(\dot{I}_a + \dot{I}_b + \dot{I}_c)\mathrm{e}^{\mathrm{j}t} + \dfrac{1}{2\sqrt{3}}(\hat{I}_a + \hat{I}_b + \hat{I}_c)\mathrm{e}^{-\mathrm{j}t} \end{cases} \tag{10.15}$$

由于式(10.15)中的$(\dot{I}_a + a\dot{I}_b + a^2\dot{I}_c)/\sqrt{3}$、$(\dot{I}_a + a^2\dot{I}_b + a\dot{I}_c)/\sqrt{3}$、$(\dot{I}_a + \dot{I}_b + \dot{I}_c)/\sqrt{3}$分别为对称分量变换中的正序、负序、零序分量 $\dot{I}_+$、$\dot{I}_-$、$\dot{I}_0$，因此可得

$$\begin{cases} i_1 = \dfrac{1}{2}(\dot{I}_+ e^{jt} + \hat{\dot{I}}_- e^{-jt}) \\ i_2 = \dfrac{1}{2}(\dot{I}_- e^{jt} + \hat{\dot{I}}_+ e^{-jt}) \\ i_0 = \dfrac{1}{2}(\dot{I}_0 e^{jt} + \dot{I}_0 e^{-jt}) \end{cases} \tag{10.16}$$

这就是在上述特定条件下 1、2、0 分量电流与＋、－、0 对称分量电流之间的关系。由式(10.16)可见，$i_1$ 和 $i_2$ 与 $\dot{I}_+$、$\dot{I}_-$ 都有关，因此，即使当三相电流完全对称，即 $\dot{I}_-=0$、$\dot{I}_0=0$ 时，$i_1$、$i_2$ 依然存在，而且 $i_1$ 与 $i_2$ 互为共轭。

由式(10.16)可见，单相短路时，$\dot{I}_+=\dot{I}_-=\dot{I}_0$，$i_1$、$i_2$、$i_0$ 均为实数；相间短路时，$\dot{I}_+=-\dot{I}_-$，$i_1$、$i_2$ 仍互为共轭；两相接地短路时，$\dot{I}_+=-\dot{I}_--\dot{I}_0$，$i_1$、$i_2$ 均为复数，$i_0$ 仍为实数，而且 $i_1$ 与 $i_2$ 仍保持共轭关系。1、2 分量之间始终保持共轭关系是这一变换的特点之一。

以上这些都是瞬时值对称分量变换与对称分量变换的不同点。这两种变换最大的不同点在于瞬时值对称分量一般都是复数变量，而对称分量都是相量，虽然相量也常以复数形式表示，但其实质仍是按正弦规律交变的实数变量。

任何物理量都必须是实数变量，瞬时值对称分量电流、电压和磁链都是复数变量，故它们不可能有明确的物理意义。尽管物理意义不够明确，但这种变换的运用却很方便。例如，三相完全对称输电线路的电压方程式以对称分量表示时为

$$\begin{bmatrix} \dot{U}^i_+ \\ \dot{U}^i_- \\ \dot{U}^i_0 \end{bmatrix} - \begin{bmatrix} \dot{U}^j_+ \\ \dot{U}^j_- \\ \dot{U}^j_0 \end{bmatrix} = \left\{ \begin{bmatrix} R_{ij} & & \\ & R_{ij} & \\ & & R_{ij0} \end{bmatrix} + j\omega \begin{bmatrix} L_{ij} & & \\ & L_{ij} & \\ & & L_{ij0} \end{bmatrix} \right\} \begin{bmatrix} \dot{I}^{ij}_+ \\ \dot{I}^{ij}_- \\ \dot{I}^{ij}_0 \end{bmatrix} \tag{10.17}$$

若以瞬时值对称分量表示，则显然为

$$\begin{bmatrix} u^i_1 \\ u^i_2 \\ u^i_0 \end{bmatrix} - \begin{bmatrix} u^j_1 \\ u^j_2 \\ u^j_0 \end{bmatrix} = \left\{ \begin{bmatrix} R_{ij} & & \\ & R_{ij} & \\ & & R_{ij0} \end{bmatrix} + \begin{bmatrix} L_{ij} & & \\ & L_{ij} & \\ & & L_{ij0} \end{bmatrix} p \right\} \begin{bmatrix} i^{ij}_1 \\ i^{ij}_2 \\ i^{ij}_0 \end{bmatrix} \tag{10.18}$$

由此可见，采用瞬时值对称分量变换所建立的网络模型将与采用对称分量变换时所建立的网络模型有完全相同的结构和参数。但前一种变换的优点在于可用来建立严格的同步电机模型，可以用来分析故障暂态过程，而后一种变换就不可以。

### 10.1.4　对称分量变换

由福特斯库提出的对称分量变换是一种广义的、适合于任何质数相系统的变换。用于三相系统并以酉矩阵表示这种变换关系时，有

$$\dot{\boldsymbol{F}}_{+-0} = \boldsymbol{S}\dot{\boldsymbol{F}}_{abc}, \quad \dot{\boldsymbol{F}}_{abc} = \boldsymbol{S}^{-1}\dot{\boldsymbol{F}}_{+-0} \tag{10.19}$$

其中，

$$\boldsymbol{S} = \frac{1}{\sqrt{3}} \begin{bmatrix} 1 & a & a^2 \\ 1 & a^2 & a \\ 1 & 1 & 1 \end{bmatrix}$$

$$\boldsymbol{S}^{-1} = \frac{1}{\sqrt{3}} \begin{bmatrix} 1 & 1 & 1 \\ a^2 & a & 1 \\ a & a^2 & 1 \end{bmatrix}$$

$$\dot{\boldsymbol{F}}_{+-0} = [\dot{F}_{+(a)} \quad \dot{F}_{-(a)} \quad \dot{F}_{0(a)}]^{\mathrm{T}}$$

$$\dot{\boldsymbol{F}}_{abc} = [\dot{F}_a \quad \dot{F}_b \quad \dot{F}_c]^{\mathrm{T}}$$

$$a = \mathrm{e}^{\mathrm{j}2\pi/3}$$

由式(10.19)可见，这种广泛用于故障分析的坐标变换与前述三种坐标有很大差异，它所处理的是三相电流、电压、磁链的相量，而不是它们的瞬时值。因此，运用对称分量只能分析某一特定时刻(如故障后最初瞬间、稳定故障等)的状态，而不能分析暂态过程。

对称分量变换所得正序、负序、零序分量其实都是 $a$ 相的各序分量，而 $b$、$c$ 相的相应各分量与它们的关系则为

$$\dot{F}_{+(b)} = a^2\dot{F}_{+(a)}, \quad \dot{F}_{-(b)} = a\dot{F}_{-(a)}, \quad \dot{F}_{0(b)} = \dot{F}_{0(a)}$$

$$\dot{F}_{+(c)} = a\dot{F}_{+(a)}, \quad \dot{F}_{-(c)} = a^2\dot{F}_{-(a)}, \quad \dot{F}_{0(c)} = \dot{F}_{0(a)}$$

当三相正序、负序、零序三组电流分量流入三相电机时，由于三相绕组在空间上各差 $2\pi/3$，而三相电流在时间上正序各差 $2\pi/3$、负序各差 $2\pi/3$、零序相同，因此将产生正向旋转、反向旋转、静止不动并相互抵消的三种磁场。这样，就赋予了对称分量以清晰的物理意义。

此外，由上列各相、各序分量之间的关系，还可以构筑各种滤过器，从不对称的三相电流、电压中，滤出相应分量，以供使用。

但对称分量变换除前述的不能用于分析不断变化着的暂态过程外，还有另一个重要缺陷，即分析涉及凸极式同步电机时，无法建立相应的精确模型。因正序电流流入电机时，电机所呈现的电抗虽总是直、交轴电抗之间的某个数值，却与正序磁场磁轴和转子正轴的相对角位移有关，无法确定其具体数值；负序电流流入电机时，电机所呈现的电抗将在直、交轴电抗之间以两倍同步角频率脉动，也无法确定其具体数值。

为克服这种困难，认为在故障后最初瞬间，电机呈现的正序电抗虽无法确定，但由于其总在 $x''_d$ 与 $x''_q$ 之间，而通常 $x''_d \approx x''_q$，可取值为 $(x''_d + x''_q)/2$；电机呈现的负序电抗虽不断脉变，但脉变范围总不会越出 $x''_d \sim x''_q$，也可取值为 $(x''_d + x''_q)/2$。这样不仅解决部分问题，还使正、负序等值网络可以有完全相同的结构和参数，大幅度节约对计算机存储空间和计算时间的需求。但其代价是降低了分析的严格性和计算的精确性。

### 10.1.5 坐标变换的运用

综合以上分析可见，除只涉及相量之间变换的对称分量变换只能用于暂态过程中某一特定时刻或稳态分析外，其他三种坐标变换都可以用于暂态全过程分析；除将参考坐标移至转子上的派克变换主要用于对称故障分析外，其他三种坐标变换都适用于不对称故障分析。而如电力网络全部由对称元件(如变压器，经完整换位的输电线路，对称的电容器组、电抗器组，静止负荷和正、负序电抗可认为相等的异步电动机负荷等)组成，经后三种坐标变换的三个网络方程都将相互解耦，即 $\alpha$、$\beta$、0，1、2、0，+、−、0 网络都相互独立；而且，其中的 $\alpha$、$\beta$ 网络，1、2 网络，+、− 网络都具有相同的结构和参数。这些特点无疑可大幅度降低进行不对称故障分析时对计算机空间和时间的需求。但观察式(10.11)、式(10.18)和式(10.17)可发现，运用两相变换和瞬时值对称分量变换所建立的网络方程都是微分方程，参数都以 $R$、$L$、$C$ 表示；运用对称分量变换所建立的网络方程为代数方程，其参数以 $R$、$X$、$B$ 表示。

显然，$\alpha$、$\beta$、0，1、2、0，+、-、0 三种坐标变换的差异还应体现在网络中的电源模型和将三个独立网络相连时的边界条件中。其中，运用两相变换和瞬时值对称分量变换时，电源模型可以用相应的同步发电机模型表示。运用对称分量变换时，则只能近似地以正序网络中某一阻抗后的电势表示。至于边界条件，对简单不对称短路故障运用式(10.9)、式(10.12)、式(10.19)则可以导出。

当进行电力系统故障分析时，并非必须将所有电机和网络都变换至同一坐标系统中，还可以有不同坐标系统组合的方案。比如将同步发电机模型变换至 $dq0$ 坐标系统中，而将网络模型变换到 $\alpha\beta0$ 坐标系统中，并运用式(10.10)所示的接口方程将它们组合为一个整体。这类接口方程式除前面介绍的式(10.1)、式(10.6)、式(10.9)、式(10.10)、式(10.12)外，还有

$$\boldsymbol{f}_{\alpha\beta0}=\begin{bmatrix}1/\sqrt{2} & 1/\sqrt{2} & 0\\ -\mathrm{j}/\sqrt{2} & \mathrm{j}/\sqrt{2} & 0\\ 0 & 0 & 1\end{bmatrix}\boldsymbol{f}_{120} \tag{10.20}$$

$$\boldsymbol{f}_{120}=\begin{bmatrix}1/\sqrt{2} & \mathrm{j}/\sqrt{2} & 0\\ 1/\sqrt{2} & -\mathrm{j}/\sqrt{2} & 0\\ 0 & 0 & 1\end{bmatrix}\boldsymbol{f}_{\alpha\beta0} \tag{10.21}$$

$$\boldsymbol{f}_{120}=\begin{bmatrix}\mathrm{e}^{\mathrm{j}\theta}/\sqrt{2} & \mathrm{j}\mathrm{e}^{\mathrm{j}\theta}/\sqrt{2} & 0\\ \mathrm{e}^{-\mathrm{j}\theta}/\sqrt{2} & -\mathrm{j}\mathrm{e}^{-\mathrm{j}\theta}/\sqrt{2} & 0\\ 0 & 0 & 1\end{bmatrix}\boldsymbol{f}_{dq0} \tag{10.22}$$

$$\boldsymbol{f}_{dq0}=\begin{bmatrix}\mathrm{e}^{-\mathrm{j}\theta}/\sqrt{2} & \mathrm{e}^{\mathrm{j}\theta}/\sqrt{2} & 0\\ -\mathrm{j}\mathrm{e}^{-\mathrm{j}\theta}/\sqrt{2} & \mathrm{j}\mathrm{e}^{\mathrm{j}\theta}/\sqrt{2} & 0\\ 0 & 0 & 1\end{bmatrix}\boldsymbol{f}_{120} \tag{10.23}$$

但由于对称分量是相量，除非其他坐标系统中的变量也可以用相量表示，否则它们不能与对称分量建立变换关系。

由于下文进行的复杂故障分析不涉及暂态过程，因此下面将仅运用常用的对称分量变换。习惯上，对称分量变换中的正序、负序、零序分量常以下标“1、2、0”表示，变换矩阵则采用

$$\boldsymbol{S}=\frac{1}{3}\begin{bmatrix}1 & a & a^2\\ 1 & a^2 & a\\ 1 & 1 & 1\end{bmatrix};\quad \boldsymbol{S}^{-1}=\begin{bmatrix}1 & 1 & 1\\ a^2 & a & 1\\ a & a^2 & 1\end{bmatrix} \tag{10.24}$$

## 10.2 简单故障的再分析

运用对称分量变换分析仅有一处故障的简单故障时，习惯上总是取 $a$ 相。所谓特殊相，是指在故障处该相的状态不同于其他两相。比如，研究单相接地或单相断线时，常认为故障发生在 $a$ 相，而 $b$、$c$ 两相则无故障。这样，唯一的故障相仍为 $a$ 相。此外，各电流、电压的对称分量也总以 $a$ 相为参考相，即在各序网络方程以及故障边界条件中，均以 $a$ 相的相应序分量表示。在研究简单故障时，将特殊相和参考相统一起来的好

处是以对称分量表示的边界条件比较简单，其不含复数运算子 $a$。从而，按这些边界条件建立起来的复合序网络将无例外地是各序网络的串联或并联，它们之间具有直接的电气连接。

在具体应用中，如与实际发生的故障所对应的特殊相并非 $a$ 相，则只要将该相视为 $a$ 相，并按相应的顺序改变其他两相的名称，便仍可套用所有以 $a$ 相为特殊相的分析方法和结果。

但对于同时发生一个以上故障的复杂故障而言，上述方法的可行性就无法保证，因为不能奢求所有故障的特殊相都属于同一相。比如完全有可能出现某一点 $a$ 相短路而另一点 $b$ 相断线的情况。为解决此类问题，必须应用通用边界条件和通用复合序网。

### 10.2.1 短路故障通用复合序网

任何短路故障总可以用图 10.2 表示，不同的只是 $Z_a$、$Z_b$、$Z_c$、$Z_g$ 的取值。由图10.2可见，$a$ 相短路时，可取 $Z_a=0$，$Z_b=\infty$，$Z_c=\infty$，从而得 $\dot{U}_a=Z_g\dot{I}_a$，$\dot{I}_b=0$，$\dot{I}_c=0$。以对称分量表示时，则有

$$\dot{I}_{a1}=\dot{I}_{a2}=\dot{I}_{a0},\quad \dot{U}_{a1}+\dot{U}_{a2}+\dot{U}_{a0}=3Z_g\dot{I}_{a0} \tag{10.25}$$

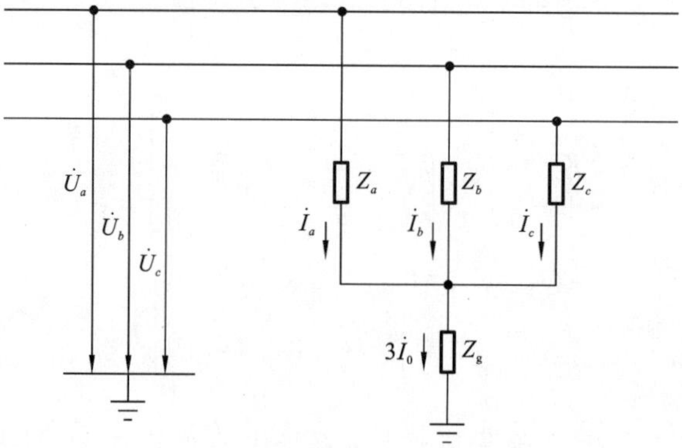


图 10.2 通用短路故障示意图

$b$ 相短路时，可取 $Z_b=0$，$Z_a=\infty$，$Z_c=\infty$，从而得 $\dot{U}_b=Z_g\dot{I}_b$，$\dot{I}_a=0$，$\dot{I}_c=0$。以对称分量表示时，则有

$$\dot{I}_{b1}=\dot{I}_{b2}=\dot{I}_{b0},\quad \dot{U}_{b1}+\dot{U}_{b2}+\dot{U}_{b0}=3Z_g\dot{I}_{b0}$$

若仍取 $a$ 相为参考相，则应改写为

$$a^2\dot{I}_{a1}=a\dot{I}_{a2}=\dot{I}_{a0},\quad a^2\dot{U}_{a1}+a\dot{U}_{a2}+\dot{U}_{a0}=3Z_g\dot{I}_{a0} \tag{10.26}$$

同理，$c$ 相短路仍取 $a$ 相为参考相时，则有

$$a\dot{I}_{a1}=a^2\dot{I}_{a2}=\dot{I}_{a0},\quad a\dot{U}_{a1}+a^2\dot{U}_{a2}+\dot{U}_{a0}=3Z_g\dot{I}_{a0} \tag{10.27}$$

式(10.25)、式(10.26)、式(10.27)所示的就是 $a$、$b$、$c$ 三相分别发生单相短路，但均取 $a$ 相为参考相时的边界条件。可以将它们归纳为具有更普遍意义的、并适用于任何特殊相的通用边界条件，如式(10.28)所示。

$$\begin{cases} n_1\dot{I}_{a1}=n_2\dot{I}_{a2}=n_0\dot{I}_{a0} \\ n_1\dot{U}_{a1}+n_2\dot{U}_{a2}+n_0(\dot{U}_{a0}-3Z_g\dot{I}_{a0})=0 \end{cases} \tag{10.28}$$

与通用边界条件式(10.28)相对应的通用复合序网见图 10.3。式(10.28)中的 $n_1$、$n_2$、$n_0$ 分别为相应的算子符号，其值取决于故障的特殊相别。图 10.3 中的 $K_1$、$K_2$、$K_0$

分别为正、负、零序网络中的短路点；$N_1$、$N_2$ 分别为正、负序网络中的零电位点，而 $N_0$ 则为零序网络中变压器的中性点。图 10.3 中出现的互感线圈，通常称理想(移相)变压器，它们是不改变电压、电流的大小，而仅起隔离和移相作用的无损变压器。它们的变比分别是 $n_1$、$n_2$、$n_0$。由于这些理想变压器的引入，正、负、零序网络之间不再有直接的电气连接。表 10.1 所示的是图 10.3 中单相短路时故障相所对应的理想变压器变比。

**表 10.1 单相短路时故障相所对应的变比**

| 故障相 | $n_1$ | $n_2$ | $n_0$ |
|---|---|---|---|
| $a$ | 1 | 1 | 1 |
| $b$ | $a^2$ | $a$ | 1 |
| $c$ | $a$ | $a^2$ | 1 |

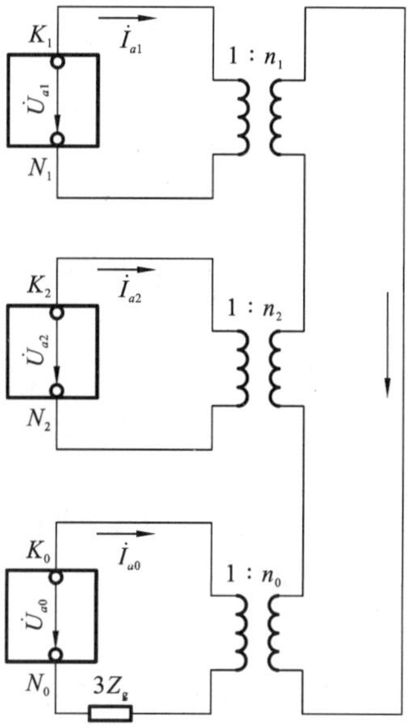


图 10.3 单相短路通用复合序网

与单相短路类似，可直接列出两相接地短路时的通用边界条件，为

$$\begin{cases} n_1\dot{I}_{a1}+n_2\dot{I}_{a2}+n_0\dot{I}_{a0}=0 \\ n_1\dot{U}_{a1}=n_2\dot{U}_{a2}=n_0(\dot{U}_{a0}-3Z_g\dot{I}_{a0}) \end{cases} \tag{10.29}$$

相应的通用复合序网如图 10.4 所示。

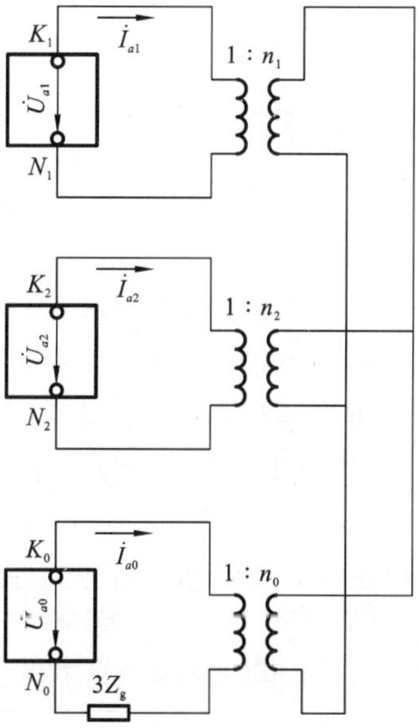


图 10.4 两相接地短路通用复合序网

至于相间短路，由于其与两相接地短路的差别仅在于没有零序分量，如将图 10.4 中的零序网络删去，就可得分析这种短路的通用复合序网。表 10.2 所示的是图 10.4 中两相接地短路时故障相所对应的理想变压器变比。

**表 10.2 两相接地短路时故障相所对应的变比**

| 故障相 | $n_1$ | $n_2$ | $n_0$ |
|---|---|---|---|
| $b,c$ | 1 | 1 | 1 |
| $c,a$ | $a^2$ | $a$ | 1 |
| $a,b$ | $a$ | $a^2$ | 1 |

### 10.2.2 断线故障通用复合序网

任何断线故障总可以用图 10.5 表示，$Z_a$、$Z_b$、$Z_c$ 可取不同值。由图 10.5 可见，$b$、$c$ 相断线时，可取 $Z_a=0$，$Z_b=\infty$，$Z_c=\infty$，从而得 $\dot{U}_a=0$，$\dot{I}_b=0$，$\dot{I}_c=0$。以对称分量表示时，则有

$$\dot{I}_{a1}=\dot{I}_{a2}=\dot{I}_{a0},\quad \dot{U}_{a1}+\dot{U}_{a2}+\dot{U}_{a0}=0 \tag{10.30}$$

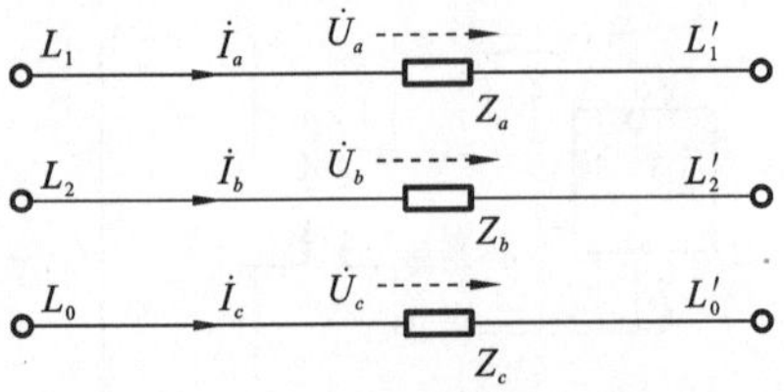


图 10.5 通用断线故障示意图

类似地，$a$、$c$ 相断线时，则有

$$\dot{I}_{b1}=\dot{I}_{b2}=\dot{I}_{b0},\quad \dot{U}_{b1}+\dot{U}_{b2}+\dot{U}_{b0}=0 \tag{10.31}$$

仍以 $a$ 相为参考相时，则有

$$a^2\dot{I}_{a1}=a\dot{I}_{a2}=\dot{I}_{a0},\quad a^2\dot{U}_{a1}+a\dot{U}_{a2}+\dot{U}_{a0}=0 \tag{10.32}$$

$a$、$b$ 相断线，仍以 $a$ 相为参考相时，则有

$$a\dot{I}_{a1}=a^2\dot{I}_{a2}=\dot{I}_{a0},\quad a\dot{U}_{a1}+a^2\dot{U}_{a2}+\dot{U}_{a0}=0 \tag{10.33}$$

对照式(10.30)、式(10.32)、式(10.33)和式(10.25)、式(10.26)、式(10.27)就可以建立类似式(10.28)所示的两相断线的通用边界条件，从而作出类似图 10.3 所示的通用复合序网，如图 10.6所示。表 10.3 所示的是图 10.6 中两相断线时故障相所对应的理想变压器变比。图 10.6 与图 10.3 的不同仅在于其中的 $L_1$、$L_2$、$L_0$ 和 $L_1'$、$L_2'$、$L_0'$ 分别为断口的两个端点，而且图 10.6 中不出现接地阻抗 $Z_g$。

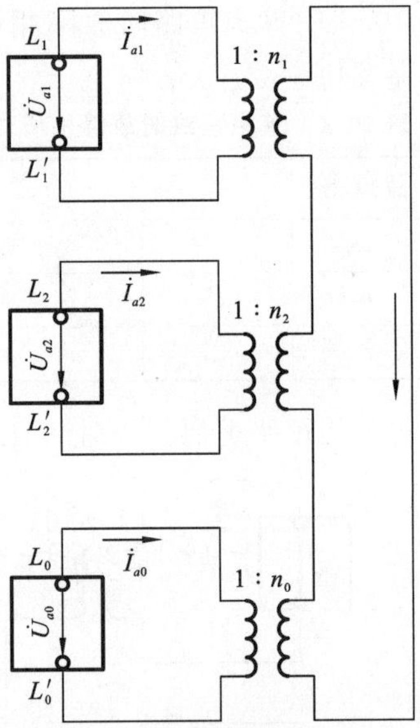


图 10.6 两相断线通用复合序网

表 10.3 两相断线时故障相所对应的变比

| 故障相 | $n_1$ | $n_2$ | $n_0$ |
|---|---|---|---|
| $b,c$ | 1 | 1 | 1 |
| $c,a$ | $a^2$ | $a$ | 1 |
| $a,b$ | $a$ | $a^2$ | 1 |

对于单相断线，若考虑到其边界条件相似于两相接地短路，则可参照图 10.4、图 10.6 作出相应的通用复合序网，结果如图 10.7 所示。表 10.4 所示的是图 10.7 中单相断线时故障相所对应的理想变压器变比。

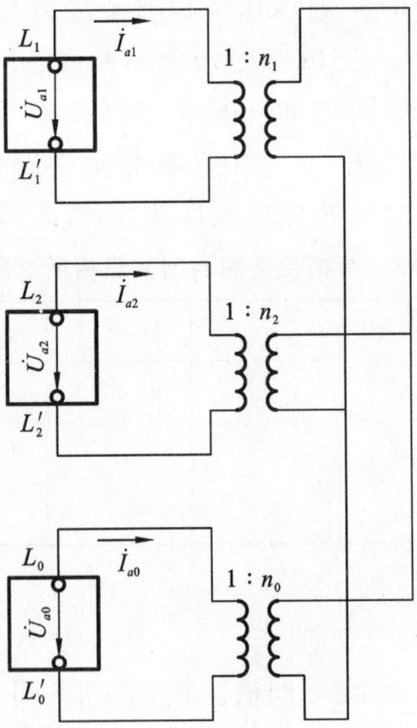


图 10.7 单相断线通用复合序网

表 10.4 单相断线时故障相所对应的变比

| 故障相 | $n_1$ | $n_2$ | $n_0$ |
|---|---|---|---|
| $a$ | 1 | 1 | 1 |
| $b$ | $a^2$ | $a$ | 1 |
| $c$ | $a$ | $a^2$ | 1 |

将本节内容可小结如下。

(1) 若具体故障所对应的特殊相不同于固定不变的参考相 $a$ 相，则在以对称分量表示的边界条件中将出现复数运算子 $a$，相应的复合序网中就要出现理想变压器。

(2) 单相短路和两相断线具有类似的边界条件，当 $Z_g=0$ 时，可用公式统一表示为

$$\begin{cases} n_1\dot{I}_{a1}=n_2\dot{I}_{a2}=n_0\dot{I}_{a0} \\ n_1\dot{U}_{a1}+n_2\dot{U}_{a2}+n_0\dot{U}_{a0}=0 \end{cases}$$

与之对应的复合序网是三序网络分别通过它们的理想变压器在二次侧串联而成的。因此，这一类故障又统称串联型故障。

(3) 单相断线和两相接地短路具有类似的边界条件，当 $Z_g=0$ 时，可统一用公式表示为

$$\begin{cases} n_1\dot{U}_{a1}=n_2\dot{U}_{a2}=n_0\dot{U}_{a0} \\ n_1\dot{I}_{a1}+n_2\dot{I}_{a2}+n_0\dot{I}_{a0}=0 \end{cases}$$

与之对应的复合序网是三序网络分别通过它们的理想变压器在二次侧并联而成的。因此，这一类故障又统称并联型故障。

(4) 复合序网中理想变压器的变比取决于与具体故障相对应的特殊相别。

综上所述，通过将所有短路、断线故障归纳为串联和并联两大类型，并采用通用的边界条件和复合序网，就可将看起来非常复杂的故障分析变得简单明了。

## 10.3 用于故障分析的两端口网络方程

前面讨论简单故障或单重故障时所建立的各序网络都是具有一个故障端口的单端口网络。由此可推论，系统中同时出现 $n$ 重故障时，各序网络应是具有 $n$ 个故障端口的 $n$ 端口网络，需运用多端口网络理论进行分析。但是，系统中发生双重故障的概率大于发生多重故障的概率，为此，本章着重讨论两端口网络，其方法可推广到多端口网络的分析。

描述两端口网络的方程共有 6 种类型，其中仅有 3 种常用于复杂故障分析，即阻抗型参数方程、导纳型参数方程和混合型参数方程。

### 10.3.1 阻抗型参数方程

对于图 10.8 所示的两端口网络，如网络无源，则可列出

$$\begin{bmatrix} \dot{U}_1 \\ \dot{U}_2 \end{bmatrix}=\begin{bmatrix} Z_{11} & Z_{12} \\ Z_{21} & Z_{22} \end{bmatrix}\begin{bmatrix} \dot{I}_1 \\ \dot{I}_2 \end{bmatrix} \tag{10.34}$$

式中，$\dot{U}_1$、$\dot{U}_2$、$\dot{I}_1$、$\dot{I}_2$ 分别为端口电压和端口电流，系数矩阵则称为端口阻抗矩阵。

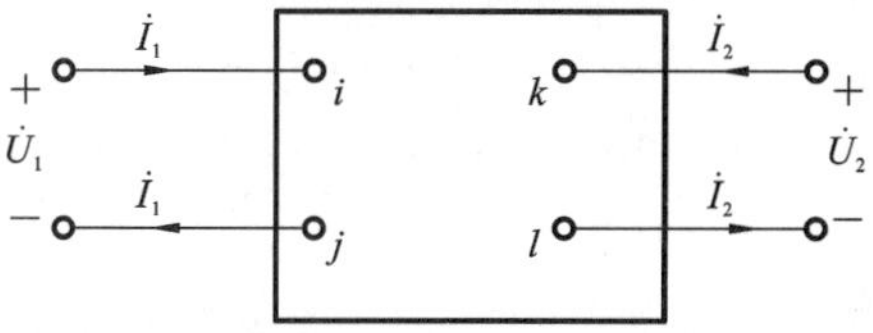


图 10.8 两端口网络示意图

端口阻抗矩阵和节点阻抗矩阵不同，虽然其对角元素也称自阻抗，非对角元素也称互阻抗，但含义不同。原因如下：令第二端口开路，$\dot{I}_2=0$，可得 $\dot{U}_1=Z_{11}\dot{I}_1$，$\dot{U}_2=Z_{21}\dot{I}_1$，

可设 $\dot{I}_1=1$，则 $Z_{11}=\dot{U}_1$，$Z_{21}=\dot{U}_2$；再令第一端口开路，$\dot{I}_1=0$，可得 $\dot{U}_1=Z_{12}\dot{I}_2$，$\dot{U}_2=Z_{22}\dot{I}_2$，可设 $\dot{I}_2=1$，则 $Z_{12}=\dot{U}_1$，$Z_{22}=\dot{U}_2$。

综上可见，某端口的自阻抗的数值等于向该端口注入单位电流而另一端口开路时，需要在该端口施加的电压值；两端口间的互阻抗的数值等于向某一端口注入单位电流而另一端口开路时，在另一端口呈现的电压值；而且，对于具有互易特性的线性网络，$Z_{12}=Z_{21}$。

如网络有源，可运用叠加原理列出

$$\begin{bmatrix}\dot{U}_1\\ \dot{U}_2\end{bmatrix}=\begin{bmatrix}Z_{11} & Z_{12}\\ Z_{21} & Z_{22}\end{bmatrix}\begin{bmatrix}\dot{I}_1\\ \dot{I}_2\end{bmatrix}+\begin{bmatrix}\dot{U}_{o1}\\ \dot{U}_{o2}\end{bmatrix} \tag{10.35}$$

式中，$\dot{U}_{o1}$、$\dot{U}_{o2}$ 分别是两个端口都开路，$\dot{I}_1=\dot{I}_2=0$ 时，两个端口所呈现的电压。

端口阻抗矩阵中的自阻抗和互阻抗，以及有源网络的开路电压 $\dot{U}_{o1}$、$\dot{U}_{o2}$ 都可由节点电压方程求出，步骤如下。

设已形成节点阻抗矩阵 $Z_B$，可抽出其中与两个端口的四个节点 $i$、$j$、$k$、$l$ 相关的元素，建立如下方程：

$$\begin{bmatrix}\dot{U}_i\\ \dot{U}_j\\ \dot{U}_k\\ \dot{U}_l\end{bmatrix}=\begin{bmatrix}Z_{ii} & Z_{ij} & Z_{ik} & Z_{il}\\ Z_{ji} & Z_{jj} & Z_{jk} & Z_{jl}\\ Z_{ki} & Z_{kj} & Z_{kk} & Z_{kl}\\ Z_{li} & Z_{lj} & Z_{lk} & Z_{ll}\end{bmatrix}\begin{bmatrix}\dot{I}_i\\ \dot{I}_j\\ \dot{I}_k\\ \dot{I}_l\end{bmatrix} \tag{10.36}$$

然后，令第一端口的注入电流为单位电流，第二端口开路，则

$$\begin{bmatrix}\dot{U}_i\\ \dot{U}_j\\ \dot{U}_k\\ \dot{U}_l\end{bmatrix}=\begin{bmatrix}Z_{ii} & Z_{ij} & Z_{ik} & Z_{il}\\ Z_{ji} & Z_{jj} & Z_{jk} & Z_{jl}\\ Z_{ki} & Z_{kj} & Z_{kk} & Z_{kl}\\ Z_{li} & Z_{lj} & Z_{lk} & Z_{ll}\end{bmatrix}\begin{bmatrix}1\\ -1\\ 0\\ 0\end{bmatrix}=\begin{bmatrix}Z_{ii}-Z_{ij}\\ Z_{ji}-Z_{jj}\\ Z_{ki}-Z_{kj}\\ Z_{li}-Z_{lj}\end{bmatrix} \tag{10.37}$$

于是，根据端口阻抗矩阵各元素的物理意义，可得

$$\begin{bmatrix}Z_{11}\\ Z_{21}\end{bmatrix}=\begin{bmatrix}\dot{U}_1\\ \dot{U}_2\end{bmatrix}=\begin{bmatrix}\dot{U}_i-\dot{U}_j\\ \dot{U}_k-\dot{U}_l\end{bmatrix}=\begin{bmatrix}Z_{ii}-Z_{ij}-Z_{ji}+Z_{jj}\\ Z_{ki}-Z_{kj}-Z_{li}+Z_{lj}\end{bmatrix} \tag{10.38}$$

同理，令第二端口的注入电流为单位电流，第一端口开路，则可得端口阻抗矩阵中的另外两个元素：

$$\begin{bmatrix}Z_{22}\\ Z_{12}\end{bmatrix}=\begin{bmatrix}\dot{U}_2\\ \dot{U}_1\end{bmatrix}=\begin{bmatrix}\dot{U}_k-\dot{U}_l\\ \dot{U}_i-\dot{U}_j\end{bmatrix}=\begin{bmatrix}Z_{kk}-Z_{kl}-Z_{lk}+Z_{ll}\\ Z_{ik}-Z_{il}-Z_{jk}+Z_{jl}\end{bmatrix} \tag{10.39}$$

而求取开路电压 $\dot{U}_{o1}$、$\dot{U}_{o2}$，则需要首先将各电压源都转换为电流源作为该节点的注入电流，并令其他节点都开路，可由原始完整的节点电压方程 $\dot{U}_B=Z_B\dot{I}_B$ 求得 $\dot{U}_i$、$\dot{U}_j$、$\dot{U}_k$、$\dot{U}_l$，之后再根据定义得

$$\begin{bmatrix}\dot{U}_{o1}\\ \dot{U}_{o2}\end{bmatrix}=\begin{bmatrix}\dot{U}_i-\dot{U}_j\\ \dot{U}_k-\dot{U}_l\end{bmatrix} \tag{10.40}$$

### 10.3.2 导纳型参数方程

对于图 10.8 所示的两端口网络，如网络无源，可列出：

$$\begin{bmatrix}\dot{I}_1\\ \dot{I}_2\end{bmatrix}=\begin{bmatrix}Y_{11} & Y_{12}\\ Y_{21} & Y_{22}\end{bmatrix}\begin{bmatrix}\dot{U}_1\\ \dot{U}_2\end{bmatrix} \tag{10.41}$$

式中的系数矩阵称为端口导纳矩阵。

显然，端口导纳矩阵也不同于节点导纳矩阵，虽然其对角元素也称自导纳，非对角元素也称互导纳，但含义不同，原因如下：令第二端口短路，$\dot{U}_2=0$，可得 $\dot{I}_1=Y_{11}\dot{U}_1$，$\dot{I}_2=Y_{21}\dot{U}_1$，从而设 $\dot{U}_1=1$，则 $Y_{11}=\dot{I}_1$，$Y_{21}=\dot{I}_2$；再令第一端口短路，$\dot{U}_1=0$，可得 $\dot{I}_1=Y_{12}\dot{U}_2$，$\dot{I}_2=Y_{22}\dot{U}_2$，从而设 $\dot{U}_2=1$，则 $Y_{12}=\dot{I}_1$，$Y_{22}=\dot{I}_2$。

综上可见，某端口的自导纳的数值等于向某一端口施加单位电压而另一端口短路时，在另一端口流过的电流值；两端口间的互导纳的数值等于向某一端口施加单位电压而另一端口短路时，在另一端口流过的电流值；而且，对于具有互易特性的线性网络，$Y_{12}=Y_{21}$。

若网络有源，也可运用叠加原理列出

$$\begin{bmatrix}\dot{I}_1\\\dot{I}_2\end{bmatrix}=\begin{bmatrix}Z_{11} & Z_{12}\\Z_{21} & Z_{22}\end{bmatrix}\begin{bmatrix}\dot{U}_1\\\dot{U}_2\end{bmatrix}+\begin{bmatrix}\dot{I}_{s1}\\\dot{I}_{s2}\end{bmatrix}\tag{10.42}$$

式中，$\dot{I}_{s1}$、$\dot{I}_{s2}$ 分别是两个端口都短路，$\dot{U}_1=\dot{U}_2=0$ 时，两个端口所流过的电流。

端口导纳矩阵不难由端口阻抗矩阵求取，因为它们之间显然有互为逆阵的关系。而短路电流 $\dot{I}_{s1}$、$\dot{I}_{s2}$ 则可在求得开路电压 $\dot{U}_{o1}$、$\dot{U}_{o2}$ 后，将 $\dot{U}_1=\dot{U}_2=0$ 代入式(10.35)解得：

$$\begin{bmatrix}\dot{I}_{s1}\\\dot{I}_{s2}\end{bmatrix}=\begin{bmatrix}Z_{11} & Z_{12}\\Z_{21} & Z_{22}\end{bmatrix}^{-1}\begin{bmatrix}\dot{U}_{o1}\\\dot{U}_{o2}\end{bmatrix}=-\begin{bmatrix}Y_{11} & Y_{12}\\Y_{21} & Y_{22}\end{bmatrix}\begin{bmatrix}\dot{U}_{o1}\\\dot{U}_{o2}\end{bmatrix}\tag{10.43}$$

### 10.3.3　混合型参数方程

由式(10.34)中的第二个方程可得

$$\dot{I}_2=\frac{\dot{U}_2}{Z_{22}}-\frac{Z_{21}}{Z_{22}}\dot{I}_1\tag{10.44}$$

将其代入式(10.34)中的第一个方程，消去 $\dot{I}_2$，从而可得到

$$\dot{U}_1=\left(Z_{11}-\frac{Z_{12}Z_{21}}{Z_{22}}\right)\dot{I}_1+\frac{Z_{12}}{Z_{22}}\dot{U}_2\tag{10.45}$$

将式(10.44)和式(10.45)两式归并为

$$\begin{bmatrix}\dot{U}_1\\\dot{I}_2\end{bmatrix}=\begin{bmatrix}Z_{11}-Z_{12}Z_{21}/Z_{22} & Z_{12}/Z_{22}\\-Z_{21}/Z_{22} & 1/Z_{22}\end{bmatrix}\begin{bmatrix}\dot{I}_1\\\dot{U}_2\end{bmatrix}\tag{10.46}$$

然后简写为两端口网络的混合型参数方程：

$$\begin{bmatrix}\dot{U}_1\\\dot{I}_2\end{bmatrix}=\begin{bmatrix}H_{11} & H_{12}\\H_{21} & H_{22}\end{bmatrix}\begin{bmatrix}\dot{I}_1\\\dot{U}_2\end{bmatrix}\tag{10.47}$$

其中，$H_{11}=Z_{11}-Z_{12}Z_{21}/Z_{22}$，$H_{12}=Z_{12}/Z_{22}$，$H_{21}=-Z_{21}/Z_{22}$，$H_{22}=1/Z_{22}$。

由此可见，$H_{11}$ 具有阻抗的量纲，$H_{22}$ 具有导纳的量纲，$H_{12}$、$H_{21}$ 无量纲。混合型参数的名称也就是由此而来。

对于这些参数的物理意义，还可以作如下说明。

(1) 令第二端口短路，$\dot{U}_2=0$，可得 $\dot{U}_1=H_{11}\dot{I}_1$，$\dot{I}_2=H_{21}\dot{I}_1$；若设 $\dot{I}_1=1$，则 $H_{11}=\dot{U}_1$，$\dot{I}_2=H_{21}$。

(2) 再令第一端口开路，$\dot{I}_1=0$，可得 $\dot{U}_1=H_{12}\dot{U}_2$，$\dot{I}_2=H_{22}\dot{U}_2$；若设 $\dot{U}_2=1$，则 $H_{12}=\dot{U}_1$，$H_{22}=\dot{I}_2$。

由上可见，$H_{11}$在数值上等于第二端口短路而向第一端口注入单位电流时，在第一端口所加的电压值；$H_{22}$在数值上等于第一端口开路而向第二端口施加单位电压时，在第二端口所注入的电流值；$H_{12}$在数值上等于向第二端口施加单位电压而第一端口开路时，第一端口的开路电压值；$H_{21}$在数值上等于向第一端口注入单位电流而第二端口短路时，第二端口的短路电流值。而对于具有互易特性的线性网络，$H_{12}=-H_{21}$。

如网络有源，也可运用叠加原理列出

$$\begin{bmatrix}\dot{U}_1\\ \dot{I}_2\end{bmatrix}=\begin{bmatrix}H_{11} & H_{12}\\ H_{21} & H_{22}\end{bmatrix}\begin{bmatrix}\dot{I}_1\\ \dot{U}_2\end{bmatrix}+\begin{bmatrix}\dot{U}_{H1}\\ \dot{I}_{H2}\end{bmatrix} \tag{10.48}$$

式中，$\dot{U}_{H1}$、$\dot{I}_{H2}$分别是第一端口开路、第二端口短路时，第一端口的开路电压和第二端口的短路电流。它们可在求得开路电压$\dot{U}_{o1}$、$\dot{U}_{o2}$后，将$\dot{I}_1=0$、$\dot{U}_2=0$代入式(10.35)解得

$$\begin{bmatrix}\dot{U}_{H1}\\ \dot{I}_{H2}\end{bmatrix}=\begin{bmatrix}-\dot{U}_{o2}Z_{12}/Z_{22}+\dot{U}_{o1}\\ -\dot{U}_{o2}/Z_{22}\end{bmatrix} \tag{10.49}$$

综上，可得以下结论。

(1) 阻抗型参数方程中，端口阻抗矩阵的所有元素都是在开路条件下确定的，因而它又称为开路参数方程。这一方程适用于各序电压之和为零、各序电流相等的双重串联型复杂故障的分析。

(2) 导纳型参数方程中，端口导纳矩阵的所有元素都是在短路条件下确定的，因而它又称为短路参数方程。这一方程适用于各序电流之和为零、各序电压相等的双重并联型复杂故障的分析。

(3) 混合型参数方程中，混合参数矩阵中各元素是分别在一个端口开路、另一个端口短路的条件下确定的。这一方程适用于一个端口为串联型故障、另一个端口为并联型故障的双重故障分析，它还可以推广至适用于任何多重复杂故障的分析。

## 10.4 复杂故障分析

复杂故障中，出现双重故障的可能性最大。因此本节先分析双重故障，然后可以很方便地将其分析方法推广至其他重数更多的故障。

双重故障可以是串联型与串联型故障的复合、并联型与并联型故障的复合，以及串联型与并联型故障的复合。它们的分析方法虽各不相同，但实质都是通用复合序网和两端口网络方程的综合运用。

### 10.4.1 串联-串联型双重故障分析

由各序两端口网络串联而成的串联-串联型双重故障复合序网如图10.9所示。图中，下标“1”、“2”分别表示第一、第二端口；下标“(1)”、“(2)”、“(0)”分别表示正序、负序、零序；以$a$相为参考相，表示参考相的下标“$a$”均已略去。

对于这种复杂故障，运用阻抗型参数方程进行分析最为方便。为此，先列出正序网络的有源两端口网络阻抗型参数方程：

$$\begin{bmatrix}\dot{U}_{1(1)}\\ \dot{U}_{2(1)}\end{bmatrix}=\begin{bmatrix}Z_{11(1)} & Z_{12(1)}\\ Z_{21(1)} & Z_{22(1)}\end{bmatrix}\begin{bmatrix}\dot{I}_{1(1)}\\ \dot{I}_{2(1)}\end{bmatrix}+\begin{bmatrix}\dot{U}_{o1}\\ \dot{U}_{o2}\end{bmatrix} \tag{10.50}$$

正序网络两端口所连的理想变压器两侧的电压、电流关系为

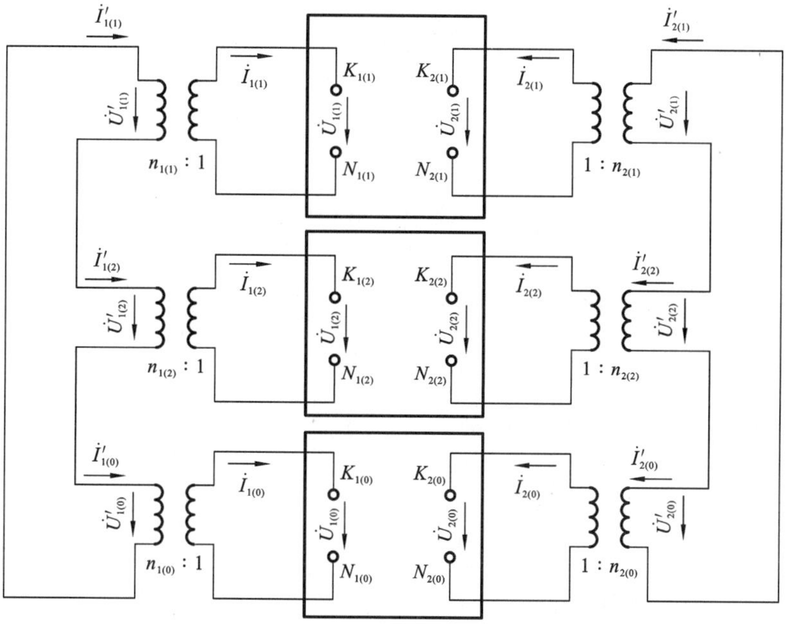


**图 10.9　串联-串联型双重故障复合序网**

$$\begin{bmatrix}\dot{U}'_{1(1)}\\\dot{U}'_{2(1)}\end{bmatrix}=\begin{bmatrix}n_{1(1)} & 0\\0 & n_{2(1)}\end{bmatrix}\begin{bmatrix}\dot{U}_{1(1)}\\\dot{U}_{2(1)}\end{bmatrix},\quad\begin{bmatrix}\dot{I}'_{1(1)}\\\dot{I}'_{2(1)}\end{bmatrix}=\begin{bmatrix}n_{1(1)} & 0\\0 & n_{2(1)}\end{bmatrix}\begin{bmatrix}\dot{I}_{1(1)}\\\dot{I}_{2(1)}\end{bmatrix}$$

将上式代入式(10.50)得

$$\begin{bmatrix}\dot{U}'_{1(1)}\\\dot{U}'_{2(1)}\end{bmatrix}=\begin{bmatrix}Z_{11(1)} & \dfrac{n_{1(1)}}{n_{2(1)}}Z_{12(1)}\\\dfrac{n_{2(1)}}{n_{1(1)}}Z_{21(1)} & Z_{22(1)}\end{bmatrix}\begin{bmatrix}\dot{I}'_{1(1)}\\\dot{I}'_{2(1)}\end{bmatrix}+\begin{bmatrix}n_{1(1)}\dot{U}_{o1}\\n_{2(1)}\dot{U}_{o2}\end{bmatrix}\tag{10.51}$$

再列出负序网络的两端口网络阻抗型参数方程：

$$\begin{bmatrix}\dot{U}_{1(2)}\\\dot{U}_{2(2)}\end{bmatrix}=\begin{bmatrix}Z_{11(2)} & Z_{12(2)}\\Z_{21(2)} & Z_{22(2)}\end{bmatrix}\begin{bmatrix}\dot{I}_{1(2)}\\\dot{I}_{2(2)}\end{bmatrix}\tag{10.52}$$

负序网络两端口所连的理想变压器两侧的电压、电流关系为

$$\begin{bmatrix}\dot{U}'_{1(2)}\\\dot{U}'_{2(2)}\end{bmatrix}=\begin{bmatrix}n_{1(2)} & 0\\0 & n_{2(2)}\end{bmatrix}\begin{bmatrix}\dot{U}_{1(2)}\\\dot{U}_{2(2)}\end{bmatrix},\quad\begin{bmatrix}\dot{I}'_{1(2)}\\\dot{I}'_{2(2)}\end{bmatrix}=\begin{bmatrix}n_{1(2)} & 0\\0 & n_{2(2)}\end{bmatrix}\begin{bmatrix}\dot{I}_{1(2)}\\\dot{I}_{2(2)}\end{bmatrix}$$

将上式代入式(10.50)得

$$\begin{bmatrix}\dot{U}'_{1(2)}\\\dot{U}'_{2(2)}\end{bmatrix}=\begin{bmatrix}Z_{11(2)} & \dfrac{n_{1(2)}}{n_{2(2)}}Z_{12(2)}\\\dfrac{n_{2(2)}}{n_{1(2)}}Z_{21(2)} & Z_{22(2)}\end{bmatrix}\begin{bmatrix}\dot{I}'_{1(2)}\\\dot{I}'_{2(2)}\end{bmatrix}\tag{10.53}$$

最后列出零序网络的两端口网络阻抗型参数方程：

$$\begin{bmatrix}\dot{U}_{1(0)}\\\dot{U}_{2(0)}\end{bmatrix}=\begin{bmatrix}Z_{11(0)} & Z_{12(0)}\\Z_{21(0)} & Z_{22(0)}\end{bmatrix}\begin{bmatrix}\dot{I}_{1(0)}\\\dot{I}_{2(0)}\end{bmatrix}\tag{10.54}$$

由于零序网络两端口变压器的总变比为 1∶1，可直接列出：

$$\begin{bmatrix}\dot{U}'_{1(0)}\\\dot{U}'_{2(0)}\end{bmatrix}=\begin{bmatrix}Z_{11(0)} & Z_{12(0)}\\Z_{21(0)} & Z_{22(0)}\end{bmatrix}\begin{bmatrix}\dot{I}'_{1(0)}\\\dot{I}'_{2(0)}\end{bmatrix}\tag{10.55}$$

由图 10.9 还可得出：

$$\begin{bmatrix}\dot{U}'_{1(1)}\\ \dot{U}'_{2(1)}\end{bmatrix}+\begin{bmatrix}\dot{U}'_{1(2)}\\ \dot{U}'_{2(2)}\end{bmatrix}+\begin{bmatrix}\dot{U}'_{1(0)}\\ \dot{U}'_{2(0)}\end{bmatrix}=\begin{bmatrix}0\\ 0\end{bmatrix} \tag{10.56}$$

$$\begin{bmatrix}\dot{I}'_{1(1)}\\ \dot{I}'_{2(1)}\end{bmatrix}=\begin{bmatrix}\dot{I}'_{1(2)}\\ \dot{I}'_{2(2)}\end{bmatrix}=\begin{bmatrix}\dot{I}'_{1(0)}\\ \dot{I}'_{2(0)}\end{bmatrix} \tag{10.57}$$

将式(10.51)、式(10.53)、式(10.55)代入式(10.56)，并计及式(10.57)，可得

$$\begin{bmatrix}Z_{11} & Z_{12}\\ Z_{21} & Z_{22}\end{bmatrix}\begin{bmatrix}\dot{I}'_{1(1)}\\ \dot{I}'_{2(1)}\end{bmatrix}+\begin{bmatrix}n_{1(1)}\dot{U}_{o1}\\ n_{2(1)}\dot{U}_{o2}\end{bmatrix}=\begin{bmatrix}0\\ 0\end{bmatrix} \tag{10.58}$$

其中，

$$Z_{11}=Z_{11(1)}+Z_{11(2)}+Z_{11(0)}$$

$$Z_{12}=\frac{n_{1(1)}}{n_{2(1)}}Z_{12(1)}+\frac{n_{1(2)}}{n_{2(2)}}Z_{12(2)}+Z_{12(0)}$$

$$Z_{21}=\frac{n_{2(1)}}{n_{1(1)}}Z_{21(1)}+\frac{n_{2(2)}}{n_{1(2)}}Z_{21(2)}+Z_{21(0)}$$

$$Z_{22}=Z_{22(1)}+Z_{22(2)}+Z_{22(0)}$$

再由式(10.58)可解得

$$\begin{bmatrix}\dot{I}'_{1(1)}\\ \dot{I}'_{2(1)}\end{bmatrix}=-\begin{bmatrix}Z_{11} & Z_{12}\\ Z_{21} & Z_{22}\end{bmatrix}^{-1}\begin{bmatrix}n_{1(1)}\dot{U}_{o1}\\ n_{2(1)}\dot{U}_{o2}\end{bmatrix} \tag{10.59}$$

求得 $\dot{I}'_{1(1)}$、$\dot{I}'_{2(1)}$后，按式(10.57)可直接得 $\dot{I}'_{1(2)}$、$\dot{I}'_{2(2)}$、$\dot{I}'_{1(0)}$、$\dot{I}'_{2(0)}$。再将它们代入式(10.53)、式(10.55)、式(10.57)便可得 $\dot{U}'_{1(1)}$、$\dot{U}'_{2(1)}$、$\dot{U}'_{1(2)}$、$\dot{U}'_{2(2)}$、$\dot{U}'_{1(0)}$、$\dot{U}'_{2(0)}$。然后，将所有二次侧电流、电压归算至一次侧，即可得各序网络中故障端口的电流、电压。求得这些电流、电压后，余下的计算可用常规网络方程来求解。

### 10.4.2 并联-并联型双重故障分析

由各序两端口网络并联而成的并联-并联型双重故障复合序网如图 10.10 所示。

如上所述，对于这种复杂故障，运用导纳型参数方程进行分析最为方便。为此，先列出正序、负序、零序网络的两端口导纳型参数方程：

$$\begin{bmatrix}\dot{I}_{1(1)}\\ \dot{I}_{2(1)}\end{bmatrix}=\begin{bmatrix}Y_{11(1)} & Y_{12(1)}\\ Y_{21(1)} & Y_{22(1)}\end{bmatrix}\begin{bmatrix}\dot{U}_{1(1)}\\ \dot{U}_{2(1)}\end{bmatrix}+\begin{bmatrix}\dot{I}_{s1}\\ \dot{I}_{s2}\end{bmatrix} \tag{10.60}$$

$$\begin{bmatrix}\dot{I}_{1(2)}\\ \dot{I}_{2(2)}\end{bmatrix}=\begin{bmatrix}Y_{11(2)} & Y_{12(2)}\\ Y_{21(2)} & Y_{22(2)}\end{bmatrix}\begin{bmatrix}\dot{U}_{1(2)}\\ \dot{U}_{2(2)}\end{bmatrix} \tag{10.61}$$

$$\begin{bmatrix}\dot{I}_{1(0)}\\ \dot{I}_{2(0)}\end{bmatrix}=\begin{bmatrix}Y_{11(0)} & Y_{12(0)}\\ Y_{21(0)} & Y_{22(0)}\end{bmatrix}\begin{bmatrix}\dot{U}_{1(0)}\\ \dot{U}_{2(0)}\end{bmatrix} \tag{10.62}$$

然后将上列各式中的电流、电压变换至理想变压器二次侧，可得

$$\begin{bmatrix}\dot{I}'_{1(1)}\\ \dot{I}'_{2(1)}\end{bmatrix}=\begin{bmatrix}Y_{11(1)} & \frac{n_{1(1)}}{n_{2(1)}}Y_{12(1)}\\ \frac{n_{2(1)}}{n_{1(1)}}Y_{21(1)} & Y_{22(1)}\end{bmatrix}\begin{bmatrix}\dot{U}'_{1(1)}\\ \dot{U}'_{2(1)}\end{bmatrix}+\begin{bmatrix}n_{1(1)}\dot{I}_{s1}\\ n_{2(1)}\dot{I}_{s2}\end{bmatrix} \tag{10.63}$$

$$\begin{bmatrix}\dot{I}'_{1(2)}\\ \dot{I}'_{2(2)}\end{bmatrix}=\begin{bmatrix}Y_{11(2)} & \frac{n_{1(2)}}{n_{2(2)}}Y_{12(2)}\\ \frac{n_{2(2)}}{n_{1(2)}}Y_{21(2)} & Y_{22(2)}\end{bmatrix}\begin{bmatrix}\dot{U}'_{1(2)}\\ \dot{U}'_{2(2)}\end{bmatrix} \tag{10.64}$$

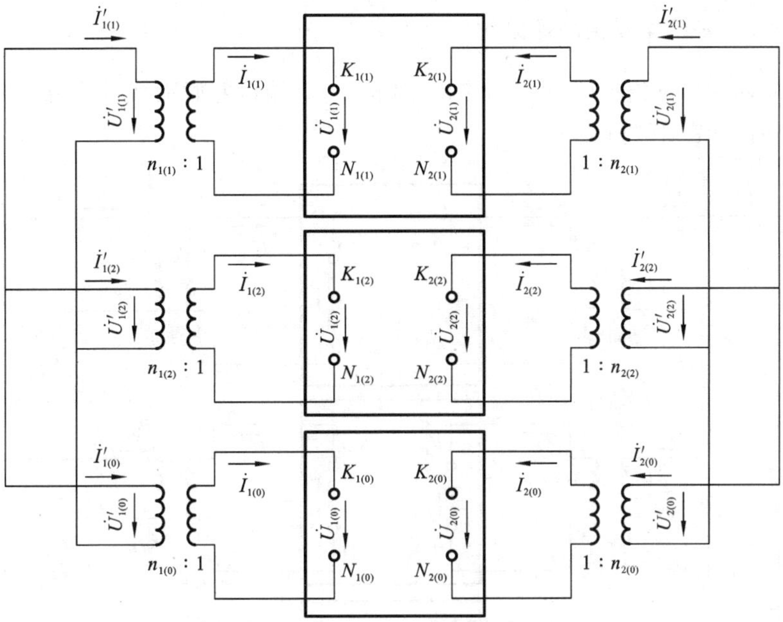


**图 10.10 并联-并联型双重故障复合序网**

$$\begin{bmatrix}\dot{I}'_{1(0)}\\ \dot{I}'_{2(0)}\end{bmatrix}=\begin{bmatrix}Y_{11(0)} & Y_{12(0)}\\ Y_{21(0)} & Y_{22(0)}\end{bmatrix}\begin{bmatrix}\dot{U}'_{1(0)}\\ \dot{U}'_{2(0)}\end{bmatrix} \tag{10.65}$$

由图 10.10 可得

$$\begin{bmatrix}\dot{I}'_{1(1)}\\ \dot{I}'_{2(1)}\end{bmatrix}+\begin{bmatrix}\dot{I}'_{1(2)}\\ \dot{I}'_{2(2)}\end{bmatrix}+\begin{bmatrix}\dot{I}'_{1(0)}\\ \dot{I}'_{2(0)}\end{bmatrix}=\begin{bmatrix}0\\ 0\end{bmatrix} \tag{10.66}$$

$$\begin{bmatrix}\dot{U}'_{1(1)}\\ \dot{U}'_{2(1)}\end{bmatrix}=\begin{bmatrix}\dot{U}'_{1(2)}\\ \dot{U}'_{2(2)}\end{bmatrix}=\begin{bmatrix}\dot{U}'_{1(0)}\\ \dot{U}'_{2(0)}\end{bmatrix} \tag{10.67}$$

将式(10.63)、式(10.64)、式(10.65)代入式(10.66)并计及式(10.67),可得

$$\begin{bmatrix}Y_{11} & Y_{12}\\ Y_{21} & Y_{22}\end{bmatrix}\begin{bmatrix}\dot{U}'_{1(1)}\\ \dot{U}'_{2(1)}\end{bmatrix}+\begin{bmatrix}n_{1(1)}\dot{I}_{s1}\\ n_{2(1)}\dot{I}_{s2}\end{bmatrix}=\begin{bmatrix}0\\ 0\end{bmatrix} \tag{10.68}$$

其中,

$$Y_{11}=Y_{11(1)}+Y_{11(2)}+Y_{11(0)}$$

$$Y_{12}=\frac{n_{1(1)}}{n_{2(1)}}Y_{12(1)}+\frac{n_{1(2)}}{n_{2(2)}}Y_{12(2)}+Y_{12(0)}$$

$$Y_{21}=\frac{n_{2(1)}}{n_{1(1)}}Y_{21(1)}+\frac{n_{2(2)}}{n_{1(2)}}Y_{21(2)}+Y_{21(0)}$$

$$Y_{22}=Y_{22(1)}+Y_{22(2)}+Y_{22(0)}$$

再由式(10.68)可解得

$$\begin{bmatrix}\dot{U}'_{1(1)}\\ \dot{U}'_{2(1)}\end{bmatrix}=-\begin{bmatrix}Y_{11} & Y_{12}\\ Y_{21} & Y_{22}\end{bmatrix}^{-1}\begin{bmatrix}n_{1(1)}\dot{I}_{s1}\\ n_{2(1)}\dot{I}_{s2}\end{bmatrix} \tag{10.69}$$

求得 $\dot{U}'_{1(1)}$、$\dot{U}'_{2(1)}$ 后,利用各序分量之间的关系,可得理想变压器二次侧电压、电流,进而可得各序网络中故障端口的电压、电流等。

### 10.4.3 串联-并联型双重故障分析

由各序两端口网络混联，即一个端口串联、一个端口并联而成的串联-并联型双重故障复合序网如图 10.11 所示。

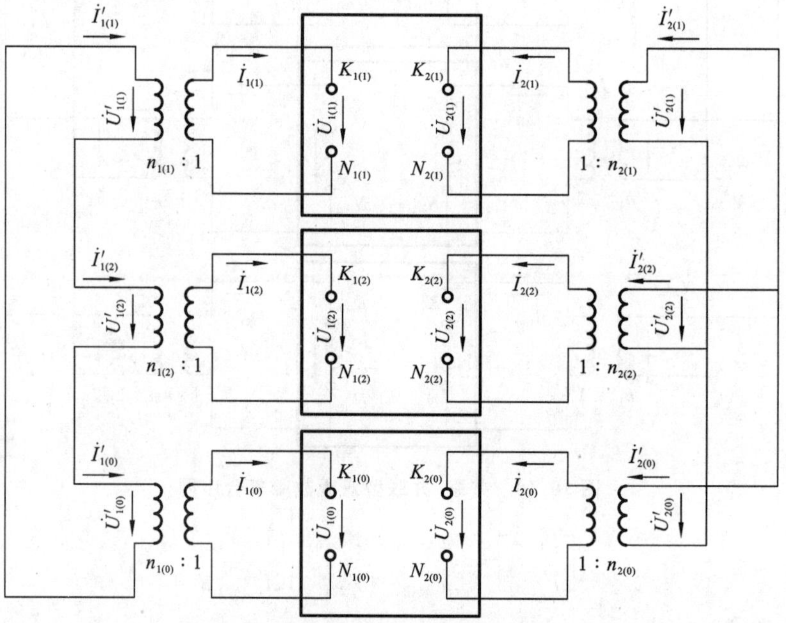

图 10.11 串联-并联型双重故障复合序网

如上所述，对于这种复杂故障，运用混合型参数方程进行分析最为方便。为此，先列出正序、负序、零序网络的两端口网络混合型参数方程：

$$\begin{bmatrix}\dot{U}_{1(1)}\\ \dot{I}_{2(1)}\end{bmatrix}=\begin{bmatrix}H_{11(1)} & H_{12(1)}\\ H_{21(1)} & H_{22(1)}\end{bmatrix}\begin{bmatrix}\dot{I}_{1(1)}\\ \dot{U}_{2(1)}\end{bmatrix}+\begin{bmatrix}\dot{U}_{H1}\\ \dot{I}_{H2}\end{bmatrix}$$

$$\begin{bmatrix}\dot{U}_{1(2)}\\ \dot{I}_{2(2)}\end{bmatrix}=\begin{bmatrix}H_{11(2)} & H_{12(2)}\\ H_{21(2)} & H_{22(2)}\end{bmatrix}\begin{bmatrix}\dot{I}_{1(2)}\\ \dot{U}_{2(2)}\end{bmatrix}$$

$$\begin{bmatrix}\dot{U}_{1(0)}\\ \dot{I}_{2(0)}\end{bmatrix}=\begin{bmatrix}H_{11(0)} & H_{12(0)}\\ H_{21(0)} & H_{22(0)}\end{bmatrix}\begin{bmatrix}\dot{I}_{1(0)}\\ \dot{U}_{2(0)}\end{bmatrix}$$

然后将上列各式中的电压、电流变换至理想变压器二次侧，可得

$$\begin{bmatrix}\dot{U}'_{1(1)}\\ \dot{I}'_{2(1)}\end{bmatrix}=\begin{bmatrix}H_{11(1)} & \dfrac{n_{1(1)}}{n_{2(1)}}H_{12(1)}\\ \dfrac{n_{2(1)}}{n_{1(1)}}H_{21(1)} & H_{22(1)}\end{bmatrix}\begin{bmatrix}\dot{I}'_{1(1)}\\ \dot{U}'_{2(1)}\end{bmatrix}+\begin{bmatrix}n_{1(1)}\dot{U}_{H1}\\ n_{2(1)}\dot{I}_{H2}\end{bmatrix} \tag{10.70}$$

$$\begin{bmatrix}\dot{U}'_{1(2)}\\ \dot{I}'_{2(2)}\end{bmatrix}=\begin{bmatrix}H_{11(2)} & \dfrac{n_{1(2)}}{n_{2(2)}}H_{12(2)}\\ \dfrac{n_{2(2)}}{n_{1(2)}}H_{21(2)} & H_{22(2)}\end{bmatrix}\begin{bmatrix}\dot{I}'_{1(2)}\\ \dot{U}'_{2(2)}\end{bmatrix} \tag{10.71}$$

$$\begin{bmatrix}\dot{U}'_{1(0)}\\ \dot{I}'_{2(0)}\end{bmatrix}=\begin{bmatrix}H_{11(0)} & H_{12(0)}\\ H_{21(0)} & H_{22(0)}\end{bmatrix}\begin{bmatrix}\dot{I}'_{1(0)}\\ \dot{U}'_{2(0)}\end{bmatrix} \tag{10.72}$$

由图 10.11 可得

$$\begin{bmatrix}\dot{U}'_{1(1)}\\ \dot{I}'_{2(1)}\end{bmatrix}+\begin{bmatrix}\dot{U}'_{1(2)}\\ \dot{I}'_{2(2)}\end{bmatrix}+\begin{bmatrix}\dot{U}'_{1(0)}\\ \dot{I}'_{2(0)}\end{bmatrix}=\begin{bmatrix}0\\ 0\end{bmatrix} \tag{10.73}$$

$$\begin{bmatrix}\dot{I}'_{1(1)}\\ \dot{U}'_{2(1)}\end{bmatrix}=\begin{bmatrix}\dot{I}'_{1(2)}\\ \dot{U}'_{2(2)}\end{bmatrix}=\begin{bmatrix}\dot{I}'_{1(0)}\\ \dot{U}'_{2(0)}\end{bmatrix} \tag{10.74}$$

将式(10.70)、式(10.71)、式(10.72)代入式(10.73)，并计及式(10.74)，可得

$$\begin{bmatrix}H_{11} & H_{12}\\ H_{21} & H_{22}\end{bmatrix}\begin{bmatrix}\dot{I}'_{1(1)}\\ \dot{U}'_{2(1)}\end{bmatrix}+\begin{bmatrix}n_{1(1)}\dot{U}_{H1}\\ n_{2(1)}\dot{I}_{H2}\end{bmatrix}=\begin{bmatrix}0\\ 0\end{bmatrix} \tag{10.75}$$

其中，

$$H_{11}=H_{11(1)}+H_{11(2)}+H_{11(0)}$$

$$H_{12}=\frac{n_{1(1)}}{n_{2(1)}}H_{12(1)}+\frac{n_{1(2)}}{n_{2(2)}}H_{12(2)}+H_{12(0)}$$

$$H_{21}=\frac{n_{2(1)}}{n_{1(1)}}H_{21(1)}+\frac{n_{2(2)}}{n_{1(2)}}H_{21(2)}+H_{21(0)}$$

$$H_{22}=H_{22(1)}+H_{22(2)}+H_{22(0)}$$

再由式(10.75)可解得

$$\begin{bmatrix}\dot{I}'_{1(1)}\\ \dot{U}'_{2(1)}\end{bmatrix}=-\begin{bmatrix}H_{11} & H_{12}\\ H_{21} & H_{22}\end{bmatrix}^{-1}\begin{bmatrix}n_{1(1)}\dot{U}_{H1}\\ n_{2(1)}\dot{I}_{H2}\end{bmatrix} \tag{10.76}$$

求得 $\dot{I}'_{1(1)}$、$\dot{U}'_{2(1)}$ 后，利用各序分量之间的关系，可得理想变压器二次侧电流、电压，进而可得各序网络中故障端口的电流、电压等。

### 10.4.4 多重故障分析

双重故障的分析方法可推广至多重故障的分析。在多重故障中，一般既有串联型故障，又有并联型故障。设 $n$ 重故障中，有 $i$ 重为串联型故障，以 S 表示；有 $j$ 重为并联型故障，以 P 表示，则以矩阵形式表示的正序、负序、零序网络混合型参数方程为

$$\begin{bmatrix}\dot{\boldsymbol{U}}_{S(1)}\\ \dot{\boldsymbol{I}}_{P(1)}\end{bmatrix}=\begin{bmatrix}\boldsymbol{H}_{SS(1)} & \boldsymbol{H}_{SP(1)}\\ \boldsymbol{H}_{PS(1)} & \boldsymbol{H}_{PP(1)}\end{bmatrix}\begin{bmatrix}\dot{\boldsymbol{I}}_{S(1)}\\ \dot{\boldsymbol{U}}_{P(1)}\end{bmatrix}+\begin{bmatrix}\dot{\boldsymbol{U}}_{HS}\\ \dot{\boldsymbol{I}}_{HP}\end{bmatrix} \tag{10.77}$$

$$\begin{bmatrix}\dot{\boldsymbol{U}}_{S(2)}\\ \dot{\boldsymbol{I}}_{P(2)}\end{bmatrix}=\begin{bmatrix}\boldsymbol{H}_{SS(2)} & \boldsymbol{H}_{SP(2)}\\ \boldsymbol{H}_{PS(2)} & \boldsymbol{H}_{PP(2)}\end{bmatrix}\begin{bmatrix}\dot{\boldsymbol{I}}_{S(2)}\\ \dot{\boldsymbol{U}}_{P(2)}\end{bmatrix} \tag{10.78}$$

$$\begin{bmatrix}\dot{\boldsymbol{U}}_{S(0)}\\ \dot{\boldsymbol{I}}_{P(0)}\end{bmatrix}=\begin{bmatrix}\boldsymbol{H}_{SS(0)} & \boldsymbol{H}_{SP(0)}\\ \boldsymbol{H}_{PS(0)} & \boldsymbol{H}_{PP(0)}\end{bmatrix}\begin{bmatrix}\dot{\boldsymbol{I}}_{S(0)}\\ \dot{\boldsymbol{U}}_{P(0)}\end{bmatrix} \tag{10.79}$$

式中，$\dot{\boldsymbol{U}}_{S(m)}$、$\dot{\boldsymbol{I}}_{S(m)(m=1,2,0)}$ 为 $i$ 阶列向量；$\dot{\boldsymbol{U}}_{P(m)}$、$\dot{\boldsymbol{I}}_{P(m)}$ 为 $j$ 阶列向量。为求取系数矩阵各子阵 $\boldsymbol{H}_{SS(m)}$、$\boldsymbol{H}_{SP(m)}$、$\boldsymbol{H}_{PS(m)}$、$\boldsymbol{H}_{PP(m)}$ 和列向量 $\dot{\boldsymbol{U}}_{HS}$、$\dot{\boldsymbol{I}}_{HP}$，可先列出相应的 $n$ 端口网络阻抗型参数方程：

$$\begin{bmatrix}\dot{\boldsymbol{U}}_{S(m)}\\ \dot{\boldsymbol{U}}_{P(m)}\end{bmatrix}=\begin{bmatrix}\boldsymbol{Z}_{SS(m)} & \boldsymbol{Z}_{SP(m)}\\ \boldsymbol{Z}_{PS(m)} & \boldsymbol{Z}_{PP(m)}\end{bmatrix}\begin{bmatrix}\dot{\boldsymbol{I}}_{S(m)}\\ \dot{\boldsymbol{I}}_{P(m)}\end{bmatrix}+\begin{bmatrix}\dot{\boldsymbol{U}}_{ZS}\\ \dot{\boldsymbol{U}}_{ZP}\end{bmatrix} \tag{10.80}$$

然后套用求解两端口网络混合型参数的方法，得

$$\begin{cases}\boldsymbol{H}_{SS(m)}=\boldsymbol{Z}_{SS(m)}-\boldsymbol{Z}_{PP(m)}^{-1}\boldsymbol{Z}_{PS(m)}\\ \boldsymbol{H}_{SP(m)}=\boldsymbol{Z}_{SP(m)}\boldsymbol{Z}_{PP(m)}^{-1}\\ \boldsymbol{H}_{PS(m)}=-\boldsymbol{Z}_{PP(m)}^{-1}\boldsymbol{Z}_{PS(m)}\\ \boldsymbol{H}_{PP(m)}=\boldsymbol{Z}_{PP(m)}^{-1}\end{cases} \tag{10.81}$$

$$\begin{cases}\dot{\boldsymbol{U}}_{H\mathrm{S}}=\dot{\boldsymbol{U}}_{Z\mathrm{S}}-\boldsymbol{Z}_{\mathrm{SP}(1)}\boldsymbol{Z}_{\mathrm{PP}(1)}^{-1}\dot{\boldsymbol{U}}_{Z\mathrm{P}}\\ \dot{\boldsymbol{I}}_{H\mathrm{P}}=-\boldsymbol{Z}_{\mathrm{PP}(1)}^{-1}\dot{\boldsymbol{U}}_{Z\mathrm{P}}\end{cases}\tag{10.82}$$

至于 $n$ 端口网络的端口阻抗矩阵，以及列向量 $\dot{\boldsymbol{U}}_{Z\mathrm{S}}$、$\dot{\boldsymbol{U}}_{Z\mathrm{P}}$，则均可套用计算两端口网络阻抗型参数方程的方法求取。

然后计及与各序网络相连的理想变压器变比，将电压、电流变换至理想变压器的二次侧，并用类似于式(10.75)的推导方法，得

$$\begin{bmatrix}\boldsymbol{H}_{\mathrm{SS}} & \boldsymbol{H}_{\mathrm{SP}}\\ \boldsymbol{H}_{\mathrm{PS}} & \boldsymbol{H}_{\mathrm{PP}}\end{bmatrix}\begin{bmatrix}\dot{\boldsymbol{I}}'_{\mathrm{S}(1)}\\ \dot{\boldsymbol{U}}'_{\mathrm{P}(1)}\end{bmatrix}+\begin{bmatrix}\boldsymbol{n}_{\mathrm{S}(1)}\dot{\boldsymbol{U}}_{H\mathrm{S}}\\ \boldsymbol{n}_{\mathrm{P}(1)}\dot{\boldsymbol{I}}_{H\mathrm{P}}\end{bmatrix}=\begin{bmatrix}\mathbf{0}\\ \mathbf{0}\end{bmatrix}\tag{10.83}$$

其中，

$$\begin{aligned}\boldsymbol{H}_{\mathrm{SS}}&=\boldsymbol{n}_{\mathrm{S}(1)}\boldsymbol{H}_{\mathrm{SS}(1)}\boldsymbol{n}_{\mathrm{S}(1)}^{-1}+\boldsymbol{n}_{\mathrm{S}(2)}\boldsymbol{H}_{\mathrm{SS}(2)}\boldsymbol{n}_{\mathrm{S}(2)}^{-1}+\boldsymbol{H}_{\mathrm{SS}(0)}\\ \boldsymbol{H}_{\mathrm{SP}}&=\boldsymbol{n}_{\mathrm{S}(1)}\boldsymbol{H}_{\mathrm{SP}(1)}\boldsymbol{n}_{\mathrm{P}(1)}^{-1}+\boldsymbol{n}_{\mathrm{S}(2)}\boldsymbol{H}_{\mathrm{SP}(2)}\boldsymbol{n}_{\mathrm{P}(2)}^{-1}+\boldsymbol{H}_{\mathrm{SP}(0)}\\ \boldsymbol{H}_{\mathrm{PS}}&=\boldsymbol{n}_{\mathrm{P}(1)}\boldsymbol{H}_{\mathrm{PS}(1)}\boldsymbol{n}_{\mathrm{S}(1)}^{-1}+\boldsymbol{n}_{\mathrm{P}(2)}\boldsymbol{H}_{\mathrm{PS}(2)}\boldsymbol{n}_{\mathrm{S}(2)}^{-1}+\boldsymbol{H}_{\mathrm{PS}(0)}\\ \boldsymbol{H}_{\mathrm{PP}}&=\boldsymbol{n}_{\mathrm{P}(1)}\boldsymbol{H}_{\mathrm{PP}(1)}\boldsymbol{n}_{\mathrm{P}(1)}^{-1}+\boldsymbol{n}_{\mathrm{P}(2)}\boldsymbol{H}_{\mathrm{PP}(2)}\boldsymbol{n}_{\mathrm{P}(2)}^{-1}+\boldsymbol{H}_{\mathrm{PP}(0)}\end{aligned}\tag{10.84}$$

由式(10.83)可解得

$$\begin{bmatrix}\dot{\boldsymbol{I}}'_{\mathrm{S}(1)}\\ \dot{\boldsymbol{U}}_{\mathrm{P}(1)}\end{bmatrix}=-\begin{bmatrix}\boldsymbol{H}_{\mathrm{SS}} & \boldsymbol{H}_{\mathrm{SP}}\\ \boldsymbol{H}_{\mathrm{PS}} & \boldsymbol{H}_{\mathrm{PP}}\end{bmatrix}^{-1}\begin{bmatrix}\boldsymbol{n}_{\mathrm{S}(1)}\dot{\boldsymbol{U}}_{H\mathrm{S}}\\ \boldsymbol{n}_{\mathrm{P}(1)}\dot{\boldsymbol{I}}_{H\mathrm{P}}\end{bmatrix}\tag{10.85}$$

最后，在求得 $\dot{\boldsymbol{I}}'_{\mathrm{S}(1)}$、$\dot{\boldsymbol{U}}'_{\mathrm{P}(1)}$ 后，利用各序分量之间的关系，可得各理想变压器二次侧的电流、电压值，进而可得各序网络中各故障端口的电流、电压等。

# 11

# 电力系统元件的动态特性和数学模型

## 11.1 概述

稳定破坏事故是电网中最为严重的事故之一，现代电力系统中的稳定破坏事故，往往会引起大面积停电，给国民经济造成重大损失。

为了防止发生稳定事故，各电网采取了各种措施，如快速保护、单相重合闸、远方切机切负荷、投入制动电阻等，其中最常用的措施是对可能发生的各种运行方式进行大量计算，从而避开可能破坏稳定的运行方式，由此可见，电力系统暂态过程分析很有必要。

而要进行电磁和机电暂态过程分析，必须首先研究元件的动态特性，建立电力系统元件的数学模型。电力系统由各种不同的元件组成，元件的动态特性对于系统的暂态过程有直接的影响。为此，首先需要研究各元件的动态特性，建立它们的数学模型。

在此基础上，根据系统的具体结构，即各元件之间的相互关系，组成全系统的数学模型，然后采用适当的数学方法进行求解，这便是电力系统暂态分析的一般方法。

然而，由于各元件的动态响应有所不同，系统各种暂态过程的性质也不相同。因此，在不同类型的暂态过程分析中，所研究的元件种类和对它们数学模型的要求并不相同。例如，在电磁暂态过程分析中，所研究的暂态过程持续时间通常较短，在此情况下，一些动态响应比较缓慢的元件，如原动机及调速系统等的影响往往可以忽略不计，而发电机定子回路和电力网中的电磁暂态过程则需加以考虑。相反，在电力系统稳定性分析中，则通常忽略发电机定子回路和电力网中的电磁暂态过程，而用等值阻抗来描述线路和变压器等元件。

另外，就同一种系统暂态过程来说，对于不同的分析精度和速度要求，元件所用数学模型的精确程度也不相同。一般来说，在进行规划和设计时，暂态分析的速度要求可以适当降低，这时各元件可以采用较粗略的数学模型，以便提高分析精度。因此，在建立元件数学模型时，不但需要研究它们的精确模型，而且需要考虑各种简化模型，以适应不同的需要。

## 11.2 同步发电机的数学模型

在电力系统暂态分析中，同步发电机（发电机也可简称电机）大都采用 $dq0$ 坐标系统下的方程式作为数学模型。这些方程式最初由派克在引入适当的理想化假设条件后应用双反应原理推导而得。后来人们所提出的一些数学模型的主要区别在于转子等值阻尼绕组所考虑的数目、用电机暂态和次暂态参数表示同步电机方程时所采用的假设，以及计及磁路饱和影响的方法等有所不同。不同的参考书中，有关物理量的正方向规定、坐标变换矩阵的形式，以及基准值的选取方法等可能有所不同。

转子的等值阻尼绕组在水轮发电机等凸极同步电机中，用来模拟分布在转子上的阻尼条所产生的阻尼作用；而在汽轮发电机等隐极同步电机中，则用来模拟整块转子铁芯内由涡流所产生的阻尼作用。从理论上来说，增加等值阻尼绕组的数目可以提高数学模型的精度，但是采用过多等值绕组会使数学模型的微分方程阶数增高，使求解计算量大大增加，且难以准确地获取它们的电气参数。

发电机建模阶数的探讨如下。

（1）第一种建模阶数。

对于 $dq0$ 坐标下的同步电机方程，如果单独考虑与定子 $d$ 绕组、$q$ 绕组相独立的零轴绕组，则在计及 $d$、$q$、$f$、$D$、$Q$ 这 5 个绕组的电磁过渡过程（以绕组磁链 $\psi$ 或电流 $i$ 为状态变量）及转子机械过渡过程（以转速 $\omega$ 和转子位置角 $\delta$ 为状态变量）时，电机为七阶模型。

对于一个含有上百台发电机的多机电力系统，若再加上其励磁系统、调速系统和原动机的动态方程，就会出现“维数灾”，给分析计算带来很大困难。因此需要对同步电机的模型做一定的简化。常用的实用模型一般有三种，即三阶、五阶和二阶模型。

① 忽略定子绕组暂态，并忽略阻尼绕组作用，只计及励磁绕组暂态和转子动态的三阶模型。

② 忽略定子绕组暂态，但计及阻尼绕组 $D$、$Q$ 及励磁绕组暂态和转子动态的五阶模型。

③ 二阶模型一般是指以转速和转子位置角为状态变量的模型。

当对精度要求不高时，可采用二阶模型，当计及励磁系统时可采用三阶和五阶模型，当计及 $q$ 轴转子阻尼绕组 $Q$ 和 $g$ 时，可采用四阶或六阶模型。

对于一些对精度要求非常高的电力系统暂态分析，最好使用七阶模型，例如次同步振荡问题，但使用的模型阶数越高，越容易诱导发生“维数灾”，计算时必须特别注意。

（2）第二种建模阶数。

一阶模型：最简单的数学模型，即将发电机等效为一个 $R$-$L$ 电路，这个模型不考虑发电机的振荡特性，即稳定特性，通常用于分析潮流等。

二阶模型：一般以转速和转子位置角为状态变量，其公式其实就是一个二阶微分方程，该模型可用于研究扰动下发电机的振荡过程，以及发电机的稳定性，但其相对较为简化，没有考虑励磁机控制、励磁绕组、阻尼绕组的影响，其状态变量为 $\omega$、$\delta$；为了更精确地进行研究，相关人员进一步提出了高阶模型。

三阶模型：这个模型在稳定性研究中应用较多，忽略了定子绕组暂态，并忽略了阻尼绕组作用，只计及励磁绕组暂态和转子动态。该模型考虑了转子绕组磁场的干扰，即励磁绕组磁通链的变化，其状态变量为 $E'_q$、$\omega$、$\delta$。

四阶模型：在三阶模型的基础上，再考虑 $d$ 轴瞬变电动势 $E'_d$（与转子 $q$ 轴 $g$ 绕组对应），因这个模型考虑了励磁机的控制作用，故更为精确，应用较多，其状态变量为 $E'_q$、$E'_d$、$\omega$、$\delta$。

五阶模型：忽略了定子绕组暂态，但计及阻尼绕组 $D$、$Q$ 及励磁绕组暂态和转子动态，也就是在三阶模型的基础上，考虑阻尼绕组 $D$、$Q$，其状态变量为 $E''_q$、$E''_d$、$E'_q$、$\omega$、$\delta$。

六阶模型：这个模型在三阶模型的基础上考虑了阻尼绕组 $D$、$Q$ 的作用，同时引入 $q$ 轴瞬变电动势 $E'_q$ 和 $d$ 轴瞬变电动势 $E'_d$，其状态变量为 $E''_q$、$E''_d$、$E'_q$、$E'_d$、$\omega$、$\delta$。

七阶模型：考虑了 $dq$ 轴的状态方程，定子 $abc$ 化简为 $dq$ 绕组（不考虑零轴绕组），此时同步发电机共有 5 个绕组（$d$、$q$、$f$、$D$、$Q$），电磁暂态过程有五阶，再加上转子机械暂态过程（转速和转子位置角），其状态变量为 $\psi_d$、$\psi_q$、$\psi_f$、$\psi_D$、$\psi_Q$、$\omega$、$\delta$。

八阶模型：在七阶模型的基础上，在转子 $q$ 轴上考虑 $g$ 绕组，其状态变量为 $\psi_d$、$\psi_q$、$\psi_f$、$\psi_D$、$\psi_g$、$\psi_Q$、$\omega$、$\delta$。

目前，在应用比较广泛的数学模型中，对于凸极电机，一般在转子的直轴（$d$ 轴）和交轴（$q$ 轴）上各考虑一个等值阻尼绕组（分别称为 $D$ 绕组和 $Q$ 绕组）；而对于隐极电机，除了 $D$、$Q$ 绕组外，在 $q$ 轴上再增加一个等值阻尼绕组（称为 $g$ 绕组）。$g$ 绕组和 $Q$ 绕组分别用来反映阻尼作用较强和较弱的涡流效应。

① 当要计及转子超瞬变过程，且转子 $q$ 轴要考虑 $g$ 绕组时，五阶实用模型要增加一阶，即为六阶实用模型。

② 五阶模型一般更适用于水轮机，而六阶模型有利于描写实心转子的汽轮机，汽轮机转子 $q$ 轴的整个暂态过程用时间常数不同的两个等值绕组，即反映瞬变过程的 $g$ 绕组和反映超瞬变过程的 $Q$ 绕组来描写，比五阶实用模型更为精确。

在本科生教材中已经介绍过理想化同步电机的假设条件，详细导出了在转子具有 $D$、$Q$ 等值阻尼绕组的情况下的基本方程式，本节在此基础上加以扩展。

为了建立同步电机的数学模型，必须对实际的三相电机作以下简化假设。

① 定子 $abc$ 三相绕组结构完全相同，互相对称，空间相隔 120°（电角度）。

② 转子结构相对于 $d$ 轴及 $q$ 轴完全对称。

③ 定子、转子铁芯同轴且表面光滑（忽略定、转子上的齿槽），忽略齿谐波。

④ 定了、转子绕组电流产生的磁动势在气隙中是正弦分布的，忽略高次谐波。

⑤ 磁路是线性的，无饱和，无磁滞和涡流损耗，忽略集肤效应。

满足上述假定条件的电机称为理想电机，同步电机基本方程推导是基于上述理想电机的假设的。当需要考虑某些因素（如磁饱和等）时，则要对基本方程作相应修正。

### 11.2.1 *abc* 轴下同步电机的方程

图 11.1 所示的为同步电机的结构示意图和各绕组的电路图。图 11.1 中给出了定子三相绕组 $abc$、转子励磁绕组 $f$ 和阻尼绕组 $D$、$g$、$Q$ 的电流、电压和磁轴的规定正方向。

需要注意的是，定子三相绕组磁轴的正方向分别与各绕组正向电流所产生磁通的方向相反；而转子各绕组磁轴的正方向则分别与各绕组正向电流所产生磁通的方向相同；转子的 $q$ 轴沿转子旋转的方向超前于 $d$ 轴 90°；另外，规定各绕组磁链的正方向与相应的磁轴正方向一致；定子正电流产生负磁链（过激运行，电枢反应为去磁作用）；转

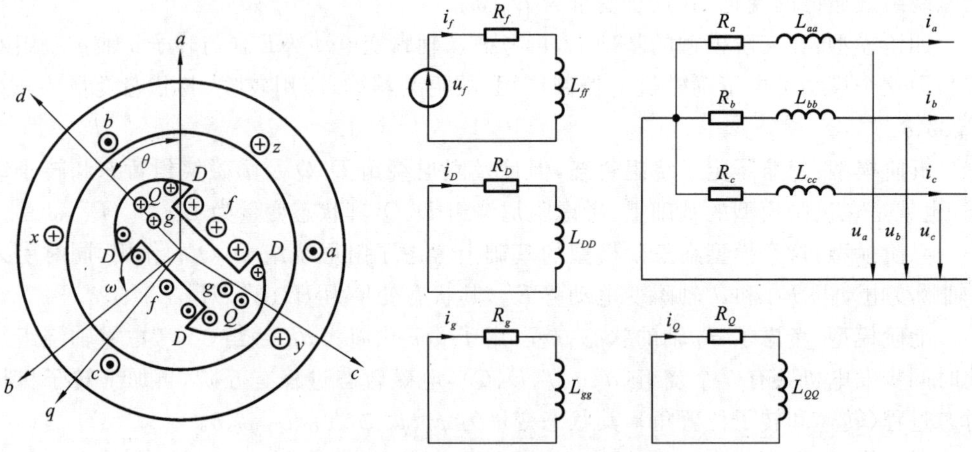


**图 11.1　同步电机的结构示意图和各绕组的电路图**

子正电流产生正磁链（转子方程符合右手螺旋定则）；定子流出正电流，电压为正（电源）；转子侧绕组流入正电流，电压为正（负载）。

1. 各绕组电压平衡方程

由前面所设的定子各绕组的电压、电流及磁链正方向，可写出定子各绕组的电压方程为

$$\begin{cases} u_a=-r_ai_a+e_a=-r_ai_a+\dfrac{d\psi_a}{dt}=-r_ai_a+p\psi_a \\ u_b=-r_bi_b+e_b=-r_bi_b+\dfrac{d\psi_b}{dt}=-r_bi_b+p\psi_b \\ u_c=-r_ci_c+e_c=-r_ci_c+\dfrac{d\psi_c}{dt}=-r_ci_c+p\psi_c \end{cases} \tag{11.1}$$

式中，$p=d/dt$ 为对时间的导数算子；$r_a$、$r_b$、$r_c$ 为定子各相绕组的电阻。电压单位为 V，电流单位为 A，电阻单位为 Ω，磁链单位为 Wb，时间单位为 s。

由前面所设的转子各绕组的电压、电流及磁链正方向，可写出转子各绕组的电压方程为

$$\begin{cases} u_f=r_fi_f+p\psi_f \\ u_D=0=r_Di_D+p\psi_D \\ u_g=0=r_gi_g+p\psi_g \\ u_Q=0=r_Qi_Q+p\psi_Q \end{cases} \tag{11.2}$$

可把式(11.1)与式(11.2)合并，写成矩阵形式的电压方程，即

$$\begin{bmatrix} u_a \\ u_b \\ u_c \\ \hdashline u_f \\ 0 \\ 0 \\ 0 \end{bmatrix}=\left[\begin{array}{ccc:cccc} r & & & & & & \\ & r & & & & & \\ & & r & & & & \\ \hdashline & & & r_f & & & \\ & & & & r_D & & \\ & & & & & r_g & \\ & & & & & & r_Q \end{array}\right]\begin{bmatrix} -i_a \\ -i_b \\ -i_c \\ \hdashline i_f \\ i_D \\ i_g \\ i_Q \end{bmatrix}+\begin{bmatrix} p\psi_a \\ p\psi_b \\ p\psi_c \\ \hdashline p\psi_f \\ p\psi_D \\ p\psi_g \\ p\psi_Q \end{bmatrix} \tag{11.3}$$

2. 各绕组磁链方程

在假定磁路不饱和的情况下，可以通过各绕组自感 $L$ 和绕组间互感 $M$，列出下列磁链方程：

$$\begin{bmatrix}\psi_a\\ \psi_b\\ \psi_c\\ \psi_f\\ \psi_D\\ \psi_g\\ \psi_Q\end{bmatrix}=\begin{bmatrix}L_{aa} & M_{ab} & M_{ac} & M_{af} & M_{aD} & M_{ag} & M_{aQ}\\ M_{ba} & L_{bb} & M_{bc} & M_{bf} & M_{bD} & M_{bg} & M_{bQ}\\ M_{ca} & M_{cb} & L_{cc} & M_{cf} & M_{cD} & M_{cg} & M_{cQ}\\ M_{fa} & M_{fb} & M_{fc} & L_{ff} & M_{fD} & M_{fg} & M_{fQ}\\ M_{Da} & M_{Db} & M_{Dc} & M_{Df} & L_{DD} & M_{Dg} & M_{DQ}\\ M_{ga} & M_{gb} & M_{gc} & M_{gf} & M_{gD} & L_{gg} & M_{gQ}\\ M_{Qa} & M_{Qb} & M_{Qc} & M_{Qf} & M_{QD} & M_{Qg} & L_{QQ}\end{bmatrix}\begin{bmatrix}-i_a\\ -i_b\\ -i_c\\ i_f\\ i_D\\ i_g\\ i_Q\end{bmatrix} \tag{11.4}$$

式(11.4)中的系数矩阵应为对称矩阵。由于转子的转动，一些绕组的自感和绕组间的互感将随着转子位置的改变而呈周期性变化。

取转子 $d$ 轴与 $a$ 相绕组磁轴之间的电角度 $\theta$ 为变量，在假定定子电流所产生的磁势以及定子绕组与转子绕组间的互磁通在空间均按正弦规律分布的条件下，各绕组的自感和绕组间的互感可以表示如下。

(1) 定子各相绕组的自感和绕组间的互感为

$$\begin{cases}L_{aa}=L_0+l_2\cos2\theta\\ L_{bb}=L_0+l_2\cos2(\theta-2\pi/3)\\ L_{cc}=L_0+l_2\cos2(\theta+2\pi/3)\end{cases} \tag{11.5}$$

$$\begin{cases}L_{ab}=-[m_0+m_2\cos2(\theta+\pi/6)]\\ L_{bc}=-[m_0+m_2\cos2(\theta-\pi/2)]\\ L_{ca}=-[m_0+m_2\cos2(\theta+5\pi/6)]\end{cases} \tag{11.6}$$

在理想假设条件下，可以证明 $l_2=m_2$。另外，对于隐极电机，上列自感和互感都是常数。

(2) 定子绕组与转子绕组间的互感为

$$\begin{cases}M_{af}=m_{af}\cos\theta\\ M_{bf}=m_{af}\cos(\theta-2\pi/3)\\ M_{cf}=m_{af}\cos(\theta+2\pi/3)\end{cases} \tag{11.7}$$

$$\begin{cases}M_{aD}=m_{aD}\cos\theta\\ M_{bD}=m_{aD}\cos(\theta-2\pi/3)\\ M_{cD}=m_{aD}\cos(\theta+2\pi/3)\end{cases} \tag{11.8}$$

$$\begin{cases}M_{ag}=-m_{ag}\sin\theta\\ M_{bg}=-m_{ag}\sin(\theta-2\pi/3)\\ M_{cg}=-m_{ag}\sin(\theta+2\pi/3)\end{cases} \tag{11.9}$$

$$\begin{cases}M_{aQ}=-m_{aQ}\sin\theta\\ M_{bQ}=-m_{aQ}\sin(\theta-2\pi/3)\\ M_{cQ}=-m_{aQ}\sin(\theta+2\pi/3)\end{cases} \tag{11.10}$$

(3) 转子各绕组的自感和绕组间的互感。

由于转子各绕组与转子一起旋转，无论是凸极电机还是隐极电机，这些绕组的磁路情况都不因转子位置的改变而变化，因此这些绕组的自感和它们间的互感 $L_{ff}$、$L_{DD}$、$L_{gg}$、$L_{QQ}$、$M_{fD}$、$M_{gQ}$ 都是常数。另外，由于 $d$ 轴的 $f$、$D$ 绕组与 $q$ 轴的 $g$、$Q$ 绕组彼此正交，因此它们之间的互感为零，即 $M_{fg}=M_{fQ}=M_{Dg}=M_{DQ}=0$。

3. 功率、力矩及转子运动方程

发电机定子绕组输出的三相瞬时电功率为

$$P_{\text{out}}=u_a i_a+u_b i_b+u_c i_c=\boldsymbol{u}_{abc}^{\mathrm{T}}\boldsymbol{i}_{abc} \tag{11.11}$$

若把同步电机绕组用集中参数的电阻、电感等值，又根据理想电机假定可知电机多为多绕组的线性电磁系统，则可导出电磁转矩方程为

$$T_{\mathrm{e}}=-p_{\mathrm{p}}\frac{1}{2}\boldsymbol{i}^{\mathrm{T}}\frac{\mathrm{d}\boldsymbol{L}(\theta)}{\mathrm{d}\theta}\boldsymbol{i} \tag{11.12}$$

式中，$p_{\mathrm{p}}$ 为极对数；$\boldsymbol{i}=[-i_a \quad -i_b \quad -i_c \quad i_f \quad i_D \quad i_g \quad i_Q]^{\mathrm{T}}$；$\boldsymbol{L}$ 为式(11.4)中的电感矩阵；$\theta$ 为转子旋转的电角度，实际取 $d$ 轴领先于 $a$ 轴的电角度，单位为 rad；力矩单位为 N·m。

将磁链方程和电感参数表达式代入式(11.12)，可导出

$$\begin{aligned}T_{\mathrm{e}}&=p_{\mathrm{p}}\frac{1}{\sqrt{3}}[\psi_a(i_b-i_c)+\psi_b(i_c-i_a)+\psi_c(i_a-i_b)]\\&=p_{\mathrm{p}}\frac{1}{\sqrt{3}}\boldsymbol{\psi}_{abc}^{\mathrm{T}}\begin{bmatrix}0&1&-1\\-1&0&1\\1&-1&0\end{bmatrix}\boldsymbol{i}_{abc}\end{aligned} \tag{11.13}$$

电力系统受扰动后，电机之间相对运动的特性表征了电力系统的稳定性。为了较准确和较严格地分析电力系统的稳定性，必须首先建立描述发电机转子运动的动态方程——发电机转子运动方程：

$$\begin{cases}J\alpha=J\dfrac{\mathrm{d}\omega_{\mathrm{m}}}{\mathrm{d}t}=\dfrac{\mathrm{d}^2\theta_{\mathrm{m}}}{\mathrm{d}t^2}=T_{\mathrm{m}}-T_{\mathrm{e}}\\[2mm]\dfrac{\mathrm{d}\theta_{\mathrm{m}}}{\mathrm{d}t}=\omega_{\mathrm{m}}\end{cases} \tag{11.14}$$

式中，$J$ 为转动惯量；$\alpha$ 为机械角加速度；$\omega_{\mathrm{m}}$ 为机械角速度；$\theta_{\mathrm{m}}$ 为机械角度；$T_{\mathrm{m}}$ 为机械转矩；$T_{\mathrm{e}}$ 为电磁转矩。

实际分析时一般取电角度 $\theta$ 和电角速度 $\omega$ 为变量，它们与机械角度 $\theta_{\mathrm{m}}$、机械角速度 $\omega_{\mathrm{m}}$ 的关系为：$\theta_{\mathrm{m}}=\theta/p_{\mathrm{p}}$，$\omega_{\mathrm{m}}=\omega/p_{\mathrm{p}}$，则有

$$\begin{cases}\dfrac{1}{p_{\mathrm{p}}}J\dfrac{\mathrm{d}\omega}{\mathrm{d}t}=T_{\mathrm{m}}-T_{\mathrm{e}}\\[2mm]\dfrac{\mathrm{d}\theta}{\mathrm{d}t}=\omega\end{cases} \tag{11.15}$$

额定转速下的转子动能为 $W_{\mathrm{k}}=\frac{1}{2}J\omega_{\mathrm{m}N}^2$，则有名值转子运动方程为

$$J\frac{\mathrm{d}\omega_{\mathrm{m}}}{\mathrm{d}t}=\frac{2W_{\mathrm{k}}}{\omega_{\mathrm{m}N}^2}\frac{\mathrm{d}\omega_{\mathrm{m}}}{\mathrm{d}t}=T_{\mathrm{m}}-T_{\mathrm{e}} \tag{11.16}$$

若取转矩基准值为 $T_{\mathrm{B}}=\dfrac{S_{\mathrm{B}}}{\omega_{\mathrm{m}N}}$，式(11.16)两侧同时除以 $T_{\mathrm{B}}$ 得

$$\frac{\dfrac{2W_{\mathrm{k}}}{\omega_{\mathrm{m}N}^2}}{\dfrac{S_{\mathrm{B}}}{\omega_{\mathrm{m}N}}}\frac{\mathrm{d}\omega_{\mathrm{m}}}{\mathrm{d}t}=\frac{2W_{\mathrm{k}}}{S_{\mathrm{B}}\omega_{\mathrm{m}N}}\frac{\mathrm{d}\omega_{\mathrm{m}}}{\mathrm{d}t}=\frac{2W_{\mathrm{k}}}{S_{\mathrm{B}}\omega_N}\frac{\mathrm{d}\omega}{\mathrm{d}t}=T_{\mathrm{m}*}-T_{\mathrm{e}*} \tag{11.17}$$

若取惯性时间常数 $T_{\mathrm{J}}=\dfrac{2W_{\mathrm{k}}}{S_{\mathrm{B}}}$，则标幺值下转子运动方程为

$$\frac{T_{\mathrm{J}}}{\omega_N}\frac{\mathrm{d}\omega}{\mathrm{d}t}=T_{\mathrm{m}*}-T_{\mathrm{e}*} \tag{11.18}$$

$$\frac{\mathrm{d}\delta}{\mathrm{d}t}=\omega-\omega_N \tag{11.19}$$

以同步旋转轴为参考轴，则 $\delta=\theta-\theta_N$，如图 11.2 所示。

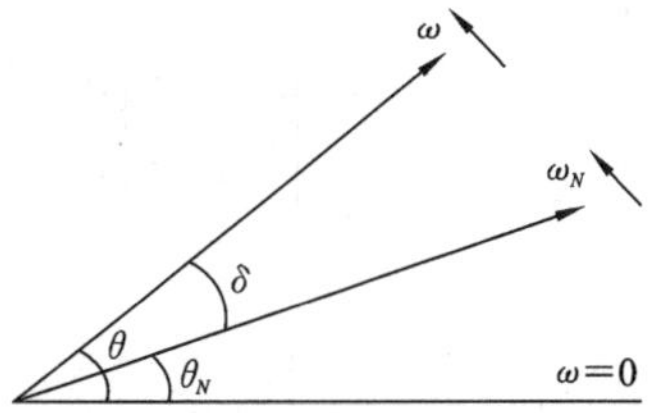


**图 11.2 同步旋转轴为参考轴的 δ 定义**

$$\begin{cases}\dfrac{\mathrm{d}\delta}{\mathrm{d}t}=\omega-\omega_N\\[2mm]\dfrac{\mathrm{d}\omega}{\mathrm{d}t}=\dfrac{\omega_N}{T_{\mathrm{J}}}(T_{\mathrm{m}*}-T_{\mathrm{e}*})\end{cases} \tag{11.20}$$

式(11.20)可写成

$$\begin{cases}\dfrac{\mathrm{d}\delta}{\mathrm{d}t}=\omega_N(\omega_*-1)\\[2mm]\dfrac{\mathrm{d}\omega_*}{\mathrm{d}t}=\dfrac{1}{T_{\mathrm{J}}}(T_{\mathrm{m}*}-T_{\mathrm{e}*})\end{cases} \tag{11.21}$$

若令 $t_{\mathrm{B}}=\dfrac{1}{\omega_N}$，则式(11.20)也可写成

$$\begin{cases}\dfrac{\mathrm{d}\delta}{\mathrm{d}t_*}=(\omega_*-1)\\[2mm]\dfrac{\mathrm{d}\omega_*}{\mathrm{d}t_*}=\dfrac{1}{T_{\mathrm{J}*}}(T_{\mathrm{m}*}-T_{\mathrm{e}*})\end{cases} \tag{11.22}$$

### 11.2.2 $dq0$ 轴下同步电机的方程

由于一些自感和互感与转子的位置有关，因而电压方程式(11.3)和磁链方程式(11.4)将形成一组以时间 $t$ 为自变量的变系数微分方程，使分析和计算十分困难。为此常采用坐标变换方法，在新的坐标系统下得出一组常系数方程式。第 10 章介绍的派克所提出的 $dq0$ 坐标系统是这类坐标系统中的一种，它将定子电流、电压和磁链的三相分量通过相同的坐标变换矩阵分别变换成 $d$、$q$、0 轴的三个分量。

采用派克变换式进行坐标变换，实际上相当于将定子的三个相绕组用结构与它们相同的另外三个等值绕组，即 $d$ 绕组、$q$ 绕组和 0 绕组来代替。$d$ 绕组和 $q$ 绕组的磁轴正方向分别与转子的 $d$ 轴和 $q$ 轴的方向相同，用来反映定子三相绕组在 $d$ 轴和 $q$ 轴方向的行为；而 0 绕组用于反映定子三相中的零序分量。因此，对电压、电流、磁链可作派克变换，即 $\boldsymbol{i}_{dq0}=\boldsymbol{P}\boldsymbol{i}_{abc}$，$\boldsymbol{u}_{dq0}=\boldsymbol{P}\boldsymbol{u}_{abc}$，$\boldsymbol{\psi}_{dq0}=\boldsymbol{P}\boldsymbol{\psi}_{abc}$，可写成如下矩阵形式：

$$\begin{bmatrix}i_d\\i_q\\i_0\end{bmatrix}=\boldsymbol{P}\begin{bmatrix}i_a\\i_b\\i_c\end{bmatrix}=\frac{2}{3}\begin{bmatrix}\cos\theta & \cos(\theta-120^\circ) & \cos(\theta+120^\circ)\\-\sin\theta & -\sin(\theta-120^\circ) & -\sin(\theta+120^\circ)\\\dfrac{1}{2} & \dfrac{1}{2} & \dfrac{1}{2}\end{bmatrix}\begin{bmatrix}i_a\\i_b\\i_c\end{bmatrix} \tag{11.23}$$

$$\begin{bmatrix} u_d \\ u_q \\ u_0 \end{bmatrix} = \boldsymbol{P} \begin{bmatrix} u_a \\ u_b \\ u_c \end{bmatrix} = \frac{2}{3} \begin{bmatrix} \cos\theta & \cos(\theta-120^\circ) & \cos(\theta+120^\circ) \\ -\sin\theta & -\sin(\theta-120^\circ) & -\sin(\theta+120^\circ) \\ \frac{1}{2} & \frac{1}{2} & \frac{1}{2} \end{bmatrix} \begin{bmatrix} u_a \\ u_b \\ u_c \end{bmatrix} \tag{11.24}$$

$$\begin{bmatrix} \psi_d \\ \psi_q \\ \psi_0 \end{bmatrix} = \boldsymbol{P} \begin{bmatrix} \psi_a \\ \psi_b \\ \psi_c \end{bmatrix} = \frac{2}{3} \begin{bmatrix} \cos\theta & \cos(\theta-120^\circ) & \cos(\theta+120^\circ) \\ -\sin\theta & -\sin(\theta-120^\circ) & -\sin(\theta+120^\circ) \\ \frac{1}{2} & \frac{1}{2} & \frac{1}{2} \end{bmatrix} \begin{bmatrix} \psi_a \\ \psi_b \\ \psi_c \end{bmatrix} \tag{11.25}$$

作派克矩阵逆变换，$\boldsymbol{i}_{abc} = \boldsymbol{P}^{-1} \boldsymbol{i}_{dq0}$，$\boldsymbol{u}_{abc} = \boldsymbol{P}^{-1} \boldsymbol{u}_{dq0}$，$\boldsymbol{\psi}_{abc} = \boldsymbol{P}^{-1} \boldsymbol{\psi}_{dq0}$，可写成如下矩阵形式：

$$\begin{bmatrix} u_a \\ u_b \\ u_c \end{bmatrix} = \boldsymbol{P}^{-1} \begin{bmatrix} u_d \\ u_q \\ u_0 \end{bmatrix} = \begin{bmatrix} \cos\theta & -\sin\theta & 1 \\ \cos(\theta-120^\circ) & -\sin(\theta-120^\circ) & 1 \\ \cos(\theta+120^\circ) & -\sin(\theta+120^\circ) & 1 \end{bmatrix} \begin{bmatrix} u_d \\ u_q \\ u_0 \end{bmatrix} \tag{11.26}$$

$$\begin{bmatrix} \psi_a \\ \psi_b \\ \psi_c \end{bmatrix} = \boldsymbol{P}^{-1} \begin{bmatrix} i_d \\ i_q \\ i_0 \end{bmatrix} = \begin{bmatrix} \cos\theta & -\sin\theta & 1 \\ \cos(\theta-120^\circ) & -\sin(\theta-120^\circ) & 1 \\ \cos(\theta+120^\circ) & -\sin(\theta+120^\circ) & 1 \end{bmatrix} \begin{bmatrix} \psi_d \\ \psi_q \\ \psi_0 \end{bmatrix} \tag{11.27}$$

$abc$ 坐标下电压平衡方程为

$$\begin{bmatrix} \boldsymbol{u}_{abc} \\ \boldsymbol{u}_{fDgQ} \end{bmatrix} = \begin{bmatrix} \boldsymbol{R}_\mathrm{S} & \boldsymbol{0} \\ \boldsymbol{0} & \boldsymbol{R}_\mathrm{R} \end{bmatrix} \begin{bmatrix} -\boldsymbol{i}_{abc} \\ \boldsymbol{i}_{fDgQ} \end{bmatrix} + \begin{bmatrix} \dfrac{\mathrm{d}\boldsymbol{\psi}_{abc}}{\mathrm{d}t} \\ \dfrac{\mathrm{d}\boldsymbol{\psi}_{fDgQ}}{\mathrm{d}t} \end{bmatrix} \tag{11.28}$$

对式(11.28)进行坐标变换，得

$$\begin{bmatrix} \boldsymbol{P} & \boldsymbol{0} \\ \boldsymbol{0} & \boldsymbol{I} \end{bmatrix} \begin{bmatrix} \boldsymbol{u}_{abc} \\ \boldsymbol{u}_{fDgQ} \end{bmatrix} = \begin{bmatrix} \boldsymbol{P} & \boldsymbol{0} \\ \boldsymbol{0} & \boldsymbol{I} \end{bmatrix} \begin{bmatrix} \boldsymbol{R}_\mathrm{S} & \boldsymbol{0} \\ \boldsymbol{0} & \boldsymbol{R}_\mathrm{R} \end{bmatrix} \begin{bmatrix} -\boldsymbol{i}_{abc} \\ \boldsymbol{i}_{fDgQ} \end{bmatrix} + \begin{bmatrix} \boldsymbol{P} & \boldsymbol{0} \\ \boldsymbol{0} & \boldsymbol{I} \end{bmatrix} \begin{bmatrix} \dfrac{\mathrm{d}\boldsymbol{\psi}_{abc}}{\mathrm{d}t} \\ \dfrac{\mathrm{d}\boldsymbol{\psi}_{fDgQ}}{\mathrm{d}t} \end{bmatrix} \tag{11.29}$$

经运算得 $dq0$ 轴下的电压方程为

$$\begin{bmatrix} u_d \\ u_q \\ u_0 \\ u_f \\ 0 \\ 0 \\ 0 \end{bmatrix} = \begin{bmatrix} R & & & & & & \\ & R & & & & & \\ & & R & & & & \\ & & & R_f & & & \\ & & & & R_D & & \\ & & & & & R_g & \\ & & & & & & R_Q \end{bmatrix} \begin{bmatrix} -i_d \\ -i_q \\ -i_0 \\ i_f \\ i_D \\ i_g \\ i_Q \end{bmatrix} + \begin{bmatrix} p\psi_d \\ p\psi_q \\ p\psi_0 \\ p\psi_f \\ p\psi_D \\ p\psi_g \\ p\psi_Q \end{bmatrix} + \begin{bmatrix} -\omega\psi_q \\ \omega\psi_d \\ 0 \\ 0 \\ 0 \\ 0 \\ 0 \end{bmatrix} \tag{11.30}$$

$\omega$ 为转子角速度，其标么值为 $1+s$，$s$ 为转差率。转子以同步转速旋转时，$\omega$ 标么值为 1。$p\psi$ 磁链变化产生的电势，称为变压器电势；$\omega\psi$ 是因旋转产生的电势，称为发电机电势。

$abc$ 坐标轴下的磁链方程可写成

$$\begin{bmatrix} \boldsymbol{\psi}_{abc} \\ \boldsymbol{\psi}_{f_{DgQ}} \end{bmatrix} = \begin{bmatrix} \boldsymbol{L}_\mathrm{SS} & \boldsymbol{L}_\mathrm{SR} \\ \boldsymbol{L}_\mathrm{RS} & \boldsymbol{L}_\mathrm{RR} \end{bmatrix} \begin{bmatrix} -\boldsymbol{i}_{abc} \\ \boldsymbol{i}_{f_{DgQ}} \end{bmatrix} \tag{11.31}$$

对式(11.31)进行坐标变换，得

$$\begin{bmatrix}\boldsymbol{\Psi}_{dq0}\\ \boldsymbol{\Psi}_{f_{DgQ}}\end{bmatrix}=\begin{bmatrix}\boldsymbol{P} & \boldsymbol{0}\\ \boldsymbol{0} & \boldsymbol{I}\end{bmatrix}\begin{bmatrix}\boldsymbol{\Psi}_{abc}\\ \boldsymbol{\Psi}_{f_{DgQ}}\end{bmatrix}=\begin{bmatrix}\boldsymbol{P} & \boldsymbol{0}\\ \boldsymbol{0} & \boldsymbol{I}\end{bmatrix}\begin{bmatrix}\boldsymbol{L}_{SS} & \boldsymbol{L}_{SR}\\ \boldsymbol{L}_{RS} & \boldsymbol{L}_{RR}\end{bmatrix}\begin{bmatrix}-\boldsymbol{i}_{abc}\\ \boldsymbol{i}_{f_{DgQ}}\end{bmatrix}$$

$$=\begin{bmatrix}\boldsymbol{P} & \boldsymbol{0}\\ \boldsymbol{0} & \boldsymbol{I}\end{bmatrix}\begin{bmatrix}\boldsymbol{L}_{SS} & \boldsymbol{L}_{SR}\\ \boldsymbol{L}_{RS} & \boldsymbol{L}_{RR}\end{bmatrix}\begin{bmatrix}\boldsymbol{P}^{-1} & \boldsymbol{0}\\ \boldsymbol{0} & \boldsymbol{I}\end{bmatrix}\begin{bmatrix}\boldsymbol{P} & \boldsymbol{0}\\ \boldsymbol{0} & \boldsymbol{I}\end{bmatrix}\begin{bmatrix}-\boldsymbol{i}_{abc}\\ \boldsymbol{i}_{f_{DgQ}}\end{bmatrix} \tag{11.32}$$

经运算得磁链方程：

$$\begin{bmatrix}\boldsymbol{\Psi}_{dq0}\\ \boldsymbol{\Psi}_{f_{DgQ}}\end{bmatrix}=\begin{bmatrix}\boldsymbol{P}\boldsymbol{L}_{SS}\boldsymbol{P}^{-1} & \boldsymbol{P}\boldsymbol{L}_{SR}\\ \boldsymbol{L}_{RS}\boldsymbol{P}^{-1} & \boldsymbol{L}_{RR}\end{bmatrix}\begin{bmatrix}-\boldsymbol{i}_{dq0}\\ \boldsymbol{i}_{f_{DgQ}}\end{bmatrix} \tag{11.33}$$

因此，派克变换后的磁链方程为

$$\begin{bmatrix}\psi_d\\ \psi_q\\ \psi_0\\ \psi_f\\ \psi_D\\ \psi_g\\ \psi_Q\end{bmatrix}=\begin{bmatrix}L_d & 0 & 0 & m_{af} & m_{aD} & 0 & 0\\ 0 & L_q & 0 & 0 & 0 & m_{ag} & m_{aQ}\\ 0 & 0 & L_0 & 0 & 0 & 0 & 0\\ \frac{3}{2}m_{af} & 0 & 0 & L_f & m_{fD} & 0 & 0\\ \frac{3}{2}m_{aD} & 0 & 0 & m_{fD} & L_D & 0 & 0\\ 0 & \frac{3}{2}m_{ag} & 0 & 0 & 0 & L_g & m_{gQ}\\ 0 & \frac{3}{2}m_{aQ} & 0 & 0 & 0 & m_{gQ} & L_Q\end{bmatrix}\begin{bmatrix}-i_d\\ -i_q\\ -i_0\\ i_f\\ i_D\\ i_g\\ i_Q\end{bmatrix} \tag{11.34}$$

其中，$L_f=L_{ff}$，$L_D=L_{DD}$，$L_g=L_{gg}$，$L_Q=L_{QQ}$，且有

$$\begin{cases}L_d=l_0+m_0+3l_2/2\\ L_q=l_0+m_0-3l_2/2\\ L_0=l_0-2m_0\end{cases}$$

式(11.34)中，$L_d$、$L_q$ 和 $L_0$ 分别为等值 $d$ 绕组、$q$ 绕组和 0 绕组的自感，它们依次对应定子 $d$ 轴同步电抗、$q$ 轴同步电抗和零序电抗。

注意，在变换后的磁链方程中，定子 $d$、$q$、0 轴绕组与转子绕组间的互感为不可逆的。如果将各转子绕组的电流分别用它们的 2/3 代替，或者取 $\boldsymbol{P}$ 为正交矩阵，则这些互感便变为可逆的。

采用正交变换或选用适当的基准值，可使磁链方程的电感系数矩阵对称，则取标幺值的磁链方程为

$$\begin{bmatrix}\psi_d\\ \psi_q\\ \psi_0\\ \psi_f\\ \psi_D\\ \psi_g\\ \psi_Q\end{bmatrix}=\begin{bmatrix}X_d & 0 & 0 & X_{af} & X_{aD} & 0 & 0\\ 0 & X_q & 0 & 0 & 0 & X_{ag} & X_{aQ}\\ 0 & 0 & X_0 & 0 & 0 & 0 & 0\\ X_{af} & 0 & 0 & X_f & X_{fD} & 0 & 0\\ X_{aD} & 0 & 0 & X_{fD} & X_D & 0 & 0\\ 0 & X_{ag} & 0 & 0 & 0 & X_g & X_{gQ}\\ 0 & X_{aQ} & 0 & 0 & 0 & X_{gQ} & X_Q\end{bmatrix}\begin{bmatrix}-i_d\\ -i_q\\ -i_0\\ i_f\\ i_D\\ i_g\\ i_Q\end{bmatrix} \tag{11.35}$$

当电流和电压取所示的规定正方向时，定子绕组输出的总功率为

$$P_E=u_ai_a+u_bi_b+u_ci_c=\boldsymbol{u}_{abc}^{T}\boldsymbol{i}_{abc} \tag{11.36}$$

应用坐标变换式可得 $dq0$ 坐标系统下的功率表达式为

$$P_E=\boldsymbol{u}_{dq0}^{T}\boldsymbol{P}^{-T}\boldsymbol{P}^{-1}\boldsymbol{i}_{dq0}=\frac{3}{2}u_di_d+\frac{3}{2}u_qi_q+3u_0i_0 \tag{11.37}$$

而在标幺值下的功率表达式为

$$P_{E^*}=u_{d^*}i_{d^*}+u_{q^*}i_{q^*}+2u_{0^*}i_{0^*} \tag{11.38}$$

取 $\boldsymbol{P}$ 为正交矩阵，则 $dq0$ 坐标系统下的功率表达式为

$$p_o=\boldsymbol{u}_{abc}^{\mathrm{T}}\boldsymbol{i}_{abc}=\boldsymbol{u}_{dq0}^{\mathrm{T}}(\boldsymbol{P}^{-1})^{\mathrm{T}}\boldsymbol{P}^{-1}\boldsymbol{i}_{dq0}=u_di_d+u_qi_q+u_0i_0=\boldsymbol{u}_{dq0}^{\mathrm{T}}\boldsymbol{i}_{dq0} \tag{11.39}$$

经经典派克变换得到的电磁转矩方程为

$$T_e=-p_p\frac{1}{2}\boldsymbol{i}^{\mathrm{T}}\frac{\mathrm{d}\boldsymbol{L}(\theta)}{\mathrm{d}\theta}\boldsymbol{i}=\frac{3}{2}p_p(\psi_di_q-\psi_qi_d) \tag{11.40}$$

经正交派克变换得到的电磁转矩方程为

$$T_e=-p_p\frac{1}{2}\boldsymbol{i}^{\mathrm{T}}\frac{\mathrm{d}\boldsymbol{L}(\theta)}{\mathrm{d}\theta}\boldsymbol{i}=p_p(\psi_di_q-\psi_qi_d) \tag{11.41}$$

在标幺值下，电磁转矩方程为

$$T_{e^*}=\psi_{d^*}i_{q^*}-\psi_{q^*}i_{d^*} \tag{11.42}$$

### 11.2.3 用电机参数表示的同步电机方程

在式(11.30)、式(11.35)中，除去与零序绕组有关的方程后，余下的方程涉及 17 个原始参数：$R_a$、$R_f$、$R_D$、$R_g$、$R_Q$、$X_d$、$X_q$、$X_f$、$X_D$、$X_g$、$X_Q$、$X_{af}$、$X_{aD}$、$X_{fD}$、$X_{ag}$、$X_{aQ}$、$X_{gQ}$，这些参数大部分都很难直接得到。

实际上同步电机的常用参数有 12 个：$R_a$、$X_d$、$X_q$、$X_\sigma$、$X'_d$、$X''_d$、$X'_q$、$X''_q$、$T'_{d0}$、$T''_{d0}$、$T'_{q0}$、$T''_{q0}$。这些稳态、暂态和次暂态参数可以通过实验获得。

然而，由于这两组参数的个数不等，用 12 个电机参数表示的方程式不可能唯一确定 17 个原始参数，因此，在进行转换时，需要采用一些假设，并导出相应的方程。

实用化假设如下。

(1) $p\psi_d=p\psi_q=0$，即不计定子回路电磁暂态过程，或另行考虑定子电流非周期分量。

(2) 标幺制下，$\omega=1$，$X=\omega L=L$。

(3) 定子回路电阻仅在计算时间常数时考虑。

(4) 忽略零轴分量。

(5) 各轴向绕组间互感相等。

因此可得实用化派克电压方程为

$$\begin{cases}u_d=-\psi_q\\u_q=\psi_d\\u_f=p\psi_f+i_fR_f\\0=p\psi_D+i_DR_D\\0=p\psi_g+i_gR_g\\0=p\psi_Q+i_QR_Q\end{cases} \tag{11.43}$$

实用化派克磁链方程为

$$\begin{cases}\psi_d=-X_di_d+X_{ad}i_f+X_{ad}i_D\\\psi_q=-X_qi_q+X_{aq}i_g+X_{aq}i_Q\\\psi_f=-X_{ad}i_d+X_fi_f+X_{ad}i_D\\\psi_D=-X_{ad}i_d+X_{ad}i_f+X_Di_D\\\psi_g=-X_{aq}i_q+X_gi_g+X_{aq}i_Q\\\psi_Q=-X_{aq}i_q+X_{aq}i_g+X_Qi_Q\end{cases} \tag{11.44}$$

式(11.43)、式(11.44)中各参数均为标幺值。

### 11.2.4　同步电机的稳态方程

相关内容在本科教材中详细介绍过，此处仅作简单介绍。电力系统暂态分析指研究系统在给定稳态运行方式下遭受扰动后的暂态过程行为，因此，需要知道扰动前系统稳态运行方式下的各个运行参数或它们之间的关系。

1. 同步电抗表示的稳态运行方程

稳态、对称且同步转速运行下，电机中各阻尼绕组的电流及相应的空载电势都等于零，而其他绕组的电流 $i_d$、$i_q$、$i_f$，对应于 $i_f$ 的空载电势，以及所有绕组的磁链保持不变。即 $\omega=1$，$\boldsymbol{i}_{abc}$、$\boldsymbol{u}_{abc}$、$\boldsymbol{\psi}_{abc}$ 三相对称，$i_d$、$i_q$、$\psi_d$、$\psi_q$ 是常数。定子绕组方程中 $p\psi_d=p\psi_q=0$，$i_0=0$；转子绕组方程中 $i_f=u_f/R_f$，$i_D=i_Q=i_g=0$，$p\psi_f=p\psi_D=p\psi_Q=p\psi_g=0$，忽略阻尼绕组的情形，则稳态运行方程为

$$\begin{cases} u_d=-Ri_d-\omega\psi_q \\ u_q=-Ri_q+\omega\psi_d \\ u_f=R_fi_f \\ \psi_d=-X_di_d+X_{ad}i_f \\ \psi_q=-X_qi_q \\ \psi_f=-X_{ad}i_d+X_fi_f \end{cases} \tag{11.45}$$

进一步得仅用定子量表示的实用形式为

$$\begin{cases} u_d=-Ri_d+X_qi_q \\ u_q=-Ri_q-X_di_d+X_{ad}i_f=-Ri_q-X_di_d+E_q \end{cases} \tag{11.46}$$

式中，$E_q=X_{ad}i_f$，称为空载电势，其是与励磁绕组中直流分量成正比的电势。

稳态运行方程的相量形式为

$$\begin{cases} \dot{U}_d=-R\dot{I}_d-\mathrm{j}X_q\dot{I}_q \\ \dot{U}_q=-R\dot{I}_q-\mathrm{j}X_d\dot{I}_d+\dot{E}_q \end{cases} \tag{11.47}$$

或

$$\dot{U}_d+\dot{U}_q=-R(\dot{I}_d+\dot{I}_q)-\mathrm{j}X_q\dot{I}_q-\mathrm{j}X_d\dot{I}_d+\dot{E}_q \tag{11.48}$$

这样，稳态运行电压方程为

$$\dot{U}=-R\dot{I}-\mathrm{j}X_d\dot{I}_d-\mathrm{j}X_q\dot{I}_q+\dot{E}_q \tag{11.49}$$

2. 暂态参数表示的稳态运行方程

同步电机的暂态电抗是指无阻尼绕组时的电抗，它分为 $d$ 轴暂态电抗 $X'_d$ 和 $q$ 轴暂态电抗 $X'_q$，如式(11.50)所示。

$$\begin{cases} X'_d=X_\sigma+X_{ad}//X_{f\sigma} \\ X'_q=X_\sigma+X_{aq} \end{cases} \tag{11.50}$$

所以，稳态运行方程的实用形式为

$$\begin{cases} u_d=-Ri_d+X'_qi_q+E'_d \\ u_q=-Ri_q-X'_di_d+E'_q \end{cases} \tag{11.51}$$

稳态运行方程的相量形式为

$$\begin{cases}\dot U_d=-R\dot I_d-\mathrm{j}X'_q\dot I_q+\dot E'_d\\ \dot U_q=-R\dot I_q-\mathrm{j}X'_d\dot I_d+\dot E'_q\end{cases}\tag{11.52}$$

3. 次暂态参数表示的稳态运行方程

同步电机的次暂态电抗是指有阻尼绕组时的电抗，它分为 $d$ 轴次暂态电抗 $X''_d$ 和 $q$ 轴次暂态电抗 $X''_q$，如式(11.53)所示。

$$\begin{cases}X''_d=X_\sigma+X_{ad}//X_{f\sigma}//X_{D\sigma}\\ X''_q=X_\sigma+X_{aq}//X_{Q\sigma}\end{cases}\tag{11.53}$$

所以，稳态运行方程的实用形式为

$$\begin{cases}u_d=-Ri_d+X''_qi_q+E''_d\\ u_q=-Ri_q-X''_di_d+E''_q\end{cases}\tag{11.54}$$

稳态运行方程的相量形式为

$$\begin{cases}\dot U_d=-R\dot I_d-\mathrm{j}X''_q\dot I_q+\dot E''_d\\ \dot U_q=-R\dot I_q-\mathrm{j}X''_d\dot I_d+\dot E''_q\end{cases}\tag{11.55}$$

### 11.2.5 同步电机实用模型

1. 同步电机稳态等值电路

计及 $i_D=i_g=i_Q=0$，忽略电阻，则式(11.45)和式(11.46)变为

$$\begin{cases}u_q=\psi_d=X_{ad}i_f-X_di_d=E_q-X_di_d\\ u_d=-\psi_q=X_qi_q\end{cases}\tag{11.56}$$

写成相量形式为

$$\begin{cases}\dot U_q=\dot E_q-\mathrm{j}X_d\dot I_d\\ \dot U_d=-\mathrm{j}X_q\dot I_q\end{cases}\tag{11.57}$$

或

$$\dot U=\dot E_q-\mathrm{j}(X_d-X_q)\dot I_d-\mathrm{j}X_q\dot I\tag{11.58}$$

定义计算电势(即虚构电势)为

$$\dot E_Q=\dot E_q-\mathrm{j}(X_d-X_q)\dot I_d\tag{11.59}$$

则有

$$\dot U=\dot E_Q-\mathrm{j}X_q\dot I\tag{11.60}$$

从而可得同步电机稳态等值电路如图 11.3 所示。

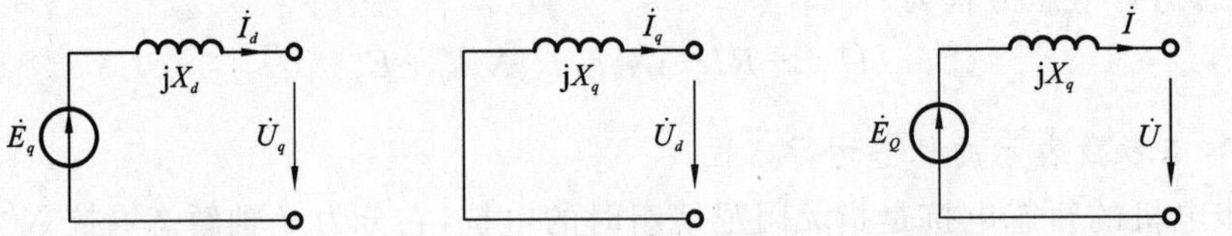


(a) $q$ 轴轴向等值电路　(b) $d$ 轴轴向等值电路　(c) 隐极机稳态等值等值电路

图 11.3 等值电路

2. 同步电机三绕组电路模型

当只考虑励磁绕组作用时，有

$$\begin{cases}\psi_d=-X_di_d+X_{ad}i_f\\ \psi_q=-X_qi_q\\ \psi_f=-X_{ad}i_d+X_fi_f\end{cases}\tag{11.61}$$

$$\begin{cases}u_d=-\psi_q \\ u_q=\psi_d \\ u_f=p\psi_f+i_fR_f\end{cases} \tag{11.62}$$

由式(11.61)和式(11.62)，消去 $i_f$，可得

$$\begin{cases}u_q=\psi_d=E'_q-X'_di_d \\ u_d=-\psi_q=X_qi_q\end{cases} \tag{11.63}$$

又电动势变化过程方程为

$$T'_{d0}\,\mathrm{d}E'_q/\mathrm{d}t=E_{fd}-E'_q-(X_d-X'_d)i_d \tag{11.64}$$

故由式(11.63)和式(11.64)组成三绕组电路模型，并定义

$$E'_q=\frac{X_{ad}}{X_f}\psi_f,\quad X'_d=X_d-\frac{X_{ad}^2}{X_f},\quad E_{fd}=\frac{X_{ad}}{R_f}u_f,\quad T'_{d0}=\frac{X_f}{R_f}$$

若令 $E'_q=\text{const}$，则三绕组电路模型为 $E'_q$ 恒定模型，此时电机模型为二阶模型。

近似考虑励磁调节器作用，则三绕组电路模型可用相量形式表示为

$$\begin{cases}\dot{U}_q=\dot{E}'_q-\mathrm{j}X'_d\dot{I}_d \\ \dot{U}_d=-\mathrm{j}X_q\dot{I}_q\end{cases} \tag{11.65}$$

若用 $E'$、$X'_d$ 作等值电路，可得

$$\dot{U}=\dot{E}'_q-\mathrm{j}X'_d\dot{I}_d-\mathrm{j}X_q\dot{I}_q=\dot{E}'_q-\mathrm{j}(X_q-X'_d)\dot{I}_q-\mathrm{j}X'_d\dot{I}_q-\mathrm{j}X'_d\dot{I}_d=\dot{E}'-\mathrm{j}X'_d\dot{I} \tag{11.66}$$

则此时电机模型为 $\dot{E}'$ 恒定模型。

3. 同步电机四绕组电路模型

当考虑励磁绕组 $f$ 和阻尼绕组 $g$ 的作用时，有

$$\begin{cases}\psi_d=-X_di_d+X_{ad}i_f \\ \psi_q=-X_qi_q+X_{aq}i_g \\ \psi_f=-X_{ad}i_d+X_fi_f \\ \psi_g=-X_{aq}i_q+X_gi_g\end{cases} \tag{11.67}$$

$$\begin{cases}u_d=-\psi_q \\ u_q=\psi_d \\ u_f=p\psi_f+i_fR_f \\ 0=p\psi_g+i_gR_g\end{cases} \tag{11.68}$$

由式(11.67)和式(11.68)，消去 $i_f$、$i_g$，可得

$$\begin{cases}u_q=E'_q-X'_di_d \\ u_d=E'_d+X'_qi_q\end{cases} \tag{11.69}$$

又电动势变化过程方程为

$$\begin{cases}T'_{d0}\,\mathrm{d}E'_q/\mathrm{d}t=E_{fd}-E'_q-(X_d-X'_d)i_d \\ T'_{q0}\,\mathrm{d}E'_d/\mathrm{d}t=-E'_d+(X_q-X'_q)i_q\end{cases} \tag{11.70}$$

故由式(11.69)和式(11.70)组成三绕组电路模型，并定义

$$E'_d=-\frac{X_{aq}}{X_g}\psi_g,\quad X'_q=X_q-\frac{X_{aq}^2}{X_g},\quad T'_{q0}=\frac{X_g}{R_g}$$

若令 $E'_q=\text{const}$，$E'_d=\text{const}$，则四绕组电路模型为 $\dot{E}'$ 恒定模型，此时电机模型为二阶模型。

近似考虑励磁调节器作用，则四绕组电路模型可用相量形式表示为

$$\begin{cases}\dot{U}_q=\dot{E}'_q-\mathrm{j}X'_d\dot{I}_d\\ \dot{U}_d=\dot{E}'_d-\mathrm{j}X'_q\dot{I}_q\end{cases}\tag{11.71}$$

若用 $E'$、$X'_d$ 作等值电路，$X'_d\approx X'_q$，可得

$$\dot{U}=\dot{E}'_d+\dot{E}'_q-\mathrm{j}X'_d\dot{I}_d-\mathrm{j}X'_q\dot{I}_q=\dot{E}'-\mathrm{j}X'_d\dot{I}\tag{11.72}$$

4. 同步电机五绕组电路模型

(1)（国外习惯）当考虑 $f$、$D$、$Q$ 绕组作用时，有

$$\begin{cases}\psi_d=-X_di_d+X_{ad}i_f+X_{ad}i_D\\ \psi_q=-X_qi_q+X_{aq}i_Q\\ \psi_f=-X_{ad}i_d+X_fi_f+X_{ad}i_D\\ \psi_D=-X_{ad}i_d+X_{ad}i_f+X_Di_D\\ \psi_Q=-X_{aq}i_q+X_Qi_Q\end{cases}\tag{11.73}$$

$$\begin{cases}u_d=-\psi_q\\ u_q=\psi_d\\ u_f=p\psi_f+i_fR_f\\ 0=p\psi_D+i_DR_D\\ 0=p\psi_Q+i_QR_Q\end{cases}\tag{11.74}$$

由式(11.73)和式(11.74)，消去 $i_f$、$i_D$、$i_Q$，可得

$$\begin{cases}u_q=E''_q-X''_di_d\\ u_d=E''_d+X''_qi_q\end{cases}\tag{11.75}$$

又电动势变化过程方程为

$$\begin{cases}T'_{d0}\,\mathrm{d}E'_q/\mathrm{d}t=E_{fd}+A_1A_2E''_q-A_1(X_d-X_\sigma)E'_q-A_1A_2A_3i_d\\ T''_{d0}\,\mathrm{d}E''_q/\mathrm{d}t=-E''_q+E'_q-(X'_d-X''_d)i_d+A_1A_3T''_{d0}\,\mathrm{d}E'_q/\mathrm{d}t\\ T'_{q0}\,\mathrm{d}E''_d/\mathrm{d}t=-E''_d+(X_q-X''_q)i_q\end{cases}\tag{11.76}$$

故由式(11.75)和式(11.76)组成五绕组电路模型，并定义

$$E''_q=-\frac{X_{ad}}{X_DX_f-X_{ad}^2}(X_{D\sigma}\psi_f+X_{f\sigma}\psi_D),\quad X''_d=X_\sigma+\frac{X_{f\sigma}X_{D\sigma}X_{ad}}{X_DX_f-X_{ad}^2},$$

$$T''_{d0}=\frac{X_DX_f-X_{ad}^2}{X_fR_D},\quad A_1=\frac{1}{(X'_d-X_\sigma)},$$

$$A_2=X_d-X'_d,\quad A_3=X''_d-X_\sigma$$

(2)（国内习惯）当考虑 $f$、$D$、$g$ 绕组作用，模拟水轮发电机时，有

$$\begin{cases}\psi_d=-X_di_d+X_{ad}i_f+X_{ad}i_D\\ \psi_q=-X_qi_q+X_{aq}i_g\\ \psi_f=-X_{ad}i_d+X_fi_f+X_{ad}i_D\\ \psi_D=-X_{ad}i_d+X_{ad}i_f+X_Di_D\\ \psi_g=-X_{aq}i_q+X_gi_g\end{cases}\tag{11.77}$$

$$\begin{cases}u_d=-\psi_q\\ u_q=\psi_d\\ u_f=p\psi_f+i_fR_f\\ 0=p\psi_D+i_DR_D\\ 0=p\psi_g+i_gR_g\end{cases}\tag{11.78}$$

由式(11.77)和式(11.78)，消去 $i_f$、$i_D$、$i_g$，可得

$$\begin{cases} u_q = E''_q - X''_d i_d \\ u_d = E'_d + X'_q i_q \end{cases} \tag{11.79}$$

又电动势变化过程方程为

$$\begin{cases} T'_{d0}\mathrm{d}E'_q/\mathrm{d}t = E_{fd} + A_1A_2E''_q - A_1(X_d - X_\sigma)E'_q - A_1A_2A_3 i_d \\ T''_{d0}\mathrm{d}E''_q/\mathrm{d}t = -E''_q + E'_q - (X'_d - X''_d)i_d + A_1A_3T''_{d0}dE'_q/dt \\ T'_{q0}\mathrm{d}E'_d/\mathrm{d}t = -E'_d + (X_q - X'_q)i_q \end{cases} \tag{11.80}$$

故由式(11.79)和式(11.80)组成五绕组电路模型，并定义

$$E'_d = -\frac{X_{aq}}{X_g}\psi_g,\quad X'_q = X_q - \frac{X_{aq}^2}{X_g},\quad T'_{q0} = \frac{X_g}{R_g}$$

若令 $E'_q=\mathrm{const}$，$E''_q=\mathrm{const}$，$E''_d=\mathrm{const}$，则电机的五绕组电路模型为 $E''$ 恒定模型，此时电机模型为二阶模型。

近似考虑励磁调节器作用，则五绕组电路模型可用相量形式表示为

$$\begin{cases} \dot{U}_q = \dot{E}''_q - \mathrm{j}X''_d\dot{I}_d \\ \dot{U}_d = \dot{E}''_d - \mathrm{j}X''_q\dot{I}_q \end{cases} \tag{11.81}$$

若用 $E''$、$X''_d$ 作等值电路，$X''_d \approx X''_q$，可得

$$\dot{U} = \dot{E}''_d + \dot{E}''_q - \mathrm{j}X''_d\dot{I}_d - \mathrm{j}X''_q\dot{I}_q = \dot{E}'' - \mathrm{j}X''_d\dot{I} \tag{11.82}$$

5. 同步电机六绕组电路模型

当考虑励磁绕组 $f$ 和阻尼绕组 $D$、$g$、$Q$ 的作用时，有

$$\begin{cases} \psi_d = -X_d i_d + X_{ad} i_f + X_{ad} i_D \\ \psi_q = -X_q i_q + X_{aq} i_g + X_{aq} i_Q \\ \psi_f = -X_{ad} i_d + X_f i_f + X_{ad} i_D \\ \psi_D = -X_{ad} i_d + X_{ad} i_f + X_D i_D \\ \psi_g = -X_{aq} i_q + X_g i_g + X_{aq} i_Q \\ \psi_Q = -X_{aq} i_q + X_{aq} i_g + X_Q i_Q \end{cases} \tag{11.83}$$

$$\begin{cases} u_d = -\psi_q \\ u_q = \psi_d \\ u_f = p\psi_f + i_f R_f \\ 0 = p\psi_D + i_D R_D \\ 0 = p\psi_g + i_g R_g \\ 0 = p\psi_Q + i_Q R_Q \end{cases} \tag{11.84}$$

由式(11.83)和式(11.84)，消去 $i_f$、$i_D$、$i_g$、$i_Q$，可得

$$\begin{cases} u_q = E''_q - X''_d i_d \\ u_d = E''_d + X''_q i_q \end{cases} \tag{11.85}$$

又电动势变化过程方程为

$$\begin{cases} T'_{d0}\mathrm{d}E'_q/\mathrm{d}t = E_{fd} + A_1A_2E''_q - A_1(X_d - X_\sigma)E'_q - A_1A_2A_3 i_d \\ T''_{d0}\mathrm{d}E''_q/\mathrm{d}t = -E''_q + E'_q - (X'_d - X''_d)i_d + A_1A_3T''_{d0}\mathrm{d}E'_q/\mathrm{d}t \\ T'_{q0}\mathrm{d}E'_d/\mathrm{d}t = B_1B_2E''_d - B_1(X_q - X_\sigma)E'_d + B_1B_2B_3 i_q \\ T''_{q0}\mathrm{d}E''_d/\mathrm{d}t = -E''_d + E'_d + (X'_q - X''_q)i_q + B_1B_3T''_{q0}\mathrm{d}E'_d/\mathrm{d}t \end{cases} \tag{11.86}$$

故由式(11.85)和式(11.86)组成六绕组电路模型，并定义

$$E''_d=-\frac{X_{aq}}{X_Q X_g-X_{aq}^2}(X_{g\sigma}\psi_Q+X_{Q\sigma}\psi_g),\quad X''_q=X_\sigma+\frac{X_{g\sigma}X_{Q\sigma}X_{aq}}{X_g X_Q-X_{aq}^2},$$

$$T''_{q0}=\frac{X_g X_Q-X_{aq}^2}{X_Q R_g};\quad B_1=\frac{1}{(X'_q-X_\sigma)},\quad B_2=X_q-X'_q,\quad B_3=X''_q-X_\sigma$$

若令 $E'_q=\text{const}$，$E''_q=\text{const}$，$E'_d=\text{const}$，$E''_d=\text{const}$，则六绕组电路模型为 $E''$ 恒定模型，此时电机模型为二阶模型。

近似考虑励磁调节器作用，则六绕组电路模型可用式(11.81)所示的相量形式来表示。

若用 $E''$、$X''_d$ 作等值电路，$X''_d\approx X''_q$，同理可得式(11.82)。

## 11.3 发电机励磁系统的数学模型

对于一般电力系统来说，通常失去暂态稳定的过程发展很快，在系统遭受扰动后1～2 s内就能判断系统是否失去稳定，在这种情况下，暂态稳定的计算允许采用比较多的简化。而在远距离输电或弱联系的联合电力系统中，有时系统失去稳定的过程发展较慢，往往计算到几秒甚至十秒以上才能判断系统是否稳定，此时必须计及发电机励磁调节系统及调速系统的暂态过程。

励磁系统向发电机提供励磁功率，起着调节电压、保持发电机端电压和枢纽点电压恒定的作用，并可控制并网运行发电机的无功功率的分配。它对发电机的动态行为有很大影响，可以帮助提高电力系统的稳态极限。特别是现代电力电子技术的发展，使快速响应、高放大倍数的励磁系统得以实现，这极大地改善了电力系统的暂态稳定性。励磁系统的附加控制，又称电力系统稳定器(PSS)，可以增强系统的电气阻尼。线性最优励磁控制器及非线性励磁控制器已研制成功，可以改善电力系统的稳定性。由于励磁控制投资相对小、效益高，因而对励磁控制及励磁系统的研究受到广泛的重视。

励磁系统由主励磁系统和自动励磁调节系统两部分组成，前者用来提供发电机的励磁电流，后者用于对励磁电流进行调节和控制。根据产生励磁电流的方式，励磁系统可以分为直流励磁系统、交流励磁系统和静止励磁系统三类。

直流励磁系统由于受直流励磁机的整流子限制，功率不宜过大，其可靠性较差。直流励磁机时间常数较大，响应速度较慢，价格较高，一般只用于中、小型发电机励磁。直流励磁机和主轴同轴，电网故障时仍能可靠工作。

交流励磁系统采用交流励磁机，与直流励磁机相比其时间常数较小，响应速度较快，且不含整流子，可靠性高，可适用于大容量机组，且价格较低，故在大中型火电机组中广泛使用，特别是可控静止整流器交流励磁系统，其时间常数只有几十毫秒，极利于改善电力系统的稳定性。交流励磁机和主机同轴，电网故障时能可靠工作，但用于水轮机励磁时，若发电机甩负荷，易发生超速引起的过电压，应予以注意。其中，无刷励磁系统没有滑环与炭刷等滑动接触部件，转子电流不再受接触部件技术条件的限制，因此特别适用于超大容量发电机组。

在静止励磁系统中，发电机的励磁电源取自发电机本身的输出电压或输出电压和电源，前者称为自并励系统，后者称为自复励系统。自并励或自复励的半导体励磁系统由于响应速度快(可达几十毫秒)、无旋转部件、制造简单、易维修、可靠性高，可适用于大容量机组，且对于水轮发电机组而言布置方便，有利于缓解水轮机甩负荷时的超速引起的过电压问题，故在大中型水电机组中得到推广应用，当然也可用于火电机组，其主要问题是要注意防止机端故障或电网故障时引起的失磁问题，以及对强励和后备保护可靠动作的影响问题。

各种励磁系统的结构和工作原理，在本科“电力系统自动装置原理”课程中已进行过详细论述，本节将在此基础上介绍它们的数学模型。

### 11.3.1 直流励磁机的数学模型

设具有他励和自并励绕组的直流励磁机电路图如图 11.4 所示。图中，$R_y$ 为他励绕组电阻，$R_B$ 为自并励（自励）绕组电阻，$R_C$ 是励磁调节电阻，$R_g$ 是励磁回路附加电阻，$N_1$ 和 $L_1$ 为他励绕组匝数和电感，$N_2$ 和 $L_2$ 为自并励绕组匝数和电感，$L_1$ 和 $L_2$ 计及饱和非线性，$i_y$ 为他励电流，$i_B$ 为自并励电流，$i_{FL}$ 为复励电流，$u_{Lf}$ 为他励电压，$u_f$ 为输出电压。励磁机数学模型的推导是指根据励磁机的基本方程，导出 $u_f=f(i_{FL},u_{Lf})$ 的函数关系。推导要计入饱和非线性，并最终用标幺值表示传递函数。

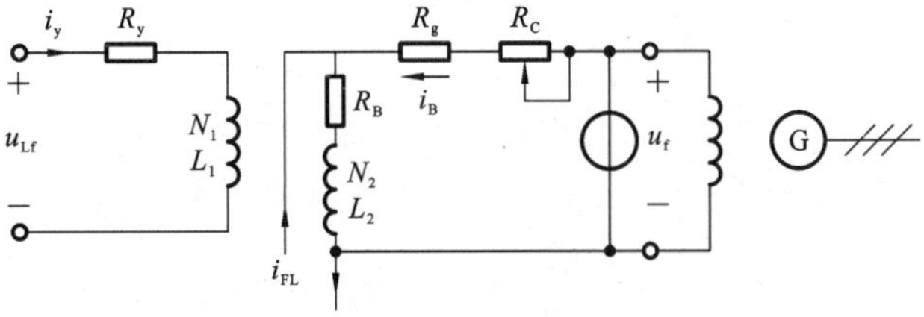


图 11.4 直流励磁机电路图

推导过程中假定：$N_1 : N_2=1:1$，$L_1=L_2$，否则要作相应折合；励磁机无漏磁通；电机在额定转速运转，并用空载特性代替负载特性。

数模推导分为三步：①列出反映励磁机电磁量基本关系的方程组（包括曲线）；②消去中间变量，得到有名值函数关系 $u_f=f(i_{FL},u_{Lf})$；③建立标幺制，其基值的选取应便于励磁机与电压调节器、发电机的模型接口，并便于将有名值传递函数转化为标幺值传递函数。

在推导过程中应注意饱和特性的处理，具体推导如下。

1. 励磁机基本方程推导

根据前面的假定，他励绕组 $L_1$ 和自励绕组 $L_2$ 的磁链应相等，即 $\psi_{L1}=\psi_{L2}=\psi_L$，从而有回路方程

$$\begin{cases} u_{Lf}=R_y i_y+\dfrac{d\psi_L}{dt} \\ u_f=(R_g+R_C+R_B)i_B+R_B i_{FL}+\dfrac{d\psi_L}{dt} \end{cases} \tag{11.87}$$

由于 $N_1=N_2$，可直接将励磁机的励磁电流叠加，得总励磁电流，即 $i_{Lf\Sigma}=i_y+i_B+i_{FL}$，设与 $u_f$ 对应的励磁机总励磁电流在气隙线上为 $i_{Lf\Sigma0}$，在空载线上为 $i_{Lf\Sigma}$。如图 11.5(a)所示，显然，由于饱和作用，$i_{Lf\Sigma}\geqslant i_{Lf\Sigma0}$。同样设与励磁机的励磁绕组磁链 $\psi_L$ 对应的励磁机总励磁电流在气隙上为 $i_{Lf\Sigma0}$，在空载线上为 $i_{Lf\Sigma}$，由于励磁机运行在额定转速，$u_f$ 和 $\psi_L$ 一一对应，图 11.5(a)和图 11.5(b)中曲线可通过实验测定。设图 11.5(a)中气隙

线斜率 $\tan\theta = \dfrac{u_{\mathrm{f}}}{i_{\mathrm{Lf}\Sigma0}} \overset{\text{def}}{=} \beta = \text{const}$，图 11.5(b)中气隙斜率 $\tan\varphi = \dfrac{\psi_{\mathrm{L}}}{i_{\mathrm{Lf}\Sigma0}} \overset{\text{def}}{=} L = \text{const}$。则由 $\beta$

和 $L$ 的定义可知 $\psi_{\mathrm{L}} = \dfrac{L}{\beta} u_{\mathrm{f}}$，该关系在饱和时也成立，可用来消去变量 $\psi_{\mathrm{L}}$。

式(11.87)和图 11.5 中的曲线，构成了励磁机电磁量间基本关系。

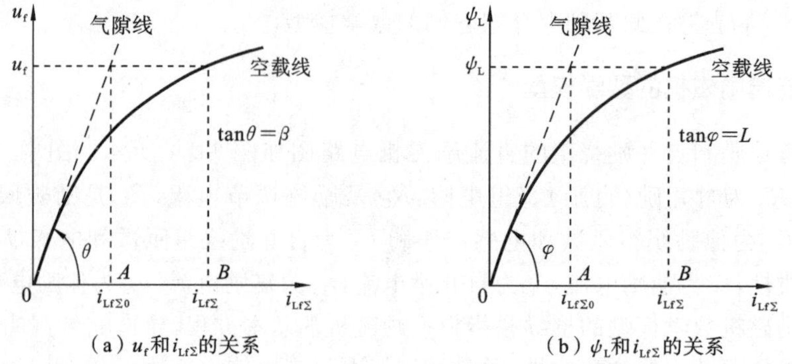

（a）$u_{\mathrm{f}}$ 和 $i_{\mathrm{Lf}\Sigma}$ 的关系　　　　　　（b）$\psi_{\mathrm{L}}$ 和 $i_{\mathrm{Lf}\Sigma}$ 的关系

**图 11.5**　$u_{\mathrm{f}}$、$\psi_{\mathrm{L}}$ 和 $i_{\mathrm{Lf}\Sigma}$ 的关系

2. 励磁机有名值传递函数推导

根据方程式(11.87)及图 11.5 中的曲线，消去中间变量 $i_{\mathrm{y}}$、$i_{\mathrm{B}}$ 及 $\psi_{\mathrm{L}}$，导出 $u_{\mathrm{f}} = f(i_{\mathrm{FL}}, u_{\mathrm{Lf}})$ 的函数关系。根据图 11.5(a)，先定义饱和修正系数 $k_1$ 和饱和系数 $S_{\mathrm{E}}$ 如下：

$$k_1 = \frac{\overline{OB}}{\overline{OA}} = \frac{i_{\mathrm{Lf}\Sigma}}{i_{\mathrm{Lf}\Sigma0}} \geqslant 1; \quad S_{\mathrm{E}} = k_1 - 1 \geqslant 0$$

则 $k_1$ 和 $S_{\mathrm{E}}$ 为 $u_{\mathrm{f}}$ 的函数，且 $S_{\mathrm{E}}$ 和 $u_{\mathrm{f}}$ 为非线性关系，可根据图 11.5 作出。将式(11.87)中的第一式两边除以 $R_{\mathrm{y}}$，并求出

$$i_{\mathrm{y}} = \frac{u_{\mathrm{Lf}}}{R_{\mathrm{y}}} - \frac{1}{R_{\mathrm{y}}} \frac{\mathrm{d}}{\mathrm{d}t}\left(\frac{L}{\beta} u_{\mathrm{f}}\right) = \frac{u_{\mathrm{Lf}}}{R_{\mathrm{y}}} - \frac{T_{\mathrm{y}}}{\beta} \frac{\mathrm{d}u_{\mathrm{f}}}{\mathrm{d}t} \tag{11.88}$$

式中，$T_{\mathrm{y}} = L/R_{\mathrm{y}}$ 为励磁绕组时间常数。

将式(11.87)第二式两边除以 $R_{\mathrm{g}} + R_{\mathrm{C}} + R_{\mathrm{B}}$，可求出

$$i_{\mathrm{B}} = \frac{u_{\mathrm{f}}}{R_{\mathrm{g}} + R_{\mathrm{C}} + R_{\mathrm{B}}} - \frac{R_{\mathrm{B}}}{R_{\mathrm{g}} + R_{\mathrm{C}} + R_{\mathrm{B}}} i_{\mathrm{FL}} - \frac{T_{\mathrm{B}}}{\beta} \frac{\mathrm{d}u_{\mathrm{f}}}{\mathrm{d}t} \tag{11.89}$$

式中，$T_{\mathrm{B}} = \dfrac{L}{R_{\mathrm{g}} + R_{\mathrm{C}} + R_{\mathrm{B}}}$ 为并励绕组时间常数。

由于 $i_{\mathrm{y}} + i_{\mathrm{B}} = i_{\mathrm{Lf}\Sigma} - i_{\mathrm{FL}}$，故将式(11.88)和式(11.89)相加可得

$$i_{\mathrm{Lf}\Sigma} - i_{\mathrm{FL}} = \frac{u_{\mathrm{Lf}}}{R_{\mathrm{y}}} - \frac{T_{\mathrm{y}}}{\beta} \frac{\mathrm{d}u_{\mathrm{f}}}{\mathrm{d}t} + \frac{u_{\mathrm{f}}}{R_{\mathrm{g}} + R_{\mathrm{C}} + R_{\mathrm{B}}} - \frac{R_{\mathrm{B}}}{R_{\mathrm{g}} + R_{\mathrm{C}} + R_{\mathrm{B}}} i_{\mathrm{FL}} - \frac{T_{\mathrm{B}}}{\beta} \frac{\mathrm{d}u_{\mathrm{f}}}{\mathrm{d}t} \tag{11.90}$$

将 $i_{\mathrm{Lf}\Sigma} = k_1 i_{\mathrm{Lf}\Sigma0} = k_1 \dfrac{u_{\mathrm{f}}}{\beta}$ 代入上式，并设 $T_{\mathrm{L}} = T_{\mathrm{y}} + T_{\mathrm{B}}$ 为励磁机时间常数，令 $p = \mathrm{d}/\mathrm{d}t$，则可得

$$\frac{u_{\mathrm{f}}}{\dfrac{\beta}{R_{\mathrm{y}}} u_{\mathrm{Lf}} + \dfrac{\beta(R_{\mathrm{g}} + R_{\mathrm{C}})}{R_{\mathrm{g}} + R_{\mathrm{C}} + R_{\mathrm{B}}} i_{\mathrm{FL}}} = \frac{R_{\mathrm{B}}}{(k_1 - 1) + \left(1 - \dfrac{\beta}{R_{\mathrm{g}} + R_{\mathrm{C}} + R_{\mathrm{B}}}\right) + T_{\mathrm{L}} p} \tag{11.91}$$

根据拉普拉斯变换的性质可知，式(11.91)中的 $p = \mathrm{d}/\mathrm{d}t$ 时，各物理量为时域函数；而 $p$ 为拉普拉斯算子时，各物理量为相应量的拉普拉斯变换函数，二者形式相同，式(11.91)即为 $u_{\mathrm{Lf}}$ 和 $i_{\mathrm{FL}}$ 为输入量，$u_{\mathrm{f}}$ 为输出量的直流励磁机有名值传递函数。

3. 标幺值传递函数推导

为方便励磁机数学模型的建立和电压调节器、发电机接口的连接，统一以与发电机忽略饱和时空载额定电压运行所对应的励磁机气隙线相对应的电量作为电量的标幺制基准值。对自励绕组取电压、电流及电阻基值为

$$\begin{cases} u_{fB}=u_f \\ i_{Lf\Sigma B}=u_{fB}/\beta \\ R_B=u_{fB}/i_{Lf\Sigma B}=\beta \end{cases} \tag{11.92}$$

对于他励绕组，设电流基准值与式(11.92)所示的相同，即为 $i_{Lf\Sigma B}$，取电压、电阻基准值为

$$\begin{cases} u_{fB}=i_{Lf\Sigma B}R_y \\ R_{Lf\Sigma B}=u_{fLB}/i_{Lf\Sigma B}=R_y \end{cases} \tag{11.93}$$

式(11.91)左边的分子、分母分别除以 $u_{fB}$ 和 $i_{Lf\Sigma B}\beta$，等式仍成立。式(11.91)化简为

$$\frac{u_{f*}}{u_{Lf*}+K_{Lf}i_{FL*}}=\frac{R_B}{S_E+K_L+pT_L} \tag{11.94}$$

式中，$K_{Lf}=\dfrac{(R_g+R_C)}{R_g+R_C+R_B}$ 为 $i_{FL*}$ 的分流比，是无量纲值；$K_L=1-\dfrac{\beta}{R_g+R_C+R_B}$ 为自并励系数，是无量纲值；$T_L=T_y+T_B$ 为励磁机时间常数，数值上为自励绕组和他励绕组时间常数之和；$S_E=k_1-1$ 为饱和系数。

自并励条件下，为建立稳定的励磁机电压 $u_f$，由图 11.6 可知，$\tan\theta=\beta>\tan\alpha=R_g+R_C+R_B$，故自并励系数 $K_L<0$。

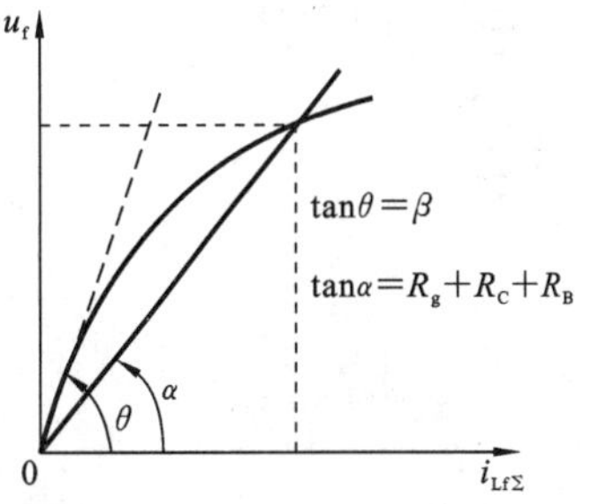


图 11.6 自并励直流电机特性

式(11.94)即为具有他励和自并励绕组的直流励磁机标幺值传递函数。

### 11.3.2 交流励磁机的数学模型

交流励磁机实质上是一台三相中频同步发电机，频率一般为 100 Hz 左右，其可用同步电机基本方程或同步电机实用模型来描写，但在电力系统分析中采用这样的模型过于复杂，因此一般作简化假定，用一个一阶惯性环节来表示，和直流励磁机相似。下面以不可控静止整流器他励交流励磁系统为例作简要说明。

假设交流励磁机采用同步电机三阶实用模型，忽略暂态凸极效应，忽略饱和，并设电机以额定转速运行，由图 11.7 可知其励磁绕组暂态方程为

$$T'_{d0}pE'_q=E_f^{(L)}-[E'_q+(X_d-X'_d)I_d] \tag{11.95}$$

图 11.7 中上标(L)、(G)分别表示励磁机和发电机对应的量，从而有

$$E'_q=\frac{E_f^{(L)}-(X_d-X'_d)I_d}{1+T'_{d0}p} \tag{11.96}$$

式中，$E_f^{(L)}=\dfrac{X_{ad}}{r_f}u_f^{(L)}$。式(11.96)表明，励磁机 $X'_d$ 后的暂态电动势 $E'_q$ 与励磁机的励磁电压 $u_f^{(L)}$ 以及励磁机负载电流 $d$ 轴分量 $I_d$ 有关。

为推导交流励磁机的传递函数，应以交流励磁机励磁电压 $u_f^{(L)}$ 为输入量，以交流励

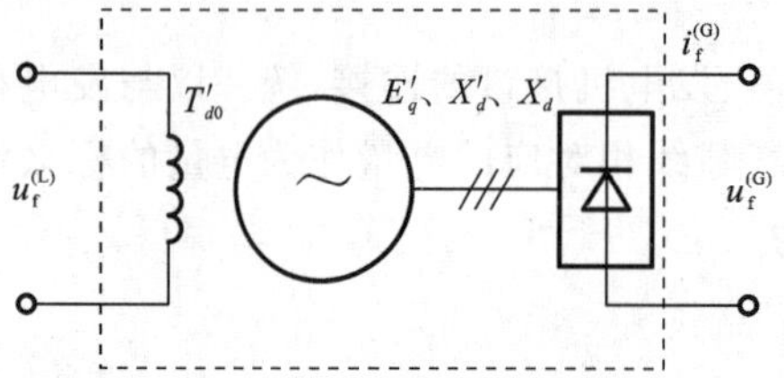


**图 11.7 交流励磁机电路图**

磁机负载电流或发电机励磁电流为反馈输入量，且将励磁机暂态电动势 $E'_q$ 转换为发电机励磁电压 $u_f^{(G)}$，并作为输出量，建立三者间的关系。由图 11.7 可知，忽略励磁机暂态凸极效应时，可把整流器电源看作以 $E'_q$ 为内电势，以 $X'_d$ 为内电抗，则发电机励磁电压 $u_f^{(G)}$ 的大小与励磁机的 $E'_q$ 和发电机励磁电流 $i_f^{(G)}$ 引起的 $X'_d$ 上的换相压降有关。式(11.96)中，$I_d$ 与 $i_f^{(G)}$ 的关系很复杂，在一定运行工况附近，可假定 $I_d \approx K'_D i_f^{(G)}$，将其代入式(11.96)可得

$$\frac{E'_q}{E_f^{(L)} - K_D i_f^{(G)}} = \frac{1}{1 + T'_{d0} p} \tag{11.97}$$

式中，$K_D = (X_d - X'_d) K'_D$。

若忽略发电机换相压降的影响，则可得交流励磁机传递函数框图 11.8(a)。

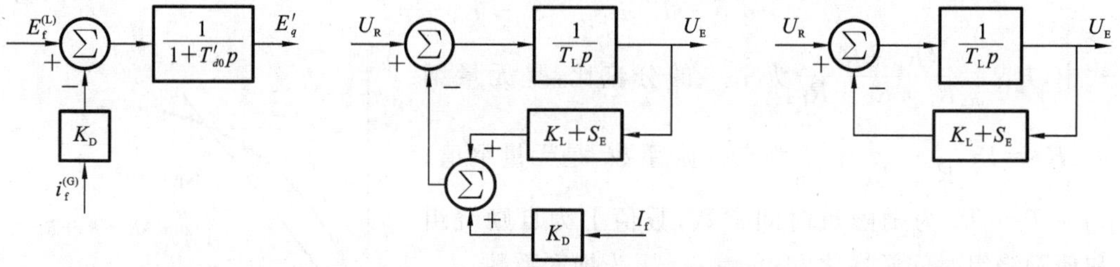


(a) 原始传递函数　　(b) 实用传递函数　　(c) 简化传递函数

**图 11.8 交流励磁机传递函数框图**

若和直流励磁机相似，计及饱和，设饱和系数为 $S_E$，并采用在实际工程分析中常用的符号和统一的标幺值系统，即在采用单位励磁电压/单位定子电压基准值系统的情况下，式(11.97)中的 $E_f^{(L)}$ 与励磁机的励磁电压相等，用 $U_R$ 表示，忽略发电机换相压降的影响，$E'_q$ 和 $i_f^{(G)}$ 可分别采用励磁机定子端电压 $U_E$ 和励磁电流 $I_f$ 来表示，对于他励交流励磁机，$K_L=1$，交流励磁机的励磁时间常数 $T_L$ 即交流励磁机励磁绕组的时间常数，与负载有关，因此可得到实用的传递函数框图 11.8(b)。若进一步忽略励磁电流 $I_f$ 的影响，则可得到简化的交流励磁机传递函数框图 11.8(c)，在大规模电力系统分析中常采用这一模型。

### 11.3.3 典型励磁系统的数学模型

电力系统中，励磁系统(特别是电压调节器)种类繁多，故一般系统分析程序中均有多种典型的励磁系统模型供选用。本节仅以一种典型的可控硅励磁调节器的励磁系统为例，介绍励磁系统的结构、传递函数框图、相应的基本方程及状态空间模型。

典型的励磁系统结构如图 11.9(a)所示。

发电机机端电压 $U_t$ 经量测环节后与给定的参考电压 $U_{ref}$ 作比较，其偏差 $\varepsilon$ 进入电压调节器进行放大，输出电压 $U_R$ 作为励磁机励磁电压，以控制励磁机的输出电压，即发电机励磁电压 $E_f$。为了励磁系统的稳定运行及改善其动态品质，引入励磁系统负反馈环节，即励磁系统稳定器，其一般为一个软反馈环节，又称速度反馈。$U_S$ 为励磁附加

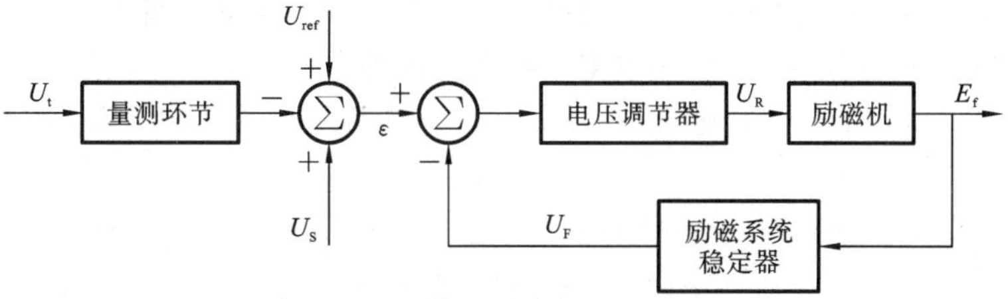


(a) 系统结构

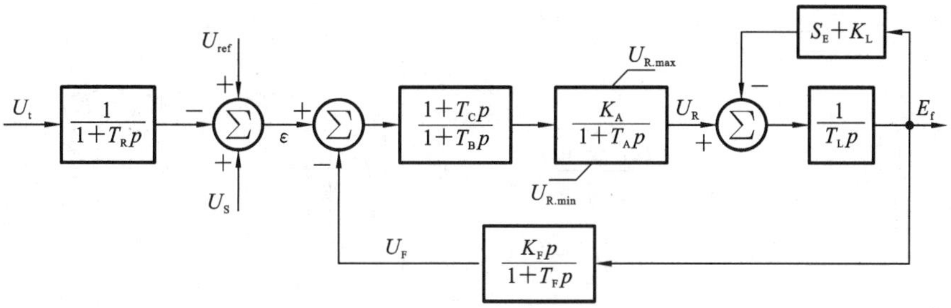


(b) 传递函数框图

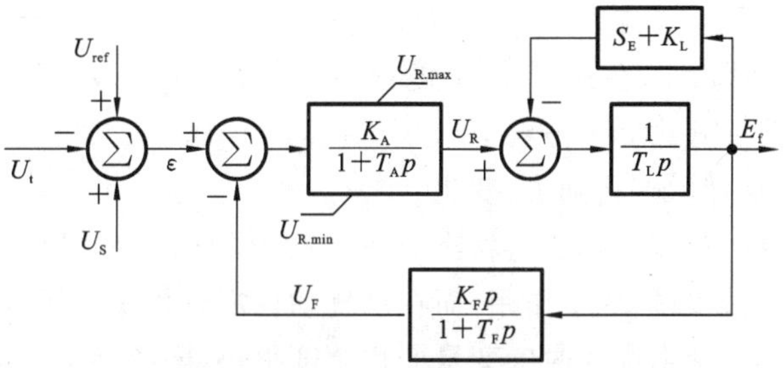


(c) 简化传递函数框图

**图 11.9 典型励磁系统结构及传递函数框图**

控制信号,往往是电力系统稳定器的输出。

各个环节的典型传递函数如图 11.9(b)所示。量测环节可表示为一个时间常数为 $T_R$ 的惯性放大环节,由于 $T_R$ 极小,常予以忽略。电压调节器可用一个超前滞后环节和一个惯性放大环节表示。超前滞后环节反映了调节器的相位特性,由于 $T_B$ 和 $T_C$ 一般很小,可予以忽略。惯性放大环节放大倍数为 $K_A$,时间常数为 $T_A$。可控硅调节器中,$K_A$ 标幺值可达几百,时间常数 $T_A$ 约为几十毫秒。励磁机传递函数为一计及饱和作用的惯性环节,对于他励交流励磁机及他励直流励磁机,$K_L=1$。对于静止励磁系统,则无励磁机环节。励磁负反馈环节放大倍数为 $K_F$,时间常数为 $T_F$,稳态时 $U_F=0$,即不影响励磁系统静态特性。对于静止励磁系统通常不设置励磁负反馈环节。在实际可控硅电压调节器传递函数中还应考虑可控硅元件输出电压的限幅特性,需补入限幅环节,用 $U_{R.max}$、$U_{R.min}$ 表示。

图 11.9(b)中,当忽略量测环节时间常数,或将其计入调节器总时间常数时,量测环节则可简化掉,电压调节器的超前滞后环节一般也予以忽略,相应的传递函数如图 11.9(c)所示。这是一个典型的三阶励磁系统,电压调节器一阶,励磁机一阶,励磁负反馈一阶。当参考电压 $U_{ref}$ 给定时,输入变量为发电机端电压 $U_t$ 及励磁附加控制信号

$U_S$，励磁系统的输出量为发电机励磁电动势 $E_f$。励磁系统的状态变量为电压调节器输出电压 $U_R$、励磁负反馈电压 $U_F$ 和发电机励磁电动势 $E_f$。

图 11.9(c)所示的简化传递函数框图，在忽略限幅环节作用时，相应的励磁系统基本方程式为

$$\begin{cases} T_A pU_R = -U_R + K_A(U_{ref} - U_t + U_S - U_F) \\ T_L pE_f = -(K_L + S_E)E_f + U_R \\ T_F pU_F = -U_F + (K_F/T_L)[U_R - (K_L + S_E)E_f] \end{cases} \tag{11.98}$$

其相应的状态方程为

$$\begin{bmatrix} dU_R/dt \\ dE_f/dt \\ dU_F/dt \end{bmatrix} = \begin{bmatrix} -\dfrac{1}{T_A} & 0 & -\dfrac{K_A}{T_A} \\ \dfrac{1}{T_L} & \dfrac{-(K_L+S_E)}{T_L} & 0 \\ \dfrac{K_F}{T_F T_L} & \dfrac{-K_F(K_L+S_E)}{T_F T_L} & -\dfrac{1}{T_F} \end{bmatrix} \begin{bmatrix} U_R \\ E_f \\ U_F \end{bmatrix} + \begin{bmatrix} \dfrac{K_A}{T_A} & -\dfrac{K_A}{T_A} & \dfrac{K_A}{T_A} \\ 0 & 0 & 0 \\ 0 & 0 & 0 \end{bmatrix} \begin{bmatrix} U_{ref} \\ U_t \\ U_S \end{bmatrix} \tag{11.99}$$

励磁系统各变量在暂态过程中的初值可如下确定。设 $K_A$、$T_A$、$K_F$、$T_F$、$K_L$ 均已知，由发电机稳态工况可求得 $E_{f0} = E_{q0} = U_{q0} + X_d I_{d0}$ 及 $U_{t0} = \sqrt{U_{d0}^2 + U_{q0}^2}$，查表或估算该工况下励磁机饱和系数 $S_E$，在式(11.98)的第二式中，令 $p \to 0$，则 $U_{R0} = (K_L + S_E)E_{f0}$，再在式(11.98)的第一式中，令 $p \to 0$，$U_{F0} = 0$，$U_{S0} = 0$，则 $U_{ref} = U_{R0}/K_A + U_{t0}$。在暂态过程中，$U_{ref}$ 保持不变，但 $S_E$ 将随 $E_f$ 变化。

其他各种励磁系统的基本方程、状态方程及初值的确定过程与上面相似。在实际暂态稳定计算中应计及限幅环节作用，而在小扰动稳定分析中采用线性化模型，将限幅环节忽略，即认为系统受小扰动时各变量变化幅度很小，限幅环节不会起作用。应当指出，上述模型主要用于大规模电力系统动态分析，如果对励磁系统本身作深入研究，则应采用精细的励磁系统模型。此外，励磁系统的模型及参数对系统动态行为影响较大，应注意模型及参数的正确性。

## 11.4 原动机及调速系统的数学模型

电力系统中向发电机提供机械功率和机械能的机械装置，如汽轮机、水轮机等，统称为原动机。为控制原动机向发电机输出的机械功率，并保持电网的正常运行频率，以及让负荷在并联机组间合理分配，每台原动机都配置了调速器。

在电力系统暂态过程中，发电机组转速的变化将引起调速器动作，从而改变汽轮机调速汽门或水轮机导水叶的开度，使原动机机械转矩发生变化。为了计及原动机和调速系统中的动态过程，需要建立它们的数学模型。

### 11.4.1 汽轮机数学模型

汽轮机是以具有一定温度和压力的水蒸气为工质的叶轮式发动机。在电力系统分析中均采用简化的汽轮机动态模型，其动态特性只考虑汽门和喷嘴间存在一定容积的蒸汽，此蒸汽的压力不会立即发生变化，因而输入汽轮机的功率也不会立即发生变化，

而有一个时滞，在数学上用一个一阶环节来表示，即

$$P_{\mathrm{m}}=\frac{\mu}{1+Tp} \tag{11.100}$$

式中，$\mu$ 为汽门开度；$P_{\mathrm{m}}$ 为汽轮机机械功率，是以发电机额定工况下的相应值为基值的标幺值；$T$ 为反映蒸汽容积效应的时间常数；$p$ 为对时间的微分算子。

汽轮机数学模型就是指汽轮机汽门开度与输出机械功率间的传递函数关系。在计及蒸汽容积效应时，汽轮机常采用以下 3 种动态模型。

(1) 只计及高压蒸汽容积效应的一阶模型，设汽轮机蒸汽为额定参数，则汽轮机传递函数为

$$\frac{P_{\mathrm{m}}}{\mu}=\frac{1}{1+T_{\mathrm{CH}}p} \tag{11.101}$$

式中，$P_{\mathrm{m}}$ 为汽轮机机械功率(标幺值)；$\mu$ 为汽门开度(标幺值)；$T_{\mathrm{CH}}$ 为高压蒸汽容积时间常数，一般为 0.1～0.4 s。

(2) 计及高压蒸汽和中间再热蒸汽容积效应的二阶模型的传递函数为

$$\frac{P_{\mathrm{m}}}{\mu}=\frac{1}{1+T_{\mathrm{CH}}p}\left(\alpha+\frac{1-\alpha}{1+T_{\mathrm{RH}}p}\right) \tag{11.102}$$

式中，$\alpha$ 为高压缸稳态输出功率占汽轮机总输出功率的百分比，一般为 0.3 左右；$T_{\mathrm{RH}}$ 为中间再热蒸汽容积效应时间常数，一般为 4～11 s；其他参数的物理意义同式(11.101)中参数的。

(3) 计及高压蒸汽、中间再热蒸汽及低压蒸汽容积效应的三阶模型的传递函数为

$$\frac{P_{\mathrm{m}}}{\mu}=\frac{1}{1+T_{\mathrm{CH}}p}\left[f_1+\frac{1}{1+T_{\mathrm{RH}}s}\left(f_2+\frac{f_3}{1+T_{\mathrm{CO}}p}\right)\right] \tag{11.103}$$

式中，$f_1$、$f_2$、$f_3$ 分别为高、中、低压缸稳态输出功率占输出功率的百分比，$f_1+f_2+f_3=1$，一般 $f_1:f_2:f_3=0.3:0.4:0.3$；$T_{\mathrm{CO}}$ 为低压蒸汽容积时间常数，一般为 0.3～0.5 s。

以上介绍了常用的一至三阶汽轮机模型，更精细的汽轮机模型及计及快关汽门动态的汽轮机模型可查看相关文献。

### 11.4.2 水轮机数学模型

水轮机是以具有一定压力的水为工质的叶轮式发动机。水轮机模型描写的是水轮机导水叶开度 $\mu$ 和输出功率 $P_{\mathrm{m}}$ 之间的动态关系。电力系统中均采用简化的水轮机及其引水管道动态模型，通常只考虑引水管道由于水流惯性引起的水锤效应。

在稳态运行时，引水管道各点的流速一定，管道各点的水压也一定；当导水叶开度突然变化时，引水管道各点的水压将发生变化，从而输出水轮机的机械功率也相应变化；当导水叶突然大开时，会引起导水叶处流量增大的趋势，但由于水流的惯性，管道中其他各点的流速不可能立即改变，结果造成水轮机的进水压力暂时降低，输入功率没有增大，而是突然减小一下，然后再增加，反之亦然，这一现象称为水锤效应。引水管道的水锤效应是导致水轮机系统动态特性恶化的重要因素。

实际上，随着导水叶开度的变化，引水管道中各点流量和压力的变化过程是一个波动过程，它类似于均匀分布参数线路中的波过程，尽管可以相当准确地分析这种波动过程，但在电力系统中常采用几种简化模型，其中，最简单的作法是将水轮机输出功率 $P_{\mathrm{m}}$

与导水叶开度 $\mu$ 之间的关系表示为

$$\frac{P_{\mathrm{m}}}{\mu}=\frac{1-T_{\mathrm{W}}p}{1+0.5T_{\mathrm{W}}p} \tag{11.104}$$

式中，$T_{\mathrm{W}}$ 为水锤时间常数，其大小与引水管道长度有关。

### 11.4.3 典型调速器数学模型

1. 水轮机调速器数学模型

大型水轮机的调速器主要分为机械液压调速器和电气液压调速器两类。大型汽轮机的调速器主要分为液压调速器和工频电液调速器两类，后者主要适用于中间再热式汽轮机。电力系统分析中一般采用简化的调速器数学模型。下面以水轮机的机械液压调速器为例介绍调速器的原理及传递函数框图，进而介绍汽轮机的典型调速器数学模型。调速器数学模型要求给出发电机转速 $\omega$ 与汽轮机汽门开度或水轮机导水叶开度之间的传递函数关系。

水轮机的机械调速原理如图 11.10 所示。调速器调节过程原理如下。设发电机负荷增加，使水轮机转速下降，则测速部件离心飞摆 1 的 $A$ 点下降，此时以 $B$ 点为支点，横杆 $A$-$C$-$B$ 的 $C$ 点下降，从而使错油门（又称配压阀）2 的活塞下降（其位移以 $\sigma$ 表示），压力油经过错油门连接油动机（又称接力器）3 的管道 $b$ 进入油动机下部，从而使油动机活塞上升（其位移以 $\mu$ 表示），导水叶开度加大，水轮机出力提高，和外界负荷平衡，水轮机速度回升。调速器中的缓冲器 5 用于改善动态品质的速度软反馈，其对静态特性

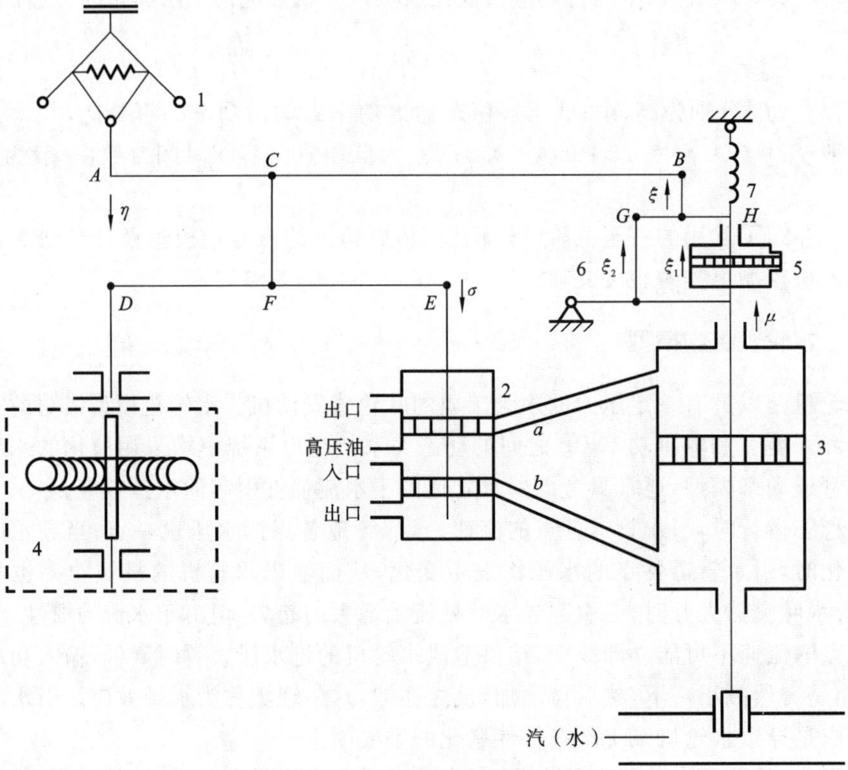


**图 11.10 水轮机机械调速原理图**

1—飞摆；2—错油门；3—油动机；4—调频器；5—缓冲器；6—硬反馈机构；7—弹簧

无影响，而硬反馈机构6的行程和水门开度成正比，它使错油门在调节过程结束时，活塞回复原位，并获得所需的静态调差系数。在此调节过程中，调频器4保持不变，即速度给定值不变，通常称上述调频过程为一次调频。调速器可大大改善水轮机负荷变化时的调频能力。调速器中的调频器4用以改变给定速度，从而使工频特性平移，实现二次调频，在图11.10中，调频器出口$D$点位置上移将使导水叶开度$\mu$增加，从而增加水轮机输出功率。

对调速器的各个元件可列出由标幺值表示的运动方程，其中，各量的规定方向已在图中标出。

(1) 离心飞摆方程。图11.10中，$A$点位移$\eta$若以其最大位移为基值，略去飞摆的质量和阻尼作用，则可以近似地认为相对位移$\eta$与角速度偏差$(\omega_{\text{ref}}-\omega)$之间的线性关系为

$$\eta=K_\delta(\omega_{\text{ref}}-\omega) \tag{11.105}$$

式中，$K_\delta$为离心飞摆测速部件的放大倍数；$\omega_{\text{ref}}$为参考角速度。

(2) 配压阀活塞方程。不计配压阀活塞的惯性和调频器的动作，配压阀活塞位移$\sigma$是飞摆$A$点位移$\eta$和总反馈量$\xi$的差，即有

$$\sigma=\eta-\xi \tag{11.106}$$

(3) 接力器活塞方程。配压阀活塞位移$\sigma$造成接力器活塞变化$\mu$，相当于导水叶开度的变化，两者之间的关系可用积分环节表示。

$$\mu=\frac{1}{T_{\text{s}}p} \tag{11.107}$$

式中，$T_{\text{s}}$为接力器时间常数。

(4) 反馈方程。调速器的总反馈量$\xi$由软反馈量$\xi_1$及硬反馈量$\xi_2$合成，即

$$\xi=\xi_1+\xi_2=\frac{K_\beta T_{\text{i}}p}{1+T_{\text{i}}p}\mu+K_{\text{i}}\mu \tag{11.108}$$

其中，软反馈量$\xi_1$和接力器活塞移动的速度有关，$T_{\text{i}}$为软反馈时间常数，$K_\beta$为软反馈放大倍数，$\xi_1$和$\mu$的关系可用惯性环节来表示。硬反馈量$\xi_2$和接力器活塞位移$\mu$成比例，$K_{\text{i}}$为硬反馈放大倍数。

根据式(11.105)～式(11.108)，再考虑配压阀活塞位移和导水叶开度的限制，以及调速器机械部分干摩擦和间隙的存在，以及一定的调节失灵区，则水轮机离心飞摆机械调速器的传递函数框图如图11.11所示。

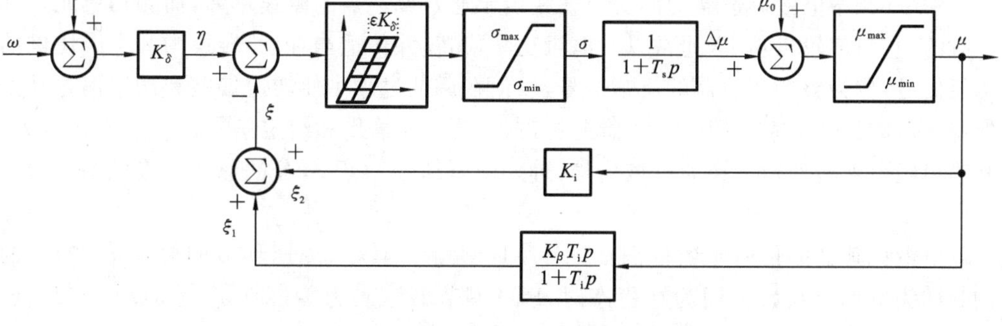


图11.11　水轮机调速器传递函数框图

2. 汽轮机调速器数学模型

汽轮机调速器分为液压调速器和中间再热机组用的功率-频率电液调速器。其中，液压调速器分为旋转阻尼液压调速器和高速弹簧片液压调速器两种类型。两种液压调速器的基本原理一致，可用同样的数学模型描述，而且汽轮机液压调速器传递函数与水轮机调速器传递函数基本相同，区别在于汽轮机没有软反馈，而硬反馈放大倍数为 1，相应的传递函数框图如图 11.12 所示。

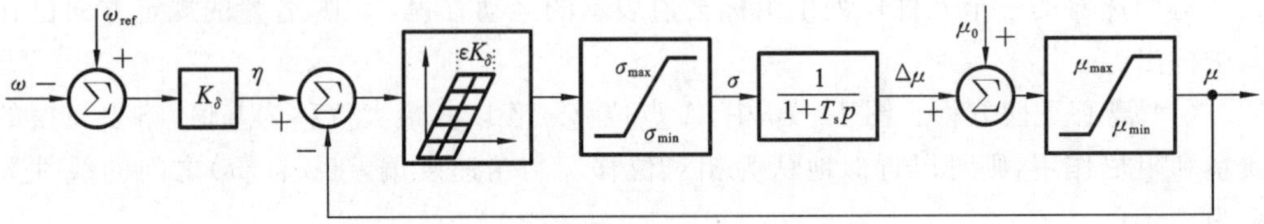


**图 11.12 汽轮机调速器传递函数框图**

汽轮机的功率-频率电液调速器是为了适应中间再热式汽轮机的调节特点，在液压调速器的基础上发展而成的，其原理框图如图 11.13 所示。

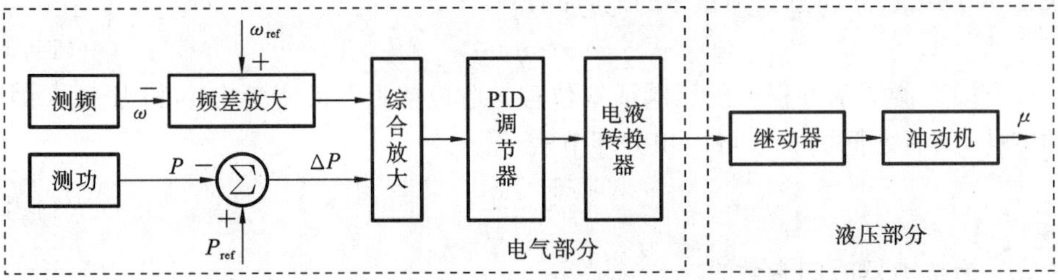


**图 11.13 汽轮机功率-频率电液调速器原理图**

中间再热式机组中由于存在再热器的相应管道，因此高压缸和中压缸之间有很大的蒸汽容积，相应的蒸汽容积效应时间常数可达 7～11 s，形成很大时滞，而中、低压缸输出功率为总功率的 70%左右，这对功率-频率调节极为不利。另外，由于中间再热循环的特点，一般取消并列发电机蒸汽母管间的联系，而实行机炉单元布置，当负荷波动时会引起新蒸汽压力波动，从而破坏汽门开度与功率之间的比例关系和转速与功率之间的比例关系。为此，在原来的调速系统基础上发展了功率-频率电液调速器，其最大特点是引入测功单元，进行输出功率反馈，以改善功率-频率调节特性。此外采用 PID 调节器，即可克服中间再热蒸汽的容积效应引起的影响，又有利于保证必要的特性。

功率-频率电液调速器的测功单元相当于通常调速器的测速单元，而测功单元是其特有的，它将汽轮机功率（通常以发电机功率代替，并作适当补偿）转换为一个成比例的电压信号，作为整个调速器的反馈信号，以便在调节过程中使转速偏差和功率偏差基本保持一定的比例关系。PID 调节器把测频、测功单元输出和给定信号作综合校正放大，其输出经电液转换器转换为机械信号，进入液压部分，液压部分的原理与液压调速器的相同。

电液调速器的传递函数框图如图 11.14 所示。其中，测速环节的放大倍数 $K_\delta$ 的倒数即为静调差系数 $\delta$，因为在稳态时，PID 调节器输入为零，即 $(\omega_{ref}-\omega)K_\delta+(P_{ref}-P)=0$ 或 $K_\delta\Delta\omega+\Delta P=0$，从而有 $-\Delta\omega/\Delta P=1/K_\delta=\delta$。

故电液调速器和其他调速器一样进行一次调频，并可通过改变给定速度和给定功

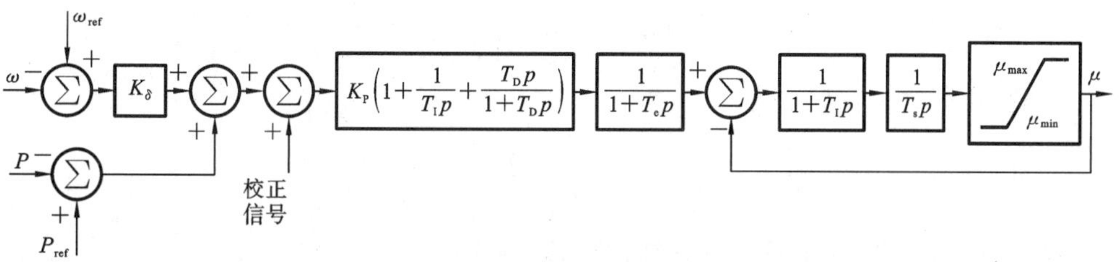


图 11.14 电液调速器传递函数框图

率实现二次调频。PID 调节器的放大倍数为 $K_P$，微分时间常数为 $T_D$，积分时间常数为 $T_I$。电液转换器可看作一阶惯性环节，相应常数为 $T_e$。继动器和油动机环节可分别看作一阶惯性环节和积分环节，相应的时间常数分别为 $T_I$ 及 $T_s$。

## 11.5 负荷的数学模型

电力系统用电设备总称负荷，可按用户性质分为工业负荷、农业负荷、商业负荷、城镇居民负荷等；也可按用电设备类型分为感应电动机、同步电动机、整流设备、照明设备、电热设备及空调设备等。

负荷特性是影响节点电压稳定性的重要因素，特别是具有弯曲形状的负荷特性，对电压稳定很不利，故在分析电压稳定性时，要特别注意，异步电动机的负荷（空调）实际发生电压崩溃的可能性取决于负荷特性。对于刚性的恒定功率负荷（如电动机负荷），电压崩溃加剧。电阻负荷具有软特性，即电压下降时，其功率下降得很快，这减缓了电压崩溃的出现，具备正确合理的负荷模型是电压稳定的基础。

负荷是电力系统的一个重要组成部分，其数学模型的准确程度对于电力系统暂态分析结果的精度有很大的影响。对于每一种负荷（如感应电动机、白炽灯或整流型负荷等），要建立它的准确模型并不难。

在电力系统暂态分析中，需要知道的是反映某一个节点（例如区域变电所低压母线）的全部负荷，即需要知道综合负荷动态性能的数学模型。综合负荷由各种不同种类的负荷组成，其组成情况随时变化，且各个节点的负荷组成情况也不相同，因此要准确获得负荷的数学模型是很困难的。当系统频率和电压快速变化时，电力系统综合负荷的特性可用微分方程描述，称此为负荷动态模型。当系统频率和电压缓慢变化时，负荷的有功和无功对应变化的特性可用代数方程描述，称此为负荷静态模型。

下面将介绍几种目前应用较为广泛的负荷数学模型。

### 11.5.1 恒定阻抗模型

最简单的负荷模型将负荷用恒定阻抗模拟，即认为在暂态过程中负荷的等值阻抗保持不变，其数值由扰动前稳态运行情况下负荷所吸收的功率和负荷节点的电压来决定。这种模型比较粗略，但由于它比较简单，在对计算精度要求不太高的情况下仍获得了广泛应用。

根据暂态稳定计算给定的运行条件，可算出负荷点的电压 $U_{LD0}$ 和功率 $P_{LD0}+jQ_{LD0}$ 的值，代入式(11.109)可得负荷的阻抗值：

$$Z_{\mathrm{LD0}}=\frac{U_{\mathrm{LD0}}^2}{P_{\mathrm{LD0}}-\mathrm{j}Q_{\mathrm{LD0}}} \tag{11.109}$$

由此，负荷的恒定导纳为

$$Y_{\mathrm{LD0}}=\frac{\hat{S}_{\mathrm{LD0}}^*}{U_{\mathrm{LD0}}^2}=\frac{P_{\mathrm{LD0}}-\mathrm{j}Q_{\mathrm{LD0}}}{U_{\mathrm{LD0}}^2}=G_{\mathrm{LD}}+\mathrm{j}B_{\mathrm{LD}} \tag{11.110}$$

将此导纳接入负荷节点，原网络的节点数不变。

用恒定阻抗模拟负荷的方法比较简单，但计算结果与实际负荷特性相差较大，因而只适合于某些近似计算或者模拟端电压变化不大、本身容量较小、对电力系统影响较小的负荷。

### 11.5.2 负荷静态模型

负荷静态模型反映了负荷有功、无功功率随频率和电压缓慢变化的规律，可用代数方程或曲线表示，其中，负荷随电压变化的特性称为负荷电压特性，在第 8.1.1 节中介绍过，而随频率变化的特性称为负荷频率特性。

1. 用指数形式表示负荷的电压和频率特性

在一定的电压变化范围和频率变化范围下，负荷有功功率和无功功率随电压和频率变化的特性可近似表示为

$$\begin{cases} P=P_0\left(\dfrac{U}{U_0}\right)^{p_U}\left(\dfrac{\omega}{\omega_0}\right)^{p_\omega} \\ Q=Q_0\left(\dfrac{U}{U_0}\right)^{q_U}\left(\dfrac{\omega}{\omega_0}\right)^{q_\omega} \end{cases} \tag{11.111}$$

式中，$P_0$、$Q_0$、$U_0$、$\omega_0$ 分别为在基准点稳态运行时的负荷有功功率、负荷无功功率、负荷母线电压幅值和角频率；$P$、$Q$、$U$、$\omega$ 为其实际值；$p_U$ 和 $q_U$ 为负荷有功和负荷无功功率的电压特性指数；$p_\omega$ 和 $q_\omega$ 为负荷有功功率和负荷无功功率的频率特性指数。

由式(11.111)可得

$$\begin{cases} p_U=\left.\dfrac{\mathrm{d}P/P}{\mathrm{d}U/U}\right|_{\omega=\omega_0} \quad p_\omega=\left.\dfrac{\mathrm{d}P/P}{\mathrm{d}\omega/\omega}\right|_{U=U_0} \\ q_U=\left.\dfrac{\mathrm{d}Q/Q}{\mathrm{d}U/U}\right|_{\omega=\omega_0} \quad q_\omega=\left.\dfrac{\mathrm{d}Q/Q}{\mathrm{d}\omega/\omega}\right|_{U=U_0} \end{cases} \tag{11.112}$$

式(11.112)反映了 $p_U$、$p_\omega$、$q_U$、$q_\omega$ 的物理意义，提供了其量测的理论依据。实际系统母线上的综合负荷静特性参数也可以根据典型负荷静特性参数及实际负荷设备的容量、使用率和组成比例来确定，也可以根据式(11.112)来实际测定。

2. 用多项式表示负荷的电压和频率特性

电力系统中也常把负荷静态模型用多项式表示为

$$\begin{cases} P_{\mathrm{L}*}=(a_{\mathrm{P}}U_{\mathrm{L}*}^2+b_{\mathrm{P}}U_{\mathrm{L}*}+c_{\mathrm{P}})\left(1+\left.\dfrac{\mathrm{d}P_{\mathrm{L}*}}{\mathrm{d}f_*}\right|_{f_*=1}\cdot\Delta f_*\right) \\ Q_{\mathrm{L}*}=(a_{\mathrm{Q}}U_{\mathrm{L}*}^2+b_{\mathrm{Q}}U_{\mathrm{L}*}+c_{\mathrm{Q}})\left(1+\left.\dfrac{\mathrm{d}Q_{\mathrm{L}*}}{\mathrm{d}f_*}\right|_{f_*=1}\cdot\Delta f_*\right) \end{cases} \tag{11.113}$$

式中，$P_{\mathrm{L}*}$、$Q_{\mathrm{L}*}$、$U_{\mathrm{L}*}$ 的基准值一般取扰动前稳态运行情况下负荷本身所吸收的有功、无功电压和负荷节点的电压。$f_*$ 的基准值为系统的额定频率，$\Delta f_*$ 为频率偏移。显

然，在式(11.113)中，各个系数满足关系式(11.114)。

$$\begin{cases} a_P + b_P + c_P = 1 \\ a_Q + b_Q + c_Q = 1 \end{cases} \tag{11.114}$$

对负荷的电压静态特性常采用二次多项式进行拟合。一般这种拟合所得出的结果在相当大的电压范围内都能获得足够的精度。因此，负荷的数学模型可表示为

$$\begin{cases} P_{L*} = a_P U_{L*}^2 + b_P U_{L*} + c_P \\ Q_{L*} = a_Q U_{L*}^2 + b_Q U_{L*} + c_Q \end{cases} \tag{11.115}$$

式(11.115)与式(8.2)是一致的，这种数学模型实际上相当于将负荷分为恒定阻抗、恒定电流和恒定功率三部分。

对于负荷的频率静态特性，由于暂态过程中节点频率的变化一般不大，通常用稳态运行点的切线来近似模拟，即

$$\begin{cases} P_{L*} = 1 + \left.\dfrac{\mathrm{d}P_{L*}}{\mathrm{d}f_*}\right|_{f_*=1} \cdot \Delta f_* \\ Q_{L*} = 1 + \left.\dfrac{\mathrm{d}Q_{L*}}{\mathrm{d}f_*}\right|_{f_*=1} \cdot \Delta f_* \end{cases} \tag{11.116}$$

采用以上两种形式的负荷模型，关键在于获得其中的系数(或指数)。对此可以采用以下两种方法。

(1) 根据综合负荷的组成情况，按行业或负荷性质将它们的典型数据进行综合。

(2) 对负荷进行现场实验。否则，只好采用某些估计值。

### 11.5.3 负荷动态模型

当系统电压和频率快速变化时，应考虑负荷的动态特性，并采用微分方程描写，称之为负荷动态模型。显然，在负荷电压变化比较剧烈的情况下，采用静态特性模型将造成比较大的误差。为此，需要考虑负荷的动态特性模型。由于电力系统负荷的主要成分是感应电动机，因此，负荷的动态特性主要取决于感应电动机的暂态过程。按模拟感应电动机暂态过程详细程度的不同，负荷动态模型可以分为以下几种。

1. *考虑感应电动机机械暂态过程的负荷动态模型*

对于这种模型，只考虑负荷中感应电动机的机械暂态过程而忽略其电磁暂态过程。在此情况下，就一台感应电动机而言，它的动态过程便可以用如图11.15所示的感应电动机等值电路来模拟，但应考虑其转差，$s=(\omega_N-\omega)/\omega_N$，在动态过程中的变化。这是因为电动机端电压发生变化后，将使其电磁转矩 $T_e$ 发生变化，从而破坏了它与电动机所带机械负载的机械转矩 $T_m$ 之间的平衡，使转速发生相应的变化。

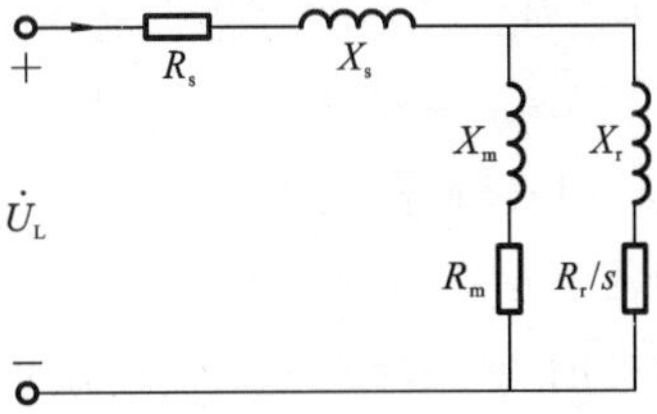

图 11.15 考虑机械暂态时感应电动机的等值电路

转差率变化的规律可以用电动机的转子运动方程，即

$$T_J \frac{\mathrm{d}s}{\mathrm{d}t} = T_m - T_e \tag{11.117}$$

来描述，其推导过程与同步发电机转子运动方程的相同，但应注意这里的转矩正方向规定与同步发电机的相反。

由电机学知，感应电动机的电磁转矩可以表示为

$$T_{\mathrm{e}}=\frac{2T_{\mathrm{emax}}}{\dfrac{s}{s_{\mathrm{cr}}}+\dfrac{s_{\mathrm{cr}}}{s}}\left(\frac{U_{\mathrm{L}}}{U_{\mathrm{LN}}}\right)^2 \tag{11.118}$$

式中，$T_{\mathrm{emax}}$ 为感应电动机在额定电压下的最大电磁转矩；$U_{\mathrm{LN}}$ 和 $U_{\mathrm{L}}$ 分别为感应电动机端电压的额定值和实际值；$s_{\mathrm{cr}}$ 为临界转差。

机械转矩与机械负载的性质有关，一般可表示为

$$T_{\mathrm{m}}=k[\alpha+(1-\alpha)(1-s)^{\rho}] \tag{11.119}$$

式中，$\alpha$ 为机械负载转矩中与转速无关部分所占的比例；$\rho$ 为与机械负载特性有关的指数；$k$ 为电动机的负荷率，由稳态运行情况下 $T_{\mathrm{e}}$ 与 $T_{\mathrm{m}}$ 相平衡的条件决定。

根据感应电动机的等值电路，可以得出感应电动机的等值阻抗为

$$Z_{\mathrm{M}}=R_{\mathrm{s}}+\mathrm{j}X_{\mathrm{s}}+\frac{(R_{\mathrm{m}}+\mathrm{j}X_{\mathrm{m}})(R_{\mathrm{r}}/s+\mathrm{j}X_{\mathrm{r}})}{R_{\mathrm{m}}+R_{\mathrm{r}}/s+\mathrm{j}(X_{\mathrm{m}}+X_{\mathrm{r}})} \tag{11.120}$$

因此，单台感应电动机的数学模型为

$$\begin{cases} T_{\mathrm{J}}\dfrac{\mathrm{d}s}{\mathrm{d}t}=T_{\mathrm{m}}-T_{\mathrm{e}} \\ T_{\mathrm{e}}=\dfrac{2T_{\mathrm{emax}}}{\dfrac{s}{s_{\mathrm{cr}}}+\dfrac{s_{\mathrm{cr}}}{s}}\left(\dfrac{U_{\mathrm{L}}}{U_{\mathrm{LN}}}\right)^2 \\ T_{\mathrm{e}}=k[\alpha+(1-\alpha)(1-s)^{\rho}] \\ Z_{\mathrm{M}}=R_{\mathrm{s}}+\mathrm{j}X_{\mathrm{s}}+\dfrac{(R_{\mathrm{m}}+\mathrm{j}X_{\mathrm{m}})(R_{\mathrm{r}}/s+\mathrm{j}X_{\mathrm{r}})}{R_{\mathrm{m}}+R_{\mathrm{r}}/s+\mathrm{j}(X_{\mathrm{m}}+X_{\mathrm{r}})} \end{cases} \tag{11.121}$$

实际上，在一个节点处的综合负荷中总是含有很多台感应电动机，它们具有不同的型号和容量，其机械负载的性质和大小也各不相同。而且除了感应电动机以外，综合负荷中还包含其他的负荷成分，情况十分复杂。

因此，在建立综合负荷动态特性模型时，不得不采用一些简化处理方法。现简要介绍如下。

(1) 将稳态运行情况下节点负荷吸收的总功率按一定比例分为感应电动机吸收的总功率和其他负荷成分吸收的总功率两部分。对于前者，可根据功率和电压，求出全部感应电动机在稳态下的等值阻抗。对于后者，可根据稳态运行情况下的节点电压，求出恒定阻抗或静态特性模型。

(2) 认为所有感应电动机都是某种典型的感应电动机，从而用一台典型感应电动机的数学模型和计算结果来反映全部感应电动机的动态过程。

为此，可将单台感应电动机的数学模型中的参数 $R_{\mathrm{s}}$、$X_{\mathrm{s}}$、$R_{\mathrm{r}}$、$X_{\mathrm{r}}$、$R_{\mathrm{m}}$、$X_{\mathrm{m}}$、$s_{\mathrm{cr}}$、$T_{\mathrm{emax}}$、$T_{\mathrm{J}}$、$k$、$\alpha$、$\rho$ 和稳态转差 $s_{(0)}$ 取为一组典型的数值，先用模型第四式计算出这台典型感应电动机在稳态下的等值阻抗 $Z_{\mathrm{M(0)}}$。然后用单台感应电动机的数学模型计算暂态过程中各个时刻的等值阻抗 $Z_{\mathrm{M}}$，并按照稳态下全部感应电动机的等值阻抗 $Z_{\mathrm{LM(0)}}$ 和典型电动机的等值阻抗 $Z_{\mathrm{M(0)}}$ 的比值进行折算，就可得出全部电动机在相应时刻的阻抗 $Z_{\mathrm{LM}}$，即

$$Z_{\mathrm{LM}}=Z_{\mathrm{M}}\times\frac{Z_{\mathrm{LM(0)}}}{Z_{\mathrm{M(0)}}}$$

2. 考虑感应电动机机电暂态过程的负荷动态模型

在考虑到感应电动机机电暂态的负荷动态模型中，忽略了定子绕组暂态，只考虑转子绕组暂态及转子运动动态。这种模型较精确地反映了转子绕组电磁暂态对电磁力矩的影响，相比只考虑机械暂态的负荷动态模型，其在暂态过程中具有更好的仿真精度，在电力系统稳态分析中广泛应用，下面推导其完整的数学模型。

异步电动机可看作是同步电动机的特例，即励磁电压恒为零，$d$ 轴、$q$ 轴参数相等，转速非同步，故忽略定子绕组暂态时，可根据同步电动机四阶实用方程导出计及机电暂态的异步电动机模型。

设电动机在 $xy$ 坐标下的暂态电抗与在 $dq$ 坐标下的暂态电抗相同，均为 $X'$，则 $xy$ 同步坐标下，电机定子绕组方程为

$$\begin{cases} U_x = E'_x + X'I_y - R_a I_x \\ U_y = E'_y - X'I_x - R_a I_y \end{cases} \tag{11.122}$$

或写成 $xy$ 坐标下的复数形式（$R_a$ 改用 $R_s$）：

$$\dot{U} = U_x + jU_y = (E'_x + jE'_y) - (R_s + jX')(I_x + jI_y) = \dot{E}' - (R_s + jX')\dot{I} \tag{11.123}$$

考虑电动机惯例，改变 $\dot{I}$ 符号，则

$$\dot{U} = \dot{E}' + (R_s + jX')\dot{I} \tag{11.124}$$

式中，$X' = X_s + X_m // X_r$ 为异步电动机暂态电抗（设 $R_m \approx 0$）。

由同步电动机四阶实用模型的转子绕组方程可知（令励磁电动势 $E_f = 0$），当转速为 $(1-s)$ 时，在 $dq$ 坐标下有

$$\begin{cases} T'_{q0}\dfrac{dE'_d}{dt} = -E_d = -[E'_d - (X_q - X'_q)I_q] \\ T'_{d0}\dfrac{dE'_q}{dt} = E_f - E_q = -E_q = -[E'_q + (X_d - X'_d)I_d] \end{cases} \tag{11.125}$$

写成 $dq$ 坐标下的复数形式则有

$$T'_{d0} = T'_{q0} = T', \quad X_d = X_q = X, \quad X'_d = X'_q = X'$$

$$T'\frac{d\widehat{E}'}{dt} = -\widehat{E}' - j(X - X')\widehat{I} \tag{11.126}$$

为了化为 $xy$ 同步坐标，让式（11.126）两边乘以 $e^{j(\delta - \frac{\pi}{2})}$（见图 11.16），则式（11.126）左边有

$$\begin{aligned} 左边 - T'\left[e^{j(\delta-\frac{\pi}{2})}\frac{d\widehat{E}'}{dt}\right] &= T'\left\{\frac{d[e^{j(\delta-\frac{\pi}{2})}\widehat{E}']}{dt} - \widehat{E}'\frac{de^{j(\delta-\frac{\pi}{2})}}{dt}\right\} \\ &= T'\left[\frac{d\dot{E}'}{dt} - (-js)\dot{E}'\right] \end{aligned}$$

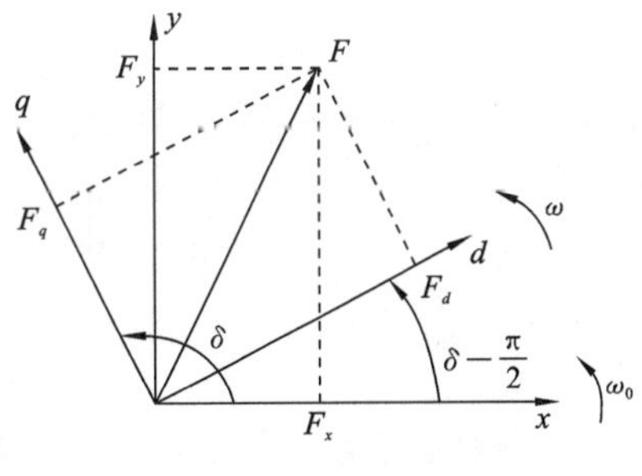

图 11.16 $xy$-$dq$ 坐标间的关系

上述推导中用到了 $j\dfrac{d\delta}{dt} = j(\omega - 1) = -js$，以及 $e^{j(\delta-\frac{\pi}{2})}\widehat{E}' = \dot{E}'$ 这两个关系，而式（11.126）右边乘以 $e^{j(\delta-\frac{\pi}{2})}$ 后有

$$右边 = \dot{E}' - j(X - X')\dot{I}$$

将左边、右边联立，并考虑电动机惯例将 $\dot{I}$ 改号，得

$$\frac{\mathrm{d}\dot{E}'}{\mathrm{d}t}=-\mathrm{j}s\dot{E}'-\frac{1}{T'}[\dot{E}'-\mathrm{j}(X-X')\dot{I}] \tag{11.127}$$

上式中，$-\mathrm{j}s\dot{E}'$相当于速度电动势项，这是由转子绕组实际速度为$(1-s)$，而观察坐标 $xy$ 速度为1，速度差为 $s$ 而引起的。$X$ 和 $X'$的定义为 $X=X_\mathrm{s}+X_\mathrm{m}$ 和 $X'=X_\mathrm{s}+X_\mathrm{m}//X_\mathrm{r}$。$T'=\frac{X_\mathrm{r}+X_\mathrm{m}}{r_\mathrm{r}}$为定子开路暂态时间常数。

感应电动机转子运动方程为

$$T_\mathrm{J}\frac{\mathrm{d}s}{\mathrm{d}t}=T_\mathrm{m}-T_\mathrm{e} \tag{11.128}$$

式中，$T_\mathrm{m}=k[\alpha+(1-\alpha)(1-s)^p]$，$T_\mathrm{e}=\mathrm{Re}(\dot{E}'\hat{\dot{I}})$。

式(11.124)、式(11.127)与式(11.128)构成了感应电动机计及机电暂态的数学模型，即

$$\begin{cases}\dot{U}=\dot{E}'+(r_\mathrm{s}+\mathrm{j}X')\dot{I}\\ \frac{\mathrm{d}\dot{E}'}{\mathrm{d}t}=-\mathrm{j}s\dot{E}'-\frac{1}{T'}[\dot{E}'-\mathrm{j}(X-X')\dot{I}]\\ T_\mathrm{J}\frac{\mathrm{d}s}{\mathrm{d}t}=T_\mathrm{m}-T_\mathrm{e}\end{cases} \tag{11.129}$$

以上讨论中各量均为自身容量基值下的标幺值。当联网计算时，同样要注意初值确定及标幺值转换问题。

对于式(11.129)，如令$\frac{\mathrm{d}\dot{E}'}{\mathrm{d}t}=0$，则转化为机械暂态模型，此时的感应电机等值阻抗为

$$Z_{\mathrm{eq}*}=r_{\mathrm{s}*}+\mathrm{j}X_{\mathrm{s}*}+\mathrm{j}X_\mathrm{N}//\left(\frac{r_{\mathrm{r}*}}{s}+\mathrm{j}X_{\mathrm{r}*}\right)$$

根据这一关系，机电暂态模型的初值计算与机械暂态模型的基本相同，但需考虑基值变换及根据定子绕组方程计算 $\dot{E}'_0=\dot{U}_0-(R_{\mathrm{s}*}+\mathrm{j}X'_*)K_\mathrm{H}\dot{I}_0$，而 $\dot{I}_0=\dot{U}_0/(Z_{\mathrm{eq}*}|_{s0}\times K_\mathrm{H})$，此外，设容量基值折算系数为系统容量基值 $S_{\mathrm{B,sys}}$和自身容量基值 $S_\mathrm{BR}$之比，即 $K_\mathrm{H}=\frac{S_{\mathrm{B,sys}}}{S_\mathrm{BR}}=\frac{P_{\mathrm{L0}*}}{P_\mathrm{L0}}=\frac{Q_{\mathrm{L0}*}}{Q_\mathrm{L0}}$，则联网计算公式为

$$\begin{cases}\dot{U}=\dot{E}'+(r_{\mathrm{s}*}+\mathrm{j}X'_*)K_\mathrm{H}\dot{I}\\ \frac{\mathrm{d}\dot{E}'}{\mathrm{d}t}=-\mathrm{j}s\dot{E}'-\frac{1}{T'}[\dot{E}'-\mathrm{j}(X_*-X'_*)K_\mathrm{H}\dot{I}]\\ \frac{1}{K_\mathrm{H}}T_{\mathrm{J}*}\frac{\mathrm{d}s}{\mathrm{d}t}=T_\mathrm{m}-T_\mathrm{e}\end{cases} \tag{11.130}$$

式中，$T_\mathrm{m}=\frac{1}{K_\mathrm{H}}k_*[\alpha+(1-\alpha)(1-s)^p]$；$T_\mathrm{e}=\mathrm{Re}(\dot{E}'\hat{\dot{I}})$。

3. 考虑感应电动机电磁暂态过程的负荷动态模型

当对电力系统作电磁暂态分析，并且要考虑负荷动态特性时，需采用考虑到感应电动机电磁暂态过程的动态负荷模型。由于该模型中要考虑定子绕组暂态，故要根据同步电动机派克方程，设 $d$ 轴、$q$ 轴参数对称，及转速 $\omega=1-s$ 加以推导，故此模型的推导可以看作是同步电动机派克方程应用的一个实例。

1) 定子电压方程

$xy$ 同步观察坐标下的定子电压方程为

$$\begin{cases} u_x = \dfrac{\mathrm{d}\psi_x}{\mathrm{d}t} - \psi_y - R_a i_x \\ u_y = \dfrac{\mathrm{d}\psi_y}{\mathrm{d}t} + \psi_x - R_a i_y \end{cases} \tag{11.131}$$

用复数形式表示为

$$\dot{u}_s = \frac{\mathrm{d}\dot{\psi}_s}{\mathrm{d}t} + \mathrm{j}\psi_s - R_s \dot{i}_s \tag{11.132}$$

式中，$\dot{u}_s = u_x + \mathrm{j}u_y$，$\dot{\psi}_s$、$\dot{I}_s$ 类同。

2）转子电压方程

由于励磁为零，故对 $dq$ 轴转子阻尼绕组 $f$ 和 $g$ 有

$$\begin{cases} 0 = \dfrac{\mathrm{d}\psi_f}{\mathrm{d}t} + R_f i_f \\ 0 = \dfrac{\mathrm{d}\psi_g}{\mathrm{d}t} + R_g i_g \end{cases} \tag{11.133}$$

由于 $R_f = R_g = R_r$，故其复数形式为

$$\frac{\mathrm{d}(\psi_f + \mathrm{j}\psi_g)}{\mathrm{d}t} + R_r(i_f + \mathrm{j}i_g) = 0 \tag{11.134}$$

用同步坐标表示，两边乘以 $\mathrm{e}^{\mathrm{j}\left(\delta - \frac{\pi}{2}\right)}$，则

$$\mathrm{e}^{\mathrm{j}\left(\delta - \frac{\pi}{2}\right)} \frac{\mathrm{d}(\psi_f + \mathrm{j}\psi_g)}{\mathrm{d}t} + R_r(i_{rx} + \mathrm{j}i_{ry}) = 0 \tag{11.135}$$

式(11.135)的第一项，同考虑感应电动机机电暂态过程的负荷动态模型一样，可化为 $xy$ 坐标下的量，从而可得到转子复数微分方程为

$$\frac{\mathrm{d}\dot{\psi}_r}{\mathrm{d}t} + \mathrm{j}s\dot{\psi}_r + R_r(i_{rx} + \mathrm{j}i_{ry}) = 0 \tag{11.136}$$

3）磁链方程

由磁链方程

$$\begin{bmatrix} \psi_d \\ \psi_q \\ \psi_f \\ \psi_g \end{bmatrix} = \begin{bmatrix} X_d & 0 & X_{ad} & 0 \\ 0 & X_q & 0 & X_{aq} \\ X_{ad} & 0 & X_f & 0 \\ 0 & X_{aq} & 0 & X_g \end{bmatrix} \begin{bmatrix} -i_d \\ -i_q \\ i_f \\ i_g \end{bmatrix} \tag{11.137}$$

设 $X_d = X_q$，$X_{ad} = X_{aq}$，$X_f = X_g$，对于式(11.137)的前两个方程式，将其化为复数表示式后，两边乘以 $\mathrm{e}^{\mathrm{j}\left(\delta - \frac{\pi}{2}\right)}$ 化为 $xy$ 坐标，并对式(11.137)后两式作相同处理，得

$$\begin{cases} \dot{\psi}_s = -X_d \dot{i}_s + X_{ad} \dot{i}_r \\ \dot{\psi}_r = -X_{ad} \dot{i}_s + X_f \dot{i}_r \end{cases} \tag{11.138}$$

将式(11.138)代入式(11.132)和式(11.136)，消去 $\dot{\psi}_s$ 和 $\dot{\psi}_r$，并改变 $\dot{i}_s$ 的符号，取电动机惯例，则

$$\begin{cases} \dot{u}_s = \dfrac{\mathrm{d}(X_d \dot{i}_s + X_{ad} \dot{i}_r)}{\mathrm{d}t} + \mathrm{j}(X_d \dot{i}_s + X_{ad} \dot{i}_r) + R_s \dot{i}_s \\ 0 = \dot{u}_r = \dfrac{\mathrm{d}(X_{ad} \dot{i}_s + X_f \dot{i}_r)}{\mathrm{d}t} + \mathrm{j}s(X_{ad} \dot{i}_s + X_f \dot{i}_r) + R_r \dot{i}_r \end{cases} \tag{11.139}$$

式中，$X_d = X_s + X_m$，$X_{ad} = X_m$，$X_f = X_r + X_m$。

式(11.139)用矩阵表示为

$$\begin{bmatrix} R_s+\dfrac{d(X_s+X_m)}{dt}+j(X_s+X_m) & \dfrac{dX_m}{dt}+jX_m \\ \dfrac{dX_m}{dt}+jsX_m & R_r+\dfrac{d(X_r+X_m)}{dt}+js(X_r+X_m) \end{bmatrix}\begin{bmatrix}\dot{i}_s \\ \dot{i}_r\end{bmatrix}=\begin{bmatrix}\dot{u}_s \\ 0\end{bmatrix} \tag{11.140}$$

式(11.140)即为异步电动机计及电磁暂态时 $xy$ 同步坐标下复数形式的定子、转子方程，可将其实部、虚部分化为实数方程以便进行数值计算。

4）转子运动方程

按电动机惯例，转子运动方程应为

$$T_J\frac{ds}{dt}=T_m-T_e \tag{11.141}$$

式中，$T_m=k[\alpha+(1-\alpha)(1-s)^p]$；$T_e=\psi_x i_y-\psi_y i_x=-\mathrm{Im}[\dot{\psi}_s\hat{i}_s]=-\mathrm{Im}\{[(X_s+X_m)\dot{i}_s+X_m\dot{i}_r]\hat{i}_s\}$。

式(11.139)或式(11.140)与式(11.141)构成了考虑感应电机电磁暂态的负荷动态模型，从实数域看其是一个五阶模型，其包括 2 个复数微分方程和 1 个实数微分方程，当和网络接口时，有 1 个网络复数微分方程可与之联解。

令含 $\dot{i}_s$ 项的系数中的 $d/dt\to 0$（忽略定子绕组暂态），则该模型可化为考虑机电暂态的模型，再进一步令含 $\dot{i}_r$ 项的系数 $d/dt\to 0$（忽略转子绕组暂态），则该模型可化为只考虑机械暂态的模型。因此，本模型的初值建立也和机械暂态模型的完全相同，另外，联网计算时也要作基值变换。

# 12

# 电力系统电磁暂态过程分析

## 12.1 概述

电力系统发生故障或运行操作后，将产生复杂的电磁暂态过程和机电暂态过程。电磁暂态过程主要指各元件中电场和磁场及相应的电压和电流的变化过程。其持续时间为微毫秒级，关注暂态过压过流。机电暂态过程则指由发电机和电动机电磁转矩的变化引起的电机转子机械运动的变化过程。其持续时间为数十毫秒级，关注工频电压电流。虽然电磁暂态过程和机电暂态过程同时发生并且相互影响，但是要对它们进行统一分析却十分困难。

由于这两个暂态过程的变化速度实际上相差很大，在工程上通常近似地对它们分别进行分析。例如：在电磁暂态过程分析中，常不计发电机和电动机的转速变化；而在静态稳定性和暂态稳定性等机电暂态过程分析中，则往往近似考虑或甚至忽略电磁暂态过程。

只有在分析由发电机组轴系引起的次同步谐振现象，计算大扰动后轴系的暂态扭矩等问题中，才不得不同时考虑电磁暂态过程和机电暂态过程。

电磁暂态过程分析的主要目的在于分析和计算故障或操作后可能出现的暂态过电压和过电流，以便对电力设备进行合理设计，确定已有设备能否安全运行，并研究相应的限制和保护措施。对于研究新型快速继电保护装置的动作原理、故障点探测原理及电磁干扰等问题，也常需要进行电磁暂态过程分析。

由于电磁暂态过程变化很快，一般需要分析和计算持续时间在毫秒级以内的电压、电流瞬时值变化情况，因此，在分析中需要考虑元件的电磁耦合、计及输电线路分布参数所引起的波过程，有时甚至要考虑线路三相结构的不对称、线路参数的频率特性，以及电晕等因素的影响。

电磁暂态过程的分析方法可以分为两类：一类是应用暂态网络分析仪的物理模拟方法；另一类是数值计算（或称数字仿真）方法，即列出描述各元件和全系统暂态过程的微分方程，应用数值方法进行求解。

随着数字计算机和计算方法的发展，已研究和开发出一些比较成熟的数值计算方法和程序。其中，电磁暂态程序——EMTP，经许多人共同改进和完善后，已具有很强的计算功能和良好的计算精度，并包括发电机、轴系和控制系统动态过程的模拟，使之能用于次同步谐振问题的分析。这一程序已得到国际上的普遍承认和广泛应用，EMTP是一个不断发展的软件，其拥有不断发展的大量资源，因此它成为美国电力系统和电子电力仿真方面的工作标准。

电网操作后与发生故障时会出现的现象或参数如下。

(1) 对输电线路有：分布参数、波过程；

(2) 对变压器有：饱和特性、励磁涌流；

(3) 对发电机有：电磁转矩变化、转子间相对运行、轴系扭振相互作用(次同步谐振)；

(4) 对故障电流有：周期分量、非周期分量、倍频分量、高次谐波；

(5) 对故障电压有：工频过电压、感应过电压、雷击过电压、谐波电压。

通过电力系统计算就可以对这些现象或参数进行研究分析，而电力系统计算主要有短路计算、潮流计算、机电暂态计算、电磁暂态计算。

### 12.1.1 短路计算的应用

短路计算可以计算起始次暂态电流、短路冲击电流。在计算时系统各元件常采用一相等值电路，其中，发电机用次暂态电势和次暂态电抗表示；输电线路用集中参数π型等值电路表示；变压器用星形等值电路表示；负荷用电势源支路或阻抗表示。

计算短路电流实际上就是求解交流电路的稳态电流，其数学模型就是网络的线性代数方程组，一般采用电路分析方法时，选用网络节点方程，即 $I=YU$。对于正弦稳态线性电路，可利用相量分析方法，计算结果可用于设备选型与校核、继电保护整定。

### 12.1.2 潮流计算的应用

潮流计算可以用于计算全网功率和电压分布。在计算时电网元件采用一相等值电路，其中，发电机与负荷用节点注入功率表示，潮流方程用节点注入功率与节点电压之间的数学关系表示。

$$\left.\begin{aligned} P_i &= U_i \sum_{j\in i} U_j (G_{ij}\cos\theta_{ij} + B_{ij}\sin\theta_{ij}) \\ Q_i &= U_i \sum_{j\in i} U_j (G_{ij}\sin\theta_{ij} - B_{ij}\cos\theta_{ij}) \end{aligned}\right\} \quad i = 1,2,\cdots,N \tag{12.1}$$

潮流方程是非线性代数方程，求解时可以采用N-R法等。在进行工频稳态计算时，仅考虑电网元件的工频特性，可计算全网工频电压、电流和支路功率分布；在进行非线性代数方程求解时，不涉及发电机转子方程，计算结果可用于运行方式优化和校核。

### 12.1.3 机电暂态计算的应用

稳定计算可以计算发电机功角变化，在计算时电力网模型采用节点导纳矩阵来表述，满足网络方程 $I=YU$；发电机采用转子运动方程和派克方程来表述，忽略定子绕组暂态；负荷用电动机方程和ZIP模型来描述。

电力系统机电暂态过程的工程问题主要是电力系统的稳定性问题。其中，暂态稳定用非线性微分方程数值计算法、改进欧拉法等计算；静态稳定用小扰动线性化方程特征值分析法计算。

机电暂态计算是指计算发电机转子之间相对摇摆的过程，对其数十秒级暂态的发电机转子运动方程式进行数值计算，可计及转子各绕组动态，还可以计算工频正序电压、电流变化。

### 12.1.4 电磁暂态计算的应用

电磁暂态计算可以计算元件电压、电流等变量的瞬时值，在计算时元件模型用三相电路来表述；输电线路用分布参数、波过程来描述；变压器用三相互感耦合模型、铁芯饱和特性来描述；发电机用转子运动方程、派克方程、计及定子绕组的暂态来表述；负荷用电动机方程和 ZIP 模型来表述。全系统时域方程的数值计算常采用隐式梯形积分法。

电磁暂态计算是指计算电压、电流瞬时值的变化情况，可计及元件的电磁耦合、线路分布参数特性引起的行波过程、三相结构不对称、变压器铁芯饱和与励磁涌流等。

## 12.2 电磁暂态过程数值计算的基本方法

本章涉及的是电磁暂态过程，下面介绍电磁暂态过程数值计算的基本方法。

在电力系统计算中，所有微分方程都不显含时间变量 $t$，因此，假设一阶非线性微分方程为

$$\frac{\mathrm{d}x(t)}{\mathrm{d}t}=f[x(t)] \tag{12.2}$$

将 $x(t)$ 在 $t_{k-1}$ 处泰勒展开为

$$\begin{aligned}x_k&=x(t_k)=x_{k-1}+\left.\frac{\mathrm{d}x}{\mathrm{d}t}\right|_{t_{k-1}}\Delta t+\frac{1}{2!}\left.\frac{\mathrm{d}^2x}{\mathrm{d}t^2}\right|_{t_{k-1}}\Delta t^2+\cdots\\&=x_{k-1}+f(x_{k-1})\Delta t+\frac{1}{2!}f'(x_{k-1})\Delta t^2+\cdots\end{aligned} \tag{12.3}$$

式(12.3)取线性项可得

$$x_k=x(t_k)=x_{k-1}+\left.\frac{\mathrm{d}x}{\mathrm{d}t}\right|_{t_{k-1}}\Delta t=x_{k-1}+f(x_{k-1})\Delta t \tag{12.4}$$

这就是欧拉法的迭代公式，该法算式简单、计算量小，但精度低，因此提出了改进欧拉法。

对泰勒展开式取线性项和二阶项，再用增量值比代替一阶导数，得

$$\begin{aligned}x_k&=x_{k-1}+f(x_{k-1})\Delta t+\frac{1}{2!}f'(x_{k-1})\Delta t^2+\cdots\\&\approx x_{k-1}+f(x_{k-1})\Delta t+\frac{1}{2!}f'(x_{k-1})\Delta t^2\\&\approx x_{k-1}+f(x_{k-1})\Delta t+\frac{\Delta t^2}{2}\frac{f(x_k)-f(x_{k-1})}{\Delta t}\\&=x_{k-1}+\frac{f(x_{k-1})+f(x_k)}{2}\Delta t\end{aligned} \tag{12.5}$$

等式右端包含未知量 $x_k$，故称隐式梯形积分法，隐式梯形积分法不能用递推的方式直接作数值计算，故用欧拉法求得的值作为预测值，从而提出改进欧拉法。

改进欧拉法分为以下两步。

(1) 预报：用$[t_{k-1}\quad t_k]$时段起始点的导数值来预报该时段末的值 $x_k^{(0)}$。

(2) 校正：用预报值 $x_k^{(0)}$ 计算$[t_{k-1}\quad t_k]$时段末的导数预报值 $f(x_k^{(0)})$，再用

$[t_{k-1}\quad t_k]$时段始末两点导数值的平均值计算出 $x_k$ 的校正值。

改进欧拉法的递推公式可由式(12.6)、式(12.7)、式(12.8)表示。

$$\frac{\mathrm{d}x(t)}{\mathrm{d}t}=f(x(t))\quad x(t_0)=x_0 \tag{12.6}$$

$$\begin{cases}\left.\dfrac{\mathrm{d}x}{\mathrm{d}t}\right|_{t_{k-1}}=f(x_{k-1})\\ x_k^{(0)}=x_{k-1}+\left.\dfrac{\mathrm{d}x}{\mathrm{d}t}\right|_{t_{k-1}}\Delta t\end{cases} \tag{12.7}$$

$$\begin{cases}\left.\dfrac{\mathrm{d}x}{\mathrm{d}t}\right|_{t_k}^{(0)}=f(x_k^{(0)})\\ x_k=x_{k-1}+\dfrac{1}{2}\left[\left.\dfrac{\mathrm{d}x}{\mathrm{d}t}\right|_{t_{k-1}}+\left.\dfrac{\mathrm{d}x}{\mathrm{d}t}\right|_{t_k}^{(0)}\right]\Delta t\end{cases} \tag{12.8}$$

其中,式(12.6)表示初值,式(12.7)表示预估值,式(12.8)表示校正值。

显然,改进欧拉法先用欧拉公式求 $x$ 的一个近似值 $x_k^{(0)}$,称为预测值,然后用梯形公式矫正并求得 $x_k$。改进欧拉法是二阶的,精度较欧拉法要高,适用范围更广。

常微分方程,即$\dfrac{\mathrm{d}x}{\mathrm{d}t}=f(x)$,在 $t-\Delta t$ 到 $t$ 积分步长内的隐式梯形积分公式为

$$x(t)=x(t-\Delta t)+\frac{\Delta t}{2}\{f[(x)]+f[x(t-\Delta t)]\} \tag{12.9}$$

### 12.2.1 集中参数元件的电磁暂态等值计算电路

1. 电感元件

对于图 12.1(a)所示的电感电路,可以列出其微分方程,即

$$L\frac{\mathrm{d}i_{jk}(t)}{\mathrm{d}t}=u_j(t)-u_k(t) \tag{12.10}$$

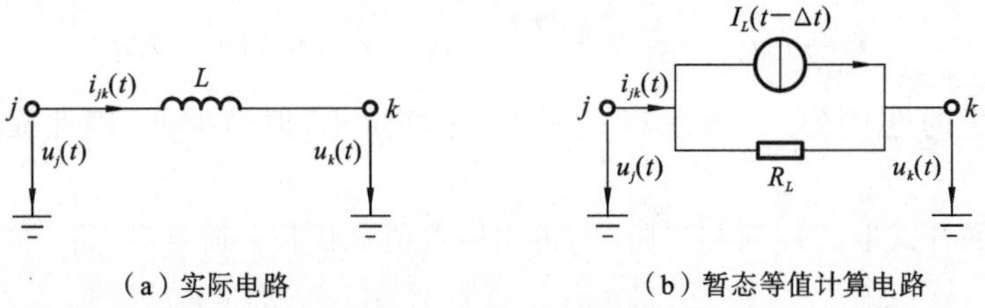


图 12.1 电感元件电路

应用梯形积分公式(12.9),可将它化为下列差分方程:

$$i_{jk}(t)=i_{jk}(t-\Delta t)+\frac{\Delta t}{2L}\{[u_j(t)-u_k(t)]+[u_j(t-\Delta t)-u_k(t-\Delta t)]\} \tag{12.11}$$

即

$$i_{jk}(t)=\frac{1}{R_L}[u_j(t)-u_k(t)]+I_L(t-\Delta t) \tag{12.12}$$

其中,等值电阻和等值电流源分别如式(12.13)和式(12.14)所示:

$$R_L=\frac{2L}{\Delta t} \tag{12.13}$$

$$I_L(t-\Delta t)=i_{jk}(t-\Delta t)+\frac{1}{R_L}[u_j(t-\Delta t)-u_k(t-\Delta t)] \tag{12.14}$$

式(12.12)中，$t$ 时刻的电压、电流关系可以用图 12.1(b)所示的等值电路代替，并称之为暂态等值计算电路。其中，$R_L$ 是积分计算中反映电感 $L$ 的等值电阻，当步长 $t$ 固定时它为定值；$I_L(t-\Delta t)$ 是 $t$ 时刻的等值电流源，由 $t-\Delta t$ 时刻的电流和电压按式(12.14)计算而得。

对于积分的第一个时段，$t=\Delta t$，$t-\Delta t=0$，式(12.14)右端的电流和电压将是它们的初始值 $i_{jk}(0)$，$u_j(0)$，$u_k(0)$，而对于其他时段则是前一个时段的计算结果。

在实际计算中，为了省去对电感支路电流 $i_{jk}(t-\Delta t)$ 的计算，可应用对应于 $t-\Delta t$ 时刻的电流、电压关系式(12.12)，将式(12.14)改写成下列递推形式：

$$I_L(t-\Delta t)=I_L(t-2\Delta t)+\frac{2}{R_L}[u_j(t-\Delta t)-u_k(t-\Delta t)] \tag{12.15}$$

式(12.15)为电流源的递推计算式，当然，在起步时仍需应用式(12.14)来计算相应的电流源。

2. 电容元件

仿照电感元件的方法，可以推导出图 12.2(a)所示的电容电路的暂态等值计算电路。列出其微分方程为

$$C\frac{\mathrm{d}[u_j(t)-u_k(t)]}{\mathrm{d}t}=i_{jk}(t) \tag{12.16}$$

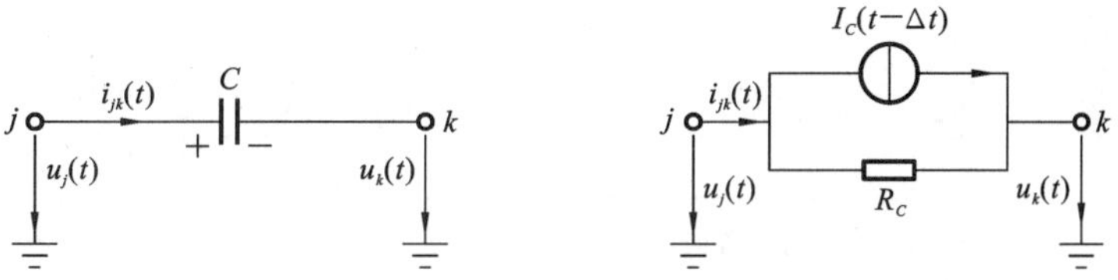


(a) 实际电路　　(b) 暂态等值计算电路

**图 12.2　电容元件电路**

应用梯形积分公式(12.9)，可得相应的计算公式为

$$u_j(t)-u_k(t)=u_j(t-\Delta t)-u_k(t-\Delta t)+\frac{\Delta t}{2C}[i_{jk}(t)+i_{jk}(t-\Delta t)] \tag{12.17}$$

式(12.17)可变换为

$$i_{jk}(t)=-i_{jk}(t-\Delta t)+\frac{2C}{\Delta t}\{[u_j(t)-u_k(t)]-[u_j(t-\Delta t)-u_k(t-\Delta t)]\} \tag{12.18}$$

即

$$i_{jk}(t)=\frac{1}{R_C}[u_j(t)-u_k(t)]+I_C(t-\Delta t) \tag{12.19}$$

其中，等值电阻和等值电流源分别如式(12.20)和式(12.21)所示：

$$R_C=\frac{\Delta t}{2C} \tag{12.20}$$

$$I_C(t-\Delta t)=-i_{jk}(t-\Delta t)-\frac{1}{R_C}[u_j(t-\Delta t)-u_k(t-\Delta t)] \tag{12.21}$$

则电流源的递推计算式为

$$I_C(t-\Delta t)=-I_C(t-2\Delta t)-\frac{2}{R_C}[u_j(t-\Delta t)-u_k(t-\Delta t)] \tag{12.22}$$

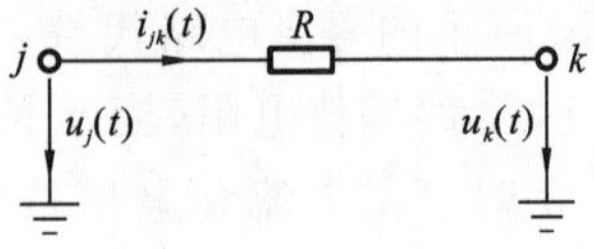

图 12.3 电阻元件等值计算电路

3. 电阻元件

对于图 12.3 所示的电阻元件电路，其电压、电流的关系为代数方程，即

$$i_{jk}(t)=\frac{1}{R}[u_j(t)-u_k(t)] \tag{12.23}$$

它直接描述了 $t$ 时刻的电压和电流之间的关系，因此，图 12.3 所示的电路本身就是它的暂态等值计算电路。

以上给出了单个 $L$、$C$、$R$ 元件的暂态等值计算电路，当一集中参数元件同时含有几个参数（例如 $R$、$L$ 串联）时，可以分别作出它们的暂态等值计算电路，然后进行相应的连接。另外，对于并联电抗和并联电容等接地元件的情况，可以在暂态等值计算电路中令其接地端电压为零。

暂态等值计算电路又称等值计算电路，在不引起混淆的情况下，本章将其简称为等值电路。下面就有关电磁暂态计算的例题进行分析。

**例 12.1** 应用等值计算电路，计算图 12.4(a)中开关闭合后电感元件的电流和电压降。已知 $i_L(0)=1$ A，并取 $\Delta t=0.1\ \mu$s。

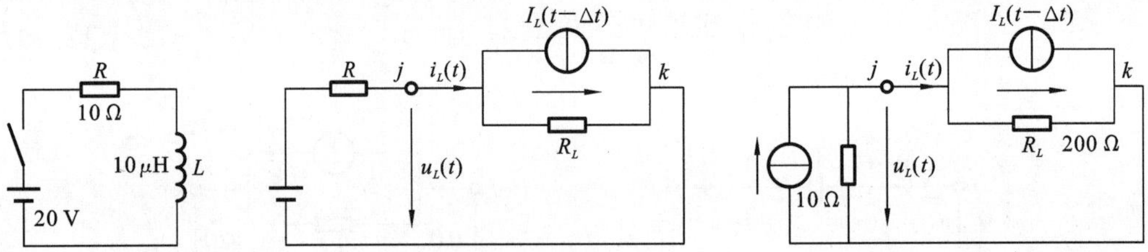


图 12.4 例 12.1 电路图

**解** (1) 作全电路的等值计算电路。由图 12.3 和图 12.1(b)，可得出全电路的等值计算电路，如图 12.4(b)所示，其中，$R_L=2L/\Delta t=2\times 10/0.1=200(\Omega)$。将电压源化成电流源，则得图 12.4(c)所示的等值电路。

(2) 利用计算公式。按式(12.15)可得电感元件电流源的递推公式为

$$I_L(t-\Delta t)=I_L(t-2\Delta t)+\frac{2}{200}\times[u_j(t-\Delta t)-u_k(t-\Delta t)]$$

由图 12.4(c)，可得电感元件的电流和电压降的计算公式。因为

$$u_L(t)=\frac{200\times 10}{210}\times[2-I_L(t-\Delta t)]$$

所以有

$$i_{10\ \Omega}=\frac{200}{210}\times[2-I_L(t-\Delta t)]$$

$$i_{200\ \Omega}=\frac{10}{210}\times[2-I_L(t-\Delta t)]$$

故

$$i_L(t)=i_{200}+I_L(t-\Delta t)=\frac{10}{210}\times[2-I_L(t-\Delta t)]+I_L(t-\Delta t)$$

(3) 起步计算。已知 $t=0$ 时 $i_L(0)=1$ A，由图 12.4(a)可求得开关闭合后瞬间电

感元件电压 $u_L(0)=20-10\times1=10(\text{V})$，应用式(12.14)可得 $I_L(0)=1+\dfrac{1}{200}\times10=1.05(\text{A})$。则第一个步长 $\Delta t$ 后的电流、电压为

$$u_L(\Delta t)=\frac{200\times10}{210}\times(2-1.05)=9.048(\text{V})$$

$$i_L(\Delta t)=\frac{10}{210}\times(2-1.05)+1.05=1.095(\text{A})$$

(4) 递推计算。递推计算如下：

$$I_L(\Delta t)=I_L(0)+\frac{2}{200}u_L(\Delta t)=1.05+0.09=1.140(\text{A})$$

$$u_L(2\Delta t)=\frac{200\times10}{210}\times(2-1.140)=8.190(\text{V})$$

$$i_L(2\Delta t)=\frac{10}{210}\times(2-1.140)+1.140=1.181(\text{A})$$

利用第(2)步的递推计算公式

$$I_L(t-\Delta t)=I_L(t-2\Delta t)+\frac{2}{200}\times[u_j(t-\Delta t)-u_k(t-\Delta t)]$$

$$u_L(t)=\frac{200\times10}{210}\times[2-I_L(t-\Delta t)]$$

$$i_L(t)=i_{200}+I_L(t-\Delta t)=\frac{10}{210}\times[2-I_L(t-\Delta t)]+I_L(t-\Delta t)$$

可依次求出 $t=3\Delta t,4\Delta t,\cdots$时的结果。

### 12.2.2 单根分布参数线路的贝瑞隆(Bergeron)等值计算电路

在电磁暂态过程分析中，输电线路分布参数的影响可以用两种方法处理：一种是将线路适当地分成若干段，每段用Ⅱ型或 T 型集中参数电路代替，再将其中的各个参数用前面介绍的等值计算电路表示；另一种方法是直接导出并采用线路的暂态等值计算电路。

1. 单根无损线路的暂态等值计算电路

对于图 12.5(a)所示的单根无损线路，设单位长度的电感 $L_0$ 和电容 $C_0$ 均为常数，则可以列出下列偏微分方程：

$$\begin{cases} u-\left(u+\dfrac{\partial u}{\partial x}\mathrm{d}x\right)=-\dfrac{\partial u}{\partial x}\mathrm{d}x=L_0\mathrm{d}x\,\dfrac{\partial i}{\partial t} \\ i-\left(i+\dfrac{\partial i}{\partial x}\mathrm{d}x\right)=-\dfrac{\partial i}{\partial x}\mathrm{d}x=C_0\mathrm{d}x\,\dfrac{\partial\left(u+\dfrac{\partial u}{\partial x}\mathrm{d}x\right)}{\partial t} \end{cases} \tag{12.24}$$

将式(12.24)略去二阶无穷小，可得

$$\begin{cases} \dfrac{\partial u(x,t)}{\partial x}=-L_0\,\dfrac{\partial i(x,t)}{\partial t} \\ \dfrac{\partial i(x,t)}{\partial x}=-C_0\,\dfrac{\partial u(x,t)}{\partial t} \end{cases} \tag{12.25}$$

对式(12.25)求导、换算，可得二阶偏微分方程，也叫二阶波动方程，即

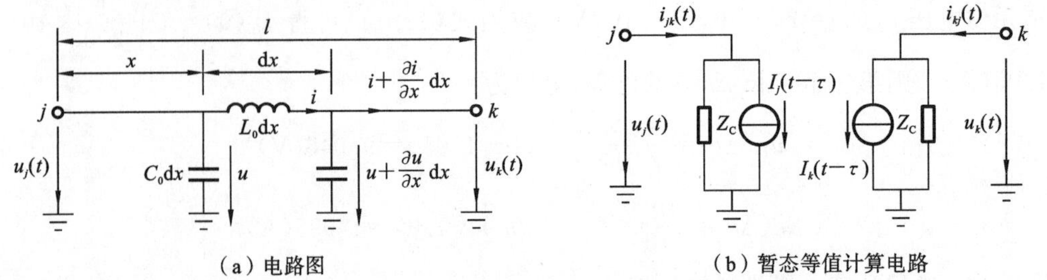


**图 12.5 单根分布参数线路的贝瑞隆等值计算电路**

$$\begin{cases}\dfrac{\partial^2 u(x,t)}{\partial x^2}=\dfrac{1}{v^2}\dfrac{\partial^2 u(x,t)}{\partial t^2}\\\dfrac{\partial^2 i(x,t)}{\partial x^2}=\dfrac{1}{v^2}\dfrac{\partial^2 i(x,t)}{\partial t^2}\end{cases}\tag{12.26}$$

式中，$v=1/\sqrt{L_0C_0}$为沿线电磁波的传播速度。

二阶波动方程的通解为

$$\begin{cases}u(x,t)=f_1(x-vt)+f_2(x+vt)\\i(x,t)=\dfrac{1}{Z_C}f_1(x-vt)-\dfrac{1}{Z_C}f_2(x+vt)\end{cases}\tag{12.27}$$

式中，与 $f_1(x-vt)$有关的项反映速度为 $v$ 的前行波，与 $f_2(x+vt)$有关的项反映速度为 $v$ 的反行波，$Z_C=\sqrt{L_0/C_0}$为线路的波阻抗。

将通解式(12.27)的第二式两端乘以 $Z_C$，再与其第一式分别相加和相减后，得

$$u(x,t)+Z_Ci(x,t)=2f_1(x-vt)\tag{12.28}$$

$$u(x,t)-Z_Ci(x,t)=2f_2(x+vt)\tag{12.29}$$

贝瑞隆应用式(12.28)、式(12.29)所表示的任一点电压、电流线性关系，在已知边界条件和起始条件下计算了线路上的电压、电流。在这里不直接应用贝瑞隆法，而是用式(12.28)和式(12.29)推导线路两端的等值计算电路。

在式(12.28)中，分别令 $x=0$ 和 $x=l$，则由图 12.5(a)可知，$u(0,t)=u_j(t)$，$i(0,t)=i_{jk}(t)$，$u(l,t)=u_k(t)$，$i(l,t)=-i_{kj}(t)$。于是得

$$u_j(t)+Z_Ci_{jk}(t)=2f_1(-vt)\tag{12.30}$$

$$u_k(t)-Z_Ci_{kj}(t)=2f_1(l-vt)\tag{12.31}$$

在式(12.30)中，将 $t$ 换成 $t-\tau$，为电磁波由线路一端到达另一端所需的时间，此处 $\tau=l/v$，于是式(12.30)变为

$$u_j(t-\tau)+Z_Ci_{jk}(t-\tau)=2f_1(l-vt)\tag{12.32}$$

对式(12.32)与式(12.31)进行比较，可以导出

$$u_j(t-\tau)+Z_Ci_{jk}(t-\tau)=u_k(t)-Z_Ci_{kj}(t)\tag{12.33}$$

式(12.31)、式(12.32)和式(12.33)的物理意义为：$t-\tau$ 时刻在 $j$ 端的前行波，在 $t$ 时刻到达 $k$ 端。

式(12.33)可改写为

$$\begin{cases}i_{kj}(t)=u_k(t)/Z_C+I_k(t-\tau)\\I_k(t-\tau)=-u_j(t-\tau)/Z_C-i_{jk}(t-\tau)\end{cases}\tag{12.34}$$

采用相同的方法，由式(12.29)可以导出

$$\begin{cases} i_{jk}(t)=u_j(t)/Z_C+I_j(t-\tau) \\ I_j(t-\tau)=-u_k(t-\tau)/Z_C-i_{kj}(t-\tau) \end{cases} \tag{12.35}$$

式(12.35)的物理意义为：$t-\tau$ 时刻在 $k$ 端的反行波，在 $t$ 时刻到达 $j$ 端。

式(12.34)和式(12.35)给出了 $t$ 时刻线路一端电流、电压与 $t-\tau$ 时刻线路另一端电流、电压之间的关系。不难看出，这组关系可以用图 12.5(b)所示的暂态等值计算电路(又称贝瑞隆等值计算电路)来反映，它将分布参数线路的波过程转化为仅含电阻和电流源的集中参数电路，线路两端间的电磁联系由反映 $t-\tau$ 时刻两端电压、电流的等值电流源来实现，而无直接拓扑联系。

因此，在已知 $t-\tau$ 时刻线路两端电压、电流的等值电流值的情况下，可以分别应用式(12.34)和式(12.35)的第二式求出两端的等值电流源。然后，应用式(12.34)和式(12.35)的第一式或图 12.5(b)中的等值计算电路，便可得出 $t$ 时刻两端电流和电压的关系式，从而将它们用于全网在 $t$ 时刻的数值计算。必须指出，由于式(12.34)和式(12.35)是借助二阶波动方程式(12.26)经严格推导得出的，因此它与所采用的积分步长 $\Delta t$ 无关。

将分布参数线路等效为两个没有电气联系的等值电源，可以实现电网方程解耦降阶；此外，电流源与两端 $t-\tau$ 时刻的电压、电流相关，但当计算步长 $\Delta t$ 大于 $\tau$ 时(短线路)，图 12.5(b)所示的等值计算电路不可用。

将式(12.34)和式(12.35)联立可以得到等值电流源的递推形式如式(12.36)所示。

$$\begin{cases} I_k(t-\tau)=-2u_j(t-\tau)/Z_C-I_j(t-2\tau) \\ I_j(t-\tau)=-2u_k(t-\tau)/Z_C-I_k(t-2\tau) \end{cases} \tag{12.36}$$

2. 线路损耗的近似处理

在一般情况下，线路绝缘的漏电损耗很小，常忽略不计。至于电晕所引起的损耗则属于专门的研究课题，因此，这里仅考虑线路电阻的影响。

当计及线路分布电阻时，就不能像无损线路那样导出其简单的等值计算电路了。在工程计算中，往往采用近似的处理方法。

例如，在 EMTP 中，将整个线路适当地分成几段，将每段视为无损线路，将各段的总电阻进行等分后分别集中在该段无损线路的两端。显然，分段数越多，则近似处理法的情况越接近于分布电阻的情况。根据计算经验，在一般线路长度下，将线路分为两段便可以满足工程计算的精度要求。

图 12.6(a)所示的为线路被等分为两段，在无损线和两端接入电阻(总电阻为 $R$)后的电路图。将无损线用等值计算电路表示，可得图 12.6(b)所示的等值计算电路。为了避免新增节点，将图 12.6(b)等值简化为图 12.6(c)，因此可以得到式(12.37)和式(12.38)。

$$\begin{cases} i_{kj}(t)=u_k(t)/Z'_C+I_k(t-\tau) \\ i_{jk}(t)=u_j(t)/Z'_C+I_j(t-\tau) \end{cases} \tag{12.37}$$

式中，$Z'_C=Z_C+R/4$ 就是图 12.6(c)中的等值电阻。

图 12.6(c)中，电流源为

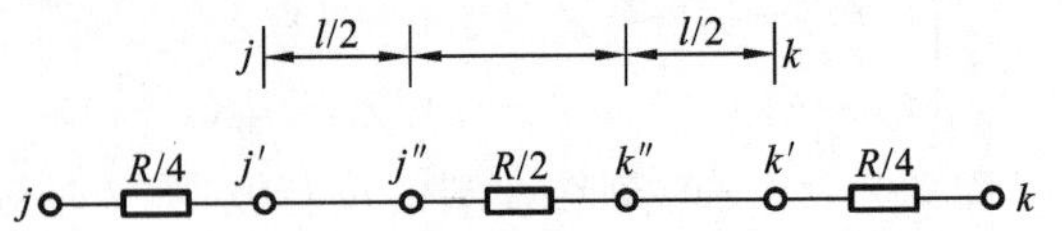


(a) 接入集中电阻后的电路

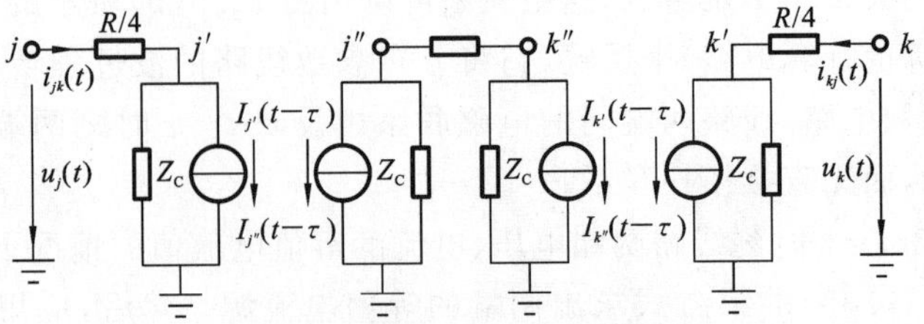


(b) 两端线路的等值计算电路

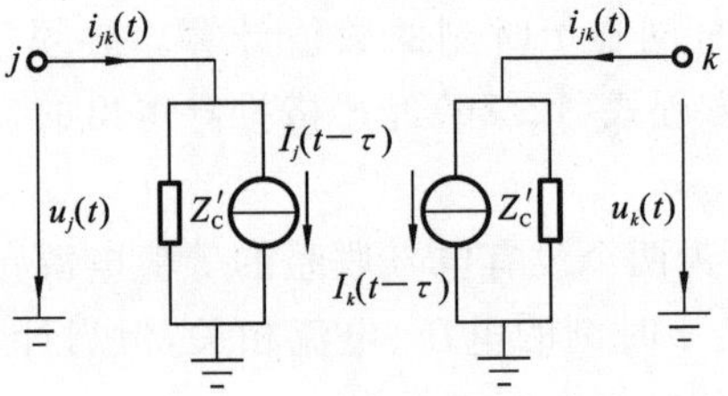


(c) 整条线路的简化等值计算电路

**图 12.6 近似计及线路电阻的方法**

$$\begin{cases} I_j(t-\tau)=-\dfrac{1-h}{2}\left[\dfrac{u_j(t-\tau)}{Z'_C}+hi_{jk}(t-\tau)\right]-\dfrac{1+h}{2}\left[\dfrac{u_k(t-\tau)}{Z'_C}+hi_{kj}(t-\tau)\right] \\ I_k(t-\tau)=-\dfrac{1-h}{2}\left[\dfrac{u_k(t-\tau)}{Z'_C}+hi_{kj}(t-\tau)\right]-\dfrac{1+h}{2}\left[\dfrac{u_j(t-\tau)}{Z'_C}+hi_{jk}(t-\tau)\right] \end{cases} \tag{12.38}$$

式中，

$$h=(Z_C-R/4)/(Z_C+R/4)$$

电流源的递推公式为

$$\begin{cases} I_j(t-\tau)=-\dfrac{1+h}{2Z'_C}[(1-h)u_j(t-\tau)+(1+h)u_k(t-\tau)] \\ \qquad -\dfrac{h}{2}[(1-h)I_j(t-2\tau)+(1+h)I_k(t-2\tau)] \\ I_k(t-\tau)=-\dfrac{1+h}{2Z'_C}[(1-h)u_k(t-\tau)+(1+h)u_j(t-\tau)] \\ \qquad -\dfrac{h}{2}[(1-h)I_k(t-2\tau)+(1+h)I_j(t-2\tau)] \end{cases} \tag{12.39}$$

### 12.2.3 暂态等值计算网络的形成及求解

前面介绍的各种元件，在时刻 $t$ 的等值计算电路都由等值电阻和电流源组成。当电网由这些元件构成时，将各元件的等值计算电路按照电网的实际接线情况进行相应的连接后，便形成一个由纯电阻和电流源组成的网络。

显然，这一网络反映了 $t$ 时刻各元件本身及其相互之间的电压、电流关系，因此称

它为 $t$ 时刻的暂态等值计算网络，或简称等值计算网络。

1. 等值计算网络的节点方程

在电磁暂态过程计算中，等值计算网络常用节点方程，即 $\boldsymbol{Gu}=\boldsymbol{i}$ 来表示。对于时刻 $t$，节点方程中的 $\boldsymbol{u}$ 为该时刻各节点电压组成的列向量；$\boldsymbol{i}$ 为各节点注入电流组成的列向量，每一节点的注入电流为 $t$ 时刻等值计算网络中与该节点相连的各等值电流源以及外施电流源的代数和；$\boldsymbol{G}$ 为等值计算网络的节点电导矩阵，它由各元件的等值电阻构成，其形成方法与潮流计算中网络节点导纳矩阵 $\boldsymbol{Y}$ 的形成方法相似。不难看出，当网络中分布参数线路用等值计算电路表示时，由于线路两端无直接联系，矩阵 $\boldsymbol{G}$ 将比 $\boldsymbol{Y}$ 更为稀疏。因此，常用稀疏技巧求解节点方程。

**例 12.2**　图 12.7(a)所示的为一空载无损线路经开关合闸后与工频电压源接通，试画出等值计算网络，列出节点方程并求解暂态方程。

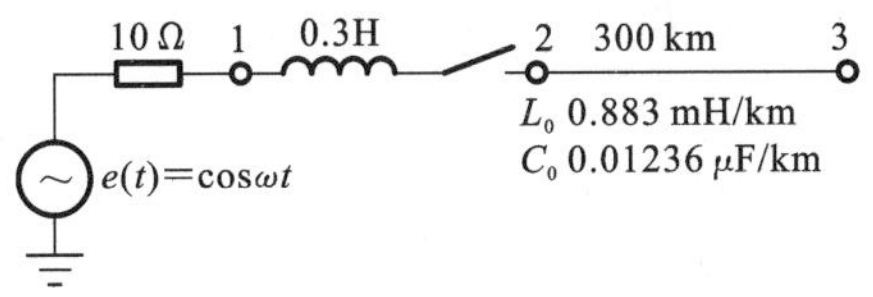


(a) 原电路

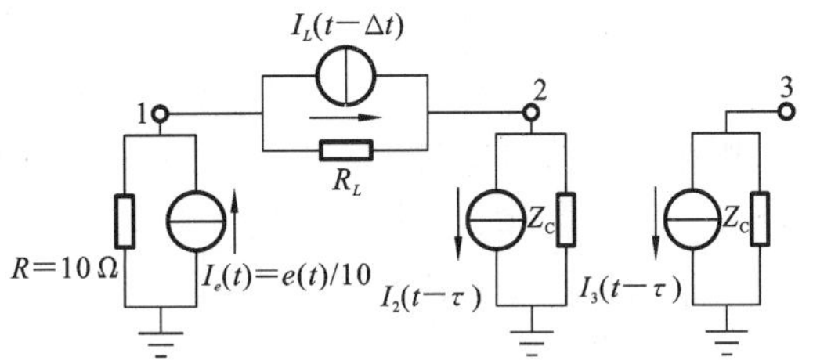


(b) 等值计算网络

**图 12.7　例 12.2 计算电路图**

**解**　(1) 作等值计算网络。

将电感及无损线用等值计算电路表示，然后按原电路的接线情况连接，再将外施电压源和电阻转换成电流源形式，即可得到图 12.7(b)所示的等值计算网络。

(2) 计算节点方程。

按图 12.7(b)进行节点编号，则节点方程为

$$\begin{bmatrix} i_1(t) \\ i_2(t) \\ i_3(t) \end{bmatrix} = \begin{bmatrix} G_{11} & G_{12} & 0 \\ G_{21} & G_{22} & 0 \\ 0 & 0 & G_{33} \end{bmatrix} \begin{bmatrix} u_1(t) \\ u_2(t) \\ u_3(t) \end{bmatrix} = \begin{bmatrix} 1/R+1/R_L & -1/R_L & 0 \\ -1/R_L & 1/R_L+1/Z_C & 0 \\ 0 & 0 & 1/Z_C \end{bmatrix} \begin{bmatrix} u_1(t) \\ u_2(t) \\ u_3(t) \end{bmatrix}$$

若取 $\Delta t=100\ \mu\text{s}$，则 $R_L=2L/\Delta t=6000(\Omega)$。另外，$Z_C=\sqrt{L_0/C_0}=267(\Omega)$，$\tau=l/v=992(\mu\text{s})$，为简化计算，本题中 $\tau$ 近似取 1000 $\mu$s，代入具体数值后，得节点方程为

$$\begin{bmatrix} i_1(t) \\ i_2(t) \\ i_3(t) \end{bmatrix} = \begin{bmatrix} 0.100167 & -0.000167 & 0 \\ -0.000167 & 0.003912 & 0 \\ 0 & 0 & 0.003745 \end{bmatrix} \begin{bmatrix} u_1(t) \\ u_2(t) \\ u_3(t) \end{bmatrix}$$

(3) 求解递推计算式。

由图 12.7(b)可以得到各节点注入电流与电流源之间的关系，再应用式(12.15)和式(12.36)可得递推计算式。

对于节点 1 有

$$i_1(t)=I_e(t)-I_L(t-\Delta t)=\frac{1}{10}\cos100\pi t-I_L(t-2\Delta t)-\frac{2}{6000}[u_2(t-\Delta t)-u(t-\Delta t)]$$

对于节点 2 有

$$i_2(t)=I_L(t-\Delta t)-I_2(t-\tau)$$
$$=I_L(t-2\Delta t)+\frac{2}{6000}[u_1(t-\Delta t)-u_2(t-\Delta t)]+\frac{2}{267}u_3(t-\tau)+I_3(t-2\tau)$$

对于节点3有

$$i_3(t)=-I_3(t-\tau)=\frac{2}{267}u_2(t-\tau)+I_2(t-2\tau)$$

(4) 求解暂态过程。

对于每一时段的计算,应先求出各节点注入电流,然后由节点方程求出各节点电压。由于在合闸前线路空载,因此在合闸瞬间,电感和线路中的电流都为零。各节点电压为 $u_1(0)=1.0\ \mathrm{V}$,$u_2(0)=u_3(0)=0$。

对于第一时段,即起步计算,各电流源不能应用递推计算公式,而应采用式(12.14)、式(12.35)和式(12.34)的第一式进行计算,由此可得出

$$I_L(0)=0+[u_1(0)-u_2(0)]/R_L=0.000167(\mathrm{A})$$
$$I_2(\Delta t-\tau)=I_3(\Delta t-\tau)=0$$

则相应的注入电流为 $i_1(\Delta t)=0.1\cos(314.16\times0.0001)-0.000167=0.099833(\mathrm{A})$,$i_2(\Delta t)=0.000167(\mathrm{A})$,$i_3(\Delta t)=0$。

对于后面各个时段的注入电流,可应用递推公式进行计算。

2. 等值电流源的计算

从例12.2可以看出,为了计算节点方程中的节点注入电流,计算过程中需求出各个时段各元件等值计算电路中的电流源。

在一般计算中都取暂态过程开始的时刻为 $t=0$,如前所述,集中参数元件的第一个时间段($t=0$ 到 $t=\Delta t$),即 $t=\Delta t$ 时刻的电流源必须按式(12.14)和节点方程进行计算,而以后各时间段的计算则可采用电流源的递推公式,即式(12.15)和式(12.22),可以省去计算元件电流所需的时间。

涉及的问题主要是初始时刻电流源取值的计算,电感、电容和分布参数线路有不同的处理办法,不一而论,之后采用前面推导的递推公式计算即可。

对于电感元件,应用式(12.14)计算第一时间段的电流源时,$t=\Delta t$。由于电感中的电流不能突变,因此式(12.14)中的 $i_{jk}(0)$便是暂态过程发生前电感中流过的电流。至于电感两端的电压 $u_j(0)$和 $u_k(0)$,应是暂态过程开始后瞬间的数值,它们应根据网络实际情况和暂态过程的起因,经分析计算后决定。

同理,应用节点方程计算电容元件第一时段的电流源时,因电容两端电压差不能突变,$u_j(0)-u_k(0)$应等于暂态过程发生前电容上的电压。

对于分布参数线路,应用式(12.34)、式(12.35)的第二式和式(12.39)计算 $t=0$ 时刻的电流源时,必须已知 $-\tau$ 时刻两端的电压和电流。这里有两种典型情况:一种是暂态过程发生前线路已充电到某一电压 $u_0$,对未充电的情况可令 $u_C=0$,而两端电流为零,这时两端电流源 $I(-\Delta t),I(-2\Delta t),\cdots,I(-\tau)$均为 $-u_0/Z_C$;另一种是暂态过程前为交流稳态,这时必须先进行相应的潮流计算,求出两端电压和电流的有效值,然后计算并保持电流源在 $-\Delta t,-2\Delta t,\cdots,-\tau$ 时的取值。除 $-\tau$ 时的电流源数值用于 $t=0$ 时刻的计算外,其他数值将依次用于后面的计算。以后每计算一步便可求得新的电流源,并可用它对所保存的电流源进行更新。

3. 外施电源的处理

外施电源是已知的电流源或电压源:①对于已知电流源,只需简单地将它计入相应的节点注入电流。②对于已知电压源,如果有一电阻元件直接与它串联,则可以将电压源和电阻转化为等值电流源。

一般的方法是将节点方程 $\boldsymbol{Gu}=\boldsymbol{i}$ 按已知和未知电压节点进行分块,使之变为

$$\begin{bmatrix}\boldsymbol{i}_{\mathrm{A}}\\ \boldsymbol{i}_{\mathrm{B}}\end{bmatrix}=\begin{bmatrix}\boldsymbol{G}_{\mathrm{AA}} & \boldsymbol{G}_{\mathrm{AB}}\\ \boldsymbol{G}_{\mathrm{BA}} & \boldsymbol{G}_{\mathrm{BB}}\end{bmatrix}\begin{bmatrix}\boldsymbol{u}_{\mathrm{A}}\\ \boldsymbol{u}_{\mathrm{B}}\end{bmatrix} \tag{12.40}$$

式中,$\boldsymbol{u}_{\mathrm{A}}$、$\boldsymbol{u}_{\mathrm{B}}$ 和 $\boldsymbol{i}_{\mathrm{A}}$、$\boldsymbol{i}_{\mathrm{B}}$ 分别为未知和已知电压节点的电压、电流向量。显然 $\boldsymbol{u}_{\mathrm{B}}$、$\boldsymbol{i}_{\mathrm{A}}$ 为已知量,故由式(12.40)可以导出

$$\boldsymbol{G}_{\mathrm{AA}}\boldsymbol{u}_{\mathrm{A}}=\boldsymbol{i}_{\mathrm{A}}-\boldsymbol{G}_{\mathrm{AB}}\boldsymbol{u}_{\mathrm{B}} \tag{12.41}$$

用式(12.41)来求解各未知电压节点的电压 $\boldsymbol{u}_{\mathrm{A}}$。

4. 暂态过程计算的主要流程

考虑具有外施电压源并应用节点方程式(12.41)进行计算的情况。显然,矩阵 $\boldsymbol{G}_{\mathrm{AA}}$ 是对称的稀疏矩阵,因此,式(12.41)可以用稀疏三角分解进行前代和回代运算求解。这样,综合以上所介绍的情况,可以得出图 12.8 所示的电磁暂态过程计算流程。

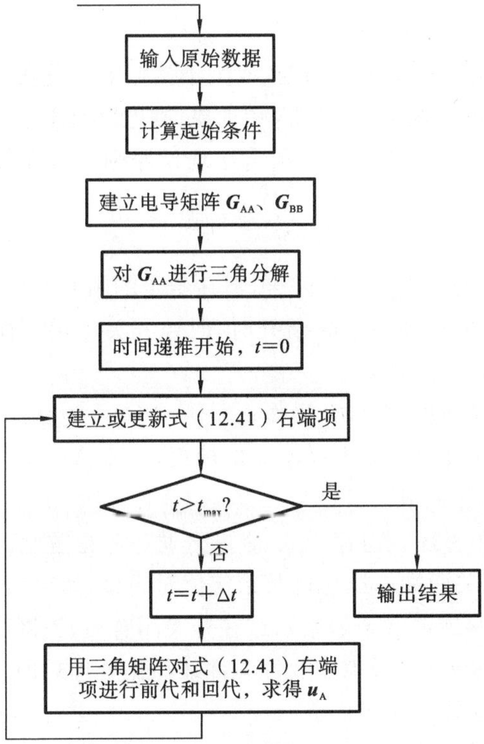


图 12.8 电磁暂态过程计算流程

### 12.2.4 开关操作与数值振荡问题

电磁暂态过程往往是由系统状态的变化造成的,通常有以下几种情形。

(1) 断路器正常或故障操作而引起触头的闭合或分断。

(2) 雷电侵入波或操作过电压引起避雷器间隙击穿或电流过零时电弧熄灭。

(3) 系统发生故障造成相对地或相间突然短接等。

在暂态计算中把电路中节点之间的闭合和断开用广义的开关操作来表示,在计算中需解决的问题是如何确定开关时的计算模型以及处理开关操作所引起的状态变化的方法。

在电磁暂态过程计算中,通常需要考虑系统元件的突然短路、断路器操作使触头闭合或分离、过电压造成避雷器间隙击穿或电流过零时电弧熄灭等情况,以及某些情况的相继发生,为处理上述情况,一般在网络中所涉及的短路点、断路器两侧和避雷器间隙两端设置相应的节点,用节点之间的闭合或断开来进行模拟,这种节点间的闭合或断开即前面所说的广义开关操作。

在电磁暂态过程计算中,常将开关的闭合和断开过程理想化,所谓理想开关就是模拟开关在断开和闭合状态时的一种理想化模型。

(1) 闭合状态下,触头间的电阻等于零,即开关上的电压降等于零。

(2) 断开状态下,触头间的电阻等于无穷大,即开关上的电流等于零。

(3) 开关的分、合操作在一瞬间完成这两种状态之间的过渡。

实际开关分、合操作过程中,触头动作时间在机械和电气上有差别。

(1) 合闸过程:"预击穿"现象。

(2) 分断过程:电流过零后熄弧与否,取决于弧隙中介质恢复强度和弧隙上恢复电压增长特性的竞争,若可能发生电弧"重燃"现象,则电路就不能断开。

开关在分、合过程中产生的重燃和预击穿现象原则上可在理想开关的基础上另作处理。

常用开关模型如下。

(1) 时控开关。开关在给定时刻闭合,但在给定的断开时间后,当开关电流的绝对值小于某给定值或开关在电流过零时断开时,时控开关可用于模拟断路器的操作和突然短路等,即

① 开关按给定的时间进行分、合操作;

② 开关到达指定断开时间后电弧不立即熄灭,电流第一次过零或绝对值小于给定值时,电弧熄灭,开关真正断开;

③ 开关在闭合时不考虑预击穿现象,在断开时不考虑重燃。

(2) 压控开关。开关两端电压超过某给定值时闭合,闭合后电流第一次过零时,开关断开(如模拟间隙击穿或绝缘子闪络);或在开关闭合后,当网络中某处电压或其他量小于某给定值时,开关断开(如模拟非线性元件线性化处理),即

① 开关正常情况下处于断开状态;

② 当暂态过程中开关触头之间的作用电压超过给定数值时,开关闭合,电流再次过零时断开,或在给定延时后电流第一次过零断开。

**例 12.3** 图 12.9(a)所示电路中,A 为线性有源二端网络,即含有电压源和电流源,开关闭合瞬间($t=0$ 时)A 含有初始条件不为零的储能元件,比如电感、电容和分布参数线路。设在开关断开情况下计算得到的触头两端的电压为 $u_{ab}(t)$,请分析网络在开关闭合之后的暂态过程。

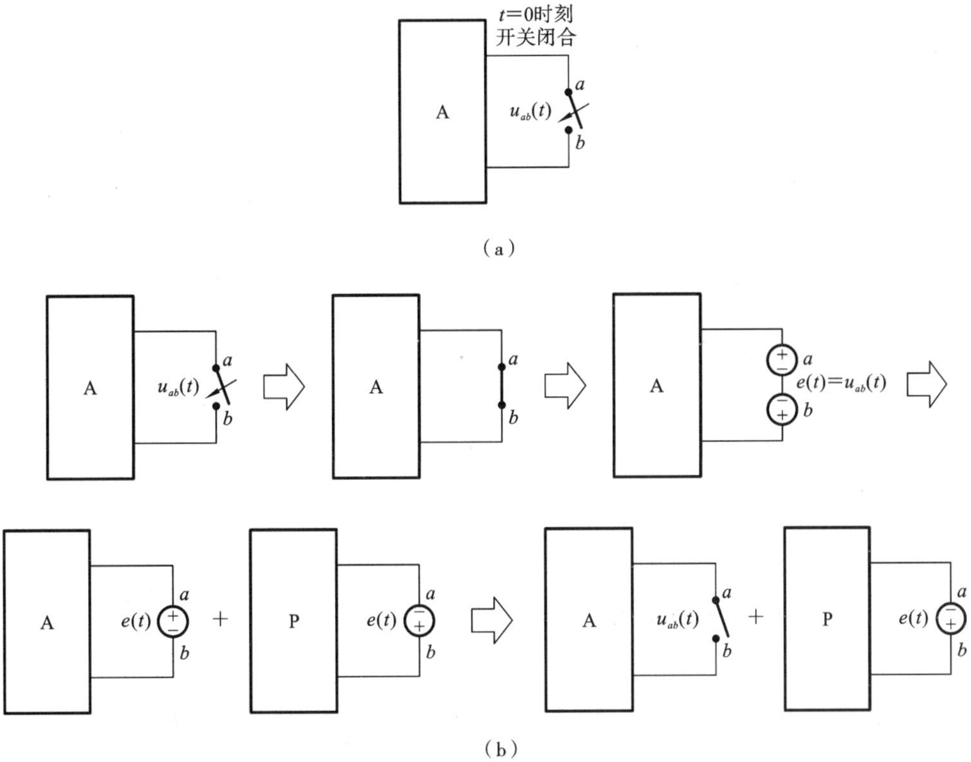


**图 12.9** $t=0$ 时开关闭合

**解** 首先利用叠加原理处理开关闭合。图 12.9(a)中的开关闭合后，将两触点 $a$、$b$ 间电压用两个大小相等、方向相反的电压源表示，具体分析流程如图 12.9(b)所示。

这是两个过程的叠加：第一个过程是开关断开情况下的状态；第二个为单一的电压源 $e(t)$作用在无源网络中的暂态过程。这样就可以得到开关闭合后的暂态过程。

开关分、合时一般希望不改变网络的独立节点数，即不改变节点导纳矩阵的阶数。因此，简便的处理方法是，在开关断开状态下假定端点之间接有很小的电导，而闭合时接有很大的电导，根据开关分、合操作信息修改导纳矩阵，可能会造成一定的误差。

目前处理开关操作常用的方法是通过修改电导矩阵来模拟开关操作，具体如下。

1) 修改节点电导矩阵

前文介绍了根据开关分、合操作信息通过修改电阻的取值来模拟开关操作的方法，但是这种方法会造成一定的误差，故一般采用下面的修改方法。

(1) 开关闭合时节点电导矩阵的修改。

图 12.10(a)所示的为某开关断开状态下，等值计算网络中两端节点 $k$、$m$ 与相邻节点间连接情况的示意图。图 12.10(b)所示的开关闭合时的处理方法，即将原来与节点 $m$ 相连的支路改为与节点 $k$ 相连，而新的节点 $m$ 则通过一任意电阻 $R$ 接至节点 $k$。这样，既反映了开关的闭合又不减少节点数。也就是开关两端节点合并，保留节点 $m$，$m$、$k$ 之间增加支路 $R$，相应地，节点电导矩阵的修改步骤如下。

① 将原电导矩阵第 $m$ 行元素和第 $m$ 列元素分别加到第 $k$ 行和第 $k$ 列对应的元素上，再对元素 $G_{kk}$ 追加 $1/R$，即 $G_{ki}=G_{ki}+G_{mi}$，$G_{ik}=G_{ik}+G_{im}$，$G_{kk}=G_{kk}+1/R$。

② 将第 $m$ 行和第 $m$ 列的元素全部置零，然后令 $G_{mm}=1/R$，$G_{mk}=G_{km}=-1/R$。

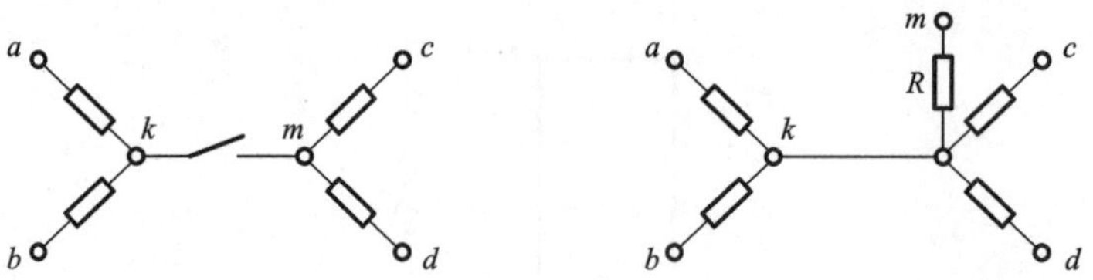


（a）开关断开状态　　（b）开关闭合状态

**图 12.10　开关闭合时的处理**

也就是说，在合闸处理时，原开关断开状态的 **G** 阵为

$$
\begin{array}{c}
m\\ k\\ a\\ b\\ c\\ d\\ \\
\end{array}
\begin{array}{c}
\left[\begin{array}{cccccc}
G_{mc}+G_{md} & 0 & 0 & 0 & -G_{mc} & -G_{md}\\
0 & G_{ka}+G_{kb} & -G_{ak} & -G_{bk} & 0 & 0\\
0 & -G_{ak} & G_{ak} & 0 & 0 & 0\\
0 & -G_{bk} & 0 & G_{bk} & 0 & 0\\
-G_{mc} & 0 & 0 & 0 & G_{mc} & 0\\
-G_{md} & 0 & 0 & 0 & 0 & G_{md}
\end{array}\right]\\
\begin{array}{cccccc} m & k & a & b & c & d \end{array}
\end{array}
$$

因此，当开关闭合时，节点导纳矩阵 **G** 经修改步骤①后变为

$$
\begin{array}{c}
m\\ k\\ a\\ b\\ c\\ d\\ \\
\end{array}
\begin{array}{c}
\left[\begin{array}{cccccc}
G_{mc}+G_{md} & G_{mc}+G_{md} & 0 & 0 & -G_{mc} & -G_{md}\\
G_{mc}+G_{md} & G_{ka}+G_{kb}+G_{mc}+G_{md}+\dfrac{1}{R} & -G_{ak} & -G_{bk} & -G_{mc} & -G_{md}\\
0 & -G_{ak} & G_{ak} & 0 & 0 & 0\\
0 & -G_{bk} & 0 & G_{bk} & 0 & 0\\
-G_{mc} & -G_{mc} & 0 & 0 & G_{mc} & 0\\
-G_{md} & -G_{md} & 0 & 0 & 0 & G_{md}
\end{array}\right]\\
\begin{array}{cccccc} m & k & a & b & c & d \end{array}
\end{array}
$$

经步骤②后变为

$$
\begin{array}{c}
m\\ k\\ a\\ b\\ c\\ d
\end{array}
\left[\begin{array}{cccccc}
1/R & -1/R & 0 & 0 & 0 & 0\\
-1/R & G_{ka}+G_{kb}+G_{mc}+G_{md}+\dfrac{1}{R} & -G_{ak} & -G_{bk} & -G_{mc} & -G_{md}\\
0 & -G_{ak} & G_{ak} & 0 & 0 & 0\\
0 & -G_{bk} & 0 & G_{bk} & 0 & 0\\
0 & -G_{mc} & 0 & 0 & G_{mc} & 0\\
0 & -G_{md} & 0 & 0 & 0 & G_{md}
\end{array}\right]
$$

从而得到开关闭合状态的 **G** 阵。

很明显，若上述节点 $m$ 的编号小于节点 $k$ 的编号，则可略为节省矩阵三角分解的计算时间和存储量。另外，作电导矩阵修改时，应相应地将原来注入节点 $m$ 的电流源改为注入节点 $k$。

(2) 开关一端接地。

如果开关一端节点 $m$ 原为接地点，如图 12.11(a)所示，则其处理方法如图 12.11(b)所示。对此，修改节点电导矩阵的步骤如下。

① 将矩阵第 $k$ 行和第 $k$ 列的全部元素置零，即 $G_{ki}=G_{ik}=0$。

② 令 $G_{kk}=1/R$。

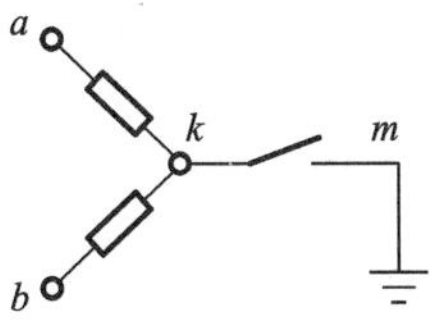


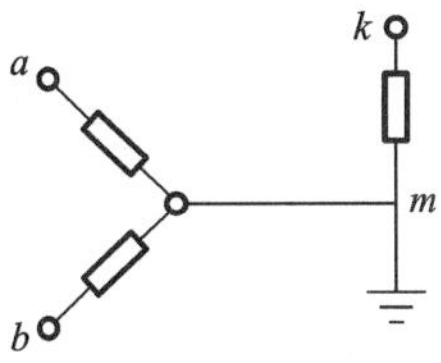


**图 12.11 一端接地的开关闭合处理**

(3) 开关断开的处理。

由于开关在其中的电流过零时才断开,所以首先需要确定电流过零的时间。为此,在接到断开信息后,仍需继续进行开关在闭合状态下的暂态过程数值计算,直至相继的两个计算时刻流过开关的电流变号为止,然后用插值法求出电流过零时间。为了不改变计算步长,可以取靠近此电流过零时间的计算时刻作为开关的实际断开时间。这一方法可以推广到断开条件为开关电流绝对值小于某给定值的情况。

为得到开关断开后的节点电导矩阵,首先应形成并保存所有开关断开状态下的节点电导矩阵。这样,当某一开关断开时,只需依次对当时处在闭合状态下的其他各个开关用前述方法对电导矩阵进行修改,最后便可得出所要求的电导矩阵。具体步骤如下。

① 求节点电压:在开关尚未断开的状态下,求解节点电压方程,计算出当前时步网络中的各节点电压。

② 求开关断开时的节点电压方程:当开关断开时,应重新形成节点导纳矩阵。

a. 先假定网络中全部开关都处在断开状态,求出网络的节点导纳矩阵。

b. 根据网络中有关开关状态的信息(正发生操作的开关已断开),将应该闭合的开关闭合,每闭合一个开关都要修改节点导纳矩阵。

c. 在修改节点导纳矩阵的同时修改节点电压方程的右端项。

**例 12.4** 图 12.12(a)所示电路中,A 为线性有源二端网络,即含有电压源和电流源,在开关闭合状态下,流过的电流为 $i_{ab}(t)$,请分析网络在 $t=0$ 时开关断开以后的暂态过程。

**解** 分析方法同例 12.3,首先利用叠加原理处理开关断开,开关断开后两触点 $a$、$b$ 间流过的电流用两个大小相等、方向相反的电流源表示。具体分析流程如图 12.12(b)所示。

这是两个过程的叠加:第一个过程是开关闭合情况下的状态;第二个为单一的电流源 $i(t)$作用在无源网络中的暂态过程,这样就可以得到开关断开后的暂态过程。

2) 开关操作可能引起的数值振荡问题

由式(12.12)和式(12.14)可以得出开关断开后第一步长的梯形积分计算式为

$$\begin{cases} i(t_0+\Delta t)=G_L u(t_0+\Delta t)+I_L(t_0) \\ I_L(t_0)=i(t_0)+G_L u(t_0) \end{cases} \tag{12.42}$$

因为 $i(t_0+\Delta t)=i(t_0)=0$,故 $I_L(t_0)=G_L u(t_0)$,则有 $u(t_0+\Delta t)=-u(t_0)$。对于第二步长,计算结果为 $u(t_0+2\Delta t)=-u(t_0+\Delta t)=u(t_0)$,依此类推,可得到电感电压在开关断开后将呈现 $u(t_0)$,$-u(t_0)$,$u(t_0)$,… 的数值振荡,而 $u$ 的准确解应为零,显然,这种数值振荡现象不是指数值不稳定,如果在输出计算结果时取相邻两步长计算结果的

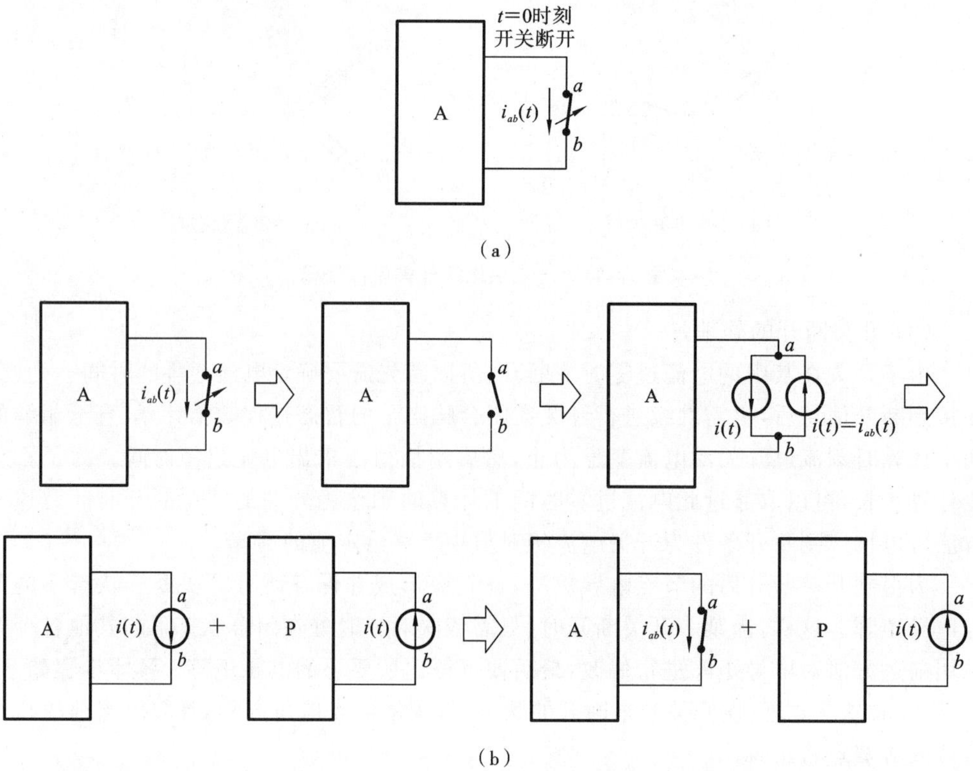


**图 12.12　$t=0$ 时开关断开**

平均值，将可得出准确结果。

出现上述数值振荡的原因是在计算时刻 $t_0$ 的前后瞬间（$t_0^-$ 和 $t_0^+$），电感电流的变化率 $di/dt$ 产生突变，使电感电压由 $u(t_0^-)$ 突变为 $u(t_0^+)$，前者为 $t_0-\Delta t$ 到 $t_0$ 积分步长的计算结果，而后者等于零。由于在断开后的第一积分步长计算中，一般未考虑这种突变情况，即在式(12.42)中用 $u(t_0)$ 作为 $u(t_0^-)$，因此会造成数值振荡，如果取 $u(t_0^-)$ 来计算式(12.42)中的等值电流源，则能得出正确结果。

一般来说，当开关操作使电感两端压降或流过电容的电流产生突变时，将可能出现数值振荡现象。虽然这种情况在实际中并不多见，但一旦发生，便会影响计算结果。

消除数值振荡的方法有多种。一种方法是，对于发生开关操作后的第一个积分步长，改用后退欧拉法，以消除非状态变量突变的影响。微分方程 $dx/dt=f(x)$ 在 $t$ 到 $t+\Delta t$ 步长内的后退欧拉法积分公式为

$$x(t+\Delta t)=x(t)+\Delta t f[x(t+\Delta t)] \tag{12.43}$$

相应地，电感元件在一个步长内的计算公式为

$$i(t+\Delta t)=i(t)+2G_L u(t+\Delta t) \tag{12.44}$$

因 $i(t_0+\Delta t)=i(t_0)=0$，故 $u(t_0+\Delta t)=0$。也就是说，因对应开关操作后的第一个步长 $t_0$ 到 $t_0+\Delta t$，式(12.44)将不含 $u(t_0)$，因此可避免数值振荡。

### 12.2.5　非线性元件的计算方法

1. 非线性元件

有些元件有明显的非线性特性，对暂态过程产生明显的影响。非线性元件的参数

随电流、电压乃至频率等运行参数的变化而变化，例如，避雷器具有非线性电阻；变压器和电抗器具有非线性电感；断路器和保护间隙具有电弧电阻。此外，输电线路的电阻、电感是频率的函数，而其等值电容在发生电晕后则是电压的函数。非线性元件计算模型要尽可能实用，以便在尽可能短的计算时间里，得到具有一定准确度的解。

下面仅介绍非线性电阻和电感元件的计算方法。

1）非线性电阻

无间隙的氧化锌避雷器和带间隙的碳化硅避雷器的阀片的非线性伏安特性一般可近似地表示为

$$u=ci^{\alpha} \tag{12.45}$$

式中，$c$ 为与阀片尺寸和材料有关的常数；$\alpha$ 为与阀片材料有关的恒定指数。

在暂态计算过程中，氧化锌避雷器可以用一个反映式(12.45)中的电流、电压关系的非线性电阻来进行模拟，碳化硅避雷器则可模拟成非线性电阻和一个压控开关的串联。当然，这种模型是很近似的，因为阀片的动态特性与式(12.45)所示的有所不同，而间隙中的电弧压降特性则更为复杂。

2）非线性电感

电抗器和变压器铁芯的饱和现象使电抗器和变压器的励磁电感为电流的函数，磁链和电感与电流间呈现非线性特性。当计及铁芯的磁滞和涡流损耗时，磁链与电流之间的关系 $\psi(i)$ 将呈现图 12.13(a)所示的磁滞回线形状。为了模拟这一磁滞回线，可以采用图 12.13(b)所示的等值电路。其中，非线性电感模拟图 12.13(a)虚线所示的平均磁化曲线 $\psi(i_L)$，而并联电阻则用于反映 $\psi(i_L)$ 的左、右偏移，其原理解释如下：当非线性电感中的磁链增加时，等值电路中的电压 $\mathrm{d}\psi/\mathrm{d}t>0$，相应地在 $R$ 中的电流 $i_R>0$，使总电流 $i>i_L$，从而说明 $R$ 可以反映磁化曲线的向右偏移，即磁滞回线中的磁链上升部分；相反，磁链减少时，因为 $u<0$，有 $i_R<0$，使总电流 $i<i_L$，即反映磁滞回线中的磁链下降部分。这样，对于某一磁链 $\psi$ 以及相应的电压 $u=\mathrm{d}\psi/\mathrm{d}t$，为了准确模拟磁滞回线，$i_R$ 的绝对值应正好等于该磁链下回线宽度 $\Delta i$ 的一半，即 $R$ 的取值应为

$$R=u/i_R=2|u|/\Delta i \tag{12.46}$$

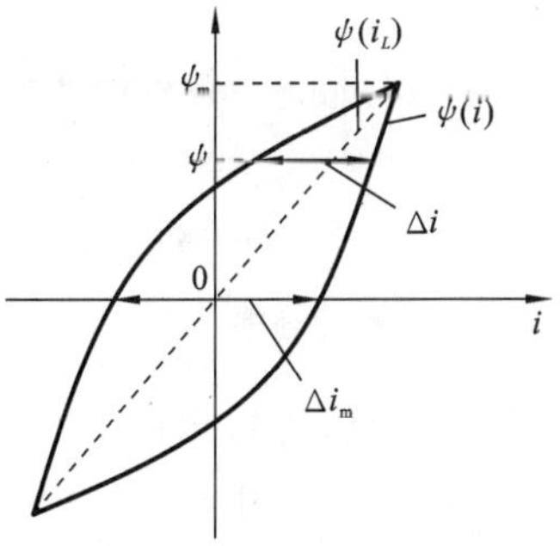


（a）磁滞回线曲线

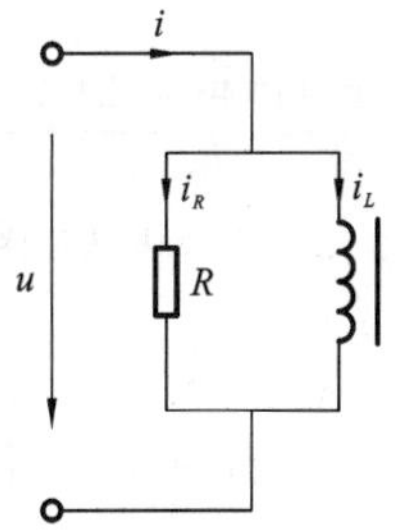


（b）等值电路

**图 12.13　计及铁芯损耗时的特性曲线及等值电路**

显然，对于不同的磁链以及电压值，$R$ 应取不同的数值才能准确地模拟整个磁滞回线。在磁链及电压波形为纯正弦的情况下，当 $\psi=0$ 时，电压为最大值（$u=u_{\mathrm{m}}=\omega\psi_{\mathrm{m}}$），

且 $\Delta i=\Delta i_{\mathrm{m}}$。由式(12.46)知,$R$ 应为

$$R=u/i_R=2\omega\psi_{\mathrm{m}}/\Delta i_{\mathrm{m}} \tag{12.47}$$

对于 $\psi$ 的其他取值,也根据对应的 $u$ 和 $\Delta i$,求出相应的 $R$。但实际计算结果表明,它们之间的差别不大。因此,通常取 $R$ 为恒定电阻,其值由式(12.47)决定,式中的 $\omega$ 取工频下的角频率 $\omega_0$。当然,也可取 $R$ 为非线性电阻使结果更为精确。

2. 分段线性化法

当考虑上述非线性元件时,描述暂态过程的方程中将含有非线性方程。对此,仍可以应用梯形积分法,只是由于出现了非线性差分方程,需要采用迭代法进行求解,使计算工作量增大。一种近似的方法是将元件的非线性特性用折线代替。

分段线性化法就是把非线性元件(电阻或电感)的特性曲线用几段具有不同斜率的直线线段表示,即把曲线近似地等值为折线,这样可以保留暂态等值计算网络的线性特性。分段数可任意选取,分段数越多越能准确地反映实际的非线性特性。但在许多实际问题中,只要有少量分段,就可以有足够的计算准确度,使暂态计算得到简化。

分段线性化就是将非线性元件局部等值为线性元件,但同时网络中增加一部分开关元件。

1) 非线性电阻的分段线性化处理

图 12.14 所示的为用三段折线代替非线性电阻伏安特性($u>0$ 部分)的情况。图 12.14 中折线的方程为

$$u=\begin{cases}R_1 i, & u\leqslant u_a\\ u_a+R_2(i-i_a), & u_a<u<u_b\\ u_b+R_3(i-i_b), & u\geqslant u_b\end{cases} \tag{12.48}$$

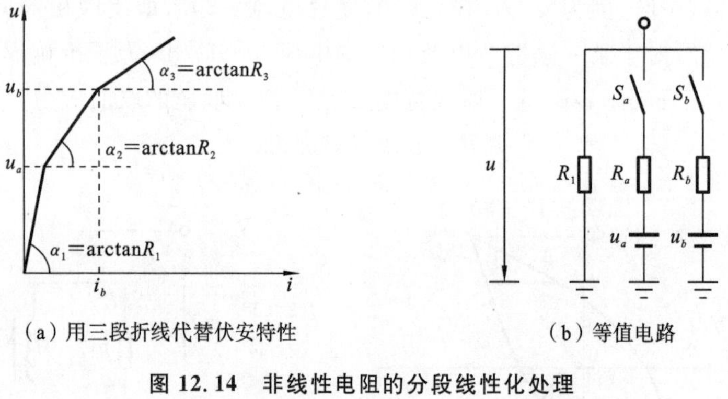


(a) 用三段折线代替伏安特性　　(b) 等值电路

**图 12.14 非线性电阻的分段线性化处理**

根据式(12.48)并考虑到整个伏安特性对称于原点,可得出图 12.14(b)所示的等值电路。其中,开关 $S_a$ 在 $|u|>u_a$ 时闭合,并在 $|u|\leqslant u_a$ 时断开;开关 $S_b$ 在 $|u|>u_b$ 时闭合,并在 $|u|\leqslant u_b$ 时断开;电压源 $u_a$ 和 $u_b$ 在 $u>0$ 时取正值,而在 $u<0$ 时取负值。电阻 $R_a$ 和 $R_b$ 由式(12.49)决定:

$$\begin{cases}1/R_a=1/R_2-1/R_1\\ 1/R_b=1/R_3-1/R_2\end{cases} \tag{12.49}$$

这样,非线性电阻便转化为由一些已知电压源、恒定电阻和开关组成的电路。

由式(12.49)可得

$$\begin{cases} R_2 = R_1 // R_a & u_a < u < u_b \\ R_3 = R_b // R_2 = R_b // R_1 // R_a & u \geqslant u_b \end{cases} \tag{12.50}$$

因此，当 $|u| \leqslant u_a$ 时，$R_1 = \tan\alpha_1$；当 $|u| > u_a$ 时，$R_2 = \tan\alpha_2 = R_1 // R_a$；当 $|u| \geqslant u_b$ 时，$R_3 = \tan\alpha_3 = R_b // R_1 // R_a$。如果有另一条开关为 $S_c$ 和电阻为 $R_c$ 的支路与它们并联，则可以推出当 $|u| \geqslant u_c$ 时，$R_4 = \tan\alpha_4 = R_c // R_b // R_1 // R_a$。

2) 非线性电感的分段线性化处理

图 12.15 所示的为用三段折线代替非线性电感磁化曲线($\psi > 0$ 部分)的情况。图 12.15 中折线方程为

$$\psi = \begin{cases} L_1 i, & \psi \leqslant \psi_a \\ \psi_a + L_2 (i - i_a), & \psi_a < \psi < \psi_b \\ \psi_b + L_2 (i - i_b), & \psi \geqslant \psi_b \end{cases}$$

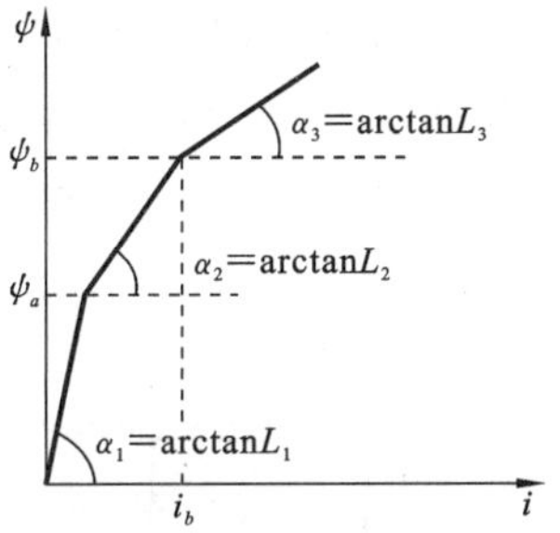


(a) 用三段折线代替磁化曲线

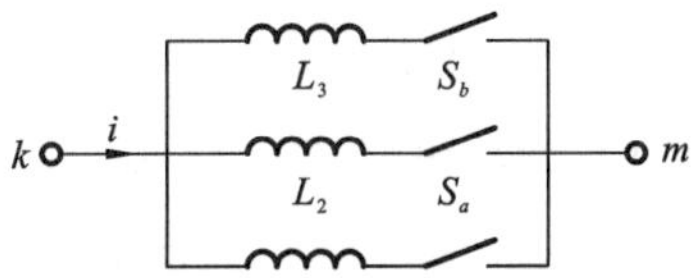


(b) 等值电路

**图 12.15 非线性电感的分段线性化处理**

同理，考虑到整个磁化曲线对称于原点，由折线方程可以得出非线性电感的等值电路，如图 12.15(b)所示。其中，开关 $S_a$ 在 $|\psi| > \psi_a$ 时闭合，并在 $|\psi| \leqslant \psi_a$ 时断开；开关 $S_b$ 在 $|\psi| > \psi_b$ 时闭合，并在 $|\psi| \leqslant \psi_b$ 时断开。电感 $L_a$、$L_b$ 与 $L_1$、$L_2$ 之间的关系为

$$\begin{cases} 1/L_a = 1/L_2 - 1/L_1 \\ 1/L_b = 1/L_3 - 1/L_2 \end{cases} \tag{12.51}$$

这样，非线性电感便转化为由一些恒定电感和开关组成的电路。

由式(12.51)可得

$$\begin{cases} L_2 = L_a // L_1 \\ L_3 = L_b // L_2 = L_b // L_2 // L_1 \end{cases}$$

因此，当 $|\psi| \leqslant \psi_a$ 时，$L_0 = L_1 = \tan\alpha_1$；当 $|\psi| > \psi_a$ 时，$L_2 = L_a // L_1 = \tan\alpha_2$；当 $|\psi| \geqslant \psi_b$ 时，$L_3 = L_b // L_2 // L_1 = \tan\alpha_3$。

分段线性化方法的最大优点在于计算时数值上稳定，甚至是绝对稳定的，在计算过程中回避了迭代求解非线性方程组的问题。

用分段线性化方法处理非线性电阻和电感时，所采用的分段数越多则结果越精确。但大多数情况下非线性特性可只用少数分段就能使暂态计算有足够的准确度，可以满足工程的需要，因此可以节省机时。

对于许多实际问题，列出解析表达式是比较困难的，而采用分段线性化方法不需要列出非线性特性的解析式，分段线性化方法是工程上分析非线性网络的主要方法之一。

分段线性化方法的缺点是在计算过程中会产生“过冲”现象，为减少“过冲”误差，可适当减少积分步长。

3. 补偿法

前文已提及，当直接考虑元件的非线性特性时，需要用迭代法求解差分方程，即求解相应的网络方程。在实际中，电力系统中的多数元件可以认为是线性的，只在少量节点上接有非线性元件。因此，在每一步长的计算中可以将线性网络部分与非线性元件部分分开，再将线性网络化简，然后与非线性元件部分进行迭代求解，这样可以减小计算工作量。这种方法类似支路开断潮流计算中所用的补偿法。

下面以网络中含两个非线性电阻的情况为例，介绍以 $t-\Delta t$ 到 $t$ 步长的计算步骤。

(1) 步骤1:形成网络线性部分的端口方程。

在时刻 $t$，暂态等值计算网络可以画成图 12.16(a)所示的形式，其中，有源线性网络部分由所有线性元件的等值计算电路及外施电源组成，非线性电阻分别接在端口Ⅰ(节点 $i$、$j$ 之间)和端口Ⅱ(节点 $k$、$l$ 之间)。现在，断开所有的非线性电阻，单独考虑图 12.16(b)中的有源线性网络部分。显然，这一网络的节点方程仍可以用式(12.41)的形式表示，但应注意，其中的 $\boldsymbol{u}_{\mathrm{A}}$ 已不是节点的实际电压，而是断开非线性电阻情况下的电压 $\boldsymbol{u}_{\mathrm{A0}}$，由式(12.41)可得

$$\boldsymbol{u}_{\mathrm{A0}}=\boldsymbol{G}_{\mathrm{AA}}^{-1}(\boldsymbol{i}_{\mathrm{A}}-\boldsymbol{G}_{\mathrm{AB}}\boldsymbol{u}_{\mathrm{B}}) \tag{12.52}$$

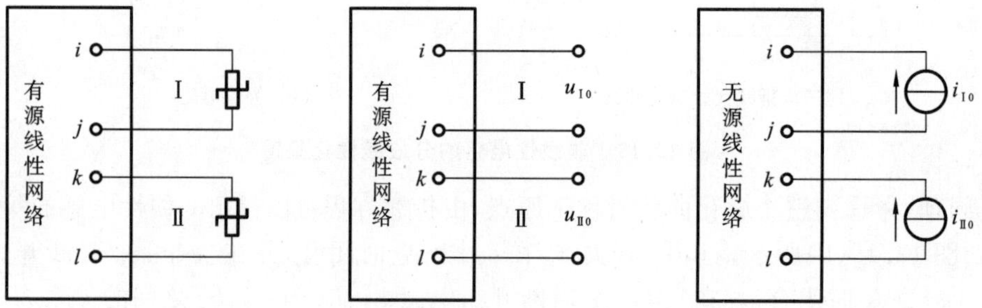


(a) 暂态等值计算网络　　(b) 有源线性网络部分　　(c) 端口等值电阻的计算网络

**图 12.16　非线性元件的补偿法网络求解**

假定节点 $i$、$j$、$k$、$l$ 都是未知电压节点，它们与 $\boldsymbol{u}_{\mathrm{A}}$ 中各节点之间的关系分别用关联矩阵 $\boldsymbol{B}_i$、$\boldsymbol{B}_j$、$\boldsymbol{B}_k$、$\boldsymbol{B}_l$ 表示，其中，$\boldsymbol{B}_i$ 为对应于节点 $i$ 的对角元素为1，而其他元素为0的方阵，其余类推。这样，两端口的开路电压为

$$\begin{cases}\boldsymbol{u}_{Ⅰ0}=(\boldsymbol{B}_i-\boldsymbol{B}_j)\boldsymbol{u}_{\mathrm{A0}}\\ \boldsymbol{u}_{Ⅱ0}=(\boldsymbol{B}_k-\boldsymbol{B}_l)\boldsymbol{u}_{\mathrm{A0}}\end{cases} \tag{12.53}$$

线性网络部分对于两端口的等值电阻为

$$\boldsymbol{R}_{\mathrm{eq}}=\begin{bmatrix}R_{Ⅰ-Ⅰ} & R_{Ⅰ-Ⅱ}\\ R_{Ⅱ-Ⅰ} & R_{Ⅱ-Ⅱ}\end{bmatrix} \tag{12.54}$$

式中，$R_{Ⅰ-Ⅰ}$、$R_{Ⅱ-Ⅰ}$ 分别为端口Ⅰ的自电阻和端口Ⅰ、Ⅱ间的互电阻，它们的数值分别为在无源线性网络(即在有源线性网络中令电压源 $\boldsymbol{u}_{\mathrm{B}}=0$ 和电流源 $\boldsymbol{i}_{\mathrm{A}}=0$)中，端口Ⅰ通入单位电流时，端口Ⅰ和端口Ⅱ的电压，如图 12.16(c)所示。

对此，在式(12.41)中令 $\boldsymbol{u}_{\mathrm{B}}=0$ 和 $\boldsymbol{i}_{\mathrm{A}}=0$，在右端引入电流向量 $(\boldsymbol{B}_i-\boldsymbol{B}_j)\mathbf{1}$，解出节点

电压后再求出相应的端口电压，从而得

$$\begin{cases}\boldsymbol{R}_{\mathrm{I-I}}=(\boldsymbol{B}_i-\boldsymbol{B}_j)\boldsymbol{G}_{\mathrm{AA}}^{-1}(\boldsymbol{B}_i-\boldsymbol{B}_j)\boldsymbol{1}\\ \boldsymbol{R}_{\mathrm{II-I}}=(\boldsymbol{B}_k-\boldsymbol{B}_l)\boldsymbol{G}_{\mathrm{AA}}^{-1}(\boldsymbol{B}_i-\boldsymbol{B}_j)\boldsymbol{1}\end{cases}\tag{12.55}$$

式中，**1** 表示全部元素为 1 的向量。$R_{\mathrm{II-II}}$、$R_{\mathrm{I-II}}$ 分别为端口Ⅱ的自电阻和端口Ⅱ、Ⅰ间的互电阻，它们的数值可按上文方法求出，且 $R_{\mathrm{I-II}}=R_{\mathrm{II-I}}$。

若引入向量 $\boldsymbol{u}_{\mathrm{p}}=[u_{\mathrm{I}}\quad u_{\mathrm{II}}]^{\mathrm{T}}$、$\boldsymbol{u}_{\mathrm{p0}}=[u_{\mathrm{I0}}\quad u_{\mathrm{II0}}]^{\mathrm{T}}$ 和 $\boldsymbol{i}_{\mathrm{p}}=[i_{\mathrm{I}}\quad i_{\mathrm{II}}]^{\mathrm{T}}$ 来表示端口电压和电流，应用戴维南定理，则可得到有源线性部分的两端口等值方程为

$$\boldsymbol{u}_{\mathrm{p}}=\boldsymbol{u}_{\mathrm{p0}}-\boldsymbol{R}_{\mathrm{eq}}\boldsymbol{i}_{\mathrm{p}}\tag{12.56}$$

其中，$\boldsymbol{u}_{\mathrm{p0}}$ 和 $\boldsymbol{R}_{\mathrm{eq}}$ 均已按上述方法求出。

式(12.56)也可以写成

$$\begin{bmatrix}u_{\mathrm{I}}\\u_{\mathrm{II}}\end{bmatrix}=\begin{bmatrix}u_{\mathrm{I0}}\\u_{\mathrm{II0}}\end{bmatrix}-\begin{bmatrix}R_{\mathrm{I-I}} & R_{\mathrm{I-II}}\\R_{\mathrm{II-I}} & R_{\mathrm{II-II}}\end{bmatrix}\begin{bmatrix}i_{\mathrm{I}}\\i_{\mathrm{II}}\end{bmatrix}\tag{12.57}$$

(2) 步骤 2：迭代求解非线性电阻中的电流 $\boldsymbol{i}_{\mathrm{p}}$。

设非线性电阻的伏安特性为

$$\begin{bmatrix}i_{\mathrm{I}}\\i_{\mathrm{II}}\end{bmatrix}=\begin{bmatrix}f_{\mathrm{I}}(u_{\mathrm{I}})\\f_{\mathrm{I}}(u_{\mathrm{II}})\end{bmatrix}\tag{12.58}$$

其向量表达式为

$$\boldsymbol{i}_{\mathrm{p}}=\boldsymbol{f}(\boldsymbol{u}_{\mathrm{p}})\tag{12.59}$$

联立求解式(12.56)和式(12.59)，即可求解非线性方程

$$\boldsymbol{u}_{\mathrm{p0}}-\boldsymbol{R}_{\mathrm{eq}}\boldsymbol{f}(\boldsymbol{u}_{\mathrm{p}})-\boldsymbol{u}_{\mathrm{p}}=0\tag{12.60}$$

式(12.60)也写成矩阵方程为

$$\begin{bmatrix}u_{\mathrm{I}}\\u_{\mathrm{II}}\end{bmatrix}=\begin{bmatrix}u_{\mathrm{I0}}\\u_{\mathrm{II0}}\end{bmatrix}-\begin{bmatrix}R_{\mathrm{I-I}} & R_{\mathrm{I-II}}\\R_{\mathrm{II-I}} & R_{\mathrm{II-II}}\end{bmatrix}\begin{bmatrix}f_{\mathrm{I}}(u_{\mathrm{I}})\\f_{\mathrm{II}}(u_{\mathrm{II}})\end{bmatrix}\tag{12.61}$$

这样便可求出 $\boldsymbol{u}_{\mathrm{p}}$，然后将它代入式(12.59)，求出 $\boldsymbol{i}_{\mathrm{p}}$。一般常采用牛顿法迭代求解式(12.60)。当然也可以直接用 $\boldsymbol{i}_{\mathrm{p}}$ 作为变量迭代求解，但其收敛性一般较差。

(3) 步骤 3：用叠加原理求节点电压。

求得 $\boldsymbol{i}_{\mathrm{p}}$ 后，可以应用叠加原理计算节点电压。首先用 $\boldsymbol{i}_{\mathrm{p}}$ 形成节点注入电流，求出无源线性网络中的节点电压，即

$$\Delta\boldsymbol{u}_A=-\boldsymbol{G}_{\mathrm{AA}}^{-1}[(\boldsymbol{B}_i-\boldsymbol{B}_j)\boldsymbol{1}\times\boldsymbol{i}_{\mathrm{p}}+(\boldsymbol{B}_k-\boldsymbol{B}_l)\boldsymbol{1}\times\boldsymbol{i}_{\mathrm{p}}]\tag{12.62}$$

然后与式(12.52)求得的开路电压 $\boldsymbol{u}_{\mathrm{A0}}$ 相加，便可得

$$\boldsymbol{u}_{\mathrm{A}}=\boldsymbol{u}_{\mathrm{A0}}+\Delta\boldsymbol{u}_{\mathrm{A}}\tag{12.63}$$

对于节点 $i$、$j$ 和 $k$、$l$ 中某些节点属于给定电压节点或接地点时的情况，同样可以推导相应的计算公式。

上述方法可以推广到含有更多非线性电阻时的情况。但若非线性元件过多，非线性方程的阶数较高，则迭代求解的计算工作量将大大增加。另外，用补偿法时，计算步长也不能太大，否则将不能准确模拟非线性特性。

当含有非线性电感时，仍可用补偿法进行计算，且其基本步骤大致相同。但由于非线性特性为 $\psi=g(i)$，故需将 $\mathrm{d}\psi/\mathrm{d}t=u$ 的梯形积分公式 $\psi(t)=\dfrac{\Delta t}{2}u(t)+\psi(t-\Delta t)$ 代入 $\psi=g(i)$，从而得到伏安特性。

综上所述,当采用修改电导矩阵的方法处理开关操作,并采用补偿法计算非线性元件时,电磁暂态过程的计算流程如图 12.17 所示。

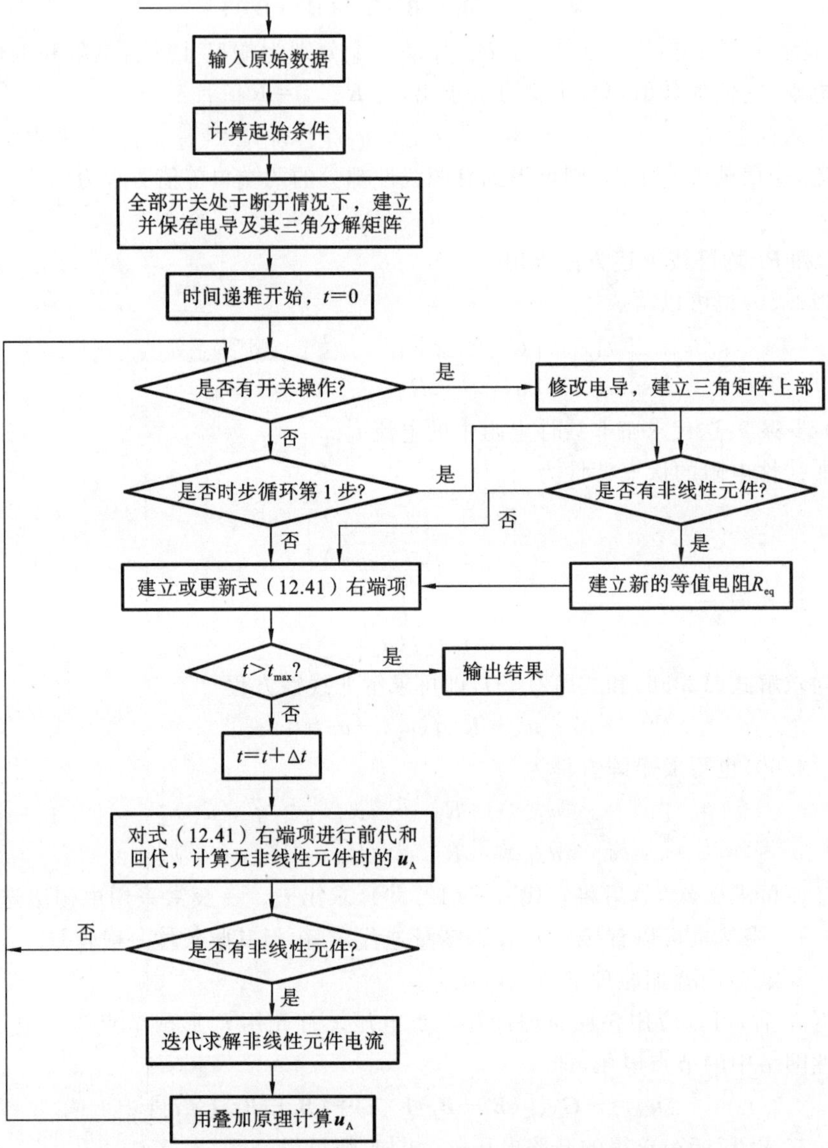


图 12.17　计及开关操作和非线性元件的电磁暂态过程计算流程

## 12.3　集中参数元件的电磁暂态等值计算电路

本节将介绍集中参数电磁耦合元件的暂态计算电路,以及它们与系统暂态等值计算网络节点的关系。这些元件主要包括等值Ⅱ型集中参数电路模拟的线路和变压器。

### 12.3.1　电阻、电感串联耦合电路

图 12.18(a)所示的为由电阻及电感串联且分别具有互阻和互感耦合的三支路电

路,它可以用来模拟多种系统元件。例如,可以将它作为集中参数Ⅱ型电路来模拟不均匀换位或不换位线路段中的不接地支路部分。这时,支路间的互电阻反映了三相电流流经大地构成回路而产生的耦合,支路两端节点号 1、2、3 分别表示 $a$、$b$、$c$ 三相。

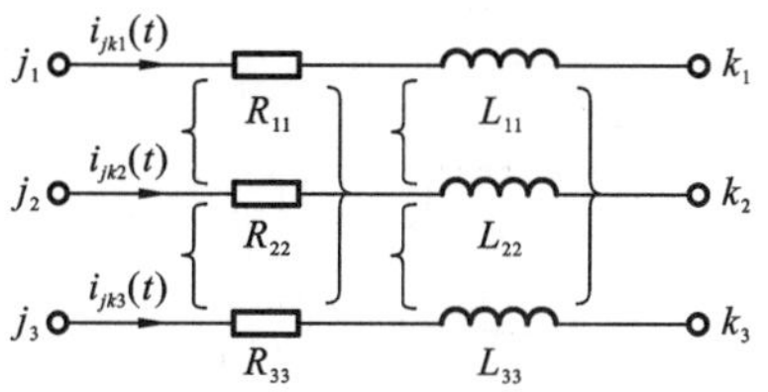


(a) 实际电路图

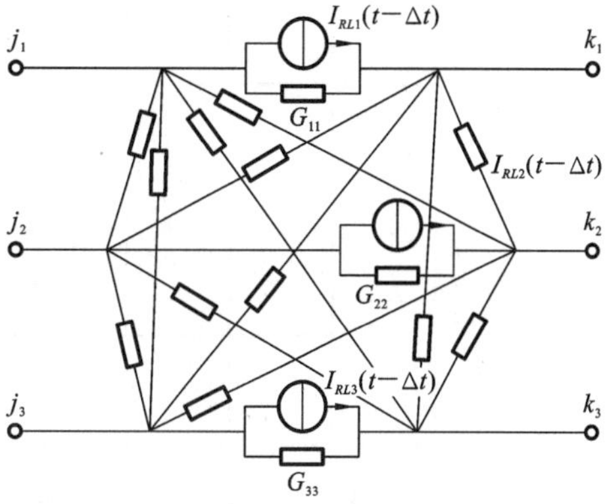


(b) 暂态等值计算电路

**图 12.18 电阻、电感串联耦合电路**

图 12.18(a)所示电路的电压方程写成微分方程形式为

$$\boldsymbol{L}\mathrm{d}\boldsymbol{i}_{jk}(t)/\mathrm{d}t+\boldsymbol{R}\boldsymbol{i}_{jk}(t)=\boldsymbol{u}_j(t)-\boldsymbol{u}_k(t) \tag{12.64}$$

写成矩阵形式,其电压方程为

$$\begin{bmatrix} L_{11} & L_{12} & L_{13} \\ L_{21} & L_{22} & L_{23} \\ L_{31} & L_{32} & L_{33} \end{bmatrix}\begin{bmatrix} \mathrm{d}i_{jk1}(t)/\mathrm{d}t \\ \mathrm{d}i_{jk2}(t)/\mathrm{d}t \\ \mathrm{d}i_{jk3}(t)/\mathrm{d}t \end{bmatrix}+\begin{bmatrix} R_{11} & R_{12} & R_{13} \\ R_{21} & R_{22} & R_{23} \\ R_{31} & R_{32} & R_{33} \end{bmatrix}\begin{bmatrix} i_{jk1}(t) \\ i_{jk2}(t) \\ i_{jk3}(t) \end{bmatrix}=\begin{bmatrix} u_{j1}(t)-u_{k1}(t) \\ u_{j2}(t)-u_{k2}(t) \\ u_{j3}(t)-u_{k3}(t) \end{bmatrix} \tag{12.65}$$

对于步长 $t-\Delta t$ 到 $t$,应用梯形积分法可以导出式(12.64)对应的差分方程、等值电流源及其递推计算式

$$\begin{cases} \boldsymbol{i}_{jk}(t)=\boldsymbol{G}_{RL}[\boldsymbol{u}_j(t)-\boldsymbol{u}_k(t)]+\boldsymbol{I}_{RL}(t-\Delta t) \\ \boldsymbol{I}_{RL}(t-\Delta t)=(\boldsymbol{I}-2\boldsymbol{G}_{RL}\boldsymbol{R})\boldsymbol{i}_{jk}(t-\Delta t)+\boldsymbol{G}_{RL}[\boldsymbol{u}_j(t-\Delta t)-\boldsymbol{u}_k(t-\Delta t)] \\ \boldsymbol{I}_{RL}(t-\Delta t)=(\boldsymbol{I}-2\boldsymbol{G}_{RL}\boldsymbol{R})\boldsymbol{I}_{jk}(t-2\Delta t)+\boldsymbol{H}_{RL}[\boldsymbol{u}_j(t-\Delta t)-\boldsymbol{u}_k(t-\Delta t)] \end{cases} \tag{12.66}$$

式中,$\boldsymbol{I}_{RL}(t-\Delta t)=[I_{RL1}(t-\Delta t) \quad I_{RL2}(t-\Delta t) \quad I_{RL3}(t-\Delta t)]^{-1}$,$\boldsymbol{H}_{RL}=2[\boldsymbol{G}_{RL}-\boldsymbol{G}_{RL}\boldsymbol{R}\boldsymbol{G}_{RL}]$,$\boldsymbol{G}_{RL}=\left[\dfrac{2}{\Delta t}\boldsymbol{L}+\boldsymbol{R}\right]^{-1}$。

显然,$\boldsymbol{G}_{RL}$ 和 $\boldsymbol{H}_{RL}$ 都是对称矩阵,当 $\Delta t$ 固定时,它们为常数阵。若令等值电导矩阵 $\boldsymbol{G}_{RL}$ 为

$$\boldsymbol{G}_{RL}=\begin{bmatrix} G_{11} & G_{12} & G_{13} \\ G_{21} & G_{22} & G_{23} \\ G_{31} & G_{32} & G_{33} \end{bmatrix} \tag{12.67}$$

由式(12.66)可以得出图 12.18(b)所示的暂态等值计算电路。在此情况下,系统暂态等值计算网络的节点方程中,电导矩阵 $\boldsymbol{G}$ 和注入电流向量 $\boldsymbol{i}$ 由于这一耦合电路而引起的变化如图 12.19 所示。即粗线方块内的分块矩阵及分块向量部分分别增加 $\boldsymbol{G}_{RL}$、$-\boldsymbol{G}_{RL}$ 及 $\boldsymbol{I}_{RL}(t-\Delta t)$。

如果线路三相结构对称或经均匀换位,则式(12.65)中的矩阵 $\boldsymbol{R}$ 和 $\boldsymbol{L}$ 为

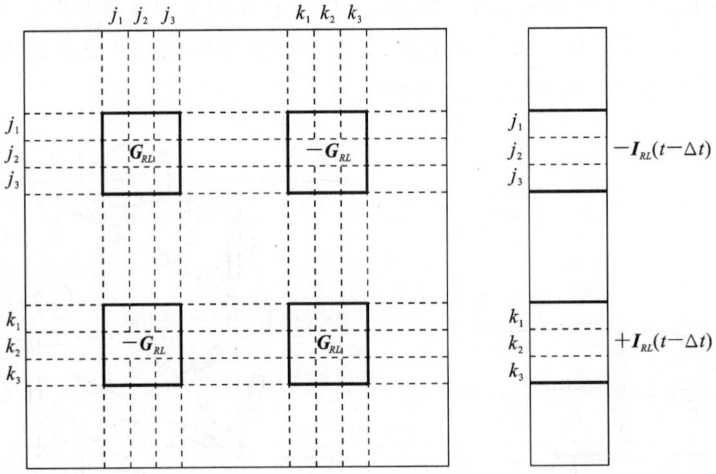


图 12.19 电阻、电感耦合电路参与节点电压方程引起的变化

$$\boldsymbol{R}=\begin{bmatrix} R_s & R_m & R_m \\ R_m & R_s & R_m \\ R_m & R_m & R_s \end{bmatrix},\quad \boldsymbol{L}=\begin{bmatrix} L_s & L_m & L_m \\ L_m & L_s & L_m \\ L_m & L_m & L_s \end{bmatrix}$$

式中，$R_s$、$R_m$ 和 $L_s$、$L_m$ 分别为自、互电阻和自、互电感。它们与正序和零序电阻 $R_{(1)}$、$R_{(0)}$ 及正序和零序电感 $L_{(1)}$、$L_{(0)}$ 的关系为

$$R_s=\frac{1}{3}(R_{(0)}+2R_{(1)}),\quad R_m=\frac{1}{3}(R_{(0)}-R_{(1)}),$$

$$L_s=\frac{1}{3}(L_{(0)}+2L_{(1)}),\quad L_m=\frac{1}{3}(L_{(0)}-L_{(1)})$$

由上述电阻、电感耦合电路可以推出一些特殊情况，如令 $\boldsymbol{R}=\boldsymbol{0}$ 或 $\boldsymbol{L}=\boldsymbol{0}$，即为纯电感或纯电阻耦合电路；$\boldsymbol{R}$ 和 $\boldsymbol{L}$ 为对角阵时成为无耦合电路；令 $\boldsymbol{u}_j=\boldsymbol{0}$ 或 $\boldsymbol{u}_k=\boldsymbol{0}$，则变为接地电路。这些情况及其组合可以用来模拟系统中一些由电阻、电感组成的元件。

另外，还可以增加图 12.18(a)中的耦合支路数，并相应增大式(12.64)～式(12.66)中有关矩阵和向量的维数，以便用来模拟更复杂的元件和情况。

### 12.3.2 电容耦合电路

在三相线路的Ⅱ型等值电路中，每端的电容耦合情况可以画成图 12.20 所示的电路，可用微分方程来描述：

$$\boldsymbol{C}\mathrm{d}\boldsymbol{u}_{jk}(t)/\mathrm{d}t=\boldsymbol{u}_j(t) \tag{12.68}$$

也可写成矩阵形式：

$$\begin{bmatrix} C_{10}+C_{12}+C_{13} & -C_{12} & -C_{13} \\ -C_{12} & C_{20}+C_{12}+C_{23} & -C_{23} \\ -C_{13} & -C_{23} & C_{30}+C_{13}+C_{23} \end{bmatrix}\frac{\mathrm{d}}{\mathrm{d}t}\begin{bmatrix} u_{j1}(t) \\ u_{j2}(t) \\ u_{j3}(t) \end{bmatrix}=\begin{bmatrix} i_{j1}(t) \\ i_{j2}(t) \\ i_{j3}(t) \end{bmatrix} \tag{12.69}$$

相应地可以导出对应的差分方程、等值电流源及其递推计算式为

$$\begin{cases} \boldsymbol{i}_j(t)=\boldsymbol{G}_C\boldsymbol{u}_j(t)+\boldsymbol{I}_C(t-\Delta t) \\ \boldsymbol{I}_C(t-\Delta t)=-\boldsymbol{i}_j(t-\Delta t)-\boldsymbol{G}_C\boldsymbol{u}_j(t-\Delta t) \\ \boldsymbol{I}_C(t-\Delta t)=-\boldsymbol{I}_C(t-2\Delta t)-2\boldsymbol{G}_C\boldsymbol{u}_j(t-\Delta t) \end{cases} \tag{12.70}$$

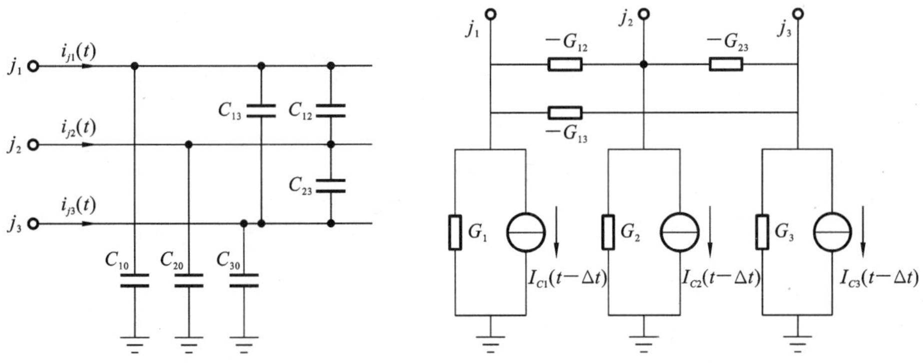


(a) 实际电路图　　(b) 暂态等值计算电路

**图 12.20　电容耦合电路**

与式(12.70)对应的暂态等值计算电路如图 12.20(b)所示，其中，$\boldsymbol{G}_C=\dfrac{2}{\Delta t}C=\begin{bmatrix}G_{11} & G_{12} & G_{13}\\ G_{21} & G_{22} & G_{23}\\ G_{31} & G_{32} & G_{33}\end{bmatrix}$，$\boldsymbol{I}_C(t-\Delta t)=\begin{bmatrix}I_{C1}(t-\Delta t)\\ I_{C2}(t-\Delta t)\\ I_{C3}(t-\Delta t)\end{bmatrix}$，$G_1=G_{11}+G_{12}+G_{13}$，$G_2=G_{21}+G_{22}+G_{23}$，$G_3=G_{31}+G_{32}+G_{33}$。

考虑到线路Ⅱ型等值电路两端有相同的电容耦合，它们在节点方程中将增加 $\boldsymbol{G}_C$ 和 $-\boldsymbol{I}_C(t-\Delta t)$，则图 12.19 中所示的 $\boldsymbol{G}_{RL}$ 和 $-\boldsymbol{I}_{RL}(t-\Delta t)$ 用 $\boldsymbol{G}_C$ 和 $-\boldsymbol{I}_C(t-\Delta t)$ 表示。

### 12.3.3　变压器电磁暂态模型

当不计铁芯引起的非线性时，可以把变压器看成图 12.18(a)所示的多支路电阻、电感串联耦合电路，其中的每条支路对应一个绕组。于是，只要知道这一耦合电路的参数，便可求得式(12.66)中的 $\boldsymbol{G}_{RL}$ 和 $\boldsymbol{I}_{RL}(t-\Delta t)$。然后，根据变压器的接线方式，按照各绕组两端节点与系统等值计算网络中节点编号之间的对应关系，将等值电导矩阵中的元素和各电流源分别加到等值计算网络节点方程的节点电导矩阵和注入电流向量中的对应元素上去。这样，在节点方程中便包括了变压器的等值计算电路。

实际上，在变压器计算模型中还需要考虑铁芯引起的非线性以及变比的模拟等问题。

1. 单相三绕组变压器

1) 用 $\boldsymbol{R}$ 和 $\boldsymbol{L}$ 计算 $\boldsymbol{G}_{RL}$

以三绕组变压器为例说明如何求得 $\boldsymbol{R}$ 和 $\boldsymbol{L}$，稳态情况下单相三绕组变压器的等值电路如图 12.21 所示。由等值电路图可以得出三绕组的支路电压方程为

$$\dot{\boldsymbol{U}}_{123}=\boldsymbol{R}\dot{\boldsymbol{I}}_{123}+\mathrm{j}\omega_0\boldsymbol{L}\dot{\boldsymbol{I}}_{123} \tag{12.71}$$

可以写成矩阵形式为

$$\begin{bmatrix}\dot{U}_1\\ \dot{U}_2\\ \dot{U}_3\end{bmatrix}=\begin{bmatrix}Z_1+Z_\mathrm{m} & Z_\mathrm{m} & Z_\mathrm{m}\\ Z_\mathrm{m} & Z_2+Z_\mathrm{m} & Z_\mathrm{m}\\ Z_\mathrm{m} & Z_\mathrm{m} & Z_3+Z_\mathrm{m}\end{bmatrix}\begin{bmatrix}\dot{I}_1\\ \dot{I}_2\\ \dot{I}_3\end{bmatrix} \tag{12.72}$$

式中，$Z_1$、$Z_2$、$Z_3$ 为各绕组等值漏阻抗，可由短路实验结果计算而得，$Z_\mathrm{m}$ 为互阻抗，由它加上一侧的漏阻抗即为该侧的励磁阻抗，其值便可由空载实验结果求得。

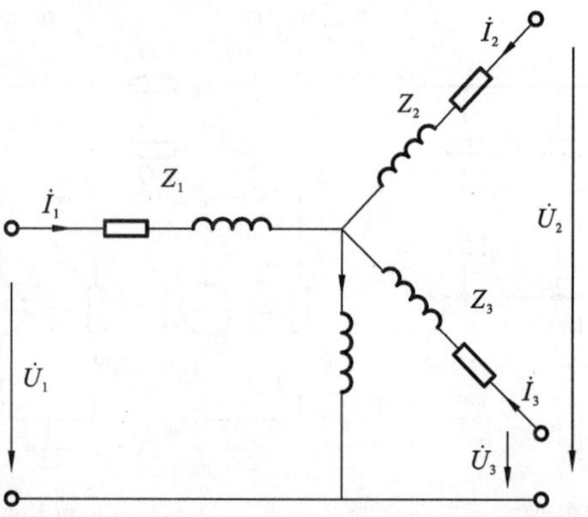


图 12.21 单相三绕组变压器的稳态等值电路

式(12.72)用微分方程表示为

$$\boldsymbol{u}_{123}=\boldsymbol{R}_{123}\boldsymbol{i}_{123}+\boldsymbol{L}\mathrm{d}\boldsymbol{i}_{123}/\mathrm{d}t \tag{12.73}$$

对应的差分方程为

$$\boldsymbol{i}_{123}(t)=\boldsymbol{G}_{123}\boldsymbol{u}_{123}+\boldsymbol{I}_{RL}(t-\Delta t) \tag{12.74}$$

其中，$\boldsymbol{G}_{RL}=\frac{\Delta t}{2}\left[\boldsymbol{I}+\frac{\Delta t}{2}\boldsymbol{L}^{-1}\boldsymbol{R}\right]\boldsymbol{L}^{-1}=\left[\frac{2}{\Delta t}\boldsymbol{L}+\boldsymbol{R}\right]^{-1}$。

显然，双绕组变压器可以看成三绕组变压器的特殊情况。

**例 12.5** 已知一双绕组变压器的短路电压为 8%，短路损耗为 0.4%，励磁电流为 0.8%，不计励磁损耗，并假定两绕组参数的标幺值相同。取 $\Delta t=100\ \mu\text{s}$，求 $\boldsymbol{G}_{RL}$。若第一绕组的一端接在等值计算网络的节点 $j$ 而另一端接地，第二绕组两端分别接于节点 $k$ 和 $l$，试问 $\boldsymbol{G}_{RL}$ 和电流源应如何加入节点方程。

**解** 根据变压器参数求取公式，由短路和空载实验结果可以求得第一、第二绕组的电阻、电抗标幺值分别为 $R_1=R_2=\frac{1}{2}\times0.4\%=0.002$，$X_1=X_2=\frac{1}{2}\times8\%=0.04$，励磁支路电抗为 $X_B=\frac{1}{0.8\%}=125$。因此有 $Z_1=Z_2=0.002+\mathrm{j}0.04$，$Z_{\mathrm{m}}=\mathrm{j}(X_B-X_1)=\mathrm{j}(125-0.04)=\mathrm{j}124.96$。应用式(12.72)可得

$$\boldsymbol{Z}=\begin{bmatrix}0.002+\mathrm{j}125 & \mathrm{j}124.96\\ \mathrm{j}124.96 & 0.002+\mathrm{j}125\end{bmatrix}=\begin{bmatrix}0.002 & 0\\ 0 & 0.002\end{bmatrix}+\begin{bmatrix}\mathrm{j}125 & \mathrm{j}124.96\\ \mathrm{j}124.96 & \mathrm{j}125\end{bmatrix}=\boldsymbol{R}+\mathrm{j}\omega_0\boldsymbol{L}$$

将 $\boldsymbol{R}$ 和 $\boldsymbol{L}$ 代入 $\boldsymbol{G}_{RL}=\left[\frac{2}{\Delta t}\boldsymbol{L}+\boldsymbol{R}\right]^{-1}$ 得

$$\boldsymbol{G}_{RL}=\left[\frac{2}{100\times10^{-6}\times100\pi}\begin{bmatrix}125 & 124.96\\ 124.96 & 125\end{bmatrix}+\begin{bmatrix}0.002 & 0\\ 0 & 0.002\end{bmatrix}\right]^{-1}$$

$$=\begin{bmatrix}0.1962 & -0.1962\\ -0.1962 & 0.1962\end{bmatrix}=\begin{bmatrix}G_{11} & G_{12}\\ G_{21} & G_{22}\end{bmatrix}$$

按给定的节点编号，可得出图 12.22 所示的耦合电路和等值计算电路。

由图 12.22(b)及其节点编号可知，等值计算网络节点电导矩阵和注入电流向量对应的元素的增量为

$$\Delta G_{jj}=G_{11}+G_{12}-G_{12}=G_{11}=0.1962$$

$$\Delta G_{kk}=\Delta G_{ll}=G_{22}+G_{12}-G_{12}=G_{22}=0.1962$$

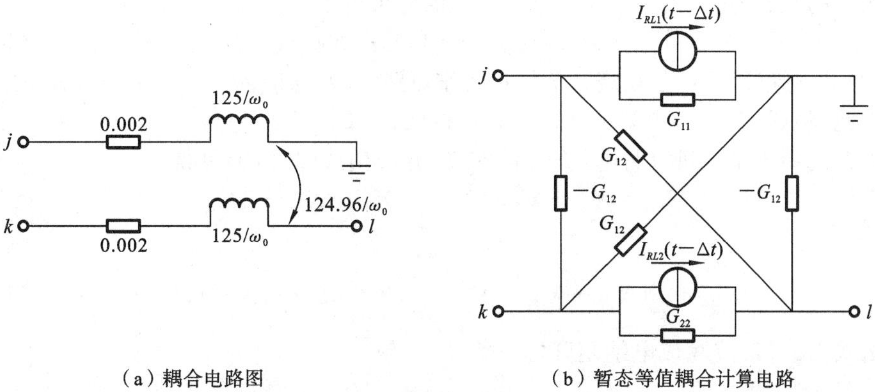


（a）耦合电路图　　　　（b）暂态等值耦合计算电路

**图 12.22　例 12.5 中双绕组变压器的电路图**

$$\Delta G_{jk}=\Delta G_{kj}=G_{12}=-0.1962$$

$$\Delta G_{jl}=\Delta G_{lj}=-G_{12}=0.1962$$

$$\Delta G_{kl}=\Delta G_{lk}=-G_{22}=-0.1962$$

$$\Delta i_j=-I_{RL1}(t-\Delta t)$$

$$\Delta i_k=-I_{RL2}(t-\Delta t)$$

$$\Delta i_l=I_{RL2}(t-\Delta t)$$

2）用 $\boldsymbol{R}$ 和 $\boldsymbol{L}^{-1}$ 计算 $\boldsymbol{G}_{RL}$

由式(12.72)和例 12.5 可知，变压器电抗矩阵各元素的数值基本上取决于互电抗 $X_{\mathrm{m}}$，这是因为各绕组的漏抗（即短路电抗）比互电抗小很多，而实际上往往漏抗对计算结果有决定性的影响，这就要求各电抗值应有相当高的精度。特别是现代变压器的励磁电流很小，使电抗矩阵接近于奇异，因而对于低精度计算机来说，在求逆运算时可能发生困难。为此，一般采用下面介绍的直接形成电感逆矩阵 $\boldsymbol{L}^{-1}$ 的方法。

若变压器具有 $N$ 个绕组，在工频稳态下，绕组电抗部分的压降与绕组电流的关系为

$$\begin{bmatrix}\dot{U}_1\\\dot{U}_2\\\vdots\\\dot{U}_N\end{bmatrix}=\mathrm{j}\begin{bmatrix}X_{11}&X_{12}&\cdots&X_{1N}\\X_{21}&X_{22}&\cdots&X_{2N}\\\vdots&\vdots&&\vdots\\X_{N1}&X_{N2}&\cdots&X_{NN}\end{bmatrix}\begin{bmatrix}\dot{I}_1\\\dot{I}_2\\\vdots\\\dot{I}_N\end{bmatrix}\tag{12.75}$$

当忽略励磁电流时，有

$$\dot{I}_1+\dot{I}_2+\cdots+\dot{I}_N=0\tag{12.76}$$

则可得降阶方程为

$$\begin{bmatrix}\dot{U}_1-\dot{U}_N\\\dot{U}_2-\dot{U}_N\\\vdots\\\dot{U}_{N-1}-\dot{U}_N\end{bmatrix}=\mathrm{j}\begin{bmatrix}X'_{11}&X'_{12}&\cdots&X'_{1N-1}\\X'_{21}&X'_{22}&\cdots&X'_{2N-1}\\\vdots&\vdots&&\vdots\\X'_{N-1,1}&X'_{N-1,2}&\cdots&X'_{N-1,N-1}\end{bmatrix}\begin{bmatrix}\dot{I}_1\\\dot{I}_2\\\vdots\\\dot{I}_{N-1}\end{bmatrix}\tag{12.77}$$

实际上，式(12.77)所示的电抗矩阵中的元素不需要由式(12.72)导出，而是可以直接由短路电抗按下述方法求得。

(1) 对角元素。设在绕组 $i$ 与 $N$ 间作短路实验，则除 $\dot{I}_i=-\dot{I}_N$ 外，其余绕组电流都等于零。在此情况下，由式(12.77)第 $i$ 行可得 $\dot{U}_i-\dot{U}_N=\mathrm{j}X'_{ii}\dot{I}_i$。根据绕组 $i$ 和 $N$ 间

短路电抗的定义，这时有 $\dot{U}_i-\dot{U}_N=\mathrm{j}X^{s}_{iN}\dot{I}_i$，因此可得

$$X'_{ii}=X^{s}_{iN}\quad i=1,2,\cdots,N-1 \tag{12.78}$$

(2) 非对角元素。若在绕组 $i$ 与 $k$ 间作短路实验，这时除 $\dot{I}_i=-\dot{I}_k$ 外，其余电流为零。对此，将式(12.77)中第 $i$ 行和第 $k$ 行相减，得 $\dot{U}_i-\dot{U}_k=\mathrm{j}(X'_{ii}+X'_{kk}-2X'_{ik})\dot{I}_i$。

根据绕组 $i$ 和 $k$ 间短路电抗 $X^{s}_{ik}$ 的定义，并应用式(12.78)可得

$$X^{s}_{ik}=X'_{ii}+X'_{kk}-2X'_{ik}=X^{s}_{iN}+X^{s}_{kN}-2X'_{ik}$$

即

$$X'_{ik}=\frac{1}{2}(X^{s}_{iN}+X^{s}_{kN}-X^{s}_{ik})\quad i,k=1,2,\cdots,N-1;k\neq i \tag{12.79}$$

将式(12.77)改写成电纳矩阵形式为

$$\begin{bmatrix}\dot{I}_1\\ \dot{I}_2\\ \vdots\\ \dot{I}_{N-1}\end{bmatrix}=\mathrm{j}\begin{bmatrix}B_{11} & B_{12} & \cdots & B_{1N-1}\\ B_{21} & B_{22} & \cdots & B_{2N-1}\\ \vdots & \vdots & & \vdots\\ B_{N-1,1} & B_{N-1,2} & \cdots & B_{N-1,N-1}\end{bmatrix}\begin{bmatrix}\dot{U}_1-\dot{U}_N\\ \dot{U}_2-\dot{U}_N\\ \vdots\\ \dot{U}_{N-1}-\dot{U}_N\end{bmatrix} \tag{12.80}$$

应用式(12.76)将式(12.80)扩展，得

$$\begin{bmatrix}\dot{I}_1\\ \dot{I}_2\\ \vdots\\ \dot{I}_N\end{bmatrix}=\mathrm{j}\begin{bmatrix}B_{11} & B_{12} & \cdots & B_{1N}\\ B_{21} & B_{22} & \cdots & B_{2N}\\ \vdots & \vdots & & \vdots\\ B_{N1} & B_{N2} & \cdots & B_{NN}\end{bmatrix}\begin{bmatrix}\dot{U}_1\\ \dot{U}_2\\ \vdots\\ \dot{U}_N\end{bmatrix} \tag{12.81}$$

式中，$B_{iN}=B_{Ni}=-\sum\limits_{j=1}^{N-1}B_{ij}$，$i=1,2,\cdots,N-1$，$B_{NN}=-\sum\limits_{i=1}^{N-1}B_{iN}$。这样，利用 $\boldsymbol{L}^{-1}=-\omega_0\boldsymbol{B}$ 可求出变压器的电感逆矩阵 $\boldsymbol{L}^{-1}$，利用 $\boldsymbol{L}^{-1}$ 和电阻矩阵 $\boldsymbol{R}$，就可以求出 $\boldsymbol{G}_{RL}$。

以三绕组变压器为例，有

$$\begin{bmatrix}\dot{U}_1\\ \dot{U}_2\\ \dot{U}_3\end{bmatrix}=\mathrm{j}\begin{bmatrix}X_{11} & X_{12} & X_{13}\\ X_{21} & X_{22} & X_{23}\\ X_{31} & X_{32} & X_{33}\end{bmatrix}\begin{bmatrix}\dot{I}_1\\ \dot{I}_2\\ \dot{I}_3\end{bmatrix} \tag{12.82}$$

则式(12.82)可降阶为

$$\begin{bmatrix}\dot{U}_1-\dot{U}_3\\ \dot{U}_2-\dot{U}_3\end{bmatrix}=\mathrm{j}\begin{bmatrix}X'_{11} & X'_{12}\\ X'_{21} & X'_{22}\end{bmatrix}\begin{bmatrix}\dot{I}_1\\ \dot{I}_2\end{bmatrix} \tag{12.83}$$

式中，$X'_{11}=X_1+X_3$，$X'_{22}=X_2+X_3$，$X'_{12}=X'_{21}=X_3$，且 $X_1$、$X_2$、$X_3$ 是图 12.21 中所示三支路的等值电抗。

将式(12.83)写成电导矩阵形式为

$$\begin{bmatrix}\dot{I}_1\\ \dot{I}_2\end{bmatrix}=\mathrm{j}\begin{bmatrix}B_{11} & B_{12}\\ B_{21} & B_{22}\end{bmatrix}\begin{bmatrix}\dot{U}_1-\dot{U}_3\\ \dot{U}_2-\dot{U}_3\end{bmatrix} \tag{12.84}$$

则降阶的电纳矩阵为

$$\begin{bmatrix}B_{11} & B_{12}\\ B_{21} & B_{22}\end{bmatrix}=\frac{1}{X_1X_2+X_1X_3+X_2X_3}\begin{bmatrix}-(X_2+X_3) & X_3\\ X_3 & -(X_1+X_3)\end{bmatrix} \tag{12.85}$$

应用 $\dot{I}_1+\dot{I}_2+\dot{I}_3=0$ 对式(12.85)扩展，可得

$$\begin{bmatrix}\dot{I}_1\\ \dot{I}_2\\ \dot{I}_3\end{bmatrix}=\mathrm{j}\begin{bmatrix}B_{11} & B_{12} & B_{13}\\ B_{21} & B_{22} & B_{23}\\ B_{31} & B_{32} & B_{33}\end{bmatrix}\begin{bmatrix}\dot{U}_1\\ \dot{U}_2\\ \dot{U}_3\end{bmatrix} \tag{12.86}$$

则有

$$\boldsymbol{B}=\frac{1}{X_1X_2+X_1X_3+X_2X_3}\begin{bmatrix}-(X_2+X_3) & X_3 & X_2\\ X_3 & -(X_1+X_3) & X_1\\ X_2 & X_1 & -(X_1+X_2)\end{bmatrix} \tag{12.87}$$

不难看出，此时电纳矩阵 $\boldsymbol{B}$ 如图 12.23 所示，由星形电路化为三角形电路后，单相三绕组变压器的电纳矩阵即为节点电纳矩阵。

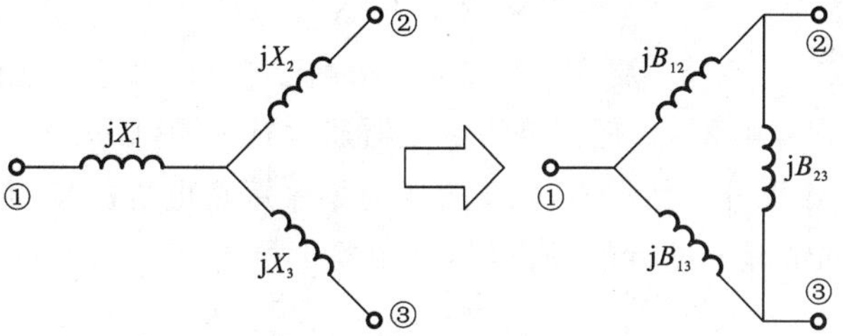


**图 12.23 单相三绕组变压器的等值电路示意图**

显然，双绕组变压器的电纳矩阵为

$$\boldsymbol{B}=\begin{bmatrix}-\frac{1}{X} & \frac{1}{X}\\ \frac{1}{X} & -\frac{1}{X}\end{bmatrix}$$

式中，$X$ 为短路电抗。

为计及励磁电流，可在某一绕组两端并联励磁阻抗，其电感部分可以是非线性元件。

2. 三相变压器

三相变压器仍可看成多支路的电阻、电感串联耦合电路，但应考虑三相绕组间因有公共磁路而存在的互感。下面以三相三绕组变压器为例介绍直接形成电感逆矩阵的方法。假定变压器三相结构对称，则其电抗矩阵可以表示为

$$\boldsymbol{X}=\begin{bmatrix}\boldsymbol{X}_{11} & \boldsymbol{X}_{12} & \boldsymbol{X}_{13}\\ \boldsymbol{X}_{21} & \boldsymbol{X}_{22} & \boldsymbol{X}_{23}\\ \boldsymbol{X}_{31} & \boldsymbol{X}_{32} & \boldsymbol{X}_{33}\end{bmatrix}=\begin{matrix}a\\1b\\c\\a\\2b\\c\\a\\3b\\c\end{matrix}\begin{bmatrix}X_{s11} & X_{m11} & X_{m11} & X_{s12} & X_{m12} & X_{m12} & X_{s13} & X_{m13} & X_{m13}\\ X_{m11} & X_{s11} & X_{m11} & X_{m12} & X_{s12} & X_{m12} & X_{m13} & X_{s13} & X_{m13}\\ X_{m11} & X_{m11} & X_{s11} & X_{m12} & X_{m12} & X_{s12} & X_{m13} & X_{m13} & X_{s13}\\ X_{s21} & X_{m21} & X_{m21} & X_{s22} & X_{m22} & X_{m22} & X_{s23} & X_{m23} & X_{m23}\\ X_{m21} & X_{s21} & X_{m21} & X_{m22} & X_{s22} & X_{m22} & X_{m23} & X_{s23} & X_{m23}\\ X_{m21} & X_{m21} & X_{s21} & X_{m22} & X_{m22} & X_{s22} & X_{m23} & X_{m23} & X_{s23}\\ X_{s31} & X_{m31} & X_{m31} & X_{s32} & X_{m32} & X_{m32} & X_{s33} & X_{m33} & X_{m33}\\ X_{m31} & X_{s31} & X_{m31} & X_{m32} & X_{s32} & X_{m32} & X_{m33} & X_{s33} & X_{m33}\\ X_{m31} & X_{m31} & X_{s31} & X_{m32} & X_{m32} & X_{s32} & X_{m33} & X_{m33} & X_{s33}\end{bmatrix}$$

式中，下标 1、2、3 分别表示变压器的三侧；$X_{s11}$ 为 1 侧各相绕组间的自电抗；$X_{m11}$ 为 1 侧各相绕组间的互电抗；$X_{s12}$ 为 1、2 侧同名相绕组间的互阻抗；$X_{m12}$ 为 1、2 侧非同名相绕组间的互阻抗；其余类推。为求得 $\boldsymbol{L}^{-1}$，可以仿照前述单相 $N(N=3)$ 绕组的方法进行，将式(12.75)～式(12.81)中所有的电压和电流元素换成由相应的 $a$、$b$、$c$ 三相值组成的

三维子向量，而将电抗和电纳元素换成相应的三阶子矩阵。这样，对于式(12.78)，则有

$$\boldsymbol{X}'_{11}=\boldsymbol{X}^{s}_{13}=\begin{bmatrix} X^{s}_{s13} & X^{s}_{m13} & X^{s}_{m13} \\ X^{s}_{m13} & X^{s}_{s13} & X^{s}_{m13} \\ X^{s}_{m13} & X^{s}_{m13} & X^{s}_{s13} \end{bmatrix}$$

其中的元素 $X^{s}_{s13}$ 和 $X^{s}_{m13}$，可以由 1、3 侧间进行正序和零序短路实验而得出的正序短路电抗 $X^{s}_{(1)13}$ 和零序短路电抗 $X^{s}_{(0)13}$ 求得：

$$\begin{cases} X^{s}_{s13}=(X^{s}_{(0)13}+2X^{s}_{(1)13})/3 \\ X^{s}_{m13}=(X^{s}_{(0)13}-X^{s}_{(1)13})/3 \end{cases}$$

同理，可由 $X^{s}_{(1)23}$、$X^{s}_{(0)23}$ 及 $X^{s}_{(1)12}$、$X^{s}_{(0)12}$ 求得 $X^{s}_{23}$ 和 $X^{s}_{12}$。并由式(12.78)和式(12.79)分别得出 $\boldsymbol{X}'_{22}$ 和 $\boldsymbol{X}'_{12}$。但三绕组变压器通常有一侧(以第 3 侧为例)接成 Δ 形，而 $X^{s}_{(0)12}$ 应该是在 Δ 形开口情况下，1、2 侧间的零序短路电抗。然而，一般的短路实验则是在 Δ 形闭合的情况下进行的，所得零序短路电抗为 $X^{s\Delta}_{(0)12}$，对此，可用下述方法求出所需的 $X^{s}_{(0)12}$。

令 $X^{s}_{(0)1}$、$X^{s}_{(0)2}$、$X^{s}_{(0)3}$ 分别是零序星形短路电路中各侧的电抗，则可由短路试验所得出的 $X^{s}_{(0)13}$、$X^{s}_{(0)23}$、$X^{s\Delta}_{(0)12}$，应用关系式

$$\begin{cases} X^{s}_{(0)13}=X^{s}_{(0)1}+X^{s}_{(0)3} \\ X^{s}_{(0)23}=X^{s}_{(0)2}+X^{s}_{(0)3} \\ X^{s\Delta}_{(0)12}=X^{s}_{(0)1}+X^{s}_{(0)2}X^{s}_{(0)3}/(X^{s}_{(0)2}+X^{s}_{(0)3}) \end{cases}$$

解出 $X^{s}_{(0)1}$ 和 $X^{s}_{(0)2}$，然后将它们相加便可求得 $X^{s}_{(0)12}$，即

$$X^{s}_{(0)12}=X^{s}_{(0)13}+X^{s}_{(0)23}-2\sqrt{X^{s}_{(0)13}X^{s}_{(0)23}+X^{s\Delta}_{(0)12}X^{s}_{(0)23}} \tag{12.88}$$

从而求出 $\boldsymbol{X}'_{11}$、$\boldsymbol{X}'_{22}$ 和 $\boldsymbol{X}'_{12}$，再利用式(12.80)～式(12.81)求解出电纳矩阵 $\boldsymbol{B}$，最后求出 $\boldsymbol{L}^{-1}$，利用 $\boldsymbol{L}^{-1}$ 和电阻矩阵 $\boldsymbol{R}$ 来求 $\boldsymbol{G}_{RL}$。

三相变压器的励磁回路仍可接至任一侧的三相绕组，但应考虑三相之间的耦合，如励磁回路可用导纳矩阵表示为

$$\boldsymbol{Y}=\begin{bmatrix} G_s & G_m & G_m \\ G_m & G_s & G_m \\ G_m & G_m & G_s \end{bmatrix}+\mathrm{j}\begin{bmatrix} B_s & B_m & B_m \\ B_m & B_s & B_m \\ B_m & B_m & B_s \end{bmatrix} \tag{12.89}$$

式中元素可由正序和零序空载实验所得出的励磁导纳 $G_{(1)m}+\mathrm{j}B_{(1)m}$ 和 $G_{(0)m}+\mathrm{j}B_{(0)m}$ 求得

$$\begin{cases} G_s=(G_{(0)m}+2G_{(1)m})/3 \\ G_m=(G_{(0)m}-G_{(1)m})/3 \\ B_s=(B_{(0)m}+2B_{(1)m})/3 \\ B_m=(B_{(0)m}-B_{(1)m})/3 \end{cases} \tag{12.90}$$

由 $\boldsymbol{Y}$ 的实部的逆矩阵 $\boldsymbol{R}$ 可得出一个纯电阻的耦合电路；利用 $\boldsymbol{Y}$ 的虚部可求 $\boldsymbol{L}^{-1}=-\omega_0\boldsymbol{B}$，从而可得到一个纯电感的耦合电路，这两个耦合电路相互并联即构成励磁回路。

对于单相或三相自耦变压器，由于串联绕组和公共绕组间存在电路联系，因此可将它处理成由串联绕组、公共绕组及第三绕组组成的普通三绕组变压器，而用这三个绕组

间的短路阻抗来计算相应的耦合电路参数，在组成等值计算电路时，应计及上述电路间的联系。但是自耦变压器的短路实验通常在三个电压等级间进行，因此需将这三侧间的短路阻抗转化为上述三个绕组间的短路阻抗。以单相自耦变压器为例，若以下标 H、L、T 分别代表三个电压等级侧，以下标 Ⅰ、Ⅱ、Ⅲ 分别代表串联绕组、公共绕组和第三绕组，则短路阻抗的转换关系为

$$\begin{cases} Z_{\mathrm{I},\mathrm{II}}=Z_{\mathrm{HL}}\left(\dfrac{U_{\mathrm{H}}}{U_{\mathrm{H}}-U_{\mathrm{L}}}\right)^2 \\ Z_{\mathrm{II},\mathrm{III}}=Z_{\mathrm{LT}} \\ Z_{\mathrm{I},\mathrm{III}}=Z_{\mathrm{HL}}\dfrac{U_{\mathrm{H}}U_{\mathrm{L}}}{(U_{\mathrm{H}}-U_{\mathrm{L}})^2}+Z_{\mathrm{HT}}\dfrac{U_{\mathrm{H}}}{U_{\mathrm{H}}-U_{\mathrm{L}}}-Z_{\mathrm{LT}}\dfrac{U_{\mathrm{L}}}{U_{\mathrm{H}}-U_{\mathrm{L}}} \end{cases} \tag{12.91}$$

式中，$U_{\mathrm{H}}$、$U_{\mathrm{L}}$ 分别为相应侧的额定电压。

3. 理想变压器

当采用标幺值进行计算时，为了计及非标准变比，需要在变压器计算模型中引入仅反映两侧变比的理想变压器，在全系统用有名值计算时更需如此。以一相为例，理想变压器的电路如图 12.24(a)所示，由图可以得出

$$\begin{cases} i_{jk}=-i_{kj}=ki_2 \\ i_{lm}=-i_{ml}=-i_2 \\ k(u_j-u_k)-(u_l-u_m)=0 \end{cases} \tag{12.92}$$

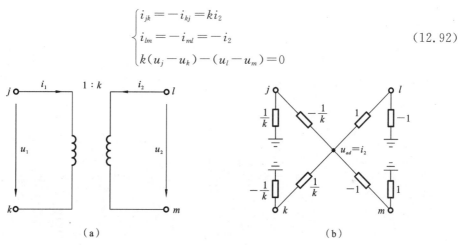

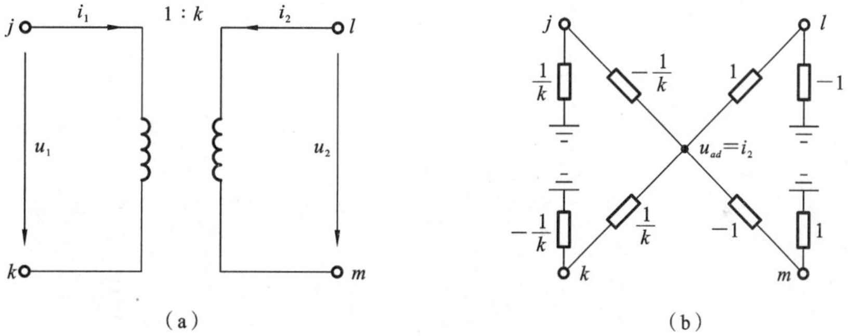


**图 12.24 理想变压器的电路及其等值电路**

式(12.92)中的关系可用图 12.24(b)中所示的等值电路来表示，设 $ad$ 为额外增加的节点，且 $u_{ad}=i_2$，由于理想变压器的引入，当将它的等值电路接入暂态等值计算网络时，相当于将节点方程按式(12.93)进行修改：

$$\begin{bmatrix} \vdots \\ i_j \\ \vdots \\ i_k \\ \vdots \\ i_l \\ \vdots \\ i_m \\ \vdots \\ 0 \end{bmatrix} = \left[\begin{array}{cccc|c} & & & & k \\ & \text{将理想变压器} & & & \\ & \text{器除去的网} & & & -k \\ & \text{络电导矩阵} & & & \\ & & & & -1 \\ & & & & \\ & & & & 1 \\ \hline k & -k & -1 & 1 & 0 \end{array}\right] \begin{bmatrix} \vdots \\ u_j \\ \vdots \\ u_k \\ \vdots \\ u_l \\ \vdots \\ u_m \\ \vdots \\ u_{ad} \end{bmatrix} \tag{12.93}$$

上述方法可类推到其他两相，但应注意，在接入理想变压器时，其一侧三相绕组应与原变压器的相应绕组直接相连，而另一侧三相绕组则按原变压器三相绕组的实际接线情况进行连接。另外，当按上节介绍的修改电导矩阵法来处理开关操作时，理想变压器两侧均不能与电网断开，否则在式(12.93)的电导矩阵中，与理想变压器断开处节点相对应的行中，除最后一个元素以外，其他元素均为零，从而使消去过程中出现数值溢出的情况。

# 13

# 电力系统暂态稳定性分析

## 13.1 概述

现代电力系统是大规模、复杂、非线性、分散控制系统。现代电力系统研究的核心是稳定问题，那为什么要研究电力系统稳定呢？因为系统失去稳定后的后果严重：①若失稳，则系统解列，造成大面积停电；②若振荡太大，则影响用户供电。

电力系统稳定性是指电力系统受到扰动后，凭借系统本身固有的能力和控制设备的作用，恢复到原始稳态运行方式或者达到新的稳态运行方式的能力。

由于电力系统使用同步发电机发电，因此系统正常运行的必要条件是系统所有同步发电机的转速要一致，要保持“同步”。当某台发电机不同步时，即会出现稳定问题，即功角稳定问题。

电力系统正常运行的重要标志是系统中所有同步发电机均同步运行（电气角速度相同），系统的电压、电流和功率等状态变量保持不变。若机组间失去同步，系统的状态变量就会大幅度、周期性振荡变化，以致系统不能向负荷正常供电，这就是功角稳定性，也即同步稳定性。

功角稳定性可以分为以下几类。

(1) 静态稳定：电力系统受到一个微小的扰动后，能否恢复到原来的运行状态，或者过渡到一个新的运行状态，如负荷波动，状态偏移比较小，可以用线性化方法解决。

(2) 暂态稳定：系统受到大的扰动，能否恢复到原来的运行状态或过渡到新的运行状态。短路或大的发电机组突然退出运行，状态变量发生比较大的偏移，属非线性问题，不能用线性化方法解决。

(3) 动态稳定：电力系统受到小的或大的干扰后，在自动调节和控制装置作用下保持长过程的运行稳定性的能力。

电力系统暂态稳定性指电力系统受到大扰动后，各同步电机保持同步运行并过渡到新的或恢复到原来稳态运行方式的能力。通常指保持第一或第二个振荡周期不失步的功角稳定。通常所考虑的大扰动包括发生各种短路故障、切除大容量发电机或输电设备，以及某些负荷的突然变化等。研究电力系统暂态稳定性的主要目的是确定系统受到大的干扰后各发电机组是否能继续维持同步运行，分析影响电力系统暂态稳定性的各种因素，并在此基础上提出改善电力系统暂态稳定性的措施。

## 13.2 电力系统机电暂态分析

机电暂态过程通常可描述为:系统遭受扰动后,会出现电磁暂态过程,特别地,由于扰动引起系统结构或参数的变化,使系统潮流和各发电机的输出功率也随之发生变化,从而破坏了原动机和发电机之间的功率平衡,在机组轴上产生不平衡转矩,使它们开始加速或减速。

在一般情况下,扰动后各发电机输出功率的变化并不相同,因此它们的转速变化情况各不相同。这样,各发电机转子之间将因转速不等而产生相对运动,结果使转子之间的相对角度发生变化,而相对角度的改变又反过来影响各发电机的输出功率,从而使各个发电机的功率、转速和转子间的相对角度继续发生变化。

与此同时,发电机端电压和定子电流的变化将引起转子绕组电流的变化和励磁调节系统发生动作。机组转速的变化将引起调速系统的调节过程和原动机功率的变化,电网中各节点电压的变化将引起负荷吸收功率的变化等。这些变化在不同程度上直接或间接地影响发电机和原动机功率的变化。

上述各种变化过程相互联系又相互影响,形成了一个以各发电机转子机械运动和电磁功率随时间变化为主体的机电暂态过程。

扰动后的暂态过程可能有两种不同的结局。一种是各发电机转子间相对角度随时间的变化呈摇摆状态,且振荡幅值逐渐衰减。各机组之间的相对转速最终衰减为零,使系统回到扰动前的稳态运行情况,或者过渡到一个新的稳态运行情况。在此运行情况下,所有发电机仍然保持同步运行。对于这种结局,称电力系统是暂态稳定的。另一种结局是暂态过程中某些发电机转子之间的相对角度随时间不断增大,它们之间始终存在着相对转速,使这些发电机之间失去同步。对于这种结局,称电力系统是暂态不稳定的,或称电力系统失去暂态稳定。发电机间失去同步后,将在系统中产生功率和电压的强烈振荡,结果使一些发电机和负荷被迫切除。在严重的情况下,甚至会导致系统的解列或瓦解。

电力系统的暂态稳定性不但取决于扰动的性质及其发生的地点,而且与扰动前系统的运行情况有关。因此,通常需要针对不同的稳态运行情况以及各种不同的扰动分别进行暂态稳定性分析。然而,要求系统在所有可能的运行情况下,遭受各种可能发生的扰动后,都能保持暂态稳定,则没有必要,而且也不经济。为此,各国对于暂态稳定性的要求都有自己的标准。

为了保证电力系统运行的安全性,在系统规划、设计和运行过程中都需要进行暂态稳定分析。当稳定性不满足规定要求,或者需要进一步提高系统的传输能力时,还需要研究和采取相应的提高稳定措施。另外,在系统发生稳定性破坏事故以后,往往需要进行事故分析,找出破坏稳定的原因,并研究相应的对策。

由于扰动后系统的暂态过程实际上非常复杂,因此,在电力系统暂态稳定性分析中大都采用以下简化。

(1) 忽略发电机定子绕组和电力网中电磁暂态过程的影响,只考虑交流系统中基波分量电压、电流和功率,以及发电机转子绕组中非周期性分量的变化。这样,交流电力网中各元件的数学模型将可以简单地用它们的基波等值阻抗电路来描述。

(2) 在不对称故障或非全相运行期间，略去发电机定子回路基波负序分量电压、电流对电磁转矩的影响。

(3) 此外，根据对计算结果精度的不同要求，以及由于分析方法本身的限制，还将对元件的数学模型采取各种不同程度的简化，有时甚至要对一部分发电机或系统中的某些部分进行动态等值的简化处理。

目前暂态稳定分析的基本方法可以分为两类。

一类是数值解法即时域仿真法，又称逐步积分法。在列出描述系统暂态过程的微分方程和代数方程组后，应用各种数值积分方法进行求解，然后根据发电机转子间相对角度的变化情况来判断稳定性。由于该类方法可以适应各种不同详细程度的元件数学模型，且分析结果准确、可靠，所以得到了广泛的实际应用，其一直作为一种标准方法来用于考查其他分析方法的正确性和精度。

另一类是直接法或能量函数法，不需要求解微分方程组，而是构造一个类似于“能量”的标量函数，即李雅普诺夫函数，并通过检查该函数的时变性来确定非线性系统的稳定性质，这是一种定性的方法。由于构造李雅普诺夫函数比较困难，目前直接法仅限于比较简单的数学模型，或用暂态能量函数法近似李雅普诺夫法。

数值解法是目前广泛应用的分析方法，已发展得比较成熟，并基本上能满足电力系统规划、设计和运行过程中所进行的离线暂态稳定分析对计算速度和精度的要求。由于直接法所采用的数学模型比较粗略，其计算结果的精度尚不令人满意。

暂态稳定分析的一个重要方面是对电力系统进行在线动态安全评价。即在运行过程中，针对当时的系统运行方式，对某些预想事故或扰动下的暂态稳定性作出判断，以评价系统运行的安全性。与离线暂态稳定分析相比，要求在线动态安全评价有更快的计算速度。

此外，还有动态安全域和模式识别法等进行在线动态安全评价的方法。

## 13.3　暂态稳定分析的时域仿真法

### 13.3.1　时域仿真基本原理

将电力系统各元件数学模型根据元件间的拓扑关系形成全系统模型，即联立的微分方程和代数方程组，然后以稳态工况或潮流解为初值，求扰动下的数值解，即逐步求得系统状态变量和代数量随时间的变化曲线，并根据发电机转子摇摆曲线来判断系统在大扰动下能否保持同步运行，即暂态稳定性。

### 13.3.2　全系统数学模型的组成

实际系统的运行经验表明，在一般情况下，失去暂态稳定的过程发展比较迅速，通常根据扰动后 1 秒左右(即第一个摇摆周期)或几秒钟(开始几个摇摆周期)内发电机转子间相对角度的变化情况，便可以判断系统是否稳定。

暂态稳定的物理过程包含图 13.1 所示的三个阶段：正常阶段涉及潮流计算；故障阶段涉及故障计算和稳定计算；故障切除后阶段涉及稳定计算。

因此，大量研究工作主要针对如何计算扰动后这段短时间内系统的机电暂态过程，

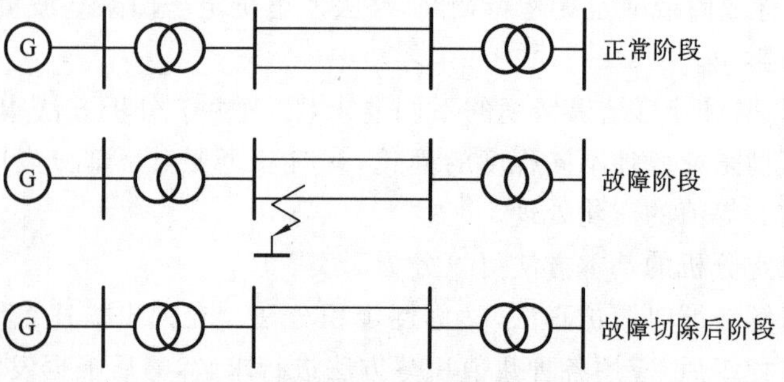


图 13.1 暂态稳定的物理过程

包括元件所采用的数学模型、网络求解和数值积分方法的研究。

目前这类数值解法已经相当成熟，并已开发出不少适合于工程应用的计算程序。数值解法通常指的是时域仿真法，也称逐步积分法。

由于所计算的暂态过程持续时间较短，因而对于交流系统，通常只考虑发电机及其励磁系统、原动机及其调速系统，以及负荷特性等对暂态稳定性的影响。这些元件在机电暂态过程中的相互关系如图 13.2 所示。为简单起见，图中只画出具有代表性的一个发电机组和两个采用不同数学模型的负荷。

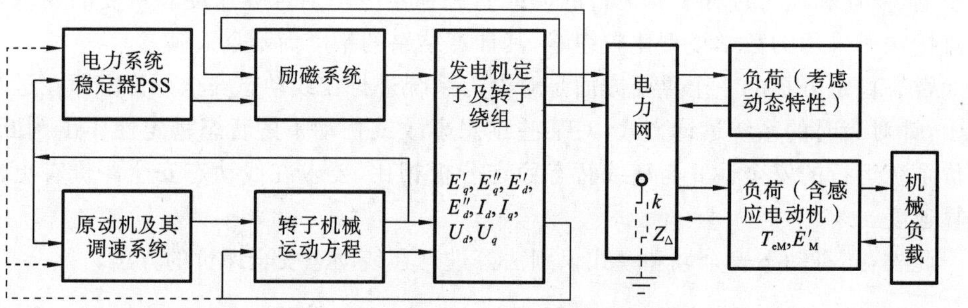


图 13.2 系统元件与网络的相互关系图

### 13.3.3 时域仿真法分析过程

时域仿真法分析过程为：①进行潮流计算；②建立用微分方程和代数方程表示的数学模型；③确定解算方法；④对结果进行分析。

在忽略发电机定子绕组和电网中电磁暂态过程影响的情况下，由第 11 章中所介绍的元件数学模型和图 13.2 所示的各元件间的相互关系，可列出描述全系统暂态过程的微分方程和代数方程组，其一般形式可写为

$$\begin{cases} \mathrm{d}\boldsymbol{x}/\mathrm{d}t = f(\boldsymbol{x}, \boldsymbol{y}) \\ g(\boldsymbol{x}, \boldsymbol{y}) = 0 \end{cases} \tag{13.1}$$

式(13.1)中的微分方程由下列各部分组成。

(1) 描述各发电机暂态和次暂态电势变化规律的微分方程。

(2) 描述各发电机的转子运动的摇摆方程。

(3) 描述各发电机励磁系统暂态过程的微分方程，可由传递函数框图求得。

(4) 描述各原动机及调速系统暂态过程的微分方程，可由传递函数框图求得。

(5) 描述负荷中感应电动机和同步电动机暂态过程的微分方程、转子运动及暂态

电势变化方程。

(6) 描述直流系统整流器和逆变器控制行为的微分方程。

(7) 描述其他动态装置(如SVC、TCSC等FACTS元件)动态特性的微分方程。

也即微分方程主要包含发电机磁链及电压方程;发电机转子运动方程;励磁系统方程;原动机及调速系统方程;动态负荷模型。

微分方程的状态向量 $\boldsymbol{x}$ 包含以下几部分。

(1) 各发电机的 $E'_q$、$E''_q$、$E'_d$、$E''_d$、$\delta$、$\omega$。

(2) 各励磁系统与传递函数框图对应的微分方程中的有关状态变量。

(3) 各原动机的 $P_{\mathrm{m}}$、$\mu$。

(4) 调速系统与传递函数框图对应的微分方程中的有关状态变量。

(5) 各感应电动机的 $s$ 和 $\dot{E}'_{\mathrm{M}}$。

式(13.1)中的代数方程由下列各部分组成。

(1) 电力网络方程,即描述在同步旋转公共参考坐标系 $x$-$y$ 下,各节点电压与节点注入电流之间的关系。

(2) 各同步发电机定子电压方程(建立在各自的 $d$-$q$ 坐标系下)及 $d$-$q$ 坐标系与 $x$-$y$ 坐标系间联系的坐标变换方程。

(3) 各直流线路的电压方程。

(4) 负荷的电压静态特性方程。对于用静态特性模拟的负荷,为其功率与节点电压之间的关系式;对于综合负荷中的感应电动机,为计算电磁转矩、机械转矩、等值阻抗或者定子电流的方程。

也即代数方程主要包含网络方程、发电机稳态电压方程、静态负荷模型。

为了突出电力系统暂态稳定分析的原理和步骤,发电机采用经典二阶模型,忽略凸极效应,并设暂态电抗 $x'_d$ 后的暂态电动势 $E'$ 恒定,从而忽略励磁系统的动态,以简化分析。另外,忽略调速器和原动机动态作用,即认为机械功率 $P_{\mathrm{M}}$ 为定常值。

在上述模型和相应假定下,发电机忽略定子绕组内阻时的定子电压标幺值方程为

$$\dot{U}_G=\dot{E}'-\mathrm{j}X'_d\dot{I} \tag{13.2}$$

发电机转子运动方程为

$$\begin{cases} T_{\mathrm{J}}\dfrac{\mathrm{d}\omega}{\mathrm{d}t}=P_{\mathrm{M}}-P_{\mathrm{E}} \\ \dfrac{\mathrm{d}\delta}{\mathrm{d}t}=\omega-1 \end{cases} \tag{13.3}$$

式中,$P_{\mathrm{E}}=\mathrm{Re}(\dot{U}_G\dot{I})$,$P_{\mathrm{M}}=\mathrm{const}$。

联立式(13.2)、式(13.3)和网络方程可解出 $\dot{U}_G$、$\dot{I}$、$\omega$、$\delta$。

对于负荷,若采用最简单的线性负荷模型,则对于三相对称负荷有

$$\dot{U}_L=Z_L\dot{I}_L \text{ 或 } \dot{I}_L=Y_L\dot{U}_L \tag{13.4}$$

式中,$Z_L$、$Y_L$ 分别为负荷等值阻抗和导纳;$\dot{U}_L$、$\dot{I}_L$ 分别为负荷电压及其吸收的电流。

设网络节点导纳方程为

$$\boldsymbol{Y}\dot{\boldsymbol{U}}=\dot{\boldsymbol{I}} \tag{13.5}$$

式中,$\dot{\boldsymbol{U}}$ 和 $\dot{\boldsymbol{I}}$ 分别为节点电压和各节点注入网络的电流。对于发电机节点,$\dot{\boldsymbol{I}}$ 对应元素为 $\dot{I}_G$;对于负荷节点,$\dot{\boldsymbol{I}}$ 对应元素为 $-\dot{I}_L$;对于网络节点,$\dot{\boldsymbol{I}}$ 对应元素为零。

式(13.2)～式(13.5)构成了系统的基本方程，这是一组联立微分方程和代数方程组。

总之，微分方程式的组成与所考虑的元件种类和元件数学模型的精确程度有关。代数方程式有时仅为网络方程式，其他代数方程则通过直接计算或者在形成微分方程式时加以适当处理。

也即是说，时域仿真法用于将电力系统中各元件的动态写成一组微分方程式：

$$\frac{\mathrm{d}x_i}{\mathrm{d}t}=\Phi_i(x_1,x_2,\cdots,x_m,y_1,y_2,\cdots,y_n) \quad i=1,2,\cdots,m \tag{13.6}$$

式中：$x_i$ 表示各元件的状态变量，如发电机转子角 $\delta$，角速度 $\omega$，发电机暂态和次暂态电势 $E'_q$、$E''_q$、$E''_d$，励磁系统及励磁调节系统的状态，原动机及调速系统的状态变量，描述负荷暂态过程的状态变量等。

在不考虑电力网络内发生的暂态过程时，我们可以用一组代数方程来描述电力网内运行参数($\dot{U}$、$\dot{I}$、$P$、$Q$)间的关系，即

$$0=F_j(x_1,x_2,\cdots,x_m,y_1,y_2,\cdots,y_n) \quad j=1,2,\cdots,n \tag{13.7}$$

式中的代数方程式可包括网络方程、发电机定子绕组电压平衡方程、用静态特性模拟的负荷方程等。代数变量 $y_1,y_2,\cdots,y_n$ 可分别表示电力网络的运行参数，如节点电压和各节点的注入电流。

在暂态稳定计算中，对微分方程和代数方程需特别指出以下几点。

(1) 微分方程和代数方程的组成及其中的函数关系式在整个暂态过程中可能发生变化。

在切除输电设备、发生短路故障、清除故障元件、自动重合线路、强行补偿串联电容及投入或退出制动电阻的情况下，由于网络的结构或参数发生变化，网络方程会发生相应的变化。

在切除发电机、投入强励或灭磁，以及进行汽门快速控制时，发电机和调节系统的结构或参数将发生变化，从而使微分方程发生相应的变化。上述各种情况统称为"故障或操作"，其中，某些情况在暂态过程中可能相继发生。

另外，由于在调节系统中存在各种限制环节，在计算过程中当有关变量超出下界或上界时，它们将被限制在其下界或上界处，直至变量重新回到其上、下界范围内为止。

上述各种因素将造成暂态过程计算中微分方程和代数方程的不连续性，在计算方法和程序中应加以考虑和处理。

(2) 由于忽略了网络中的电磁暂态过程，各节点的电压、电流，以及发电机和负荷的功率，在网络故障或操作瞬间将发生突变，但状态变量 $\boldsymbol{x}$ 是连续变化的。为此，在发生故障或操作后，需要根据故障或操作瞬间 $\boldsymbol{x}$ 的取值重新求解网络方程或整个代数方程。

(3) 各发电机和负荷只通过网络相互影响，它们之间无直接联系。因此，微分方程在各发电机和各负荷感应电动机之间没有直接耦合关系。

暂态稳定时域仿真分析的核心是，当 $t_n$ 时刻的变量值已知时，如何求出 $t_{n+1}$ 时刻的变量值，以便由 $t_0$ 时的变量初值(一般是潮流计算得到的稳态工况下的变量值)逐步计算出 $t_1,t_2,\cdots$ 时刻的变量值，并在系统有操作或发生故障时作适当处理。

### 13.3.4　发电机和机网接口处理、负荷节点处理

发电机节点的处理和机网接口计算与发电机采用的模型有关，也和联网计算采用的方法有关。目前的发电机节点处理大体可分为4类。

1. 发电机和机网接口处理

1) 发电机采用经典模型的处理方法

忽略发电机凸极效应，采用发电机的经典模型：

$$\dot{E}'=\dot{U}_G+\mathrm{j}X'_d\dot{I}_G \tag{13.8}$$

显然可把图13.3中的$Y_G$并入网络导纳矩阵，即修正发电机节点对应的导纳矩阵对角元，联立求解发电机和网络方程的问题转化为在发电机节点有注入电流$\dot{I}'_G$时，网络方程的求解问题。

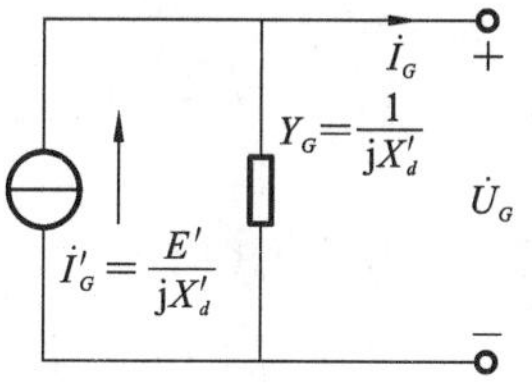


**图13.3　经典模型发电机等值电路**

发电机向网络注入的电流为

$$\dot{I}_G=\frac{\dot{E}'-\dot{U}_G}{\mathrm{j}X'_d}=\dot{I}'_G-Y_G\dot{U}_G \tag{13.9}$$

该节点相应的网络方程为

$$\dot{I}_G=Y_{GG}\dot{U}_G+\sum_{\substack{j\in G\\ j\neq G}}Y_{Gj}\dot{U}_j \tag{13.10}$$

将式(13.9)与式(13.10)合并可得

$$\frac{\dot{E}'}{\mathrm{j}X'_d}=\left(Y_{GG}+\frac{1}{\mathrm{j}X'_d}\right)\dot{U}_G+\sum_{\substack{j\in G\\ j\neq G}}Y_{Gj}\dot{U}_j \tag{13.11}$$

将$Y_G$并入网络导纳矩阵，无操作时导纳矩阵不变，而每时步根据发电机转子角$\delta$更新发电机注入网络的等值电流源$\dot{I}'_G$，即可求解网络方程，计算节点电压。

在暂态稳定计算过程较短(不超过1 s)和计算精度要求不高时，发电机常常采用这种模型。这时近似认为发电机机端电压的幅值在计算过程中维持不变，其相角则随发电机转子的摇摆情况而变化。因此，当由发电机转子运动方程解出转子角后，其就可以完全确定。

2) 计及凸极效应的直接法

其实质是将网络复数线性代数方程实、虚部分开，增阶化为$xy$同步坐标下的实数线性代数方程，并将发电机方程由$dq$坐标化为$xy$坐标，再和网络方程联立求解，最终在实数域求解线性代数方程。这种解法对负荷非线性适应能力差，且发电机方程由$dq$坐标根据转子角$\delta$转化为$xy$坐标，导纳矩阵中发电机节点相应的对角(2×2)子块因$\delta$变化而变为非定常元素，每一时步要重新计算因子表，计算量大、机时多且内存要增加一倍，但这种方法物理概念清楚，不需要迭代，求解网络方程为求解实线性代数方程组。

因此该方法须分别列写$d$、$q$轴向的定子电压方程，当采用同步电机3阶实用模型时，则有

$$\begin{cases}U_q=E'_q-X'_dI_d\\ U_d=E'_d+X'_qI_q\end{cases} \tag{13.12}$$

写成矩阵形式为

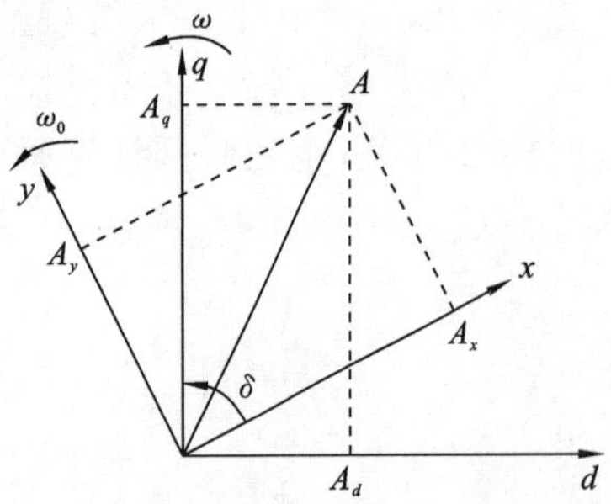


**图 13.4** $dq$ 坐标化为 $xy$ 同步坐标

$$\begin{bmatrix} E'_q-U_q \\ E'_d-U_d \end{bmatrix}=\begin{bmatrix} 0 & X'_d \\ -X'_q & 0 \end{bmatrix}\begin{bmatrix} I_q \\ I_d \end{bmatrix} \tag{13.13}$$

为和网络方程接口，将 $dq$ 坐标化为 $xy$ 同步坐标，如图 13.4 所示，因此有

$$\begin{bmatrix} A_x \\ A_y \end{bmatrix}=\boldsymbol{T}\begin{bmatrix} A_q \\ A_d \end{bmatrix}=\begin{bmatrix} \cos\delta & \sin\delta \\ \sin\delta & -\cos\delta \end{bmatrix}\begin{bmatrix} A_q \\ A_d \end{bmatrix} \tag{13.14}$$

电压方程式(13.13)左乘 $\boldsymbol{T}$ 矩阵，得

$$\boldsymbol{T}\begin{bmatrix} E'_q-U_q \\ E'_d-U_d \end{bmatrix}=\boldsymbol{T}\begin{bmatrix} 0 & X'_d \\ -X'_q & 0 \end{bmatrix}\begin{bmatrix} I_q \\ I_d \end{bmatrix} \tag{13.15}$$

则式(13.15)化简为

$$\begin{bmatrix} E'_x-U_x \\ E'_y-U_y \end{bmatrix}=\boldsymbol{T}\begin{bmatrix} 0 & X'_d \\ -X'_q & 0 \end{bmatrix}\boldsymbol{T}^{-1}\begin{bmatrix} I_x \\ I_y \end{bmatrix} \tag{13.16}$$

再进一步化简成式(13.17)：

$$\begin{bmatrix} I_x \\ I_y \end{bmatrix}=\begin{bmatrix} G_x & B_x \\ B_y & G_y \end{bmatrix}\begin{bmatrix} E'_x-U_x \\ E'_y-U_y \end{bmatrix} \tag{13.17}$$

其中

$$G_x=\frac{1}{2}\left(\frac{1}{X'_d}-\frac{1}{X'_q}\right)\sin2\delta$$

$$G_y=\frac{1}{2}\left(\frac{1}{X'_q}-\frac{1}{X'_d}\right)\sin2\delta$$

$$B_x=\frac{\sin^2\delta}{X'_d}+\frac{\cos^2\delta}{X'_q}=\frac{1}{2}\left[\frac{1}{X'_d}+\frac{1}{X'_q}+\left(\frac{1}{X'_q}-\frac{1}{X'_d}\right)\cos2\delta\right]$$

$$B_y=-\left(\frac{\sin^2\delta}{X'_q}+\frac{\cos^2\delta}{X'_d}\right)=-\frac{1}{2}\left[\frac{1}{X'_d}+\frac{1}{X'_q}+\left(\frac{1}{X'_d}-\frac{1}{X'_q}\right)\cos2\delta\right]$$

$$E'_x=E'_q\cos\delta+E'_d\sin\delta$$

$$E'_y=E'_q\text{sins}\delta-E'_d\cos\delta$$

该方法的特点是导纳矩阵 $\begin{bmatrix} G_x & B_x \\ B_y & G_y \end{bmatrix}$ 是 $\delta$ 的函数，是时变的，而不具备 $\begin{bmatrix} G & -B \\ B & G \end{bmatrix}$ 的形式，无法将上面方程化为复数方程与网络方程联立求解。

由 $I_x+\mathrm{j}I_y=(G+\mathrm{j}B)(U_x+\mathrm{j}U_y)$ 可得

$$\begin{bmatrix} I_x \\ I_y \end{bmatrix}=\begin{bmatrix} G & -B \\ B & G \end{bmatrix}\begin{bmatrix} U_x \\ U_y \end{bmatrix} \tag{13.18}$$

将式(13.18)增阶化为 $2n$ 阶实数方程：

$$\begin{bmatrix} \begin{bmatrix} I_{x1} \\ I_{y1} \end{bmatrix} \\ \vdots \\ \begin{bmatrix} I_{xn} \\ I_{yn} \end{bmatrix} \end{bmatrix}=\begin{bmatrix} \begin{bmatrix} G_{11} & -B_{11} \\ B_{11} & G_{11} \end{bmatrix} & \cdots & \begin{bmatrix} G_{1n} & -B_{1n} \\ B_{1n} & G_{1n} \end{bmatrix} \\ \vdots & \cdots & \vdots \\ \begin{bmatrix} G_{n1} & -B_{n1} \\ B_{n1} & G_{n1} \end{bmatrix} & \cdots & \begin{bmatrix} G_{nn} & -B_{nn} \\ B_{nn} & G_{nn} \end{bmatrix} \end{bmatrix}\begin{bmatrix} \begin{bmatrix} U_{x1} \\ U_{y1} \end{bmatrix} \\ \vdots \\ \begin{bmatrix} U_{xn} \\ U_{yn} \end{bmatrix} \end{bmatrix} \tag{13.19}$$

式中，

$$G_{ij}+\mathrm{j}B_{ij}=Y_{ij}\text{；}\quad I_{xi}+\mathrm{j}I_{yi}=\dot{I}_i\text{；}\quad U_{xi}+\mathrm{j}U_{yi}=\dot{U}_i$$

由式(13.10)可知，对于发电机节点 $G$ 有

$$\begin{bmatrix}I_{xG}\\I_{yG}\end{bmatrix}=\begin{bmatrix}G_{GG} & -B_{GG}\\B_{GG} & G_{GG}\end{bmatrix}\begin{bmatrix}U_{xG}\\U_{yG}\end{bmatrix}+\sum_{\substack{j\in G\\j\neq G}}\begin{bmatrix}G_{Gj} & -B_{Gj}\\B_{Gj} & G_{Gj}\end{bmatrix}\begin{bmatrix}U_{xj}\\U_{yj}\end{bmatrix}\tag{13.20}$$

又由式(13.17)可得

$$\begin{bmatrix}I_{xG}\\I_{yG}\end{bmatrix}=\begin{bmatrix}G_x & B_x\\B_y & G_y\end{bmatrix}\begin{bmatrix}E'_{xG}-U_{xG}\\E'_{yG}-U_{yG}\end{bmatrix}\tag{13.21}$$

将式(13.20)代入式(13.21)，消去 $I_{xG}$、$I_{yG}$，整理得

$$\begin{aligned}\begin{bmatrix}I'_{xG}\\I'_{yG}\end{bmatrix}&\overset{\text{def}}{=\!=}\begin{bmatrix}G_x & B_x\\B_y & G_y\end{bmatrix}\begin{bmatrix}E'_{xG}\\E'_{yG}\end{bmatrix}\\&=\begin{bmatrix}G_{GG}+G_x & -B_{GG}+B_x\\B_{GG}+B_y & G_{GG}+G_y\end{bmatrix}\begin{bmatrix}U_{xG}\\U_{yG}\end{bmatrix}+\sum_{\substack{j\in G\\j\neq G}}\begin{bmatrix}G_{Gj} & -B_{Gj}\\B_{Gj} & G_{Gj}\end{bmatrix}\begin{bmatrix}U_{xj}\\U_{yj}\end{bmatrix}\end{aligned}\tag{13.22}$$

式中，$I'_{xG}$、$I'_{yG}$ 为发电机虚拟注入电流。

显然，可根据系统微分方程预估本时段末的 $E'_q$、$E'_d$、$\delta$ 等状态变量值，求出 $\begin{bmatrix}G_x & B_x\\B_y & G_y\end{bmatrix}$ 和 $\begin{bmatrix}I'_{xG}\\I'_{yG}\end{bmatrix}$，然后修改导纳矩阵中的发电机节点对角分块矩阵 $\begin{bmatrix}G_{GG}+G_x & -B_{GG}+B_x\\B_{GG}+B_y & G_{GG}+G_y\end{bmatrix}$，从而可以求解 $2n$ 阶的网络方程。

发电机接入系统后，在暂态过程中的任何时刻，网络方程仍为线性方程，但其中的发电机虚拟注入电流及相应的导纳矩阵是发电机本身的状态变量的函数，因此这个线性方程是时变的。

上述直接法使网络方程阶数变为 $2n$、内存增加，且系数矩阵发生变化，每次要重新分解计算，计算量较大。同时，其对非线性负荷适应性差，因此考虑采用下面的方法。

3) 计及凸极效应的迭代解法

设发电机采用 3～6 阶实用模型，与直接法相似，以式(13.12)为基础进行讨论，将之化为式(13.17)表达的导纳参数形式。观察式(13.17)可知，$G_x$、$B_x$、$G_y$、$B_y$ 中的定常部分具有 $\begin{bmatrix}G & -B\\B & G\end{bmatrix}$ 形式，其中，$G=0$，$B=\dfrac{X'_d+X'_q}{2X'_dX'_q}$。故可用复数形式 $G+\mathrm{j}B$ 表示；而 $G_x$、$B_x$、$G_y$、$B_y$ 中随 $\delta$ 变化的部分，可同电动势一起用非定常的电流源来表示。

将电流表示成两部分：一部分与机端电压有关，但系数矩阵为常数；一部分为电流源，其值与电势、机端电压、功角有关。

保持网络方程系数矩阵为常数，发电机注入电流与电压的关系用迭代的方法求解，其对应的等值电路如图 13.5 所示。

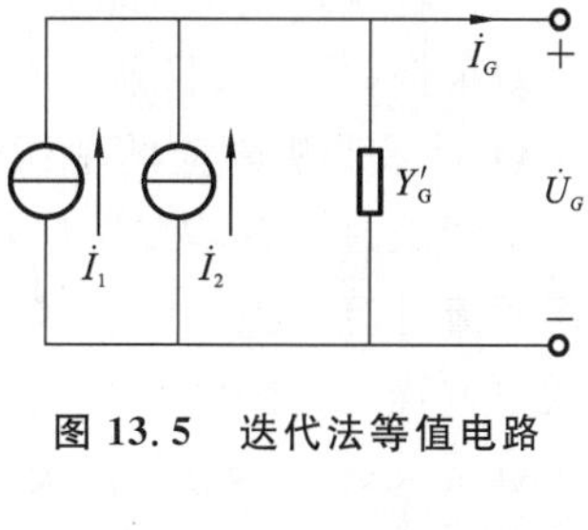


**图 13.5　迭代法等值电路**

将发电机注入电流式(13.17)改写为

$$\begin{bmatrix}I_x\\I_y\end{bmatrix}=\begin{bmatrix}0 & \frac{1}{2}\left(\frac{1}{X'_d}+\frac{1}{X'_q}\right)\\-\frac{1}{2}\left(\frac{1}{X'_d}+\frac{1}{X'_q}\right) & 0\end{bmatrix}\begin{bmatrix}E'_x-U_x\\E'_y-U_y\end{bmatrix}$$
$$+\frac{1}{2}\left(\frac{1}{X'_q}-\frac{1}{X'_d}\right)\begin{bmatrix}-\sin2\delta & \cos2\delta\\\cos2\delta & \sin2\delta\end{bmatrix}\begin{bmatrix}E'_x-U_x\\E'_y-U_y\end{bmatrix}$$
$$=\begin{bmatrix}G & -B\\B & G\end{bmatrix}\begin{bmatrix}E'_x\\E'_y\end{bmatrix}-\begin{bmatrix}G & -B\\B & G\end{bmatrix}\begin{bmatrix}U_x\\U_y\end{bmatrix}+\begin{bmatrix}I_{x2}\\I_{y2}\end{bmatrix}$$
$$=\begin{bmatrix}I_{x1}\\I_{y1}\end{bmatrix}-\begin{bmatrix}G & -B\\B & G\end{bmatrix}\begin{bmatrix}U_x\\U_y\end{bmatrix}+\begin{bmatrix}I_{x2}\\I_{y2}\end{bmatrix} \tag{13.23}$$

式中，$G=0,B=-\frac{1}{2}\left(\frac{1}{X'_d}+\frac{1}{X'_q}\right)$。

发电机注入电流用复数表示为

$$\dot{I}_G=\dot{I}_1+\dot{I}_2-Y'_G\dot{U}_G \tag{13.24}$$

$$\begin{cases}\dot{I}_1=I_{x1}+\mathrm{j}I_{y1}=Y'_G\dot{E}'\\\dot{I}_2=I_{x2}+\mathrm{j}I_{y2}=\frac{1}{2}\mathrm{j}\left(\frac{1}{X'_q}-\frac{1}{X'_d}\right)(\hat{E}'-\hat{U}_G)\mathrm{e}^{\mathrm{j}2\delta}=f(\delta,\dot{E}',\dot{U})\end{cases} \tag{13.25}$$

在式(13.24)、式(13.25)中，$Y'_G=G+\mathrm{j}B=-\frac{1}{2}\left(\frac{1}{X'_d}+\frac{1}{X'_q}\right)$。

显然，$Y'_G$ 可并入节点导纳矩阵，$Y'_G$ 是定常值，$\dot{I}_G$ 和 $\dot{U}_G$ 为发电机端电流和端电压，$\dot{I}_1$ 由预估值 $E'_q$、$E'_d$、$\delta$ 给出，$\dot{I}_2$ 是 $\dot{U}_G$ 的函数，而 $\dot{U}_G$ 正是网络方程要求解的，故需要进行迭代计算。

设 $t_n \sim t_{n+1}$ 无操作，$\delta_{n+1}$、$E'_{d,n+1}$、$E'_{q,n+1}$ 已预报，从而各时步中的计算步骤如下。

(1) 用上一时步末的发电机电压 $U_{Gn}$ 作为本时步末的电压预估值 $U^{(0)}_{Gn+1}$（也可以用精确的预报方法）。

(2) 可根据式(13.25)计算 $\dot{I}_1$、$\dot{I}_2$ 注入电流。

(3) 若设 $Y'_G$ 已并入网络导纳阵（通过修改相应节点导纳矩阵对应元素），且因子表已计算完毕，则以 $\dot{I}_1+\dot{I}_2$ 为发电机注入网络的电流，求解网络方程，可得全网络节点电压。

(4) 若计算得发电机电压 $\dot{U}_{Gn+1}$ 与预估值接近，则本时步计算结束，否则进行迭代，更新电压预估值，并更新注入电流 $\dot{I}_2$，重解网络方程，直到迭代收敛。

迭代解法对发电机和负荷的非线性适应能力良好，计算速度快，无操作时，迭代计算收敛很快，该方法目前仍在实用的暂态稳定分析程序中应用。

4) 计及凸极效应的牛顿法

牛顿法是求解非线性代数方程组的优良方法，有良好的收敛性能，已广泛用于电力系统潮流计算。当发电机计及凸极效应，负荷计及非线性，系统中元件微分方程化为差分代数方程后，全网的代数方程联立，实质上是要求解一组非线性代数方程，故也可采用牛顿法求解。相对于直接法和迭代法，用牛顿法进行机网接口计算更加复杂，因为要计算雅可比矩阵元素，而雅可比矩阵元素随时间变化，故计算机时也多。但其最大优点是对非线性元件模型的适应性好，可将微分方程的差分代数方程和系统代数方程联立求解，无“交接误差”，故计算精度高、累计误差小，因而在暂态稳定分析中广泛应用，它可与用隐式梯形(积分)法求解微分方程相结合。

当系统较大,且考虑各种调节器动态时,系统最大时间常数和最小时间常数之比可能很大,而呈现很强的“刚性”,故应采用数值稳定性良好的方法。而隐式梯形法具有很好的稳定性,是一种理想的微分方程数值解法。另外,考虑到暂态稳定仿真时间可能较长,元件非线性可能较强,故应采用误差较小、对非线性元件适应能力良好的代数方程解法,并希望非线性代数方程求解有良好的收敛性,从而可减小计算机时及累计误差,在微分方程采用隐式梯形法求解时,代数方程常采用牛顿法求解。

基于隐式梯形积分法的暂态分析流程图如图 13.6 所示。图 13.6 中,框①至③为初始准备工作,稳态导纳矩阵中不需要并入发电机内阻抗。框④～⑩将隐式梯形和牛顿法结合进行暂态稳定时域仿真。其中,框⑦、⑨和⑩分别完成操作时代数量跃变计算,将微分方程化为差分方程时的差分方程参数计算与系统差分方程和代数方程的联立求解,这是程序的核心。

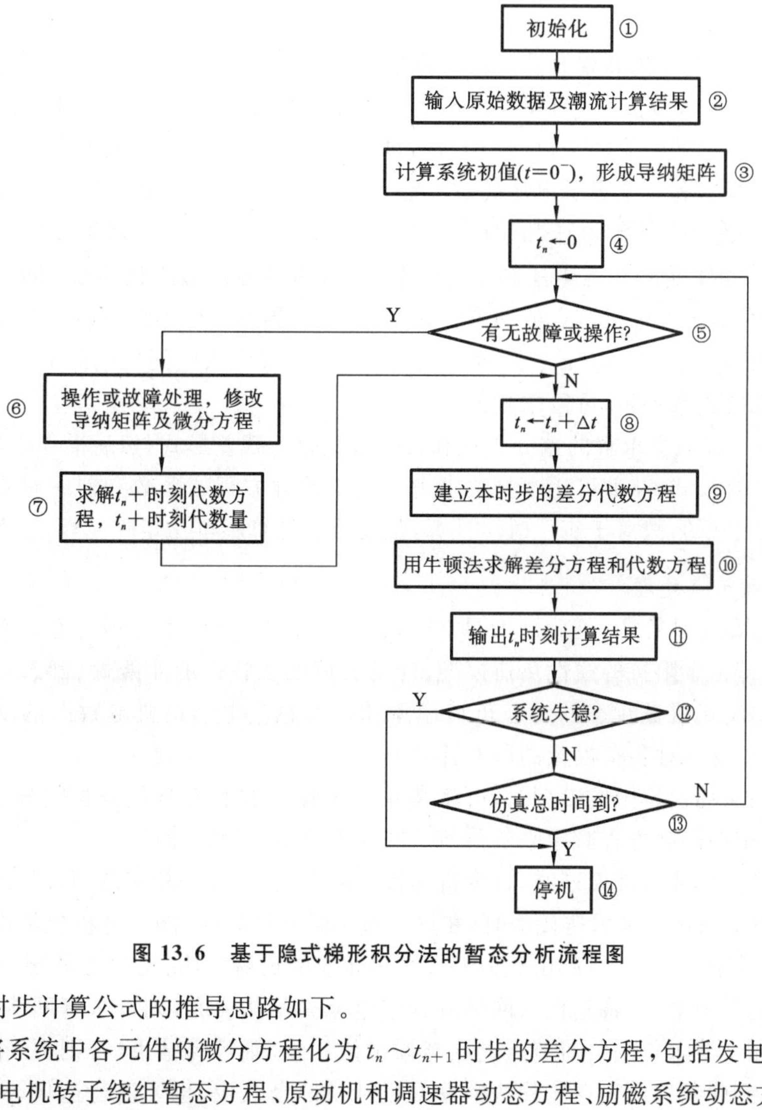


**图 13.6 基于隐式梯形积分法的暂态分析流程图**

每一时步计算公式的推导思路如下。

(1) 将系统中各元件的微分方程化为 $t_n \sim t_{n+1}$ 时步的差分方程,包括发电机转子运动方程、发电机转子绕组暂态方程、原动机和调速器动态方程、励磁系统动态方程、动态负荷的电动机转子运动方程等。

(2) 为使用牛顿法进行网络计算时相应的雅可比矩阵维数减少，以节省机时，应尽可能减少变量，故对上述差分方程作消元，只保留元件间的接口变量，而消去元件内部的中间状态变量。例如：对于调速系统，保留输入量发电机转速 $\omega$ 及输出量机械功率 $P_{\mathrm{M}}$；对于励磁系统，保留输入量发电机端电压 $U_{\mathrm{t}}=\sqrt{U_x^2+U_y^2}$ 以及输出量发电机励磁电压 $E_{\mathrm{f}}$；消去发电机的 5 个状态变量（$E'_q,E'_d,E''_q,\omega,\delta$）中的 $E'_q$，动态负荷的 3 个状态变量（$s,E'_x,E'_y$）予以保留。

(3) 将消元后的差分方程和代数方程联立求解时，为进一步减少变量，对差分方程作第二次消元，只保留差分方程和代数方程交界处的变量，即出现在代数方程中的状态变量，以便在扰动时进行代数量的跃变计算。此即发电机的 $E''_d$、$E''_q$ 和 $\delta$，以及动态负荷的 $E'_x$、$E'_y$。由于电动机 $T_{\mathrm{m}}$ 的计算公式具有强非线性，难以解出 $s$ 的显示表达式，故动态负荷的滑差 $s$ 也予以保留。

(4) 将发电机的电量根据转子 $\delta$ 由 $dq$ 坐标转化为 $xy$ 同步坐标，从而全网可在同步坐标下联立求解。

至此，每台发电机方程有 3 个差分方程（对应 3 个保留的状态变量 $\delta$、$E''_d$ 和 $E''_q$）和 2 个定子电压实代数方程，当和 2 个网络实代数方程接口时，可求解发电机 $xy$ 同步坐标下的端电压和端电流（$U_x$、$U_y$、$I_x$、$I_y$）。每个动态负荷有 3 个差分方程（对应 3 个状态变量 $s$、$E'_x$、$E'_y$）和 2 个定子电压代数方程，当和网络的 2 个实代数方程接口时，可求解 $xy$ 坐标下动态负荷的端电压和端电流（$U_{Lx}$、$U_{Ly}$、$I_{Lx}$、$I_{Ly}$）。对于网络复数线性代数方程 $\boldsymbol{Y}\dot{\boldsymbol{U}}=\dot{\boldsymbol{I}}$，$\dot{\boldsymbol{U}}$ 和 $\dot{\boldsymbol{I}}$ 为各节点电压和注入电流，当将网络方程增阶化为 $xy$ 同步坐标下的实数方程后，对于发电机节点或动态负荷节点，其边界约束即为发电机 2 个定子电压方程或动态负荷 2 个定子电压方程，而对于网络节点，其注入电网的电流 $\dot{\boldsymbol{I}}_{\mathrm{N}}=\boldsymbol{0}$。显然系统变量数和方程数平衡，可以求数值解。

(5) 将全部联立求解的差分方程和代数方程化为残差形式，然后推导雅可比矩阵 $\boldsymbol{J}$ 中元素的计算公式，从而可用牛顿法求解。由于差分方程的系数和前一时步的变量值有关，是非定常的，故对于每一时步计算，都要重新计算雅可比矩阵元素，较费机时。

2. 负荷节点处理

在暂态稳定计算中，负荷接入网络时，按性质的不同，区别处理。通常有以下四种负荷模型，即恒定阻抗的线性负荷模型、计及负荷电压特性的非线性（静态）负荷模型、计及感应电动机机械暂态的动态负荷模型和计及感应电动机机电暂态的动态负荷模型，下面讨论这四种负荷模型的联网计算。

当负荷采用恒定阻抗模型时，可将其并入导纳阵，即修正导纳阵相应节点对应的对角元素，则求解网络方程时原来负荷节点的注入电流取为零即可。

当负荷采用非线性模型时，根据机网接口的方法，一般有相应的两种处理方法。

(1) 当机网接口采用迭代法时，在进行每一时步计算时，同发电机机端电压预报相似，预报负荷节点电压，然后由负荷特性算出相应的负荷有功、无功功率，进而计算负荷注入网络的等值电流，将其代入网络方程中电流矢量相应元，则可求解网络方程，得全网节点电压。若求得的负荷节点电压与预报值一致，则计算结束，否则更新预报值，进行迭代，直到收敛。由于在迭代法中发电机计及凸极效应，也要进行迭代，故两者同时作迭代计算，所需机时不会明显增大。

(2) 当机网接口用牛顿法时，全网所有线性或非线性代数方程联立，建立雅可比矩阵方程，用牛顿法迭代求解，则负荷非线性方程加入一起计算即可。

机网接口的直接法对非线性负荷模型不太适应，采用非线性负荷模时，一般不应用直接法。

当负荷采用计及机械暂态的动态负荷模型时，其等值电路可看作一个随滑差 $s$ 而变化的等值阻抗，根据机网接口的直接法、迭代法和牛顿法，其相应的负荷网络接口处理方法如下所述。

(1) 当机网采用直接法时，动态负荷每时步根据滑差、预报值，计算相应的等值导纳，设为 $G_L+\mathrm{j}B_L$，则负荷增阶实数方程为

$$-\begin{bmatrix} G_L & -B_L \\ B_L & G_L \end{bmatrix}\begin{bmatrix} U_{xL} \\ U_{yL} \end{bmatrix}=\begin{bmatrix} I_{xL} \\ I_{yL} \end{bmatrix} \tag{13.26}$$

式中，$(I_{xL},I_{yL})^{\mathrm{T}}$，$(U_{xL},U_{yL})^{\mathrm{T}}$ 分别为负荷注入网络的电流和负荷节点电压在同步坐标 $xy$ 轴上分量，显然，只要用$\begin{bmatrix} G_L & -B_L \\ B_L & G_L \end{bmatrix}$去修正负荷节点所对应的导纳阵对角元，即把负荷支路并入导纳阵，并令网络方程中负荷节点注入电流为零，即可求解网络方程。由于负荷等值导纳 $G_L$、$B_L$ 随滑差 $s$ 变化而变化，将其并入导纳阵后，导纳阵也非定常，故每时步要作三角分解。但由于机网接口用直接法时，发电机等值导纳也随转子角 $\delta$ 的变化而变化，并入网络导纳阵后也要求网络导纳阵每时步作三角分解，故两者要求一致。

(2) 当机网接口采用迭代法时，根据预报滑差 $s$ 算得的负荷等值导纳 $Y_L=G_L+\mathrm{j}B_L$ 满足复数关系

$$-Y_L\dot{U}_L=\dot{I}_L \tag{13.27}$$

若预报 $\dot{U}_L^{(0)}$，可由式(13.27)计算负荷注入网络的 $\dot{I}_L$，将计算值 $\dot{I}_L$ 代入网络方程中电流矢量相应元，求解网络方程。若解得的负荷节点电压 $\dot{U}_L$ 和预报值接近，则计算结束，否则重新预报值，进行迭代，直到收敛。对于这种解法，网络导纳阵保持定常，可预先求因子表，网络求解在复数域进行，为求解复数线性代数方程，保持了机网接口迭代法的优点，且机网接口、负荷网络接口同时作迭代，将不会明显增加机时。

(3) 当机网采用牛顿法求解时，将动态负荷滑差 $s$ 的微分方程化为差分代数方程，与非线性代数方程组式(13.26)联立求解。式(13.26)中，$G_L$、$B_L$ 为 $s$ 的函数，由于 $s$ 不预报，而保留为变量，故式(13.26)为非线性代数方程。

当负荷采用计及感应电动机机电暂态的动态负荷模型时，其等值电路方程为

$$\dot{U}_L=\dot{E}'+(r_s+\mathrm{j}X')K_H\dot{I}_L \tag{13.28}$$

式中，$K_H$ 为容量基值折算系数；$r_s$、$X'$ 为自身容量基值下的感应电机负荷内电阻和暂态电抗。将其变换为电流源形式，如图 13.7 所示，则有

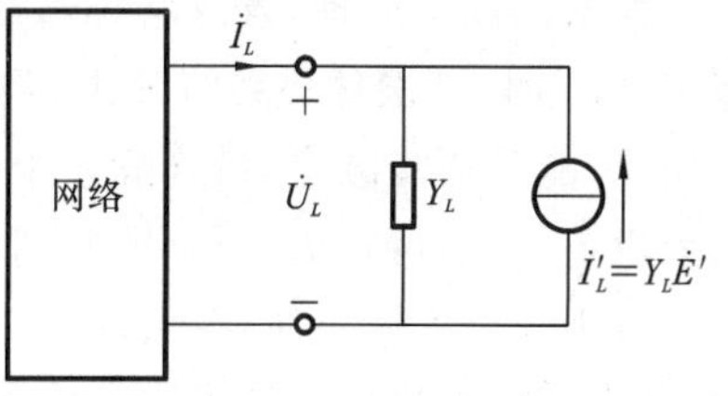


图 13.7 动态负荷等值电路

$$\begin{cases} Y_L=\dfrac{1}{K_H(r_s+\mathrm{j}X')} \\ \dot{I}'_L=\dfrac{\dot{E}'}{K_H(r_s+\mathrm{j}X')}=Y_L\dot{E}' \end{cases} \tag{13.29}$$

和

$$-\dot{I}_L=-Y_L\dot{U}_L+\dot{I}'_L \tag{13.30}$$

在各时步计算中，当预报了感应电机暂态电势 $\dot{E}'$ 后，可由式(13.29)计算等值电流源 $\dot{I}'_L$，而负荷的等值阻抗值为定常，化为导纳形式 $Y_L$ 后，可并入网络导纳阵。因此，由图 13.7 可知，每时步只需计算负荷注入网络的等值电流源 $\dot{I}'_L$ 即可，相应的联网计算处理与经典模型发电机的相同。

## 13.4 暂态稳定分析的直接法

由于电力系统暂态稳定分析的时域仿真法计算速度慢，不能给出稳定度，于是出现了从能量的角度来分析稳定性，而不必计算整个系统运动轨迹，从而可快速判断稳定性的方法。这种方法叫暂态能量函数法，即李雅普诺夫直接法，或称直接法。

该方法借助于 Lyapunov 函数，利用受扰运动方程式计算出 Lyapunov 函数对时间的导函数，并根据导函数的符号直接判别系统运行点的稳定性。该方法不用求解微分方程而直接判断系统的稳定性，直接法是从能量的角度分析稳定问题，从而快速判别稳定性。

下面通过一个例子说明直接法的原理，如图 13.8 所示，滚球系统在无扰动时，球位于稳定平衡点(SEP)；小球在扰动结束时位于高度 $h$ 处(以 SEP 为参考点)，并具有速度 $v$。该质量为 $m$ 的小球，总能量 $V$ 由动能和势能组成，即

$$V=\frac{1}{2}mv^2+mgh>0 \tag{13.31}$$

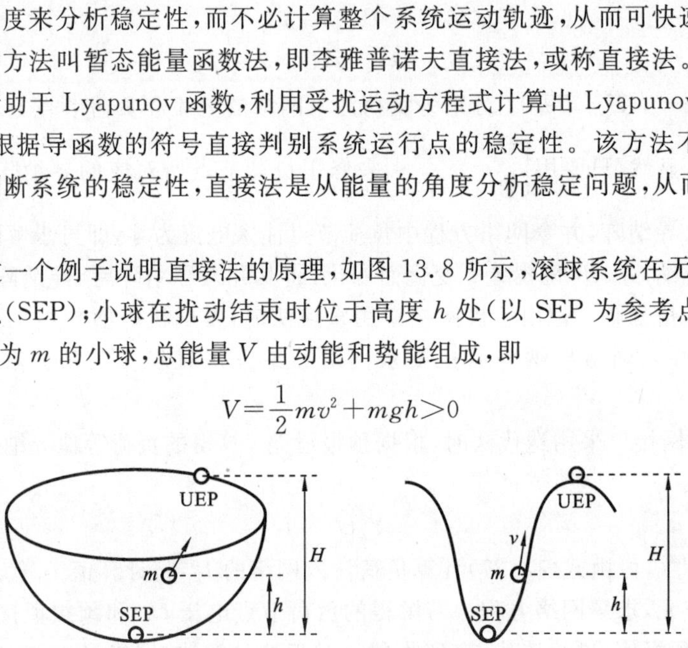


图 13.8 滚球系统稳定原理

若小球与壁有摩擦力，则受扰后能量在摩擦力的作用下逐步减小；设小球所在容器的壁高为 $H$(以 SEP 为参考点)，当小球位于壁沿上且速度为零时，称此位置为不稳定平衡点(UEP)，相应的势能为系统的临界能量 $V_{cr}$，也就是说当滚球到达 UEP 点时，速度 $v=0$，这时滚球的总能量为

$$V_{cr}=mgH \tag{13.32}$$

根据运动学原理，若忽略容器壁摩擦，在扰动结束时小球总能量 $V$ 大于临界能量，即 $V>V_{cr}$ 时，则滚球最终将滚出容器，而失去稳定性；反之，$V<V_{cr}$，则滚球将在摩擦力作用下，能量逐步减小，最终静止于 SEP 处。而 $V=V_{cr}$ 为临界状态，滚球停在 UEP 处，临界稳定，显然可根据 $V_{cr}-V$ 判别稳定裕度。

对于一个实际系统，要解决两个关键问题：一是如何在实际系统中构造暂态能量函数，大小应能够反应系统失去稳定的严重性；二是如何确定临界稳定时的能量值，即临界能量，从而通过对扰动结束时暂态能量函数值 $\left(\frac{1}{2}mv^2+mgh\right)$ 和临界值($mgH$)进行比较来判别稳定性或确定稳定域，这种判别稳定的方法统称为暂态能量函数法(TEF

法)。它的特点是从能量的观点来判别稳定性,而不是根据系统运动的轨迹来判别稳定性,从而计算量小,速度快。

暂态能量函数法的最大优点是通过对扰动结束时暂态能量函数值和临界值进行比较来判别稳定性或确定稳定域。该方法的关键是建立能量函数,确定临界能量(稳定域)。

离线分析时,可用直接法作“筛选”工具,先在简单模型中选出稳定度最差的事故以便进一步作精细的时域分析,从而节省人力和机时。在安全分析中,直接法可以使目前的静态安全分析发展为动态安全分析,即计及系统暂态稳定的安全分析。

直接法的优点是可计及非线性大系统;计算速度快,不必逐步仿真受扰动轨迹;能给出稳定域的指标。缺点是模型较简单;结果偏于保守。

根据暂态稳定性的定义,在遭受扰动后如果系统是稳定的,则它最终将过渡到一个稳态运行情况,此时各发电机的转子角度、转速和其他所有状态变量将重新保持不变,即到达一个平衡状态。这一平衡状态一定是静态稳定的,否则这种稳态运行情况将不可能存在。对于故障后稳态运行情况下各个状态变量的取值,可以用状态空间中的点 $\boldsymbol{x}_s$ 来表示,并称为稳定平衡点(stable equilibrium point,SEP)。

然而,系统能否稳定取决于故障切除时间 $t_c$,若故障切除后还存在其他故障或操作,则 $t_c$ 为最后一次操作的时间,即 $t_c$ 与切除瞬间系统状态变量的取值有关,用状态空间的点 $\boldsymbol{x}_c$ 表示,临界切除时间 $t_{cr}$所对应的点表示为 $\boldsymbol{x}_{cr}$。

因此,系统是否稳定将取决于状态空间内点 $\boldsymbol{x}_s$、$\boldsymbol{x}_c$ 和 $\boldsymbol{x}_{cr}$三者之间的相对位置。如果能知道在怎样的相对位置情况下系统是稳定的,那么只需要计算出 $\boldsymbol{x}_s$、$\boldsymbol{x}_{cr}$和 $\boldsymbol{x}_c$,然后便可以直接进行稳定性判断,而无须再对 $t_c$ 时刻以后系统的暂态过程进行计算。

以上便是应用直接法分析暂态稳定的基本思想。寻求点 $\boldsymbol{x}_s$、$\boldsymbol{x}_c$ 和 $\boldsymbol{x}_{cr}$三者相对位置与稳定性之间的关系,实质上属于李雅普诺夫直接法(简称直接法)所要解决的问题。点 $\boldsymbol{x}_c$ 相对于点 $\boldsymbol{x}_s$ 的位置用状态向量表示时是 $\boldsymbol{x}_c-\boldsymbol{x}_s$,称为对稳定平衡点 $\boldsymbol{x}_s$ 的扰动。注意,不要将这里的扰动与暂态稳定性定义中所指的扰动相混淆。

直接法的基本方法是在状态空间中找出一个包围稳定平衡点 $\boldsymbol{x}_s$ 的区域 $R_v$,凡是属于这一区域的任何扰动,最终都趋于稳定平衡点,这一区域称为关于稳定平衡点的渐近稳定域,简称稳定域。

为了求得稳定域,需要构造一个适当的函数 $V(\boldsymbol{x}-\boldsymbol{x}_s)$,它满足一定的性质和要求,这种函数称为李雅普诺夫函数,或称 $V$ 函数。通过 $V$ 函数和系统的状态方程,就可以确定稳定域。

稳定域的最简单形式是 $R_v=\{(\boldsymbol{x}\mid V(\boldsymbol{x}-\boldsymbol{x}_s)<V_{cr}\}$,其中,$V_{cr}$ 称为 $V$ 函数的临界值。$V(\boldsymbol{x}-\boldsymbol{x}_s)<V_{cr}$为稳定域的边界,它是状态空间中包围稳定平衡点的一个超曲面。

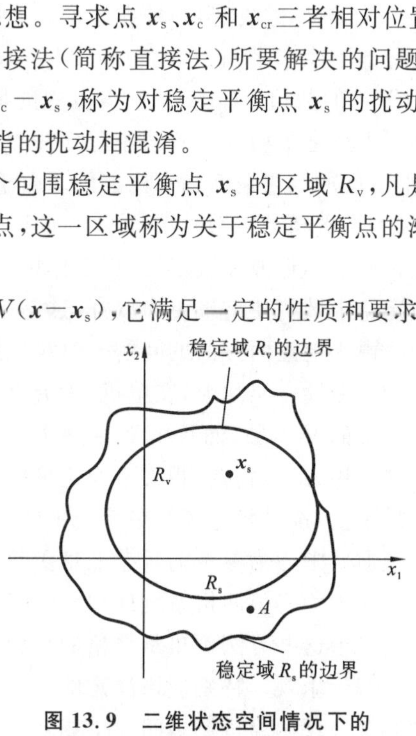

图 13.9 二维状态空间情况下的稳定域示意图

对于状态空间为二维的情况,稳定平衡点 $\boldsymbol{x}_s$、稳定域和稳定域边界之间的关系如图 13.9 所示。这样,求得稳定域的关键在于如何构造 $V$ 函数。对于暂态稳定分析来说,只要构造出

适当的 $V$ 函数，并求出相应的稳定域 $R_v$，则当求得 $t_c$ 时刻的状态 $\boldsymbol{x}_c$ 后，如果它在稳定域内，便可以断定系统是暂态稳定的。

然而，用直接法判断稳定性所得出的结果通常是保守的，其主要原因是直接法只给出了稳定的充分条件而不是充要条件。实际上，当扰动在由 $V$ 函数所决定的稳定域 $R_v$ 之内时，可以肯定系统一定是稳定的，但是如果扰动在域 $R_v$ 的边界之外，则并不能说系统是不稳定的。

关于这一点可以用图 13.9 解释，假定图 13.9 中的 $R_s$ 是真正的稳定区域，很明显域 $R_v$ 应该包含在域 $R_s$ 之内，而且除非 $V$ 函数能构造得使 $R_v$ 正好与 $R_s$ 重合，否则属于域 $R_s$ 而不属于 $R_v$ 的所有扰动，例如图中的 $A$ 点，将被误判为不稳定。

由于 $V$ 函数需要满足一定的条件和要求，因此要使 $R_v$ 与 $R_s$ 重合通常是不可能的，或者至少 $V$ 函数的构造非常复杂。

选择不同的 $V$ 函数将得出不同的稳定域 $R_v$，因此一般仅能致力于如何构造 $V$ 函数，使域 $R_v$ 尽量接近 $R_s$，这种保守性是直接法本身所固有的。

应用直接法分析多机电力系统暂态稳定性的研究常采用的数学模型为经典模型，即发电机用 $x'_d$ 后的暂态电势 $E'$ 保持恒定来进行模拟，并假定原动机功率不变，负荷为恒定阻抗。在一段时间内，研究的重点在于如何构造 $V$ 函数和如何决定临界值 $V_{cr}$。

1968 年，Moore 和 Anderson 针对一类非线性控制系统提出了构造其李雅普诺夫函数的一般方法。此后，借助于这种方法，相关人员提出了一些用于暂态稳定分析的 $V$ 函数及其一般形式。但同时也发现，这类函数只有在忽略发电机内电势节点间转移电导的情况下，才是严格的李雅普诺夫函数。然而，由于负荷等值电导的存在，发电机内电势节点间的转移电导通常不容忽略，使得在构造 $V$ 函数时碰到障碍。

关于 $V_{cr}$ 的决定，一种在理论上严格的方法是，首先求出对应于故障切除后的系统的全部不稳定平衡点 $\boldsymbol{x}_u$（unstable equilibrium point，UEP），然后计算 $V$ 函数在各个 UEP 上的数值 $V(x_u-x_s)$，取其中的最小值作为 $V_{cr}$。对应于这一最小值的 UEP 称为最近不稳定平衡点。所谓不稳定平衡点是指对应于故障切除后的一种稳态运行情况（平衡点），但它是静态不稳定的。由于在多机系统中，UEP 的个数可能多达 $2N-1$ 个（$N$ 为发电机节点数），要计算出如此多的 UEP 几乎是不可能的。虽然可以通过适当筛选并采用近似算法，但计算工作量仍然很大。而且用最近不稳定平衡点处的 $V_{cr}$ 值来决定稳定域将使结果更为保守，这是采用直接法的另一个障碍。

由于上述两方面的问题一时难以解决，于是便转向实用方法的研究，而不追求理论上的严密性。实际上，在单机-无穷大系统和两机系统中，可以用系统能量的概念构造出严格的 $V$ 函数，而且用 $V_{cr}$ 判断稳定性完全不存在保守性问题。因此，后来所提出的一些实用方法，包括“相关不稳定平衡点法”、“势能界面法”、“单机能量函数法”等，就其本质来说，都是将上述简单系统中的原理和方法推广至复杂电力系统。它们大都用以系统惯性中心为参考的暂态能量函数来代替李雅普诺夫函数，并将多机系统直接或间接地处理为等值两机系统或单机-无穷大系统。

由于这些方法不再是严格的李雅普诺夫法，因此所得出的结果既可能偏于保守，也可能偏于乐观。特别应该注意的是，由于将多机系统处理成等值两机系统，因此，对于使系统呈现两组机群之间发生相互摇摆的情况来说，暂态能量函数法所得出的结果可能比较准确。然而，实际系统中的摇摆情况往往可能呈现出几个机群之间相互摇摆的多摇摆模式，在这些情况下将可能出现较大的误差。

这类方法一般只限于判断第一摇摆周期的稳定性，这与严格的直接法完全不同。

### 13.4.1　单机无穷大系统暂态稳定分析的直接法

本节介绍在最简单的单机无穷大系统中如何构造暂态能量函数、确定系统临界能量，并进行暂态稳定分析。

对于图13.10中的系统，若发电机采用经典二阶模型，忽略原动机及调速系统动态，忽略励磁系统动态，则系统完整的标幺值数学模型为

$$\begin{cases} M\dfrac{\mathrm{d}\omega}{\mathrm{d}t}=P_{\mathrm{T}}-P_{\mathrm{E}} \\ \dfrac{\mathrm{d}\delta}{\mathrm{d}t}=\omega \end{cases} \tag{13.33}$$

式中，$\omega$ 为转子角速度和同步速的偏差；$\delta$ 为转子角；$P_{\mathrm{T}}=\mathrm{const}$ 为机械功率；$P_{\mathrm{E}}=\dfrac{EU}{X_{\Sigma}}\sin\delta$ 为电磁功率，$X_{\Sigma}$ 为发电机内电势 $E\angle\delta$ 及无穷大系统电压 $U\angle 0^{\circ}$ 间的系统总电抗（设电阻为零），$E$ 和 $U$ 为常数；$M$ 为发电机惯性时间常数（即 $T_{\mathrm{J}}$）。

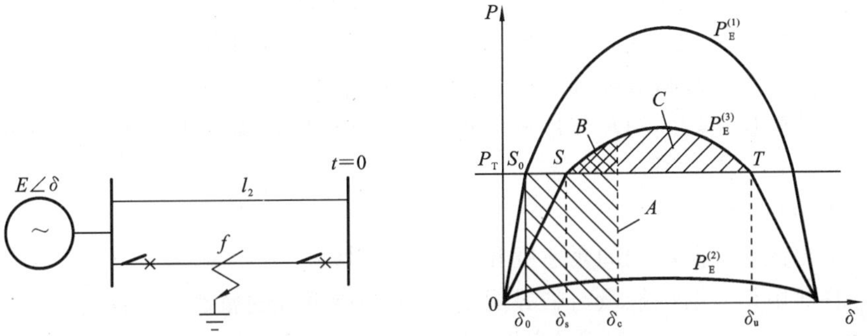


**图13.10　单机无穷大系统直接法分析**

设系统在稳态时 $\delta=\delta_0$，功角特性为 $P_{\mathrm{E}}^{(1)}$；在 $t=0$ 时，线路上受到三相故障扰动，功角特性变为 $P_{\mathrm{E}}^{(2)}$，此时发电机加速，转子角 $\delta$ 增加，直到 $\delta=\delta_{\mathrm{c}}$ 时，切除故障线路，功角特性变为 $P_{\mathrm{E}}^{(3)}$。

因此，要研究的问题是如何用直接法判断故障切除后系统的第一摇摆稳定性。上述问题很容易用等面积准则来解决，下面用直接法来解决并与用等面积准则解决作比较。

显然，对于故障后的系统，稳定平衡点对应转子角 $\delta_{\mathrm{s}}$；不稳定平衡点对应转子角 $\delta_{\mathrm{u}}$。在这两点上，均有电磁功率平衡，即 $P_{\mathrm{E}}^{(3)}=P_{\mathrm{T}}$。

下面定义系统暂态能量函数，设系统动能 $V_{\mathrm{k}}$ 为

$$V_{\mathrm{k}}=\frac{1}{2}M\omega^2 \tag{13.34}$$

注意，$\omega$ 为转子角速度和同步速的偏差，故稳态时 $V_{\mathrm{k}}=0$。显然，可对式(13.33)所示的加速方程两边对 $\delta$ 积分，求得故障切除时的初始动能为

$$V_{\mathrm{k}}\big|_{\mathrm{c}}\triangleq\frac{1}{2}M\omega_{\mathrm{c}}^2\triangleq\int_{\delta_0}^{\delta_{\mathrm{c}}}M\frac{\mathrm{d}\omega}{\mathrm{d}t}\mathrm{d}\delta=\int_{\delta_0}^{\delta_{\mathrm{c}}}(P_{\mathrm{T}}-P_{\mathrm{E}}^{(2)})\mathrm{d}\delta=S_A \tag{13.35}$$

若定义系统的势能 $V_p$ 为以故障切除后系统稳定平衡点为参考点的减速面积，其反映系统吸收动能的性能，则故障切除时的系统势能为

$$V_p\big|_c=\int_{\delta_s}^{\delta_c}(P_E^{(3)}-P_T)\mathrm{d}\delta=S_B \tag{13.36}$$

从而系统在扰动结束时，总暂态能量 $V$ 为

$$V\big|_c=V_k\big|_c+V_p\big|_c=\frac{1}{2}M\omega^2+\int_{\delta_s}^{\delta_c}(P_E^{(3)}-P_T)\mathrm{d}\delta=S_A+S_B \tag{13.37}$$

若系统处于不稳定平衡点，转子角为 $\delta_u$，则系统以稳定平衡点为参考点的势能将作为临界能量 $V_{cr}$，此值相当于滚球系统的 $V_{cr}=mgH$，则

$$V_{cr}=\int_{\delta_s}^{\delta_u}(P_E^{(3)}-P_T)\mathrm{d}\delta=S_B+S_C \tag{13.38}$$

与滚球系统相似，可作稳定判别如下：

若 $V|_c<V_{cr}$，即 $S_{A+B}<S_{B+C}$ 或 $S_A<S_C$，则稳定；

若 $V|_c>V_{cr}$，即 $S_{A+B}>S_{B+C}$ 或 $S_A>S_C$，则不稳定；

若 $V|_c=V_{cr}$，即 $S_{A+B}=S_{B+C}$ 或 $S_A=S_C$，则临界。

这里假定系统有足够的阻尼，若第一摇摆稳定，则以后作衰减振荡，趋于稳定平衡点。这显然和等面积准则完全一致，其是一个准确的稳定判据。

因此可以归纳单机无穷大系统暂态能量函数法求解步骤如下。

(1) 由已知条件求得故障前、故障时、故障后的电磁功率特性。

(2) 由故障切除后的功角特性求出故障切除后稳定平衡点功角 $\delta_s$ 和不稳定平衡点功角 $\delta_u$。

(3) 求出临界能量。

(4) 求出故障切除时刻的角速度和系统总能量。

(5) 将故障切除时的能量与临界能量比较，判断系统的暂态稳定性。

**例 13.1** 如图 13.10 所示的单机无穷大系统，已知 $U_0=1.0$，$P_0=1.0$，$\cos\varphi_0=0.8$，$E_0=1.45$，$T_J=11$ s，故障前、故障后和故障时等值电抗分别为 $X^{(1)}=0.75$、$X^{(3)}=1.05$、$X^{(2)}=2.7$，由数值积分法求得对应故障切除时刻的功角为 $\delta_c=36°$，设某线路首端发生故障，0.1 s 后切除故障线路，试使用暂态能量函数判断系统的暂态稳定性。

**解** (1) 由已知条件可得故障前、故障时和故障后的电磁功率特性分别为

$$P_E^{(1)}=\frac{E_0U_0}{X^{(1)}}\sin\delta=\frac{1.45}{0.75}\sin\delta=1.933\sin\delta$$

$$P_E^{(2)}=\frac{E_0U_0}{X^{(2)}}\sin\delta=\frac{1.45}{2.7}\sin\delta=0.537\sin\delta$$

$$P_E^{(3)}=\frac{E_0U_0}{X^{(3)}}\sin\delta=\frac{1.45}{1.05}\sin\delta=1.381\sin\delta$$

$$\delta_0=\arctan\frac{1\times0.75}{1+0.75\times0.75}=0.448\ \text{rad}=26°$$

(2) 由故障切除后的电磁功率特性 $P_E^{(3)}$ 可求得故障切除后稳定平衡点和不稳定平衡点的功角：

$$\delta_s=\arctan\frac{P_0}{P_E^{(3)}}=\arctan\frac{1}{1.381}=0.6267\ \text{rad}=36°$$

$$\delta_u=\pi-\delta_s=\pi-0.6267=2.5133\ \text{rad}=144°$$

(3) 由 $V_{cr}=\int_{\delta_s}^{\delta_u}(P_E^{(3)}-P_T)d\delta$ 可求得临界能量为

$$V_{cr}=V(\delta_u,0)=-\left[\frac{E_0U_0}{X^{(3)}}(\cos\delta_u-\cos\delta_s)+P_T(\delta_u-\delta_s)\right]$$

$$=-[1.381(\cos144°-\cos36°)+1.0\times(2.5133-0.6267)]=0.348$$

(4) 由故障期间相轨迹表达式可求得故障切除时刻的角速度：

$$\omega_c=\sqrt{\frac{2}{T_J}\left[\frac{E_0U_0}{X^{(2)}}(\cos\delta_c-\cos\delta_0)+P_T(\delta_c-\delta_0)\right]}$$

$$=\sqrt{\frac{2}{11}[0.537(\cos36°-\cos26°)+1.0\times(0.628-0.448)]}=0.1548$$

由 $V_c=\int_{\delta_s}^{\delta_c}(P_E^{(3)}-P_T)d\delta$ 可求得故障切除瞬间的系统总能量：

$$V_c=V_c(\delta_c,\omega_c)=\frac{1}{2}T_J\omega_c^2-P_E^{(3)}[\cos\delta_c-\cos\delta_s]-P_T(\delta_c-\delta_s)$$

$$=\frac{1}{2}\times11\times0.1548^2-1.381[\cos36°-\cos36°]-1.0\times(0.628-0.6267)$$

$$=0.130$$

(5) 将其与临界能量比较：

$$V_c(\delta_c,\omega_c)=0.130<V_{cr}=0.348$$

故障切除瞬间的系统总能量小于临界能量，由此判定，对于此扰动及相应的故障切除时间，系统能保持暂态稳定。

直接法的物理本质是等面积准则，也就是能量守恒；能量函数及临界能量的确定是直接法的关键，有了它们也就知道了稳定情况。稳定的定义是能量函数的一阶导数小于零，实际判断依据是初始能量和临界能量之差是否小于零。

直接法的关键问题是定义一个能够反映系统稳定性的暂态能量函数，以及正确确定系统的临界能量，以此作为判别标准。利用直接法判稳，只需求出 $\omega_c$ 和 $\delta_c$，计算 $V_c$，并设法确定 $V_{cr}$，通过比较 $V_c$ 和 $V_{cr}$ 来判别稳定性，计算量大大减小。

对于单机无穷大系统，UEP 处不仅功率平衡，且系统在该点处的势能达最大值（与最大减速面积对应），即 $dV_p/dt=0$，故可以用 $P_E=P_T$ 来求解 $\delta_u$ 和计算 $V_{cr}$。

直接法只能用于解决第一摇摆稳定问题，在分析中一般把转子阻尼忽略，会使结果更保守些。暂态能量函数同元件模型关系紧密，可以用 $V_{cr}$ $V_c$ 作为系统稳定度的定量描述，实际应用中使用规格化的稳定度 $\Delta V_n$，通常定义

$$\Delta V_n=\frac{V_{cr}-V_c}{V_k|_c} \tag{13.39}$$

一般有

$$\Delta V_n\begin{cases}>2 & \text{安全}\\ =1\sim2 & \text{预警}\\ =0.5\sim1 & \text{警告}\\ =0\sim0.5 & \text{严重警告}\\ <0 & \text{潜在危机}\end{cases}$$

研究表明，用 $\Delta V_n$ 作为稳定度比用 $V_{cr}-V_c$ 更具有一般性和可比性。

暂态能量函数同元件模型紧密相关，当采用复杂的元件模型和计及调节器动态时，

相应的暂态能量函数将十分复杂，直接法暂态稳定分析过程也将复杂化。

对于图 13.11 所示的系统，在状态空间，即 $\omega$-$\delta$ 相平面上作故障切除后，系统的定常能量曲线族为由

$$V(\delta,\omega)=V_k+V_p=\frac{1}{2}T_J\omega^2+\int_{\delta_s}^{\delta}\left(\frac{EX}{X_\Sigma}\sin\delta-P_T\right)d\delta$$

$$=\frac{1}{2}T_J\omega^2-\frac{EX}{X_\Sigma}(\cos\delta-\cos\delta_s)-P_T(\delta-\delta^s)=C \qquad (13.40)$$

作的曲线，式(13.40)中的 $X_\Sigma$ 为故障切除后系统的视在电抗；$C$ 为参变量，则该曲线族如图 13.11 所示。

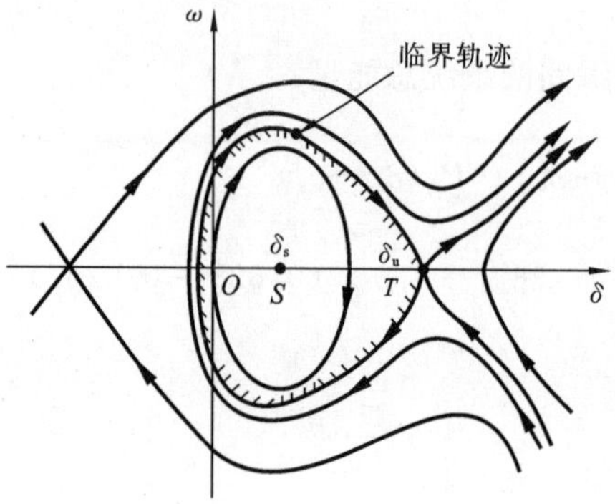


图 13.11 相平面上 $V=$const 曲线族

对系统能量取微分可得

$$dV=T_J\omega d\omega+(P_E^{(3)}-P_T)d\delta$$

$$=\left[T_J\frac{d\omega}{dt}-(P_T-P_E^{(3)})\right]d\delta \qquad (13.41)$$

由运动方程可知，在故障切除后的系统运动轨迹上，$T_J\dfrac{d\omega}{dt}=P_T-P_E^{(3)}$，故其运动轨迹上 $dV=0$，$V=$const。

即故障切除后，系统的运动轨迹必为上述定常能量曲线族中的一支。当系统稳定时，由图 13.11 可知，发电机转子将围绕($\delta_s$,0)点摇摆，可证明在相平面上其轨迹为一围绕($\delta_s$,0)点的封闭曲线。设系统临界失稳，则故障切除时，系统($\omega_c$,$\delta_c$)到达临界轨迹，并沿临界轨迹运动而失稳。

当系统转子角达图 13.11 中 $T$ 点时，$\omega=0$，显然当故障切除时，系统相应的($\omega_c$,$\delta_c$)位于阴影域内任一点，系统均为稳定的。若位于此区域外，则系统不稳定。临界轨迹所对应的系统总能量即为临界能量($V_c=V_{cr}$)，相应的故障切除时间为临界切除时间。在($\delta_u$,0)这一点处，系统动能为 0($\omega=0$)，全部转化为势能，该势能与最大减速面积对应，反映了临界能量。

### 13.4.2 两机系统直接法暂态稳定分析的数学模型

对于两机系统，当采用经典模型时，可以分别列出故障切除后各台发电机的转子运动方程，即

$$\begin{cases}\dfrac{d\delta_1}{dt}=\omega_1\\[2ex] T_{J1}\dfrac{d\omega_1}{dt}=P_{T1}-E_1^2G_{11}-E_1E_2(G_{12}\cos\delta_{12}+B_{12}\sin\delta_{12})\\[2ex] \dfrac{d\delta_2}{dt}=\omega_2\\[2ex] T_{J2}\dfrac{d\omega_2}{dt}=P_{T2}-E_2^2G_{22}-E_1E_2(G_{12}\cos\delta_{12}-B_{12}\sin\delta_{12})\end{cases} \qquad (13.42)$$

式(13.42)中，$E_1$、$E_2$ 分别为发电机 1 和 2 暂态电抗后的电势；$\delta_{12}$ 为两发电机转子间的相对角度，即 $\delta_{12}=\delta_1-\delta_2$；$G_{11}$、$G_{22}$、$G_{12}$ 和 $B_{12}$ 分别为发电机内电势节点自电导、互电导

和互电纳。

由上列方程不难导出

$$\begin{cases} \dfrac{d\delta_{12}}{dt}=\omega_{12}=\omega_1-\omega_2 \\ T_{eq}\dfrac{d\omega_{12}}{dt}=P_{Teq}-P_{Eeq}\sin(\delta_{12}-\alpha_{12}) \end{cases} \tag{13.43}$$

式中，$P_{Teq}$、$P_{Eeq}$、$T_{eq}$和 $\alpha_{12}$仅取决于 $T_{J1}$、$T_{J2}$、$P_{T1}$、$P_{T2}$、$E_1$、$E_2$、$G_{11}$、$G_{22}$、$G_{12}$和 $B_{12}$，因此它们都是常数。

现在，令 $\delta=\delta_{12}-\alpha_{12}$和 $\omega=\omega_1-\omega_2$，则式(13.42)便与式(13.43) 具有相同的形式。两机系统实际上可以转化为等值的单机-无穷大系统，只是应该注意，现在 $\delta$ 中包含了一项 $\alpha_{12}$，但这无关紧要，因为 $\alpha_{12}$在故障切除以后的所有时间内都保持恒定，只要在决定 $\delta_c$ 时将故障切除瞬间的 $\delta_{12}$减去 $\alpha_{12}$便可。

实际上，单机-无穷大系统中，如果考虑元件的电阻，则相应的方程式便与式(13.43)的情况相同。因此，单机-无穷大系统的各种概念、原理、方法和结果完全可以推广到两机系统。

### 13.4.3 多机系统直接法暂态稳定分析的数学模型

1. 多机系统数学模型

设发电机采用经典二阶模型，忽略励磁系统动态，忽略原动机及调速系统，设网络为线性、负荷线性(阻抗恒定)，设负荷阻抗已归入节点导纳阵，发电机 $X'_d$ 也归入节点导纳阵，且系统节点导纳矩阵中消去了负荷节点和网络节点，而只剩发电机内节点($X'_d$后的内电动势节点)。于是，对于一个 $n$ 机系统，第 $i$ 台机有

$$\begin{cases} T_{Ji}\dfrac{d\omega_i}{dt}=P_{Ti}-P_{Ei} \\ \dfrac{d\delta_i}{dt}=\omega_i \end{cases} \quad i=1,2,\cdots,n \tag{13.44}$$

其中，

$$\begin{aligned} P_{Ei} &= \mathrm{Re}(\dot{E}_i\hat{I}_i) = \mathrm{Re}\Big(\dot{E}_i\sum_{j=1}^{n}\hat{Y}_{ij}\hat{E}_j\Big) = \mathrm{Re}\Big[\sum_{j=1}^{n}E_iE_j\angle\delta_{ij}(G_{ij}-jB_{ij})\Big] \\ &= E_i^2G_{ii}+\sum_{\substack{j=1\\ j\neq i}}^{n}(E_iE_jB_{ij}\sin\delta_{ij}+E_iE_jG_{ij}\cos\delta_{ij}) \\ &= E_i^2G_{ii}+\sum_{\substack{j=1\\ j\neq i}}^{n}(C_{ij}\sin\delta_{ij}+D_{ij}\cos\delta_{ij}) \end{aligned}$$

在正常、故障和切除的不同阶段，式(13.44)的导纳矩阵对应的网络结构不同。式(13.44)两式组成系统完整的动态模型。

故障前 $t=0_-$，所有参数均采用的是故障前稳态运行时的网络参数，此时求得的是稳态运行点；故障持续阶段 $t=0_+\rightarrow t=t_{c-}$，所用网络参数均是故障时的参数，该式求得的是故障持续轨迹，亦即求得的是初态点。故障切除后 $t\geqslant t_{c+}$，所用网络参数均是故障切除后的参数，该式决定系统吸收能量的能力。

剩下的问题是：①写出能量函数表达式 $V$；②写出临界能量函数 $V_{cr}$或故障清除后

的临界点 $\delta_u$，这对于不同的失稳模式是不同的；③积累能，决定故障持续轨迹和初态点。

对于单机无穷大系统来说，问题①、②是同一个问题，求出了 $V$，就可找到 $\delta_u$，则另一个问题也可解决，其失稳模式共有 $2^{n-1}-1$ 种。

2. 同步坐标下多机系统的能量函数和临界能量

与单机系统相似，可定义系统的动能为

$$V_k \triangleq \sum_{i=1}^{n} \frac{1}{2} T_{Ji}\omega_i^2 \tag{13.45}$$

稳态时，$\omega_i=0$，$V_k=0$，这时，故障切除时系统动能（初始动能）为

$$V_k|_c \triangleq \sum_{i=1}^{n} \frac{1}{2} T_{Ji}\omega_{ci}^2 = \sum_{i=1}^{n}\int_{\delta_{0i}}^{\delta_{ci}}\left(T_{Ji}\frac{d\omega_i}{dt}\right)d\delta_i = \sum_{i=1}^{n}\int_{\delta_{0i}}^{\delta_{ci}}(P_{Ti}-P_{Ei}^{(2)})d\delta_i \tag{13.46}$$

式中，$P_{Ei}^{(2)}$ 是与故障时系统节点导纳矩阵相对应的表达式。

同时，定义多机系统的势能为

$$V_p \triangleq \sum_{i=1}^{n}\int_{\delta_{si}}^{\delta_{ci}}(P_{Ei}^{(3)}-P_{Ti})d\delta_i \tag{13.47}$$

式中，$\delta_s$ 为故障后稳定平衡点，作为势能参考点，$P_{Ei}^{(3)}$ 与故障切除后系统的节点导纳矩阵相对应，表达式见式(13.44)中的 $P_{Ei}$。这时，故障切除时系统势能（初始势能）为

$$V_p|_c \triangleq \sum_{i=1}^{n}\int_{\delta_{si}}^{\delta_{ci}}(P_{Ei}^{(3)}-P_{Ti})d\delta_i \tag{13.48}$$

将 $P_{Ei}=E_i^2G_{ii}+\sum\limits_{\substack{j=1\\j\neq i}}^{n}(C_{ij}\sin\delta_{ij}+D_{ij}\cos\delta_{ij})$ 代入式(13.48)得

$$\begin{aligned}V_p|_c &\triangleq \sum_{i=1}^{n}\int_{\delta_{ki}}^{\delta_{ci}}(E_i^2G_{ii}-P_{Ti})d\delta_i+\sum_{i=1}^{n}\int_{\delta_{ki}}^{\delta_{ci}}\Big(\sum_{\substack{j=1\\j\neq i}}^{n}C_{ij}\sin\delta_{ij}\Big)d\delta_i+\sum_{i=1}^{n}\int_{\delta_{ki}}^{\delta_{ci}}\Big(\sum_{\substack{j=1\\j\neq i}}^{n}D_{ij}\cos\delta_{ij}\Big)d\delta_i\\ &=V_{pos}|_c+V_{mag}|_c+V_{diss}|_c\end{aligned} \tag{13.49}$$

式(13.49)最右边第一项与转子位置变化成正比，即 $E_i^2G_{ii}-P_{Ti}=\text{const}$，称为转子位置势能，$V_{pos}$ 也称转子角势能；第二项与导纳阵的 $B_{ij}$ 有关，称为磁性势能 $V_{mag}$，它表示支路 $ij$ 因为角度变化引起的电磁储能，即从一个特性变化到另一个特性多出来的能量；第三项与 $G_{ij}$ 有关，称为耗散势能 $V_{diss}$。

系统总能量 $V=V_k+V_p$，故障切除时 $V|_c=V_k|_c+V_p|_c$，可由式(13.46)及式(13.49)分别计算。实际计算时，先用逐步积分法，在时域中计算 $\omega_c$ 和 $\delta_c$，再计算 $V_k|_c$ 即 $\sum\limits_{i=1}^{n}\frac{1}{2}T_{Ji}\omega_{ci}^2$，然后根据式(13.49)计算 $V_p|_c$，此时需先用牛顿-拉夫逊法求解 $\delta_s$，它可根据 $P_{Ei}^{(3)}=P_{Ti}$ 功率平衡求解。显然式(13.49)右边第一项为

$$V_{pos}|_c=\sum_{i=1}^{n}(-P_i)(\delta_{ci}-\delta_{si})=\sum_{i=1}^{n}(P_{Ti}-E_i^2G_{ii})(\delta_{ci}-\delta_{si}) \tag{13.50}$$

式(13.49)右边第二项 $V_{mag}|_c$ 为

$$V_{mag}|_c=\sum_{i=1}^{n}\int_{\delta_{ki}}^{\delta_{ci}}\Big(\sum_{\substack{j=1\\j\neq i}}^{n}C_{ij}\sin\delta_{ij}\Big)d\delta_i=-\sum_{i=1}^{n-1}\sum_{j=i+1}^{n}C_{ij}(\cos\delta_{ij}^{(c)}-\cos\delta_{ij}^{(s)}) \tag{13.51}$$

式(13.49)右边第三项 $V_{diss}|_c$ 积分与积分路径有关，但因实际摇摆曲线未知，故通常作“线性路径”假定，从而可计算如下：

$$V_{\text{diss}}\big|_{c}=\sum_{i=1}^{n}\int_{\delta_{\text{k}i}}^{\delta_{\text{c}i}}\Big(\sum_{\substack{j=1\\j\neq i}}^{n}D_{ij}\cos\delta_{ij}\Big)\approx\sum_{i=1}^{n-1}\sum_{j=i+1}^{n}D_{ij}\ \frac{a}{b}(\sin\delta_{ij}^{(\text{c})}-\sin\delta_{ij}^{(\text{s})})\tag{13.52}$$

式中，$\dfrac{a}{b}=\dfrac{(\delta_{\text{c}i}+\delta_{\text{c}j})-(\delta_{\text{s}i}+\delta_{\text{s}j})}{\delta_{ij}^{(\text{c})}-\delta_{ij}^{(\text{s})}}$。

因此，式(13.49)中，$V_{\text{p}}\big|_{\text{c}}$ 可分别根据式(13.50)、式(13.51)及式(13.52)计算，其中，耗散势能与积分路径有关，但在计算过程中作线性路径假设会带来一定误差，这是它的缺点。

系统临界能量可近似取为系统不平衡点处的势能，即

$$V_{\text{cr}}\simeq V_{\text{p}}\big|_{\text{u}}=V_{\text{pos}}\big|_{\text{u}}+V_{\text{mag}}\big|_{\text{u}}+V_{\text{diss}}\big|_{\text{u}}\tag{13.53}$$

计算式与 $V_{\text{p}}\big|_{\text{c}}$ 相似，只要把 $\delta_{\text{c}}$ 改为 $\delta_{\text{u}}$ 即可，但问题是如何求 $\delta_{\text{u}}$。

对于一个 $n$ 机系统，分别有 1 台机，2 台机，…，$n-1$ 台机失去稳定，以 1 台机为参考机，其余 $n-1$ 台机的失稳模式按不同组合有 $\dfrac{1}{2}(C_n^1+C_n^2+\cdots+C_n^{n-1})$ 种，即有 $2^{n-1}-1$ 个 UEP。

经典法又称 Closest UEP 法，该法求出全部 UEP，共有 $2^{n-1}-1$ 个。每一个失稳模式对应一个临界势能，取最小者作为 $V_{\text{cr}}$。

经典法主要用于求取最小的临界能量：①确定所有的 UEP；②用这些 UEP 计算系统的势能，找出最小势能处的 UEP，即对应的临界能量，其结果非常保守。因经典法没有考虑故障地点对稳定的影响，因而十分保守，无法实际应用。

研究表明，对于一个特定故障，在所有的 $2^{n-1}-1$ 种失稳模式中，必有一种是真正合理的，即系统要以这种模式趋于失稳。由于这种模式相应的 $\delta_{\text{u}}$ 和故障地点、类型等有紧密关系，故称之为相关不稳定平衡点(RUEP)法，也称主导不稳定平衡点(CUEP)法，该 $\delta_{\text{u}}$ 可根据 $P_{\text{T}i}-P_{\text{E}i}^{(3)}=0(i=1\sim n)$解出，但必须给予合适的初值，使之收敛到所要求的 RUEP 上。RUEP 或 CUEP 概念的提出使 TEF 法稳定分析向实用化迈进了一大步，精度上得到很大改进，速度也大大提高。其主要困难是在复杂系统情况下，RUEP 模式判别困难，$\delta_{\text{u}}$ 求解困难。采用本方法要先求解 $\delta_{\text{u}}$，再进行 $V_{\text{cr}}\approx V_{\text{p}}\big|_{\text{u}}$ 计算，故称为 RUEP 法直接求解暂态稳定分析。一旦 $V_{\text{c}}$ 和 $V_{\text{cr}}$ 均得出，则可根据式(13.39)作稳定裕度计算及暂态稳定性分析。

综上可知，多机系统直接法暂态稳定分析步骤如下。

(1) 构造事故后系统的 Lyapunov 函数或能量函数 $V(x)$。

(2) 对于给定事故，寻找 $V(x)$的临界值 $V_{\text{cr}}$。

(3) 对事故后系统的暂态方程式作数值积分，直至 $V(x)=V_{\text{cr}}$，这段时间即为临界切除时间 $t_{\text{cr}}$。

这三个步骤中，第(3)步是一般的数值积分方法，在理论上没有什么问题。第(1)步是构造 $V(x)$，不同的 $V(x)$会得到不同的稳定域。人们花费了很大气力去寻找各种 $V(x)$，但现在还不能说哪一种方法是最优的。在电力系统的直接法应用上，一般用波波夫法，后来又有暂态能量函数法等。寻找更合适的能量函数仍是今后研究的一个课题。

至于第(2)步，对于给定事故，寻找 $V(x)$的临界值 $V_{\text{cr}}$。在 1978 年以前，电力系统用直接法分析稳定性的研究都假设系统稳定状况与事故发生地点无关，这种假设明显

不合理,但当时没有解决方法。1978 年后,人们开始在直接法的基础上考虑故障地点对系统稳定状况的影响,使直接法的保守性大为降低。

前面所述使用直接法判断系统稳定性的方法称为经典的直接法,该法没考虑在何处发生故障,取不稳定平衡点上最小的 Lyapunov 函数值 $V(x)$ 作为 $V_{cr}$,当系统受扰后,初始运行点 $x_0$ 的 $V(x_0)<V_{cr}$时,系统稳定。

众所周知,在多机系统稳定平衡点周围稳定域的边上,有很多不稳定平衡点。一般来说,这些不稳定平衡点上的 Lyapunov 函数 $V(x)$的值是不同的,当系统受扰失去稳定时,对于不同的干扰方式或地点,系统受扰后的轨迹是不同的,因而穿过稳定边界的地点也不同,相应的 $V_{cr}$值也应该不同。而现在取最小的 $V(x)$值作为 $V_{cr}$,可见其保守性之大。

3. 惯量中心坐标下的暂态能量函数和临界能量

用同步坐标下的能量函数及临界能量进行暂态稳定分析往往精度很差。若系统受扰动后稳定运行在一个高于同步速的频率上,则系统动能会不等于零,事实上这个能量对失稳不起作用。

在同步坐标中,包含一些对失步不起作用的成分,而 COI 坐标(即惯量中心坐标)则避免了这一问题。

COI 坐标系分全局和局部两种,全局 COI 坐标系是指考虑系统的全部机组,找一个全系统的中心;局部 COI 坐标系是指研究局部范围的机组情况,研究此部分的中心。

要写一个全系统的运动方程,可将各台机的运动方程相加,然后将其中的各量按照运动方程式的形式重新归类,得到新的全系统方程,称为惯量中心运动方程。

使用 COI 坐标系的优点是:一个系统发生振荡,如果把其中某一块用一个中心来代替,这比讨论每一台机要更方便;而且讨论块与块之间或发电机与块之间的分析时也要来得方便些;从实用上来看,已取得的好处是,局部能量函数法进行暂态稳定分析就是讨论一个块的中心运动,其考虑了 COI 的特点。

COI 就是一个等值机的概念,指将 $n$ 台机等值为同一台机。系统 COI 坐标的等值转子角 $\delta_{COI}$定义为各转子角的加权平均值,权系数 $M_i$ 为各发电机的惯性时间常数 $T_{Ji}$,因此有

$$\delta_{COI}=\frac{1}{M_T}\sum_{i=1}^{n}M_i\delta_i \tag{13.54}$$

式中,

$$M_T=\sum_{i=1}^{n}M_i \tag{13.55}$$

系统 COI 坐标的等值速度定义为各转子角速度的加权平均值:

$$\omega_{COI}=\frac{1}{M_T}\sum_{i=1}^{n}M_i\omega_i \tag{13.56}$$

式中,$\omega_i$ 为各发电机转速与同步速的偏差。

在 COI 坐标系下,各发电机的转子角及转子角速度为

$$\begin{cases}\theta_i=\delta_i-\delta_{COI}\\ \tilde{\omega}_i=\omega_i-\omega_{COI}\end{cases} \tag{13.57}$$

由定义的 COI 坐标可以证明

$$\sum_{i=1}^{n} M_i \theta_i = 0,\quad \sum_{i=1}^{n} M_i \tilde{\omega}_i = 0,\quad \frac{\mathrm{d}\theta_i}{\mathrm{d}t} = \tilde{\omega}_i \tag{13.58}$$

从而可推导出惯量中心的运动方程为

$$\begin{cases} M_{\mathrm{T}} \dfrac{\mathrm{d}\omega_{\mathrm{COI}}}{\mathrm{d}t} = \sum\limits_{i=1}^{n} (P_{\mathrm{T}i} - P_{\mathrm{E}i}) = P_{\mathrm{COI}} \\ \dfrac{\mathrm{d}\delta_{\mathrm{COI}}}{\mathrm{d}t} = \omega_{\mathrm{COI}} \end{cases} \tag{13.59}$$

其中，$P_{\mathrm{COI}}$为 COI 的加速功率。

下面推导各台机(第 $i$ 台机)在 COI 坐标下的运动方程，将

$$\omega_i = \tilde{\omega}_i + \omega_{\mathrm{COI}} \text{代入 } M_i \frac{\mathrm{d}\omega_i}{\mathrm{d}t} = P_{\mathrm{T}i} - P_{\mathrm{E}i} \tag{13.60}$$

结合 COI 运动方程，可得

$$M_i \frac{\mathrm{d}\tilde{\omega}_i}{\mathrm{d}t} = P_{\mathrm{T}i} - P_{\mathrm{E}i} - \frac{M_i}{M_{\mathrm{T}}} P_{\mathrm{COI}} \tag{13.61}$$

另外有

$$\frac{\mathrm{d}\theta_i}{\mathrm{d}t} = \tilde{\omega}_i \tag{13.62}$$

$$P_{\mathrm{E}i} = E_i^2 G_{ii} + \sum_{\substack{j=1 \\ j\neq i}}^{n} (C_{ij} \sin\theta_{ij} + D_{ij} \cos\theta_{ij}) \tag{13.63}$$

式(13.61)～式(13.63)组成第 $i$ 台机($i=1\sim n$)在 COI 坐标下的运动方程。

COI 坐标下的暂态能量的定义与同步坐标下的相似，为

$$V = V_{\mathrm{k}} + V_{\mathrm{p}} = \sum_{i=1}^{n} \frac{1}{2} M_i \tilde{\omega}_i^2 + \sum_{i=1}^{n} \int_{\theta_{si}}^{\theta_{ci}} -\left(P_{\mathrm{T}i} - P_{\mathrm{E}i} - \frac{M_i}{M_{\mathrm{T}}} P_{\mathrm{COI}}\right) \mathrm{d}\theta_i \tag{13.64}$$

故障切除时，设 $\theta_{\mathrm{s}} \rightarrow \theta_{\mathrm{c}}$ 为线性路径，则可得

$$\begin{aligned} V_{\mathrm{c}} = V_{\mathrm{k}}\,|_{\mathrm{c}} + V_{\mathrm{p}}\,|_{\mathrm{c}} &= \sum_{i=1}^{n} \frac{1}{2} M_i \tilde{\omega}_i^2\,|_{\mathrm{c}} + \sum_{i=1}^{n} (E_i^2 G_{ii} - P_{\mathrm{T}i})(\theta_{ci} - \theta_{si}) \\ &- \sum_{i=1}^{n-1} \sum_{j=i+1}^{n} C_{ij} (\cos\theta_{ij}^{(\mathrm{c})} - \cos\theta_{ij}^{(\mathrm{s})}) - \sum_{i=1}^{n-1} \sum_{j=i+1}^{n} D_{ij} \frac{a}{b} (\sin\theta_{ij}^{(\mathrm{c})} - \sin\theta_{ij}^{(\mathrm{s})}) \end{aligned} \tag{13.65}$$

式中，$\dfrac{a}{b} = \dfrac{(\theta_{ci} + \theta_{cj}) - (\theta_{si} + \theta_{ij})}{\theta_{ij}^{(\mathrm{c})} - \theta_{ij}^{(\mathrm{s})}}$，等式右侧第一项为动能；第二项为位置势能；第三项为磁性势能；第四项为耗散势能。

对于系统临界能量计算，可将式(13.65)中 $V_{\mathrm{p}}|_{\mathrm{c}}$ 表达式中的 $\theta_{\mathrm{c}}$ 换成 $\theta_{\mathrm{u}}$，取 $V_{\mathrm{cr}} \approx V_{\mathrm{p}}|_{\mathrm{c}}$。

能量函数由动能项、势能项(转子位能与电磁储能)、耗散项三部分组成，其中，耗散项与积分路径有关，近似以线性路径计及或忽略。

下面介绍 COI 坐标与同步坐标的区别。由 COI 坐标下各量的定义可得

$$\sum_{i=1}^{n} \frac{1}{2} M_i \omega_i^2 - \sum_{i=1}^{n} \frac{1}{2} M_i \tilde{\omega}_i^2 = \frac{1}{2} M_{\mathrm{T}} \omega_{\mathrm{COI}}^2 \tag{13.66}$$

也就是说，COI 坐标下的系统动能和同步坐标下的系统动能相比，减少了 $\dfrac{1}{2} M_{\mathrm{T}} \omega_{\mathrm{COI}}^2$，这恰好就是对系统失步不起作用的惯性中心本身的运动动能。

实际工程应用表明，用 COI 坐标的确比用同步坐标在稳定分析精度上有相当大的改善。实用计算中，使用双机等值概念与动能校正的依据是系统一般是在两个机群间失去同步的。

设系统中序号为 1～ $k$ 的 $k$ 台机受严重扰动趋于失稳，则这 $k$ 台机组必存在一个惯量中心，用 $K$ 表示，而其余 $n \sim k$ 台机组也有一个惯量中心，用 $T\text{-}K$ 表示。

定义这两个中心的等值角速度和转子角分别为

$$\begin{cases} \tilde{\omega}_K = \sum_{i=1}^{k}(M_i\tilde{\omega}_i)/M_K \\ \theta_K = \sum_{i=1}^{k}(M_i\theta_i)/M_K \\ M_K = \sum_{i=1}^{k}M_i \end{cases} \tag{13.67}$$

$$\begin{cases} \tilde{\omega}_{T\text{-}K} = \sum_{i=k+1}^{n}(M_i\tilde{\omega}_i)/M_{T\text{-}K} \\ \theta_{T\text{-}K} = \sum_{i=k+1}^{n}(M_i\theta_i)/M_{T\text{-}K} \\ M_{T\text{-}K} = \sum_{i=k+1}^{n}M_i \end{cases} \tag{13.68}$$

COI 的坐标约束条件为

$$\begin{cases} M_K\theta_K + M_{T\text{-}K}\theta_{T\text{-}K} = 0 \\ M_K\tilde{\omega}_K + M_{T\text{-}K}\tilde{\theta}_{T\text{-}K} = 0 \end{cases} \tag{13.69}$$

由于真正反映系统失步的动能是这两个中心的相对运动，故根据双机等值思想及其与单机无穷大系统的对应关系，可定义相应单机无穷大系统中，单机惯性时间常数和角速度为

$$\begin{cases} M_{\text{eq}} = \dfrac{M_K M_{T\text{-}K}}{M_T} \\ \omega_{\text{eq}} = \tilde{\omega}_K - \tilde{\omega}_{T\text{-}K} \end{cases} \tag{13.70}$$

式(13.70)中，$M_T = M_K + M_{T\text{-}K}$，并定义相应的动能为

$$V_{\text{k}} = \frac{1}{2}M_{\text{eq}}\omega_{\text{eq}}^2 \tag{13.71}$$

从而得双机等值动能与 COI 坐标下的动能差为

$$\sum_{i=1}^{n}\frac{1}{2}M_i\tilde{\omega}_i^2 - \frac{1}{2}M_{\text{eq}}\omega_{\text{eq}}^2 = \sum_{i=1}^{k}\frac{1}{2}M_i\,(\tilde{\omega}_i - \tilde{\omega}_K)^2 + \sum_{j=k+1}^{n}\frac{1}{2}M_j\,(\tilde{\omega}_j - \tilde{\omega}_{T\text{-}K})^2 \tag{13.72}$$

双机（或单机无穷大）等值系统相应的暂态动能与 COI 坐标的暂态动能相比修正了式(13.72)右边两项的值，这两项分别反映了 $K$ 机群和 $T\text{-}K$ 机群中各自内部的“布朗运动”，这部分能量对机群间的失步不起作用。

当动能用双机等值坐标校正计算时，理论上暂态势能也应采用双机等值坐标，但计算势能时所作的路径假设会引起一定的误差，且在计算时可能会进一步扩大这一误差，此方法不利于改善精度，因此一般使用 COI 坐标计算势能。

## 13.5 相关不稳定平衡点法

第 13.4.3 节简单介绍了 RUEP 法，其基本思想是 UEP 的选择应该与具体的故障情况有关，RUEP 需要判别相关失稳模式，以求 RUEP，再计算对应的临界能量。

### 13.5.1 RUEP 及临界能量的求取

为求取 RUEP，首先需要判别失稳模式，或者说对受扰机群进行识别。一般可根据故障初始瞬间的加速功率 $P_{\text{acci}}$ 或其与 $M_i$ 的比值，以及故障切除加速度的大小来判断失稳模式，如果第 $i$ 台机组的故障切除加速度和 $P_{\text{acci}}/M_i$ 都很大，则认为其是严重受扰机组。

SEP 或 UEP 都是潮流方程的一组解，在 COI 坐标下，求解不稳定平衡点的方程为

$$\begin{cases} f_i(\boldsymbol{\theta}) = P_{\text{T}i} - P_{\text{E}i} - \dfrac{M_i}{M_\text{T}} P_{\text{COI}} = 0 \\ g_i(\boldsymbol{\theta}) = \sum\limits_{i=1}^{n} M_i \theta_i = 0 \quad i = 1,2,\cdots,n-1 \end{cases} \tag{13.73}$$

一般用牛顿法求稳定平衡点 SEP，仅存在一个稳定平衡点，其初值估计方法有多种，在此仅介绍基于失稳模式的近似估计方法。

用变尺度(DFP)法求不稳定平衡点 UEP 较合适，即求标量函数 $F(\boldsymbol{\theta}) = \sum\limits_{i=1}^{n-1} f_i^2(\boldsymbol{\theta})$ 的最小值。在 COI 坐标下，假设第 $K$ 种失稳模式的严重受扰机组为 $i$ 和 $j$ 两台机组，则对应此失稳模式下，UEP 的近似估计值为

$$\begin{aligned} \hat{\boldsymbol{\theta}}_K^{\text{u}(0)} = [&\theta_1^\text{s} - \hat{\theta}_{\text{COI}}^\text{u}, \theta_2^\text{s} - \hat{\theta}_{\text{COI}}^\text{u}, \cdots, \theta_{i-1}^\text{s} - \hat{\theta}_{\text{COI}}^\text{u}, \pi - \theta_i^\text{s} - \hat{\theta}_{\text{COI}}^\text{u}, \theta_{i+1}^\text{s} - \hat{\theta}_{\text{COI}}^\text{u}, \cdots, \\ &\pi - \theta_j^\text{s} - \hat{\theta}_{\text{COI}}^\text{u}, \cdots, \theta_n^\text{s} - \hat{\theta}_{\text{COI}}^\text{u}] \end{aligned} \tag{13.74}$$

由式(13.74)可得到对应各种可能失稳模式下的 UEP 的近似估计值，再用这些近似估计值计算对应的势能，其中，对应最小 $V_\text{p}$ 值的近似估计值时的模式即为最终采用的失稳模式，而此失稳模式下，UEP 的近似估计值可作为牛顿求解式的初值。

求得 RUEP 后，可进一步计算出对应该 RUEP 的临界能量为

$$\begin{aligned} V &= V_\text{p}|_\text{u} \\ &= \sum_{i=1}^{n}(-P_i)(\theta_{\text{u}i} - \theta_{\text{s}i}) - \sum_{i=1}^{n-1}\sum_{j=i+1}^{n} C_{ij}(\cos\theta_{ij}^{(\text{u})} - \cos\theta_{ij}^{(\text{s})}) \\ &\quad + \sum_{i=1}^{n-1}\sum_{j=i+1}^{n} D_{ij}\frac{a}{b}(\sin\theta_{ij}^{(\text{u})} - \sin\theta_{ij}^{(\text{s})}) \end{aligned} \tag{13.75}$$

将式(13.75)与故障切除时刻的能量进行比较，可判定系统是否稳定，且可计算出稳定裕度：

$$\Delta V_\text{n} = \frac{V_\text{p}|_\text{u} - (V_\text{k}|_\text{c} + V_\text{p}|_\text{c})}{V_\text{k}|_\text{c}} = \frac{V_\text{p}\Big|_{\theta_\text{c}}^{\theta_\text{u}} - V_\text{k}|_\text{c}}{V_\text{k}|_\text{c}} \tag{13.76}$$

式中，$V_\text{p}|_\text{u} - V_\text{p}|_\text{c}$ 相当于图 13.10 所示的单机无穷大系统的减速面积 $C$，$V_\text{k}|_\text{c}$ 相当于加速面积 $A$，$\Delta V_\text{n}$ 相当于取面积 $C$ 与 $A$ 之差，再以面积 $A$ 为基值规格化，实际计算时只要假定从 $\theta_\text{c} \to \theta_\text{u}$ 为线性路径，再进行势能 $V_\text{p}|_\text{u} - V_\text{p}|_\text{c}$ 的计算，即取

$$V_p|_u - V_p|_c = \sum_{i=1}^{n}\int_{\theta_c}^{\theta_u} -(P_{Ti} - P_{Ei} - \frac{M_i}{M_T}P_{COI})d\theta_i$$
$$= \sum_{i=1}^{n}(-P_i)(\theta_{ui}-\theta_{ci}) - \sum_{i=1}^{n-1}\sum_{j=i+1}^{n}C_{ij}(\cos\theta_{ij}^{(u)}-\cos\theta_{ij}^{(c)})$$
$$+ \sum_{i=1}^{n-1}\sum_{j=i+1}^{n}D_{ij}\frac{a}{b}(\sin\theta_{ij}^{(u)}-\sin\theta_{ij}^{(c)}) \qquad (13.77)$$

根据 $\Delta V_n$ 的大小可作事故严重性排队，对于稳定裕度小或为负值的预想事故应作告警。必要时，在离线分析条件下，可进一步用时域仿真程序和精细元件模型作深入的暂稳分析研究。

### 13.5.2 用 RUEP 分析暂态稳定的步骤

用 RUEP 分析暂态稳定的步骤如图 13.12 所示。

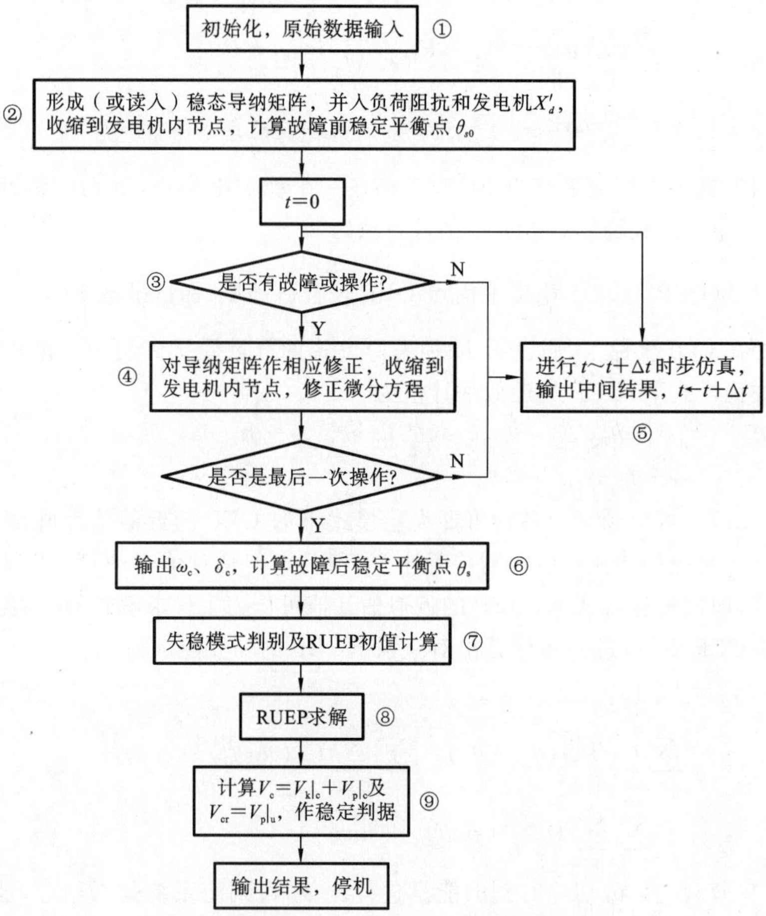


图 13.12 用 RUEP 分析暂态稳定的流程图

框①为程序初始化及原始数据输入，包括系统结构、参数、元件参数、潮流计算结果、系统扰动信息及用直接法计算的控制数据，如 SEP 或 UEP 计算的迭代次数与精度等，还有输出要求信息等。

框②中形成（或读入）系统稳态导纳矩阵，并把负荷阻抗并入导纳阵，保留发电机节点和扰动或操作的关联节点，作导纳矩阵第一次收缩。称此第一次收缩后的导纳矩阵为基础导纳矩阵，暂存供以后调用。然后追加发电机 $X'_d$ 支路，再将 **Y** 阵收缩到只剩发电机内节点，称之为第二次收缩。框②中还计算 COI 坐标下的故障前稳定平衡点 $\theta_{s0}$。

框③、④、⑤和常规的时域仿真法暂态分析相似，在框③中判断是否有操作，若有，则在框④中对基础导纳阵作修正，再作第二次收缩，即并入发电机 $X'_d$ 支路，导纳矩阵收缩到只剩发电机内节点。

若当前操作是最后一次操作，则停止仿真，转入框⑥，否则进入框⑤作 $t \sim t+\Delta t$ 时步仿真计算。一旦最后一次操作相应的 $\omega_c$、$\delta_c$ 计算完毕，则直接法暂态稳定分析就和常规的时域仿真法暂态稳定分析完全不同了，相应分析由框⑥～⑨完成。

框⑥中以故障前 COI 坐标下的稳定平衡点 $\theta_{s0}$ 为初值，计算故障切除后的稳定平衡点 $\theta_s$，相应的功率平衡方程及 COI 坐标约束方程为前面提及的牛顿法求解式。

框⑦是 RUEP 中关键的一环，即 RUEP 模式判别及 RUEP 求解所用的初值计算。

若 RUEP 已判别完，RUEP 初值也给定，则在框⑧中与求解 $\theta_s$ 相同，用牛顿法求解 RUEP 相应的 $\theta_u$，仅输入的初值不同而已。

在 RUEP 计算后，进入框⑨作稳定分析，计算 $V_c = V_k|_c + V_p|_c$ 及 $V_{cr} \approx V_p|_u$。

注意在计算 $V_p$ 时应当用故障切除后的导纳阵参数，然后可计算规格化的稳定裕度 $\Delta V_n = \dfrac{V_{cr} - V_c}{V_k|_c}$。

若需要计算故障的临界切除时间，可设故障不切除，直到 $V_c = V_{cr}$；也可用线性插值方法，快速搜索 $\Delta V_n = 0$ 的点，则相应的 $t_c = t_{cr}$ 为临界切除时间。

## 13.6 势能界面法

在势能界面法(PEBS 法)中设元件模型与 RUEP 法中所用的模型相同。PEBS 法也是一种暂态能量函数方法，与 RUEP 所不同的是求 UEP 的方法不同或者确定系统临界能量的方法不同。

PEBS 法与 RUEP 法的主要区别在于系统临界能量的确定。在单机无穷大系统中，当发电机转子角达到 $\delta_u$ 即 UEP 时，其相应的势能同时达到最大值，由于多机系统判别失稳模式困难，且 RUEP 求解费机时，因而产生了在系统失稳时的转子运动轨迹 $\delta(t)$ 上搜索势能最大值点，并以势能最大值 $V_{pmax}$ 作为临界能量的设想，由此产生了所谓的势能界面法暂态稳定分析。

设系统故障前稳定平衡点为 $S_0$，发生故障后，转子开始摇摆，相应故障轨迹如图 13.13 中实线所示。

若故障在 $t_{c1} \sim t_{c3}$ 区间切除，系统稳定，则转子角轨迹最终趋于故障后稳定平衡点 $S$。若故障在临界切除时间 $t_{cr}$ 切除，则系统处于临界状态。即系统实际切除时间为 $t_c = t_{cr} + \varepsilon$ 时，系统失稳；$t_c = t_{cr} - \varepsilon$ 时，系统稳定。相应的临界轨迹在势能达到最大值($U_1$ 点处)时分叉。

若在 $t_{c4} > t_{cr}$ 时切除故障，系统不稳定，设相应轨迹在 $U_2$ 达到最大值 $V_{pmax}^{(2)}$，此值和 $U_1$ 点对应的 $V_{pmax}^{(1)}$ 不等。若故障持续而不切除，则在 $U$ 达到最大值 $V_{pmax}$。另外，可用 RUEP 法求出与这个故障相关的 RUEP，如图 13.13 所示。所有和 $U_1, U_2, \cdots, U$ 及 RUEP 有相似性质的点构成系统的势能界面。

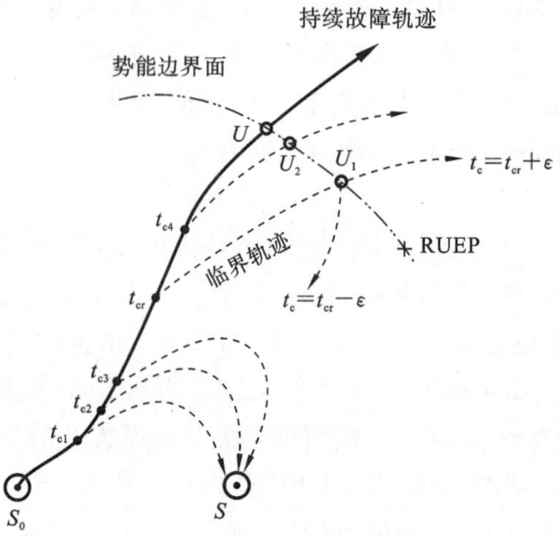


图 13.13 PEBS 法示意图

一般 RUEP 位于 PEBS 上 $U_1,U_2,\cdots,U$ 的附近，当系统不病态时，这几点对应的势能相近，即 PEBS 对应的这段比较平坦，从而可用 $V_p|_{RUEP}$ 或 $V_p|_U$ 作为 $V_{cr}=V_p|_{U1}$ 的近似值来进行暂态稳定分析。

实际应用中把这种在持续故障条件下转子角运动轨迹上搜索势能最大值点（即势能边界面穿越点），并以此 $V_{pmax}$ 作为 $V_{cr}$ 的近似值的方法称为 PEBS 法。

势能界面法不需要求得关联不稳定平衡点，认为在相角平面上有以下情况。

(1) 持续故障轨迹与 PEBS 相交的点很接近 RUEP，且在持续故障轨迹与 PEBS 的交点处，$V_p$ 达到最大值。

(2) $V_p$ 和持续故障轨迹的交点以及 UEP 都位于相角平面图上势能变化较平缓处。因此，交点上的 $V_{cr}$ 和该故障状况下的 $V_p$ 非常接近，可用 $V_{cr}$ 近似表示。

势能界面法的基本步骤如下。

(1) 进行故障前的潮流计算，求出初值(SEP)。

(2) 用快速方法（逐次积分法）计算持续故障下的轨迹。

(3) 对每一时段计算对应的 $V_p$，注意，计算图 13.13 所示的轨迹图中不同切除时间的故障前后轨迹时，按故障网络计算，计算 $V_p$ 时按故障后网络计算。

(4) 一直计算到 $V_p$ 达到最大值，此时的势能即为临界能量 $V_{cr}$，计算在势能界面变号的函数，用以判断轨迹是否与势能界面相交。

(5) 再在故障轨迹上求取 $V=V_{cr}$ 的一点，对应的时间即为临界切除时间 $t_{cr}$。

(6) 若故障切除时将断开线路，则在 $t=0_+$ 时断开线路且修改导纳矩阵，其余算法与前面所述的相同。

求取 $V_p$ 的最大值有两种方法，第一种是比较前后积分段的 $V_p^{(n)}$，当后段的比前段的小时，则用插值法在两段间求出最大 $V_p$。第二种是在每步积分时计算 $\partial V_p/\partial \boldsymbol{\theta}$ 是否为 0，当它为 0 时，认为势能达到最大。

经验表明，在第一摇摆失稳的情况下，用第二种方法可以得出满意的结果，但在多次摇摆的情况下，第二种方法可能不准。特别是使用迭代 PEBS 法时，有时 $\partial V_p/\partial \boldsymbol{\theta}$ 甚至不会达到 0。

因此，PEBS 法的思路为：对复杂系统寻求一种低维系统的稳定边界，从 $(\boldsymbol{\theta},\tilde{\boldsymbol{\omega}})$ 空间

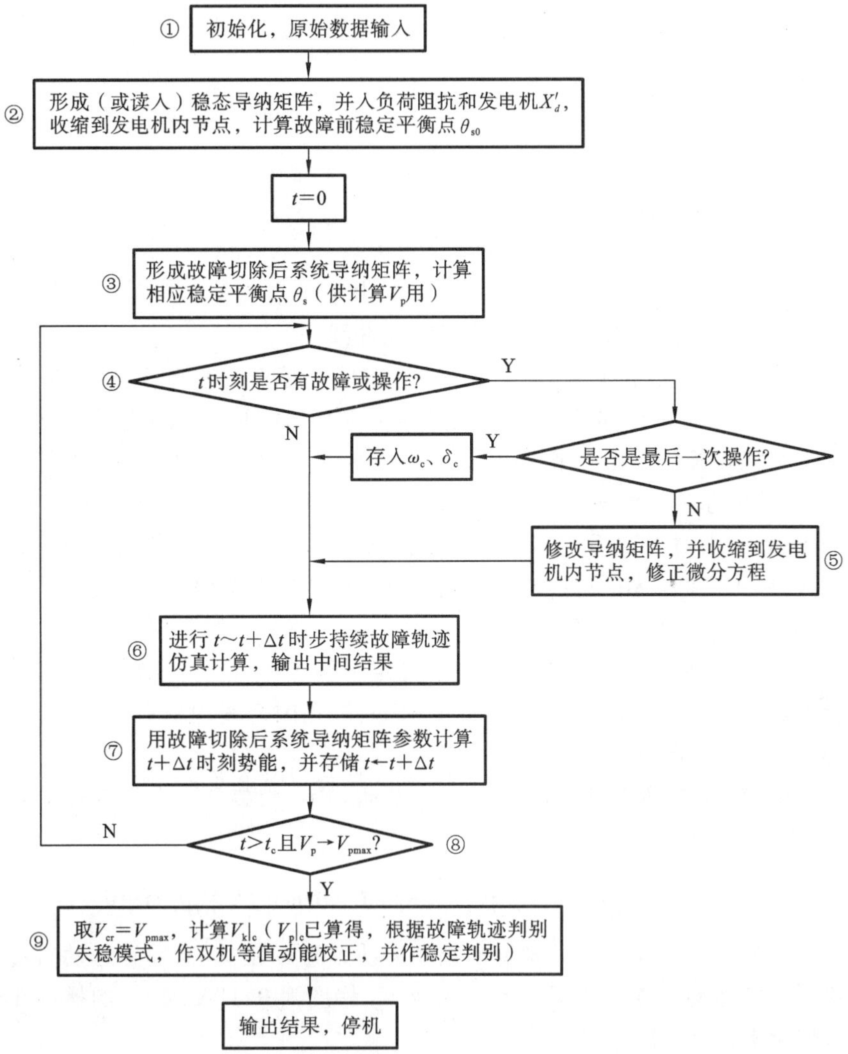


**图 13.14 用 PEBS 法分析暂态稳定的流程图**

转向 $\boldsymbol{\theta}$ 子空间，即在角度空间寻求势能最大的点，作为 $V_{cr}$ 的一种估计。

在$(\boldsymbol{\theta},\tilde{\boldsymbol{\omega}})$ 空间，$V(\boldsymbol{\theta},\tilde{\boldsymbol{\omega}})=k$ 是一族曲面（线），可以映射到 $\boldsymbol{\theta}$ 空间，并转换成 $V_p(\boldsymbol{\theta})=I$ 的一族曲面（线）——等势面（线）。

因此，PEBS 可定义为通过各 UEP，并和等势面（线）正交，从而反映 $V_p$ 梯度方向的曲面。

PEBS 的性质分析如下，由于

$$\begin{cases} f_i(\boldsymbol{\theta}) = P_{Ti} - P_{Ei} - \dfrac{M_i}{M_T}P_{COI} \\ V_p = \displaystyle\int_{\theta_s}^{\theta} - \sum_{i=1}^{n} f_i(\boldsymbol{\theta})\mathrm{d}\theta_i = \int_{V_p|_{\theta s}}^{V_p|_\theta} \mathrm{d}V_p \end{cases} \tag{13.78}$$

故有

$$\mathrm{d}V_p = -\sum_{i=1}^{n} f_i(\boldsymbol{\theta})\mathrm{d}\theta_i \tag{13.79}$$

而由多元函数微分性质可知

$$dV_p = \frac{\partial V_p}{\partial \theta_1} d\theta_1 + \cdots + \frac{\partial V_p}{\partial \theta_n} d\theta_n \tag{13.80}$$

比较式(13.79)和式(13.80)可知

$$-f_i(\boldsymbol{\theta}) = \frac{\partial V_p}{\partial \theta_i} \tag{13.81}$$

在 $\boldsymbol{\theta}$ 空间里,$V_p$ 梯度为

$$\nabla V_p = (-f_1(\boldsymbol{\theta}), -f_2(\boldsymbol{\theta}), \cdots, -f_n(\boldsymbol{\theta}))^T \tag{13.82}$$

显然在 SEP 点上,$f_i(\boldsymbol{\theta})=0$,故$\nabla V_p|_{\theta_s}=\mathbf{0}$,由于 $S$ 点为 $V_p$ 参考点,故 $V_p|_{\theta_s}=0$ 为极小值点,其附近的等 $V_p$ 线为围绕 $S$ 点的封闭曲线。

对于一个动力系统,我们可以画出它的稳定域。对于一个 SEP,在其周围是一些 UEP。SEP 处的势能为 0,偏离 SEP 处的势能大于 0。不同的点,其势能不同。我们把相角空间上势能相等的点连起来,就构成了等势能线,其类似于地理图上的等高线。

在 SEP 周围的一个区域内,等势能线是闭合的,而且在 SEP 处的势能最小(形如群山环抱的平地)。而对于 UEP,如果是鞍点,虽然也有$\nabla V_p=\mathbf{0}$,但其周围的等势能线不是闭合曲线(两山之间的山谷);如不是鞍点,则 UEP 周围的等势能线也是闭合线,但 UEP 处的势能达到极大。

在等势能线上再画曲线,该曲线穿过不稳定平衡点 $\delta_u$ 且与等势能曲线正交,该曲线是闭合的,将相角空间上的势能曲面分成两部分,在闭合线内部有 $\delta_s$,这个闭合曲线就标为势能界面 PEBS。

设实际的故障轨迹穿越 PEBS,系统失去暂态稳定,则数学上在系统运动轨迹上的 $V_{pmax}$点有 $dV_p/dt=0$ 或

$$\frac{dV_p}{dt} = \frac{\partial V_p}{\partial \theta_1}\frac{d\theta_1}{dt} + \cdots + \frac{\partial V_p}{\partial \theta_n}\frac{d\theta_n}{dt} = -\boldsymbol{f}^T(\boldsymbol{\theta})\boldsymbol{\omega} = (\nabla V_p)^T\boldsymbol{\omega} = 0 \tag{13.83}$$

即轨迹上的 $V_{pmax}$点处,$V_p$ 的梯度向量和运动方向 $\boldsymbol{\omega}$ 正交,从而在运动轨迹方向上投影为零。显然运动轨迹上的 $V_{pmax}$点不要求 $V_p$ 梯度为 $\mathbf{0}$,只要求 $V_p$ 的梯度在运动方向上的方向导数为零。

但事实上 UEP 点处要求$\nabla V_p=\mathbf{0}$,即 $f_i(\boldsymbol{\theta})=0$,而对于一般的多机系统,在动态过程中,很难在某一瞬间,让所有发电机的转子加速功率 $f_i(\boldsymbol{\theta})$均为 0,故在多机系统中,转子轨迹实际上不会经过 UEP 点。一般地,在 PEBS 法中,当 $V_{pmax}$点处 $\| f_i(\boldsymbol{\theta}) \| \approx 0$,即该点和 RUEP 点接近,则 RUEP 法和 PEBS 法的分析结果接近。

系统持续故障轨迹达到 PEBS 的实用判据如式(13.84)所示。

$$\begin{cases} \sum_{i=1}^{n-1} f_i(\boldsymbol{\theta}) \times (\theta_i - \theta_{si}) > 0 & \text{在 PEBS 内} \\ \sum_{i=1}^{n-1} f_i(\boldsymbol{\theta}) \times (\theta_i - \theta_{si}) = 0 & \text{在 PEBS 上} \\ \sum_{i=1}^{n-1} f_i(\boldsymbol{\theta}) \times (\theta_i - \theta_{si}) < 0 & \text{在 PEBS 外} \end{cases} \tag{13.84}$$

持续故障轨迹与 PEBS 相交的点接近 RUEP,且此时 $V_p(\boldsymbol{\theta})$为最大值。

PEBS 认为持续轨迹与 PEBS 的交点就近似等于 UEP。势能界面法假设在 UEP 附近势能变化比较平缓,因此可以用持续故障轨迹与 PEBS 的交点 $U$ 作为近似的 UEP

点，如图13.13所示。

## 13.7 扩展等面积法

RUEP法和PEBS法是在多机系统条件下进行稳定分析的，扩展等面积法（EEAC法）是在单机无穷大系统等值条件下进行稳定分析的，其特点是速度特别快，缺点是在一些特殊情况下，存在稳定分析的精度问题。这里仍采用PEBS法和RUEP法中所用的简化模型，且将系统导纳矩阵收缩到发电机内节点，则系统同步坐标下的数学模型如式(13.44)所示。

下面用EEAC法分析系统发生简单故障时，在故障切除后，系统的暂态稳定性。

EEAC法分析稳定性的前提是假定系统失稳为双机模式。在此假设系统RUEP或失稳模式已知，把受扰动严重的机群称为$S$（和前面的双机等值中的机群$K$相似），其余机群称为$A$（和前面的$T$-$K$机群相似）。

也就是将多机系统分解成临界群（失稳群）和余下群，再将临界群和余下群分别等值为单机，从而构成两机系统，最后将等值两机系统等值为单机无穷大系统。

假设1：失稳模式已知，失稳群称为$S$群，余下群称为$A$群。

在同步坐标基础上定义$S$及$A$群的等值角度及速度为

$$\begin{cases}\omega_S = \left(\sum\limits_{i\in S} M_i\omega_i\right)\Big/M_S \\ \delta_S = \left(\sum\limits_{i\in S} M_i\delta_i\right)\Big/M_S \\ M_S = \sum\limits_{i\in S} M_i\end{cases} \tag{13.85}$$

及

$$\begin{cases}\omega_A = \left(\sum\limits_{j\in A} M_i\omega_i\right)\Big/M_A \\ \delta_A = \left(\sum\limits_{j\in A} M_i\delta_i\right)\Big/M_A \\ M_A = \sum\limits_{j\in A} M_i\end{cases} \tag{13.86}$$

假设2：$S$群中各机组的转子角间无相对摆动，$A$群类同。

$$\begin{cases}\delta_i - \delta_{i0} = \delta_S - \delta_{S0} & i\in S \\ \delta_j - \delta_{j0} = \delta_A - \delta_{A0} & j\in A\end{cases} \tag{13.87}$$

在此假定上，对全系统作双机等值，且最终化为单机无穷大系统，用等面积准则判定其稳定性。对于系统双机等值，$S$与$A$群惯性中心的运动方程为

$$\begin{cases}\dfrac{\mathrm{d}\delta_S}{\mathrm{d}t} = \omega_S \\ M_S\dfrac{\mathrm{d}\omega_S}{\mathrm{d}t} = \sum\limits_{i\in S}(P_{\mathrm{T}i} - P_{\mathrm{E}i})\end{cases} \tag{13.88}$$

$$\begin{cases}\dfrac{\mathrm{d}\delta_A}{\mathrm{d}t} = \omega_A \\ M_A\dfrac{\mathrm{d}\omega_A}{\mathrm{d}t} = \sum\limits_{i\in A}(P_{\mathrm{T}i} - P_{\mathrm{E}i})\end{cases} \tag{13.89}$$

进一步作单机无穷大系统等值，设 $\delta_i=\delta_S,\delta_j=\delta_A$，令单机转子角为 $\delta=\delta_S-\delta_A$，则有

$$\frac{d^2\delta}{dt^2}=\frac{d^2\delta_S}{dt^2}-\frac{d^2\delta_A}{dt^2}=\frac{1}{M_S}\sum_{i\in S}(P_{Ti}-P_{Ei})-\frac{1}{M_A}\sum_{i\in A}(P_{Tj}-P_{Ej}) \qquad (13.90)$$

定义单机惯性时间常数 $M=\dfrac{M_S M_A}{M_S+M_A}=\dfrac{M_S M_A}{M_T}$，$M_T=M_S+M_A$，无穷大系统转子角恒为 0 作参考点，则有

$$\begin{cases}\dfrac{d\delta}{dt}=\omega\\ M\dfrac{d^2\delta}{dt^2}=\dfrac{M_A}{M_T}\displaystyle\sum_{i\in S}(P_{Ti}-P_{Ei})-\dfrac{M_S}{M_T}\sum_{j\in A}(P_{Ej}-P_{Ej})=P_T-P_E\end{cases} \qquad (13.91)$$

其中，$P_T=\dfrac{1}{M_T}(M_A\sum\limits_{i\in S}P_{Ti}-M_S\sum\limits_{j\in A}P_{Tj})$，$P_E=\dfrac{1}{M_T}(M_A\sum\limits_{i\in S}P_{Ei}-M_S\sum\limits_{j\in A}P_{Ej})$，$P_{Ei}|_{i\in S}=E_i^2G_{ii}+E_i\sum\limits_{\substack{k\in S\\k\neq i}}E_kG_{ik}+E_i\sum\limits_{i\in S}E_l[B_{il}\sin(\delta_S-\delta_A)+G_{il}\cos(\delta_S-\delta_A)]$，$P_{Ej}|_{j\in A}=E_j^2G_{jj}+E_j\sum\limits_{\substack{l\in S\\l\neq j}}E_lG_{jl}+E_j\sum\limits_{k\in S}E_k[B_{jk}\sin(\delta_A-\delta_S)+G_{jk}\cos(\delta_A-\delta_S)]$ 经整理可得

$$P_E=P_C+P_{max}\sin(\delta-\gamma)$$

在这里有

$$\begin{cases}P_C=\dfrac{M_A}{M_T}\displaystyle\sum_{i\in S}\sum_{k\in S}E_iE_kG_{ik}-\dfrac{M_S}{M_T}\sum_{j\in A}\sum_{l\in A}E_jE_lG_{jl}\\ P_{max}=\sqrt{C^2+D^2},\quad \gamma=-\tan^{-1}\dfrac{C}{D}\\ C=\dfrac{M_A-M_S}{M_T}\displaystyle\sum_{j\in S}\sum_{i\in A}E_iE_jG_{ij}\\ D=\displaystyle\sum_{j\in A}\sum_{i\in S}E_iE_jB_{ij}\end{cases} \qquad (13.92)$$

从而得系统的单机无穷大等值数学模型为

$$M\frac{d^2\delta}{dt^2}=P_T-P_E=P_T-P_C-P_{max}\sin(\delta-\gamma) \qquad (13.93)$$

式中，$P_T=\dfrac{1}{M_T}\left(M_A\sum\limits_{i\in S}P_{Ti}-M_S\sum\limits_{j\in S}P_{Tj}\right)=\text{const}$，$P_C$、$P_{max}$、$\gamma$ 见式(13.92)。

式(13.93)所示的等值系统的功率特性曲线如图 13.15(a)所示。

同样可分别求得故障前、故障时、故障后的功率特性，如图 13.15(b)所示，相应的功角特性表达式为

$$\begin{cases}P_{E0}=P_{C0}+P_{max0}\sin(\delta-\gamma_0) & \delta=\delta_0\\ P_{ED}=P_{CD}+P_{maxD}\sin(\delta-\gamma_D) & \delta\in(\delta_0,\delta_\tau)\\ P_{EP}=P_{CP}+P_{max0}\sin(\delta-\gamma_P) & \text{故障切除后}\end{cases} \qquad (13.94)$$

式中各时段的 $P_C$、$P_{max}$ 和 $\gamma$ 可由系统的单机无穷大等值数学模型和相应的节点导纳矩阵参数求得。图 13.15(b)中的故障前、故障后稳定平衡点的转子角分别为

$$\delta_0=\sin^{-1}\frac{P_T-P_{C0}}{P_{max0}} \qquad (13.95)$$

$$\delta_P=\sin^{-1}\frac{P_T-P_{CP}}{P_{maxP}} \qquad (13.96)$$

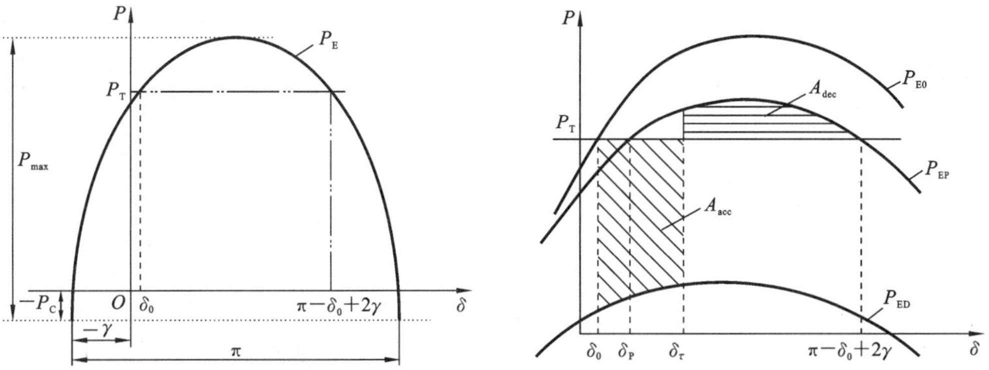


（a）正常运行时的功角特性　　（b）第一摇摆稳定分析示意图

**图 13.15　单机无穷大系统功角特性**

故障后不稳定平衡点的转子角为 $\pi-\delta_P+2\gamma_P$。

图 13.15 中的加速面积及最大减速面积分别为

$$
\begin{cases}
A_{acc}=\int_{\delta_0}^{\delta_\tau}[P_T-P_{CD}-P_{maxD}\sin(\delta-\gamma_D)]d\delta \\
\quad =(P_T-P_{CD})(\delta_\tau-\gamma_0)+P_{maxD}[\cos(\delta_\tau-\gamma_D)-\cos(\delta_0-\gamma_D)] \\
A_{dec}=\int_{\delta_\tau}^{\pi-\delta_P+2\gamma_P}[P_{CP}+P_{maxP}\sin(\delta-\gamma_P)-P_T]d\delta \\
\quad =(P_{CP}-P_T)(\pi-\delta_P-\delta_\tau+2\gamma_P)+P_{maxP}[\cos(\delta_\tau-\gamma_P)-\cos(\delta_P-\gamma_P)]
\end{cases}
\tag{13.97}
$$

式中，$\delta_\tau$ 为故障切除时的等值转子角。

根据式(13.97)可用等面积准则判断第一摇摆稳定性，并可以相应地定义稳定度为

$$\Delta V_n=\frac{A_{dec}-A_{acc}}{A_{acc}} \tag{13.98}$$

计算加速和减速面积时都需要计算故障切除时单机无穷大等值系统的发电机转子角 $\delta_\tau$。

为此可用数值积分方法求解微分方程式，即用单机无穷大等值数学模型来求故障切除角或极限切除角对应的极限切除时间，同样可令 $A_{dec}=A_{acc}$ 来求极限切除角 $\delta_{cr}$。

简单模型及简单故障条件下用 EEAC 法进行暂态稳定分析的步骤如下。

(1) 输入潮流计算结果，计算初始值。

(2) 形成系统故障前、故障时和故障后的节点导纳矩阵，分别追加负荷阻抗及发电机 $X'_d$ 支路，并将节点导纳矩阵收缩到发电机内节点。

(3) 根据扰动计算 $t=0_+$ 时各发电机的加速功率和惯性时间常数之比 $P_{acc.i}/M_i$；据此排队，确定可能的失稳模式。

(4) 对每一种可能的失稳模式计算故障前、故障后稳定平衡点及故障后不稳定平衡点，再计算加速面积和减速面积、稳定度或极限切除时间。

(5) 上述各种可能的失稳模式中，以稳定度 $\Delta V_n$ 最小或极限切除时间最小的失稳模式为最终失稳模式。相应的 $\Delta V_n$ 及 $t_{cr}$ 为该故障下系统的稳定裕度和极限切除时间。

EEAC 法主要应用在以下几方面：①系统规划；②运行规划；③在线运行和预防控制；④紧急控制。

大量工程实例计算表明，EEAC 法的计算结果在大多数情况下的工程精度良好。

进一步的研究工作主要针对以下几方面：研究方法失效的判据，以鉴别出有大误差时的计算结果并加以改进；改进其对元件模型及扰动的适应性；扩展 EEAC 法的应用领域，并使之实用化；改进失稳模式的判别方法和改进分析精度等。

## 13.8 综合法直接暂态稳定分析

与传统的数值积分法相比，电力系统暂态稳定分析的直接法具有计算速度快、可给出稳定度（或稳定域）的特点，但它在实际电力生产部门中的应用还不广泛，其中一个重要原因是直接法不能保证计算结果在绝大多数条件下的准确度和可靠性，即有时直接法计算结果误差大，且难以用于判别某一计算结果的可信度。研究表明，影响直接法暂态稳定分析准确度的一个关键问题是如何准确确定受扰系统的临界暂态能量，以将其作为稳定判别的基准。采用不同的假设及不同的方法获取临界暂态能量的近似值将极大地影响计算准确度及计算速度。

前面介绍了三种常用的直接暂态稳定分析法，即基于单机无穷大等值的扩展等面积法（EEAC 法）、基于最大势能搜索的势能界面法（PEBS 法）和基于相关不稳定平衡点法（RUEP 法）。目前，国内外一般采用上述三种方法之一进行直接暂态稳定分析，并力求改善计算速度、精度和可靠性。但由于上述三种方法在计算中为了求取临界能量，均作了一定的假设，因此在所作假设和实际系统情况不一致时，就会引起误差，甚至在某些情况下方法会失败。另外，由于三种方法采用了不同的假定，因此它们发生大误差或失效的条件也常常不同。

三种直接法的特点如下。

在 RUEP 法中，为计算系统临界能量，要求先判别系统的失稳模式，即把系统机组分为严重受扰机群和剩余机群，并认为系统失稳模式为这两个机群间失步。由于扰动初始时系统信息不足，故可能发生失稳模式判断失误问题，或者可能使系统失步为两个以上机群，则均会引起误差。对于 RUEP 法，判别失稳模式后，用牛顿法来求解与该失稳模式对应的 RUEP，这里存在着 UEP 求解的收敛性问题和机时问题；然后近似取临界能量 $V_{cr}=V_p|_{UEP}$，即以 UEP 的势能作为系统的临界能量，这就要求系统的势能边界面在 RUEP 附近变化平坦，而非病态，否则误差会较大。而且对势能边界面进行作图研究表明，RUEP 点往往是 PEBS 上的“鞍点”，故此法易偏保守；另外，数值计算 UEP 点的势能时要作“线性路径”假定，以使势能积分项可计算，这也会带来误差，但其主要问题在于失稳模式判别及 UEP 点求解的速度和收敛问题。

严格地讲，PEBS 法应该搜索与故障切除时间对应的系统转子角轨迹（临界轨迹）上势能 $V_p$ 达到最大值的点，并以此作为系统的临界能量 $V_{cr}$。但由于临界切除时间不可能预先知道，故实际上采用持续故障轨迹来代替临界轨迹，并在此轨迹上搜索 $V_p$ 达最大值的点，并以 $V_{pmax}$ 作 $V_{cr}$ 的近似值。这就产生了如下问题：用持续故障轨迹代替临界轨迹引起的 $V_{cr}$ 误差，若两者相聚较远，可能引起的 $V_{cr}$ 误差较大，若采用迭代改善精度，则要增加机时。另外，用持续故障轨迹代替临界轨迹时，由于发电机转子加速度大，$V_p$ 到达势能边界面时，易“冲”到高势能边界值点，若 PEBS 比较平坦，则误差不太大，否则结果易偏乐观，特别是边界面病态时，会引起大的误差。此外，PEBS 法要沿轨迹搜索 $V_{pmax}$ 点，故受故障轨迹本身病态的影响较大，即可能把 $V_p$ 的局部最大值当作全局最大值，而引起 $V_{cr}$ 计算的较大误差。PEBS 法要在多机系统环境下计算转子角随时间的变化，直到达到 $V_{pmax}$，计算速度方面的问题较大。

EEAC 法的最大优点是速度特别快，而且可对稳定度作解析分析，并在简单模型及扰动时对稳定的灵敏度作解释分析。其主要问题是故障点不在机端时，有时失稳模式较难判别；此外，在单机无穷大等值时作的假定可能引起较大误差，造成计算结果不具备可信度。经过改进，EEAC 法已可以适应不对称故障和单相重合闸过程，用泰勒级数计算转子角的精度也有所提高，并不再采用经验的修正因子，特别是近年来发展的动态 EEAC 法，较大地改进了计算精度，是一种很有前途的方法。

综上所述，直接暂态稳定分析常用的三种方法采用了不同的规定、不同的临界能量计算方法，因此它们计算结果的精度、失效条件均有所不同，如表 13.1 所示。

**表 13.1 三种直接法性能比较**

| 方　法 | EEAC 法 | PEBS 法 | RUEP 法 |
|---|---|---|---|
| 计算环境 | 单机无穷大系统 | 多机系统 | 多机系统 |
| 计算速度 | 计算速度快 | 比 EEAC 法慢，比 RUEP 法略快 | 比 PEBS 法略慢 |
| 对案件模型的适应性 | 较弱 | 较强 | 较强 |
| 对故障及操作的适应性 | 可以适应，但精度可能下降 | 可以适应，但机时增加 | 可以适应，但机时增加 |
| 失稳模式判别 | 失稳模式复杂时判别困难 | 有轨迹计算，失稳模式判别能力较强 | 判别复杂失稳模式较难，但是有性能良好的软件支持 |
| UEP 计算 | 只计算单机无穷大等值系统 UEP | 不用计算 | 计算多机系统 UEP，有机时、收敛性问题 |
| 对系统运动轨迹病态的敏感性 | 不敏感 | 敏感，影响精度 | 不敏感 |
| 对 PEBS 病态的敏感性 | 不敏感 | 敏感，影响精度 | 敏感，影响精度 |
| 误差特点 | 保守或乐观，不确定 | 结果易偏乐观 | 结果易偏保守 |
| 影响精度的主要因素 | 是否正确判别失稳模式；单机无穷大系统等值误差；泰勒级数截尾误差 | 持续故障轨迹与临界轨迹偏差；轨迹病态；PEBS 病态 | 是否正确判别失稳模式；PEBS 病态；“线路路径”假定 |

如能把这三种方法综合起来，发展成一种具有较高精度和精度可靠性的直接暂态分析方法，则将有利于促进直接法的工程实际应用(下面称之为综合法)。

综合法暂态稳定分析的流程框图见图 13.16，其逻辑思路如下。①若系统在发电机端发生故障，其失稳模式一般较简单，则先用 EEAC 法，若结果有很大稳定裕度或绝对不稳定，则认为计算结果即使有误差也不影响稳定判别，计算结束。②否则就用速度稍慢的 PEBS 法再计算一次，如两者结果一致，即偏差在允许范围内，则计算结束，并取两者中较保守的结果作为最终结果。③否则就用 RUEP 法再计算一次，若三法中有两法结果一致，则将这两个相近结果中较保守的一个作为最终结果。若三法相互间偏差都大于允许值，但小于另一个上界，则认为结果尚可用作参考，并取三者的中间值作为最终参考结果。④否则判直接法失效，而改用逐步积分法分析。一般机端故障时失稳模式较明确，很少三种方法均失效。若故障不在机端，此时如有先验失稳模式参考（预先存入计算机），则仍按上述步骤进行，否则三种方法的使用顺序改为 RUEP→EEAC→PEBS，原因是目前 RUEP 法有较好的失稳模式判别程序，且结果易偏保守。EEAC 法在 RUEP 法的计算基础上，有了参考失稳模式，计算较可靠。

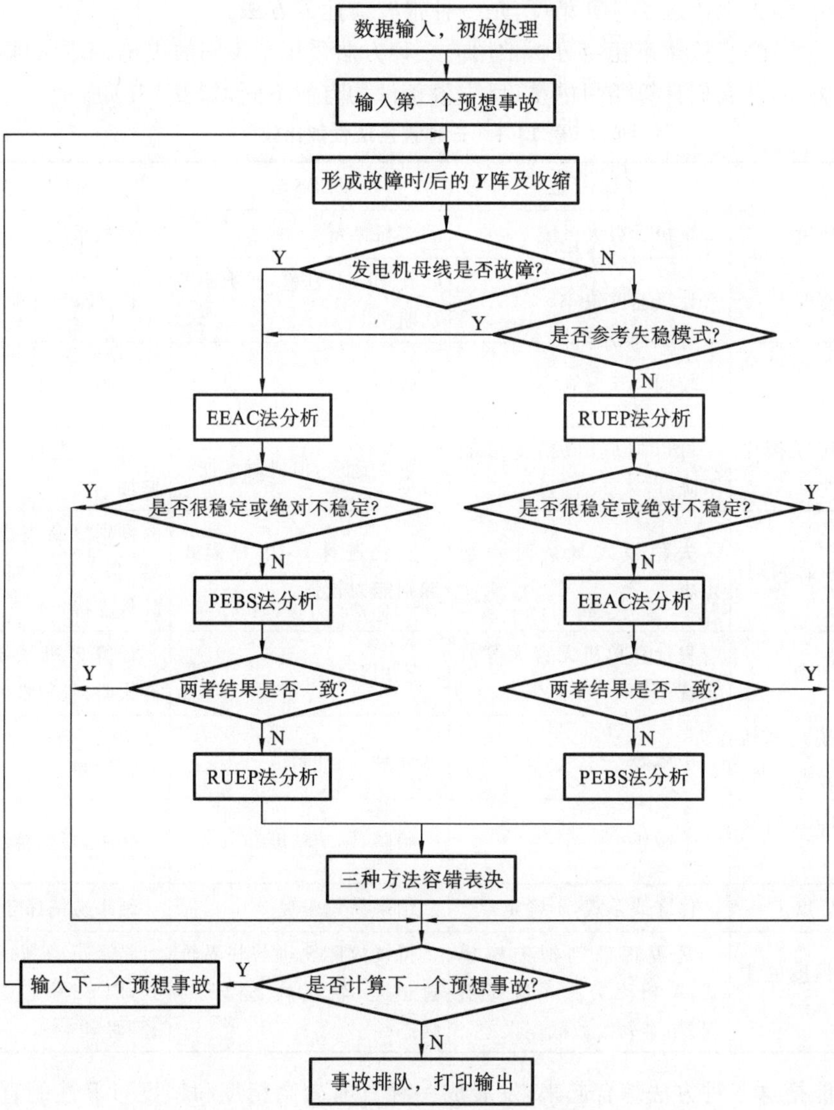


图 13.16 综合法暂态稳定分析流程图

综合法同时采用多种方法，具有容错性能，可靠性较高。而且由于三种方法中有大量计算是公共的，如数据输入、初值计算、导纳矩阵形成及收缩等，故采用综合法所需的机时远小于三种方法独立计算时间之和，因此综合法将有助于推动直接暂态稳定分析的实用化。

# 参 考 文 献


[1] 匡洪海,李圣清.现代电力系统稳态分析[M].长沙:中南大学出版社,2017.

[2] 娄素华.现代电力系统优化模型及其相关算法研究[D].武汉:华中科技大学,2005.

[3] 张伯明,陈寿孙,严正.高等电力网络分析[M].北京:清华大学出版社,2007.

[4] 诸俊伟.电力系统分析(上册)[M].北京:水利电力出版社,1995.

[5] 夏道止.电力系统分析(下册)[M].北京:水利电力出版社,1995.

[6] 刘天琪.现代电力系统分析理论与方法[M].北京:中国电力出版社,2007.

[7] 匡洪海.分布式风电并网系统的暂态稳定及电能质量改善研究[D].长沙:湖南大学,2013.

[8] 王锡凡.现代电力系统分析[M].北京:科学技术出版社,2003.

[9] 徐政.交直流电力系统动态行为分析[M].北京:机械工业出版社,2004.

[10] 陈珩.电力系统稳态分析[M].3版.北京:中国电力出版社,2014.

[11] 倪以信,陈寿孙,张宝霖.动态电力系统的理论和分析[M].北京:清华大学出版社,2002.